“十四五”时期国家重点出版物出版专项规划项目
智能建造理论·技术与管理丛书
普通高等教育智能建造专业系列教材

工程造价 BIM 项目应用教程

肖跃军　肖天一　编著

机 械 工 业 出 版 社

本书以广联达云计量软件 GTJ2018 和计价软件 GCCP5.0 为软件平台，以框架结构工业厂房为工程实例，以《建设工程工程量清单计价规范》(GB 50500)、《房屋建筑与装饰工程工程量计算规范》(GB 50854) 和《江苏省建筑与装饰工程计价定额》为依据，以编著者的教学研究和实际工程经验为依托，系统介绍了招标投标阶段、施工阶段和竣工阶段 BIM 模型的工程造价应用。本书共 13 章，主要内容包括：绪论，BIM 算量流程及准备工作，轴网，柱的建模与算量，梁的建模与算量，板的建模与算量，墙的建模与算量，门、窗、洞口及相关构件的建模与算量，楼梯的建模与算量，装修、保温、屋面和零星构件的建模与算量，基础和土方的建模与算量，招标投标阶段 BIM 造价应用，施工阶段和竣工阶段 BIM 造价应用。

本书既可作为高等学校工程管理、工程造价、房地产经营管理、审计学等专业师生的教材，也可作为建设单位、施工单位、设计单位、监理单位以及造价咨询单位等工程造价从业人员的参考书。

图书在版编目 (CIP) 数据

工程造价 BIM 项目应用教程/肖跃军，肖天一编著. —北京：机械工业出版社，2021.4
(智能建造理论 · 技术与管理丛书)
“十四五”时期国家重点出版物出版专项规划项目
ISBN 978-7-111-69922-4

Ⅰ.①工… Ⅱ.①肖… ②肖… Ⅲ.①建筑造价管理-应用软件-教材
Ⅳ.①TU723.31-39

中国版本图书馆 CIP 数据核字 (2021) 第 261270 号

机械工业出版社（北京市百万庄大街 22 号　邮政编码 100037）
策划编辑：林　辉　　　　责任编辑：林　辉　于伟蓉
责任校对：潘　蕊　张　薇　封面设计：张　静
责任印制：李　昂
北京捷迅佳彩印刷有限公司印刷
2022 年 3 月第 1 版第 1 次印刷
184mm×260mm · 26.5 印张 · 655 千字
标准书号：ISBN 978-7-111-69922-4
定价：79.00 元

电话服务	网络服务
客服电话：010-88361066	机　工　官　网：www.cmpbook.com
010-88379833	机　工　官　博：weibo.com/cmp1952
010-68326294	金　　书　　网：www.golden-book.com
封底无防伪标均为盗版	机工教育服务网：www.cmpedu.com

前言

随着高等学校教师对工程管理、工程造价、房地产经营管理、审计学等专业的人才培养模式和教学内容与方法的研究不断深入，工程造价 BIM 应用课程逐渐成为专业技能型人才培养的重要课程。为了满足新形势下工程管理和工程造价相关专业的新的教学用书需求，编著者以读者学会、熟练、精通计量计价软件为原则，根据工程造价领域的新的政策、法规、规范、造价信息等，结合多年教学实践、研究成果和工程经验编写了本书。

本书以广联达云计量软件 GTJ2018 和计价软件 GCCP5.0 为软件平台，以框架结构工业厂房为工程实例，以《建设工程工程量清单计价规范》(GB 50500)、《房屋建筑与装饰工程工程量计算规范》(GB 50854) 和《江苏省建筑与装饰工程计价定额》为依据，结合编著者的多年教学实践、研究成果和实际工程经验，系统介绍了招标投标阶段、施工阶段和竣工阶段 BIM 模型的工程造价应用。全书结合具体案例介绍工程造价 BIM 应用知识并对其进行拓展延伸，考虑到篇幅，部分工程造价基础知识及拓展内容以二维码的形式进行展示，需要补充该部分基本知识的读者可以扫码学习。

本书既介绍了建筑工程建模和计价的一般做法，也介绍了工程案例中特殊部位的建模方法和计价技巧，以达到提高读者 BIM 建模和建筑工程计量与计价能力的目的。本书各章主要内容如下：

第 1 章为绪论，介绍了 BIM 的概念、BIM 软件的应用领域和应用特点，BIM 造价应用的优点、缺点和基于 BIM 的全过程造价管理的阶段划分，给出了基于 BIM 模型构建造价管理平台软件的通用解决方案。

第 2 章为 BIM 算量流程及准备工作，在剖析手工算量方法、步骤的基础上，介绍了 BIM 建模算量的原理；介绍了新建工程和楼层设置的方法，以及添加图纸、分割图纸、楼层与图纸对应、定位图纸、追加图纸、删除图纸等图纸管理方法；揭示了施工图信息与计量计价之间的内在联系，总结了从施工图中提取计量计价关键信息的方法。

第 3 章为轴网，介绍了轴网的分类，建立、绘制和编辑轴网的方法，CAD 识别轴网的方法，轴网拼接及二次编辑的方法。

第 4 章为柱的建模与算量，介绍了柱的分类以及柱施工图的平法注写方式；以矩形柱为例，介绍了各种柱构件的属性定义及绘制方法，识别 CAD 柱表、大样和图元的方法；介绍了柱构件做法定义的手动添加方法、做法刷+过滤方法、自动套做法，以及做法存档与提取方法，做法查询、修改与删除方法，定额子目标准换算方法；介绍了柱构件与图元的层间复制及编辑方法，柱图元显示与隐藏，以及边角柱的判断方法；介绍了通过查看工程量和计算式了解工程量代码确切含义的方法，通过钢筋三维对比查看了解柱钢筋布置情况的方法。

第 5 章为梁的建模与算量，介绍了梁的分类以及梁施工图的平法注写方式；以矩形梁为例，介绍了各种梁的属性定义、做法定义、绘制和编辑方法；介绍了梁 CAD 图转化生成梁构件与图元、梁跨提取、原位标注等的方法及使用技巧。

第 6 章为板的建模与算量，介绍了板的分类和施工图平法注写方式，以现浇板为例，介绍了板的手动定义和 CAD 识别方法，图元绘制、编辑及分层绘制方法与技巧；介绍了板内钢筋的定义、绘制与编辑方法；介绍了板的做法定义方法，以及挑檐、栏板、雨篷、阳台、各种墙体大样等的属性定义、钢筋定义和做法定义。

第 7 章为墙的建模与算量，介绍了墙的分类及剪力墙施工图的平法注写方式；以矩形直形墙为例，介绍了矩形墙、异形墙、参数化墙、保温墙、幕墙、墙垛、斜墙和拱墙的定义、绘制与编辑方法，剪力墙及与其相连的暗柱、暗梁、连梁等构件做法定义的方法及注意事项；介绍了剪力墙配筋表 CAD 识别方法以及剪力墙约束边缘构件非阴影区钢筋的处理方法与技巧；介绍了与砌体墙相关的圈梁、构造柱等构件属性和做法的定义、绘制和编辑方法。

第 8 章为门、窗、洞口及相关构件的建模与算量，介绍了门、窗的分类及与门、窗、洞口相关结构与装饰构件；介绍了矩形门窗、异形门窗、参数化门窗、飘窗、老虎窗、洞口、壁龛、过梁、压顶等构件的定义方法，识别 CAD 门窗表的方法；介绍了门、窗、洞口及相关构件的做法定义、绘制、编辑的方法与技巧。

第 9 章为楼梯的建模与算量，介绍了楼梯的分类，直形楼梯、螺旋楼梯和参数化楼梯的定义和绘制方法，楼梯梁、休息平台和梯段的钢筋、预埋件工程量计算的表格法；介绍了参数化楼梯土建工程量（如混凝土、模板、栏杆、防滑条等）代码的选用与编辑方法。

第 10 章为装修、保温、屋面和零星构件的建模与算量，介绍了装修的类别，装修的做法定义，识别 CAD 装修表的方法，各种装修构件绘制、编辑的方法与技巧；介绍了外墙保温的类型及保温层的做法定义和绘制方法；介绍了屋面的分类，屋面的绘制与编辑方法，以及各构造层做法定义的方法；介绍了室外零星构件（如散水、坡道、台阶、建筑面积）的属性定义、做法定义及其绘制与编辑方法。

第 11 章为基础和土方的建模与算量，介绍了基础和土方的类型，独立基础等复杂构件的定义、做法定义、绘制与编辑方法，与基础相关的构件，如基础梁、地沟、集水井（电梯坑）、后浇带、桩、垫层、砖胎模的属性定义、做法定义、绘制与编辑方法；介绍了各种土方构件工程量代码的选用方法。

第 12 章为招标投标阶段 BIM 造价应用，介绍了招标投标基础知识和招标工程量清单、招标控制价和投标报价的编制流程，招标控制价项目结构的建立方法，分部分项和措施项目工程量提取和添加方法，工程量清单项目和定额子目选择与添加方法，定额子目的标准换算方法，标准组价和智能组价方法，以及全费用综合单价生成方法；介绍了其他项目费用的编制方法，人、材、机价格的调整方法，甲供材与暂估价材料生成方法，查看费用计算结果及修改费用计算基数和费率的方法；介绍了电子招标文件的种类、用途和生成电子招标文件的方法。

第 13 章为施工阶段和竣工阶段 BIM 造价应用，介绍了工程结算的种类、编制流程、编制依据与编制方法；在分析验工计价文件编制重点、难点的工作基础上，介绍了验工计价分

期的设置及BIM算量模型和投标合同文件的利用方法，人、材、机价格调整的方法；介绍了竣工结算的编制流程，合同内和合同外工程价款的结算编制方法，以及验工计价文件的利用方法。

本书可免费提供工程案例的建筑施工图、结构施工图、招标控制价的相关报表、软件操作学习网址等学习资源，读者可登录机械工业出版社教育服务网下载，或致电客服索取。附录中列有软件常用快捷键，以便读者更好地掌握软件操作。

本书既可作为高等学校工程管理、工程造价、房地产经营管理、审计学等专业师生的教材，也可作为建设单位、施工单位、设计单位、监理单位以及造价咨询单位等工程造价从业人员的参考书。

本书由中国矿业大学肖跃军和徐州开放大学肖天一共同编著，全书由肖跃军统稿。其中，第1~11章由肖跃军和肖天一共同编写，第12~13章由肖跃军编写。由于编者水平有限，书中不足之处在所难免，敬请读者批评指正。

编著者

目 录

第 1 章

绪 论

学习目标

了解 BIM 的基本概念以及相关软件，了解 BIM 建模软件在工程造价管理应用中的优缺点，了解 BIM 在全过程造价管理中的应用情况及相关的全过程 BIM 造价管理软件或平台。

■ 1.1 BIM 技术概述

1. BIM 的概念

BIM 是“建筑信息建模”（Building Information Modeling）的简称。1975 年，美国佐治亚理工学院查克·伊士曼（Chuck Eastman）博士提出 Building Description System（建筑描述系统）的概念，将一个建设项目在整个寿命周期内的所有几何特性、功能要求与构件的性能信息综合到一个单一的模型中，同时，这个单一模型的信息中还包括施工进度、建造过程的控制信息。

美国 M. A. Mortenson Company 公司将 BIM 定义为：具有数字化、空间化、定量化、全面化、可操作化和持久化六个特点的建筑的智能模拟。

美国 McGraw-Hill 建筑公司将 BIM 定义为：BIM 是创建并且利用数字化模型对项目进行设计、施工和运营维护的过程。

美国国家 BIM 标准将 BIM 定义为：BIM 技术是一个建设项目物理和功能特征及项目的全寿命周期信息的数字表达，实际上是一个共享项目信息的知识资源库，为该项目从开始建设到拆除的全寿命周期的决策提供依据；在项目的各个阶段，项目的不同参与人可以在 BIM 系统中插入、提取、及时更新和共享项目的信息数据，从而达到协同工作的目的。

我国在《建筑信息模型应用统一标准》（GB/T 51212—2016）中给出的 BIM 定义为：在建设工程及设施全寿命周期内，对其物理和功能特性进行数字化表达，并依此进行设计、施工、运营的过程和结果的总称。

BIM 是一种应用于工程设计、建造和管理的数据化工具，它通过参数模型整合各种项目的相关信息，使其在项目策划、运行和维护的全寿命周期过程中进行共享和传递，以便工程技术人员对各种建筑信息做出正确理解和高效应对，为设计团队以及包括建筑运营单位在内的各方建设主体提供协同工作的基础，在提高生产效率、节约成本和缩短工期等方面发挥重要作用。

BIM的核心是一个由计算机三维模型所形成的数据库。这些数据库信息在建筑全寿命过程中是动态变化的，随着工程施工及市场变化，相关责任人员会调整BIM数据，所有参与者均可共享更新后的数据。数据库信息包括任意构件的工程量、任意构成要素的市场价格信息、某部分工作的设计变更、变更引起的数据变化等。在项目全寿命周期中，可将项目从投资策划、项目设计、工程开工到竣工的全部相关造价数据资料存储在基于BIM系统的后台服务器中。无论是在施工过程中还是工程竣工后，所有的相关数据都可以根据需要进行参数设定，从而得到某一方所需要的相应的工程基础数据。BIM这种富有时效性的共享的数据平台，改善了沟通方式，使拟建项目工程管理人员及后期项目造价人员及时、准确地筛选和调用工程基础数据成为可能。也正是这种时效性，大大提高了造价人员所依赖的造价基础数据的准确性，从而提高了工程造价的管理水平，避免了传统造价模式与市场脱节、二次调价等问题。

2. BIM的主要应用

CAD技术的普及和推广使建筑师、工程师们甩掉图板，从传统的手工绘图、设计和计算中解放出来，是工程设计领域的第一次数字革命。BIM的出现将引发整个工程建设领域的第二次数字革命。BIM不仅带来现有技术的进步和更新换代，还间接影响了生产组织模式和管理方式，促进人们思维模式的转变。

国内建筑市场典型的BIM应用包括BIM模型维护、场地分析、建筑策划、方案论证、可视化设计、协同设计、性能化分析、工程量统计、管线综合、施工进度模拟、施工组织模拟、数字化建造、物料跟踪、施工现场配合、施工模型交付、维护计划、资产管理、空间管理、建筑系统分析和灾难应急模拟等。

BIM在工程造价管理方面的主要应用是工程量统计，与工程造价管理相关的应用则可以包括模型维护、管线综合、施工进度模拟、数字化建造、物料跟踪、施工现场配合、施工模型交付等。

3. BIM的特点

BIM的特点主要有可视化、协调性、模拟性、优化性、信息输出多元性。

(1) 可视化　BIM的可视化将传统的二维模型转变为三维模型，将传统图纸上的线转化为三维空间的构件，更加清晰地表达建筑信息，使各方不再想象建筑，可以直观地看到建筑，可及时发现设计错误、提高设计效率、方便沟通，减少建筑在设计、施工、运维过程中的沟通障碍，减少因错误理解造成的施工错误，减少返工，降低施工成本。

(2) 协调性　BIM在设计中还有避误的能力，这也是BIM协调性的体现。在深化设计阶段应用BIM技术可进行碰撞检查，发现构件布置冲突并进行修正，从而协调建筑各构件的位置，避免设计中出现错误，提高设计质量。

(3) 模拟性　BIM的模拟性以建筑信息模型为基础，可应用于建筑的全寿命周期。在建筑设计阶段可进行日照模拟、节能模拟等；在施工阶段可对施工进度、成本进行模拟，对建造的工期、成本、质量进行监控，达到缩短工期、降低成本、提高质量的效果；在运维管理阶段，还可进行紧急疏散模拟。

(4) 优化性　BIM的优化性是指设计过程中BIM的应用软件（如Revit）可同时设计和保留多个设计方案，便于建设单位选择更好的设计方案。管线综合也是优化性的表现，通过管线综合可以减少设计错误，实现管线合理布置。

(5) 信息输出多元性　建筑信息模型建成后，根据不同需求，可将信息导出为多种形

式。例如，为方便将图纸报有关部门进行审批，BIM 技术的可出图性得以展现，BIM 技术相关软件可导出传统的二维图纸、管线布置图、碰撞检查图、建议改进方案等，使二维图纸和三维模型无缝衔接。同时，也可以将模型中非图形数据信息以报告的形式输出，如设备表、构件统计表、工程量清单、成本分析等。对模型中的任何信息进行修改，都可在报告中即时、准确、全面地反映，极大地提高了劳动效率。另外，BIM 技术相关软件之间有信息接口，可以方便地将模型导入其他软件，避免重复建模。

4. BIM 相关软件

BIM 软件是实现 BIM 的一个工具。BIM 软件很多，它们是通过一系列软件协调工作来实现全寿命周期的建筑信息管理。BIM 软件的类型如图 1-1 所示。

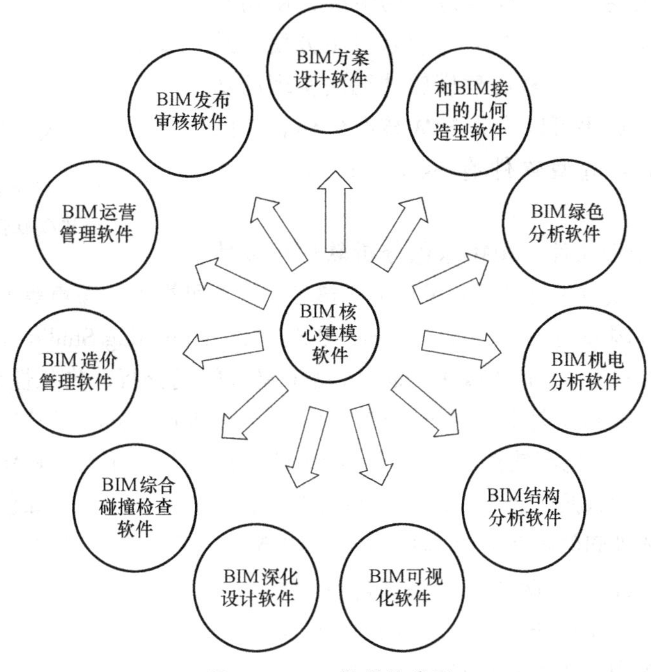

图 1-1　BIM 软件的类型

（1）BIM 核心建模软件　BIM 核心建模软件有很多种，常用的核心建模软件见表 1-1。

表 1-1　常用的核心建模软件

软件家族	产　品
Autodesk	1. Revit Architecture 2. Revit Structure 3. Revit MEP
Bentley	1. Bentley MicroStation 2. Bentley Architecture 3. Bentley structural 4. Bentley Building Mechanical Systems 5. Bentley Building Electrical Systems
Nemetschek Graphisoft	1. ArchiCAD 2. Allplan 3. Vectorworks
Gehry Technologies Dassault	1. Digital Project 2. CATIA

二维码 1-1 各软件家族产品的详细信息

(2) BIM 方案设计软件　BIM 方案设计软件用在设计初期，其主要功能是把业主设计任务书中基于数字的项目要求转化成基于几何形体的建筑方案，此方案用于业主和设计师之间的沟通和方案研究论证。BIM 方案设计软件可以帮助设计师验证设计方案和业主设计任务书中的项目要求是否匹配。BIM 方案设计软件的成果可以转换到 BIM 核心建模软件里面进行设计深化，并继续验证满足业主要求的情况。目前主要的 BIM 方案软件有 Onuma Planning System 和 Affinity 等。它们与核心建模软件之间的关系如图 1-2 所示，图中箭头表示信息传递方向。

(3) 和 BIM 接口的几何造型软件　设计初期阶段的形体、体量研究或者遇到复杂建筑造型的情况，使用几何造型软件会比直接使用 BIM 核心建模软件更方便、效率更高，甚至可以实现 BIM 核心建模软件无法实现的功能。几何造型软件的成果可以作为 BIM 核心建模软件的输入。目前常用几何造型软件有 SketchUp、Rhino 和 FormZ 等。

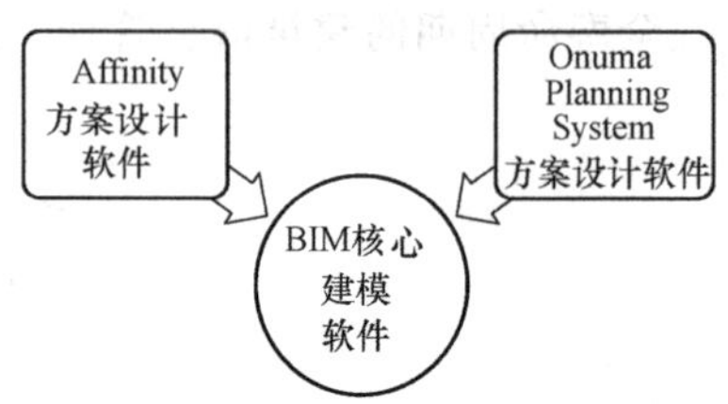

图 1-2　BIM 方案设计软件与核心建模软件间的关系

二维码 1-2 和 BIM 接口的几何造型软件

(4) BIM 绿色分析软件　BIM 绿色分析软件可以使用 BIM 模型的信息对项目进行日照、风环境、热工、景观可视度、噪声等方面的分析，主要软件有国外的 Autodesk Ecotect、IES、Green Building Studio 以及国内的 PKPM、斯维尔等。Autodesk Ecotect 可用于建筑能耗分析、热工性能、水耗、日照分析、阴影和反射等。另外，IES、Green Building Studio 以及国内的 PKPM、绿建斯维尔节能等软件也可进行可持续性分析，它们可通过 BIM 模型的信息完成对项目的日照、热工、风环境和噪声等方面的分析。BIM 绿色分析软件与核心建模软件间的关系如图 1-3 所示，图中箭头表示信息传递方向。

(5) 机电分析软件　水暖电等设备和电气分析软件，国内产品有鸿业、博超等，国外产品有 Design Master、IES Virtual Environment 和 Trane Trace 等。它们与核心建模软件间的关系如图 1-4 所示，图中箭头表示信息传递方向。

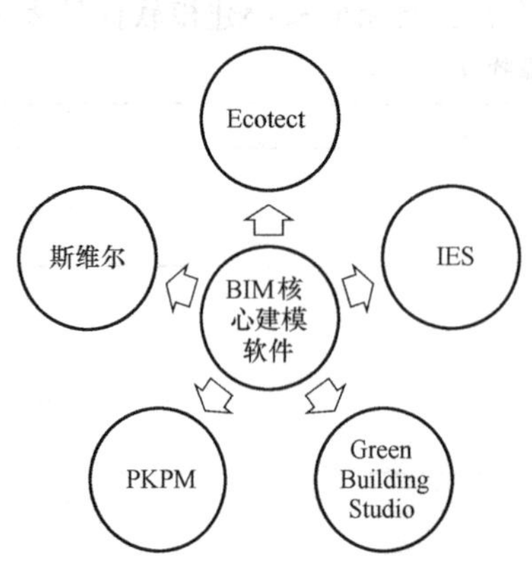

图 1-3　BIM 绿色分析软件与核心建模软件间的关系

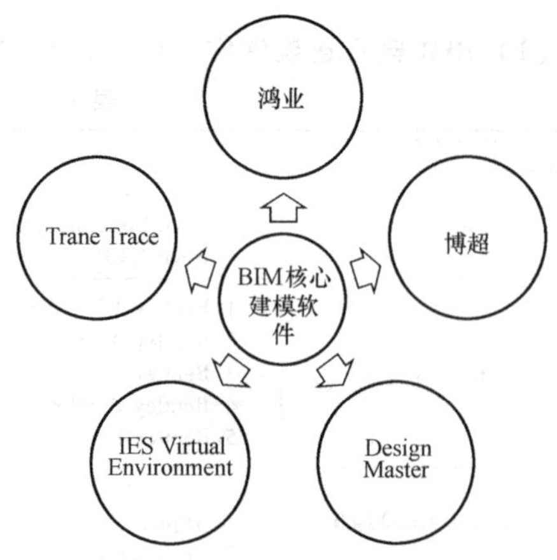

图 1-4　机电分析软件与核心建模软件间的关系

（6）BIM 结构分析软件　国外软件主要有 ETABS、STAAD、Robot、Tekla 等，国内软件主要有 PKPM、盈建科（YJK）等。请读者扫描以下二维码 1-3 了解软件详情。这些结构分析软件与核心建模软件间的关系如图 1-5 所示，图中箭头表示信息传递方向。

二维码 1-3 BIM 结构分析软件

（7）BIM 可视化软件　可视化软件可用于三维动画渲染和制作，主要包括 3ds Max、Artlantis、AccuRender 和 Lightscape 等。这些可视化软件与核心建模软件间的关系如图 1-6 所示，图中箭头表示信息传递的方向。

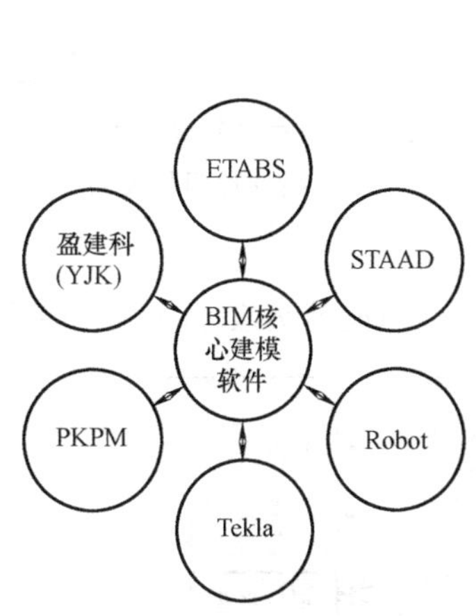

图 1-5　结构分析软件与核心建模软件间的关系

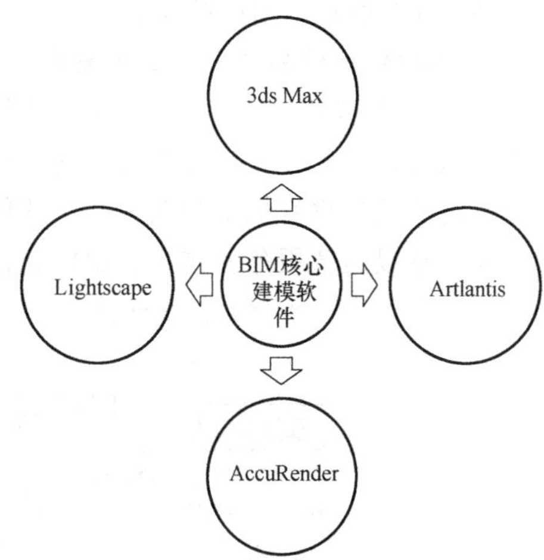

图 1-6　可视化软件与核心建模软件间的关系

（8）BIM 深化设计软件　BIM 深化设计的软件包括 Xsteel、SketchUp、Rhino 和 AutoCAD。其中，Xsteel 是目前最有影响的基于 BIM 技术的钢结构深化设计软件。

二维码 1-4 BIM 可视化软件

（9）BIM 模型综合碰撞检查软件　碰撞检查是 BIM 技术的有效应用之一，综合碰撞检查软件的功能就是要把各种三维软件创建的模型集成在一起，进行 3D 协调、4D 计划、可视化和动态模拟等。常见的软件有鲁班软件、Autodesk Navisworks、Bentley Projectwise Navigator 和 Solibri Model Checker 等。

（10）BIM 造价管理软件　基于三维模型的工程量计算软件的普及和应用，为基于 BIM 的工程造价管理提供了丰富的模型来源。国外的造价管理软件有 Innovaya 和 Solibri，国内的 BIM 计量软件有广联达、鲁班软件和斯维尔等。

二维码 1-5 BIM 模型综合碰撞检查软件

广联达云计价平台（GCCP5.0）是一款与广联达云计量平台（GTJ2018）无缝对接的造价管理软件，可以提供概算、预算、验工计价（进度计量）、竣工结算阶段的数据编、审、积累、分析和挖掘再利用。该平台基于大数据、云计算等信息技术，实现计价全业务一体化，全流程覆盖，从而使造价工作更高效、更智能。

（11）BIM 运营软件　运营管理是 BIM 应用的关键环节，美国用于运营管理的软件有 ARCHIBUS 和 FacilityONE，是目前运用比较普遍的运营管理系统，而且可以通过端口与建筑技术 BIM 相连接，形成有效的管理模式，提高设施设备维护效率，降低维护成本。

（12）BIM 发布审核软件　BIM 发布审核软件的功能是把 BIM 的成果发布为静态的、轻型的、包含大部分智能信息的、不能编辑修改但可以标注审核意见的、更多人可以访问的格式（如 DWF/PDF/3D PDF 等），供项目其他参与方进行审核或利用。常用的 BIM 成果发布软件包括 Autodesk Design Review、Adobe PDF 和 Adobe 3D PDF，它们与核心建模软件间的关系如图 1-7 所示，图中箭头表示信息传递方向。

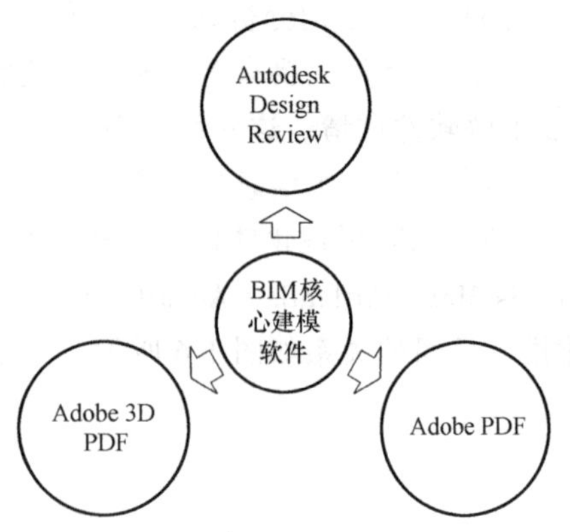

图 1-7　发布审核软件与核心建模软件间的关系

5. BIM 软件和信息之间的互用关系

将 BIM 技术应用到建设项目的全寿命周期管理中，涉及软件众多，每种软件有自己的功能和服务范围，只有将这些软件有机结合在一起，才能真正发挥它们为项目建设运营服务的作用。BIM 软件和信息之间的互用关系如图 1-8 所示，双向箭头表示双向直接关系，单向箭头表示单向直接关系。

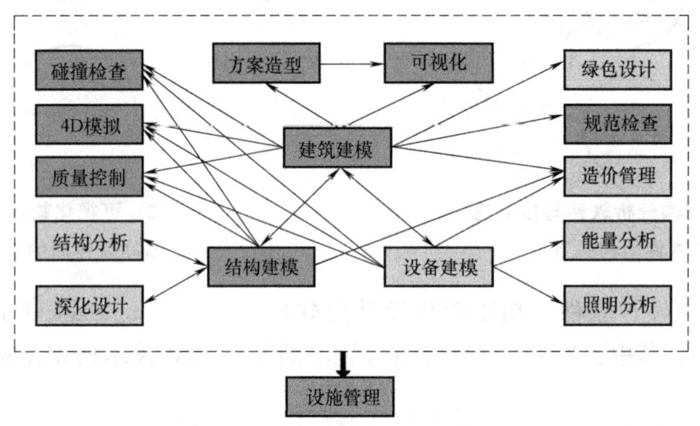

图 1-8　BIM 软件和信息之间的互用关系

■ 1.2　BIM 造价应用概述

目前，工程造价文件编制主要基于二维 CAD 图，耗时长、工作量大。应用 BIM 技术将二维 CAD 图创建为三维 BIM 模型，可以统计和计算主要构件的精准工程量，可以辅助工程造价计算。由于 BIM 模型计算得出的工程量并不是全部工程造价所需的预算量或者清单量，因此 BIM 技术的应用不会全部取代传统的工程造价计算方式和目前使用的工程造价管理软件，但有助于工程造价管理工作的三维信息化，提高算量效率和精准度。

1. BIM 造价应用的优点

（1）改变了工程造价的计算方式　基于我国的科技发展与经济体制，工程量计算发展主要经历了纯手工计算、软件表格计算、软件自动算量和 BIM 软件算量四大阶段。

（2）提高了工程造价的准确度　BIM 算量在提高工程造价准确度的同时，还可以进行不同维度的多算对比。

(3) 提升了工程结算效率　引入 BIM 技术之后，施工单位利用 BIM 模型对该施工阶段的工程量进行一定的修改及深化，然后包含在竣工资料里提交给业主，经过设计院的审核之后，作为竣工图的一个最主要组成部分转交给咨询公司进行竣工结算，施工单位和咨询公司基于这个 BIM 模型导出的工程量必然是一致的。这就意味着，承包商在提交竣工模型的同时就相当于提交了工程量，设计院在审核模型的同时就已经审核了工程量。也就是说，只要是项目的参与人员，无论是咨询单位、设计单位、施工单位，还是业主，所有拿到这个 BIM 模型的人，得到的工程量都是一样的，因此，工程结算中工程量核对这个比较麻烦的问题将不复存在，能够大大地提高造价人员工程结算的效率。

二维码 1-6
工程造价计算方式的变迁

二维码 1-7
BIM 提高工程造价准确度和 BIM 的不同维度多算对比

(4) 可降低建设成本　设计阶段对工程造价的影响程度为 75%左右，设计质量的高低直接决定着工程造价的高低。应用 BIM 技术可实现工程之间数据和信息的相互共享，可以帮助专业设计人员更好地对工程使用的技术进行研究，采用更加节能的设计方案，并对工程的每项设计进行合理化分析，从根本上提高整个工程的性能，节约工程的成本。通过 BIM 技术还可以对设计方案进行分析，避免不必要的设计浪费，减少因不合理设计引起的设计变更，降低工程造价。采用 BIM 技术，通过软件建立工程的施工模型，对工程的施工过程进行模拟，可帮助施工企业更加直观地看到施工全过程，模拟的详细程度可以具体到每个细节，这样可以很好地观察出工程施工过程中是否存在不合理的地方，及时采取措施，节约工程造价。

(5) 节约运营阶段的成本　工程施工结束后运营阶段的成本也是建设项目全寿命周期成本中的一个重要部分，虽然现代计算机技术发展迅速，工作效率有了很大提高，但是一些工程中需要的数据还是需要人工进行收集和整理，通过处理以后形成造价管理需要的内容。整个过程中还需要许多人进行配合和处理，这就占据着大量的人力，给工程的人工成本带来巨大的压力。BIM 技术的使用使工程的运营维护有了更便捷的方式。BIM 能够及时提供详细的数据，并且能够对数据进行处理。例如，BIM 能够及时对设备的数据进行查询，能够帮助工作人员及时与设备厂家沟通和处理，为工程的运行保驾护航。由此可见，BIM 技术的应用对于工程的运营阶段有着至关重要的作用，能够节约工程的运营成本。

(6) 可促使造价人员提高核心竞争力　工程造价人员的一项主要工作是计算、核对工程量，随着 BIM 技术的引入，可以从 BIM 模型里直接提取工程量，不需要专门的造价人员从事此项工作。这就促使造价人员努力学习掌握一些软件很难取代的知识和手段（如精通清单定额、项目管理等），以免被淘汰，此时 BIM 软件就成为造价人员提升自身专业能力的好帮手。BIM 的普及和发展，势必淘汰专业技术能力差的从业人员。算量不过是基础，软件只是减少工作强度，这样会让造价人员的工作不再局限于算量，而是上升到对整个项目的全面接触，掌握全过程造价管理和项目管理的方法和过程。精通合同、施工技术和法律法规等能显著提高造价人员的核心竞争力，使造价人员的职业发展前景更加广阔和光明。

(7) 有利工程造价的整体管理　我国的工程造价的管理比较分散，由多个部分组合而成，需要对每个施工阶段进行造价的控制和管理才能够实现整体工程的造价。工程的造价管理分为多个阶段，每个阶段都有不同的工程造价，而且各阶段的造价师相互独立，无法进行各项数据的相互沟通，给整体的造价带来不协调。BIM 的应用可以把信息进行集合，让每个阶段和过程中的造价变得透明化，而且方便造价人员间的相互沟通和协调，还能够实现不同地点的同时办公，方便对整个工程造价各个环节的整体管理，为工程造价的准确性提供可靠的保证。

（8）有利于造价数据的积累与共享　在现阶段，造价咨询机构与施工单位完成项目的估价及竣工结算后，相关数据基本以纸质载体或 Excel、Word、PDF 等载体保存，要么存放在档案柜中，要么放在硬盘里，它们孤立存在，使用不便。有了 BIM 技术，便可以让工程数据形成带有 BIM 参数的电子资料，便捷地进行存储，同时可以准确地调用、分析、利于数据共享和借鉴经验。BIM 数据库的建立是基于对历史项目数据及市场信息的积累，有助于施工企业高效利用。工作人员根据相关标准、经验及规划资料建立的拟建项目信息模型，快速生成业主方需要的各种进度报表、结算单、资金计划，避免施工单位每月都花大量时间核实这些数据。施工企业建立企业自己的 BIM 数据库、造价指标库，还可以为同类工程提供对比指标，在编制新项目的投标文件时能够便捷、准确地进行报价，避免企业因造价专业人员流动带来的重复劳动和人工费用的增加。在项目建设过程中，施工单位也可以利用 BIM 技术按某时间、某工序、特定区域输出相关工程造价，做到精细化管理。BIM 作为统一的项目信息存储平台，实现了经验、信息的积累、共享及管理的高效率。

2. BIM 建模软件的缺点

前已述及，BIM 软件有很多种类，不同种类的软件完成不同的功能。以 Revit 软件为例，虽然其目前是建模中使用最为广泛的软件，但现有的 Revit 模型存在着以下几方面的问题，远未达到直接出量的要求。

（1）计算规则及计算要求与国内不适应　在进行工程计量计价时，每个条目都通过清单计量影响着相应的定额计价。例如，在《建设工程工程量清单计价规范》中，规定了基础与墙的划分范围，墙体分为内墙、外墙、隔墙等，如果要使用 Revit 建立模型，如果不按清单进行划分则不能准确地计算出各自的工程量。又如，规范规定，墙体或楼板上小于或等于 $0.3m^2$ 的洞口不进行计算，那么超过 $0.3m^2$ 的洞口是否需要建出实体？小于 $0.3m^2$ 的洞口又是否需要填塞？如果使用 Revit 原生功能，这无疑会增加搭建模型和二次处理的工程量。除非使用特别的付费插件，对 Revit 模型中的孔洞填塞实现自动识别并进行扣减。从计价的要求角度来看，清单项中有些材料和构件是综合单价的附属部分，如螺栓、预埋铁件等构件是附属于钢结构构件的，这样螺栓和预埋铁件就不需要单独建模。但如果螺栓和预埋铁件单独计量，就必须单独建模算量。通过以上几个方面可以看到，国内算量的规则及计价要求，都对 Revit 模型搭建工作有很大的影响，光是建模本身就要处理很多具体的问题。

（2）钢筋工程量计算不准　虽然可以通过 Revit 的明细表功能，从 Revit 模型中自动导出混凝土构件的长度、混凝土强度等级、体积等信息，但是结构构件中的受力及构造钢筋，如果模型中未输入，则无法导出。虽然可以使用 Revit 自带的钢筋功能输入钢筋，或者使用自动生成钢筋的 API 插件直接读取平法配筋信息生成梁柱配筋，但无论由谁输入钢筋，只要是手动创建实体钢筋，必然造成模型体量和建模工作量大幅度增加。即使输入了钢筋，Revit 计算得出的实体钢筋工程量也不一定准确，因为计算钢筋的工程量时，需要根据工程所在地的抗震设防等级、工程现场地质条件、工程的结构类型、建筑物高度、构件所处的空间位置等因素考虑不同的抗震构造，如角柱、转换柱箍筋的全高加密、框架柱两端箍筋的加密，钢筋接头的方式、钢筋的运输长度、砌体中构造柱分布及其配筋等因素。如果在 Revit 模型中全部考虑这些因素，建模的难度和成本势必增加。

（3）措施项目等考虑不全　模型中只能绘制出实体项目，措施项目考虑的不周全，如脚手架、临时支撑、模板、施工缝、施工损耗等，有些使用独特安装方法的构件的安装费用、特殊构件加工带来的费用增加等，在模型中均未考虑。

目前比较流行的算量软件有广联达、鲁班等，其工作方式主要是在算量软件中通过 CAD 设计图纸建模或手工建模，也可以导入 Revit 模型后再修改，然后导入本地清单进行工程量整体计算。随着建筑体量越来越大和造型越来越复杂，国内软件也暴露出了重复建模工作量大和创建复杂造型构件难度大的问题。

3. 基于 BIM 的全过程造价管理

基于 BIM 的工程造价管理作为 BIM 技术的一项重要应用，在 BIM 倡导的全寿命周期应用的理念下，对工程造价管理的各个阶段也产生着影响。BIM 在工程造价管理中的应用对投资决策、规划设计、招标投标、施工、结算各个阶段的工作方式带来了新的变革。

基于 BIM 的全过程造价管理，包括了决策阶段依据方案模型进行投资的快速估算和方案比选；设计阶段，根据设计模型组织限额设计、概算编审和碰撞检查；招标投标阶段，根据模型进行工程量清单、招标控制价、施工图预算的编审；施工阶段，根据模型进行成本控制、进度管理、变更管理、材料管理；竣工阶段，基于模型进行结算编制和审核。

全寿命周期工程造价 BIM 模型的核心并非模型本身（几何信息和可视化信息），而是存储在其中的多种专业信息，如计算规则信息（工程量清单、定额、钢筋平法规则等）、材料信息、工程量信息等。

BIM 以模型为载体，信息为核心，重点是应用，关键是协同。基于全寿命周期工程造价的 BIM 模型及加载在模型上的专业信息支持各个阶段的工程造价管理应用，并可以为各参与方各个阶段的 BIM 应用输出工程量、成本等信息。

（1）决策阶段　基于 BIM 模型的工程造价大数据管理及分析，可以为企业决策层提供精益的数据支撑。通过历史项目的工程造价 BIM 模型生成指标信息库，进一步建立并完善企业数据库，从而形成企业定额。支持企业高效准确地完成项目可行性研究、投资决策、投资估算编制、方案比选等工作。

（2）设计阶段　建设项目设计阶段，基于 BIM 的主要应用是限额设计、设计概算编审以及碰撞检查。

1）基于 BIM 的限额设计，是利用 BIM 模型来对比设计限额指标，一方面可以提高测算的准确度，另一方面可以提高测算的效率。

2）基于 BIM 的设计概算编审，是对成本费用的实时核算，它利用 BIM 模型信息进行计算和统计，快速分析工程量，通过关联历史 BIM 信息数据，分析造价指标，能更快速准确地分析设计概算，大幅提升设计概算精度。

3）基于 BIM 的碰撞检查，通过三维校审减少“错、碰、漏、缺”现象，在设计成果交付前消除设计错误，减少设计变更，降低变更费用。

BIM 算量软件支持对设计 BIM 模型的一键导入，可实现设计阶段 BIM 模型到工程造价 BIM 模型的信息传递。同时软件具备的 CAD 识别和手工建模功能，可以很好地支持工程造价 BIM 模型的快速建立。

（3）交易阶段　建设项目招标投标阶段也是 BIM 应用最集中的环节之一。工程量清单编审、招标控制价编审、施工图预算编审，都可以借助 BIM 技术高效便捷地工作。

招标投标阶段，工程量计算是核心工作，而算量工作占工程造价管理总体工作量的 60%左右。利用 BIM 模型能自动计算工程量并进行统计分析，形成准确的工程量清单。建设单位或者造价咨询单位可以根据设计单位提供的富含丰富数据信息的 BIM 模型快速地抽取出工程量信息，结合项目具体特征编制准确的工程量清单，有效地避免漏项和错算等情况，最大程度减少施工阶段因工程量问题而引起的纠纷。

（4）施工阶段　建设项目施工阶段，基于 BIM 的主要应用包括工程计量和变更管理。建设项目施工阶段，需要将各专业的深化模型集成在一起，形成一个全专业的模型，再关联进度、资源、成本的相关信息，以此为基础进行过程控制。

1）工程计量可以采用云计价平台的验工计价功能进行中期结算，辅助中期支付。传统模式下的工程计量管理，申报集中、额度大、审核时间有限，无论是初步计量还是审核都存在与实际进度不符的情况，使用云计价平台，可以基于实际进度快速从云计量平台中提取已完工程量，并与合同文件中的成本信息关联，迅速完成工程计量工作，解决实际工作中存在的困难。

2）变更管理是全过程造价管理的难点，传统的变更管理方式，工作量大、反复变更时易发生错漏、易发生对相关联的变更项目扣减产生疏漏等情况。基于 BIM 技术的变更管理，力求最大程度减少变更的发生；当变更发生时，在模型上直接进行变更部位的调节，通过可视化对比，形象、直观、高效，变更费用可预估，变更流程可追溯，变更关联清晰，对投资的影响可实时获得。

（5）竣工阶段　建设项目结算阶段，基于 BIM 的主要应用包括结算管理、审核对量、资料管理和成本数据库积累。基于 BIM 技术的结算管理，是基于模型的结算管理，对于变更、暂估价材料、施工图纸等可调整项目统一进行梳理，不会有重复计算或漏算的情况发生。基于 BIM 技术的审核对量可以自动对比工程模型，是更加智能更加便捷的核对手段，可以实现智能查找量差、智能分析原因、自动生成结果，解决对量过程中工程量差不清、查找难、易漏项的问题。它不但可以提高工作效率，同时也可减少核对中的争议。

■ 1.3　全过程 BIM 造价管理软件

1. BIM 模型通用的解决方案

为了使同一个建筑模型能够同时满足设计、招标投标、施工建造、合同管理和运维管理的需要，主要有以下几个实现途径。

（1）多专业集成在一个模型中心　可以开发一种软件把不同专业多种应用集成在一个模型中心，实现多专业模型的整合，如把建筑中本不可分割的土建、钢筋、安装整合在一个模型之中。集成模型的好处是减少重复性建模和数据在导入导出过程的错误和丢失。

（2）多专业模型中心内置造价模块　将造价管理模块内置在多专业合一的模型中，通过算量模型中心的工程量数据直接生成造价数据。构件属性不仅要包括物理属性、几何属性、工程量属性，还要增加造价或成本属性。

（3）算量与计价软件移植到 Revit 模型直接由 Revit 软件创建，设计可以提供或转让 Revit 模型，供工程后续各阶段和各参与方使用，在使用过程中，不断增加信息。工程完工后，承包商再把模型交付给物业公司进行运维管理。如果设计用 Revit 模型，施工用其他平台创造的模型，即使能够实现数据的导入与导出，但兼容性不会达到 100%，并且会增加重复建模的投入。为了避免这些问题，可以将 CAD 平台或自主平台上开发的图形算量软件移植到 Revit 平台上。

（4）采用“云+端”的模式 随着云计算和大数据技术的出现，“云+端”可以把计算和存储都放在云端，而终端只进行输入、修改、查询等操作。通过提高云端服务器的配置，使云端服务器可胜任 BIM 模型中心的创建与运行，后台和云端承担复杂的计算任务，从而降低终端计算机硬件的配置，使终端轻量化。

（5）BIM 造价云专业应用和服务 材料价格信息、动态信息、招标信息、在建工程、施工进展等，这些工程数据过去是散落的、无序的，现在 BIM 平台把这些资源整合起来，让它产生商业价值，形成平台资产，让产业链所有参与企业借此找到商机，从而实现造价业务的延伸应用。

2. 全过程造价管理平台软件

目前阶段，还没有一个大而全的软件可以涵盖建设项目全过程造价管理中的所有应用，也没有一家软件公司能提供各个阶段的建模与造价管理产品；如果采用不同的软件组合实施基于 BIM 的全过程造价管理，各个软件必须要遵从国家标准和行业标准，并依据这些标准进行数据交换和协同共享。

同时，模型之间的信息交换和版本控制，基于模型的协同工作需要平台级的软件来完成，如 BIM 模型服务器。通过这个平台软件，承载和集成各个阶段的 BIM 应用软件，进行数据交换，形成协同共享和集成管理，这样才能够使基于 BIM 的全过程造价管理应用是连贯的、集成的、持续的过程。

建设项目的各个阶段都会产生相应的模型，由上一阶段的模型直接导入本阶段进行信息复用、通过二维 CAD 识别进行翻模和重新建模是目前形成本阶段模型的主要方式。

BIM 设计模型和 BIM 算量模型因为各自用途和目的不同，导致携带的信息存在差异。BIM 设计模型存储着建设项目的物理信息，其中最受关注的是几何尺寸信息，而 BIM 算量模型不仅关注工程量信息，还需要兼顾施工方法、施工工序、施工条件等约束条件信息，因此不能直接复用到招标投标阶段和施工阶段。

现阶段，基于 IFC 标准的模型和应用插件，可以将设计软件产生的模型有效导入算量软件形成算量模型，例如广联达基于 IFC 标准开发的 Revit 插件，对模型进行相应的信息转化和匹配后再导入算量软件进行复用。

广联达云计量平台具有一键导入设计 BIM 模型、CAD 识别建模、手工建模等多种建模优势，可以方便高效地完成工程造价 BIM 模型的建立。同时由广联达公司主导编制的二维 CAD 图纸建模规范和 Revit 三维模型建模规范将会对设计阶段 BIM 模型的创建过程提供有效的指导，也将极大提高模型在算量软件中的导入效果。

广联达云计量平台产生的模型还可以直接导入到云计价平台，实现计量与计价的无缝对接。本书将以广联达云计量平台 GTJ2018、云计价平台 GCCP5.0 为例介绍 BIM 在建筑工程造价全过程管理中的应用。

思　考　题

1. 什么是 BIM？
2. BIM 建模常用的软件有哪些？
3. 常用的可视化分析软件有哪些？
4. 常用的碰撞检查软件有哪些？
5. 常用的 BIM 造价管理软件有哪些？
6. 我国工程造价的计算方式经历了哪几个阶段？
7. 工程造价管理中引入 BIM 技术有哪些优点？
8. 国外 BIM 软件在工程造价管理中存在哪些缺点？
9. 国内算量软件在建模中存在哪些缺点？
10. 决策阶段采用 BIM 技术的作用是什么？
11. 设计阶段如何应用 BIM 技术？
12. 招标投标阶段 BIM 模型的作用有哪些？
13. 施工阶段 BIM 模型发挥哪些作用？
14. 竣工后设计 BIM 模型如何使用？
15. 各个阶段的 BIM 模型及信息互用如何实现？

第2章

BIM算量流程及准备工作

学习目标

掌握软件算量的原理，掌握软件算量的操作流程；熟悉软件的基本功能和界面分布，熟悉构件与图元的区别与联系，掌握各类图元的绘制方法；掌握分析图纸内容并从中提取所需信息，掌握提取钢筋算量关键信息，掌握提取土建算量关键信息，掌握新建工程的流程，熟悉工程相关设置的内容与方法；掌握图纸管理的相关操作，掌握识别楼层表的相关操作。

2.1 算量原理及软件介绍

2.1.1 算量原理

1. 钢筋算量原理

广联达 BIM 土建计量平台 GTJ2018 的钢筋算量原理如图 2-1 所示。

钢筋的主要计算依据为混凝土结构施工图平面整体表示方法制图规则和构造详图，GTJ2018 目前支持 11G101 和 16G101 系列图集，即《混凝土结构施工图平面整体表示方法制图规则和构造详图(现浇混凝土框架、剪力墙、梁、板)》(11G101-1 和 16G101-1)、《混凝土结构施工图平面整体表示方法制图规则构造详图（现浇混凝土板式楼梯)》(11G101-2 和 16G101-2)、《混凝土结构施工图平面整体表示方法制图规则和构造详图（独立基础、条形基础、筏板基础及桩承台)》(11G101-3 和 16G101-3)。

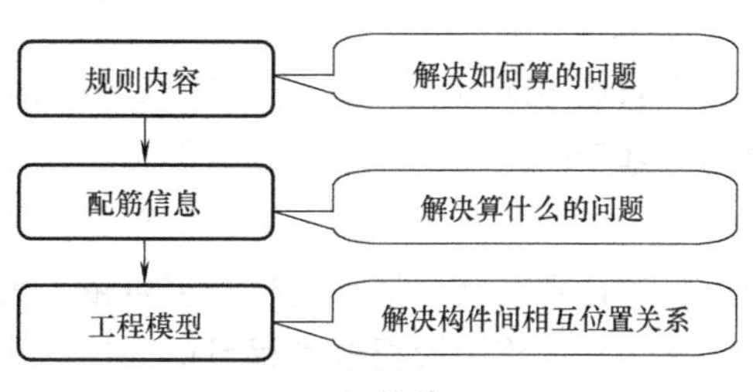

图 2-1 钢筋算量原理

算量软件的实质是将钢筋的计算规则内置，通过建立工程、定义构件、输入钢筋信息，建立结构模型，汇总计算，最终形成报表。算量软件将计算规则内置在软件中，利用软件实现计算过程，依靠已有的构件工程量扣减规则，利用计算机快速、完整地计算出所有的细部工程量。

2. BIM 土建算量原理

广联达 BIM 土建计量平台 GTJ2018 计算土建工程量时，根据层高确定高度，根据轴网确定构件位置，通过构件属性确定截面信息。软件将手工算量的思路和清单、定额工程量的计算规则完全内置在软件中，只需在模型中绘制相应构件的图元，软件即能根据相应的计算规则快速、准确地计算出所需要的工程量。

GTJ2018 能够计算的工程量包括：土石方工程量、砌体工程量、混凝土及模板工程量、屋面工程量、天棚及楼地面工程量、墙柱面工程量等。以墙体及墙内相关构件为例，手工算量与软件算量的过程对比如图 2-2 所示。

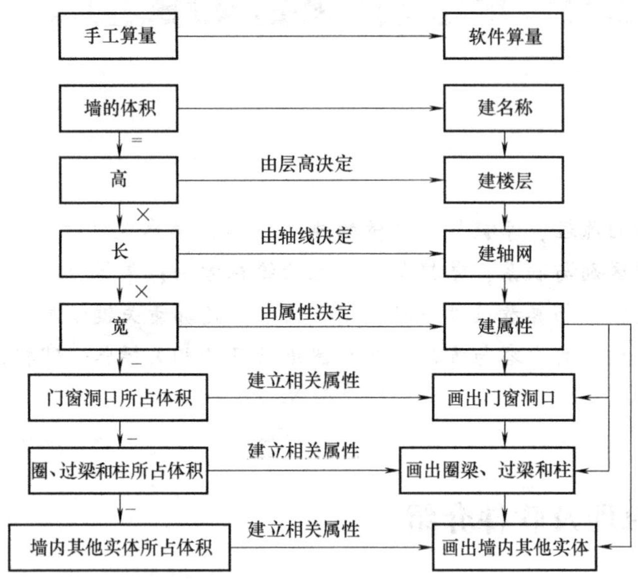

图 2-2 手工算量与软件算量过程对比

2.1.2 软件功能简介

1. 主要功能

广联达 BIM 土建计量平台 GTJ2018 是钢筋算量和土建算量二合一的软件，其中钢筋算量部分基于国家规范和平法标准图集，采用绘图方式，整体考虑构件之间的扣减关系，辅助以表格输入，只要完成绘图即可实现钢筋量计算。土建算量部分内置全国各地现行清单、定额工程量计算规则，计算过程有据可依，便于查看和控制，可以解决工程造价人员在招标投标、施工和结算阶段提取工程量的问题。

软件采用 CAD 导图算量、绘图算量、表格输入算量等多种算量模式，可在三维状态下自由绘图、编辑，轻松处理跨层构件计算，操作简单、直观、高效。软件报表功能强大、提供了做法及构件报表量，能够满足招标方、投标方各种报表需求。

广联达 BIM 土建计量平台 GTJ2018，可以通过导入/导出算量数据交换文件实现 BIM 算量。增加了导入 BIM 模型、导出 BIM 文件（IGMS）功能，可以将 Revit 软件建立的三维模型导入到 GTJ2018 软件中进行算量，构件导入正确率可以达到 100%。

该平台算量软件有两种操作模式：一种是建模时对构件套做法，计价时直接将做法导入云计价平台软件；另一种是建模时不对构件套做法，到计价平台软件提取工程量时再套做法的量价一体化。

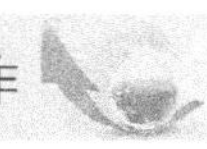

本书在算量部分以对构件套做法的方式进行建模，在编制招标控制价时直接导入带做法的算量文件做法，在编制投标文件和结算文件时介绍量价一体化功能。

2. *界面介绍*

GTJ2018 界面如图 2-3 所示，分为标题栏、菜单栏、选项卡、导航栏、显示控制栏、状态栏和绘图工作区七个部分。

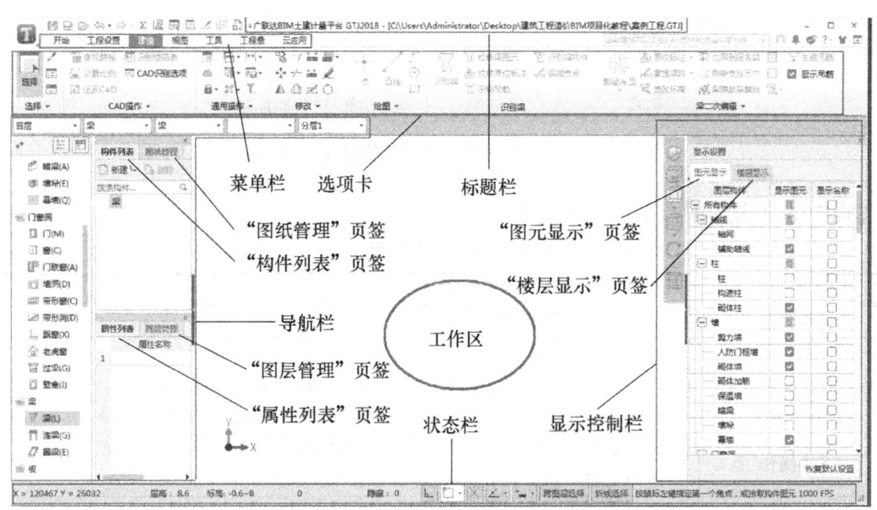

图 2-3 软件界面

（1）标题栏和菜单栏　标题栏位于屏幕的最上方，显示软件的名称、工程的名称和保存路径。菜单栏位于屏幕的左上角，显示常用的菜单，包括“开始”“工程设置”“建模”“视图”“工具”“工程量”和“云应用”。

（2）选项卡　选项卡位于菜单栏的下方，每个选项卡上则放置了当前操作需要的工具。选项卡的内容与当前菜单有关。各菜单下的固定选项卡见表 2-1。

表 2-1 各菜单下的固定选项卡列表

序号	菜单名称	固定选项卡
1	开始	最近文件、云文件
2	工程设置	基本设置、土建设置、钢筋设置
3	建模	选择、CAD 操作、通用操作、修改
4	视图	选择、通用操作、用户面板、操作
5	工具	选择、选项、通用操作、辅助工具、测量、钢筋维护
6	工程量	汇总、土建计算结果、钢筋计算结果、检查 表格输入、报表、指标
7	云应用	汇总计算、工程审核

“建模”菜单下的选项卡有些是固定的，有些是随着当前构件的类型而变化的，固定选项卡包括“选择”“CAD 操作”“通用操作”和“修改”，如图 2-4 所示。

随构件类型变化的选项卡包括“绘图”“识别”和“二次编辑”，如“轴网构件”的选项卡，如图 2-5 所示。

“识别”选项卡出现时表明该构件可以通过识别 CAD 图纸进行建模，不出现时只能通过手工画图进行建模。

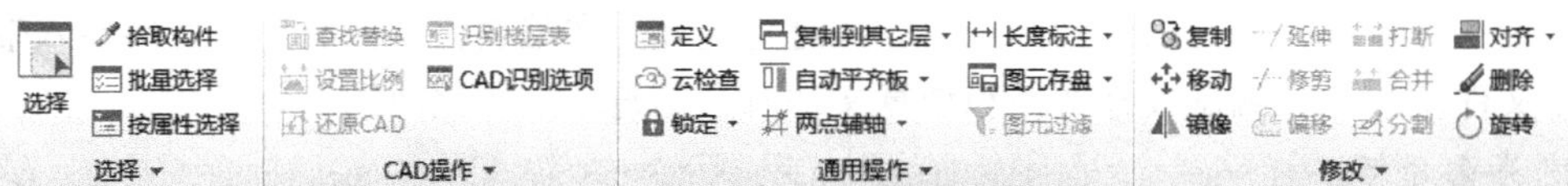

图 2-4 “建模”菜单下的固定选项卡

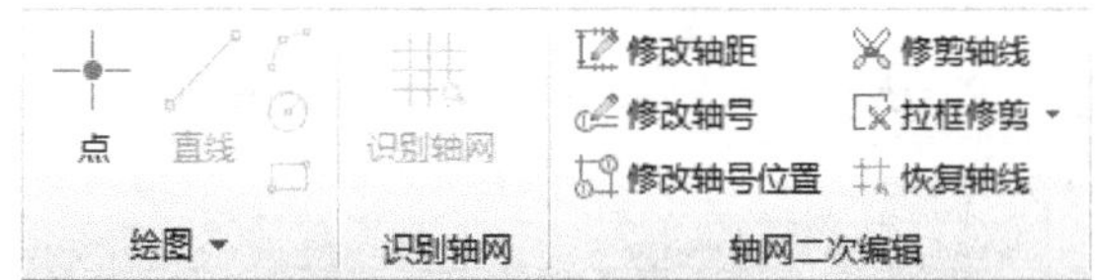

图 2-5 随构件类型变化的选项卡（轴网）

建模过程中的常用选项卡工具见表 2-2。

表 2-2 建模过程中的常用选项卡工具

序号	选项卡	工　具
1	基本设置	工程信息、楼层设置
2	土建设置	计算设置、计算规则
3	钢筋设置	计算设置、比重设置、弯钩设置、损耗设置、弯曲调整值设置
4	建模→选择	选择、拾取构件、按图层选择、批量选择、按属性选择、按颜色选择
5	CAD 操作	查找替换、设置比例、图片管理、识别楼层表 还原 CAD、CAD 识别选项、补画 CAD 线、修改 CAD 标注
6	建模→通用操作	定义、图元层间复制、尺寸标注、平齐板顶 图元存取、图元过滤、图元锁定、图元查找 修改归属、修改图元名称、辅轴管理
7	修改	复制、删除、移动、旋转、镜像、延伸、修剪、偏移 打断、合并、分割、对齐、设置夹点、闭合、拉伸
8	绘图	点、直线、矩形、圆、三点画弧 两点大弧、两点小弧、起点圆心终点弧
9	汇总	汇总计算、汇总选中单元
10	土建计算结果	查看计算式、查看工程量
11	钢筋计算结果	查看钢筋量、编辑钢筋、钢筋三维
12	检查	合法性检查
13	表格输入	表格输入
14	报表	查看报表

当使用“绘图”选项卡上的某个绘图工具时，选项卡的下方会增加与该绘图方式相应的绘图工具。

（3）导航栏　导航栏位于选项卡下方左侧，包括楼层导航栏和构件导航栏，其中构件导航栏在楼层导航栏的下方。楼层导航栏根据构件的不同，分为四~五个层级，第一级为楼层，第二级为构件大类，第三级为构件小类，第四级为构件，第五级为分层。使用楼层导航栏既可以完成构件种类的切换，还可以完成楼层、构件种类、构件大类、构件小类、构件名称和构件所在分层的切换。

构件导航栏主要用于切换构件种类，构件导航栏内还包括“构件列表”“属性列表”“图纸管理”和“图层管理”四个页签，且每个页签的下方均有各自的工具栏。

“构件列表”显示选中构件大类下的所有构件；“属性列表”显示选中构件的全部属性。

“图纸管理”页签主要提供图纸管理的功能，如添加图纸、分割图纸、定位图纸等；

“图层管理”主要提供图层管理的功能，如显示/隐藏指定图层等。

（4）显示控制栏　显示控制栏位于屏幕的右侧，用于控制图形的显示内容和显示方式，包括显示工具和显示设置，其中显示工具主要提供三维任意旋转、二维/三维视图切换、视图类型（包括俯视、仰视、左视、右视、前视、后视）选择、构件显示类型（包括实体、线框、边面）选择、坐标轴旋转（包括顺时针旋转90°、逆时针旋转90°、按图元旋转、恢复视图）和显示设置六项功能。显示设置包括“图元显示”和“楼层显示”两个页签，用于控制显示的内容和楼层。

（5）状态栏　状态栏位于屏幕的最下方，除显示当前层的层高、标高范围、正交绘图、2D捕捉模式、绘图设置、跨图层选择和折线选择外，还显示软件需要进行的下一步操作提示，为建模过程提供了非常重要的辅助功能。

（6）绘图工作区　绘图工作区位于屏幕的中部，占据了屏幕的绝大部分，用于显示建模成果，也是主要的绘图工作区。

3. 构件与图元

（1）基本概念　广联达BIM土建计量平台GTJ2018主要是通过建立模型的方式来进行钢筋和土建工程量的计算，构件图元的建模是软件使用的重要部分。下面概括介绍软件中构件和图元的分类和常用绘制方法。

在构件列表中已经定义了属性（和做法）的称为构件，绘制到模型中的构件称为图元。

工程实际中的构件按形状可以划分为点状构件、线状构件和面状构件。点状构件包括柱、门窗洞口、独立基础、桩、桩承台等；线状构件包括梁、墙、条基等；面状构件包括现浇板、筏板等。

（2）图元绘制方法　不同形状的构件绘制方法不同。对于点状构件，主要是“点”画法，“点”还可以进行任意角度旋转，也可以按轴线进行智能布置；线状构件可以使用“直线”“弧线”“圆”和“矩形”画法，也可以按轴线进行智能布置；对于面状构件，可以采用“直线”绘制边线围成面状图元的画法，也可以采用“弧线”画法以及“点”画法。

4. 操作流程

（1）算量操作流程　算量软件的操作流程如图2-6所示。

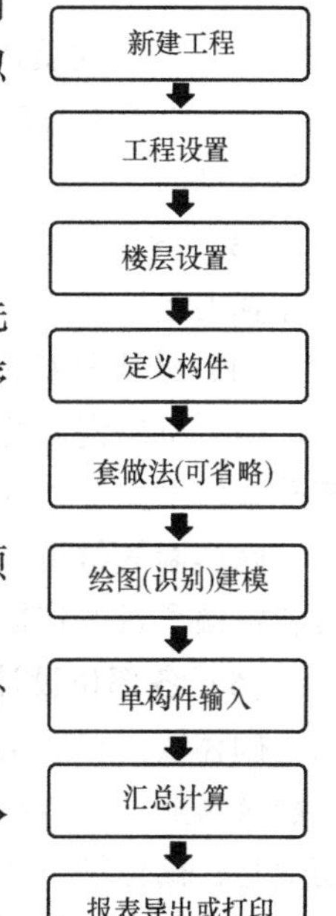

图2-6　算量流程

（2）构件图元绘制流程　同一建筑中构件图元绘制顺序一般按照先结构后建筑，先地上后地下，先主体后屋面、先室内后室外的顺序进行。

1）楼层构件的绘制顺序为：首层→地上各层→地下各层→基础层。

2）根据结构类型的不同，地下室和地上楼层各构件图元的绘制顺序也略有差别，基本遵循以下顺序：

砖混结构：轴网→砌体墙→门窗洞→构造柱→圈梁→屋面→室内外装饰。

框架结构：轴网→柱→梁→板→砌体墙→门窗洞→构造柱→圈梁→屋面→室内外装饰。

剪力墙结构：轴网→剪力墙→暗柱/端柱→暗梁/连梁→砌体墙→门窗洞→构造柱→圈梁→屋面→室内外装饰。

框剪结构：轴网→柱→剪力墙→梁→板→砌体墙→构造柱→圈梁→屋面→室内外装饰。

3）根据基础类型的不同，基础各种构件图元的绘制基本遵循以下顺序：

独立基础或桩承台基础：独立基础或桩承台→基础梁→垫层→砖胎模→土方。

条形基础：条形基础→基础梁→垫层→砖胎模→土方。

筏板基础：筏板基础→集水坑（电梯坑）→基础梁→垫层→砖胎模→土方。

2.2 图纸分析

2.2.1 设计说明

建筑设计说明与结构设计说明的内容略有不同，现将二者的内容进行归纳综合，介绍与编制建设工程预算时需要注意的关键信息。

1. 设计说明的内容

设计说明一般包括工程概况、工程地质情况、设计依据、结构材料选用、各部位设计要点、各部位的构造详图、工程做法表、门窗表及门窗性能要求、幕墙及特殊屋面工程、电梯及扶梯选择及性能说明等。

2. 与预算编制有关的信息

（1）工程概况　工程概况主要说明建筑物的地理位置、面积、层数、结构抗震类别、设防烈度、抗震等级、建筑物合理使用年限等。其中建筑物的地理位置确定了工程所在地，据此选用清单和定额工程量计算规则和税率；根据建筑面积和层数确定项目工期；根据面积、高度和层数确定工程类别，进而确定管理费和利润的取费费率，确定是否需要计取超高费用；根据地上地下的建筑面积计算造价指标、工料消耗指标和工程量指标；根据抗震设防烈度和抗震等级确定钢筋计算时的节点构造和计算设置。

（2）工程地质情况　工程地质情况主要说明本工程所处位置的土质情况和地下水位等，这决定了是否考虑降排水措施，采用哪种挖土机械、打桩机械及施工方法，选用哪项清单和定额子目等。

（3）设计依据　设计依据主要说明设计过程中依据的相关设计规范和标准图集等，都是计算工程量的关键信息。

（4）结构材料选用　结构材料选用（包括品种、规格和强度等级）主要说明工程所处的环境、所用钢筋的强度等级和规格品种、钢筋接头方式、混凝土的强度等级、砌体以及砌筑砂浆的强度等级等。其中，钢筋的强度等级、规格品种是确定钢筋保护层厚度的关键信息；砌体墙的材质、厚度、砌筑砂浆强度等级以及特殊部位墙体的特殊要求，是选择清单项目和定额子目的依据。

（5）各部位设计要点及构造　主要说明构造柱、圈梁的设置位置、截面尺寸和配筋信息；砌体墙内构造钢筋设置、墙下无梁处的板内加筋、板阳角放射筋、现浇板分布筋、次梁加筋及吊筋；可能与水接触处止水台的尺寸；门窗洞口过梁（或下挂板）的截面尺寸及配筋信息；砌体墙体或混凝土墙柱的钢丝网片设置要求；小砌体墙垛改为混凝土与剪力墙同时浇筑，圈梁、过梁、构造柱等的布置情况等。这些均是计算钢筋工程量和选用清单项目和定额子目的关键信息。

(6) 隐蔽部位构造详图　隐蔽部位构造详图一般包括后浇带加强筋，洞口加强筋、锚拉筋构造详图等。选用的后浇带形式不同，钢筋、混凝土、垫层、止水带等的工程量也必然不同；各种洞口的加强筋、锚筋、拉筋、植筋的要求都是计算钢筋工程量的关键信息。

(7) 重要部位图例等　重要部位图例一般是指墙体上的各种挑檐、栏板、空调板、飘窗等的详图，连接主体建筑与地下室的连廊、过道等的详图，与筏板基础相连的集水坑、电梯井坑的配筋详图，集水坑、排水沟、截水沟的底、侧壁和盖板详图等。这些信息也都是计算工程量的关键信息。

(8) 工程做法表　工程做法表主要说明外墙装修、室内楼地面、墙面、墙裙、踢脚、天棚（吊顶）装修的做法，它们是确定装修清单和定额子目的依据。

(9) 门窗表及门窗性能要求　门窗表主要说明门窗类型及门窗性能（防火、隔声、防护、抗风压、保温、空气渗透、雨水渗透等)、用料、颜色，玻璃、五金件等的设计要求，是计算门窗工程量和套用门窗清单与定额的重要依据。

(10) 幕墙性能及制作要求　主要说明本工程中幕墙工程（包括玻璃幕墙、金属幕墙、石材幕墙等）的性能及制作要求，平面图、预埋件安装图等，以及防火、安全、隔声构造等要求，是计算幕墙工程量和预埋铁件工程量时确定清单和定额子目套用的重要信息。

(11) 电梯（自动扶梯）选择及性能说明　主要说明电梯（或自动扶梯）的选择要求及性能要求，如功能、载重量、速度、停站数、提升高度等。建筑工程预算主要关注其井坑的大小和底板、侧壁的做法，安装工程预算关注其品牌、规格、型号和价格。

(12) 屋面的构造与排水方式　主要说明屋面的构造做法、屋面排水方式，这是确定屋面及屋面排水工程清单和定额子目的重要信息。

(13) 外墙保温　主要说明外墙保温的形式、保温材料及厚度，这是确定外墙保温清单和定额子目的重要信息。

2.2.2　平面图

平面图可以分为建筑总平面图、基础平面图及详图、楼层平面图（建筑平面图和结构平面图)，下面分别介绍各种平面图中提供的编制预算的重要信息。

1. 建筑总平面图

建筑总平面图，是表明新建房屋所在范围内的总体布置，它反映新建、拟建、既有和拆除的房屋、构筑物等的位置和朝向，室外场地、道路、绿化等的布置，地形、地貌、标高以及与原有环境的关系和周边情况等。建筑总平面图也是房屋及其他设施施工的定位、土方施工以及绘制水、暖、电等管线总平面图和施工总平面图的依据。

建筑总平面图在编制工程预算时的作用主要有以下几个方面：可以根据拟建建筑物位置，确定塔式起重机的位置及数量；根据场地总平面位置情况，考虑是否需要计取二次搬运费用；根据拟建工程与既有建筑物的位置关系，考虑土方支护、放坡、土方堆放调配等问题，与土方和基坑支护的工程量计算密切相关；根据拟建建筑物之间的关系，综合考虑建筑物的共有构件等问题，合理划分工程计算界限。

2. 基础平面图及详图

基础图通常包括基础平面图、基础详图和基础设计说明。它是表示建筑物室内地面以下基础部分的平面布置和详细构造的图样，也是施工时在地基上撒灰线、开挖基坑和砌（浇)

筑基础的依据。

基础平面图反映基槽未回填土时基础平面布置情况，包括定位轴线，基础构件（包括承台、基础梁等）的位置、尺寸、底标高、构件编号，施工后浇带的位置及宽度，地沟、地坑和已定设备基础的平面位置、尺寸、标高，预留孔与预埋件的位置、尺寸、标高。采用桩基时，还包括桩位平面位置、定位尺寸及桩编号、试桩定位平面图。采用人工复合地基时还包括复合地基的处理范围和深度，置换桩的平面布置及其材料和性能要求，构造详图以及复合地基的承载力特征值及变形控制值等有关参数和检测要求。

基础详图反映基础的类型，基础的标高、平面形状以及平面和高度的详细尺寸、配筋情况，在基础上生根的柱、墙等构件的标高及插筋情况。

基础平面图及详图的设计说明，有些内容设计人员不在平面图上给出，而是以文字的形式表现，如筏板厚度、筏板配筋、基础混凝土的抗渗等特殊要求。

以上都是编制预算所需的关键信息。可以根据基础平面图和详图提供的信息，判断需要查套的清单项目和定额子目。

3. 楼层平面图

(1) 建筑平面图　在窗台上边用一个水平切面将房子水平剖开，移去上半部分，从上向下透视它的下半部分，可看到房子的四周外墙和内墙上的门窗、洞口以及房子周围的散水、台阶等，将能够看到的部分全部画出来并标注尺寸后形成本层房屋的正投影就是建筑平面图。

识读平面图时，要观察是否存在平面对称或户型对称的情况，如有对称情况，可利用对称的特性提高绘图效率。

要仔细分析首层建筑平面图中台阶、坡道、台阶挡墙、坡道栏杆的做法，根据散水的宽度、做法或图集号分析是否与当地计价定额的做法一致，如果不一致，要进行换算和调整。

要仔细分析屋面层屋面女儿墙的高度和做法，根据女儿墙造型、压顶造型等信息选择合适的构件进行建模，根据具体的造型尺寸编辑需要套用的工程量清单项目和定额子目的工程量代码。

(2) 结构平面图　楼层结构平面图是用一个假想的水平切面在所要表明的结构层没有抹灰时的上表面水平剖开，向下做正投影而得到的水平投影图。它主要用来表示房屋每层的梁、板、柱、墙等承重构件的平面位置，说明各构件在房屋中的位置以及它们的构造关系。

有时楼层结构平面布置图还包括楼层层高表，它说明了每个楼层的层高和标高，是建模时定义构件属性的重要依据。

1) 柱、墙结构平面布置图。柱、墙结构平面布置图主要表示柱、墙的平面位置、截面尺寸及与轴线之间的位置关系。柱的配筋一般以“柱表”或“平面标注”的形式表示，墙的配筋一般以“墙表”或“平面标注”的形式表示。

柱、墙的平面位置决定了其上部梁（连梁）、板等构件支撑范围的正确性，影响梁、板钢筋工程量计算的正确性。柱、墙表中的柱、墙标高、截面和配筋，柱、墙的生根部位，柱箍筋是否全高加密，节点区箍筋是否与柱箍筋相同，墙的插筋构造，约束边缘构件非阴影区配筋等，是计算钢筋工程量的基础数据，必须认真阅读、理解并调整软件中的相应计算设置。

2) 梁结构平面布置图。阅读楼层结构平面布置图时，应重点阅读并理解结构层中梁的

平面布置和编号、截面尺寸、标高，除此之外还要结合柱平面图、板平面图综合理解梁的位置信息；结合各层梁配筋图，了解各梁集中标注、原位标注信息；结合柱子位置理解梁跨信息，进一步理解主梁、次梁的概念及在计算工程量过程中的次序；结合图纸说明，捕捉关于次梁加筋、吊筋、构造钢筋的文字说明信息，防止漏项。

所有这些信息是建模的基础数据，关乎清单项目选用、清单项目特征描述、定额子目选用与换算调整的准确性。

3）板结构平面布置图。阅读楼层结构平面布置图时，应重点阅读并理解结构层中楼板的平面位置和组合情况，结合楼板配筋说明确定不同厚度的板的标高、平面位置、配筋信息；结合图纸说明，捕捉关于洞口加强筋、阳角加筋、温度筋等信息，防止漏项。

2.2.3　建筑立面、剖面图

1. 建筑立面图

（1）表示方法　建筑立面图是建筑物外墙在平行于该外墙面的投影面上的正投影图，是用来表示建筑物的外貌，并表明外墙装饰要求的图样。

对有定位轴线的建筑物，宜根据两端定位轴线编注立面图名称；无定位轴线的立面图，可按平面图各面的方向确定名称。也有按建筑物立面的主次，把建筑物主要入口面或反映建筑物外貌主要特征的立面称为正立面图，从而确定背立面图和左、右侧立面图。

（2）识读重点

1）根据室外地坪标高确定挖土的深度、房芯回填土的厚度等。

2）根据立面图中门窗洞口尺寸、窗台高度确定窗的离地高度，结合各层平面图中门窗的位置，考虑是设置过梁还是下挂板，设置过梁时的搁置长度以及是否存在多个窗洞共用一根过梁的问题等。

3）结合各层平面图，从立面图上加深对空调板、阳台、栏板、节点详图信息的理解，并从中提取各个立面的外装饰信息。

2. 建筑剖面图

（1）表示方法　建筑剖面图是通过对建筑物按照一定剖切方向所展示的内部构造图例。假想用一个剖切平面将建筑物剖开，移去介于观察者和剖切平面之间的部分，对于剩余的部分向投影面所做的正投影图就是建筑剖面图。

建筑剖面图的作用是对无法在平面图及立面图表述清楚的局部剖切，以表述清楚建筑内部的构造，从而补充说明平面图、立面图所不能显示的建筑物内部信息。

（2）识读重点　编制工程预算时，结合平面图、立面图、结构板的标高信息、层高信息及剖切位置，理解建筑物内部构造的信息，提取在平面图和立面图中无法得到的准确信息。比如，在同一平面位置设置多层梁和楼板时，需要通过剖面图提取楼板的杆高、厚度和配筋信息。

2.2.4　详图

1. 楼梯详图

（1）表示方法　楼梯详图由楼梯剖面图、平面图组成。由于平面图、立面图只能显示楼梯的位置，而无法清楚显示楼梯的走向、踏步、标高、栏杆等细部信息，因此设计中一般把楼梯用详图展示。

（2）识读重点　结合楼梯详图及楼层的层高、标高等信息，确定梯梁、梯板、休息平台的标高及尺寸，踏步的数量和尺寸，梯井的尺寸信息，为计算楼梯工程量做好准备。

结合图纸说明及相应踏步板受力钢筋和分布钢筋信息，理解楼梯钢筋的布置状况及特殊配筋要求，选用合适的楼梯类型、梯梁类型和休息平台类型来计算钢筋工程量。根据楼梯栏杆的详细位置、高度及所用到的图集，计算栏杆及预埋件的相应工程量。

结合平面图中楼梯位置、楼梯详图的标高信息，正确理解楼梯及楼梯间装修的工程量计算及定额套用的注意事项。

2. 节点详图

在编制建筑工程的预算文件之前，除了要按照图纸目录核查图纸的数量，建筑施工图与结构施工图轴线、绘图比例的一致性外，还要对建筑图和结构施工图进行认真阅读。下面根据编制预算时翻阅图纸的习惯，说明图纸分析的重点内容。

（1）表示方法　为了补充说明建筑物细部的构造，从建筑物的平面图、立面图中特意引出需要说明的部位，对相应部位进一步详细描述，就构成了节点详图。下面就节点详图的表示方法做简要说明。

1）被索引的详图在同一张图纸内，如图 2-7 所示。

图 2-7　被索引的详图在同一张图纸内

2）被索引的详图不在同一张图纸内，如图 2-8 所示。

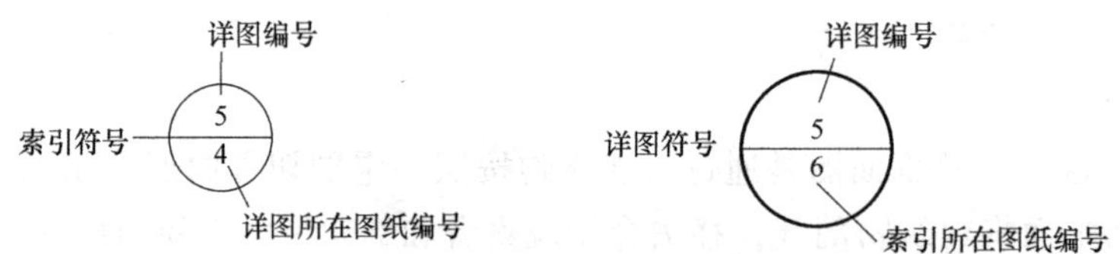

图 2-8　被索引的详图不在同一张图纸内

3）被索引的详图参见图集，如图 2-9 所示。

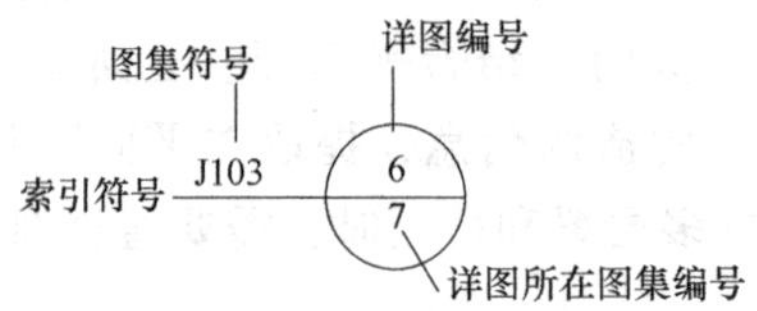

图 2-9　被索引的详图参见图集

4）索引的剖视详图在同一张图纸内，如图 2-10 所示。

5）索引的剖视详图不在同一张图纸内，如图 2-11 所示。

（2）识读重点

1）墙身节点详图。墙身节点详图分为底部、中部和上部三段。

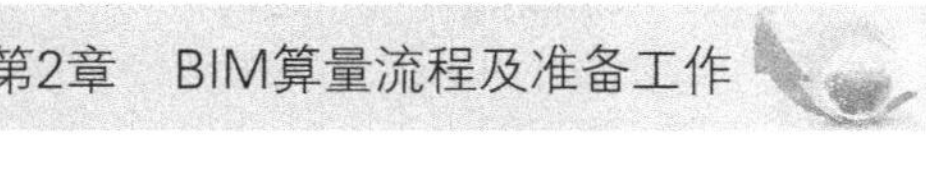

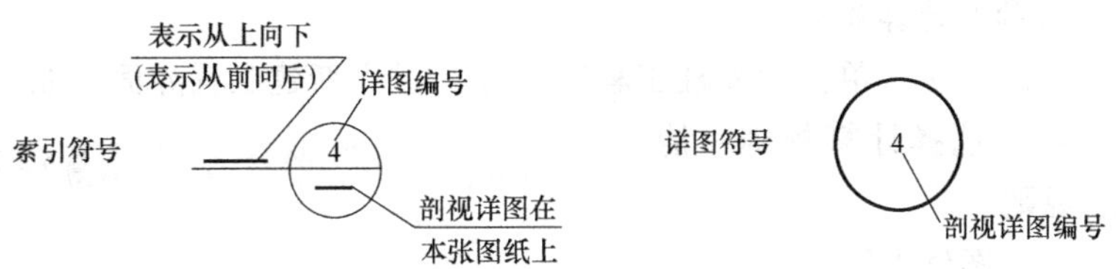

图 2-10　索引的剖视详图在同一张图纸内

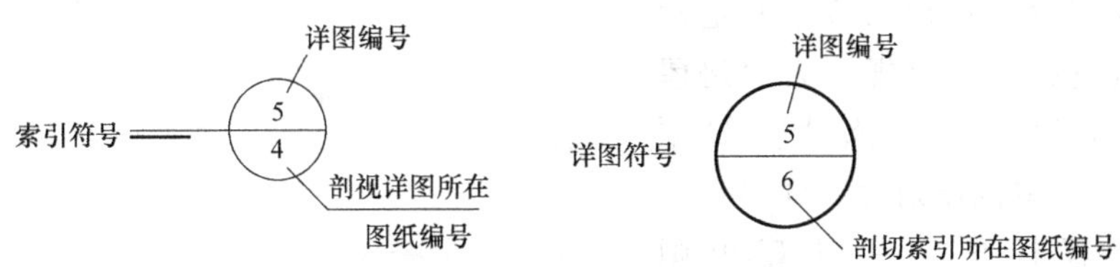

图 2-11　索引的剖视详图不在同一张图纸内

识读墙身节点详图底部时，重点查看散水、排水沟、台阶、勒脚等方面的信息，对照散水宽度是否与平面图一致，参照的散水、排水沟图集是否明确。

识读墙身节点详图中部时，重点查看墙体各个标高处外装修、外保温、外窗窗台板、窗台压顶、圈梁位置和标高等信息。

识读墙身节点详图顶部时，重点查看相应墙体顶部屋面、阳台、露台、挑檐等位置的构造信息。

2）压顶节点详图。重点识读压顶的形状、标高、位置等信息。

3）空调板节点详图。重点识读空调板的立面标高、平面尺寸是否与平面图一致，空调板栏杆（或百叶窗）的高度及位置信息。

■ 2.3　新建工程及工程设置

2.3.1　新建工程

1. 启动软件

启动软件的方法有三种：

1）双击桌面的快捷方式图标“广联达BIM土建计量平台 GTJ2018”。

2）在系统的“开始”菜单中单击图标“广联达 BIM 土建计量平台 GTJ2018”。

3）打开已有的 GTJ 格式的算量文件。

启动软件后，标题栏显示“广联达 BIM 土建计量平台 GTJ2018”，菜单栏中只有一个“开始”菜单项，选项卡有“新建工程”“最近文件”“云文件”“登录/注册”等，如图 2-12 所示。

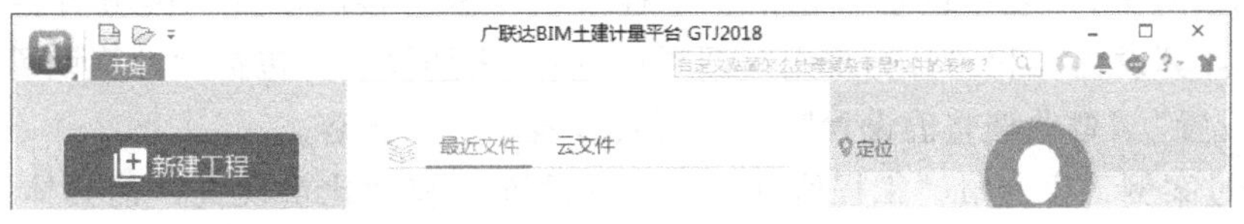

图 2-12　软件工作界面

2. 确定工程名称和计算规则

(1) 新建工程的方法　单击“新建工程”按钮，进入新建工程界面，如图 2-13 所示。

输入工程名称，选择计算规则、清单定额库和钢筋规则。

本工程名称为“案例工程”。

计算规则中包括清单规则和定额规则，一般选择工程所在地的清单和定额规则。此案例选择的清单规则为“房屋建筑与装饰工程计量规范计算规则(2013-江苏)”，定额规则为“江苏省建筑与装饰工程计价定额计算规则(2014)”。

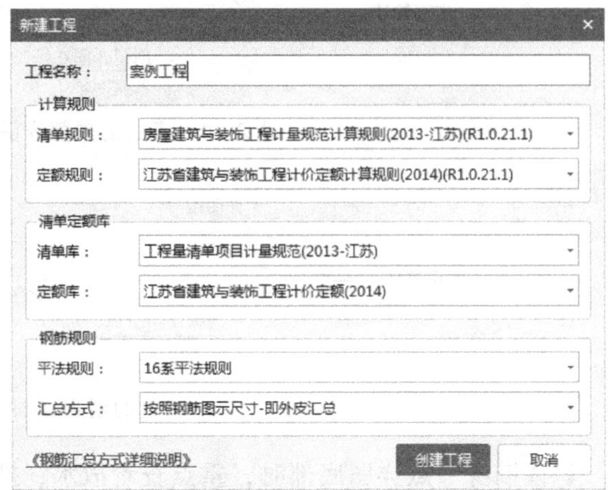

图 2-13　新建工程

清单定额库一般选择工程所在地的清单库和定额库。此案例中选择的清单库为“工程量清单项目计量规范（2013-江苏）”，定额库为“江苏省建筑与装饰工程计价定额（2014）”。

钢筋规则包括平法规则和钢筋的汇总方式。平法规则要根据结构施工图纸的规定选择。汇总方式有两种：一种是“按照钢筋图示尺寸-即外皮汇总”，此方式适用于预算；另一种方式是“按照钢筋下料尺寸-即中心线汇总”。此案例选择“16 系平法规则”和“按照钢筋图示尺寸-即外皮汇总”，如图 2-13 所示。

(2) 菜单的变化　单击“创建工程”按钮，完成新建工程。菜单栏中出现了新的菜单项“工程设置”“建模”“视图”“工具”“工程量”和“云应用”，软件自动切换到“工程设置”菜单，并显示工程设置选项卡如图 2-14 所示。接下来需要根据施工图纸及说明完善工程信息。

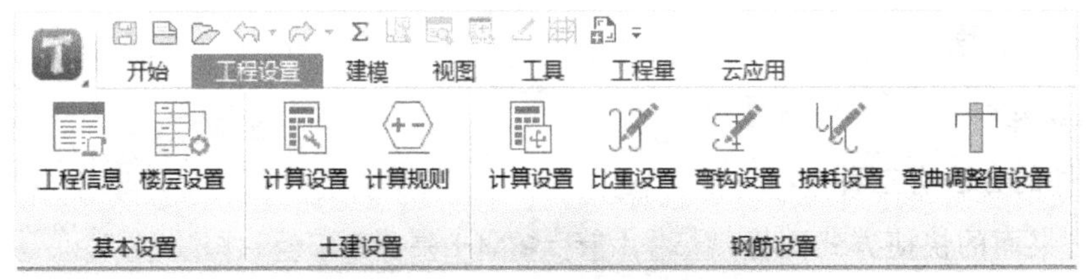

图 2-14　工程设置菜单及选项卡

2.3.2　工程设置

“工程设置”菜单包括“基本设置”“土建设置”和“钢筋设置”三个选项卡，如图 2-15 所示。其中，“基本设置”包括“工程信息”和“楼层设置”两项内容；“土建设置”包括“计算设置”和“计算规则”两项内容；“钢筋设置”包括“计算设置”“比重设置”“弯钩设置”“弯曲调整值设置”和“损耗设置”五项内容。

下面通过案例工程介绍“工程信息”“楼层设置”和“比重设置”的具体操作，其他各项设置均取默认值，遇到需要调整的项目时单独介绍其调整方法。

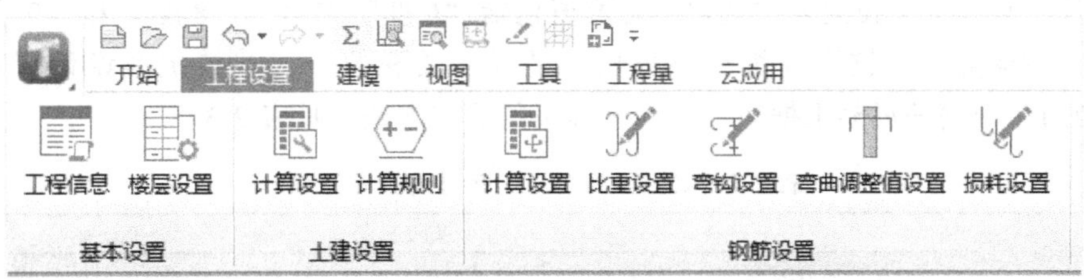

图 2-15　工程设置

1. 工程信息

单击“工程设置”→“工程信息”，弹出的“工程信息”窗口有“工程信息”“计算规则”“编制信息”和“自定义”四个页签。

(1)“工程信息”页签　“工程信息”页签包括工程概况、建筑结构等级参数、地震参数和施工信息四类属性，如图 2-16 所示。图中有两种颜色的属性，其中蓝色属性（图 2-16 中框出部分）为私有属性，影响工程量的计算结果；黑色属性为私有属性，不影响工程量的计算结果。这些属性的值均会自动填充在打印的报表中，所以要尽量填写完整、准确。

工程信息

工程信息　计算规则　编制信息　自定义

	属性名称	属性值
1	⊟ 工程概况:	
2	工程名称:	案例工程
3	项目所在地:	江苏省徐州市
4	详细地址:	
5	建筑类型:	工业建筑
6	建筑用途:	厂房
7	地上层数(层):	5
8	地下层数(层):	0
9	裙房层数:	
10	建筑面积(m²):	3338.72
11	地上面积(m²):	(0)
12	地下面积(m²):	(0)
13	人防工程:	无人防
14	檐高(m):	23.8
15	结构类型:	框架结构
16	基础形式:	独立基础

工程信息

工程信息　计算规则　编制信息　自定义

	属性名称	属性值
1	⊞ 工程概况:	
17	⊟ 建筑结构等级参数:	
18	抗震设防类别:	丙类
19	抗震等级:	三级抗震
20	⊟ 地震参数:	
21	设防烈度:	7
22	基本地震加速度(g):	0.05
23	设计地震分组:	第二组
24	环境类别:	
25	⊟ 施工信息:	
26	钢筋接头形式:	绑扎搭接+机械连接
27	室外地坪相对±0.000标高(m):	−0.15
28	基础埋深(m):	1.6
29	标准层高(m):	3.95
30	地下水位线相对±0.000标高(m):	−2
31	实施阶段:	招投标
32	开工日期:	
33	竣工日期:	

图 2-16　“工程信息”页签

1）工程概况。工程概况中的属性可从建筑施工图的设计说明（项目概况）中提取，其中“檐高”和“结构类型”是关键信息。“建筑类型”“建筑用途”“结构类型”可在相应下拉列表中选择，“檐高”可根据建筑剖面填写。

二维码 2-1 工程概况中的属性

2）建筑结构等级参数。建筑结构等级参数可从结构设计说明中提取，其中“抗震等级”是关键参数，会直接影响钢筋工程量计算的准确性。

建筑应根据其使用功能的重要性分为甲类、乙类、丙类和丁类四个抗震设防类别。

抗震等级是根据房屋所在地区的抗震设防烈度、结构形式、结构高度来划分，分为一、二、三、四共四个等级，可根据结构设计说明进行选择。

二维码 2-2 抗震设防类别

3）地震参数。地震参数可从结构设计说明中提取，其中“设防烈度”

是关键参数，只能从下拉列表中选取，可取值包括“6度”“7度”“8度”和“9度”。

檐高、结构类型、抗震等级和设防烈度是相互关联的。《建筑抗震设计规范》（GB 50011—2010）中钢筋混凝土框架结构抗震等级的确定方法，见表2-3。

表2-3 现浇钢筋混凝土房屋的抗震等级

结构类型		设防烈度						
		6		7		8		9
框架结构	高度	≤24m	>24m	≤24m	>24m	≤24m	>24m	≤24m
	框架	四	三	三	二	二	一	一
	大跨度框架	三		二		一		一

抗震等级除与檐高、结构类型和设防烈度有关外，还与抗震设防类别和场地条件有关。甲类建筑提高一度计算地震作用及抗震措施（包括抗震等级），乙类建筑提高一度考虑抗震措施。丙类建筑烈度不变。丁类建筑允许降低一度，6度时则不降低。

“基本地震加速度”参数也只能从其“属性值”的下拉列表框中选取，可选值为“0.05”“0.1”“0.15”“0.2”“0.3”和“0.4”。

设计地震分组是用来表征地震震级及震中距影响的一个参量，它是一个与场地特征周期与峰值加速度有关的参量。属性中的“设计地震分组”参数可根据结构设计说明填写。

二维码2-3 地震加速度的取值

4）施工信息。施工信息中的属性可从建筑设计说明中提取。其中，“室外地坪相对±0.000标高”是关键参数，就要根据立面图填写；“实施阶段”和“开工日期”“竣工日期”可根据实际情况填写。

（2）“计算规则”页签　新建工程时选择的计算规则在“计算规则”页签内显示，如图2-17所示。

（3）“编制信息”页签　“编制信息”页签的内容包括建设单位、设计单位、施工单位、编制单位、编制日期、编制人、编制人证号、审核人和审核人证号。该页签的内容应尽量填写完整，这些信息虽对工程量的计算无影响，但在后期可以直接打印在相关的报表中。

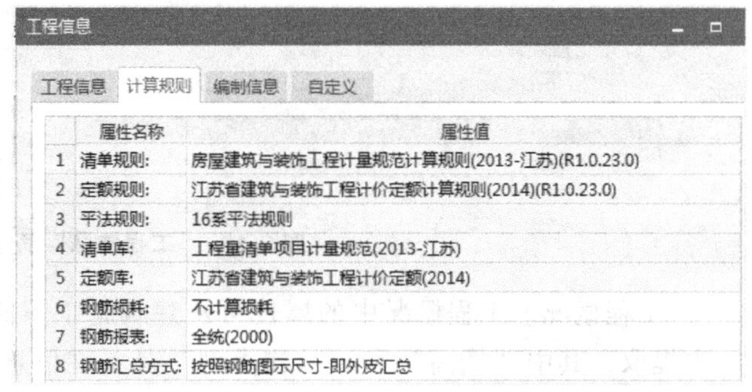

图2-17 “计算规则”页签

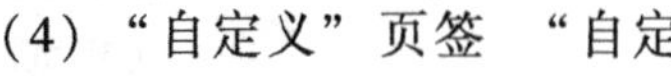

（4）“自定义”页签　“自定义”页签是一个空白页签，可以在此页签中通过“添加属性”按钮根据用户的需求增加需要的属性名称和属性值，也可以通过“删除属性”按钮删除添加错误或不再需要的属性及属性值。

2. *楼层设置*

单击“工程设置”→“楼层设置”，“楼层设置”窗口分为“单项工程列表”“楼层列表”和“楼层混凝土强度与钢筋锚固搭接设置”三个区域。

（1）单项工程列表　现在有些项目是地上多个单体结构，而地下是相连的整体车库；

或是一个小区中包含多栋建筑，形成一个整体；又或是同一建筑中不同单元标高不同。这些情况给我们建模算量带来了很大烦恼。有些项目本身区分为多个标段，需要按标段分量。如果将不同标段分为多个单体工程文件处理的话，工作量很大，重复工作多且调整麻烦；可是如果按照一个工程处理的话，区分不同标段工程量又很不方便。

在 GTJ2018 进行楼层设置，可以直接新建单项工程，不同单体、不同标段都可以建一个单项工程，设置不同的楼层和层高。在建模时，切换到对应的单项工程，定义构件绘制图元即可；已经绘制的构件图元，可以在不同的单项工程中进行切换。汇总出量时，报表按整个项目，不同单项工程区分，输出钢筋、土建工程量。多栋多个单项工程或多标段、区域设置，轻松搞定，轻松实现按项目——单项进行工程量计量及管理。

在“单项工程列表”中，可通过“添加”按钮添加单项工程，也可通过“删除”按钮删除单项工程，当列表中只有一项单项工程时，不允许删除。

（2）楼层列表　切换到“楼层设置”选项卡，在“楼层列表”页签下，根据建筑设计说明和建筑剖面图，单击“插入楼层”按钮添加楼层并修改楼层名称、层高、首层底标高、相同层数、板厚和建筑面积，其中板厚和建筑面积可以使用默认值，不会影响工程量的计算结果。此例中 1~6 层的板厚按图纸的要求进行了设定，而基础层和第 7 层则采用默认值，如图 2-18 所示。

楼层列表（基础层和标准层不能设置为首层。设置首层后，楼层编码自动变化，正数为地上层，负数为地下层，基础层编码固定为 0）

插入楼层　删除楼层　上移　下移

首层	编码	楼层名称	层高(m)	底标高(m)	相同层数	板厚(mm)	建筑面积(m2)
☐	7	局部屋面层	0.6	27.75	1	100	(0)
☐	6	屋面层	3.95	23.8	1	110	(0)
☐	5	第5层	3.95	19.85	1	110	(0)
☐	4	第4层	3.95	15.9	1	100	(0)
☐	3	第3层	3.95	11.95	1	100	(0)
☐	2	第2层	3.95	8	1	100	(0)
☑	1	首层	8	0	1	100	(0)
☐	0	基础层	-1.8	-1.8	1	500	(0)

图 2-18　楼层列表

界面中的工具和属性的意义如下：

1）插入楼层：可以在当前选中的楼层位置上一行插入一个楼层行。例如：选中基础层后，可以插入地下室层，选中首层后，可以插入地上层。

2）删除楼层：删除当前选中的楼层，但是不能删除首层、基础层和建模的当前楼层。

3）上/下移：把选中的楼层上/下移一个楼层。

4）首层：可以指定某个楼层为首层，但是标准层和基础层不能指定为首层，在“首层”列勾选欲设为首层的楼层行的“□”，即可将该层设为首层。

5）编码：软件内置的楼层的编码，不能修改，“0”代表基础层，正数代表地上楼层（如“1”代表首层，“2”代表第 2 层等），负数代表地下楼层（如“-1”代表地下 1 层，“-2”代表地下 2 层等）。

6）楼层名称：软件默认首层和基础层，当插入楼层后，软件会默认显示“第×层”，可以根据实际情况进行描述，如“地下室层”“人防层”“标准层”等。

7）层高：软件默认层高为 3m，请根据图纸进行输入。地上各层的层高可以通过建筑剖面图来确定，基础层的层高可以通过识读 GS04 的承台表来确定，最深的底面标高为-1.8m，则将基础层的层高设定为 1.8m。

8）底标高：只要输入首层底标高，其余楼层底标高会根据层高自动计算，首层的底标高为±0.000，也可根据图纸进行输入。

9）相同层数：工程中有标准层时，只要输入相同层数的数量，软件会自动修改楼层编码，标高自动累加；只有建筑布局、建筑做法、结构布置、钢筋混凝土构件的配筋及混凝土强度等级、层高均相同的楼层才能设为标准层。标准层可以是连续的，也可以是非连续的。

如果某工程中图纸 2~6 层的平面图和结构图图纸都是一样的，此时标准层的建立应该是 3~5 层，相同层数输入“3”，因为 2 层和 6 层涉及与上下层的图元锚固搭接，若把 2~6 层均设为标准层，则会影响上下层的钢筋计算。

10）板厚：即楼层中的板的厚度，在绘图区域新建板的时候，默认取这里的厚度。

11）建筑面积：可以输入具体的数值，在云指标和报表的指标计算中，会优先以这里的数值为依据进行计算。

12）备注：可以添加一些信息，对计算没有影响。

（3）楼层混凝土强度与钢筋锚固搭接设置　楼层添加完成后，根据结构设计说明分别设置各楼层的混凝土强度和钢筋锚固搭接。钢筋锚固搭接均采用默认值，基础层各构件的混凝土强度等级如图 2-19 所示。根据设计图纸中砌体的种类和砂浆的强度等级，对砂浆的强度等级和砂浆的种类进行设置。

1）抗震等级：可以通过下拉菜单进行选择；可选项为“非抗震”“一级抗震”“二级抗震”“三级抗震”和“四级抗震”。

2）混凝土强度等级、类型：可以通过下拉菜单进行选择；可选强度等级从“C10”~“C80”，混凝土强度等级有级差为 5。

3）砂浆标号、砂浆类型：可以通过下拉菜单进行选择，其中“砂浆标号”可选“M2.5”“M5”“M7.5”和“M10”；“砂浆类型”可选“水泥砂浆”和“混合砂浆”。

楼层混凝土强度和锚固搭接设置（案例工程 第3层, 11.95 ~ 15.90 m）

	抗震等级	混凝土强度等级	混凝土类型	砂浆标号	砂浆类型	HPB235(A)...
垫层	(非抗震)	C10	粒径31.5砼...	M5	水泥砂浆	(39)
基础	(三级抗震)	C35	粒径31.5砼...	M5	水泥砂浆	(29)
基础梁 / 承台梁	(三级抗震)	C35	粒径31.5砼...			(29)
柱	(三级抗震)	C25	粒径31.5砼...	M5	水泥砂浆	(36)
剪力墙	(三级抗震)	C30	粒径31.5砼...			(32)
人防门框墙	(三级抗震)	C30	粒径31.5砼...			(32)
墙柱	(三级抗震)	C30	粒径31.5砼...			(32)
墙梁	(三级抗震)	C30	粒径31.5砼...			(32)
框架梁	(三级抗震)	C25	粒径31.5砼...			(36)
非框架梁	(非抗震)	C25	粒径31.5砼...			(34)
现浇板	(非抗震)	C25	粒径31.5砼...			(34)
楼梯	(非抗震)	C25	粒径31.5砼...			(34)
构造柱	(三级抗震)	C25	粒径31.5砼...			(36)
圈梁 / 过梁	(三级抗震)	C25	粒径31.5砼...			(36)
砌体墙柱	(非抗震)	C15	粒径31.5砼...	M5	水泥砂浆	(39)
其它	(非抗震)	C20	粒径31.5砼...	M5	水泥砂浆	(39)

基本锚固设置　复制到其他楼层　恢复默认值(D)　导入钢筋设置　导出钢筋设置

图 2-19　“楼层混凝土强度和锚固搭接设置”页签

4）锚固、搭接、保护层厚：默认取钢筋平法图集中的数值，可以根据实际情况进行调整。

5）基本锚固设置：内置的平法规则的锚固值，可进行查询修改，如图 2-20 所示。修改时需要连同数字外的括号一同选中，否则不能修改；如果进行了修改，可单击“默认值”按钮，将已经修改的设置恢复为默认值。

6）复制到其他楼层：当前层的钢筋设置调整后，可以复制到其他楼层。

7）恢复默认值：恢复默认的钢筋设置信息。

8）导入钢筋设置：导入先前导出的钢筋设置到本工程中使用。

9）导出钢筋设置：将调整好的设置导出以便其他人使用或在其他工程中使用。

基本锚固

钢筋种类	抗震等级	混凝土强度等级								
		C20	C25	C30	C35	C40	C45	C50	C55	≥C60
HPB300	一、二级(labE)	(45)	(39)	(35)	(32)	(29)	(28)	(26)	(25)	(24)
	三级(labE)	(41)	(36)	(32)	(29)	(26)	(25)	(24)	(23)	(22)
	四级(labE)	(39)	(34)	(30)	(28)	(25)	(24)	(23)	(22)	(21)
	非抗震(lab)	(39)	(34)	(30)	(28)	(25)	(24)	(23)	(22)	(21)
HRB335 HRB335E HRBF335 HRBF335E	一、二级(labE)	(44)	(38)	(33)	(31)	(29)	(26)	(25)	(24)	(24)
	三级(labE)	(40)	(35)	(31)	(28)	(26)	(24)	(23)	(22)	(22)
	四级(labE)	(38)	(33)	(29)	(27)	(25)	(23)	(22)	(21)	(21)
	非抗震(lab)	(38)	(33)	(29)	(27)	(25)	(23)	(22)	(21)	(21)
HRB400 HRB400E HRBF400 HRBF400E RRB400	一、二级(labE)	(46)	(46)	(40)	(37)	(33)	(32)	(31)	(30)	(29)
	三级(labE)	(42)	(42)	(37)	(34)	(30)	(29)	(28)	(27)	(26)
	四级(labE)	(40)	(40)	(35)	(32)	(29)	(28)	(27)	(26)	(25)
	非抗震(lab)	(40)	(40)	(35)	(32)	(29)	(28)	(27)	(26)	(25)
HRB500 HRB500E HRBF500 HRBF500E	一、二级(labE)	(55)	(55)	(49)	(45)	(41)	(39)	(37)	(36)	(35)
	三级(labE)	(50)	(50)	(45)	(41)	(38)	(36)	(34)	(33)	(32)
	四级(labE)	(48)	(48)	(43)	(39)	(36)	(34)	(32)	(31)	(30)
	非抗震(lab)	(48)	(48)	(43)	(39)	(36)	(34)	(32)	(31)	(30)

图 2-20　钢筋基本锚固设置值

3. 钢筋比重设置

钢筋的比重是计算钢筋工程量的一个重要参数，其数值的准确与否直接决定了钢筋工程量的准确程度。钢筋的比重采用默认值，如图 2-21 所示。

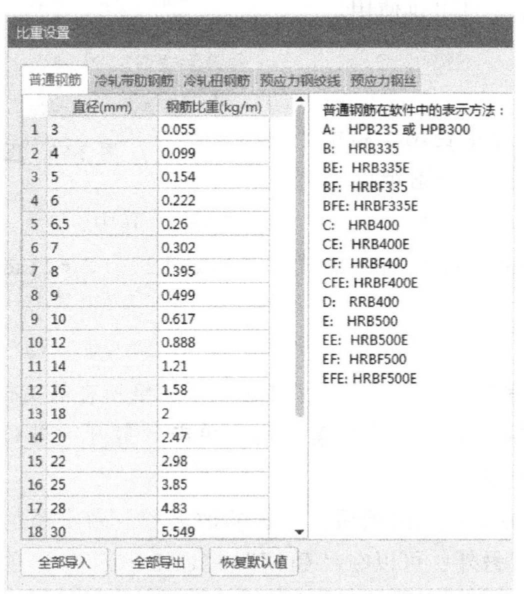

比重设置

普通钢筋 | 冷轧带肋钢筋 | 冷轧扭钢筋 | 预应力钢绞线 | 预应力钢丝

	直径(mm)	钢筋比重(kg/m)
1	3	0.055
2	4	0.099
3	5	0.154
4	6	0.222
5	6.5	0.26
6	7	0.302
7	8	0.395
8	9	0.499
9	10	0.617
10	12	0.888
11	14	1.21
12	16	1.58
13	18	2
14	20	2.47
15	22	2.98
16	25	3.85
17	28	4.83
18	30	5.549

普通钢筋在软件中的表示方法：
A:　HPB235 或 HPB300
B:　HRB335
BE:　HRB335E
BF:　HRBF335
BFE: HRBF335E
C:　HRB400
CE:　HRB400E
CF:　HRBF400
CFE: HRBF400E
D:　RRB400
E:　HRB500
EE:　HRB500E
EF:　HRBF500
EFE: HRBF500E

全部导入　全部导出　恢复默认值

图 2-21　钢筋比重设置

二维码 2-4
钢筋比重的
处理方法

2.4　拓展延伸

2.4.1　图纸管理

1. 图纸管理流程和界面

（1）图纸管理流程　软件提供的 CAD 识别转化，功能强大、高效智能。只要将 CAD 格式或其他格式的电子图导入到软件中，利用软件提供的识别构件功能，就可以快速将电子图纸中的信息识别为软件的各类构件。为了能够更快捷方便地使用CAD转化功能，软件提供了完善的图纸管理功能，能够将原电子图进行有效管理，并随工程统一保存，提高做工程的效率。图纸管理的流程如图2-22所示。

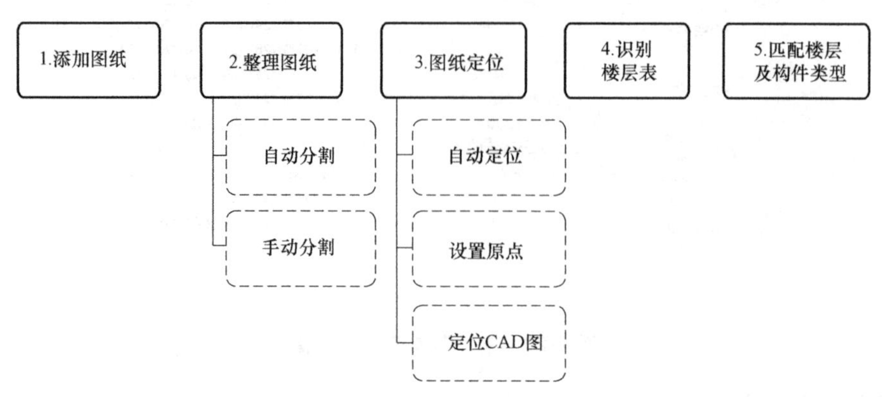

图 2-22　图纸管理流程

（2）图纸管理界面　图纸管理的界面如图2-23所示。本页签有“添加图纸”“分割”“定位”和“删除”四个工具可供使用。

图 2-23　图纸管理的界面

2. 图纸管理操作

（1）添加CAD图纸

1）图纸格式。此功能主要用于将电子图纸导入到软件中，支持的电子图纸的格式为“＊.dwg”“＊.dxf”“＊.pdf”“＊.cadi2”“＊.gad”。其中，“＊.dwg”“＊.dxf”是CAD软件保存的格式；“＊.pdf”属于PDF格式；“＊.cadi2”、“＊.gad”属于广联达算量分割后保存的格式。

2）操作步骤：

① 在图纸管理页签单击“添加图纸”，选择电子图纸所在的文件夹，并选择需要导入的电子图（本例选择“结构施工图”图纸集）后，单击“打开”即可导入。选择图纸支持单选、<Shift或Ctrl+鼠标左键>多选。

② 在图纸管理界面显示导入图纸后，可以修改名称。双击添加的图纸，在绘图区域显示导入的图纸文件内容。另外，可以在“建模”→“CAD操作”选项卡中对图纸进行比例设置、查找替换等操作。

3）插入图纸和保存图纸。单击“添加图纸”后的“▼”，下拉可以插入图纸，也可以使用“保存图纸”将当前的图纸再保存为“＊.dwg”格式文件。

4）显示/隐藏图纸（层）管理页签。CAD识别时，“图纸管理”“图层管理”以页签的形式，默认与“构件列表”“属性列表”并列显示；若“图纸管理”“图层管理”页签被关闭，可以在选项卡“视图”→“用户面板”中打开。

（2）分割图纸　若一个工程的多个楼层、多种构件类型放在一个电子CAD文件中，为了方便识别，需要把各个楼层图纸单独拆分出来，这时就可以用此功能，逐个分割图纸，再在相应的楼层分别选择这些图纸进行识别操作。

分割图纸可以自动分割，也可以手动分割。单击“分割”按钮下拉菜单中的“自动分割”，软件会自动查找并按照图纸边框线和图纸名称自动分割，若找不到合适名称会自动命名；如果有些图纸未被自动分割出来，则可以单击“分割”菜单下的“手动分割”，在绘图区域拉框选择要分割的图纸，按软件下方状态栏的操作提示进行手动分割。

（3）图纸定位与楼层对应　在图纸被分割后，需要定位 CAD 图纸，使构件之间以及上下层之间的构件位置重合。其操作步骤如下：

单击“定位”，在 CAD 图纸上选中定位基准点，再选择定位目标点，或打开“动态输入”，输入坐标原点（0，0）完成定位，快速完成所有图纸中构件的对应位置关系。若创建好了轴网，那么对整个图纸使用“移动”命令也可以实现图纸定位的目的。

被分割成功的图纸，一般情况下均能自动进行楼层对应，如果有些图纸未能自动对应或对应不正确，则需要手动进行正确对应。其操作方法是单击 CAD 图纸所在行的“对应楼层”列，当出现“…”按钮时，再单击“…”按钮，弹出如图 2-24 所示的“对应楼层”对话框，勾选对应楼层前的“□”后，单击“确定”按钮，完成楼层对应。整理结果如图 2-25 所示。

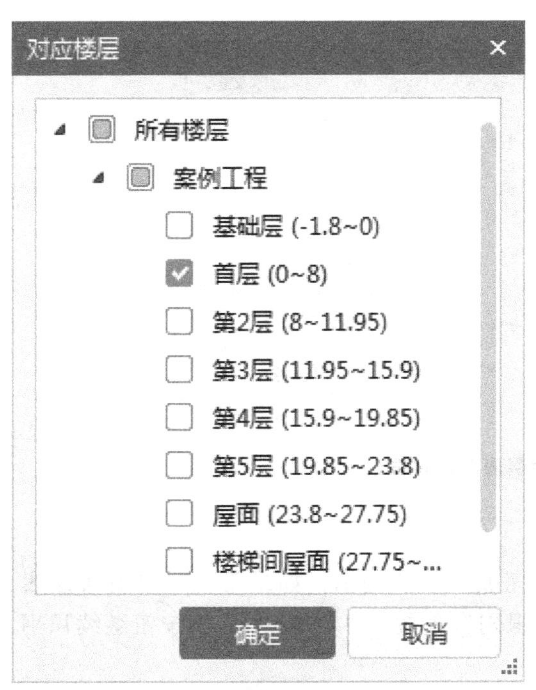

图 2-24　“对应楼层”对话框

图 2-25　结构图纸整理结果

（4）删除图纸　如果导入了不需要的CAD图纸或导入的CAD图纸已经识别完，可以使用删除图纸的功能，从列表中移除选中的CAD图纸。其操作步骤如下：

依次单击“图纸管理”→“删除”，删除选中的图纸。在弹出的界面中单击“是”按钮，可以删除CAD图形；单击“否”按钮，取消操作。

（5）图纸锁定与解锁　为了避免识别时，不小心误删了CAD图纸，导入软件的CAD图纸默认是锁定状态。若要进行修改、删除、复制等操作，就需要解除图纸锁定。“锁定”列的小锁标记（ ），是一个“锁定/解锁”开关，当处于锁定状态（ ）时，单击即能解锁；当处于解锁状态（ ）时，单击即能锁定。

2.4.2　识别楼层表

楼层列表既可以手工添加，也可以识别CAD转化生成，下面以案例工程为例简介“识别楼层表”的操作步骤。

1. 选择楼层表

在“图纸管理”页签，选取一张带有“楼层列表”的CAD图纸并将其调入绘图区中，然后依次单击“建模”→“识别楼层表”，按照软件状态栏的提示“左键选择楼层列表、右键确认”，弹出“识别楼层表”对话框，软件默认将“楼层表”识别到当前工程中，如图2-26a所示。

2. 选择对应列

通过首行的下拉三角按钮选择对应的列名称，删除无用的行或列，并根据建筑剖面图修改首层的“底标高”和“层高”。在“识别到”下拉列表中选择要识别到的单项工程，如图2-26b所示。

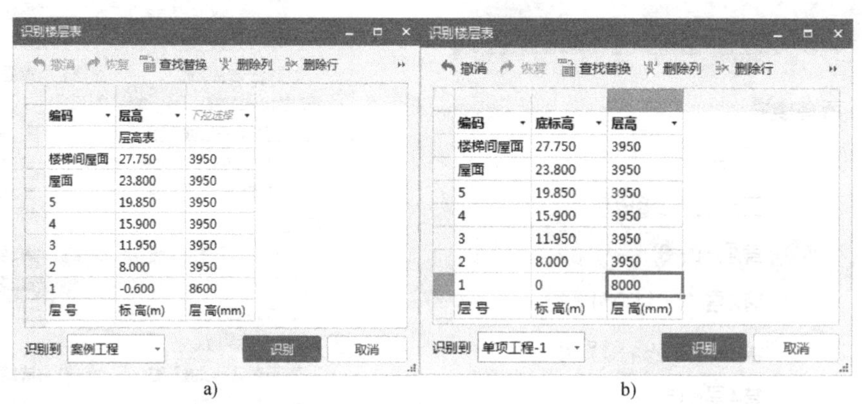

图2-26　“识别楼层表”对话框

3. 识别

单击“识别”按钮，完成识别，软件给出完成识别的提示；如果工程中已有楼层表，软件会给出“将删除当前已有楼层，是否继续识别”的提示，单击“是”按钮继续识别，单击“否”按钮不再继续识别。

识别完成后的楼层表如图2-27所示。从图中可以看到最底部增加了基础层，层高为

3m，这是因为，一个工程中必须要有基础层且软件默认的层高为3m。

4. 完善楼层列表

基础层的层高以及各层板厚和建筑面积要根据工程的实际情况进行修改。

楼层列表（基础层和标准层不能设置为首层。设置首层后，楼层编码自动变化，正数为地

插入楼层　删除楼层　上移　下移

首层	编码	楼层名称	层高(m)	底标高(m)	相同层数	板厚(mm)	建筑面积(m2)
☐	7	楼梯间屋...	3.95	27.75	1	120	(0)
☐	6	屋面	3.95	23.8	1	120	(0)
☐	5	第5层	3.95	19.85	1	120	(0)
☐	4	第4层	3.95	15.9	1	120	(0)
☐	3	第3层	3.95	11.95	1	120	(0)
☐	2	第2层	3.95	8	1	120	(0)
☑	1	首层	8	0	1	120	(0)
☐	0	基础层	3	-3	1	500	(0)

图 2-27　识别完成后的楼层表

思　考　题

1. BIM 算量软件的特点有哪些？
2. BIM 算量与手工算量的区别与联系有哪些？
3. 以竖向构件为例说明轴线、层高及属性的意义。
4. 框架结构的一般建模顺序是怎样的？
5. 框架剪力墙结构的一般建模顺序是怎样的？
6. 砖混结构的建模顺序是怎样的？
7. 构件与图元有哪些区别与联系？
8. 构件有哪几种定义方法？
9. 图元有哪几种绘制方法及编辑方法？
10. 图纸分析的内容包括哪些？
11. 构件的抗震等级与哪些因素有关？
12. 工程信息中的室外地坪相对标高有何意义？
13. 编制信息中的数据有何作用？
14. 什么是标准楼层？如何定义？
15. 根据你对软件的使用和体验，简述“楼层设置”界面填写的楼层标高、板厚抗震等级、混凝土强度等级以及保护层厚度有何作用？
16. 如何将楼层设置信息应用到其他楼层？
17. 如何修改钢筋的基本锚固设置？
18. 导入和导出钢筋设置的用途是什么？
19. 案例工程的结构类型是什么？
20. 案例工程的抗震等级及设防烈度是多少？

21. 案例工程不同位置混凝土构件的混凝土强度等级是多少？有无抗渗等特殊要求？
22. 案例工程的砌体类型及砂浆强度等级是多少？
23. 案例工程的钢筋保护层有什么特殊要求？
24. 案例工程的钢筋接头及搭接有无特殊要求？
25. 案例工程各构件的钢筋配置有什么要求？
26. 添加图纸的作用有哪些？如何操作？
27. 分割图纸的方法有哪几种，分别如何操作？
28. 如何对 CAD 图纸进行定位？
29. 如何从图纸管理器中删除不再使用的 CAD 图纸？
30. 在图纸管理器中对 CAD 图纸可以进行哪些操作？
31. 图纸管理器中的小锁标志有何作用？如何操作？

第 3 章

轴　网

学习目标

掌握轴网的分类和建立方法，熟练应用 BIM 算量软件建立不同类型的轴网；掌握选择标注齐全的轴网，掌握定义和绘制正交轴网；掌握 CAD 轴网转化识别的操作，掌握多轴网的拼接方法与技巧。

■ 3.1　轴网的基础知识

轴网是由建筑轴线组成的平面网格，是人为地在建筑图中为了标示构件的详细尺寸，按照一般的习惯标准虚设的线网，习惯上标注在对称界面或截面构件的中心线上。轴网由定位轴线（建筑结构中的墙或柱的中心线）、标志尺寸（用于标注建筑物定位轴线之间的距离大小）和轴号组成。除组成轴网的定位轴线外，还有辅助轴线。轴网包括直线轴网、弧线轴网和圆形轴网。直线轴网又包括双向轴网和单向轴网。轴网是建筑制图的主体框架，建筑物的主要支承构件按照轴网定位排列，达到井然有序的目的。轴网一般包括正交轴网、斜交轴网和弧线轴网三类。正交轴网由双向垂直的直线轴线组成。斜交轴网则由斜向相交的直线轴线组成。弧线轴网一般由径向直线轴线和向心弧形轴线组成。

软件根据轴线的形式不同，又分为轴网和辅助轴线两种类型。建立轴网的方式可以手工建立，也可以由 CAD 轴网直接转化而成。无论采用哪种方式，在哪一楼层上建立轴网，软件均会自动将该轴网复制到其他所有楼层。

■ 3.2　轴网的定义与绘制

3.2.1　任务说明

本节的任务是根据案例工程的图纸在首层完成轴网的定义与绘制。

3.2.2　任务分析

完成本任务需要分析轴网的特点，综合考虑如何建立轴网，确保轴网的全面。通过识读案例工程的建筑或结构施工图，案例工程的轴网为正交轴网，并且上下开间尺寸相同。左右进深尺寸也相同。在所有建筑和结构施工图中，一层平面图的轴网标注比较全面，故选择一层平面图作为建立轴网的依据。

3.2.3 任务实施

1. 手工新建轴网

（1）调出“轴网定义”界面　依次单击构件导航栏的“轴线”→“轴网”，在“构件列表”页签下，单击“新建”按钮，弹出如图 3-1 所示的子菜单，在弹出的子菜单中单击“新建正交轴网”，弹出如图 3-2 所示的“轴网定义”界面。

（2）输入名称　在属性编辑框名称处输入轴网的名称，默认名称为“轴网-1”。

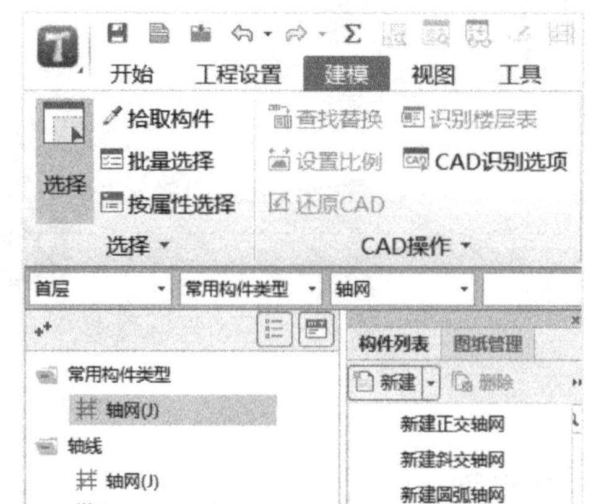

图 3-1　新建轴网

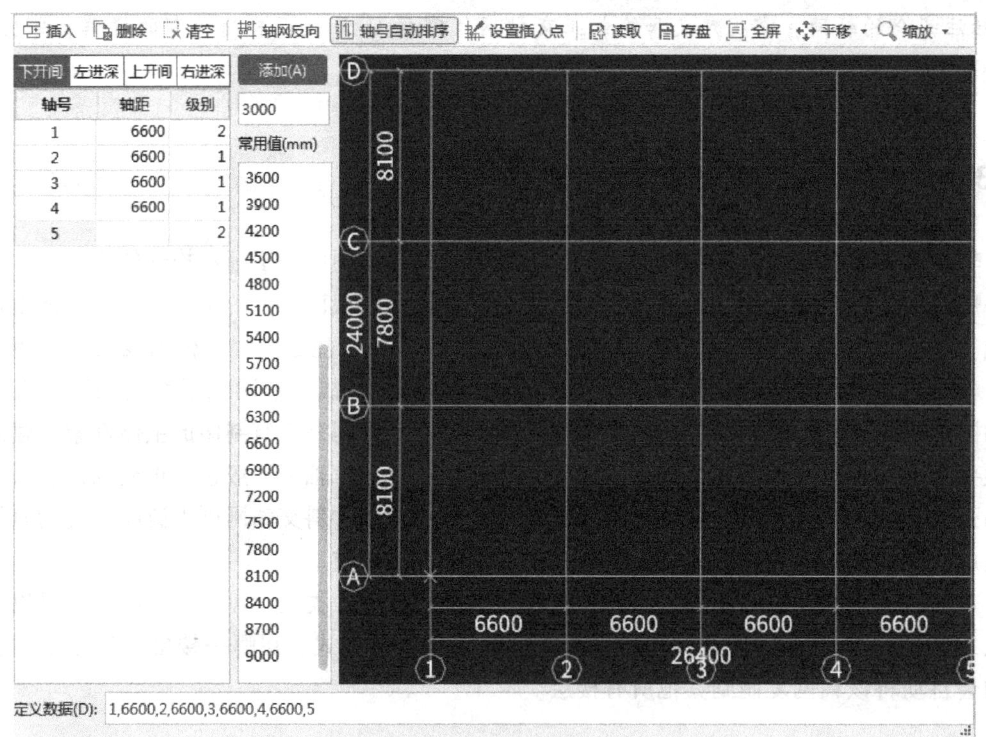

图 3-2 “轴网定义”页面

（3）选择轴距类型并定义轴距　软件提供了下开间、左进深、上开间和右进深四种轴距类型。以下开间为例，单击“下开间”页签，依次输入轴距“6600”“6600”“6600”“6600”，轴号由软件自动生成。轴距输入的方式有以下三种：

1）从常用数值中选取：选中常用数值，双击鼠标左键，所选中的常用数值即出现在轴距的单元格上。

2）直接输入轴距：在轴距输入框处直接输入轴距，如“3200”，然后单击“添加”按钮或直接按<Enter>键，轴号由软件自动生成。

3）自定义数据：在“定义数据”中直接以“，”隔开输入轴号及轴距。格式为：轴号，轴距，轴号，轴距，轴号……。例如，输入“1，6600，2，6600，3，6600，4，6600，5”。对于连续相同的轴距也可连乘，例如，“1，6600*4，5”。定义完数据后自动生成轴网。

“上开间”“左进深”“右进深”页签的数据输入与“下开间”的数据输入方式相同，请读者自行完成。

四个方向的轴网数据输入完成后，定义的轴网就会显示在右侧的绘图区中，如图3-2所示。

（4）轴网定义其他操作　轴网定义的其他操作按钮包括“插入”“删除”“清空”“轴网反向”“轴号自动排序”“设置插入点”以及轴网数据的“存盘”、“读取”等，如图3-2所示。

1）插入/删除/清空轴距。单击“插入”按钮可在当前选择轴距行前增加一行数据；单击“删除”按钮可删除当前选中的轴距行所有数据，包括轴号、轴距、级别；单击“清空”按钮可清空选中轴网的所有数据信息。

2）轴网反向。单击“轴网反向”按钮可将已经输入好的轴距位置反向排列，轴号及轴距标注不变。例如：“1，3000，2，2000，3，1000，4”反向后为“1，1000，2，2000，3，3000，4”。

3）轴号自动排序。如果遇到上下开间或左右进深的轴线数量不等时，只需要依次输入轴距，不需要考虑轴号，四个方向的轴距输入完成后，单击“轴号自动排序”按钮可完成轴网中轴号的自动排序。

4）设置插入点。如果遇到需要建立多个轴网进行拼接时，轴网的插入点就非常重要了。默认情况下轴网的左下角点是插入点，在软件中显示为“×”，设置插入点功能可以根据需要任意调整插入点的位置。如果设置的插入点不在轴线交点上，可以通过<Shift>+鼠标左键偏移定位，此插入点的位置，可以作为轴网拼接时的插入点。

5）读取/存盘轴网。单击“读取”按钮可将保存过的轴网调用到当前工程中。单击“存盘”按钮则可把当前建立的轴网保存起来，以供其他工程使用，轴网文件扩展名为“.gax”。

6）常用值的应用。“常用值”列表中的数据是软件提供的常用数据，双击“常用值”列表中的某个数值或选中数值后单击“添加”按钮可以将其添加到轴网尺寸列表中，如图3-2所示。

2. 绘制轴网

按<F2>键或单击屏幕右上角的“×”，关闭轴网定义页面，弹出“请输入角度”对话框，输入水平轴线与水平线间的夹角（案例工程为0°）后，单击“确定”按钮，新建的轴网则被绘制到了绘图工作区中，如图3-3所示。

3. 轴网构件和图元相关操作

（1）删除轴网图元　删除轴网图元是在绘图区中完成的。以删除“轴网-1”为例，在绘图区中选择“轴网-1”，单击“修改”选项卡上的“删除”按钮完成轴网图元的删除操作，但“轴网-1”构件依然存在。

（2）删除轴网构件　删除轴网构件是在构件列表中进行。但是删除的构件必须是未被使用的构件，如果要删除的构件在当前层已经被使用，则会弹出提示对话框。

如想获知哪些轴网已被使用，哪些轴网未被使用，可在构件导航区单击鼠标右键，在弹

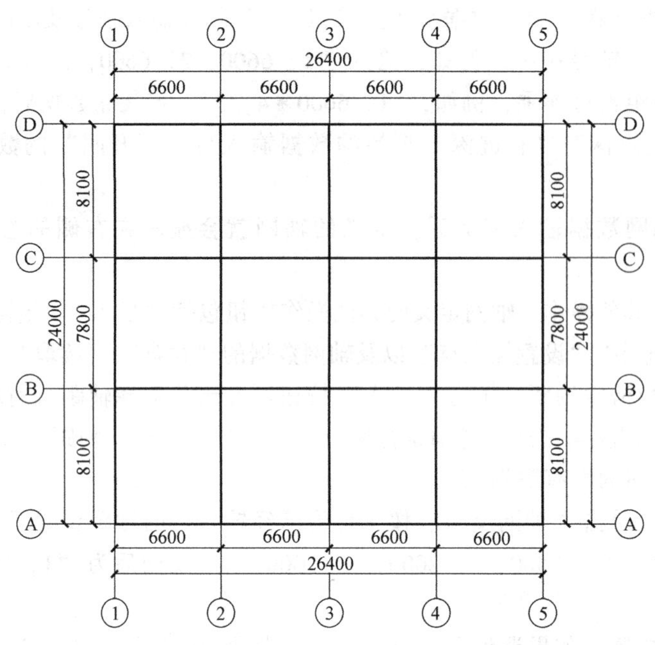

图 3-3 绘制完成的轴网

出的快捷菜单（见图 3-4）中，单击“过滤”，再单击“当前层使用构件”，则构件列表中只保留了当前使用的构件。如果单击“当前层未使用构件”，则只保留了本层未使用的构件。如果单击“不过滤”，则已经建立的构件，无论是否已经使用都会显示在构件列表中。此项功能对于其他构件也是适用的。

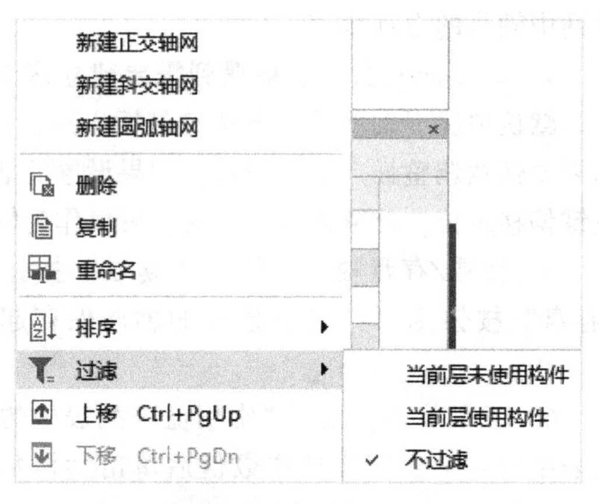

图 3-4 右键快捷菜单中“过滤”子菜单

例如，若轴网-2 是当前层已经使用的构件，选中轴网-2，单击构件列表导航栏上方的“删除”按钮，弹出的提示对话框如图 3-5 所示。单击“是”按钮则同时删除轴网构件和图元，单击“否”按钮则两者均不删除。删除构件的最可靠的方法是通过过滤功能选择当前层未使用的构件，然后单击“删除”按钮。

4. 辅助轴线的绘制与编辑

辅助轴线在建立复杂模型时起着非常重要的辅助作用。绘制辅助轴线时先在导航栏选择轴网，然后在“建模”菜单下单击“通用操作”选项卡中的“两点辅轴▼”按钮，弹出的子菜单中包括“两点辅轴”“平行辅轴”“点角辅轴”“轴角辅轴”“转角辅轴”“三点辅轴”“起点圆心终点辅轴”“圆形辅轴”和“删除辅轴”等操作选项，最后选择辅轴绘制方式进行绘制或对辅轴进行编辑，请读者自行操作并体验。

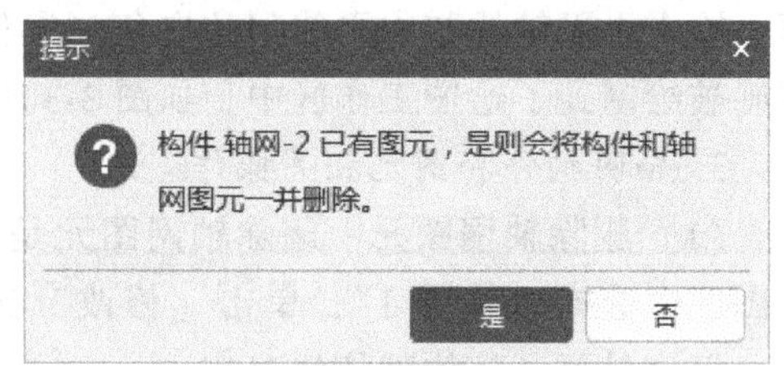

图 3-5 删除轴网提示对话框

(1) 两点/三点/平行/点角辅轴 两点辅轴是指定位一条直线上的任意两个点即能创建的辅助轴线；三点辅轴是指用三点法画弧形辅轴，就是定位一条弧线上的任意三个点创建的辅助轴线；平行辅轴是指与主轴网中的轴线或与已画好的辅轴相平行并间隔一段距离的辅助轴线；点角辅轴是指通过指定辅助轴线上的任一点以及该轴线与 X 轴正方向的夹角形成的辅助轴线。

(2) 轴角辅轴 轴角辅轴与点角辅轴的相同之处在于，都是通过辅轴上的一个点与一个角形成的直线；不同之处在于，点角辅轴中角度的参照线是 X 轴，而轴角辅轴中角度的参照线可以是已画好的轴线或辅轴。

(3) 起点圆心终点/圆形/转角偏移辅轴 所谓起点圆心终点画弧形辅轴就是通过定位一条弧线的圆心、起点、终点来创建的辅助轴线；圆形辅轴是指通过指定圆心及半径的方式创建圆形辅轴；转角偏移辅轴的参照线需要是已经绘制的弧形轴网，参照基点为圆心。

(4) 删除辅轴 绘制过程中，需要将原有的辅助轴线删除，那么可以在任意图元执行“通用操作”选项卡的“删除辅轴”功能来实现。

■ 3.3 拓展延伸（轴网）

3.3.1 CAD 轴网转化

以首层柱平面布置图为例，在“图纸管理”页签下，单击“首层”的“柱平法施工图”，则该图会显示在绘图工作区。单击图 3-6 所示的“识别轴网”选项卡，弹出图 3-7 所示的“识别轴网”子菜单。此子菜单从上到下的顺序即为轴网识别的步骤。

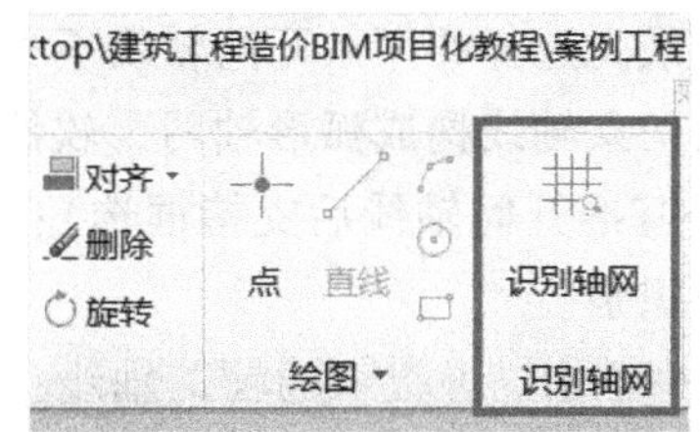

图 3-6 “识别轴网”工具选项

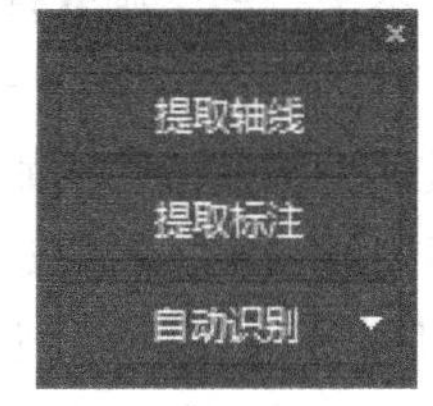

图 3-7 “识别轴网”菜单

1. 提取轴线

单击“提取轴线”，然后按照状态栏的操作提示（左键或 CTRL/ALT+左键选择轴网<右键提取/ESC 放弃>）选择轴线，单击鼠标右键确认。

2. 提取标注

单击“提取标注”，然后按照状态栏的操作提示（左键或 CTRL/ALT+左键选择轴线标注，右键提取/ESC 放弃）选择包括尺寸、尺寸线、尺寸界线、带圆圈的轴号等标注信息，单击鼠标右键确认。

3. 识别轴网

识别轴网有自动识别、选择识别和识别辅轴三种识别方式。

(1) 自动识别 单击“自动识别”完成轴网的 CAD 转化，转化的结果比手工输入绘制的轴网多出了两条辅轴，如图 3-8 所示。

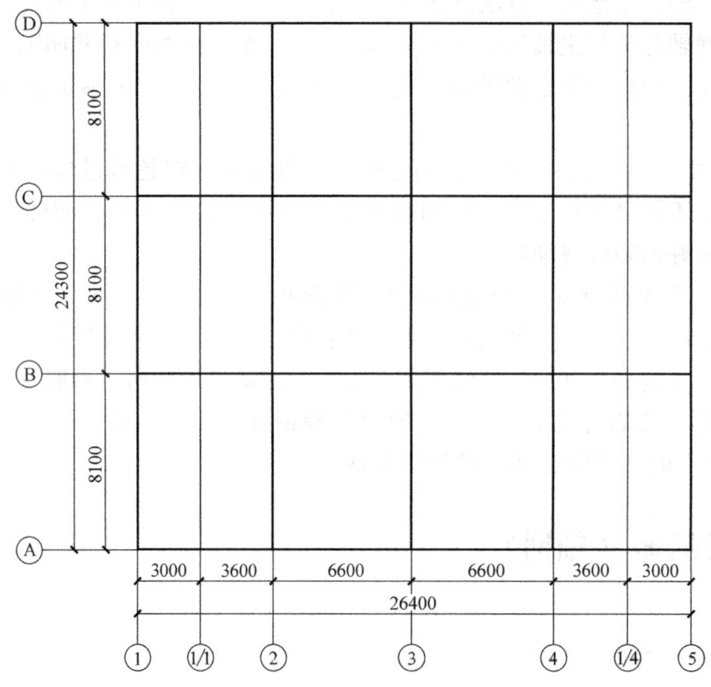

图 3-8　CAD 转化后的轴网

（2）选择识别　单击“选择识别”，鼠标左键点选所要识别的开间轴线（点选两条基准开间轴线后支持框选），单击鼠标右键确认。如果最先选择的两条轴线是平行的，以后选择的轴线中有不平行的，则软件会给出错误提示；如果最先选择的两条开间轴线不平行，软件会认为是弧形轴网，如果第三条开始的轴线不能和前两条轴线构成弧形轴网，软件会给出错误提示。鼠标左键点选要识别的进深轴线（点选两条基准开间轴线后支持框选）；选择完成后单击鼠标右键确定，所有这些被选择的轴线全部被识别。

（3）识别辅轴　单击“识别辅轴”，在绘图区域中单击已经提取的辅助轴线，选取要识别的辅助轴线，单击鼠标右键确认，辅助轴线识别完毕。

3.3.2　组合轴网

轴网也是一类构件，它同样可以进行绘制与编辑。某工程的轴网如图 3-9 所示。它由一个正交轴网和一个弧形轴网组合而成，此时可以新建两个轴网，然后进行轴网的拼接。

首先建立一个正交轴网构件，如图 3-10 所示，再建立一个弧形轴网构件，然后再绘制正交轴网和弧形轴网。下面简单介绍一下弧形轴网的相关操作。

1. 新建弧形轴网

（1）进入定义界面

1）单击导航栏“轴网”构件类型，依次单击构件列表“新建”→“新建圆弧轴网”，打开轴网定义界面。

2）在属性编辑框名称处输入轴网的名称（将默认“轴网-1”修改为“弧形轴网示

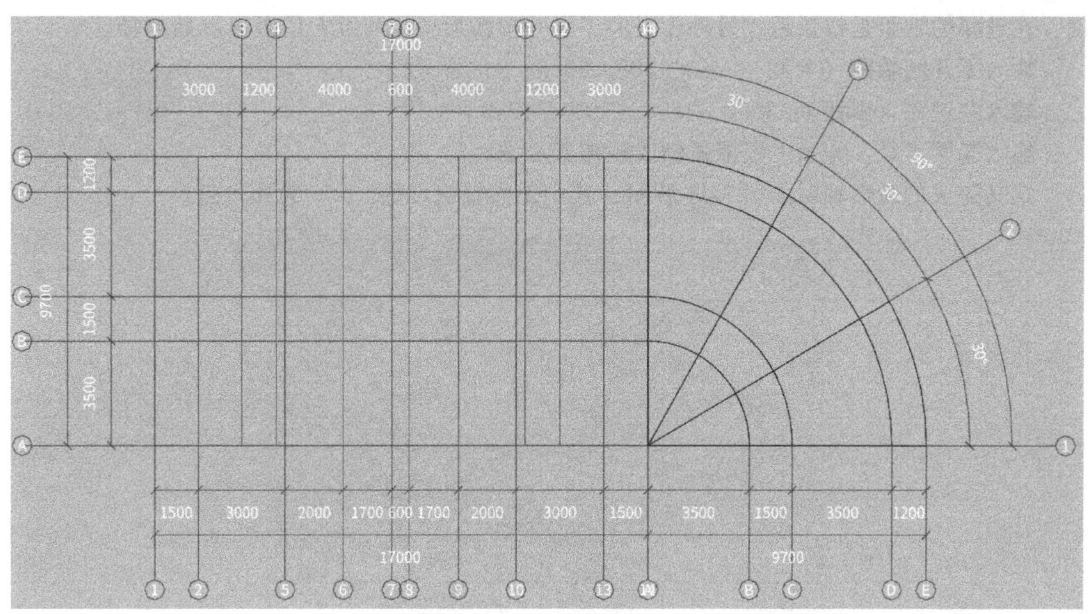

图 3-9 组合轴网示例

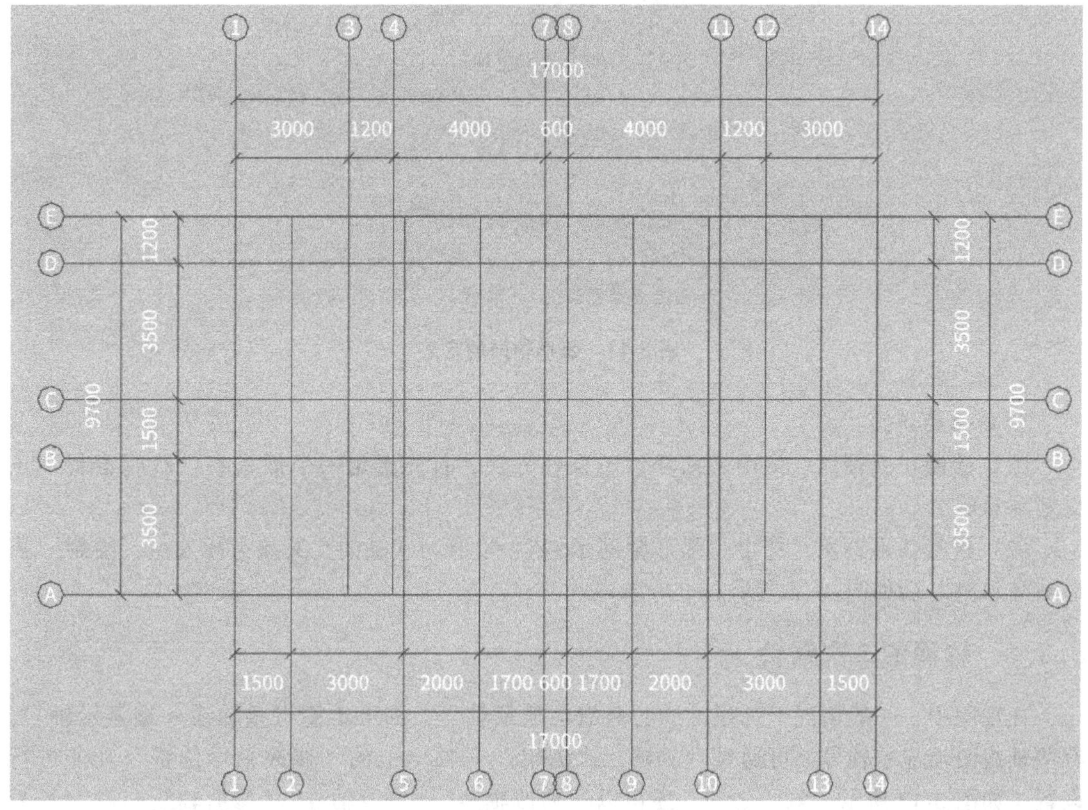

图 3-10 正交轴网示例

例”）。如果工程有多个轴网拼接而成，则建议填入的名称尽可能详细。

（2）输入轴距 软件提供了下开间和左进深两种轴距类型，其中下开间的轴距是指角度，左进深的轴距是指弧距。另外还提供了第一根弧形轴线与圆心的距离起始半径。

输入下开间轴距（角度）：30°，30°，30°。

输入左进深（弧距）：3500，1500，3500，1200。

输入起始半径：为第一根圆弧轴线距离圆心的距离，0。

定义完成的弧形轴网如图 3-11 所示，其中①Ⓐ轴交点的“×”为插入点。

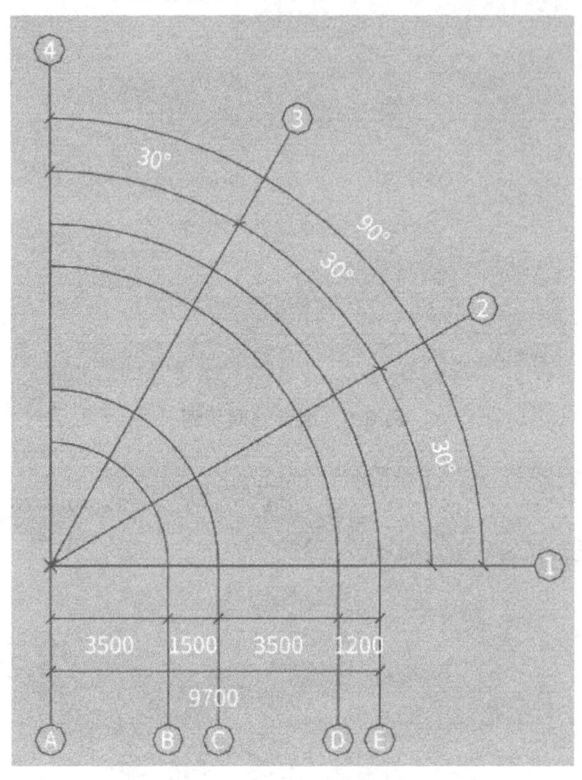

图 3-11　弧形轴网的定义

2. 轴网的拼接

（1）绘制正交轴网　使用之前学过的操作方法，首先选定一个插入点，然后绘制“正交轴网示例”。

（2）拼接弧形轴网　选中“弧形轴网示例”，以⑭与Ⓐ轴的交叉点为插入点，绘制“弧形轴网示例”后如图 3-12 所示。

3.3.3　轴网的二次编辑

在轴网中，一般情况下每根轴线的两端均显示轴号，如果希望有些轴线一端显示轴号，有些轴线两端显示轴号，可通过“轴网二次编辑”选项卡上的“修改轴号位置”功能进行设置，如图 3-13 所示。除此之外，还可以“修改轴距”“修改轴号”“修剪轴线”和“恢复轴线”，下面简单介绍这些功能，请读者自行操作并体验。轴网二次编辑功能不仅适用于主轴线，也同样适用于辅助轴线。

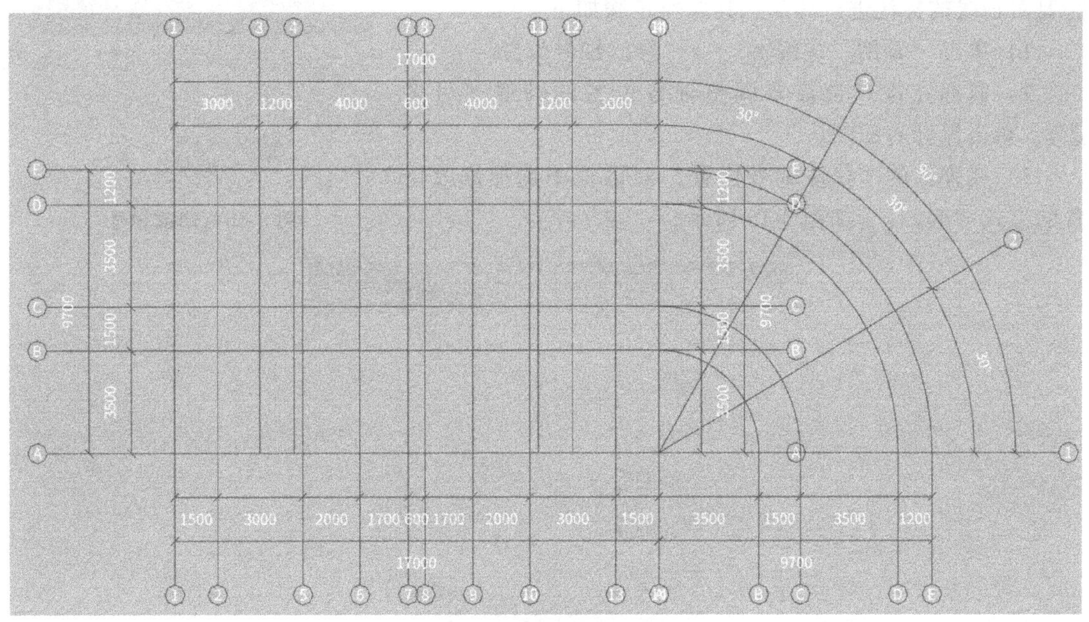

图 3-12　绘制完成后的组合轴网

1. 修改轴距

当绘制轴网后发现轴距输入错误时，可使用“轴网二次编辑”选项卡上的“修改轴距”功能，快速修改轴距。在某一层修改轴距，其他楼层的轴网都会联动变化。其操作步骤如下：

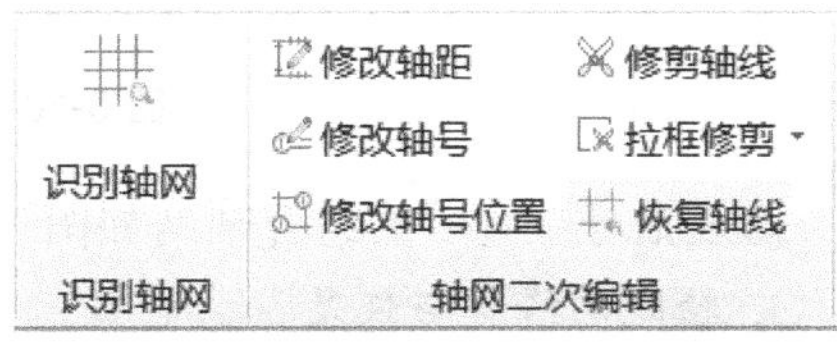

图 3-13　“轴网二次编辑”选项卡

1）单击“轴网二次编辑”选项卡中的“修改轴距”按钮。

2）鼠标左键点选轴线（除①号和Ⓐ轴线），弹出“请输入轴距”对话框，如图 3-14 所示。

3）在对话框中输入正确的轴距，单击“确定”按钮完成轴距的修改。

2. 修改轴号

如果已绘制轴线的轴号与图纸的轴号不符，可以通过“修改轴号”功能进行修改。在某一层修改轴号，其他楼层的轴网都会联动变化。其操作步骤如下：

图 3-14　修改轴距

1）依次单击“轴网二次编辑”→“修改轴号”。

2）鼠标左键点选需要修改轴号的轴线，弹出“请输入轴号”对话框，如图 3-15 所示。

3）输入新的轴号，单击“确定”按钮完成轴号的修改。

3. 修改轴号位置

在实际工作中，当一个工程中有多个轴网时，图纸的复杂性与计算机屏幕的面积使我们的绘图区显得凌乱不堪，如图 3-12 所示弧形轴网处。为了增加绘图区的清晰度，可以根据需要对轴线的标注进行调整。其操作步骤如下：

1）单击“轴网二次编辑”→“修改轴号位置”。

2）鼠标左键点选需要调整轴号位置的轴线（可多选），单击鼠标右键确认。

3）在弹出的“修改轴号位置”对话框中选择修改位置的方式“起点”，如图 3-16 所示。

图 3-15　修改轴号

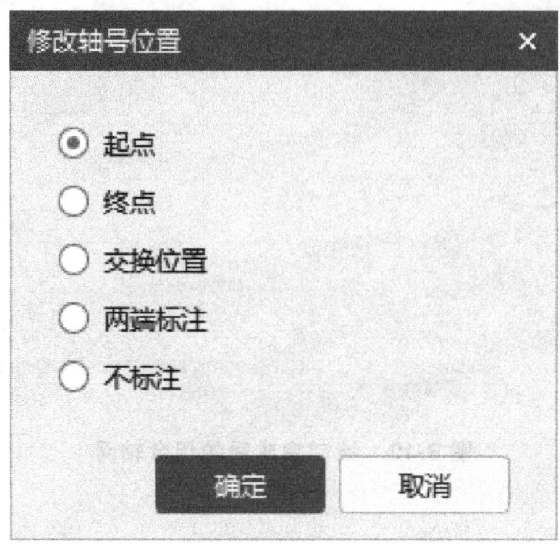

图 3-16　“修改轴号位置”对话框

修改轴号位置后的组合轴网如图 3-9 所示。

4. 轴线的修剪与恢复

修剪轴线分为单根轴线的修剪、规则区域内的多根轴线批量修剪和不规则区域内的多根轴线批量修剪三种方式。当需要批量修剪一定区域内的轴线时，可以使用“拉框修剪”；需要批量修剪不规则区域内的轴线时，可以使用“折线修剪”；将修剪后的轴线恢复到默认设置状态可以使用“恢复轴线”。

当工程有多个楼层时，该功能只对当前楼层的轴网起作用，不影响其他楼层的轴网。

思　考　题

1. 轴网有几种类型？
2. 如何定义正交轴网和弧形轴网？
3. 如何调整定义好的轴网的轴距？
4. 如何控制轴线轴号的显示位置？
5. 如何实现轴网中轴线的自动编号？
6. 如何使用已有的轴网信息？
7. 如何进行轴网的组合？
8. 如何绘制两个纵向距离为 50m 的轴网？
9. 绘制辅助轴线的方式有哪几种？分别在什么情况下使用？
10. 如何进行轴线的修剪和恢复？

第 4 章

柱的建模与算量

学习目标

了解柱钢筋的类型及工程量计算规则，了解柱做法涉及的工程量清单和计价定额；掌握柱属性的定义方法，掌握柱图元绘制及编辑方法，掌握柱做法的定义方法，掌握汇总计算及工程量查看的相关操作，熟悉异形柱和参数化柱的定义与绘制方法；掌握 CAD 柱构件和图元的转化方法，掌握构件和图元层间复制的方法，掌握 CAD 图纸定位的方法与技巧，掌握判断边角柱的方法。

■ 4.1　柱的基础知识

4.1.1　柱的相关知识

1. 柱的分类

柱是建筑物中垂直的结构件，用于承托梁架结构及其他部分的重力。另外，也有置于梁架上较小的柱，用于承托上方物件的重力，再通过梁架结构，把重力传至主柱之上。柱的分类如下：

（1）按截面分类　按截面形式分为方柱、圆柱、管柱、矩形柱、工字形柱、H 形柱、T 形柱、L 形柱、十字形柱、双肢柱、格构柱等。

（2）按材料分类　按所用材料分为石柱、砖柱、砌块柱、木柱、钢柱、钢筋混凝土柱、劲性钢筋混凝土柱、钢管混凝土柱和各种组合柱。

（3）按长细比分类　按长细比分为短柱、长柱及中长柱。长细比（计算长度除以截面回转半径）大于 30 的柱为长柱，主要是发生失稳破坏，破坏特征是破坏前无征兆、瞬间失稳。长细比小于 8 的柱为短柱，主要发生强度破坏，破坏特征是破坏前有明显的开裂，竖向裂纹。长细比为 8~30 的柱为中长柱。

（4）按所处位置分类　柱按所处的位置分为角柱、边柱和中柱。在建筑物四角的柱称为角柱；在建筑物最外侧但不在四角的柱称为边柱。除角柱和边柱之外的柱统称中柱。

2. 柱的编号和钢筋分类

（1）柱的编号　在柱平法施工图中，柱分为框架柱、转换柱、芯柱、梁上柱和剪力墙上柱。框架柱在框架结构中主要承受竖向压力，将来自框架梁的荷载向下传输，是框架结构中承力最大的构件；转换柱常出现在框架结构向剪力墙结构转换层；芯柱不是一根独立的柱子，它隐藏在柱内，在建筑外表是看不到的，当柱外侧一圈钢筋不能满足承载力要求时，在柱中再设置一圈纵筋，由柱内内侧钢筋围成柱；梁上柱是指生根在梁上的柱，主要用于建筑物上下结构或建筑布局发生变化时；剪力墙上柱是指生根在墙上的柱，也主要用于建筑物上下结构或建筑布局发生变化时。

柱的编号包括柱类型代号和序号两部分内容。柱的编号规则见表 4-1。

表 4-1　柱的编号规则

柱类型	代号	序号
框架柱	KZ	××
转换柱	ZHZ	××
芯柱	XZ	××
梁上柱	LZ	××
剪力墙上柱	QZ	××

（2）柱筋的分类　柱筋分为纵向受力筋和横向受力筋。纵向受力筋包括角筋、B 边一侧中部钢筋和 H 边一侧中部钢筋[⊖]；横向受力筋包括箍筋和拉筋。柱筋的分类如图 4-1 所示。

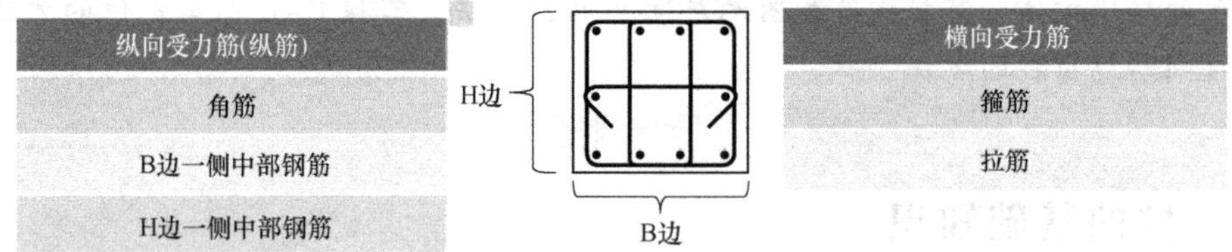

图 4-1　柱筋的分类

3. 柱平法施工图注写方法

柱平法施工图的有列表注写和截面注写两种注写方式。

（1）柱列表注写方式　柱列表注写方式是在柱平面图上，分别在同编号的柱中选择一个截面，标注几何参数代号，在柱表中注写柱编号、柱段起止标高、几何尺寸（含柱截面对轴线的偏心情况）与配筋的具体数值，并配以各种柱截面形状及其箍筋类型的方式来表达柱平法施工图，如图 4-2 所示。

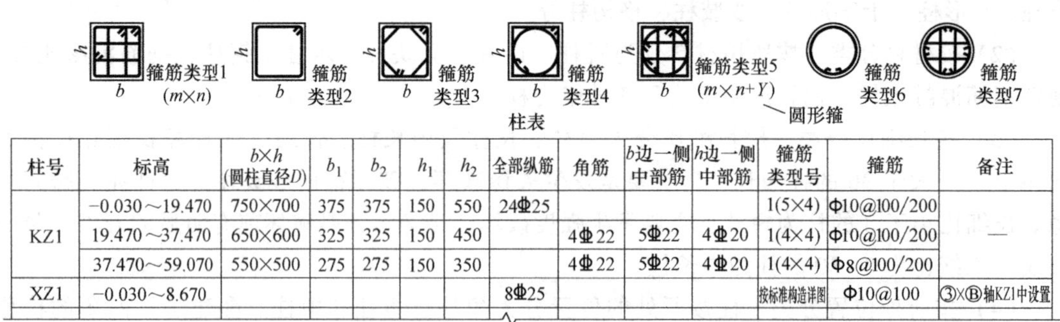

柱号	标高	$b\times h$（圆柱直径D）	b_1	b_2	h_1	h_2	全部纵筋	角筋	b边一侧中部筋	h边一侧中部筋	箍筋类型号	箍筋	备注
KZ1	−0.030～19.470	750×700	375	375	150	550	24Φ25				1(5×4)	Φ10@100/200	—
	19.470～37.470	650×600	325	325	150	450		4Φ22	5Φ22	4Φ20	1(4×4)	Φ10@100/200	
	37.470～59.070	550×500	275	275	150	350		4Φ22	5Φ22	4Φ20	1(4×4)	Φ8@100/200	
XZ1	−0.030～8.670						8Φ25				按标准构造详图	Φ10@100	③×Ⓑ轴KZ1中设置

图 4-2　柱列表注写方式

⊖　软件中所示的 B 边、H 边，对应于手绘或 CAD 制图中的 b 边、h 边。

柱列表注写的内容包括以下几方面：

1）柱的编号：应符合表 4-1 的规定。

2）各柱段的起止标高：自柱根部往上以变截面位置或截面未变但配筋改变处为界分段注写。框架柱和转换柱的根部标高是指基础顶面标高；芯柱的根部标高是指根据结构实际确定的起始标高；梁上柱的根部标高是指梁顶面标高；剪力墙上柱的根部标高为墙顶面标高。

3）截面尺寸：

① 对于矩形柱，注写柱截面 $b\times h$ 及与轴线关系的几何参数代号 b_1、b_2 和 h_1、h_2 的具体数值，需对应于各柱段分别注写。其中，$b=b_1+b_2$，$h=h_1+h_2$。当截面的某一边收缩变化至轴线重合或偏到轴线的另一侧时，b_1、b_2、h_1、h_2 中的某项为零或为负值。

② 对于圆柱，表中 $b\times h$ 一栏改用在圆柱直径数字前加 d 表示。为表达简单，圆柱截面与轴线的关系也用 b_1、b_2、h_1、h_2 表示，并使 $d=b_1+b_2=h_1+h_2$。

③ 对于芯柱，根据结构需要可以在某些框架柱的一定高度范围内，在其内部的中心位置设置（分别引注其柱编号）。芯柱中心应与柱中心重合，并标注其截面尺寸。芯柱定位随框架柱，不需要标注其与轴线的几何关系。

4）柱纵筋：当柱纵筋直径相同，各边根数也相同时（包括矩形柱、圆柱和芯柱），将纵筋注写在“全部纵筋”一栏中；除此之外，柱纵筋分为角筋、截面 b 边中部筋和 h 边中部筋三项分别注写（对于采用对称配筋的矩形截面柱，可仅注写一侧中部筋，对称边省略不注；对于采用非对称配筋的矩形截面柱，必须每侧均注写中部筋）。

5）箍筋类型号及箍筋肢数：在箍筋类型栏内注写箍筋类型号与肢数，箍筋类型号如图 4-2 所示。

6）柱箍筋，包括钢筋级别、直径与间距：用斜线（“/”）区分柱端箍筋加密区与柱身非加密区长度范围内箍筋的不同间距。当框架节点核心区箍筋与柱端箍筋设置不同时，应在括号内注明核心区箍筋直径及间距。当箍筋沿柱全高为一种间距时，则不使用“/”线。当圆柱采用螺旋箍筋时，需在箍筋前加“L”。例如：Φ10@ 100/200，表示箍筋为 HPB300 级钢筋，直径为 10mm，加密区间距为 100mm，非加密区间距为 200m。Φ10@ 100/200（Φ12@ 100）表示柱中箍筋为 HPB300 级钢筋，直径为 10mm，加密区间距为 100mm，加密区间距为 200mm，框架节点区箍筋为 HPB300 级钢筋，直径为 12mm，间距为 100mm。Φ10@ 100，表示沿柱全高范围内均为 HPB300 级钢筋，钢筋直径为 10mm，间距为 100mm。LΦ10@ 100/200，表示采用螺旋箍筋，HPB300，箍筋直径为 10mm，加密区间距为 100mm，非加密区间距为 200mm。

（2）柱截面注写方式　截面注写方式是在柱平面布置图的柱截面上，分别在同一编号的柱中选择一个截面，以直接注写截面尺寸和配筋具体数值的方式来表达柱平法施工图，如图 4-3 所示。

对除芯柱之外的所有柱按表 4-1 进行编号，从相同编号的柱中选择一个截面，按另一种比例原位放大绘制柱截面配筋图，并在各配筋图上继其编号后再注写截面尺寸 $b\times h$、角筋或全部纵筋（当纵筋采用同一直径且能够图示清楚时）、箍筋的具体数值（箍筋的注写方式同列表注写方式），以及在柱截面配筋图上标注柱截面与轴线的关系 b_1、b_2、h_1、h_2 的具体数值。

当纵筋采用两种直径时，需再注写截面各边中部筋的具体数值（对于采用对称配筋的矩形柱，可仅在一侧注写中部筋，对称边省略不注）。

当在某些框架柱一定高度范围内，在其内部的中心位置设置芯柱时，首先进行编号，继其编号后注写芯柱的起止标高、全部纵筋及箍筋的具体数值。

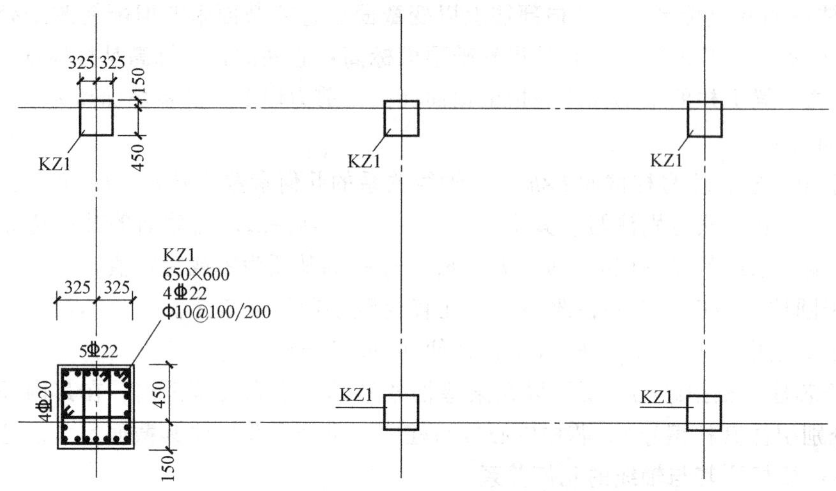

图 4-3 柱截面注写方式

4.1.2 软件功能介绍

软件将柱分为框架柱、构造柱和砌体柱三类，根据截面形状又分为矩形、圆形、异形柱和参数化柱四种。

1. 柱构件的属性定义

柱构件的定义是通过“通用操作”选项卡上的“定义”工具来完成的。

(1) 柱构件定义的方式

1) 依次单击“通用操作”→“定义”按钮。此界面既可以用来定义截面信息和钢筋信息，在定义过程中能看到截面的形状和钢筋的数量和位置，也可以定义柱的做法。

2) 依次单击构件导航栏上“柱”→“新建”按钮。采用这种方式时，只能在“属性列表”中输入截面信息和钢筋信息、修改柱的某些属性，双击定义完成的构件才可以编辑钢筋和定义柱的做法。

3) 在构件导航栏上依次单击“柱”→“右键”→“新建”按钮。采用这种方式时，只能在“属性列表”中输入截面信息和钢筋信息、修改柱的某些属性，双击定义完成的构件才可以编辑钢筋和定义柱的做法。

4) 通过 CAD 图纸转化生成柱构件。采用这种方式时，只生成柱的截面和配筋信息，其他属性需要在“属性列表”中进行修改，双击定义完成的构件才可以编辑钢筋和定义柱的做法，具体操作详见拓展延伸相关内容。

(2) 柱属性简介 柱的属性要根据设计图中的规定准确填写，便于做法定义。下面以矩形柱为例进行介绍。矩形柱的属性共有 52 项，分为通用属性、钢筋业务属性、土建业务属性和显示样式四部分，如图 4-4 所示。各个属性的含义如下：

1) 名称：根据图纸输入构件的名称，该名称在当前楼层的当前构件类型下必须唯一。

2) 结构类别：类别会根据构件名称中的字母自动生成。例如：KZ 生成的是框架柱，也可以根据实际情况选择转换柱、暗柱和端柱。

属性列表 图层管理		
	属性名称	属性值
1	名称	KZ1
2	结构类别	框架柱
3	定额类别	普通柱
4	截面宽度(B边)(mm)	500
5	截面高度(H边)(mm)	600
6	全部纵筋	
7	角筋	4Φ20
8	B边一侧中部筋	2Φ16
9	H边一侧中部筋	2Φ16
10	箍筋	Φ10@100
11	节点区箍筋	
12	箍筋肢数	按截面
13	柱类型	(中柱)
14	材质	现浇混凝土
15	混凝土类型	(粒径31.5砼32.5级坍落度35~50)
16	混凝土强度等级	(C30)
17	混凝土外加剂	(无)
18	混凝土类别	泵送商品砼
19	泵送类型	(混凝土泵)
20	泵送高度(m)	
21	截面面积(m²)	0.3
22	截面周长(m)	2.2
23	顶标高(m)	层顶标高
24	底标高(m)	-0.6
25	备注	
26	⊟ 钢筋业务属性	
27	其它钢筋	
28	其它箍筋	
29	抗震等级	(三级抗震)
30	锚固搭接	按默认锚固搭接计算
31	计算设置	按默认计算设置计算
32	节点设置	按默认节点设置计算
33	搭接设置	按默认搭接设置计算
34	汇总信息	(柱)
35	保护层厚度(mm)	(20)
36	芯柱截面宽(mm)	
37	芯柱截面高(mm)	
38	芯柱箍筋	
39	芯柱纵筋	
40	上加密范围(mm)	
41	下加密范围(mm)	
42	插筋构造	设置插筋
43	插筋信息	
44	⊟ 土建业务属性	
45	计算设置	按默认计算设置
46	计算规则	按默认计算规则
47	超高底面标高	按默认计算设置
48	支模高度	按默认计算设置
49	模板类型	复合木模板
50	⊟ 显示样式	
51	填充颜色	
52	不透明度	(100)

图 4-4　柱的属性

3）定额类别：可以选择普通柱、围墙柱、工形柱、双肢柱和空格柱。

4）截面宽度（B 边）：柱的截面宽度（mm）。

5）截面高度（H 边）：柱的截面高度（mm）。

6）全部纵筋：表示柱截面内所有的纵筋，其格式见表 4-2。

7）角筋：只有当全部纵筋属性值为空时才可输入，格式见表 4-2。

8）B 边一侧中部筋：只有当柱全部纵筋属性值为空时才可输入，格式见表 4-2。

9）H 边一侧中部筋：只有当柱全部纵筋属性值为空时才可输入，格式见表 4-2。

表 4-2　全部纵筋、角筋、边筋的输入格式

编号	格式	说　明
格式 1	12Φ22	数量+级别+直径
格式 2	4Φ22+8Φ20	有不同的钢筋信息用“+”连接
格式 3	* 4Φ22+8Φ20	* 表示纵筋在本层锚固计算。该格式表示有 4 根Φ22 的钢筋在本层锚固计算，其余钢筋伸至上层计算
格式 4	#4Φ22+8Φ20	#表示纵筋在本层强制。该格式表示有 4 根Φ22 的钢筋按照顶层柱外侧纵筋计算，其余钢筋伸至上层计算

注：在软件中为了方便输入，对钢筋符号规定如下：A 表示 HPB300 钢筋符号Φ；B 表示 HRB335 钢筋符号Φ；C 表示 HRB400 钢筋符号Φ。

10）箍筋：箍筋的输入格式见表 4-3。

11）节点区箍筋：其格式为级别+直径@间距，肢数取柱属性，如Φ10@100。如果为空则默认为与柱箍筋相同。

12）箍筋肢数：默认值为“按截面”，即默认“计算设置”→“钢筋”→“箍筋设置”中的值，如图 4-5 所示。也可通过单击当前框中“…”按钮，调出箍筋选择对话框进行设置。

表 4-3　箍筋的输入格式

编号	格式	说明
格式 1	40Φ8(4×4)	数量+级别+直径+肢数
格式 2	Φ8@100(4×4)	级别+直径@间距+肢数
格式 3	Φ8@100/200	加密区间距与非加密区间距用“/”分开，加密区间距在前，非加密区间距在后
格式 4	13Φ8@100/200	主要用于处理指定上下两端加密箍筋数量的设计方式。“/”前面表示加密区间距，后面表示非加密区间距

13）柱类型：可以设置柱子为中柱、角柱、边柱 B、边柱 H。该属性只影响顶层柱的钢筋计算。

14）材质：不同的计算规则对应不同材质的柱，如现浇混凝土、商品混凝土、预制混凝土、细石混凝土。

15）混凝土类型：当前构件的混凝土类型，可以根据实际情况进行调整。这里的默认取值与“楼层设置”里的混凝土类型一致。

16）混凝土强度等级：混凝土的抗压强度，采用符号 C 表示，这里默认取值与“楼层设置”里的混凝土强度等级一致。

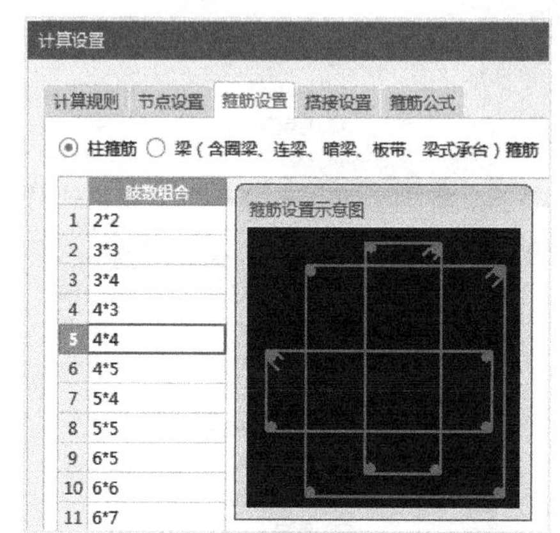

图 4-5　箍筋类型设置

17）混凝土外加剂：可选择减水剂、早强剂、防冻剂、缓凝剂或不添加混凝土外加剂。

18）混凝土类别：自拌混凝土、泵送商品混凝土、非泵送商品混凝土。

19）泵送类型：混凝土泵，汽车泵，非泵送。

20）泵送高度（m）：泵送混凝土的实际高度。

21）截面面积：软件根据所输入的构件尺寸自动计算出的面积数值（不可编辑）。

22）截面周长：软件根据所输入的构件尺寸自动计算出的周长数值（不可编辑）。

23）顶标高：柱顶的标高，可以根据实际情况进行调整。

24）底标高：柱底的标高，可以根据实际情况进行调整。

顶标高和底标高的取值，可以是宏变量，如“层底标高”“层顶标高”“底板顶标高”“顶板顶标高”“底梁顶标高”和“顶梁顶标高”，还可以是以上各个宏变量及数值的代数运算式。

25）备注：该属性值仅为标识，对计算不起任何作用。

26）钢筋业务属性：从第 27~43 项，共计 17 项。

27）其他钢筋：除了当前构件中已经输入的钢筋以外，如果还有需要计算的钢筋，则可以单击“…”按钮，在弹出界面输入。

28）其他箍筋：除了当前构件中已经输入的箍筋以外，如果还有需要计算的箍筋，则可以单击“…”按钮，在弹出界面输入。

29）抗震等级：构件抗震等级可以调整，其值可以是“非抗震”“楼层抗震等级”“一级抗震”“二级抗震”“三级抗震”和“四级抗震”，默认取值为“楼层设置”里的抗震等级。

30）锚固搭接：软件自动读取“楼层设置”中的数据，当前构件需要特殊处理时，可以单击“…”按钮，单独进行调整，修改后只对当前构件起作用。

31）计算设置：对钢筋计算规则进行修改，当前构件会自动读取计算设置信息，如果当前构件的计算方法需要特殊处理，则可以针对当前构件进行设置，修改后只对当前构件起作用。“计算设置”→“计算规则”→“柱/墙柱”共有37个设置项，如图4-6所示。

	类型名称	设置值
1	⊟ 公共设置项	
2	柱/墙柱在基础插筋锚固区内的箍筋数量	间距500
3	梁(板)上柱/墙柱在插筋锚固区内的箍筋数量	间距500
4	柱/墙柱第一个箍筋距楼板面的距离	50
5	柱/墙柱箍筋加密区根数计算方式	向上取整+1
6	柱/墙柱箍筋非加密区根数计算方式	向上取整-1
7	柱/墙柱箍筋弯勾角度	135°
8	柱/墙柱纵筋搭接接头错开百分率	50%
9	柱/墙柱搭接部位箍筋加密	是
10	柱/墙柱纵筋错开距离设置	按规范计算
11	柱/墙柱箍筋加密范围包含错开距离	是
12	绑扎搭接范围内的箍筋间距min(5d,100)中，纵筋d的取值	上下层最小直径
13	柱/墙柱螺旋箍筋是否连续通过	是
14	柱/墙柱圆形箍筋的搭接长度	max(lae,300)
15	层间变截面钢筋自动判断	是
16	⊟ 柱	
17	柱纵筋伸入基础锚固形式	全部伸入基底弯折
18	柱基础插筋弯折长度	按规范计算
19	柱基础锚固区只计算外侧箍筋	是
20	抗震柱纵筋露出长度	按规范计算
21	纵筋搭接范围箍筋间距	min(5*d,100)
22	不变截面上柱多出的钢筋锚固	1.2*Lae
23	不变截面下柱多出的钢筋锚固	1.2*Lae
24	非抗震柱纵筋露出长度	按规范计算
25	箍筋加密区设置	按规范计算
26	嵌固部位设置	按设定计算
27	⊟ 墙柱	
28	暗柱/端柱基础插筋弯折长度	按规范计算
29	墙柱基础锚固区只计算外侧箍筋	否
30	抗震暗柱/端柱纵筋露出长度	按规范计算
31	暗柱/端柱垂直钢筋搭接长度	按墙柱计算
32	暗柱/端柱纵筋搭接范围箍筋间距	min(5*d,100)
33	剪力墙上边缘构件插筋范围内箍筋加密间距	100
34	暗柱/端柱顶部锚固计算起点	从板底开始计算锚固
35	暗柱封顶按框架柱计算	否
36	非抗震暗柱/端柱纵筋露出长度	按规范计算
37	端柱竖向钢筋计算按框架柱计算	否

图4-6　钢筋计算设置——计算规则

32）节点设置：对于钢筋的节点构造进行修改。当前构件会自动读取节点设置中的节点，如果当前构件需要特殊处理，可以单独进行调整，修改后只对当前构件起作用。“计算设置”→“节点设置”→“柱/墙柱”共有22个项目，如图4-7所示。

33）搭接设置：软件自动读取“楼层设置”中搭接设置的具体数值，当前构件如果有

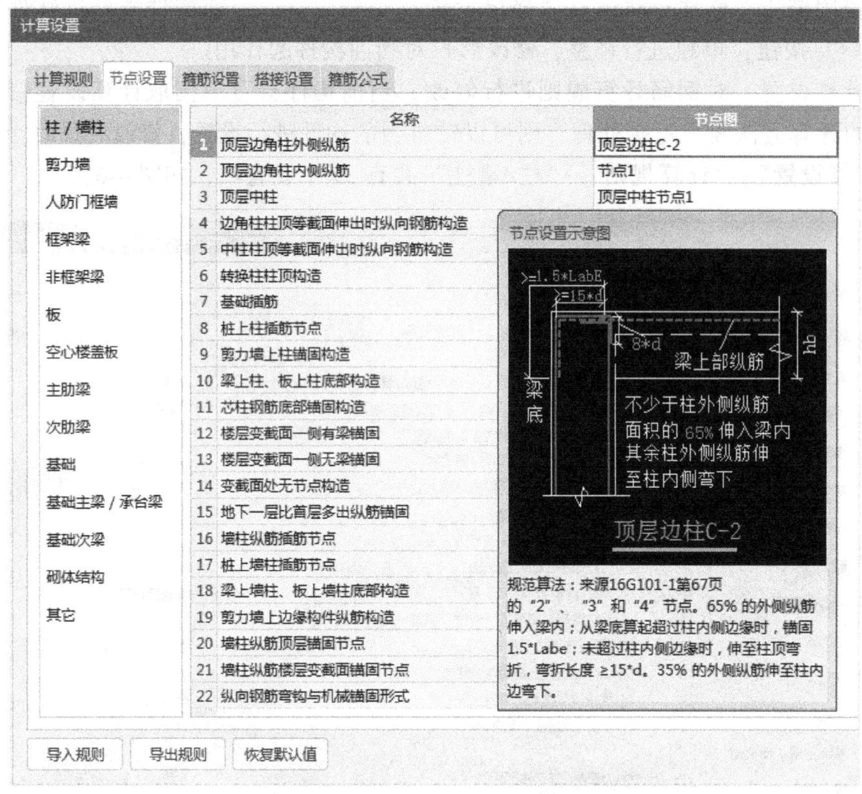

图 4-7 钢筋计算设置——节点设置

特殊要求，则可以单击“…”按钮，根据具体情况修改，修改后只对当前构件起作用。

34）汇总信息：默认为构件的类别名称。报表预览时部分报表可以按该信息进行钢筋的分类汇总。

35）保护层厚度：软件自动读取“楼层设置”中的保护层厚度，如果当前构件需要特殊处理，则可以根据实际情况进行输入。

36）芯柱截面宽：芯柱 B 边的长度（mm）。

37）芯柱截面高：芯柱 H 边的长度（mm）。

38）芯柱箍筋：其输入格式见表 4-4。

表 4-4 芯柱箍筋的输入格式

格式编号	格式	说明
格式 1	40Φ8	数量+级别+直径，肢数默认为 2 肢箍
格式 2	Φ8@100	级别+直径@间距，肢数默认为 2 肢箍
格式 3	Φ8@100/200	加密区间距与非加密区间距用“/”分开，加密区间距在前，非加密区间距在后。肢数默认为 2 肢箍
格式 4	13Φ8@100/200	主要用于处理指定上下两端加密箍筋数量的设计方式。“/”前面表示加密区间距，后面表示非加密区间距。肢数默认为 2 肢箍

39）芯柱纵筋：输入格式同全部纵筋。

40）上加密范围：默认为空，表示按规范计算。

41）下加密范围：默认为空，表示按规范计算。

42）插筋构造：其可选值为“设置插筋”或“纵筋锚固”。插筋构造是指柱层间变截面或钢筋发生变化时的柱纵筋构造或者柱生根时的纵筋构造。当选择为“设置插筋”时，软件根据相应设置自动计算插筋；当选择为“纵筋锚固”时，则上层柱纵筋伸入下层，不再单独设置插筋。

43）插筋信息：缺省为空，表示插筋的根数和直径同柱纵筋。也可自行输入，输入格式：数量+级别+直径，不同直径用“+”号连接例如 12ф25+5ф22。只有当插筋构造选择为“设置插筋”时该属性值才起作用。

44）土建业务属性，从第 45~49 项，共 5 项。

45）计算设置：分为清单计算设置和定额计算设置，可单击“…”按钮自行设置，软件将按设置的计算方法计算，修改后只对当前构件起作用。土建清单计算设置如图 4-8 所示。

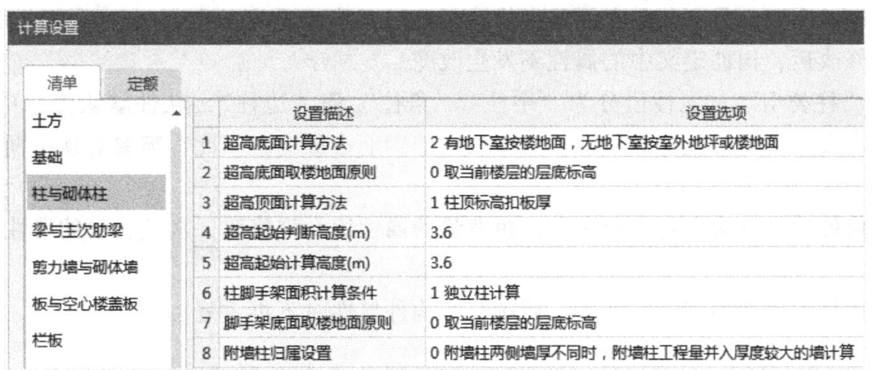

	设置描述	设置选项
1	超高底面计算方法	2 有地下室按楼地面，无地下室按室外地坪或楼地面
2	超高底面取楼地面原则	0 取当前楼层的层底标高
3	超高顶面计算方法	1 柱顶标高扣板厚
4	超高起始判断高度(m)	3.6
5	超高起始计算高度(m)	3.6
6	柱脚手架面积计算条件	1 独立柱计算
7	脚手架底面取楼地面原则	0 取当前楼层的层底标高
8	附墙柱归属设置	0 附墙柱两侧墙厚不同时，附墙柱工程量并入厚度较大的墙计算

图 4-8　土建清单计算设置

46）计算规则：软件内置全国各地清单及定额计算规则，同时可单击“…”按钮，自行设置构件土建计算规则，软件将按设置的计算规则计算。土建清单计算规则共有 100 项，部分计算规则如图 4-9 所示。

	规则描述	规则选项
1	柱原始高度计算方法	0 原始高度 = 柱顶标高-柱底标高
2	柱截面面积计算方法	0 截面面积
3	柱截面周长计算方法	0 取属性中柱截面周长值
4	现浇砼柱体积与现浇板的扣减	0 无影响
5	砖石柱体积与现浇板的扣减	1 扣现浇板体积
6	柱体积与预制板的扣减	1 扣预制板体积
7	现浇砼柱体积与螺旋板的扣减	0 无影响
8	砖石柱体积与螺旋板的扣减	1 扣螺旋板体积
9	现浇砼柱体积与圈梁的扣减	0 无影响
10	砖石柱体积与圈梁的扣减	1 扣圈梁体积
11	现浇砼柱体积与梁的扣减	0 无影响
12	砖石柱体积与梁的扣减	1 扣梁体积
13	现浇砼柱体积与连梁的扣减	0 无影响
14	砖石柱体积与连梁的扣减	1 扣连梁体积
15	柱体积与基础梁的扣减	1 扣基础梁体积
16	现浇砼柱体积与砼过梁的扣减	0 无影响
17	砖石柱体积与过梁的扣减	1 扣砼过梁体积
18	框柱、端柱体积与砼墙的扣减	3 附墙柱体积并入墙体积

图 4-9　部分土建清单计算规则

47）超高底面标高：按默认计算设置。

48）支模高度：支模高度根据超高底面标高计算，为只读属性。

49）模板类型：柱构件浇筑时的模板类型，通常有组合钢模板、复合木模板。

50）显示样式：包括填充颜色和不透明度两项内容。

51）填充颜色：可设置柱边框颜色、填充颜色，以便于在绘图区进行构件种类的快速区分。

52）不透明度：图元过多发生遮挡时，调整不透明度可以便捷查看到被遮挡的图元。

观察图 4-4 所示的属性列表可以发现，属性的颜色分为蓝色和黑色，其中蓝色属性为公有属性，黑色属性为私有属性。修改公有属性，构件和图元的对应属性同时修改。黑色属性的修改分为两种情况，一种是在定义界面修改，此时只影响修改之后绘制的图元，不影响修改之前绘制的图元；另一种是在图元中修改，此时只影响选定的图元，而不影响其他图元。私有属性修改后，构件定义中的属性不发生改变。

其中“柱类型”的属性值分为“中柱”“角柱”和“边柱”，软件默认为“中柱”，一般情况下定义时不需修改。此属性只对顶层柱的钢筋有影响，因此，需要对顶层框架柱进行二次编辑，区分边角柱。

属性值的背景分为白色和灰色，白色背景的属性值允许修改，灰色背景的属性值不允许修改。

所有构件的属性均有这些特性，后续介绍构件属性时不再重复。

2. 柱图元的绘制方法

柱图元的建模方法一般有点式绘制、智能布置和 CAD 转化三种。具体的操作请读者参阅后续相关内容。

3. 柱构件做法及操作界面

（1）柱做法的概念　所谓柱的做法是将柱所用的材料、施工方法转化为相适应的工程量清单项目和定额子目。柱的做法必须包括两方面内容：一是工程量清单项目，二是计价定额子目。工程量清单项目包括的项目编码、项目名称、项目特征、计量单位和工程量表达式要填写完整齐全，定额子目的选择包括定额编号、定额名称、计量单位、工程量表达式，以及材料种类、强度等级等的必要换算。

工程量清单的选择要满足设计文件的要求，当无相同清单项目时要尽量贴近，项目特征的描述要与当地计价定额相匹配，选择的计量单位要与工程量表达式的结果相匹配，选择的计价定额子目要与工程量清单的项目特征相匹配。

套做法的好处体现在以下几个方面：

1）可以详细、清晰地按不同清单定额项提供相应工程量。

2）可以按需要将不同构件类别的工程量进行合并出量。

3）方便后期因变更等因素导致的图形模型修改变化后的出量。

4）工程套做法汇总计算后，可以直接导入计价软件，提高工作效率。

（2）做法定义界面　本节只介绍做法定义主界面及各工具的功能，做法定义的具体操作将结合案例工程进行说明。

软件针对做法业务，提供了强大的编辑、查询、校验、预览、自动套做法等功能，可以快速复用和查找做法，还可以高效便捷地实现清单和定额工程量的算量，同时也与计价软件

无缝链接，实现了量价一体化。

“构件做法”主界面如图 4-10 所示，该界面分为上下两部分，上部为做法编辑区，下部为做法查询区。

做法编辑区可进行清单行和定额行的添加、删除、查询、项目特征编辑、换算、做法刷、做法查询、提取做法、当前构件自动套做法等操作。

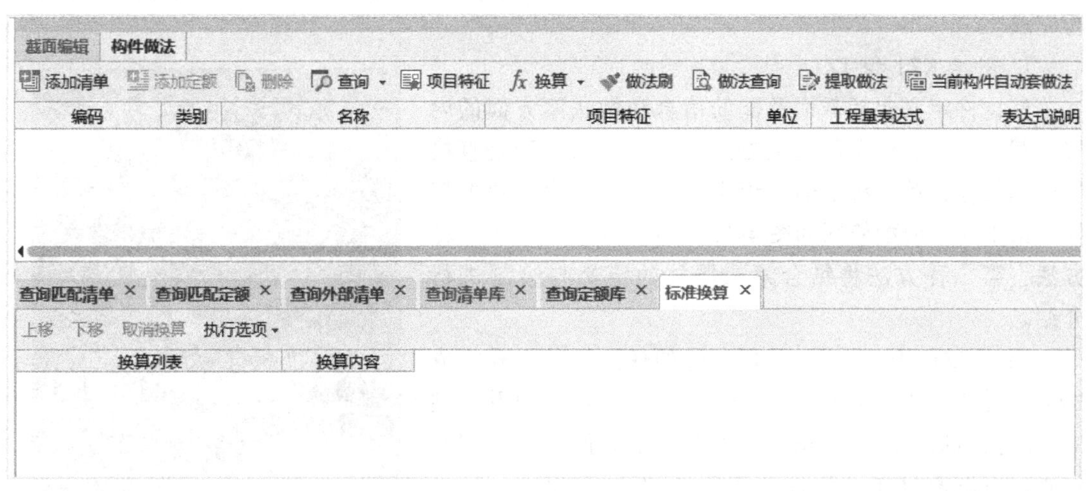

图 4-10　“构件做法”主界面

做法查询区有“查询匹配清单”“查询匹配定额”“查询外部清单”“查询清单库”“查询定额库”“查询 GBQ 文件”“查询图集做法”“查询人材机”“查询单价构成”等页签。这些页签支持拖拽来调整前后位置，可以通过单击各页签后的“×”关闭，关闭后还可以通过单击“查询”后的“▼”按钮，在弹出的下拉菜单中单击相应项目，将其添加到做法查询区。

■ 4.2　首层柱建模

4.2.1　任务说明

本节的任务是完成首层框架柱和梯柱的定义，首层柱图元绘制、编辑，首层柱构件的做法定义，汇总计算和工程量查看，熟悉各种报表的类型和作用。

4.2.2　任务分析

分析首层柱平法施工图 GS05 可知，本层有 KZ1～KZ7 共七种框架柱，其配筋是以截面法表示，每根框架柱均相对于轴线交点有一定的偏心。

分析楼梯详图可知，有 TZ1 和 TZ2 两种梯柱。TZ1 的底标高为层底标高，顶标高为 4.05m，TZ2 从首层至最顶层均有设置。根据建筑施工图的剖面图可以看出，位于 2～5 层的 TZ2 其底标高均为层底标高，顶标高均为层底标高+1.975m。TZ2 在底层有两个分层，下分层的底标高为层底标高，顶标高为 2.016m，上分层的底标高为 4.05m，顶标高为 6.025m。故 TZ1 的支模高度应为 5m 以内，TZ2 的支模高度应为 3.6m 以内。

通过识读二层梁平法施工图GS09可知，还有一种构造柱GZ，因构造柱是在砌体墙完成后再浇筑，属于二次结构构件，本书将其编入砌体相关构件中。

4.2.3 任务实施

以首层KZ1和TZ1为例介绍其定义过程和绘制方法，KZ2～KZ7的定义与绘制请读者自行完成。

1. 新建KZ1和TZ1

柱构件定义包括截面及配筋信息和做法两方面的内容。截面及配筋信息的定义方式有两种，第一种是直接新建框架柱；第二种是通过识别柱大样或柱表新建框架柱。KZ1的截面配筋图如图4-11所示。本节介绍第一种方法，第二种方法将结合第二层柱的定义与绘制进行介绍。

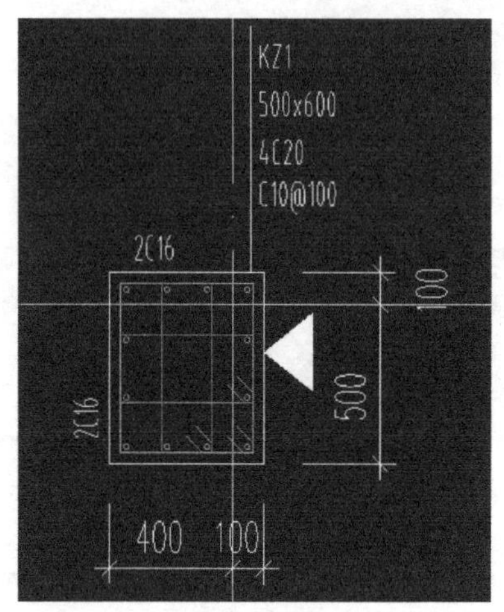

图4-11　KZ1截面配筋表示法[⊖]

(1) KZ1属性定义　采用前述的任意一种方式完成KZ1的属性，如图4-4所示。在“属性列表”中看不到KZ1的截面形状和钢筋位置，若要显示截面形状和钢筋位置，可以通过在“构件列表”中双击“KZ1”，进入“定义”界面，如图4-12所示。

界面标题“定义”的下方为定义工具栏，左侧为构件“导航树”，中间为“构件列表”和“属性列表”，右侧有“截面编辑”和“构件做法”两个页签，每个页签分别带有各自的工具栏。

(2) KZ1钢筋信息编辑　KZ1的钢筋编辑可通过“截面编辑”页签的钢筋编辑工具栏进行。钢筋编辑可以布置纵筋和箍筋，布置纵筋时可以布角筋、布边筋和对齐钢筋；布箍筋时可以布置直线拉筋、弧线拉筋、矩形箍筋和圆形箍筋。角筋以黄色显示，边筋以粉色显示，箍筋或拉筋以红色显示。钢筋编辑既可以删除布置错误的钢筋，也可以一次删除所有的钢筋（即“清空钢筋”）。钢筋布置完成后还可以通过单击“显示标注”显示钢筋标注。钢筋布置的其他操作请读者参阅异形柱相关内容。

已经定义完成的构件可以使用“构件列表”页签的工具进行复制、删除、层间复制、存档、提取等编辑；未定义的构件也可以利用“复制”工具复制后修改而成，提高工作效率。这些工具的使用请读者自行体验。

(3) TZ1的定义　梯柱（TZ）的定义与框架柱相同，请读者自行完成。这里只说明需要注意的问题。

梯柱是支承梯梁的柱，它的顶标高只到休息平台板的顶面，在定义其底标高和顶标高时一定要根据图纸计算其实际的底、顶标高。

2. 首层柱图元绘制与编辑

绘制柱图元的方式也有两种，第一种是手工绘制，第二种是通过CAD图转化。本节介绍手工绘制方式，CAD图转化法请读者参阅4.3节“二层～屋面层柱建模”的相关内容。

⊖ 在广联达算量软件中，A表示HPB300钢筋（Φ）；B表示HRB335钢筋（Φ）；C表示HRB400钢筋（Φ）。

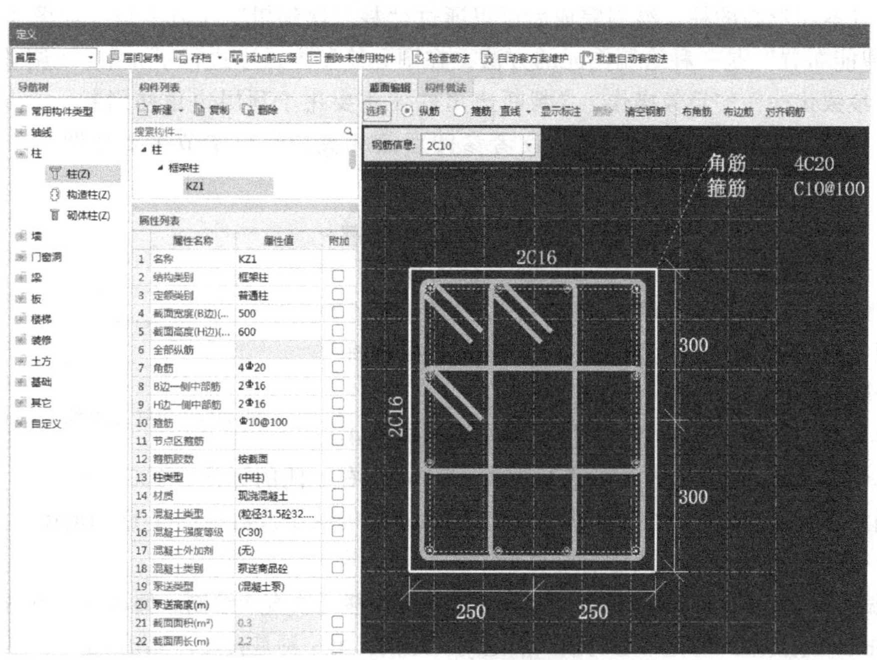

图 4-12　柱“定义”→“截面编辑”页签

（1）点式绘制　点式绘制可通过“绘图”选项卡的“点”画法工具完成，此工具还可以通过其下方的“旋转点”工具绘制旋转一定角度的柱图元，既可以在插入点上绘制，还可以在偏离插入点的位置绘制。采用“旋转点”画法时，输入的角度数值以逆时针方向为正，顺时针方向为负。

1）直接点画。无论柱的插入点是否在柱的形心位置均可以按插入点在形心直接点画，具体操作如下：

按<F2>键，切换到绘图界面；选择“KZ1”，单击工具栏中的“点”画法按钮；指定插入点（⑤Ⓓ的交点），则 KZ1 被绘制到指定的位置，如图 4-13a 所示。

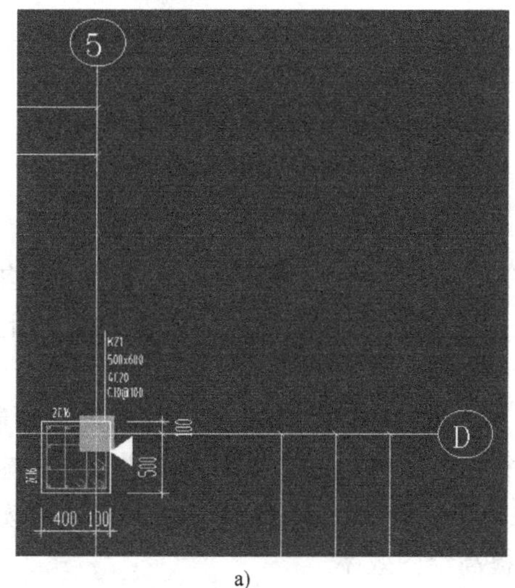

a)

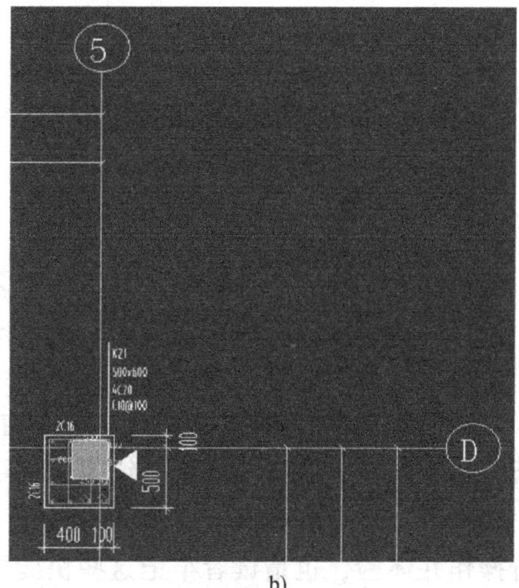

b)

图 4-13　初步绘制的 KZ1 和修改后的 KZ1

插入点不在形心的柱，绘制完成后可以通过“柱二次编辑”工具完成，如图 4-14 所示。其中，“智能布置”是一种绘制图元的方法，在图元绘制方法中进行了介绍；“调整柱端头”主要用于参数化构件的镜像操作，“判断边角柱”主要用于顶层边角柱判断，“设置斜柱”用于将直柱变斜，这些功能的操作请读者参阅后续相关内容。本节主要介绍“查改标注”操作。

对比 CAD 图发现 KZ1 为偏心柱，需要修改它的偏心距离，可采用“柱二次编辑”选项卡的“查改标注”完成。“查改标注”可以对单根柱查改标注，“批量查改标注”可以对多根柱进行批量查改标注。查改单根柱标注的操作步骤如下：

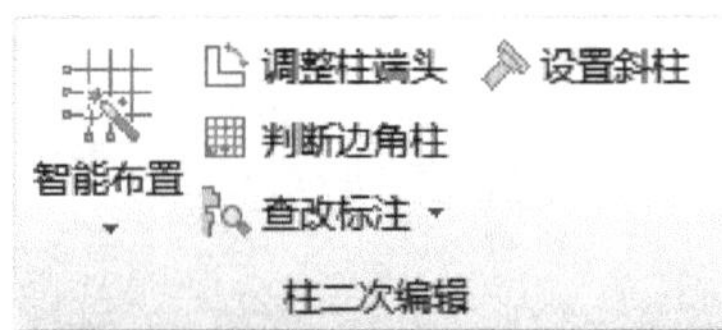

图 4-14 “柱二次编”辑选项卡

选择 KZ1，单击鼠标右键，弹出快捷菜单如图 4-15 所示。单击“查改标注”，按照状态栏的提示，先将右上侧的标注“300”改为“100”，再将右下侧的标注“250”改为“100”，单击鼠标右键确认修改后如图 4-13b 所示。

批量查改标注的方法请读者自行体验。

2）偏移画法。插入点不在形心的柱，可以采用偏移画法直接绘制。偏移画法有两种：一种是使用<Shift+鼠标左键>指定形心与插入点之间的距离，另一种是直接在 CAD 图上描绘。

① <Shift>键+鼠标左键。这种方法是在单击插入点的同时按<Shift>键，弹出如图 4-16 所示的“请输入偏移值”对话框。按照偏移的方式输入正确的偏移值后，单击“确定”按钮，一次完成柱图元的绘制。正交偏移时输入 X、Y 值，X 值向右为正，Y 值向上为正，在输入 X、Y 偏移量时可以输入四则运算表达式，如“200+50”。极坐标偏移时，输入极径和极角。

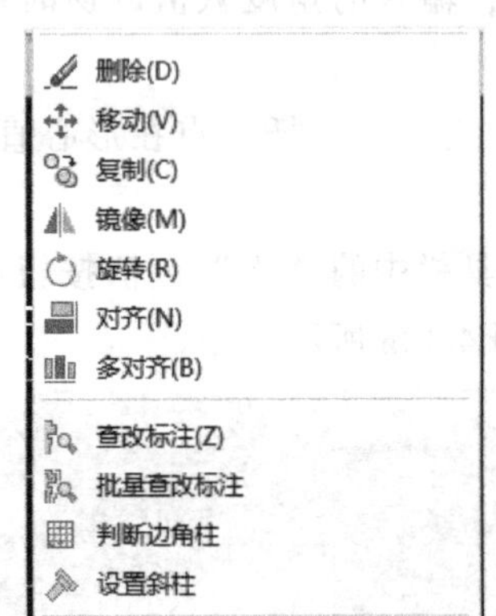

图 4-15 柱右键快捷菜单相关部分

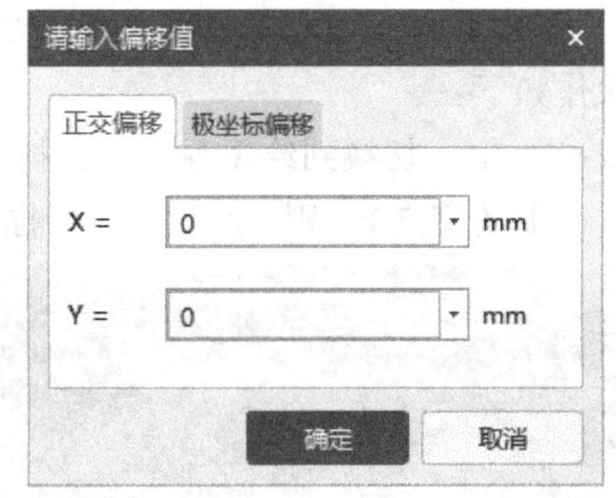

图 4-16 “请输入偏移值”对话框

② 在 CAD 图上直接描绘。采用这种方法的前提是打开了柱平面布置图。选中柱构件后，按快捷键<F4>改变柱的插入点，使得插入点处于柱的某一个角点上，对准 CAD 图上该柱的该角点，单击即可一次完成偏心柱的绘制。

对于相对于水平轴放置了一定角度的矩形柱，还可以配合“旋转点”画法进行绘制。对于非对称的柱，可以通过左右镜像、上下镜像进行绘制，在绘制过程中随时按下快捷键即可完成镜像，左右镜像的快捷键为<F3>，上下镜像的快捷键为<Shift+F3>。以上功能请读者自行操作并体验，也请读者牢记这些快捷操作键以提高绘图效率。

（2）智能布置　如图 4-14 所示单击“柱二次编辑”选项卡上的“智能布置”按钮，指

定参考图元后即可完成柱的绘制。参考图元可以是轴线、桩、桩承台、独基、柱墩、梁、墙和门窗洞口。请读者自行体验。

(3) CAD 转化生成柱图元　这种方式只能在 CAD 转化生成柱构件后，才能使用，具体操作请读者参阅 4.3 节“二层～屋面层柱建模”及 4.3 节拓展延伸相关内容。

3. 首层框架柱和梯柱做法定义

柱的做法定义通常有定义做法、刷做法、自动套做法和提取做法四种方法，

(1) 定义做法　定义构件做法时，首先要选择清单的编码，描述其项目特征、选择计量单位和对应的工程量表达式，其次是根据清单项目特征描述选择合适的定额子目并进行必要的换算。描述项目特征时，除按清单工程量计算规范推荐的项目特征项进行描述外，还要考虑当地定额的具体规定。

构件的做法既可以在定义截面和配筋信息后进行，也可以在建模完成后进行，下面以 KZ1 的做法定义为例进行介绍。

单击“通用操作”选项卡上的“定义”按钮，切换到“构件做法”页签，根据 KZ1 的属性值和需要计算的工程量，选用清单、描述清单项目特征，根据清单的项目特征选用定额，其结果如图 4-17 所示。

截面编辑　构件做法

添加清单　添加定额　删除　查询　项目特征　换算　做法刷　做法查询　提取做法　当前构件自动套做法

	编码	类别	名称	项目特征	单位	工程量表达式	表达式说明	单价
1	010502001	项	矩形柱	1. 混凝土种类:泵送商品混凝土 2. 混凝土强度等级:C30 3. 泵送高度:30M以内	m3	TJ	TJ<体积>	
2	6-190	定	(C30泵送商品砼) 矩形柱		m3	TJ	TJ<体积>	467.99
3	011702002	项	矩形柱 模板	1. 模板种类:复合木模板 2. 柱周长:3.6m以内 3. 柱支模净高:8.6m	m2	MBMJ	MBMJ<模板面积>	
4	21-27 R*1.6, H32020115 32020115 *1.15, H32020132 32020132 *1.15	换	现浇矩形柱 复合木模板 框架柱(墙)、梁、板净高在8m以内 人工*1.6, 材料[32020115] 含量*1.15, 材料[32020132] 含量*1.15		m2	MBMJ	MBMJ<模板面积>	614.47

图 4-17　KZ1 做法

1) 添加清单的方式　可以通过添加清单、查询匹配清单、查询外部清单和查询清单库四种方式添加清单。这几种添加清单的方式各有所长，要根据具体的情况选用。

① 直接添加清单。单击“添加清单”按钮后，在“编码”列直接输入工程量清单的编码，软件自动匹配该清单其他内容，这种方式适用于对工程量清单编码和名称非常熟悉的造价人员。

② 采用查询匹配清单方式添加清单。切换到“查询匹配清单”页签，选择“按构件类型过滤”，查询到的清单项如图 4-18a 所示，选择“按构件属性过滤”，查询到的清单项如图 4-18b 所示。由此可以看出，过滤条件不同，查询的结果也不同，无论采用哪种过滤方式，待选清单中均有两项矩形柱清单编码，其中“010502001”是现浇柱清单编码，而“010509001”是预制柱清单编码，所以必须选择“010502001”。

③ 采用查询清单库方式添加清单。查询清单库输入工程量清单的方式有直接查找和搜索关键字查找两种。直接查找输入时，先切换到“查询清单库”页签，在清单库分部列表中找到“混凝土及钢筋混凝土工程”，展开该分部，找到“现浇混凝土柱”分项，右侧显示该分项下的所有清单项目列表，如图 4-19 所示。直接双击“010502001”即可完成清单项的添加。

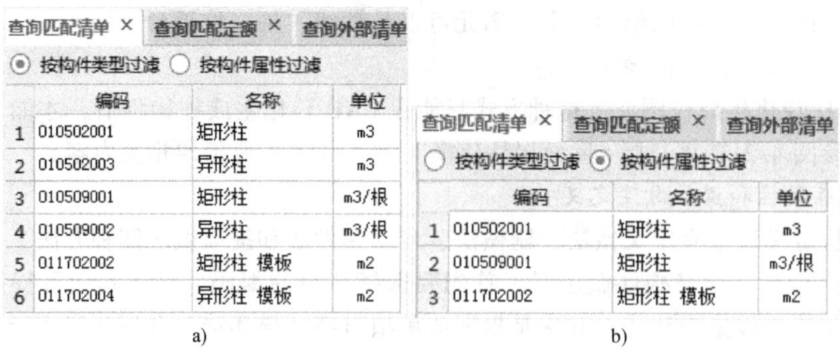

图 4-18 柱匹配清单

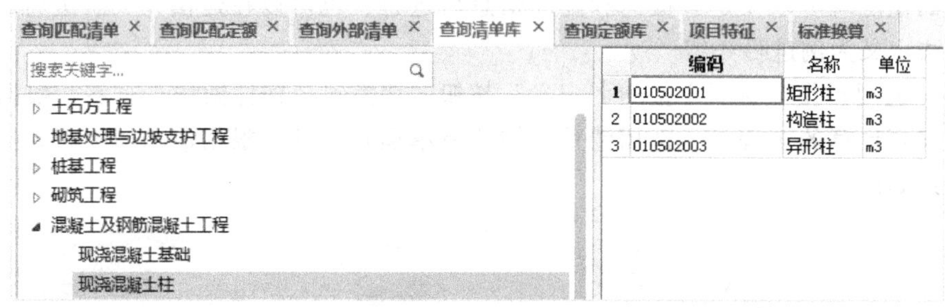

图 4-19 查询清单库添加（直接查找）

搜索关键字查找添加清单时，在“搜索关键字”文本框中输入“矩形柱”，右侧显示带有“矩形柱”的所有清单项目列表，如图 4-20 所示。双击“010502001”即可完成清单项的添加。

查询匹配清单 × 查询匹配定额 × 查询外部清单 × 查询清单库 × 查询定额库 ×

矩形柱

土石方工程
地基处理与边坡支护工程
桩基工程
砌筑工程
混凝土及钢筋混凝土工程

	编码	名称	单位
1	010502001	矩形柱	m3
2	010509001	矩形柱	m3/根
3	011702002	矩形柱 模板	m2
4	020401001	矩形柱	m3
5	020406001	矩形柱	m3/根
6	021002001	现浇混凝土矩形柱 模板	m2

图 4-20 查询清单库添加（搜索关键字）

④ 采用查询外部清单方式添加清单。查询外部清单的界面如图 4-21 所示。所谓外部清单是指来自系统内置清单以外的清单，可以是已经完成工程量清单编制的工程项目的清单，也可以是由有经验的造价人员事先编制好供本项目其他人员使用的工程量清单。使用前需要从外部文件导入，软件提供了 Excel 表格和 GBQ 文件两种导入方式。对导入的清单，可以使用关键字检索功能查找，或直接按前 9 位、4 位编码过滤清单项查找。

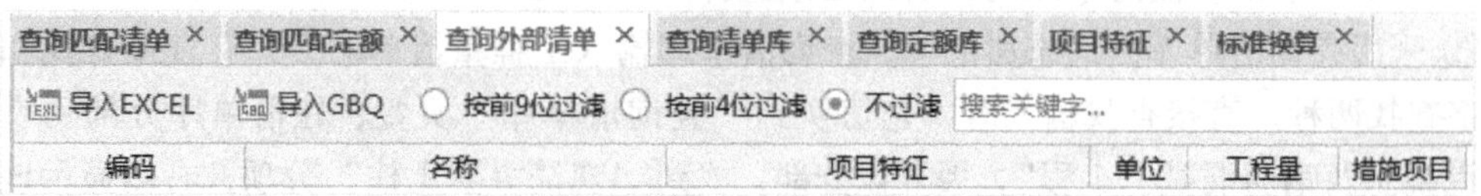

图 4-21 查询外部清单界面

2）添加清单项目特征。

① 通过“项目特征”页签添加。切换到“项目特征”页签，在弹出的项目特征项的对应“特征值”列添加或选择合适的文字或数字说明，如图 4-22 所示。图上左侧为项目特征描述，图上右侧为项目特征的应用规则，可应用到所选清单或全部清单。项目特征的添加位置可选“添加到项目特征列”或“添加到清单名称列”；项目特征的显示格式可选“换行”或“用逗号分隔”或“用括号分隔”；序号选项可用“1.（数字）”或“a.（小写字母）”或“A.（大写字母）”或“无”。

查询匹配清单 × | 查询匹配定额 × | 查询外部清单 × | 查询清单库 × | 查询定额库 × | 项目特征 ×

	特征	特征值	输出
1	混凝土种类	泵送商品混凝土	☑
2	混凝土强度等级	C30	☑
3	泵送高度	30M以内	☑

应用规则到所选清单　应用规则到全部清单

添加位置：添加到项目特征列

显示格式：换行

特征生成方式：项目特征：项目特征值

序号选项：1.(数字)

图 4-22　KZ1 混凝土项目特征

描述清单的项目特征时，除按规范推荐的特征项进行描述外，还要结合当地计价定额的具体要求添加一些特征项。添加的方法是，在项目特征表格中标题行下的任意位置单击鼠标右键，调出如图 4-23 所示的快捷菜单，通过“添加”命令添加项目特征项。还可以删除多余的特征项，对项目特征进行复制、剪切、粘贴、调整特征项的上下排列顺序等操作。

图 4-23　项目特征右键快捷菜单

根据当地定额泵送混凝土换算的要求（图 4-24），清单计量规范矩形柱项目特征中并未推荐“泵送高度”这项项目特征，故需要增加。如果不增加此项特征，套价时将无所适从。

② 通过单击“项目特征”列右侧的“…”按钮添加。单击清单的“项目特征列”，直到出现“…”按钮，再单击“…”按钮，调出如图 4-25 所示的“编辑项目特征”对话框，直接编辑项目特征值。

查询匹配清单 × | 查询匹配定额 × | 查询外部清单 × | 查询清单库 × | 查询定额库 × | 项目特征 × | 标准换算 ×

上移　下移　取消换算　执行选项

	换算列表		换算内容
1	输送高度	超过30m 机械[99051304] 含量*1.1	☐
2		超过50m 机械[99051304] 含量*1.25	☐
3		超过100m 机械[99051304] 含量*1.35	☐
4		超过150m 机械[99051304] 含量*1.45	☐
5		超过200m 机械[99051304] 含量*1.55	☐
6	换C30预拌混凝土(泵送型)		80212105 C30预拌混凝土(泵送)
7	换水泥砂浆 比例 1:2		80010123 水泥砂浆 比例 1:2

图 4-24　增加“泵送高度”特征项的原因

3）选择计量单位和工程量表达式。根据清单工程量计算规则选择工程量的计量单位，并在“工程量表达式列”选择与计量单位对应的工程量表达式。例如：计量单位为 m^3，其

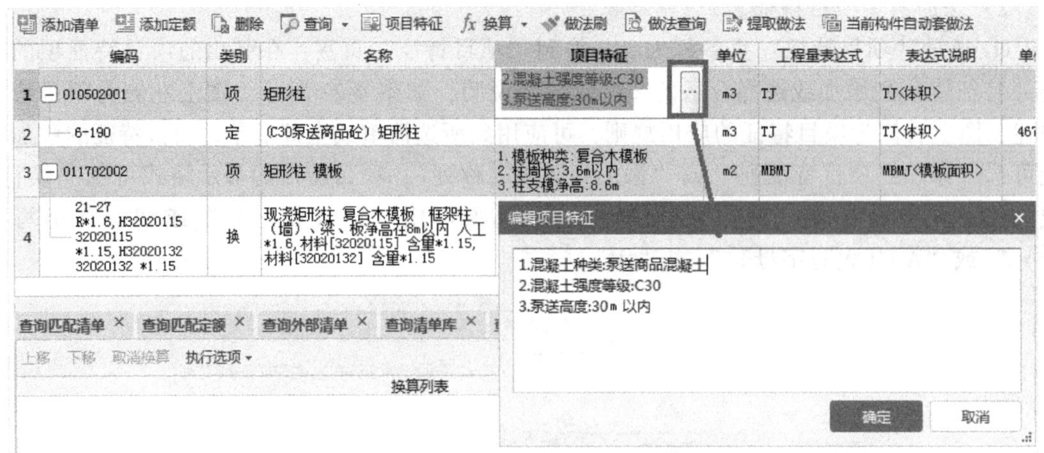

图 4-25 “编辑项目特征”对话框

工程量表达式应选“TJ”（体积）。

一般情况下，软件能够根据输入的工程量清单的编码智能匹配计量单位，当匹配的计量单位不合适时，再通过人工正确选择。选择的方法是：单击“工程量表达式列”直到出现“▼”按钮，再单击“▼”按钮，单击“更多…”，在弹出的“工程量表达式”对话框中进行选择。如图 4-26 所示，“代码列表”中的工程量代码为常用工程量代码。如果常用工程量代码不能满足要求，再勾选“显示中间量”复选框，软件则列出全部工程量代码，请读者在软件中自行体验。双击代码即可将其添加到“工程量表达式”下的文本框中。

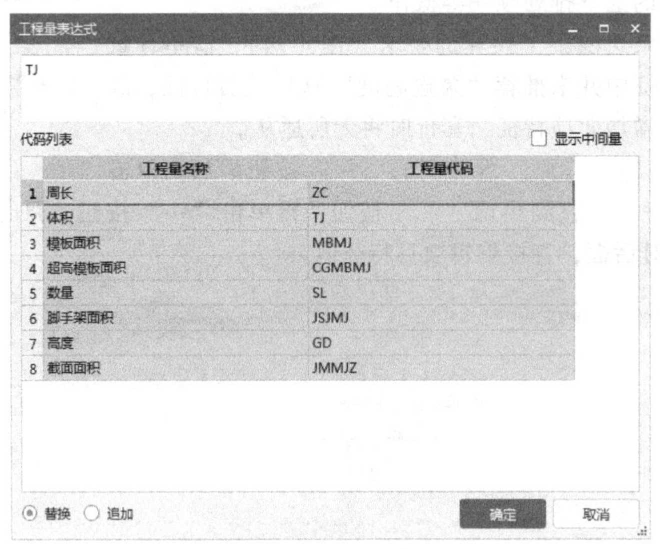

图 4-26 柱常用工程量代码

二维码 4-1
柱工程量
全部代码

工程量代码选择错误时，还可以在选中对话框中的“替换”的情况下，双击正确的工程量代码进行替换；如果一项清单的工程量需要用多个工程量代码表达时，可先选中“追加”，然后分别双击需要的代码将其添加到“工程量表达式”下的文本框中，此时各代码间

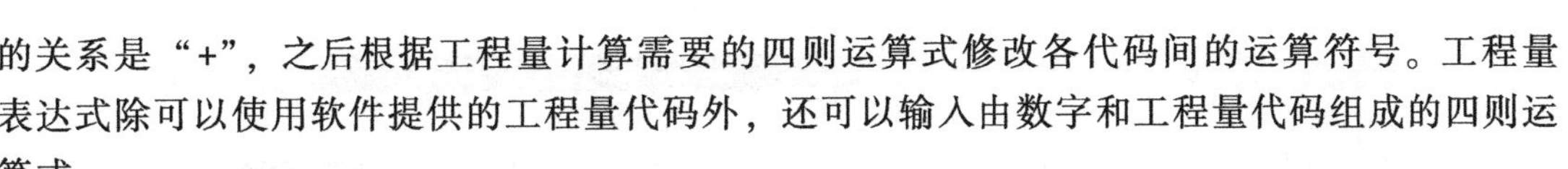

的关系是“+”，之后根据工程量计算需要的四则运算式修改各代码间的运算符号。工程量表达式除可以使用软件提供的工程量代码外，还可以输入由数字和工程量代码组成的四则运算式。

4）添加定额的方式。做法定义界面中无工程量清单时，“添加定额”和“删除”按钮灰显处于不可用状态，输入工程量清单项目后，这两个按钮变为可用状态。

添加定额的方式有直接输入定额子目编号、查询匹配定额和查询定额库三种方式。

① 直接输入定额子目编号方式。直接输入定额子目的编号，软件会自动匹配该定额子目的其他内容，这种方式适用于对计价定额非常熟悉的造价人员。

② 查询匹配定额方式。软件中内置了各项清单与定额的匹配关系，软件会根据清单的编码将匹配的定额子目全部列出供选择使用，双击需要的定额子目将其添加到该项清单项下。

③ 查询定额库方式。查询定额库输入定额子目的方式与查询清单库相似，请读者自行体验。

5）定额子目的标准换算。套用定额子目时要根据清单的项目特征进行选用，需要换算且能够进行换算的，必须进行换算。定额子目的换算可通过“构件做法”页签的“换算”工具完成。

将光标定位到需要换算的定额子目，依次单击“换算”→“标准换算”，在弹出的“换算列表”中勾选相应的换算内容。如本例中的模板定额子目，可换算的列表如图 4-27 所示，必须根据框架柱的支模净高进行换算。

值得说明的是，此例中的支模净高已经超过了 8m，属于高大支模，其费用应另外计算，本例暂按支模 8m 以内计算。

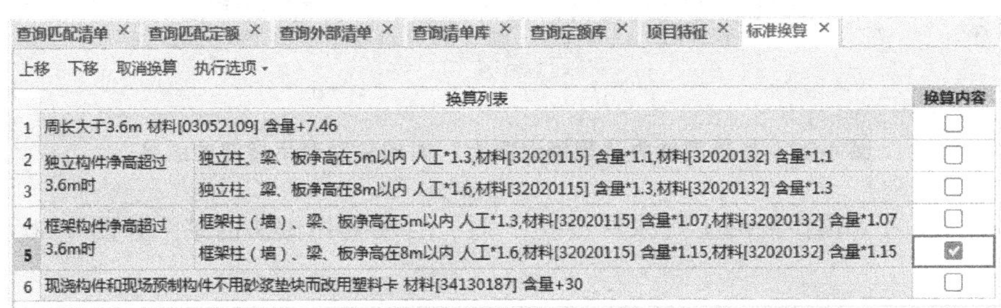

	换算列表		换算内容
1	周长大于3.6m 材料[03052109] 含量+7.46		☐
2	独立构件净高超过3.6m时	独立柱、梁、板净高在5m以内 人工*1.3,材料[32020115] 含量*1.1,材料[32020132] 含量*1.1	☐
3		独立柱、梁、板净高在8m以内 人工*1.6,材料[32020115] 含量*1.3,材料[32020132] 含量*1.3	☐
4	框架构件净高超过3.6m时	框架柱（墙）、梁、板净高在5m以内 人工*1.3,材料[32020115] 含量*1.07,材料[32020132] 含量*1.07	☐
5		框架柱（墙）、梁、板净高在8m以内 人工*1.6,材料[32020115] 含量*1.15,材料[32020132] 含量*1.15	☑
6	现浇构件和现场预制构件不用砂浆垫块而改用塑料卡 材料[34130187] 含量+30		☐

图 4-27　模板子目换算

6）梯柱的做法定义。因梯柱与主体结构同步施工，故 TZ 也按框架柱对待，套用框架柱的做法，但是由于其模板支撑高度与框架柱不同，所以在模板清单的项目特征描述方面要加以注意。请读者自行完成梯柱做法定义。

（2）刷做法　如果同一楼层中有多个做法相同的柱构件，如果对每个构件逐一定义做法，将是一项非常痛苦的事情，软件提供了“做法刷”工具。本工程首层 KZ1～KZ7 的做法均相同，则可以使用“构件做法”页签的“做法刷”工具完成。

1）刷做法操作步骤。选中 KZ1 的全部做法，单击“做法刷”按钮，弹出如图 4-28 所示的对话框。

根据需要选择操作结果（即选择是将选定的做法“覆盖”还是“追加”到指定的构件），然后勾选需要套做法的构件完成构件指定。选择“覆盖”时，复制的做法将覆盖原来

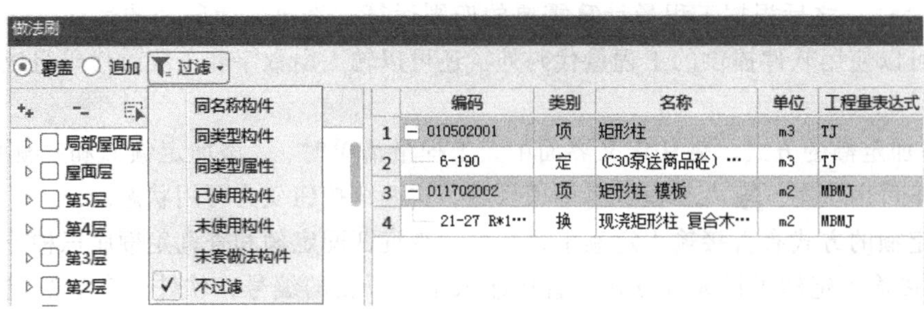

图 4-28 “做法刷”对话框

的做法；选择“追加”时，复制的做法将追加到原做法之后。

单击“确定”按钮，弹出“做法刷操作成功”提示，软件将 KZ1 的做法全部复制给了 KZ2～KZ7。

2）过滤功能使用。“做法刷”功能适用于所有的构件。当一个工程中已经定义的构件种类或数量非常多时，软件还提供了过滤功能，以方便指定构件，从而减少指定构件所用的时间，提高工作效率。过滤条件是同名称构件、同类型构件、同类型属性、已使用构件、未使用构件、未套做法构件和不过滤七种条件之一。

(3) 自动套做法　算量软件也可以根据构件的属性自动套用做法，可通过“构件做法”页签的“当前构件自动套做法”工具实现，这就需要对构件的各项属性进行严格的定义，否则自动套用的做法是不正确的。以 KZ2 为例进行说明。

当材质属性为“现浇混凝土”时，自动套用做法的结果如图 4-29 所示。

截面编辑　构件做法
添加清单　添加定额　删除　查询　项目特征　换算　做法刷　做法查询　提取做法　当前构件自动套做法

	编码	类别	名称	项目特征	单位	工程量表达式	表达式说明	单价
1	010502001	项	矩形柱	1.混凝土种类：现浇混凝土 2.混凝土强度等级:C30	m3	TJ	TJ<体积>	
2	6-14	定	(C30砼) 矩形柱		m3	TJ	TJ<体积>	506.05

图 4-29　材质属性为“现浇混凝土”时的自动套用做法的结果

当材质属性为“预拌混凝土（泵送型）”时，自动套用做法的结果如图 4-30 所示。

截面编辑　构件做法
添加清单　添加定额　删除　查询　项目特征　换算　做法刷　做法查询　提取做法　当前构件自动套做法

	编码	类别	名称	项目特征	单位	工程量表达式	表达式说明	单价
1	010502001	项	矩形柱	1.混凝土种类：预拌混凝土（泵送） 2.混凝土强度等级:C30	m3	TJ	TJ<体积>	
2	6-190	定	(C30泵送商品砼) 矩形柱		m3	TJ	TJ<体积>	467.99

图 4-30　材质属性为“预拌混凝土（泵送型）”时自动套用做法的结果

当材质属性为“预拌混凝土（非泵送型）”时，自动套用做法的结果如图 4-31 所示。

截面编辑　构件做法
添加清单　添加定额　删除　查询　项目特征　换算　做法刷　做法查询　提取做法　当前构件自动套做法

	编码	类别	名称	项目特征	单位	工程量表达式	表达式说明	单价
1	010502001	项	矩形柱	1.混凝土种类：预拌混凝土（非泵送） 2.混凝土强度等级:C30	m3	TJ	TJ<体积>	
2	6-313	定	(C30非泵送商品砼) 矩形柱		m3	TJ	TJ<体积>	498.21

图 4-31　材质属性为“预拌混凝土（非泵送型）”时自动套用做法的结果

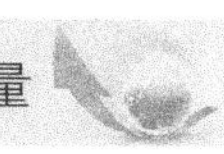

当材质属性为“预制混凝土”时自动套用做法的结果如图 4-32 所示。

截面编辑 构件做法

添加清单 添加定额 删除 查询 项目特征 换算 做法刷 做法查询 提取做法 当前构件自动套做法

	编码	类别	名称	项目特征	单位	工程量表达式	表达式说明	单价
1	010509001	项	矩形柱	1. 混凝土种类：预制混凝土 2. 混凝土强度等级：C30	m3	TJ	TJ<体积>	

图 4-32 材质属性为“预制混凝土”时自动套用做法的结果

从图 4-29～图 4-32 可以看出，自动套用做法的结果只有混凝土的做法，而没有模板的做法。材质属性不同自动套用做法的结果也不相同，前三种材质下除套上了清单外还同时套上了定额子目，这是因为在清单库和定额库中均存在与属性相匹配的清单项目和定额子目；而材质为预制混凝土时，只套了清单项目，未套定额子目，这是因为属性中未给出单根预制柱的体积属性。因此，做法自动套的结果只能作为参考，必须进行认真的检查和核对，进行必要的补充和完善。

（4）存档与提取

1）构件存档。已经定义做法的构件可以进行存档，以后可以通过提取存档构件将其做法应用到相同做法的其他构件中。其操作步骤是：在“构件列表”空白处，单击鼠标右键，弹出快捷菜单，如图 4-33a 所示。单击“存档”，弹出“构件存档”对话框，如图 4-33b 所示。选择“首层”→“KZ1”，单击“确定”按钮，弹出保存文件对话框。选择文件保存路径和文件名（如 KZ1. BWAR），单击“保存”按钮，完成构件的存档。

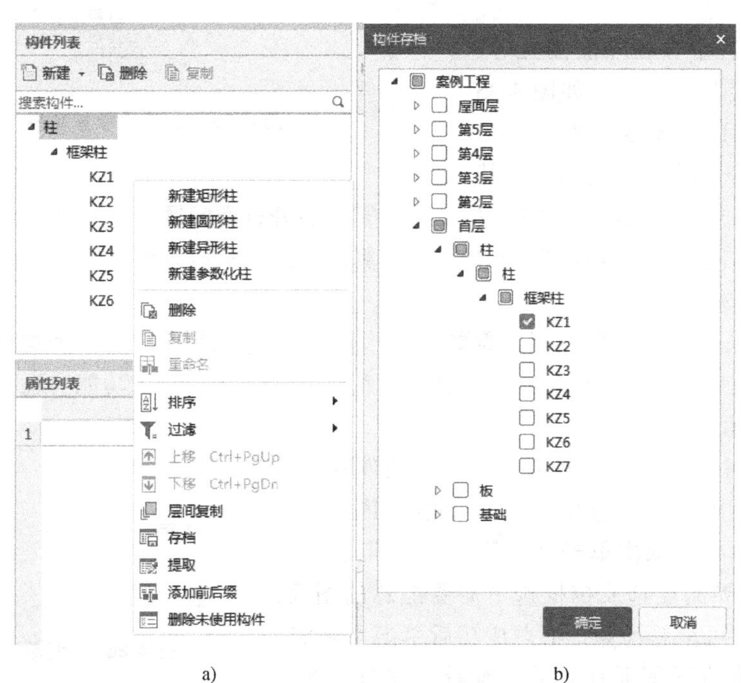

图 4-33 “构件列表”快捷菜单和“构件存档”对话框

2）提取做法。如果需要将 KZ1 的做法应用到 KZ2 中，可以单击“构件做法”页签的“提取做法”工具，弹出“提取做法”对话框，选择文件“KZ1 做法 . BWAR”后，单击“打开”按钮。然后再单击新弹出的对话框中的“确定”按钮。

4. 汇总计算

汇总计算及工程量查看通过“工程量”菜单的相关功能来实现。“工程量”菜单如图4-34所示，分为“汇总”“土建计算结果”“钢筋计算结果”“检查”“表格输入”“报表”和“指标”六个选项卡。

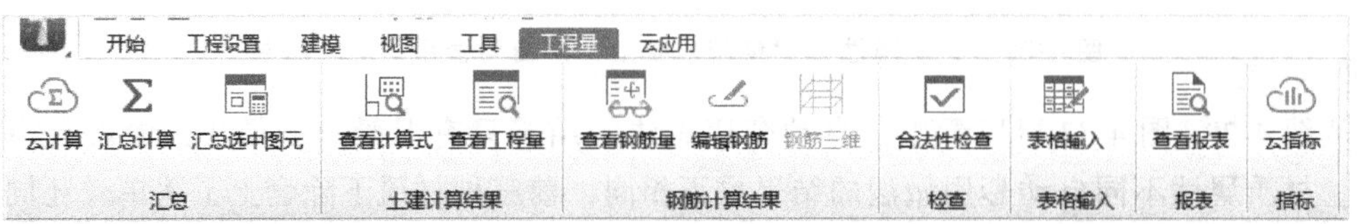

图 4-34 “工程量”菜单

（1）合法性检查　工程模型完成之后，无论之前是否做过合法性检查，汇总计算时，软件首先进行合法性检查。只有模型中的所有图元都合法后，软件才能执行汇总计算。因此，汇总计算前，最好执行一次“合法性检查”。其操作步骤如下：

1）依次单击“工程量”→“合法性检查”，或按<F5>快捷键。

2）当前工程中，没有非法的图元，软件弹出“合法性检查成功”提示。

3）当前工程中存在非法图元时，软件弹出“错误”对话框，如图4-35所示。软件弹出的“错误”对话框中包含错误和警告两类问题及描述。其中错误类问题必须修改合法后才能执行汇总计算；而警告类问题，可以根据实际情况检查调整，即使警告类问题不修改也可以执行汇总计算。双击提示信息可定位到非法构件图元，按照提示信息进行修改。

错误 - 双击构件名称选择出错构件

类型	构件名称	所属楼层	错误描述
警告	局部屋面女儿墙-1	局部屋面层	局部屋面女儿墙-1（ID 为 6160）上...
警告	TZ2	第5层	TZ2（ID 为 1612）上下层高度不连续
警告	TZ2	第5层	TZ2（ID 为 1613）上下层高度不连续
警告	TZ2	第5层	TZ2（ID 为 1614）上下层高度不连续
警告	TZ2	第5层	TZ2（ID 为 1615）上下层高度不连续
警告	TZ2	第5层	TZ2（ID 为 1616）上下层高度不连续
警告	TZ2	第5层	TZ2（ID 为 1617）上下层高度不连续
警告	TZ2	第5层	TZ2（ID 为 1618）上下层高度不连续
警告	TZ2	第4层	TZ2（ID 为 3032）上下层高度不连续
警告	TZ2	第4层	TZ2（ID 为 3030）上下层高度不连续

图 4-35 合法性检查结果

（2）汇总　当完成工程模型，需要查看构件工程量，或修改了某个构件属性/图元信息，需查看修改后的图元工程量时，可通过“汇总”选项卡的相关功能实现。“汇总”选项卡如图4-36所示。

1）汇总选中图元。当只需要汇总某类构件的部分图元时，可以使用“汇总选中图元”功能，其操作步骤如下：在菜单栏中依次单击“工程量”→“汇总选中图元”；在绘图界面点选或拉框选中需要汇总的图元，单击鼠标右键即可汇总计算。汇总成功后单击“确定”按钮，可以结合查看图元计算式、查看工程量、查看钢筋量、编辑钢筋、钢筋三维等功能查看工程量。

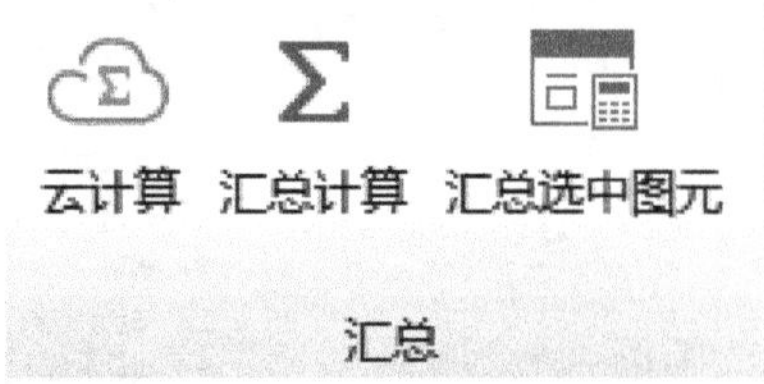

图 4-36 “汇总”选项卡

2）汇总计算。“汇总计算”对话框如图4-37所示。汇总计算的步骤如下：

① 选择计算内容。根据汇总计算的需要勾选“土建计算”和（或）“钢筋计算”和（或）“表格输入”复选框，选择计算内容。

② 选择计算范围。若计算全楼所有构件的工程量则勾选“全楼”；若计算某楼层所有构件的工程量，则勾选对应楼层号；若计算某楼层中某类构件的工程量则勾选对应构件类；若计算某楼层中某类构件中的某个构件的工程量，则勾选对应构件。单击“确定”按钮开始汇总计算，单击“取消”按钮，则中止计算。

图 4-37 “汇总计算”对话框

③ 汇总选项。单击“选项”按钮，弹出“汇总选项”和“土建工程量选择”页签，如图 4-38 所示。

当多台计算机处于同一个局域网且需要快速计算汇总时可勾选“使用联机汇总”。

可以选中“清单”且选择需要计算的构件及对应的工程量，选中“定额”且选择需要计算的构件及对应的工程量。当工程为清单工程时，选项界面“清单”选项亮显，“定额”选项灰显，只能选择清单模式下对应的构件工程量；当工程为定额工程时，选项界面“定额”选项亮显，“清单”选项灰显，只能选择定额模式下对应的构件工程量；当工程为清单定额模式时，选项界面“清单”和“定额”均亮显，可分别切换清单/定额构件工程量。

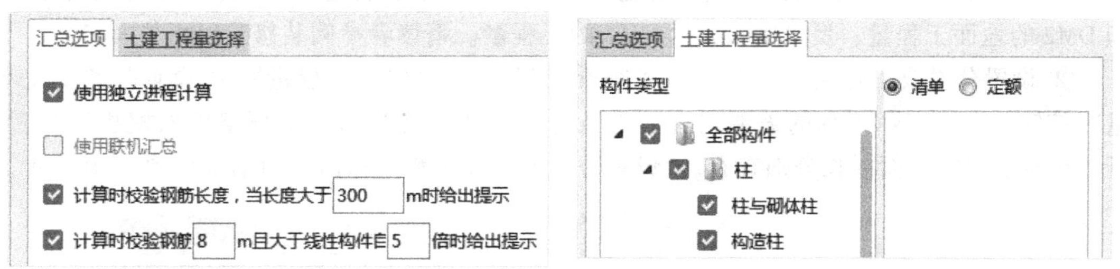

图 4-38　汇总计算选项

5. 工程量查看

（1）查看土建计算结果

1）查看工程量。

① 界面介绍。该项功能用于查看当前构件类别下选定的构件图元的构件工程量和做法工程量，其对话框如图 4-39 所示。上部显示工程量，下部显示工程量来源的图元明细。

当工程为清单定额模式时，选中“清单工程量”则显示当前构件图元清单模式下的工程量；选中“定额工程量”，则显示当前构件图元定额模式下的工程量。当工程为纯清单模式时，构件工程量界面只显示当前构件的清单工程量，“定额工程量”按钮灰显。当工程为纯定额模式时，构件工程量界面只显示当前构件的定额工程量，“清单工程量”按钮灰显。

“做法工程量”：若当前构件套好做法且已经汇总计算好，“做法工程量”界面显示其做法工程量；未进行汇总计算，做法工程量显示为 0。

“只显示标准层单层量”：若当前工程有标准层时，当前按钮亮显，反之则灰显。有标准层且勾选“只显示标准层单层量”，界面只显示当前构件一层的工程量；不勾选则显示当前构件标准层所有的工程量。

“显示房间、组合构建量”：可以显示或隐藏当前构件所在房间或当前构件所在组合构件下的工程量。例如：两个楼地面 DM1、DM2，其中 DM2 是 FJ-1 的依附构件，DM1 是单独

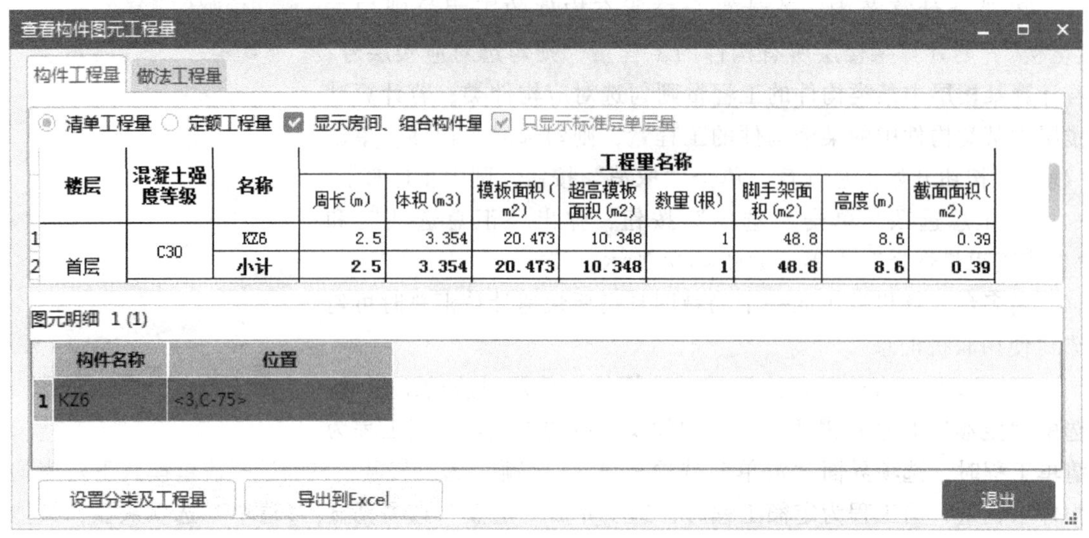

图 4-39 “查看构件图元工程量”对话框

绘制的没有房间依附，显示工程量若勾选“显示房间、组合构建量”时，界面会显示 DM1 和 DM2 的地面工程量；反之则只显示 DM1 的工程量。请读者参阅装修工程相关内容。

② 设置分类及工程量。依次单击“查看工程量”›“构件工程量”→“设置分类及工程量”按钮，根据实际工程的需要勾选分类条件，比如查看当前层中框架柱的模板工程量，可以按照不同的截面周长分别查看。“设置分类条件及工程量输出”对话框如图 4-40 所示。

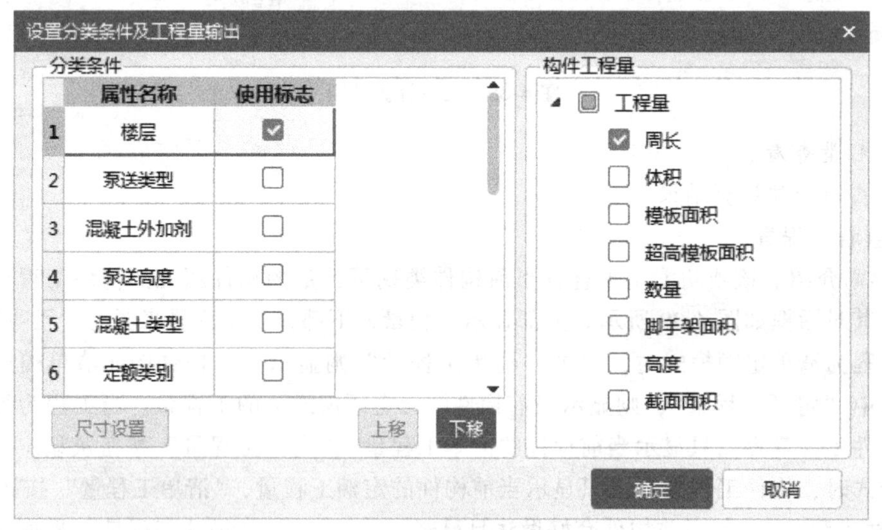

图 4-40 “设置分类条件及工程量输出”对话框

③ 导出到 Excel。单击“导出到 Excel”按钮，可将显示的结果导出到 Excel 文件中保存。

2）查看计算式。当需要查看所选构件图元的工程量计算式、进行计算过程及结果正确性检查核对、查看所选构件的三维构件图元的三维扣减关系、了解构件的计算过程时，可通过查看计算式功能完成。“查看工程量计算式”对话框如图 4-41 所示。

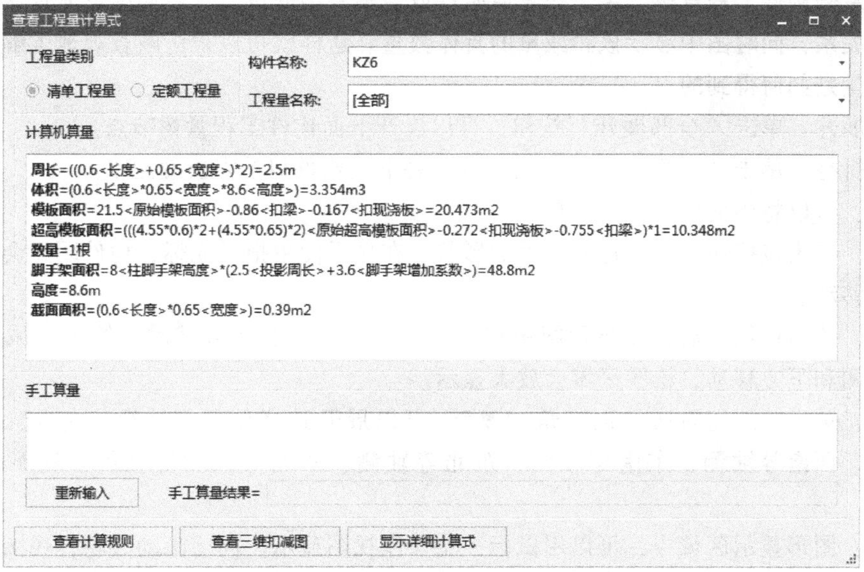

查看工程量计算式

工程量类别　　构件名称：KZ6

◉ 清单工程量　○ 定额工程量　　工程量名称：[全部]

计算机算量

周长=((0.6<长度>+0.65<宽度>)*2)=2.5m
体积=(0.6<长度>*0.65<宽度>*8.6<高度>)=3.354m3
模板面积=21.5<原始模板面积>-0.86<扣梁>-0.167<扣现浇板>=20.473m2
超高模板面积=(((4.55*0.6)*2+(4.55*0.65)*2)<原始超高模板面积>-0.272<扣现浇板>-0.755<扣梁>)*1=10.348m2
数量=1根
脚手架面积=8<柱脚手架高度>*(2.5<投影周长>+3.6<脚手架增加系数>)=48.8m2
高度=8.6m
截面面积=(0.6<长度>*0.65<宽度>)=0.39m2

手工算量

重新输入　手工算量结果=

查看计算规则　查看三维扣减图　显示详细计算式

图 4-41　“查看工程量计算式”对话框

工程量类别：可以选择“清单工程量”或“定额工程量”。

构件名称：对于复杂构件可以选择需要查看的单元构件工程量，如独立基础可以切换为独立基础单元构件（主要用于基础构件、保温墙等），请读者参阅基础相关内容。

工程量名称：可以选择查看当前构件的所有工程量计算式。

计算机算量：显示软件自动计算结果。

手工算量：手工输入计算式，可以和软件计算的结果进行比较。

重新输入：可以清空手动输入的计算式。

手工计算结果：显示手动输入计算式的计算结果。

查看计算规则：单击“查看计算规则”按钮，可以查看当前所选工程量代码在软件中详细的扣减计算规则，了解软件计算思路。

显示详细计算式：显示中间量的详细计算过程。

查看三维扣减图：单击“查看三维扣减图”按钮，出现“三维扣减”界面，如图 4-42 所示。

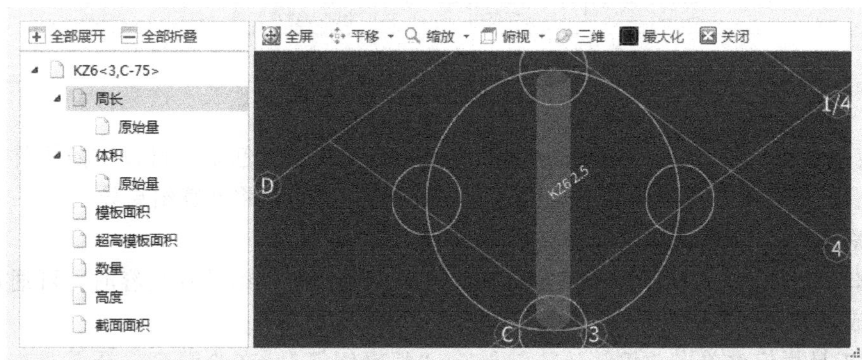

图 4-42　三维扣减图

展开左侧构件工程量树，单击查看原始量或者某一中间量时，右侧图形显示该工程量的三维扣减关系，同时图中显示该扣减量的具体数量。这样就可以很清晰直观地了解每个工程量及中间量是如何得到的。

全部展开：单击“全部展开”按钮，可以展开下面构件工程量树节点。

全部折叠：单击“全部折叠”按钮，可以将下面构件树节点折叠起来。

全屏：可以将当前构件置于屏幕中间。

平移：单击该按钮后，光标变成手的形状，在显示图中拖动光标，构件图元会随着光标的移动而移动。

缩放：单击该按钮后，在显示图中拖动光标，向左侧和上方移动，绘图区域会缩小显示；向右侧和下方移动，绘图区域会放大显示。

俯视：单击该按钮右面的倒三角“▼”，可以展开选择俯视、仰视、左视、右视、前视、后视、西南等轴测、东南等轴测、东北等轴测、西北等轴测等视图，从而改变显示方向。

三维：图形显示区域中，可以用鼠标滚轮操作视图显示。向前滚动滚轮，视图放大；向后滚动滚轮，视图缩小；按住滚轮拖动，视图平移；双击滚轮，全图显示。

最大化：单击该按钮可以将整个三维扣减界面最大化。

关闭：单击该按钮可以将三维扣减界面关掉。

（2）查看钢筋计算结果

1）查看钢筋量。汇总计算后，需要在绘图区查看选中构件图元的按照钢筋级别和直径汇总的钢筋总量。其操作步骤如下：

① 在工具栏单击“钢筋计算结果”→“查看钢筋量”。

② 在绘图区域选择需要查看的图元（如首层 KZ6），软件弹出“查看钢筋量”界面，完成操作，其结果如图 4-43 所示。

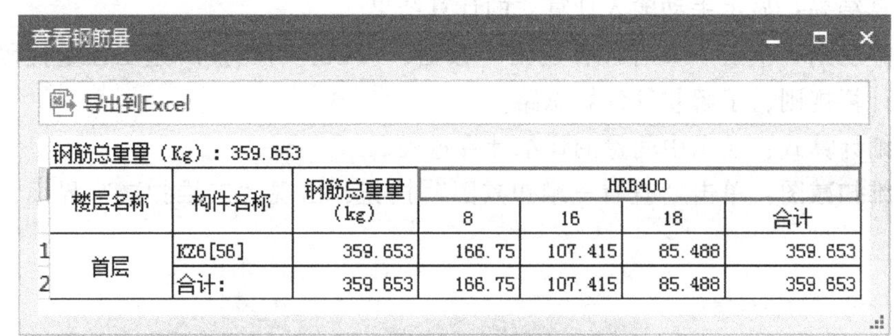

	楼层名称	构件名称	钢筋总重量（kg）	HRB400			
				8	16	18	合计
1	首层	KZ6[56]	359.653	166.75	107.415	85.488	359.653
2		合计：	359.653	166.75	107.415	85.488	359.653

图 4-43 “查看钢筋量”界面

“查看钢筋量”功能可以实现按照钢筋级别、直径统计钢筋量；可以按照构件名称统计单构件钢筋总量及钢筋总重量；还可以通过“导出到 Excel”将计算结果导出到 Excel，以方便统计和整理。

2）编辑钢筋。汇总计算后，需要查看某个构件图元的详细计算内容时，可通过编辑钢筋功能完成。其操作步骤如下：

① 在工具栏依次单击“钢筋计算结果”→“编辑钢筋”，在绘图区选择需要查看钢筋详细计算的构件（如首层 KZ6）。

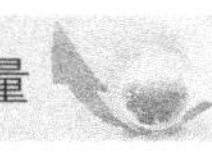

② 单击需要查看的构件，就可以看到当前构件的钢筋总量、钢筋的计算明细，包含钢筋的直径、级别、图形、计算公式、公式描述、长度、根数、单重及总重，如图 4-44 所示。

编辑钢筋

|< < > >| 插入 删除 缩尺配筋 钢筋信息 钢筋图库 其他 单构件钢筋总重(kg)：359.653

	筋号	直径(mm)	级别	图号	图形	计算公式	公式描述	长度	根数	单重(kg)	总重(kg)
1	角筋插筋.1	18	Ф	18	150 3977	6650/3+1800-40+max(6*d, 150)	本层露出长度+基础厚度-保护层+计算设置设定的弯折	4127	2	8.254	16.508
2	角筋插筋.2	18	Ф	18	150 4607	6650/3+1*max(35*d, 500)+1800-40+max(6*d, 150)	本层露出长度+错开距离+基础厚度-保护层+计算设置设定的弯折	4757	2	9.514	19.028
3	H边插筋.1	16	Ф	18	150 3977	6650/3+1800-40+max(6*d, 150)	本层露出长度+基础厚度-保护层+计算设置设定的弯折	4127	2	6.521	13.042
4	H边插筋.2	16	Ф	18	150 4537	6650/3+1*max(35*d, 500)+1800-40+max(6*d, 150)	本层露出长度+错开距离+基础厚度-保护层+计算设置设定的弯折	4687	2	7.405	14.81
5	B边插筋.1	16	Ф	18	150 3977	6650/3+1800-40+max(6*d, 150)	本层露出长度+基础厚度-保护层+计算设置设定的弯折	4127	2	6.521	13.042
6	B边插筋.2	16	Ф	18	150 4537	6650/3+1*max(35*d, 500)+1800-40+max(6*d, 150)	本层露出长度+错开距离+基础厚度-保护层+计算设置设定的弯折	4687	2	7.405	14.81
7	角筋.1	18	Ф	18	796 5763	8000-2217-1350+1350-20+1…	层高-本层的露出长度-节…	6559	2	13.118	26.236
8	角筋.2	18	Ф	18	796 5133	8000-2847-1350+1350-20+1…	层高-本层的露出长度-节…	5929	2	11.858	23.716
9	B边纵筋.1	16	Ф	18	192 5763	8000-2217-1350+1350-20+1…	层高-本层的露出长度-节点高+节点高-保护层+变截面柱顶弯折	5955	1	9.409	9.409
10	B边纵筋.2	16	Ф	1	2767	8002-2777-1350-max(6650/6, 650, 500)	层高-本层的露出长度-节点高-上层钢筋在本层的露出长度	2767	1	4.372	4.372

图 4-44 “编辑钢筋”对话框

如果需要在当前计算结果中增加其他钢筋，则单击“添加”按钮添加一个空行进行编辑。如果要修改钢筋计算结果，需要进行锁定，否则，下次汇总计算时，系统会按照修改前进行汇总计算。“锁定”功能请参阅软件“建模”→“通用”选项卡。“编辑钢筋”的相关操作请读者自行体验。

（3）查看报表　报表分为钢筋工程量报表和土建工程量报表。

1）钢筋工程量报表。软件提供三类钢筋报表：定额指标、明细表和汇总表。其中，定额指标报表中包含工程技术经济指标、钢筋定额表和接头定额表。

工程技术经济指标：用于分析工程总体的钢筋含量指标，利用这个报表可以对整个工程的总体钢筋量进行大体的分析，根据单方量分析钢筋计算的正确性。该表中显示工程的结构形式、基础形式、抗震等级、设防烈度、建筑面积、实体钢筋总重、单方钢筋含量等信息。

钢筋定额表：显示钢筋的定额子目和数量，按照定额的子目设置对钢筋量进行了分类汇总。能直接把本表中的钢筋子目输入预算软件，和图形算量软件中的其他工程量合并在一起，构成整个工程的完整预算。该表中显示了定额子目的编号、名称、钢筋量。由于各地的定额子目设置不同，因此需要在工程设置中选择工程所在地区的报表类别。

接头定额表：显示钢筋接头的定额子目和数量，按照定额子目设置对钢筋接头数量进行了分类汇总。可将本表中的内容直接输入预算软件得到接头的造价。该表中显示了定额子目的编号、名称、单位、数量。由于各地的定额子目设置不同，因此需要在工程设置中选择工程所在地区的报表类别。

其他钢筋报表请读者参阅软件相关说明。

2）土建工程量报表。软件提供做法汇总分析和构件汇总分析两类土建报表，根据标书的不同模式（清单模式、定额模式、清单和定额模式），报表的形式会有所不同，本书以清单定额模式进行介绍，其他模式与之类似。

“清单汇总表”包括所选楼层及构件下的所有清单项及其对应的工程量汇总。“清单部位计算书”包括每条清单项在所选输入形式、所选楼层及所选构件的每个构件图元的工程量表达式。“清单定额汇总表”包括所选楼层及构件下的所有清单项及定额子目所对应的工程量汇总。“清单定额部位计算书”包括清单项下每条定额子目在所选输入形式、所选楼层及所选构件的每个构件图元的工程量表达式。“构件做法汇总表”可查看所选楼层及所选构件的清单定额做法及对应的工程量和表达式说明。

“绘图输入工程量汇总表”可以查看整个工程绘图输入下构件的工程量。“绘图输入构件工程量计算书”可以查看整个工程绘图输入的所选楼层所选构件的工程量计算式。“表格输入工程量计算书”可以查看整个工程表格输入的所选楼层所选构件的工程量计算式。

土建报表的样式与内容，请读者参阅软件相关说明。

6. 拓展延伸

(1) 砌体柱　砌体柱按照截面可分为矩形、圆形、异形、参数化砌体柱四种类型。矩形砌体柱的属性如图 4-45 所示。它的做法套用砌体柱的清单项目和定额子目，绘制方法参阅钢筋混凝土框架柱相关内容。

(2) 异形柱　以如图 4-46 所示的异形柱为例介绍异形柱的定义和钢筋编辑。

属性列表　图层管理

	属性名称	属性值	附加
1	名称	QTZ-1	
2	材质	实心砖	☐
3	截面宽度(B边)(mm)	400	☐
4	截面高度(H边)(mm)	400	☐
5	砂浆类型	(水泥砂浆)	☐
6	砂浆标号	(M5)	☐
7	截面周长(m)	1.6	☐
8	截面面积(m²)	0.16	☐
9	顶标高(m)	层顶标高	☐
10	底标高(m)	层底标高	☐
11	备注		☐
12	⊟ 钢筋业务属性		
13	其它钢筋		
14	汇总信息	(砌体柱)	☐
15	⊟ 土建业务属性		
16	计算规则	按默认计算规则	
17	超高底面标高	按默认计算设置	☐
18	⊞ 显示样式		

图 4-45　矩形砌体柱的属性

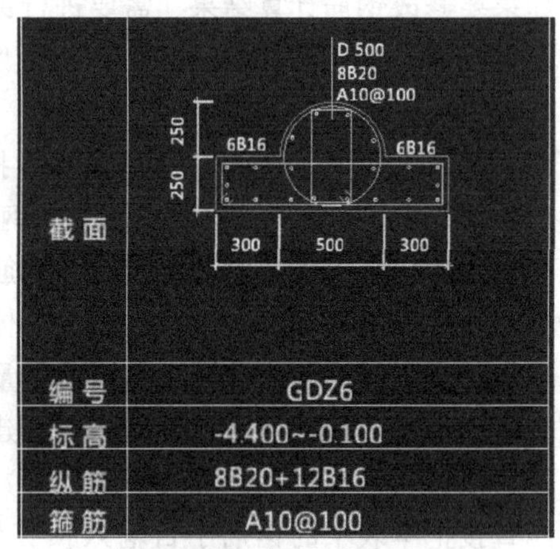

图 4-46　异形柱示例

1) 异形柱定义。在绘图输入的树状构件列表中选择“柱”下的“异形柱”，单击“新建”按钮，选择“异形柱”。双击“GDZ6”，进入“截面编辑”页签，“截面编辑”工具如图 4-47 所示。

图 4-47　“截面编辑”工具

2）截面编辑。进入异形柱编辑界面后，单击“设置网格”按钮，弹出“异形截面编辑器”如图4-48所示，单击“设置网格”按钮弹出“定义网格”对话框如图4-49所示；网格定义好后通过“画直线”、“画弧”两工具编辑异形柱截面，如图4-50所示；单击“确定”按钮，完成异形柱的截面编辑，并将其名称修改为“GDZ6”，软件返回“截面编辑”页签。

在“截面编辑”页签编辑配筋信息，输入配筋信息下：

① 布置角筋。在钢筋信息中输入角筋信息“B20”（B表示HRB335钢筋的符号Φ，以下同），单击鼠标右键生成角筋。

② 布置边筋。所谓边是指两根角筋之间的连线。布置边筋就是在两根角筋之间进行钢筋布置。首先布置圆弧部分的四根边筋，在钢筋信息框中输入边筋信息“4B16”，使用光标选择角筋之间的圆弧，单击生成边筋；其次将钢筋信息框内的钢筋信息修改为“1B16”，依次布置左边、左上边、右边、右上边的边筋；最后将钢筋信息框内的钢筋信息修改为“6B16”，选择下边进行边筋布置。

③ 修改钢筋信息。最下侧的边筋为“2B16”+“2B20”+“2B16”，而布置上去的钢筋为“6B16”，故需要将中间两根“B16”修改为“B20”。首先删除中间两根“B16”的钢筋，再将钢筋信息框内的钢筋信息修改为“2B20”，采用画直线的方法在刚刚删除钢筋的位置重新布置。

④ 布置箍筋。在钢筋信息中输入箍筋信息“A10@100”（A表示HPB300钢筋符号Φ），绘制两个矩形箍和一个圆形箍，结果如图4-51所示，根据工程实际情况布置即可。

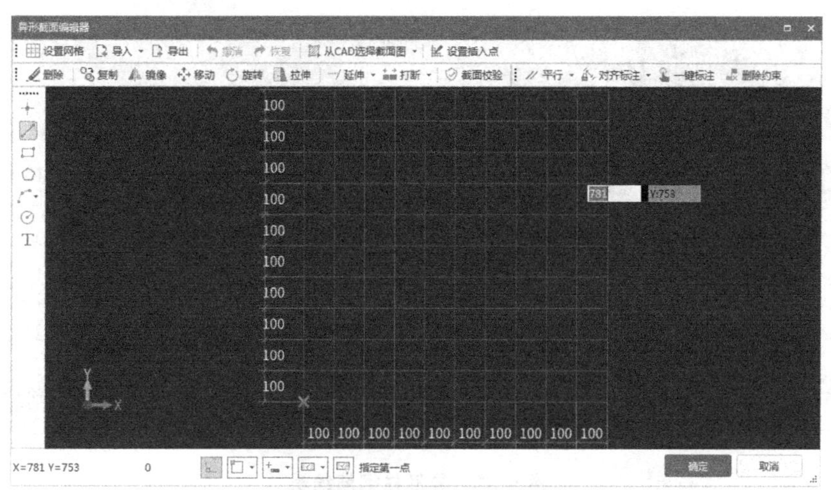

图4-48　“异形截面编辑器”界面

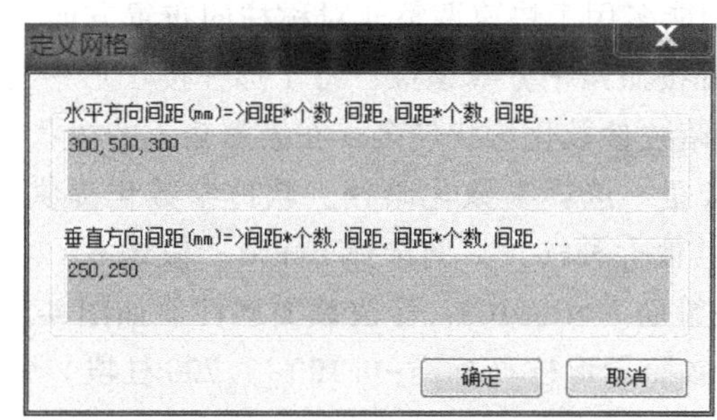

图4-49　“定义网格”对话框

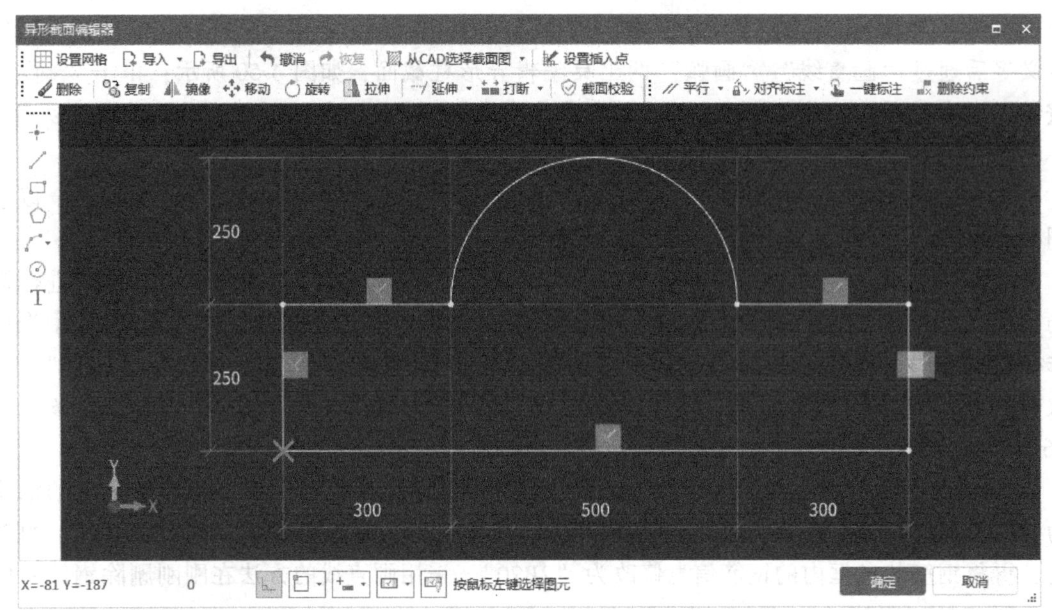

图 4-50　异形柱截面编辑

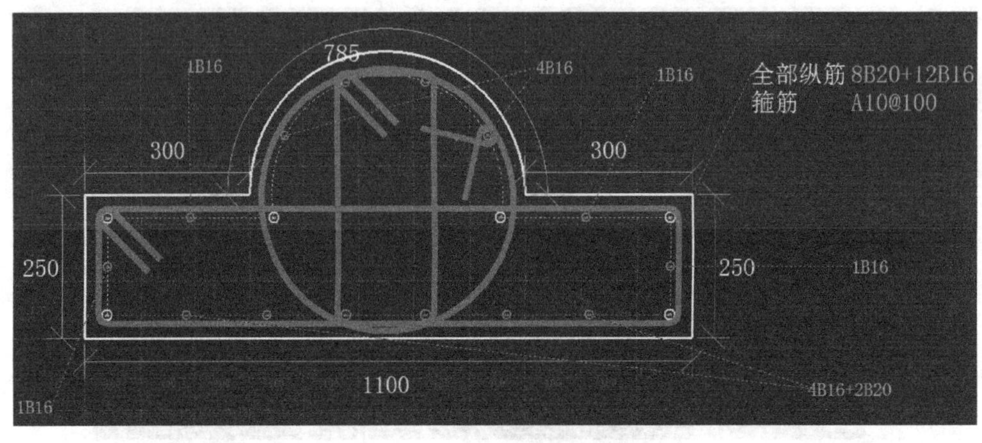

图 4-51　异形柱钢筋编辑

3）调整柱端头。该功能多用于快速调整非对称柱的布置方向，可将一字形、十字形柱逆时针旋转 90°，将 L 形柱按照角平分线镜像，将 T 形柱按 T 形中线镜像。

（3）参数化柱　一般暗柱参数化形状较多，在绘图输入的树状构件列表中选择“柱”→“暗柱”，单击“新建”按钮，选择参数化暗柱。软件参数化提供了 L 形、T 形、十字形、一字形、Z 形柱、端柱、其他七种柱，本例选择 L-a 形。假设 $a=200$，$b=300$，$c=300$，$d=200$，全部纵筋为 12ф16，箍筋为ф10@100，修改截面属性值如图 4-52 所示。双击构件 GJZ1，在如图 4-53 所示的界面中参照异形柱（标高-0.100~7.700 柱段）钢筋的编辑方法完成箍筋信息（ф10@100）的编辑。

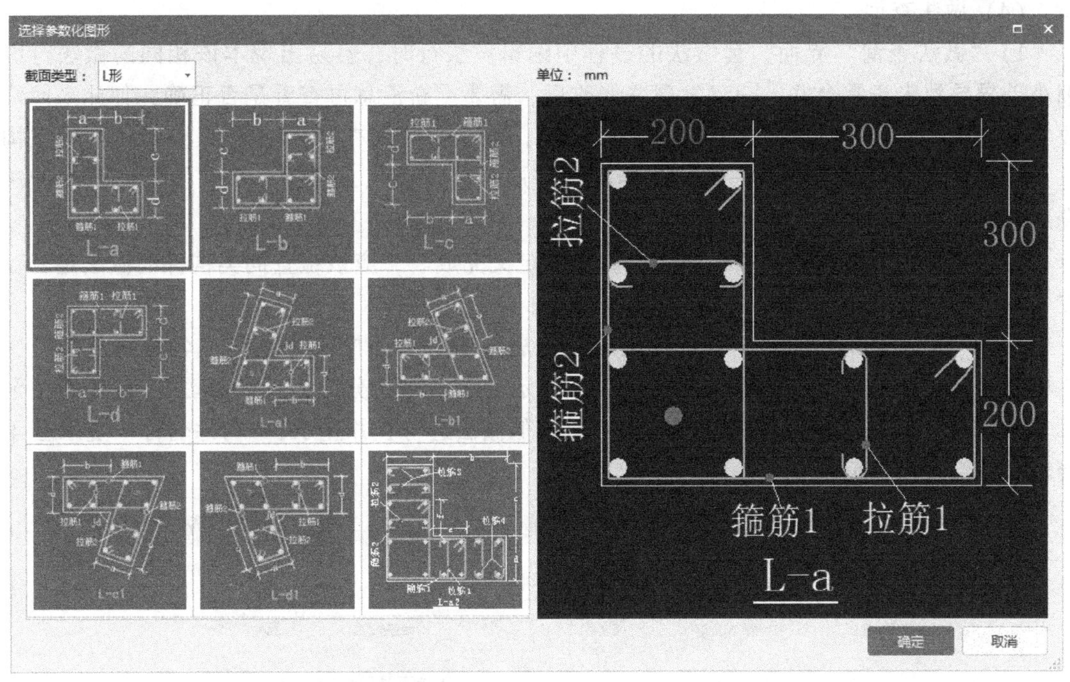

图 4-52　参数化 L 形暗柱

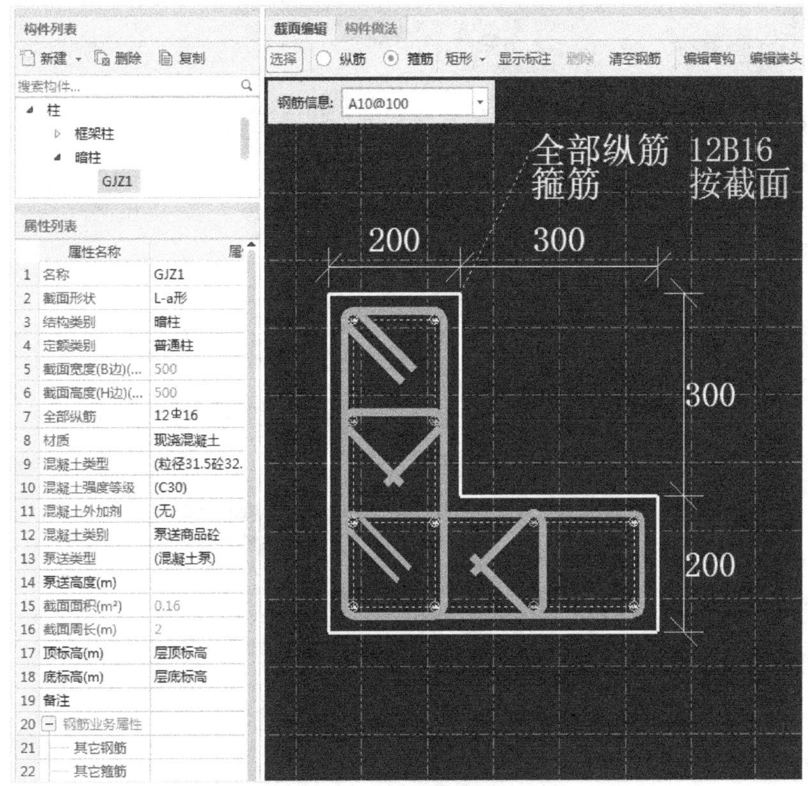

图 4-53　暗柱属性定义

（4）做法查询

1）“做法查询”界面。套做法的过程中编辑做法行时，容易出现本该相同的做法行因细小差异导致未正常合并，一旦发现并修改后，需要重新汇总再查看是否正确，如此来回修改非常浪费时间。有时需要删除套错的做法项，此时就可以在“做法查询”界面将所有构件（已使用和未使用）的做法进行相同项合并展示预览出来，方便在汇总前及时发现做法套取过程中存在的问题。

在本例中，当把所有层的柱构件和做法均定义完成后，应该检查同类构件的做法是否存在不一致的情况。

单击“做法查询”按钮，并在弹出的“做法查询”对话框“在编码、名称列搜索”文本框中输入“矩形柱”，查询结果如图4-54所示。该对话框分为“构件做法”和“构件名称”两部分，其中“构件做法”显示的列对相似做法进行合并显示；“构件名称”显示套了当前做法组的构件范围。

做法查询

构件做法：

删除　修改　矩形柱

	编码	类别	名称	项目特征	单位	
26	−					
27	− 010502001	项	矩形柱	1. 混凝土种类:泵送商品混凝土 2. 混凝土强度等级:C30 3. 泵送高度:30m以内	m3	TJ
28	6-190	定	(C30泵送商品砼) 矩形柱		m3	TJ
29	− 011702002	项	矩形柱 模板	1. 模板类型:复合木模板 2. 截面周长:3.6m以内 3. 支撑高度:8m以内	m2	MBM
0	21-27 R*1.6, H32020115 32020115 *1.15, H32020132 32020132 *1.15	换	现浇矩形柱 复合木模板 框架柱（墙）、梁、板净高在8m以内 人工*1.6, 材料[32020115] 含量*1.15, 材料[32020132] 含量*1.15		m2	MBM
27	−					
0	− 010502001	项	矩形柱	1. 混凝土种类:泵送商品混凝土 2. 混凝土强度等级:C30 3. 泵送高度:30m以内	m3	TJ
0	6-190	定	(C30泵送商品砼) 矩形柱		m3	TJ
0	− 011702002	项	矩形柱 模板	1. 模板种类:复合木模板 2. 截面周长:3.6m以内 3. 柱支模净高:8.6m	m2	MBM
0	21-27 R*1.3, H32020115 32020115 *1.07, H32020132 32020132 *1.07	换	现浇矩形柱 复合木模板 框架柱（墙）、梁、板净高在5m以内 人工*1.3, 材料[32020115] 含量*1.07, 材料[32020132] 含量*1.07		m2	MBM
28	−					
0	− 010502001	项	矩形柱	1. 混凝土种类:泵送商品混凝土 2. 混凝土强度等级:C30 3. 泵送高度:30m以内	m3	TJ
0	6-190	定	(C30泵送商品砼) 矩形柱		m3	TJ
0	− 011702002	项	矩形柱 模板	1. 模板种类:复合木模板 2. 截面周长:3.6m以内 3. 柱支模净高:3.6m以内	m2	MBM
0	21-27	定	现浇矩形柱 复合木模板		m2	MBM
29	−					
0	− 010502001	项	矩形柱	1. 混凝土种类:泵送商品混凝土 2. 混凝土强度等级:C30 3. 泵送高度:30m以内	m3	TJ
0	6-190	定	(C30泵送商品砼) 矩形柱		m3	TJ
0	− 011702002	项	矩形柱 模板	1. 模板种类:复合木模板 2. 柱周长:3.6m以内 3. 柱支模净高:8.6m	m2	MBM
0	21-27 R*1.3, H32020115 32020115 *1.07, H32020132 32020132 *1.07	换	现浇矩形柱 复合木模板 框架柱（墙）、梁、板净高在5m以内 人工*1.3, 材料[32020115] 含量*1.07, 材料[32020132] 含量*1.07		m2	MBM

构件名称：

- 第5层
  - 柱
    - 柱
      - TZ2
- 第4层
  - 柱
    - 柱
      - TZ2
- 第3层
  - 柱
    - 柱
      - TZ2
- 第2层
  - 柱
    - 柱
      - TZ2
- 首层
  - 柱
    - 柱
      - TZ2

确定　取消

图4-54　柱做法查询结果（修改前）

2）做法修改。本例中矩形柱构件有三类，可是查询结果中却出现了五种构件做法，其中必然有某些构件的做法套用不一致，这些不一致可能是极其细小的差别。经过依次单击各组做法对应的构件发现，第一组做法对应第二~三层框架柱，第二组做法对应 TZ1，第三组做法对应 TZ2，第四组做法对应首层框架柱，第五组做法对应第四~五层框架柱。

经对比后发现，对混凝土的项目特征描述，特征项的属性是一致的，而对模板的项目特征描述时，柱模板的特征属性不一致，柱的截面周长有的描述为“柱周长”，有的描述为“截面周长”；柱支模高度，有的描述为“支撑高度”，有的描述为“柱支模净高”，对于这些项目特征描述，造价人员均理解且不会产生歧义，但计算机却将其视为两个不同的特征项，导致项目特征描述的细微差别。本书统一描述为“截面周长”和“柱支模净高”，并同时将第一组、第二组和第五组中的“柱支模净高”修改为“5m 以内”。

单击“修改”按钮，对其进行修正。此处所做的修改，会将当前做法组对应的构件范围内的做法同时修改。

修改后重新查询做法，如图 4-55 所示。第一组对应第二~五层框架柱和首层 TZ1；第二组对应首层~五层的 TZ2；第三组对应首层框架柱。

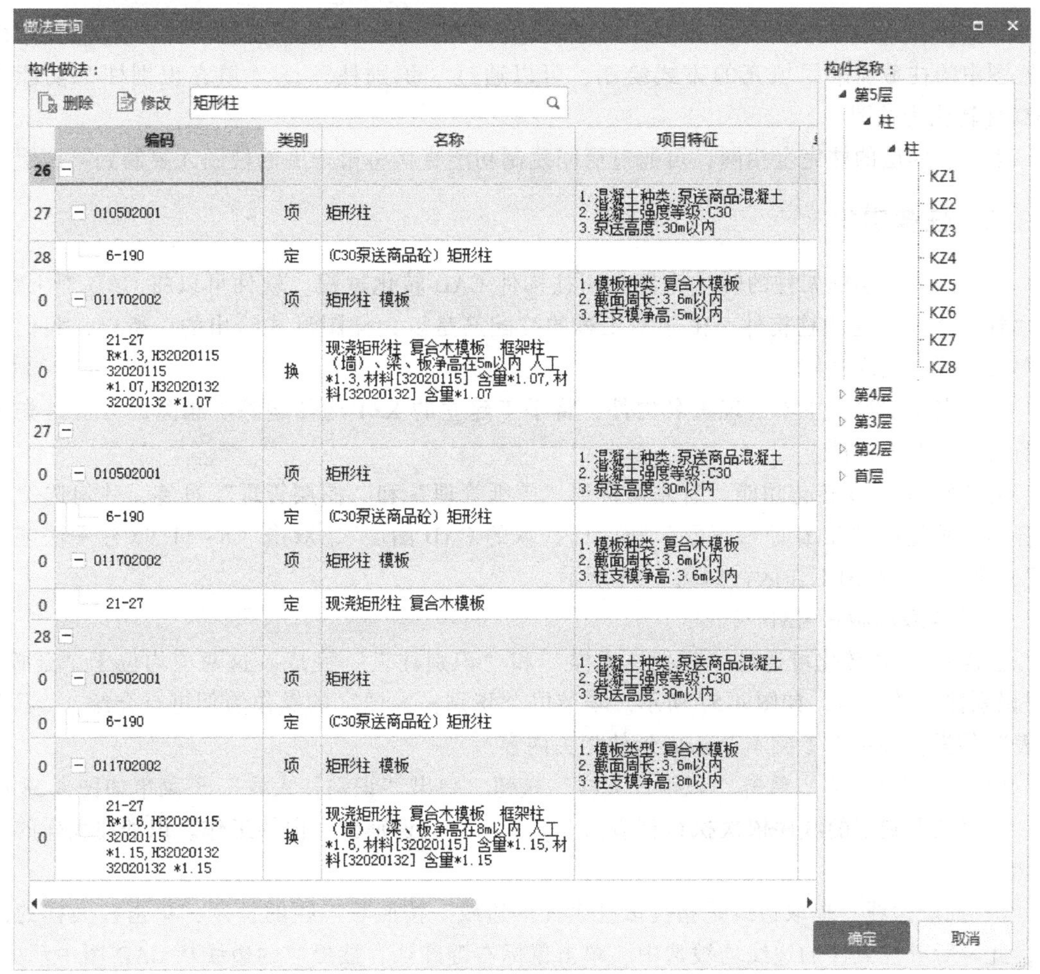

	编码	类别	名称	项目特征
26	−			
27	− 010502001	项	矩形柱	1.混凝土种类:泵送商品混凝土 2.混凝土强度等级:C30 3.泵送高度:30m以内
28	6-190	定	(C30泵送商品砼) 矩形柱	
0	− 011702002	项	矩形柱 模板	1.模板种类:复合木模板 2.截面周长:3.6m以内 3.柱支模净高:5m以内
0	21-27 R*1.3,H32020115 32020115 *1.07,H32020132 32020132 *1.07	换	现浇矩形柱 复合木模板 框架柱（墙）、梁、板净高在5m以内 人工*1.3,材料[32020115] 含量*1.07,材料[32020132] 含量*1.07	
27	−			
0	− 010502001	项	矩形柱	1.混凝土种类:泵送商品混凝土 2.混凝土强度等级:C30 3.泵送高度:30m以内
0	6-190	定	(C30泵送商品砼) 矩形柱	
0	− 011702002	项	矩形柱 模板	1.模板种类:复合木模板 2.截面周长:3.6m以内 3.柱支模净高:3.6m以内
0	21-27	定	现浇矩形柱 复合木模板	
28	−			
0	− 010502001	项	矩形柱	1.混凝土种类:泵送商品混凝土 2.混凝土强度等级:C30 3.泵送高度:30m以内
0	6-190	定	(C30泵送商品砼) 矩形柱	
0	− 011702002	项	矩形柱 模板	1.模板类型:复合木模板 2.截面周长:3.6m以内 3.柱支模净高:8m以内
0	21-27 R*1.6,H32020115 32020115 *1.15,H32020132 32020132 *1.15	换	现浇矩形柱 复合木模板 框架柱（墙）、梁、板净高在8m以内 人工*1.6,材料[32020115] 含量*1.15,材料[32020132] 含量*1.15	

图 4-55　柱做法查询结果（修改后）

3）做法删除。对于套用错误的做法，可使用“删除”按钮进行删除。如果删除当前做法组，则与当前做法组对应的构件范围内的做法均被删除。

（5）柱图元显示与隐藏　柱图元绘制完成后，有时需要隐藏或显示，有时需要带名称显示，软件提供了这些功能的快捷键，柱图元的显示/隐藏快捷键为<z>，同时显示图元名称的快捷键为<Shift+z>键组合键（只要是英文输入状态，对字母大小写无限制）。请读者牢记这些快捷操作并在实际工作中使用，将大大提高绘图效率。

■4.3　二层~屋面层柱建模

4.3.1　任务说明

本节的任务是通过 CAD 转化的方式新建柱构件，通过 CAD 转化的方式绘制二层柱图元，利用层间复制功能绘制四层柱图元，判断顶层边角柱。

4.3.2　任务分析

二层柱 CAD 配筋为柱大样形式，可以通过识别柱大样的功能新建柱构件；柱 CAD 平面布置图中的柱截面采用填充的方式绘制，可以通过“识别柱”或“填充识别柱”功能将 CAD 柱转化为柱图元。

第三、四层的柱完全相同，可通过层间复制功能直接将第三层的柱图元复制到第四层。

4.3.3　任务实施

下面以第二层框架柱的转化为例介绍柱构件 CAD 转化过程。软件可以将 CAD“柱表”或“柱大样”转化为柱构件。由于本工程的柱配筋是以大样图形式给出的，所以，我们用识别大样的方法反建构件。

为了在识别过程中不出现重名构件，将手工建立的 KZ1 构件删除。删除的方法是先删除图元，再删除构件。

为了使用 CAD 转化功能，首先切换到“图纸管理”和“图层管理”页签，并勾选“图层管理”页签的“CAD 原始图层”和“已提取的 CAD 图层”，双击“8~11.95 柱平法施工图”，将其调入绘图工作区，如图 4-56 所示。

1. 第二层柱构件 CAD 转化

柱构件 CAD 转化可通过“识别柱大样”和“识别柱表”完成。这两项均位于“建模”→“识别柱”选项卡，如图 4-57 所示。本节以“识别柱大样”的操作为例进行介绍，“识别柱表”的操作请读者参阅本节拓展延伸相关内容。

（1）识别柱大样　单击“识别柱大样”按钮，弹出“识别柱大样”子菜单如图 4-58 所示；按照从上到下的顺序依次执行相应命令，即可完成识别柱大样的工作。识别柱大样的步骤如下：

1）提取边线。提取边线是指提取柱大样的边线。按照状态栏的提示，单击柱大样的边线，此时所有柱大样的边线均被选中，单击鼠标右键确认，被提取的边线从 CAD 图中消失，保存到“已提取的 CAD 图层”。

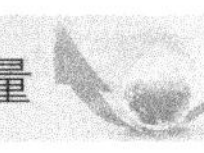

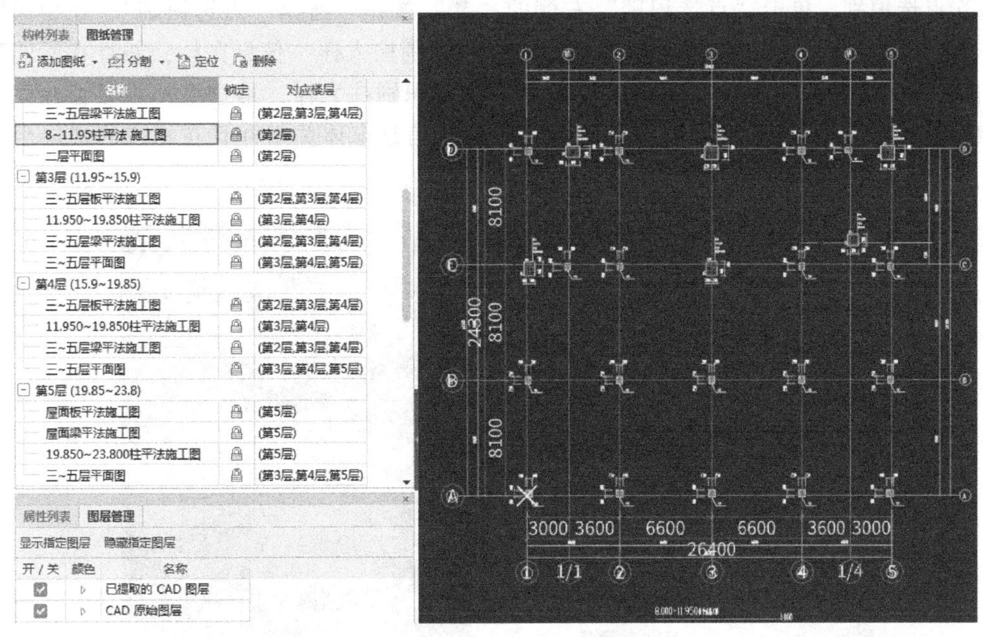

图 4-56 “图纸管理”和“图层管理”页签

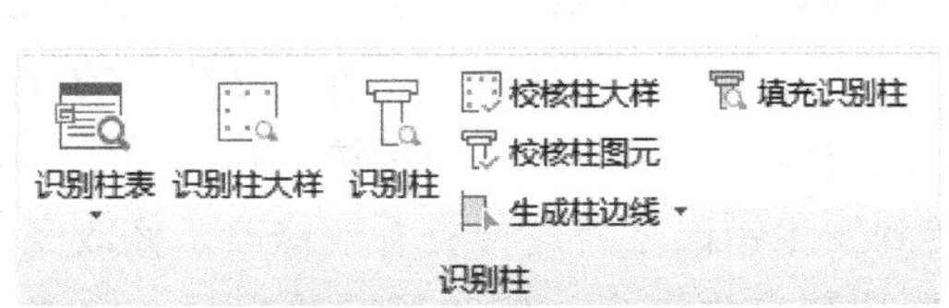

图 4-57 “识别柱”选项卡

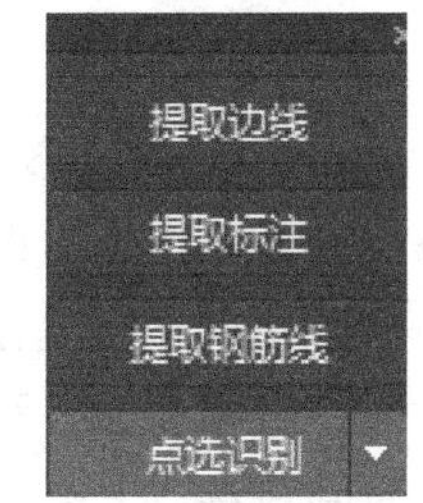

图 4-58 “识别柱大样”子菜单

2）提取标注。柱的标注包括柱名称、截面尺寸及位置、配筋信息。依次单击这些标注后，单击鼠标右键确认，被提取的标注从 CAD 图中消失，保存到“已提取的 CAD 图层”。

3）提取钢筋线。钢筋线包括纵筋线和箍筋线，依次单击所有钢筋线后，单击鼠标右键确认，被提取的钢筋线从 CAD 图中消失，保存到“已提取的 CAD 图层”。

4）识别柱构件。识别柱构件的方式有自动识别、框选识别和点选识别三种，其中自动识别用于将提取的柱大样边线、柱大样标识、柱大样钢筋线一次全部识别；框选识别用于在绘图区域拉一个框确定一个范围，则此范围内提取的所有柱大样边线、柱大样标识、柱大样钢筋线将被识别；点选识别用于在绘图区域通过选择柱大样边线的方法来识别单个柱构件。

① 自动识别。单击“点选识别”右侧的“▼”按钮，选择“自动识别”，则提取的柱大样边线、标识、钢筋线被识别为软件的柱构件，并弹出识别成功的提示，同时显示识别成功的构件数量。

② 框选识别。单击“点选识别”右侧的“▼”按钮，选择“框选识别”，然后在绘图区域拉框确定识别范围；单击鼠标右键确认选择，则选定区域内所有柱大样边线、标识、钢筋线被识别为柱构件。

③ 点选识别。单击“点选识别”右侧的“▼”按钮，选择“点选识别”，在绘图区域单击需要识别的柱大样边线CAD图元，会弹出“识别柱大样”信息窗体，并且在所选截面范围内显示柱大样临时图元，如图4-59所示。在“识别柱大样”信息窗体中完善柱大样信息，确定无误后，单击“确定”按钮或鼠标右键，信息窗体关闭并且在相应的楼层生成柱构件。

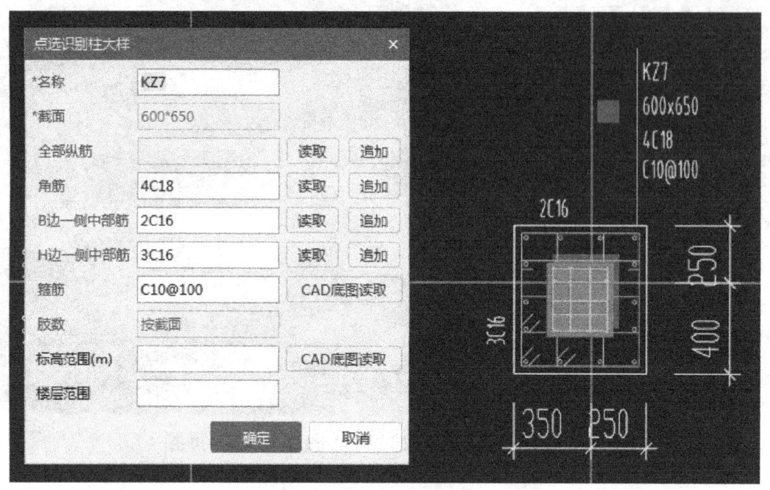

图 4-59 点选识别柱大样

5）校核柱大样。校核柱大样是把识别后的柱构件与原CAD图信息之间的匹配情况进行智能检查，辅助柱大样识别，避免识别错误。识别完成后，软件会自动进行柱构件的校核工作，如果存在尺寸标注有误、纵筋信息有误、箍筋信息有误、未使用标注、柱名称缺失等问题时，则弹出相应的提示；双击错误信息可转到发生错误之处进行查看或修改。修改完成后单击“重新校核”按钮，修改正确的错误信息从列表中消失。修改所有错误后，完成框架柱构件的反建。“构件列表”中出现了6个框架柱构件，编号分别为“KZ1”～“KZ6”。

2. 第二层柱图元CAD转化

柱在CAD图上有时以“柱边线”的形式出现，有时以“柱填充”的形式出现，所以软件在“柱识别”选项卡上提供了“识别柱”和“填充识别柱”两个按钮，分别用来识别以“柱边线”或“柱填充”形式出现的柱图元。单击工具栏的“识别柱”按钮，弹出“识别柱”子菜单，如图4-60a所示，单击工具栏上的“填充识别柱”按钮，弹出“填充识别柱”子菜单，如图4-60b所示。根据柱施工图的展现方式选择对应的识别柱的方式，依次按照从上到下的顺序执行相应命令，即可完成柱的CAD转化。

（1）“识别柱”的操作步骤

1）提取边线：此处的边线是指柱子的边线，单击边线后，单击鼠标右键确认。

2）提取标注：这是指柱子的标注，识别大样时已经提取过，可以略过此步。

3）选择“自动识别”，识别完成后给出“识别完毕，共识别到柱××个”的提示对话框。

如果个别柱未转化成功，可以“点选识别”，如果有个别柱识别位置错误，则需要将其删除后重新绘制。

（2）“填充识别柱”的操作步骤　“填充识别柱”的过程与“识别柱”类似，只是将“提取边线”换成“提取填充”，请读者自行体验。

CAD 转化后的柱平面布置图如图 4-61 所示。

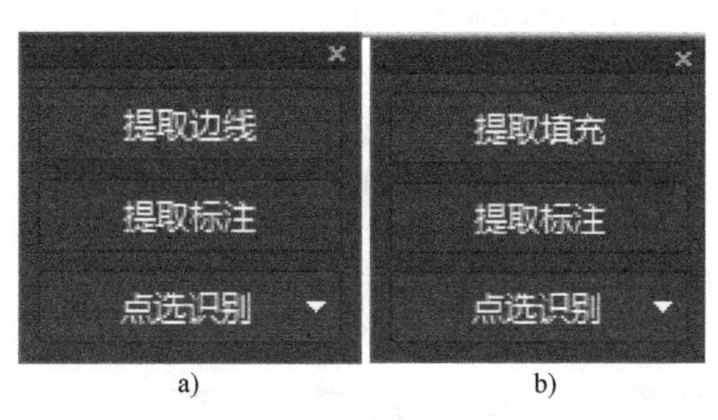

图 4-60　“识别柱”和“填充识别柱”子菜单

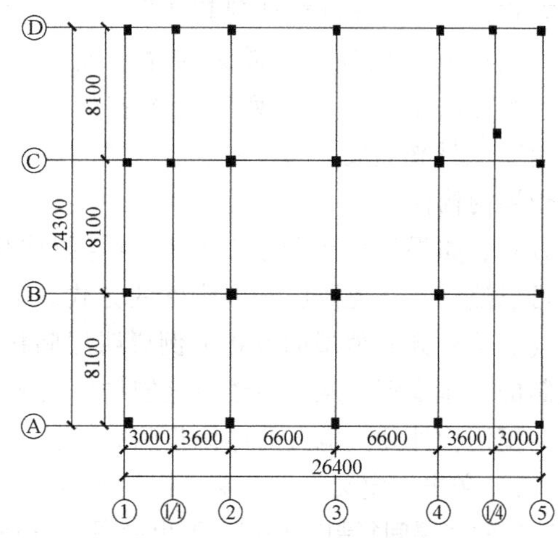

图 4-61　CAD 转化后的二层柱平面图

3. 第四层柱绘制

第三层柱构件的新建与绘制方法与第二层相同，请读者自行完成。第四层柱与第三层完全相同，可以采用层间复制功能完成。层间复制包括图元层间复制和构件层间复制。

（1）图元层间复制　图元层间复制包括将选定图元复制到其他层和从其他层复制图元两种方式。如果当前层存在需要复制的图元，则使用复制到其他层的方式，如果当前是需要复制图元的楼层，则可以使用从其他层复制的方式。下面以复制到其他层的方式为例进行介绍，从其他层复制的方式请读者自行体验。

复制到其他层的操作步骤如下：

1）单击“通用操作”选项卡的“复制到其它层”按钮（图 4-62），选择“复制到其它层”子菜单，状态栏出现操作提示“选择复制到其它层的图元，右键确认”。

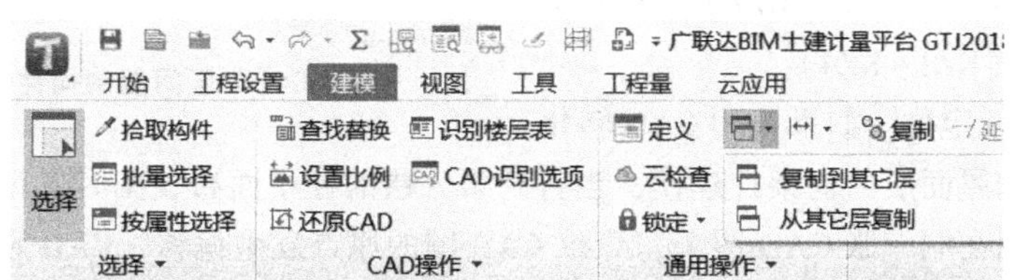

图 4-62　复制到其他层

2）拉框选择所有框架柱，单击鼠标右键，出现“复制图元到其它层”对话框，选择“第 4 层”。

3）单击“确定”按钮，弹出“复制图元冲突处理方式”对话框，如图 4-63 所示。

4）根据需要选择“同名称构件选择”和“同位置图元选择”的处理方式后，单击“确定”按钮，弹出“层间复制图元成功”的提示。

层间复制图元时，连同构件一起进行复制。“同名称构件选择”为目标层存在相同构件名称时的处理方式；“同位置图元选择”为目标层相同位置存在同类型图元时的处理方式。

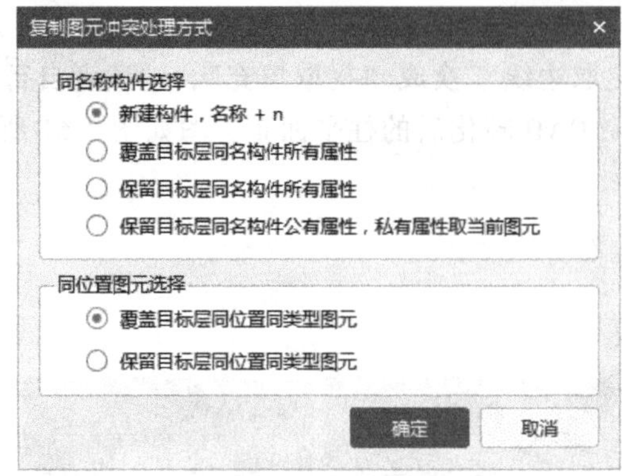

图 4-63 “复制图元冲突处理方式”对话框

(2) 构件层间复制　构件层间复制也有两种方式，一种是复制构件到其他层，另一种是从其他层复制构件。如果只在楼层间复制构件，则可以使用“构件列表”页签的“层间复制”工具来完成。如果当前层有需要复制到其他层的构件，则可以使用复制构件到其他层的方式，如果当前需要从其他层中复制构件，则可以使用从其他楼层复制构件的方式。下面以复制构件到其他层的方式为例说明层间构件复制的操作步骤。从其他楼层复制构件的操作请读者自行体验。

复制构件到其他层的操作步骤如下：

1）单击“定义”界面或“构件列表”右键菜单的“层间复制”按钮，弹出如图 4-64 所示的“层间复制构件”对话框，选择“复制构件到其它层”，“目标楼层”选择“第 4 层”，是否在“同时复制构件做法”和“覆盖同类型同名称构件”前面的方框内打“√”，可以根据需要进行。

2）单击“确定”按钮，弹出“层间构件复制完成”提示对话框。

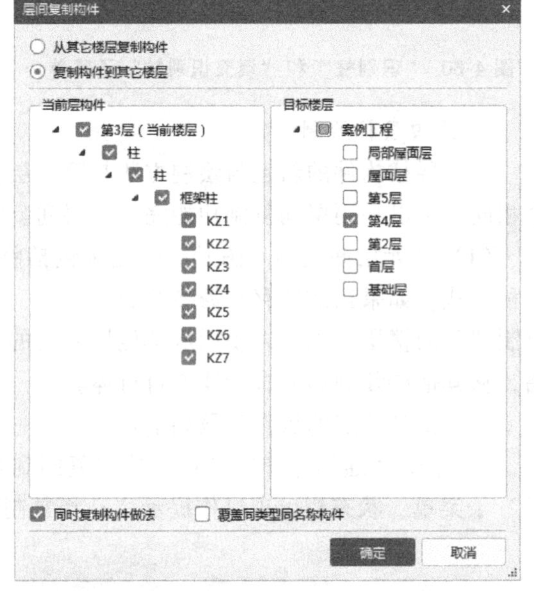

图 4-64 “层间复制构件”对话框

4. *第五层和屋面层柱绘制*

(1) 第五层和屋面层图纸分析　19.850～楼梯间屋面柱平法施工图 GS08，包括第五层和屋面层两层柱的平法施工图，包括梯柱（TZ2）和 8 根框架柱（KZ1～KZ8），屋面层包括四根框架柱（KZ1～KZ4）。

(2) CAD 图纸定位　如果采用 CAD 转化的方式对第五层和屋面层的框架柱建模，当打开第五层的柱平面布置图时发现，第五层和屋面层的柱平面布置图在同一张 CAD 图上，导致 CAD 图的原点发生偏移，CAD 轴线号与模型的轴线号未能对齐，此时需要使用图纸管理的定位功能将 CAD 图中的轴网与模型轴网重合。

处理的方式有两种，一种是将第五层和屋面层的柱平面布置图分割成两张 CAD 图，另一种是移动 CAD 图重新定位。分割图纸的操作前面已做介绍，下面介绍定位 CAD 图的具体操作步骤。

单击“图纸管理”页签的“定位”按钮，按照状态栏弹出的“鼠标左键确定 CAD 图的基准点”的提示，选择 CAD 图中Ⓐ和①的交点，按照状态栏“鼠标左键确定定位点，或 Shift+鼠标左键输入偏移值”的提示，指定模型的Ⓐ+①轴的交点为插入点，完成 CAD 图的定位和移动。

完成 CAD 图的定位后，转化柱构件和图元的操作与前相同，框架柱的做法采用做法刷的功能复制过来。请读者自行完成第五层和屋面层柱的做法定义与绘制。

（3）判断边角柱　有些框架柱到达第五层后，不再继续升高，框架柱的纵筋需锚入梁或楼板内。由于边角柱的锚固长度与中柱的锚固长度不同，所以需要进行边角柱的识别与判断，以正确计算钢筋工程量。

依次单击“柱二次编辑”→“判断边角柱”，完成边角柱的区分。请读者完成第五层和屋面层框架柱边角柱的判断。

5. 计算结果

（1）土建计算结果　柱的土建工程量见表 4-5。

表 4-5　柱的土建工程量

<table>
<tr><th rowspan="2">序号</th><th rowspan="2">编码</th><th rowspan="2">项目名称</th><th rowspan="2">单位</th><th colspan="2">工程量明细</th></tr>
<tr><th>绘图输入</th><th>表格输入</th></tr>
<tr><td colspan="6">实体项目</td></tr>
<tr><td rowspan="2">1</td><td>010502001002</td><td>矩形柱
1. 混凝土种类:泵送商品混凝土
2. 混凝土强度等级:C30
3. 泵送高度:30m 以内</td><td>m^3</td><td>64.3184</td><td></td></tr>
<tr><td>6-190</td><td>(C30 泵送商品混凝土)矩形柱</td><td>m^3</td><td>64.3184</td><td></td></tr>
<tr><td colspan="6">措施项目</td></tr>
<tr><td rowspan="2">1</td><td>011702002001</td><td>矩形柱 模板
1. 模板种类:复合木模板
2. 截面周长:3.6m 以内
3. 柱支模净高:5m 以内</td><td>m^2</td><td>17.892</td><td></td></tr>
<tr><td>21-27
R×1.3,H32020115
32020115×1.07,
H32020132
32020132×1.07</td><td>现浇矩形柱 复合木模板 框架柱(墙)、梁、板净高在 5m 以内 人工×1.3,材料[32020115]含量×1.07,材料[32020132]含量×1.07</td><td>$10m^2$</td><td>1.7892</td><td></td></tr>
<tr><td rowspan="2">2</td><td>011702002002</td><td>矩形柱 模板
1. 模板种类:复合木模板
2. 截面周长:3.6m 以内
3. 柱支模净高:3.6m 以内</td><td>m^2</td><td>17.522</td><td></td></tr>
<tr><td>21-27</td><td>现浇矩形柱 复合木模板</td><td>$10m^2$</td><td>1.7522</td><td></td></tr>
<tr><td rowspan="2">3</td><td>011702002003</td><td>矩形柱 模板
1. 模板类型:复合木模板
2. 截面周长:3.6m 以内
3. 柱支模净高:8m 以内</td><td>m^2</td><td>397.802</td><td></td></tr>
<tr><td>21-27
R×1.6,H32020115
32020115×1.15,
H32020132
32020132×1.15</td><td>现浇矩形柱 复合木模板 框架柱(墙)、梁、板净高在 8m 以内 人工×1.6,材料[32020115]含量×1.15,材料[32020132]含量×1.15</td><td>$10m^2$</td><td>39.7802</td><td></td></tr>
</table>

(2) 钢筋计算结果　柱的钢筋计算结果见表 4-6。

表 4-6　柱的钢筋计算结果

构件类型	钢筋总重/kg	各规格钢筋重量/kg							
		Φ6	Φ8	Φ10	Φ14	Φ16	Φ18	Φ20	Φ25
柱	10423.072	142.355	3463.21	1051.509	903.112	2856.936	1013.868	664.382	327.7
合计	10423.072	142.355	3463.21	1051.509	903.112	2856.936	1013.868	664.382	327.7

6. *拓展延伸*

(1) 识别柱表　识别柱表的功能用于将 CAD 图中的柱表识别成柱构件。其操作步骤如下：

1) 添加柱表。在“图纸管理”页签下，单击“添加图纸”功能，选择一张含有柱表的 CAD 图并将其到软件绘图区域中。

2) 选择柱表。依次单击“建模”→“识别柱表”，拉框选择柱表中的数据，如表 4-7 即为选择的“柱表”范围，单击鼠标右键确认选择。

表 4-7　柱表

柱号	杆高	b×h	角筋	B 边一侧中部筋	H 边一侧中部筋	箍筋类型号	箍筋
KZ1	基础顶～3.800	500×500	4B22	3B18	3B18	1(4×4)	A8@100
	3.8～14.400	500×500	4B22	3B16	3B16	1(4×4)	A8@100
KZ2	基础顶～3.800	500×500	4B22	3B18	3B18	1(4×4)	A8@100/200
	3.8～14.400	500×500	4B22	3B16	3B16	1(4×4)	A8@100/200
KZ3	基础顶～3.800	500×500	4B25	3B18	3B18	1(4×4)	A8@100/200
	3.8～14.400	500×500	4B25	3B18	3B18	1(4×4)	A8@100/200

3) 修改柱表信息。弹出“识别柱表”窗口，如图 4-65 所示。使用窗口上方的“查找替换”“删除行”“删除列”等对“柱表”信息进行调改。

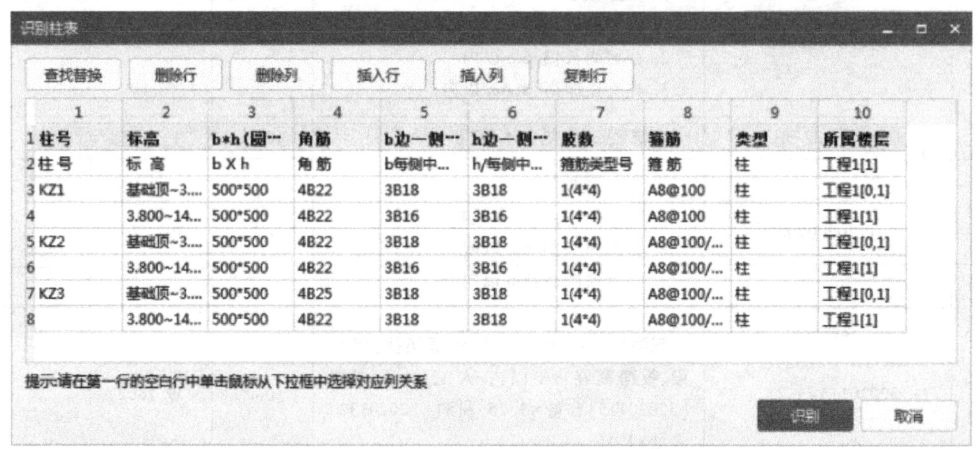

图 4-65　“识别柱表”窗口

4）识别。确认信息准确无误后单击“识别”按钮，软件根据窗口中修改后的“柱表”信息生成柱构件。

（2）设置斜柱 斜柱是与地面之间有一定夹角的柱。设置斜柱时，首先将斜柱绘制成直柱，然后再设置成斜柱。设置斜柱的步骤如下：依次单击“柱二次编辑”→“设置斜柱”按钮，然后选择需要变斜的柱图元，单击鼠标右键确认，弹出“设置斜柱”对话框，如图4-66所示。

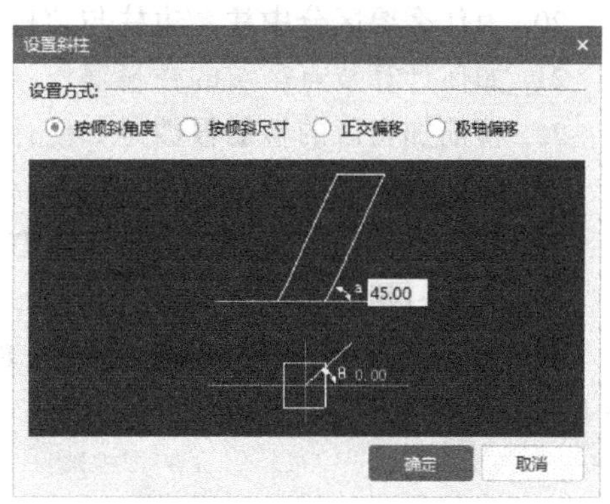

图4-66 “设置斜柱”对话框

软件提供了按倾斜角度、按倾斜尺寸、正交偏移和极轴偏移四种设置斜柱的方法，在建模过程中可按需选择。

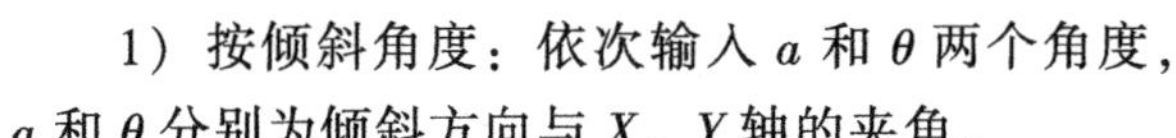

1）按倾斜角度：依次输入 a 和 θ 两个角度，a 和 θ 分别为倾斜方向与 X、Y 轴的夹角。

2）按倾斜尺寸：依次输入 d 和 θ 两个参数。d 是柱顶截面中心相对柱底截面中心在 X 轴的移动距离。θ 为倾斜方向与 Y 轴的夹角。

3）正交偏移：依次输入 X 和 Y 两个参数。X 和 Y 分别是柱顶截面中心相对柱底截面中心在 X 轴、Y 轴上的移动距离。

4）极轴偏移：依次输入 ρ 和 θ 的数值。ρ 是柱子倾斜后的净长度，注意 $\rho \geqslant$ 柱子顶底标高的差值。

思 考 题

1. 矩形柱的属性有哪些？
2. 圆形柱的属性有哪些？
3. 柱有哪些绘制方法？各应如何操作？
4. 柱有哪些编辑方法？各应如何操作？
5. 异形柱和参数化柱在绘制过程中如何镜像？
6. 柱的项目特征应描述哪些内容？
7. 如何复用构件做法？有哪些技巧？
8. 在模型中如何显示与隐藏柱图元？
9. 在模型中如何显示与隐藏柱图元及图元名称？
10. 构件定义界面与图元绘图界面的切换方法有几种，各应如何操作？
11. 梯柱的定义应注意哪些问题？
12. 使用做法刷时要注意哪些问题？
13. 如何定义和编辑参数化柱的钢筋？
14. 如何编辑异形柱的钢筋信息？
15. 层间复制的功能有哪些？如何操作？
16. 如何批量套用柱做法？
17. 什么是柱插筋？满足什么条件时才可以计算？

18. 柱的箍筋加密区长度是如何规定的？

19. *4⌀22 中的“*”是什么意思？#4⌀22 中的“#”是什么意思？

20. 为什么要区分中柱、边柱与角柱？什么情况下才进行区分？

21. 如何计算节点区域的柱箍筋？

22. 箍筋加密区的箍筋根数是如何计算的？非加密区的箍筋根数是如何计算的？

23. 箍筋⌀8@100/150 是什么意思？

24. 软件默认的图元上下翻转和左右翻转的功能键各是哪个？

25. 改变柱插入点的快捷键是什么？

26. 某层柱高 8m，下部 4m 为边长 800mm×800mm，上部 4m 为边长 700mm×600mm 形心不变的矩形截面，如何定义和绘制？

第 5 章 梁的建模与算量

学习目标

了解梁的种类及钢筋的类型和计算规则，能够应用造价软件定义各种梁的属性并绘制梁，准确计算梁钢筋工程量；掌握梁图元的各种绘制及编辑方法，掌握梁做法的定义方法，掌握梁图元显示/隐藏的快捷操作方法；掌握梁的二次编辑和快速绘制方法，掌握参数化梁和异形梁的定义方法。

5.1 梁的基础知识

5.1.1 梁的概念与分类

1. 梁的概念

由支座支承，承受的外力以横向力和剪力为主，以弯曲为主要变形的构件称为梁。梁承托着建筑物上部构架中的构件及屋面的全部重量，是建筑上部构架中最为重要的部分。

2. 梁的分类

1）按功能分　梁按功能分为结构梁和构造梁。结构梁分为基础地梁、框架梁等，与柱、承重墙等竖向构件共同构成空间结构体系；构造梁分为圈梁、过梁、连系梁等，起到抗裂、抗震、稳定等构造性作用。

二维码 5-1　各种梁的功能与作用

2）按结构工程属性分　梁按照结构工程属性可分为框架梁、剪力墙支承的框架梁、非框架梁、圈梁、砌体墙梁、砌体过梁、剪力墙连梁、剪力墙暗梁、剪力墙边框梁、框支梁、主梁和次梁。

3）按施工工艺分　梁按施工工艺分为现浇梁、预制梁等。

4）按截面形状分　依据截面形式，梁可分为矩形截面梁、T 形截面梁、十字形截面梁、工字形截面梁、匚形截面梁、口形截面梁、不规则截面梁。

二维码 5-2　剪力墙边梁、暗梁、边框梁和框支梁的相关概念

5）按受力状态分　梁按受力状态分为静定梁和超静定梁。静定梁是指几何不变，且无多余约束的梁。超静定梁是指几何不变，且有多余约束的梁。

6）按工程部位分　按照其在房屋的不同部位，梁可分为屋面梁、楼面梁、地下框架梁、基础梁、冠梁、平台梁、悬臂梁。

7）按平面布置分　梁按照平面布置分为主梁、次梁和井字梁等。

二维码 5-3　冠梁、平台梁和悬臂梁的相关概念

二维码 5-4　主梁、次梁和井字梁的相关概念

8）按材料分　梁按材料分为木梁、型钢梁、钢筋混凝土梁、钢包混凝土梁等。下面主要介绍钢筋混凝土梁的定义、做法和绘制。

5.1.2　梁平法知识

梁的种类很多，在平法图集中一般分为梁、连梁和圈梁三种，根据截面形状的不同又分为矩形梁、异形梁和参数化梁三种。异形梁包括L形梁、T形梁、工形梁等；按梁的平面形状分为直形梁、弧形梁、拱形梁；按梁的跨数分为单跨梁和多跨梁，按受力形式分为简支梁和连续梁等。图纸标注中，一般使用平面注写或者截面注写的方式表达。

1. 梁的类型及编号规则

梁的编号由梁的类型代号、序号、跨数及有无悬挑代号组成，其编号规则见表5-1。

表 5-1　梁的编号规则

梁类型	代号	序号	跨数及是否带有悬挑
楼层框架梁	KL	××	(××)、(××A)或(××B)
楼层框架扁梁	KBL	××	(××)、(××A)或(××B)
屋面框架梁	WKL	××	(××)、(××A)或(××B)
框支梁	KZL	××	(××)、(××A)或(××B)
托柱转换梁	TZL	××	(××)、(××A)或(××B)
非框架梁	L	××	(××)、(××A)或(××B)
悬挑梁	×L	××	(××)、(××A)或(××B)
井字梁	JZL	××	(××)、(××A)或(××B)

注：(××A) 为一端有悬挑，(××B) 为两端有悬挑，悬挑不计入跨数

2. 梁筋分类

梁内的钢筋种类较多，分为纵向钢筋和横向钢筋。纵向钢筋又分为上部筋、中间筋和下部筋。其中，上部负筋包括上部通长筋、左支座负筋、右支座负筋、中间支座负筋、架立筋；中部筋包括侧面构造筋和侧面抗扭筋；下部钢筋包括不伸入支座的下部钢筋、下部钢筋和下部通长筋。横向钢筋包括箍筋、拉筋、吊筋和次梁加筋。

3. 梁平法施工图注写方式

(1) 梁的平面注写方式　梁的平面注写方式是在梁平面图上，分别在不同编号的梁中各选一根梁，在其上注写截面尺寸和配筋的具体数值的方式来表达梁平法施工图，如图5-1所示。

平面注写包括集中标注和原位标注。集中标注表达梁的通用数值，原位标注表达梁的特

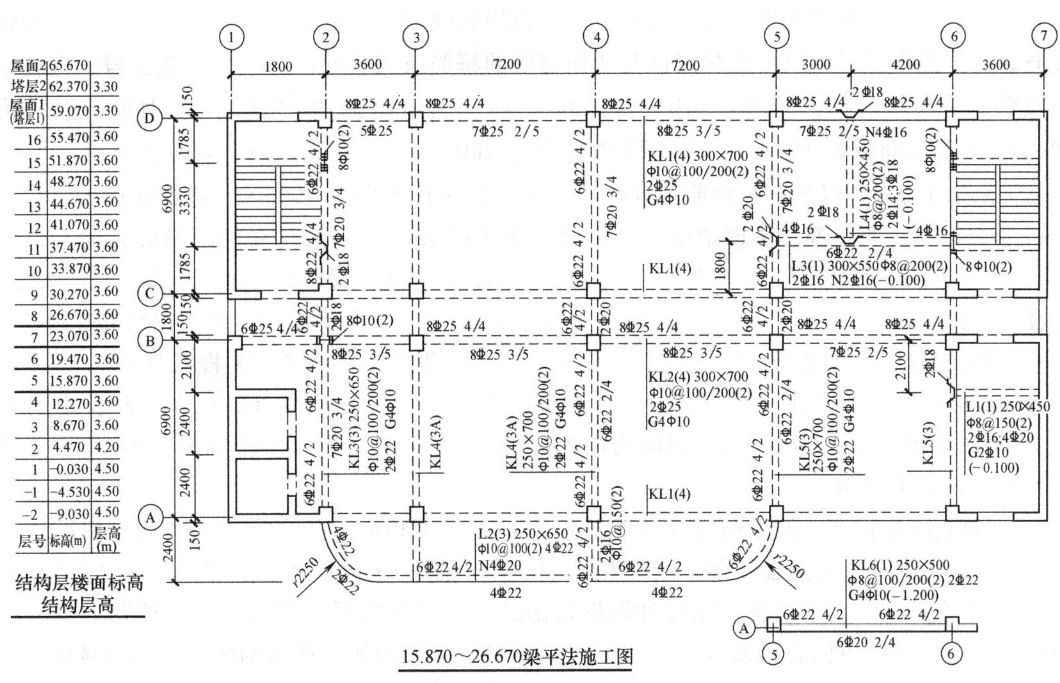

层号	标高(m)	层高(m)
屋面2	65.670	
塔层2	62.370	3.30
屋面1(塔层1)	59.070	3.30
16	55.470	3.60
15	51.870	3.60
14	48.270	3.60
13	44.670	3.60
12	41.070	3.60
11	37.470	3.60
10	33.870	3.60
9	30.270	3.60
8	26.670	3.60
7	23.070	3.60
6	19.470	3.60
5	15.870	3.60
4	12.270	3.60
3	8.670	3.60
2	4.470	4.20
1	-0.030	4.50
-1	-4.530	4.50
-2	-9.030	4.50

图 5-1　梁平面注写方式

殊数值。当集中标注的某项数值不适用于梁的某个部位时，则将该项数值原位标注，施工时原位标注取值优先。

实际采用平面注写方式表达时，不需绘制梁截面配筋图相应的截面号。

1）梁的集中标注。集中标注的内容包括五项必注内容及一项选注内容，它们可以从梁的任意一跨引出。必注内容包括：

① 梁编号（见表 5-1），该项为必注值。

② 梁截面尺寸，该项为必注值。

当为等截面梁时，用 $b×h$ 表示；当为竖向加腋梁时，用 $b×h$　$Yc_1×c_2$ 表示，其中 c_1 为腋长，c_2 为腋高，如图 5-2 所示；当为水平加腋梁时，用 $b×h$　$PYc_1×c_2$ 表示，其中 c_1 为腋长，c_2 为腋宽，加腋部位应在平面图中绘制，如图 5-3 所示。

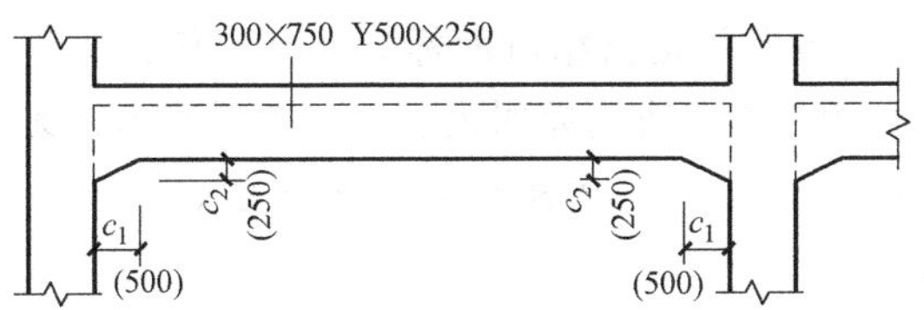

图 5-2　竖向加腋截面注写示意

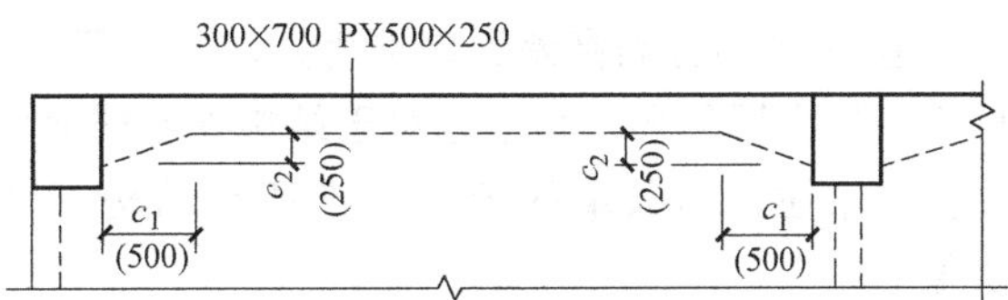

图 5-3　水平加腋截面注写示意

当有悬挑梁且根部和端部的高度不同时，用斜线分隔根部与端部的高度值，即为 $b×h_1/h_2$，如图 5-4 所示。

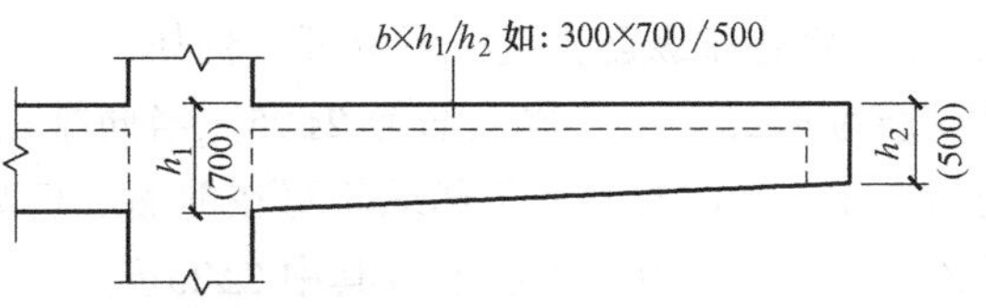

图 5-4　悬挑梁不等高截面示意

③ 梁箍筋，分别包括钢筋级别、直径、加密区与非加密区间距及肢数，该项

为必注值。加密区与非加密区的不同间距及肢数用斜线“/”分隔；当梁箍筋为同一种间距及肢数时，则不需用斜线；当加密区与非加密区的箍筋肢数相同时，则将肢数注写一次；箍筋肢数注写在括号内。例如：Φ10@100/200（4），表示箍筋为HPB300级钢筋，直径为10mm，加密区间距为100mm，非加密区间距为200mm，均为四肢箍；Φ8@100（4）/150（2），表示箍筋为HPB300级钢筋，直径为8mm，加密区间距为100mm，四肢箍；非加密区间距为150mm，两肢箍。非框架梁、悬挑梁、井字梁采用不同的箍筋间距及肢数时，也用斜线“/”将其分隔开来。注写时先注写梁支座端部的箍筋（包括箍筋的箍数、钢筋级别、直径、间距与肢数），在斜线后注写梁跨中部分的箍筋间距及肢数。例如：13Φ10@150/200（4），表示箍筋为HPB300级钢筋，直径为10mm，梁的两端各有13根四肢箍，间距为150mm；梁跨中部分间距为200mm，四肢箍；18Φ12@150（4）/200（2），表示箍筋为HPB300级钢筋，直径为12mm，梁的两端各有18根四肢箍，间距为150mm；跨中部分，间距为200mm，双肢箍。

④ 梁上部通长筋或架立筋配置（通长筋为相同或不相同直径采用搭接连接、机械连接或焊接的钢筋），该项为必注值。当同排钢筋中既有通长钢筋又有架立钢筋时，应用加号“+”将通长筋与架立筋相联。注写时需将角部纵筋注写在加号的前面，架立筋写在加号后面的括号内，以示不同直径及与通长筋的区别。当全部采用架立筋时则将其写入括号内。例如：2Φ22用于双肢箍；2Φ22+（4Φ12）用于六肢箍，其中2Φ22为通长筋，4Φ12为架立筋。当梁的上部钢筋与下部纵筋为全跨相同，且多数跨配筋相同时，此项可加注下部纵筋的配筋值，用分号“;”将上部与下部纵筋的配筋值分隔开来，少数跨不同者原位标注。例如：3Φ22；3Φ20表示梁的上部钢筋配置3Φ22的通长筋，梁的下部配置3Φ20的通长筋。

⑤ 梁侧面纵向构造钢筋或受扭钢筋配置，该项为必注值。当梁腹板高度 $h_w \geqslant 450$mm时，需配置纵向构造钢筋，所注规格与根数应符合规范规定。此项注写值以大写字母G打头，接续注写设置在梁两个侧面的总配筋值，且对称配置，其搭接与锚固长度可取为15d，d为钢筋直径。如G4Φ12，表示梁的两个侧面共配置4Φ12的纵向构造钢筋，每侧配置2Φ12。当梁侧面需配置受扭纵向钢筋时，此项注写值以大写字母N打头，接续注写配置在梁两个侧面的总配筋值，且对称配置。其拼接长度为l_l或l_{lE}，锚固长度为l_a或l_{aE}，其锚固方式同框架梁下部纵筋。例如：N6Φ22，表示梁的两个侧面共配置6Φ22的受扭纵向钢筋，每侧各配置3Φ22。

⑥ 梁顶面标高高差，该项为选注值。梁顶面标高高差是指相对面标高的高差值，对于位于结构夹层的梁，则指相对于结构夹层楼面标高的高差。有高差时需将其写入括号内，无高差时不注。当某梁的顶面高于所在结构层的楼面标高时，其标高高差为正值，反之为负值。

2）梁的原位标注。

① 梁支座上部纵筋，该部位含通长筋在内的所有纵筋。当上部纵筋多于一排时，用锋线“/”将各排纵筋自上而下分开。例如：梁支座上部纵筋注写为6Φ25 4/2时，则表示上一排纵筋为4Φ25，下一排纵筋为2Φ25。当同排纵筋有两种直径时，用加号“+”将两种直径的钢筋相联，注写时将角部纵筋写在前面。例如：梁的上部纵筋注写为2Φ25+2Φ22时，表示梁的支座上部有四根纵筋，其中2Φ25放在角部，2Φ22放在中部。当梁中间支座两边的上部纵筋不同时，须在支座两边分别标注；当梁中间支座两边的上部纵筋相同时，可仅在支座

的一边标注配筋值，另一边省去不注。

② 梁下部纵筋：当下部纵筋多于一排时，用斜线“/”将各排纵筋自上而下分开。如梁下部钢筋注写为6Φ25 2/4 时，表示上一排纵筋为 2Φ25，下一排纵筋为 4Φ25，全部伸入支座。当同排钢筋有两种直径时，用加号“+”将两种直径的钢筋相联，注写时角筋写在前面。当梁下部纵筋不全部伸入支座时，将梁支座下部纵筋减少的数量写在括号内。例如：梁的下部钢筋注写为 6Φ25 2（−2）/4，则表示上一排钢筋为 2Φ25 且不伸入支座，下一排纵筋为 4Φ25，全部伸入支座；梁的下部钢筋注写为 2Φ25+3Φ22（−3）/5Φ25，表示上排纵筋为 2Φ25+3Φ22，其中 3Φ22 不伸入支座；下一排纵筋为 5Φ25，全部伸入支座。

当梁的集中标注中已经注写了梁上部和下部均为通长的纵筋值时，则不需在梁的下部重复做原位标注。当梁设置竖向加腋时，加腋部位下部斜纵筋应在支座下部以 Y 打头注写在括号内，如图 5-5 所示。当梁设置水平加腋时，水平加腋内上、下部纵筋应在加腋支座上以 Y 打头注写在括号内，上、下部斜纵筋之间用“/”分隔，如图 5-6 所示。

③ 当在梁上集中标注的内容不适用于某跨或某悬挑部分时，则将其不同数值原位标注在该跨或该悬挑部位，施工时应按原位标注数值取用。当在多跨梁的集中标注中已注明加腋，而该梁某跨的根部却不需要加腋时，则应在该跨原位标注等截面的 $b \times h$，以修正集中标注中的加腋信息，如图 5-5 所示。

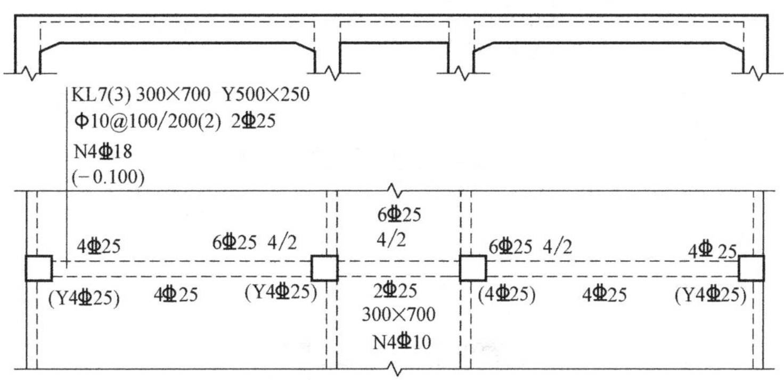

图 5-5　梁竖向加腋平面注写方式示意

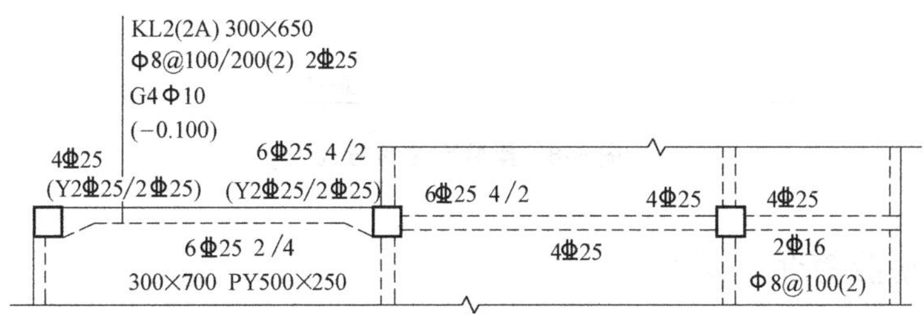

图 5-6　梁水平加腋平面注写方式示意

④ 附加箍筋与吊筋，将其直接画在平面图中的主梁上，用线引注总配筋值（附加箍筋的肢数注在括号内），如图 5-7 所示。当多数附加箍筋或吊筋相同时，可在梁平法施工图上统一注明，少数与统一注明值不同时，再原位引注。

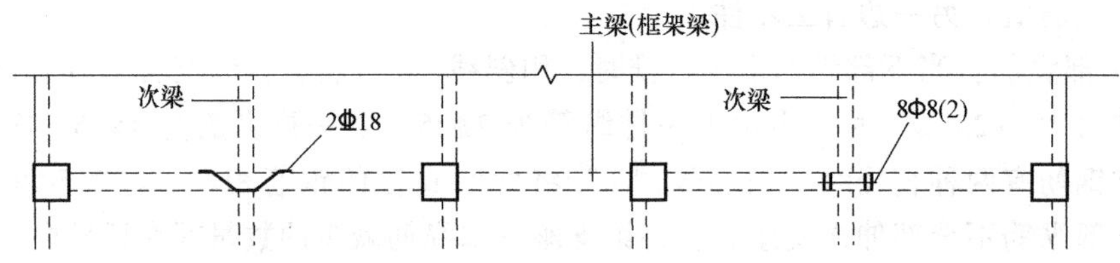

图 5-7　附加箍筋与吊筋的画法示例

(2) 梁的截面注写方式　梁的截面注写方式，系在分标准层绘制的梁平面布置图上，分别在不同编号的梁中各选择一根梁用剖面号引出配筋图，并在其上注写截面尺寸和配筋具体数值的方式来表达梁平法施工图。首先对梁按照表 5-1 进行编号，然后从相同编号的梁中选择一根梁，将单边截面号画在该梁上，最后将截面配筋详图画在本图或其他图上。当某梁的顶面标高与结构层的楼面标高不同时，还应继其梁编号后注写梁顶面标高高差（注写的规定与平面注写方式相同）。当截面配筋详图上注写截面尺寸 $b×h$、上部筋、下部筋、侧面构造筋或受扭筋以及箍筋的具体数值时，其表达形式与平面注写方式相同。梁截面注写方式如图 5-8 所示（图中可不注写集中标注和原位标注的数值）。

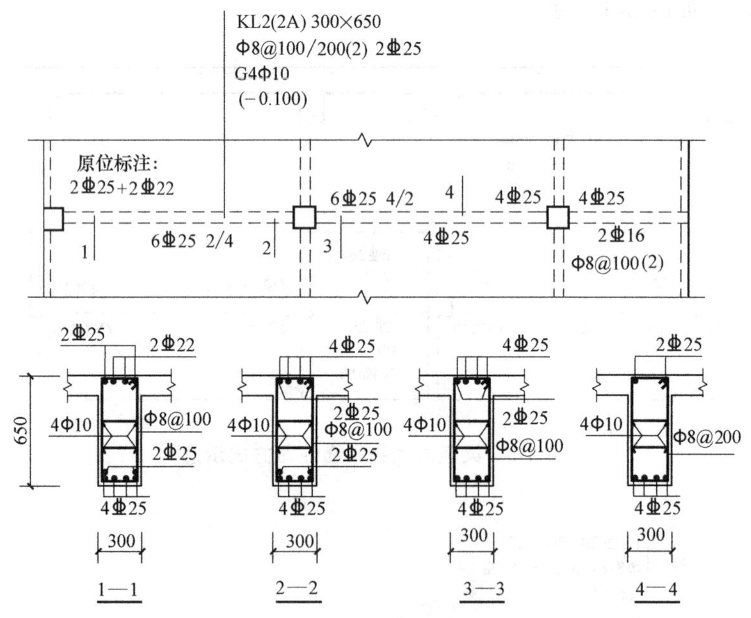

图 5-8　梁截面注写方式

5.1.3　软件功能简介（梁）

1. 梁构件定义

梁构件的定义包括梁截面及钢筋信息的定义和构件做法的定义两大部分内容。软件中的梁分为梁、连梁和圈梁三个子类。梁构件按照截面可以分为矩形梁、异形梁和参数化梁三种类型。新建梁一般是在“定义”界面进行。下面以“通用操作”→“定义”方式为例介绍梁构件的定义界面和梁的部分属性。

2. 梁构件的定义界面

单击“通用操作”上的“定义”按钮或按<F2>键进入“定义”界面，如图 5-9 所示。从图中可以看到，梁构件的定义界面包括工具栏、“导航树”、“构件列表”、“属性列表”、“箍筋组合示意图”页签和“构件做法”页签六个部分，其中“箍筋组合示意图”页签在未输入箍筋属性时不显示。

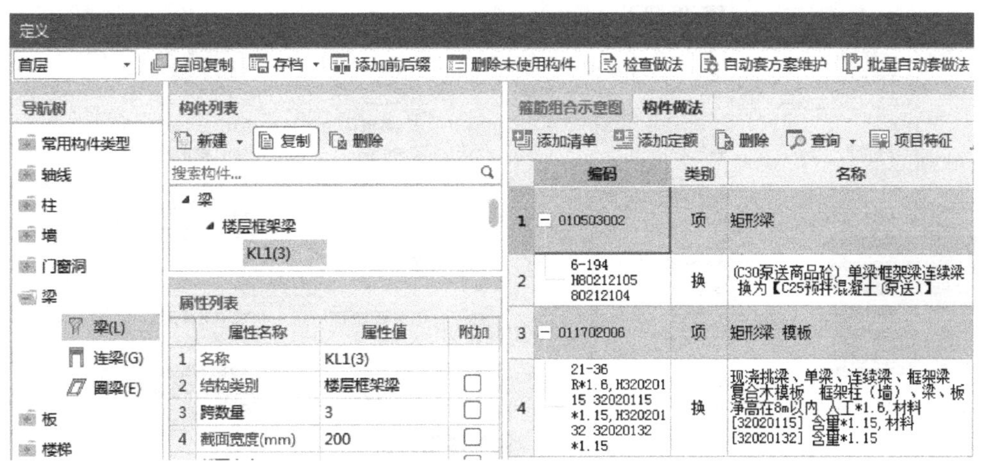

图 5-9　梁“定义”界面

新建梁的方法有两种，一种是单击“构件列表”下的“新建”按钮，另一种是单击右键快捷菜单的相应子菜单。选择梁的种类后，在“属性列表”中根据图样的实际情况输入梁的截面尺寸、梁的箍筋、通长筋等信息。此时在“构件做法”页签前面出现“箍筋组合示意图”页签。

3. 梁构件的属性

梁的属性共有 44 个，分为通用属性、钢筋业务属性、土建业务属性和显示样式四部分，如图 5-10 所示，其中蓝色属性为公有属性，黑色属性为私有属性，属性值为灰色的属性为不可修改属性。下面介绍各项属性的意义及填写方法。

（1）通用属性

1）名称：名称要与图样中的名称保持一致，该名称在当前楼层的当前构件类型下应唯一。名称后括号中的数字代表这根梁的跨数，与“跨数量”的属性值一一对应。

2）结构类别：结构类别会根据构件名称中的字母自动生成，也可以根据实际情况进行选择。可选择的类别包括楼层框架梁、楼层框架扁梁、屋面框架梁、框支梁、非框架梁、井字梁和基础联系梁。需要根据梁的位置进行填写。

3）跨数量：梁跨数量，直接输入。没有输入的情况时，提取梁跨后会自动读取。

4）截面宽度（mm）：梁的宽度，单位为 mm。

5）截面高度（mm）：输入梁截面高度的尺寸，单位为 mm。

6）轴线距梁左边线距离（mm）：所谓梁左边线是指位于梁绘制方向左侧的一条边线，该属性即为该边线与轴线之间的距离。软件默认取梁截面宽度的一半，默认值是带括号的，如果有偏心，则可以自行调整。若要恢复默认值，只需将此值删除，然后按<Enter>键即可。

7）箍筋：箍筋的输入格式见表 5-2。

属性列表			
	属性名称	属性值	附加
1	名称	KL-1(2)	
2	结构类别	楼层框架梁	☐
3	跨数量	2	☐
4	截面宽度(mm)	300	☐
5	截面高度(mm)	500	☐
6	轴线距梁左边线距离(mm)	(150)	☐
7	箍筋	Φ8@100/200(2)	☐
8	肢数	2	
9	上部通长筋	2Φ25	☐
10	下部通长筋	4Φ25	☐
11	侧面构造或受扭筋(总配筋值)		☐
12	拉筋		☐
13	定额类别	单梁	☐
14	材质	现浇混凝土	☐
15	混凝土类型	(粒径31.5砼32.5级坍落度35~...	☐
16	混凝土强度等级	(C25)	☐
17	混凝土外加剂	(无)	
18	混凝土类别	泵送商品砼	☐
19	泵送类型	(混凝土泵)	
20	泵送高度(m)		
21	截面周长(m)	1.6	☐
22	截面面积(m²)	0.15	☐
23	起点顶标高(m)	层顶标高	☐
24	终点顶标高(m)	层顶标高	☐

属性列表			
	属性名称	属性值	附加
25	备注		☐
26	⊟ 钢筋业务属性		
27	其它钢筋		
28	其它箍筋		☐
29	保护层厚度(mm)	(25)	☐
30	汇总信息	(梁)	☐
31	抗震等级	(三级抗震)	☐
32	锚固搭接	按默认锚固搭接计算	
33	计算设置	按默认计算设置计算	
34	节点设置	按默认节点设置计算	
35	搭接设置	按默认搭接设置计算	
36	⊟ 土建业务属性		
37	计算设置	按默认计算设置	
38	计算规则	按默认计算规则	
39	模板类型	复合木模板	☐
40	支模高度	按默认计算设置	☐
41	超高底面标高	按默认计算设置	☐
42	⊟ 显示样式		
43	填充颜色		
44	不透明度	(100)	

图 5-10　梁的属性列表

表 5-2　箍筋输入格式

编号	格式	说明
格式 1	20Φ8(4)	数量+级别+直径+肢数,肢数不输入时按肢数属性中的数值计算
格式 2	Φ8@100(4)	级别+直径@间距+肢数,加密区间距与非加密区间距用"/"分开,加密区间距在前,非加密区间距在后
格式 3	Φ8@100/200(4)	
格式 4	13Φ8@100/200(4)	主要用于处理指定梁两端加密箍筋数量的设计方式,"/"前表示加密区间距,后面表示非加密区间距。当肢数不同时需要在间距后分别输入相应的肢数
格式 5	9Φ8@100/12Φ12@150/Φ16@200(4)	这种输入格式表示从梁的两端到跨内,按输入的间距、数量依次计算。当肢数不同时需要在间距后分别输入相应的肢数
格式 6	10Φ10@100(4)/Φ8@200(2)	这种输入格式主要用于处理加密区与非加密区箍筋信息不同时的设计方式。"/"前表示加密区间距,后面表示非加密区间距
格式 7	Φ10@100(2)[2500];Φ12@100(2)[2500]	这种输入格式主要用于处理同一跨梁内不同范围存在不同箍筋信息的设计方式,分隔符为英文状态的分号";"

8）肢数：通过单击“…”按钮选择肢数类型。

9）上部通长筋：其输入格式见表 5-3。

表 5-3　上部通长筋输入格式

编号	格式	说明
格式 1	Φ22	数量+级别+直径，有不同的钢筋信息用“+”连接，注写时将角部纵筋写在前面
格式 2	2Φ25+2Φ22	
格式 3	4Φ20 2/2	当存在多排钢筋时，使用“/”将各排钢筋自上而下分开
格式 4	2Φ22/2Φ20	
格式 5	1-2Φ25	图号-数量+级别+直径，图号为悬挑梁弯起钢筋的图号，图号与钢筋图形的对照如图 5-11 所示。软件默认为 2#筋
格式 6	2Φ25+(2Φ22)	当有架立筋时，架立筋信息输在加号后面的括号内

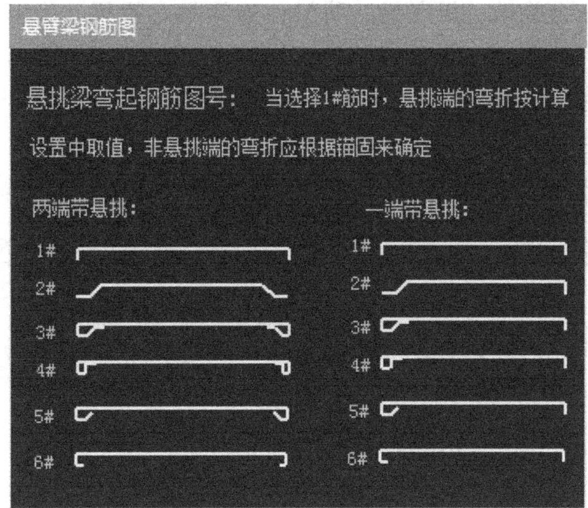

图 5-11　悬臂梁钢筋图

10）下部通长筋：其输入格式见表 5-4。

表 5-4　下部通长筋输入格式

编号	格式	说明
格式 1	Φ22	数量+级别+直径，有不同的钢筋信息用“+”连接
格式 2	2Φ25+2Φ22	
格式 3	4Φ20 2/2	当存在多排钢筋时，使用“/”将各排钢筋自下而上分开
格式 4	2Φ22/2Φ20	

11）侧面构造或受扭筋（总配筋值）：其输入格式见表 5-5。标识 G 表示构造钢筋，N 表示抗扭钢筋。

表 5-5　侧面构造或受扭筋（总配筋值）输入格式

编号	格式	说明
格式 1	G4Φ16 或 N4Φ16	标识+数量+级别+直径
格式 2	GΦ16@100 或 NΦ16@100	标识+级别+直径@间距

12）拉筋：当有侧面纵筋时，软件按“计算设置”中的设置自动计算拉筋信息。当前构件需要特殊处理时，可以根据实际情况输入。输入格式见表 5-6 所示，不输入间距按照非加密区箍筋间距的 2 倍计算，不输入排数按照侧面纵筋的排数计算。

表 5-6　拉筋输入格式

编号	格式	说明
格式 1	Φ16	级别+直径
格式 2	4Φ16	排数+级别+直径
格式 3	Φ16@100 或Φ16@100/200	级别+直径@间距，加密区间距和非加密区间距用“/”分开，加密区间距在前，非加密区间距在后

13）定额类别：分为单梁、板底梁、肋梁、连续梁、挑梁、拱形梁、托架梁、风道梁和吊车梁。

14）通用属性中的其他属性的意义与柱的同名属性意义相同。

（2）钢筋业务属性

1）属性第 33 项钢筋“计算设置”如图 5-12 所示，根据设计要求进行调整。

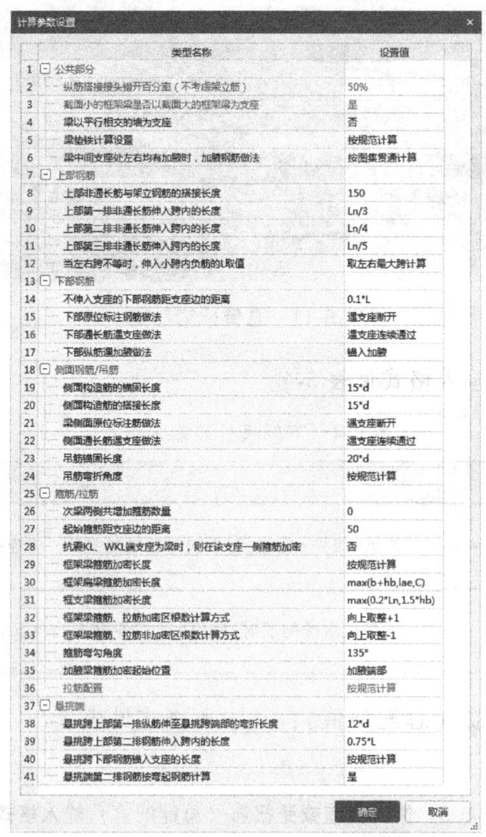

计算参数设置

	类型名称	设置值
1	公共部分	
2	纵筋搭接接头错开百分率（不考虑架立筋）	50%
3	截面小的框架梁是否以截面大的框架梁为支座	是
4	梁以平行相交的墙为支座	否
5	梁垫铁计算设置	按规范计算
6	梁中间支座处左右均有加腋时，加腋钢筋做法	按图集贯通计算
7	上部钢筋	
8	上部非通长筋与架立钢筋的搭接长度	150
9	上部第一排非通长筋伸入跨内的长度	Ln/3
10	上部第二排非通长筋伸入跨内的长度	Ln/4
11	上部第三排非通长筋伸入跨内的长度	Ln/5
12	当左右跨不等时，伸入小跨内负筋的L取值	取左右最大跨计算
13	下部钢筋	
14	不伸入支座的下部钢筋距支座边的距离	0.1*L
15	下部原位标注钢筋做法	遇支座断开
16	下部通长筋遇支座做法	遇支座连续通过
17	下部纵筋遇加腋做法	锚入加腋
18	侧面钢筋/吊筋	
19	侧面构造筋的锚固长度	15*d
20	侧面构造筋的搭接长度	15*d
21	梁侧面原位标注筋做法	遇支座断开
22	侧面通长筋遇支座做法	遇支座连续通过
23	吊筋锚固长度	20*d
24	吊筋弯折角度	按规范计算
25	箍筋/拉筋	
26	次梁两侧共增加箍筋数量	0
27	起始箍筋距支座边的距离	50
28	抗震KL、WKL端支座为梁时，则在该支座一侧箍筋加密	否
29	框架梁箍筋加密长度	按规范计算
30	框架扁梁箍筋加密长度	max(b+hb,lae,C)
31	框支梁箍筋加密长度	max(0.2*Ln,1.5*hb)
32	框架梁箍筋、拉筋加密区根数计算方式	向上取整+1
33	框架梁箍筋、拉筋非加密区根数计算方式	向上取整-1
34	箍筋弯勾角度	135°
35	加腋梁箍筋加密起始位置	加腋端部
36	拉筋配置	按规范计算
37	悬挑端	
38	悬挑跨上部第一排纵筋伸至悬挑跨端部的弯折长度	12*d
39	悬挑跨上部第二排钢筋伸入跨内的长度	0.75*L
40	悬挑跨下部钢筋锚入支座的长度	按规范计算
41	悬挑端第二排钢筋按弯起钢筋计算	是

确定　取消

图 5-12　梁钢筋计算设置

2）属性第 34 项钢筋“节点设置”如图 5-13 所示，根据设计要求进行调整。

3）其他钢筋业务属性与柱的同名属性意义相同。

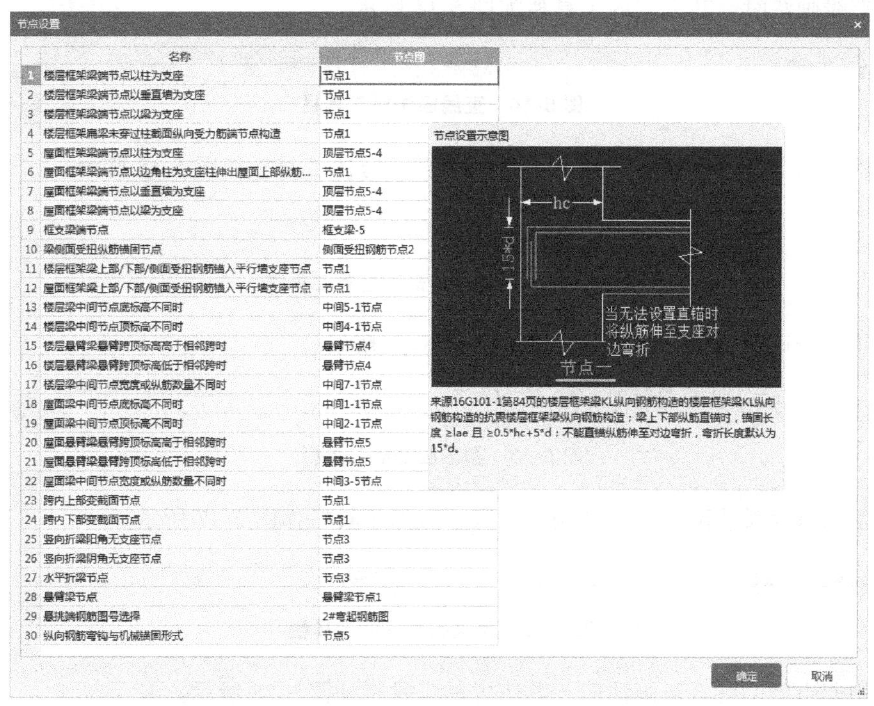

图 5-13 梁钢筋节点设置

(3) 土建业务属性和显示属性

一般情况下，土建计算设置和计算规则不需做调整，软件已经按照当地的清单和定额规则进行了默认设置。只有遇到特殊要求时才会对这两项进行调整。土建业务属性中的其他属性与柱的同名属性意义相同。梁的这些属性要根据设计图中的规定填写准确完整，以便于做法定义和自动套做法。显示属性及其他属性的含义请读者参阅柱相关内容。

二维码 5-5 梁土建计算设置

二维码 5-6 梁土建计算规则

4. 梁图元的绘制

由于梁是以柱和墙为支座的，绘制梁图元之前，需要绘制好所有的支座。在绘制梁时，要按先主梁后次梁的顺序绘制。通常在绘制梁图元时，按先下后上、先左后右的顺序来绘制，以保证所有的梁都有支座，能够正确提取梁跨，正确计算所有钢筋。梁图元的建模方法一般有线式绘制、智能布置和 CAD 转化三种。具体的操作方法在案例中进行说明。

(1) 线式绘制 线式绘制包括直线绘制、弧线绘制、圆形绘制和矩形绘制四种方式。其中弧线绘制的方式软件默认为“三点画弧”，还可以单击“绘制”选项卡的“▼”，调出“两点大弧”“两点小弧”和“起点圆心终点弧”绘制工具，沿顺时针或逆时针方向绘制满足一定条件的各种弧形图元。通过直线或弧线连续绘制的梁构件，软件自动合并为折梁。

使用“绘图”选项卡上线式画法时，其下方的绘制工具栏也会随着画法的不同而变化。

如当采用直线画法时，其下方的工具栏如图 5-14 所示。

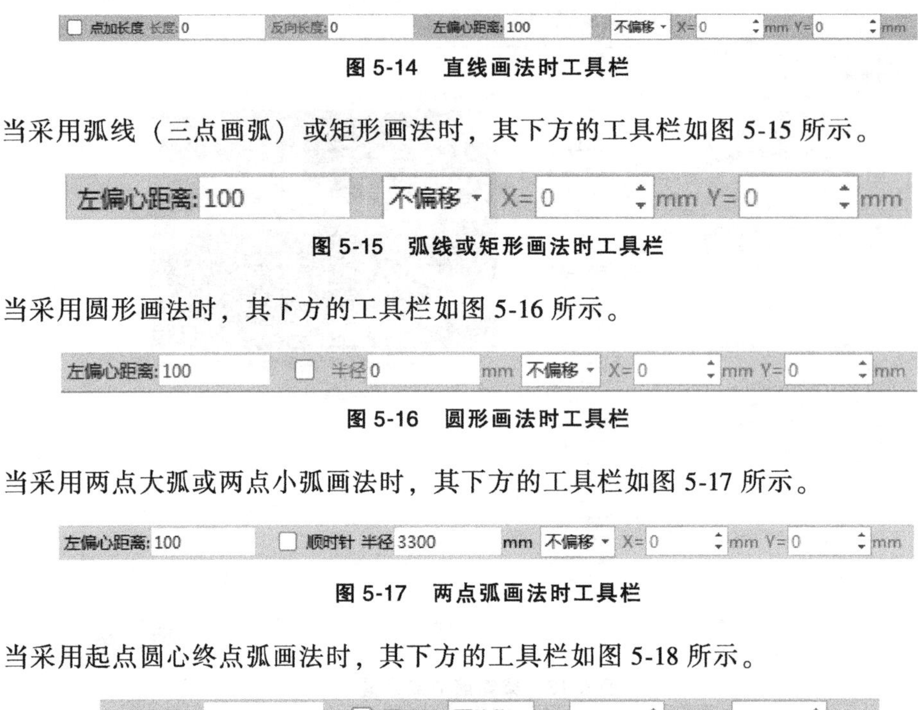

图 5-14　直线画法时工具栏

当采用弧线（三点画弧）或矩形画法时，其下方的工具栏如图 5-15 所示。

图 5-15　弧线或矩形画法时工具栏

当采用圆形画法时，其下方的工具栏如图 5-16 所示。

图 5-16　圆形画法时工具栏

当采用两点大弧或两点小弧画法时，其下方的工具栏如图 5-17 所示。

图 5-17　两点弧画法时工具栏

当采用起点圆心终点弧画法时，其下方的工具栏如图 5-18 所示。

图 5-18　起点圆心终点弧画法时工具栏

通过这些绘制工具既可以从插入点开始绘制，也可以从偏离插入点的位置开始绘制。可以大大提高绘图效率，读者应该熟练掌握并灵活运用。

（2）智能布置　通过“梁二次编辑”选项卡的“智能布置”按钮，指定参考图元后完成绘制。参考图元可以是轴线、墙轴线、墙中心线、条基轴线和条基中心线。采用这种方式布置的梁均默认梁的中心线与轴线重合，当有偏心时要进行调整。

5. 梁图元原位标注

（1）梁的颜色区分　梁绘制完毕后为粉红色。当梁显示为粉红色时，表示还没有提取梁跨和进行原位标注，此时梁中只包含梁的集中标注信息，还需要对其进行原位标注才能计算其钢筋工程量。在 GTJ2018 中，可以通过“梁二次编辑”选项卡的“原位标注”“平法表格”和“重提梁跨”三个工具完成原位标注，提取梁跨或完成原位标注后，梁的颜色变为绿色。对于没有原位标注的梁，提取梁跨后梁的颜色变为绿色；有原位标注的梁，可以通过“原位标注”或“平法表格”输入原位标注使梁的颜色变为绿色。软件中用粉色和绿色对梁进行区别，目的是提醒用户哪些梁已经输入了原位标注，哪些梁未输入原位标注，便于检查，防止出现忘记输入原位标注，影响计算结果的情况。梁的原位标注主要有支座钢筋、跨中筋、下部钢筋、架立筋、次梁加筋，另外，变截面也需要在原位标注中输入。原位标注法非常直观，在绘图区域选择需要进行原位标注的梁，在绘图区域输入支座钢筋、跨中钢筋、下部钢筋，其他信息在梁平法表格中输入。

（2）平法表格法输入原位标注的步骤　平法表格法是常用的输入梁原位标注的方法，

平法表格示例如图 5-19 所示。其操作步骤如下：

1）在“梁二次编辑”选项卡中选择“平法表格”。

2）在绘图区域选择需要进行查看和修改的梁。

3）查改对应梁的钢筋信息。

梁平法表格

复制跨数据　粘贴跨数据　输入当前列数据　删除当前列数据　页面设置　调换起始跨　悬臂钢筋代号

	位置	名称	跨号	标高		构件尺寸(mm)				
				起点标高	终点标高	A1	A2	A3	A4	跨长
1	<1,A +2700;5, A+2700>	L1(4)	1	23.867	23.867	(100)	(100)	(173)		(6673)
2			2	23.867	23.867		(28)	(100)		(6528)
3			3	23.867	23.867		(100)	(100)		(6600)
4			4	23.867	23.867		(100)	(100)	(100)	(6600)

图 5-19　梁平法表格示例

（3）平法表格菜单及功能　平法表格中的菜单及功能如下：

1）复制/粘贴跨数据：在平法表格中，可以通过复制和粘贴，快速输入钢筋信息。

2）输入当前列数据：某列数据完全一致时，可以快速输入一列的数据。

3）删除当前列数据：可以快速删除当前列所有输入的数据。

4）页面设置：设置在平法表格中需要显示的信息。

5）调换起始跨：当前平法输入时，梁的起始跨和图纸中标注的起始跨不一致，可以通过该功能进行调整。

6）悬臂钢筋代号（见图 5-11）：梁的悬挑端有悬挑钢筋时，需要输入不同样式的悬挑钢筋，软件内置了输入的规则，单击“悬臂钢筋代号”可以显示钢筋样式对应的编号，输入方法为“代号+钢筋信息”，例如：3-2Φ20，表示 3 号钢筋，有两根，HRB400，直径为 20mm。软件默认为 2#筋。

6. 梁的 CAD 转化

除直接定义构件和绘制图元外，软件还提供了另一种方便快捷高效的方法，即梁 CAD 转化，软件可以根据 CAD 图上的信息自动将 CAD 线转化为梁图元，其流程为“提取梁边线”→“提取梁标识”→“识别梁”→“编辑支座”→“识别梁原位标注”。具体操作请读者参阅 5.2.3 节中首层梁 CAD 识别转化相关内容。

7. 梁构件的做法定义

梁构件的做法同样包括工程量清单和定额子目选择两方面内容，清单选择、项目特征描述、定额子目选择以及换算的要求与柱相同不再赘述。

根据工程量计算规范的规定，与板相连的梁套用有梁板、四周无板的梁套用梁；连梁的工程量一般计算在剪力墙中，不需套用清单和定额；圈梁只能套用圈梁的相关清单项目和定额子目，具体操作将结合首层梁的做法定义进行介绍。

8. 图元分层

此处的分层不是指楼层，而是指在同一楼层中可以将不同标高范围的水平方向的构件绘制在不同的图层里。如本工程首层有两层梁，分别位于不同的标高，如果绘制在同一分层中，不论是选择还是显示都会遇到一些困难，此时就可以利用软件中的图元分层功能。软件将同一楼层再分为十个分层，如图5-20所示。如果不选择分层，软件默认在第一分层上绘制图元。

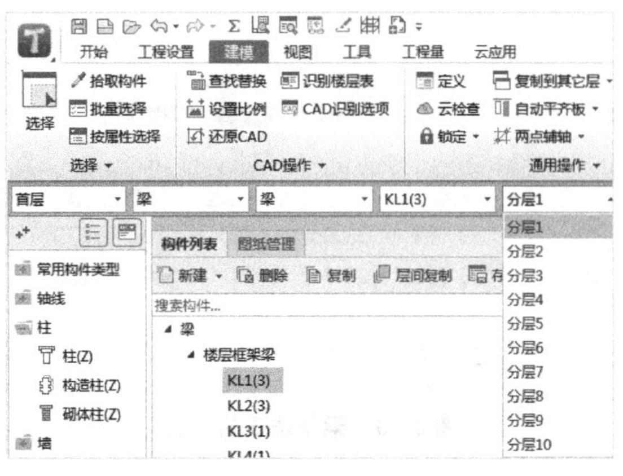

图5-20　图元分层

■ 5.2　首层梁建模与算量

5.2.1　任务说明

本节的任务是完成首层框架梁的截面和配筋信息定义、做法定义，梁图元绘制和编辑。

5.2.2　任务分析

分析GS09（二层梁平法施工图）可知，本层框架梁的配筋采用平面注写方式，大部分轴线上的框架梁均位于楼层顶标高处，部分轴线上有两层梁，分别位于楼层顶标高以下2.75m或3.95m处；二层虽有两层梁但重叠绘制在同一张CAD图纸上，如果直接采用CAD图纸进行转换，将会出现多处错误，修改这些错误非常麻烦，本书的做法是在CAD绘图环境中将其拆分为两张图纸，一张为二层楼面梁配筋图（GS09-1），另一张为二层层间梁配筋图（GS09-2），详见本书配套资源。

梁箍筋加密区也各不相同，其中①交Ⓐ©轴段的梁加密区进行了特殊说明，其他梁的加密区按规范进行计算。未注明的吊筋均为2⌀12。主梁上有次梁时，在次梁两侧附加6根箍筋，需要修改梁的相应计算设置。

分析通用楼梯图可知，在楼梯部位还有楼梯梁TL1，考虑到楼梯以参数化模型的方式出现，模型中包括楼梯梁在内，楼梯梁的钢筋工程量在“表格输入”中计算。又因楼梯梁为楼梯的构成部分，故本书将其移到楼梯建模算量一章中介绍。

分析建筑剖面图可知，在©轴以上楼梯间以下①②轴线间有一卫生间，在3.1m标高处设有一层楼板，沿长度方向有梁，但在结构图中未交代其做法，建筑剖面图上注明梁参TL1，板参休息平台板Pb1（配筋⌀8@150双层双向）。

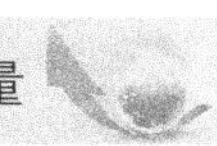

5.2.3　任务实施

1. 梁的计算设置修改

此案例中除框架梁外，还有非框架梁，故根据设计说明的规定，修改计算设置中框架梁的计算规则第 26 项、非框架梁第 29 项，“次梁两侧共增加箍筋数量”为“6”。

2. 梁的属性定义

（1）KL1（3）的属性定义　以首层①轴 KL1（3）为例介绍其定义过程和绘制方法。进入梁定义界面，在“属性列表”中依次填写如下属性值：

名称：按照图纸输入“KL1（3）”。

结构类别：选择“楼层框架梁”。

跨数量：输入“3”，即 3 跨（如果名称中未明示跨数时，此处要填写跨数）。

截面尺寸：KL1（3）的截面尺寸为 200mm×700mm，截面宽度和截面高度分别输入“200”和“700”。

轴线距梁左边线的距离：按照软件默认，保留“（100）”。软件默认梁中心线与轴线重合，即宽度为 200mm 的梁，轴线距左边线的距离为 100mm。

箍筋：输入“Φ8@100/200（2）”。

肢数：自动取箍筋信息中的肢数，箍筋信息中不输入“（2）”时，可以手动在此输入“2”。

上部通长筋：按照图纸输入“2Φ20”。

下部通长筋：此梁无下部通长筋，故此处不输入。

侧面纵筋：格式“G/N+数量+级别+直径”，此外输入“N6Φ10”。

拉筋：按照计算设置中设定的拉筋信息，见框架梁的计算设置第 34 项。

定额类别：选择“连续梁”。

材质：选择“预拌混凝土（泵送型）”。

混凝土类型：选择“泵送商品混凝土”。

泵送类型：混凝土泵。

模板种类：复合木模板。

KL1（3）的属性如图 5-21 所示。

请读者按照同样的方法，根据不同的梁类别，输入属性信息，定义本层其他梁的属性。

（2）KL1（3）的做法定义　下面以 KL1（3）的做法为例进行介绍，其他梁的做法请读者自行完成。

单击“通用操作”选项卡上的“定义”按钮，切换到“构件做法”页签，根据图 5-21 所示的属性值和需要计算的工程量，选用清单，描述清单项目特征，根据清单的项目特征选用定额并做相应的换算，其结果如图 5-22 所示。

属性列表　图层管理

	属性名称	属性值	附加
1	名称	KL1(3)	
2	结构类别	楼层框架梁	☐
3	跨数量	3	☐
4	截面宽度(mm)	200	☐
5	截面高度(mm)	700	☐
6	轴线距梁左边...	(100)	☐
7	箍筋	Φ8@100/200(2)	☐
8	肢数	2	
9	上部通长筋	2Φ20	☐
10	下部通长筋		☐
11	侧面构造或受...	N6Φ10	☐
12	拉筋	(Φ6)	☐
13	定额类别	连续梁	☐
14	材质	预拌混凝土(泵送型)	☐
15	混凝土类型	(粒径31.5砼32.5级坍落...	☐
16	混凝土强度等级	(C25)	☐
17	混凝土外加剂	(无)	
18	混凝土类别	泵送商品砼	☐
19	泵送类型	(混凝土泵)	
20	泵送高度(m)		
21	截面周长(m)	1.8	☐
22	截面面积(m²)	0.14	☐
23	起点顶标高(m)	层顶标高	☐
24	终点顶标高(m)	层顶标高	☐
25	备注		☐
26	+ 钢筋业务属性		
36	− 土建业务属性		
37	计算设置	按默认计算设置	
38	计算规则	按默认计算规则	
39	模板类型	复合木模板	☐

图 5-21　KL（3）的属性

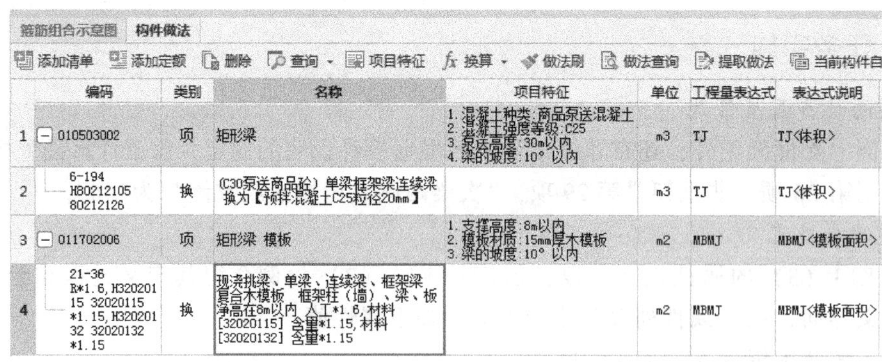

箍筋组合示意图 | 构件做法

添加清单　添加定额　删除　查询　项目特征　换算　做法刷　做法查询　提取做法　当前构件自

	编码	类别	名称	项目特征	单位	工程量表达式	表达式说明
1	010503002	项	矩形梁	1. 混凝土种类:商品泵送混凝土 2. 混凝土强度等级:C25 3. 泵送高度:30m以内 4. 梁的坡度:10° 以内	m3	TJ	TJ<体积>
2	6-194 H80212105 80212126	换	(C30泵送商品砼) 单梁框架梁连续梁 换为【预拌混凝土C25粒径20mm】		m3	TJ	TJ<体积>
3	011702006	项	矩形梁 模板	1. 支撑高度:8m以内 2. 模板材质:15mm厚木模板 3. 梁的坡度:10° 以内	m2	MBMJ	MBMJ<模板面积>
4	21-36 R*1.6,H320201 15 32020115 *1.15,H320201 32 32020132 *1.15	换	现浇挑梁、单梁、连续梁、框架梁复合木模板 框架柱(墙)、梁、板净高在8m以内 人工*1.6,材料[32020115] 含量*1.15,材料[32020132] 含量*1.15		m2	MBMJ	MBMJ<模板面积>

图 5-22　KL1（3）的做法

KL1（3）为有梁板，而有梁板中的梁应该套用有梁板的清单和定额子目，请读者思考本书为何套用矩形梁的清单和定额子目，这样做有何益处？对工程量的计算结果有无影响？

梁的做法也可以使用“当前构件自动套做法”功能来完成，采用这种方法定义做法时需要注意的问题与柱相同。

其他梁的做法可采用“做法刷”功能来完成，还可以采用“构件存档/提取”功能来完成，相关功能请参阅柱相关内容。

3. KL1（3）的绘制

KL1（3）的中心线与轴线①重合，所以直接采用直线画法绘制。绘制结果如图 5-23 所示，其他梁请读者自行完成。

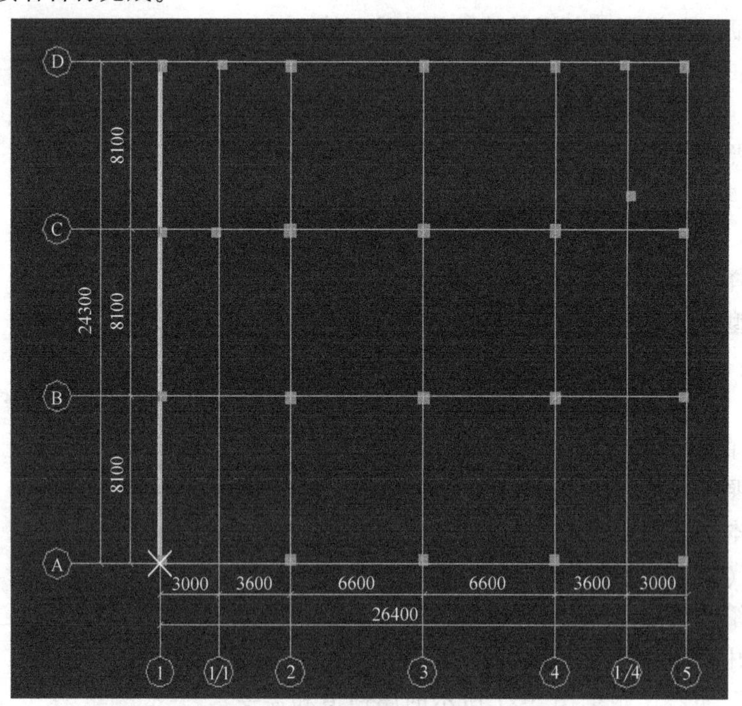

图 5-23　KL1（3）绘制完成后、输入原位标注前

4. KL1（3）的原位标注

将所有的梁绘制完成后，可单击“原位标注”，然后选择需要进行原位标注的梁。以

KL1（3）为例，采用“原位标注”命令对梁进行原位标注，其他梁的原位标注请读者自行完成。

单击“梁二次编辑”选项卡的“原位标注”，在下拉菜单中选择“原位标注”。弹出的界面如图 5-24 所示。

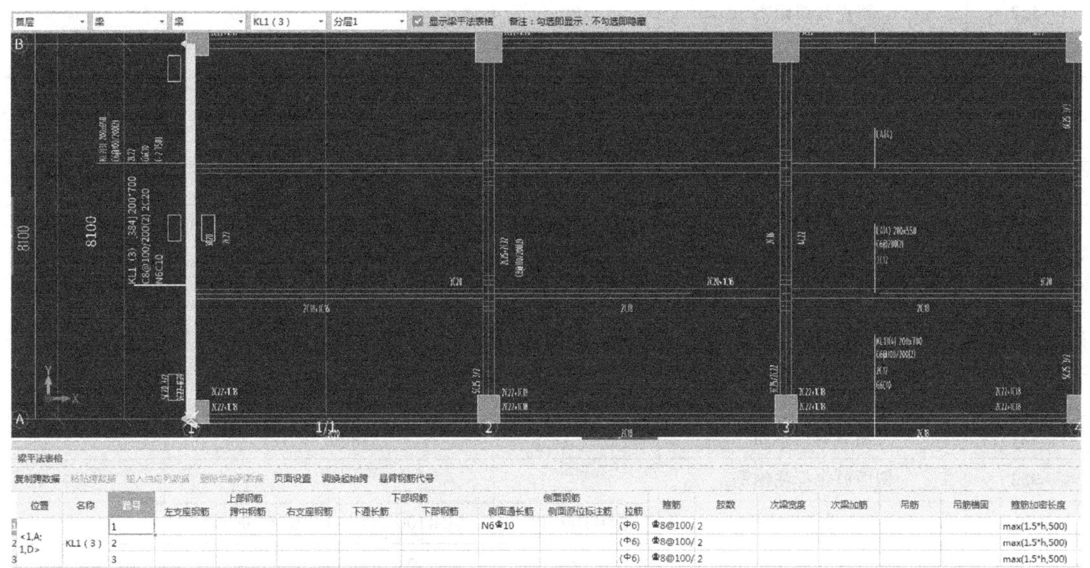

图 5-24　梁原位标注界面

此界面上方为当前光标所在的梁跨，以及需要标注原位标注的方框，下方是原位标注表格（梁平法表格）。钢筋原位标注数据既可以在方框内输入，也可以在表格的相应位置输入。

梁平法表格共有 20 大项内容，按照图纸上的标注输入表 5-7 所列梁的钢筋原位标注信息。由于图 5-24 下方的表格文字太小，读者可通过软件在图 5-24 所示的界面中进行输入，查看效果。

表 5-7　梁平法表格

序号	项目	内容及表示方法			
1	位置	1,A;1,d			
2	名称	KL1(3)			
3	跨号	1	2	3	
4	标高/m				
4.1	起点顶标高	8	8	8	
4.2	终点顶标高	8	8	8	
5	构件尺寸/mm				
5.1	支座宽度 A1	100			
5.2	支座宽度 A2	400	250	250	
5.3	支座宽度 A3	250	250	250	
5.4	支座宽度 A4		250	500	100

（续）

序号	项目	内容及表示方法			
5.5	跨长	8100	7950	8250	
5.6	截面 $b\times h$	200×700	200×700	200×700	
5.7	距左边线距离	100	100	100	
6	上通长钢筋	2Φ20			
7	上部钢筋				
7.1	左支座钢筋	5Φ20 3/2			
7.2	跨中钢筋				
7.3	右支座钢筋	3Φ 20/3Φ 18	3Φ 20/3Φ 18	3Φ 20/3Φ 18	
8	下部钢筋				
8.1	下通长钢筋				
8.2	下部钢筋	3Φ 20	3 Φ 20	3Φ 20	
9	侧面钢筋				
9.1	侧面通长钢筋	N6Φ 10			
9.2	侧面原位标注钢筋				
10	箍筋	Φ8@100/200	Φ8@100/200	Φ8@100/150	
11	肢数	2	2	2	
12	次梁宽度	200/200	200/200	200	
13	次梁加筋	6/6	6/6	6	
14	吊筋				
15	吊筋锚固				
16	箍筋加密长度	2300	2300	Max(1.5h,500)	
17	腋长				
18	腋高				
19	加腋钢筋				
20	其他钢筋				

注：1. 填写次梁宽度时应从该跨梁的起始端算起，依次填写各个次梁的宽度，并用“/”分开。

2. 填写次梁加筋时也从该跨梁的起始端开始，依次填写每根次梁两侧需加的箍筋总数，并用“/”分开。

3. 箍筋加密长度应按设计说明的要求进行调整。

4. 其他各项数据的填写详见16G101-1《混凝土结构施工图平面整体表示方法制图规则和构造详图（现浇混凝土框架、剪力墙、梁、板）》的相关内容。

5. 梁的CAD转化

下面以首层梁的转化为例进行介绍，其他楼层梁的CAD转化请读者自行完成。

首先切换到首层，然后单击“建模”→“梁”→“梁（L）”，如图5-25所示。

再切换到“图纸管理”页签，单击“二层梁平法施工图”，将CAD图纸调入绘图工作区，如图5-26所示。

最后单击“识别梁选项卡”上的“识别梁”工具按钮，弹出如图5-27所示的梁CAD转化菜单栏，进入CAD转化梁的具体步骤。

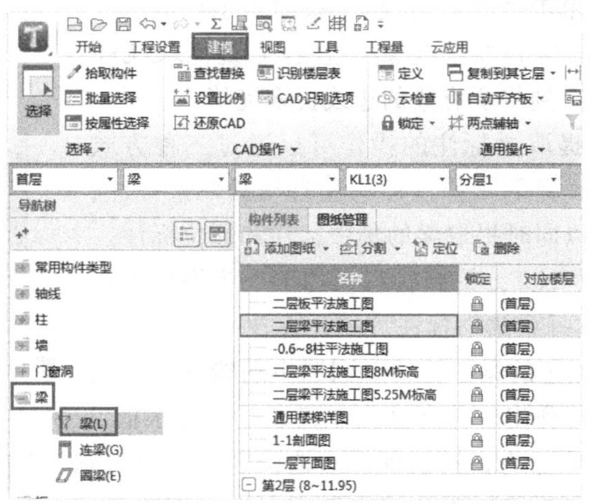

图 5-25　梁 CAD 转化构件导航栏

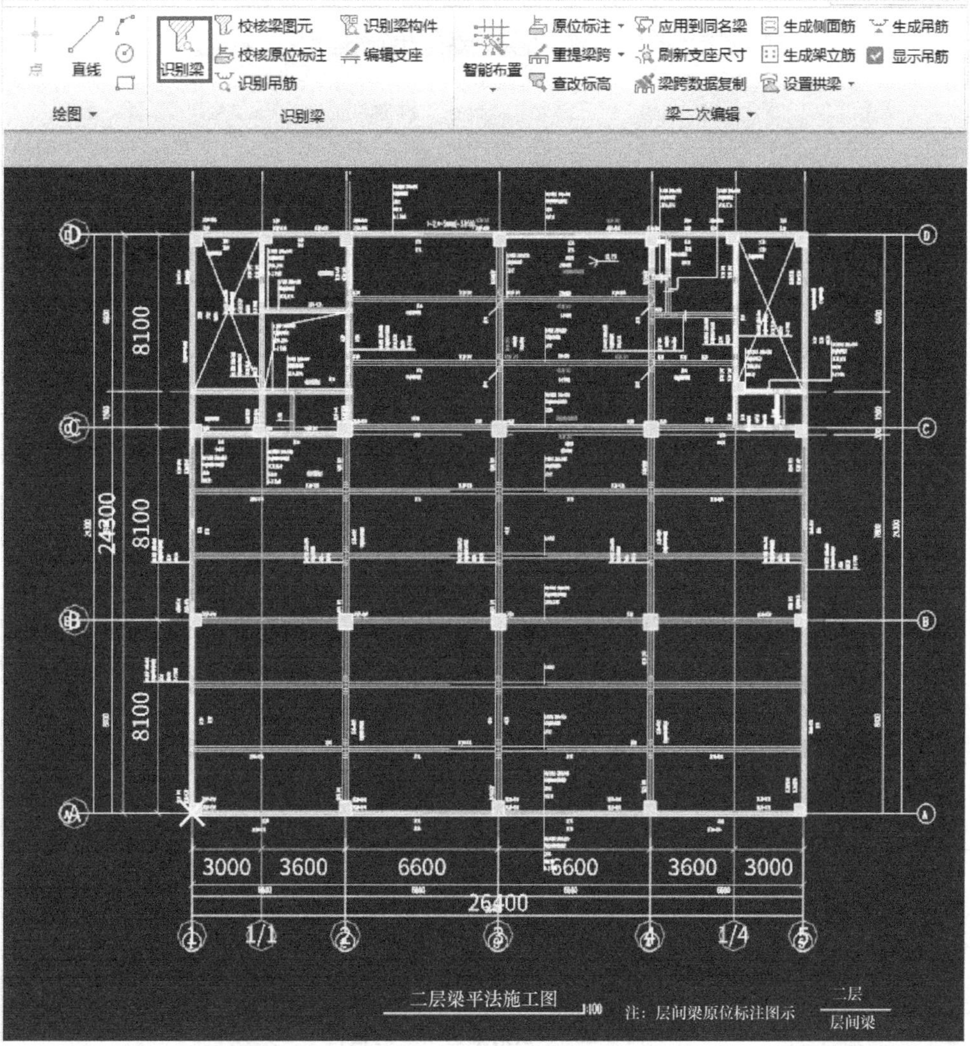

图 5-26　二层梁平法施工图

(1) 提取梁边线　单击“提取边线”，按照状态栏的下一步操作提示“左键或 Ctrl/Alt+左键选择梁边线<右键提取/ESC 放弃>”，提取梁边线，直到将所有梁的边线提取完毕。

(2) 提取梁标注　提取梁标注的操作可以通过三种方式完成，提取梁集中标注、提取梁原位标注和自动提取梁标注，其中自动提取梁标注可以同时提取梁的集中标注和原位标注。

单击“自动提取梁标注”，按照状态栏的下一步操作提示“左键或 Ctrl/Alt+左键选择梁集中标注和原位标注<右键提取/Esc 放弃>”，提取各种颜色的梁标注，直到图中的梁钢筋标注信息全部提取完毕。软件弹出“梁标注提取完成”的提示框。

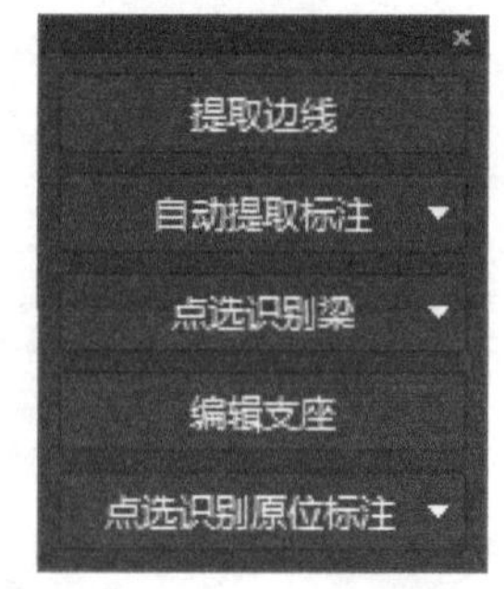

图 5-27　梁 CAD 转化菜单栏

(3) 识别梁　识别梁分为自动识别、框选识别和点选识别三种方式。一般采用自动识别方式，对于自动识别遗漏或错误的梁再采用点选识别或框选识别的方法进行修正。单击“自动识别梁”弹出如图 5-28 所示的“识别梁选项”对话框。

识别梁选项

◉ 全部 ○ 缺少箍筋信息 ○ 缺少截面　　复制图纸信息　粘贴图纸信息

	名称	截面(b*h)	上通长筋	下通长筋	侧面钢筋	箍筋	肢数
1	KL1(3)	200*700	2C20		N6C10	C8@100/200(2)	2
2	KL2(3)	200*650	2C22		G6C10	C6@100/200(2)	2
3	KL3(1)	200*700	2C20	3C20	N6C10	C8@100/200(2)	2
4	KL4(1)	200*700			N6C10	C8@100/150(2)	2
5	KL5(3)	250*750	2C25		N6C10	C8@100(2)	2
6	KL6(1)	200*700	2C20	3C20	N6C10	C10@100/150(2)	2
7	KL7(3)	250*750	2C25		N6C10	C8@100/200(2)	2
8	KL8(3)	250*750	2C25		N6C10	C8@100(2)	2
9	KL9(1A)	200*700	2C18		N6C10	C8@100/150(2)	2
10	KL10(1)	200*700			G6C10	C6@100/200(2)	2
11	KL11(3)	200*700	2C20		N6C10	C8@100/200(2)	2
12	KL12(3)	200*650	2C20		G6C10	C6@100/200(2)	2
13	KL13(4)	200*700	2C12		G6C10	C6@100/200(2)	2
14	KL14(4)	200*650	2C14		G6C10	C6@100/200(2)	2
15	KL15(4)	200*550	2C12	2C18		C6@100/200(2)	2
16	KL16(2)	200*550	2C20		N4C10	C6@100/200(2)	2
17	KL17(2)	200*550	3C22	3C22	G4C10	C6@100/200(2)	2
18	KL18(3)	200*550	2C20			C6@100/200(2)	2
19	KL19						
20	KL19(6)	200*700	2C14		G6C10	C6@100/200(2)	2
21	KL20(6)	200*650	2C22		N6C10	C6@100(2)	2
22	L1(1)	200*250	2C14	2C14		C6@150(2)	2
23	L1a(1)	200*400	2C12	3C14		C6@200(2)	2
24	L4(4)	200*550	2C12			C6@200(2)	2
25	L5(4)	200*550	2C12			C6@200(2)	2
26	L6(2)	200*400	2C14	2C14		C6@200(2)	2
27	L7(2)	200*400	2C14	2C14		C6@200(2)	2
28	L8(3)	200*550	2C12			C8@150(2)	2
29	L9(1)	200*400	2C16	2C14		C6@200(2)	2
30	L10(1)	200*400	2C14	2C14		C6@200(2)	2
31	L11(2)	200*550	2C12			C8@150(2)	2
32	L11a(1)	200*550	2C16	3C16		C6@200(2)	2
33	XL1(XL)	200*550	3C20	2C14	N4C10	C6@100(2)	2
34	XL2(XL)	200*550	3C20	2C18	N4C10	C6@100(2)	2

请检查并确认得到的梁信息　　继续　取消

图 5-28　“识别梁选项”对话框

单击“继续”按钮，开始转化梁，转化完成后软件自动校核梁图元，校核的内容有“梁跨不匹配”“未使用的梁边线”“未使用的标注”和“缺少截面”四项。

这四个方面的问题可以在校核结果中通过在选项前的复选框“口”内打钩分别显示。对于“梁跨不匹配”的问题，可以通过“编辑支座”进行修改。对于“未使用的梁边线”和“未使用的标注”错误可以通过“点选识别梁”重新识别，也可以通过“对齐”功能来修改，对于“缺少截面”可以在CAD图上添加截面尺寸或直接输入截面尺寸。

1）编辑支座。在“校核梁图元”表中双击有问题的图元行，软件自动定位到有问题的图元，并处于高亮选中状态，首先检查图元的形状和位置，如果与CAD图纸一致，则可以在相应位置增加支座，删除错误位置的支座，然后单击“刷新”按钮，则此条错误信息消失。如果图元长于CAD图纸上的长度，首先将其进行修剪；如果短于CAD图纸上的长度，则要将其延伸。

2）点选识别梁。“点选识别梁”功能特别适用于修改“未使用的梁边线”的错误类型，此时需要将识别错误的梁图元删除，然后使用“点选识别梁”重新识别。其操作步骤分为三步：单击“点选识别梁”，左键点选梁的集中标注，右键确认，再单击梁的首跨和末跨梁边线（如果是单跨梁，只需要单击一次梁边线）。

3）梁边线对齐。该功能是“修改”选项卡的一项功能，可以用于对点式构件、面式构件和线式构件的边线进行对齐。首先指定对齐目标线，然后选择要对齐的边线。

（4）识别梁原位标注　识别梁只完成了梁的集中标注信息的转换，通过修改“梁校核图元”页面中出现的错误，使得梁跨、位置、标高与CAD图纸完全一致，为梁原位标注的识别做好了准备。

原位标注的识别分为自动识别原位标注、框选识别原位标注、点选识别原位标注和单构件识别原位标注四种方式。通常采用自动识别梁原位标注的方式进行识别。

识别完成后，弹出“校核原位标注”对话框，如图5-29所示。双击有错误的原位标注，通过点选识别原位标注的方式进行修改。

对于设计有说明但图纸中未反映出来的原位标注（如箍筋加密区长度），应进行逐一修改。本例需要修改①、②、③、④、⑤轴交Ⓐ、Ⓒ轴段各梁的箍筋加密区长度为2300mm，其他各梁段按规范规定进行计算。

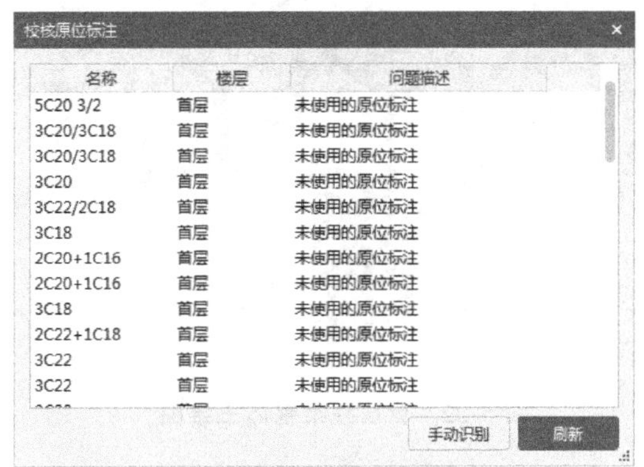

图5-29　梁“校核原位标注”界面

在本例中，将楼层标高处的梁绘制于第一分层，如图5-30所示，而将其同一水平位置的层间梁绘制于第二分层，如图5-31所示，首层柱梁整体三维效果如图5-32所示。

6. 卫生间梁

（1）卫生间梁的属性定义　卫生间梁按TL1计算，其属性值如图5-33所示。

（2）卫生间梁的做法　卫生间梁的做法如图5-34所示。

（3）卫生间梁的绘制　采用直线画法将卫生间梁绘制在本楼层梁的第3分层上，如图5-35所示。

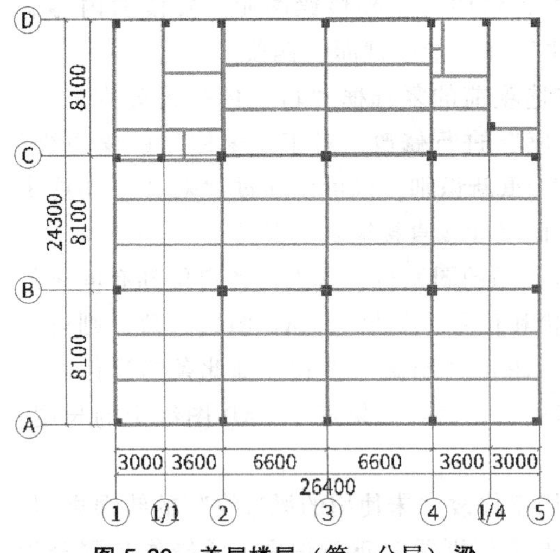

图 5-30 首层楼层（第一分层）梁

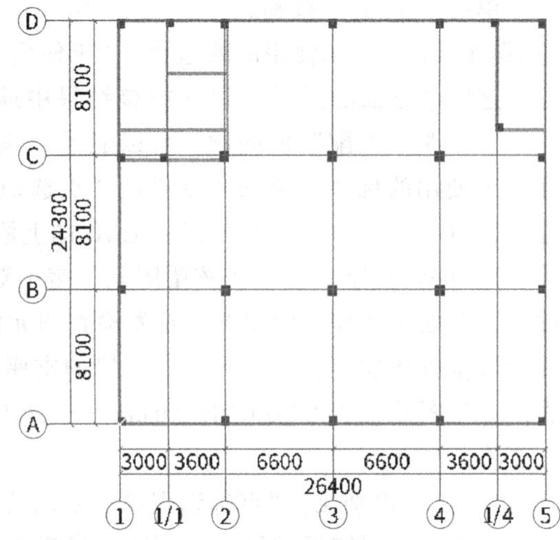

图 5-31 首层层间（第二分层）梁

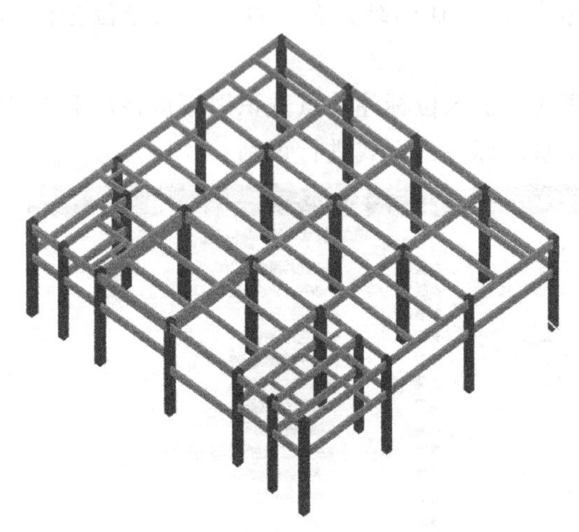

图 5-32 首层柱梁整体三维图

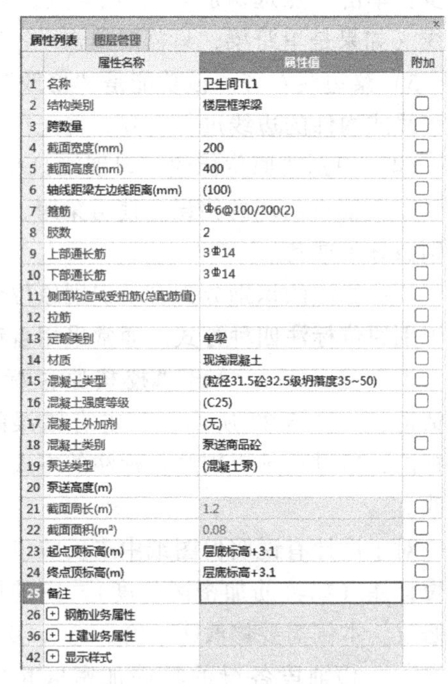

属性列表　图层管理

	属性名称	属性值	附加
1	名称	卫生间TL1	
2	结构类别	楼层框架梁	
3	跨数量		
4	截面宽度(mm)	200	
5	截面高度(mm)	400	
6	轴线距梁左边线距离(mm)	(100)	
7	箍筋	Φ6@100/200(2)	
8	肢数	2	
9	上部通长筋	3Φ14	
10	下部通长筋	3Φ14	
11	侧面构造或受扭筋(总配筋值)		
12	拉筋		
13	定额类别	单梁	
14	材质	现浇混凝土	
15	混凝土类型	(粒径31.5砼32.5级坍落度35~50)	
16	混凝土强度等级	(C25)	
17	混凝土外加剂	(无)	
18	混凝土类别	泵送商品砼	
19	泵送类型	(混凝土泵)	
20	泵送高度(m)		
21	截面周长(m)	1.2	
22	截面面积(m²)	0.08	
23	起点顶标高(m)	层底标高+3.1	
24	终点顶标高(m)	层底标高+3.1	
25	备注		
26	⊞ 钢筋业务属性		
36	⊞ 土建业务属性		
42	⊞ 显示样式		

图 5-33 卫生间 TL1 属性定义

7. 生成吊筋

在二层梁平法施工图 GS09 中可以看到，主梁与次梁相交处每边附加 3 根箍筋，图纸下方的说明第二条明确了次梁加筋的钢筋等级、直径与主梁箍筋一致。

首先单击“生成吊筋”按钮，弹出“生成吊筋”对话框，如图 5-36 所示，此对话框中有“吊筋”和“次梁加筋”两个属性值，根据图纸的要求，输入吊筋“2C12”。次梁加筋的信息是否输入取决于计算设置中是否进行了相应的设置。本例已经进行了相关设置，故可以不填写，次梁两侧共增加的数量“6”，如果在工程设置中未进行相关的设置，则必须在此处进行设置才能保证钢筋工程量计算的准确性。

箍筋组合示意图　**构件做法**

添加清单　添加定额　删除　查询　项目特征　换算　做法刷　做法查询　提取做法　当前构

	编码	类别	名称	项目特征	单位	工程量表达式
1	010503002	项	矩形梁	1.混凝土种类:商品泵送混凝土 2.混凝土强度等级:C25 3.泵送高度:30m以内 4.梁的坡度:10° 以内	m3	TJ
2	6-194 H80212105 80212126	换	(C30泵送商品砼) 单梁框架梁连续梁 换为【预拌混凝土C25粒径20mm】		m3	TJ
3	011702006	项	矩形梁 模板	1.支撑高度:3.6m以内 2.模板材质:15mm厚木模板 3.梁的坡度:10° 以内	m2	MBMJ
4	21-36 R*1.6,H32020115 32020115 *1.15,H32020132 32020132 *1.15	换	现浇挑梁、单梁、连续梁、框架梁 复合木模板 框架柱（墙）、梁、板 净高在8m以内 人工*1.6,材料[32020115] 含量*1.15,材料[32020132] 含量*1.15		m2	MBMJ

图 5-34　卫生间 TL1 做法

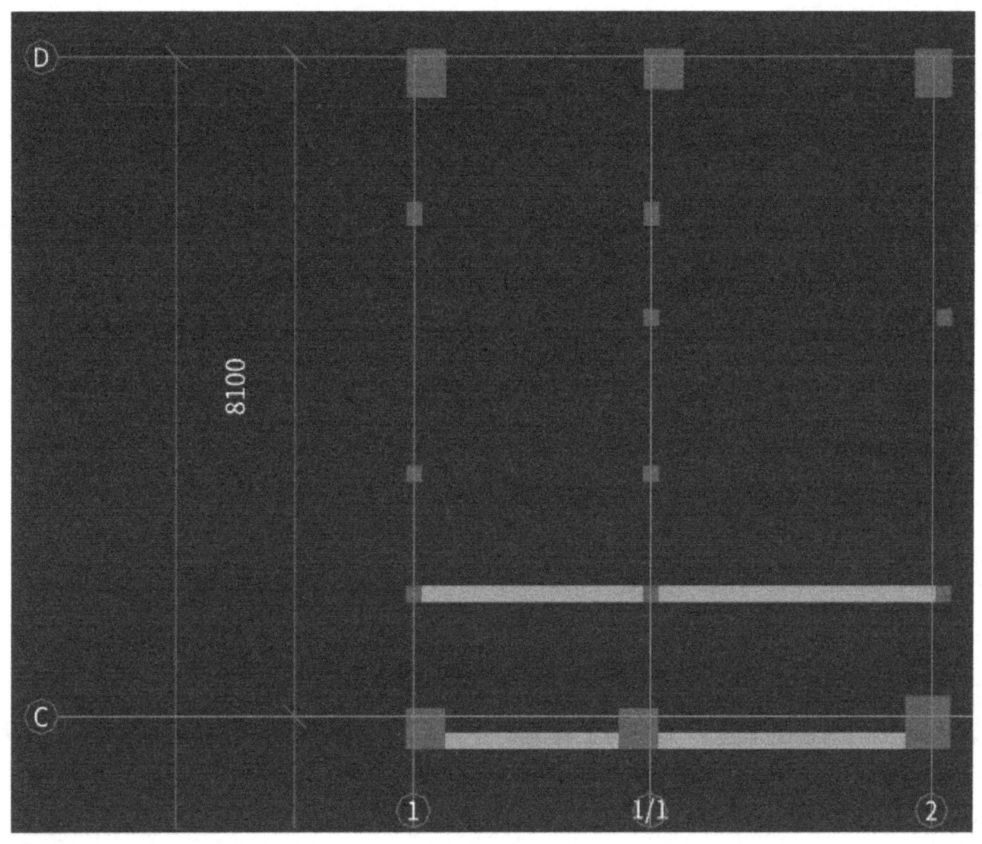

图 5-35　卫生间（第三分层）梁

生成方式有两种选择，一种是“选择图元”，另一种是“选择楼层”。选择完成后单击“确定”按钮，即可按选择的生成方式生成吊筋和（或）次梁加筋。

吊筋生成后可以在模型中显示和隐藏吊筋，实现的方法是勾选“显示吊筋”复选框。

8. 拓展延伸

（1）梁图元的显示/隐藏　梁图元的显示与隐藏快捷键为<L>，同时显示图元名称的快捷键为<Shift+L>组合键。

（2）其他绘制方法　其他绘制方法位于“绘图”选项卡的下方，在直线绘制方式下，有点加长度、偏移（正交偏移、极角偏移）画法，在绘制过程中，还可以随时改变左偏心距离，如图 5-37 所示。

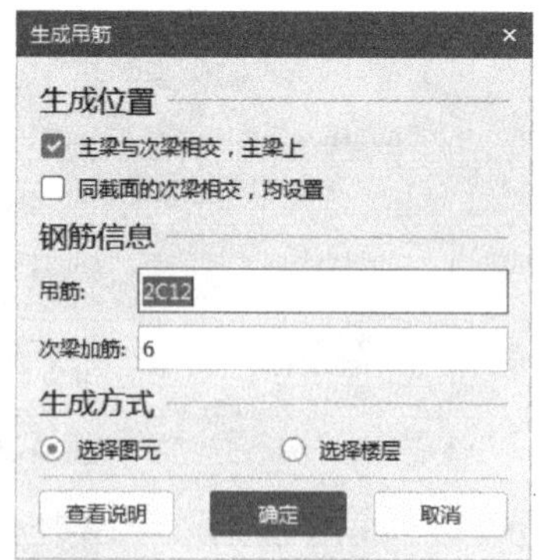

图 5-36　“生成吊筋”对话框

1）点加长度。使用“点加长度”功能，可以快速绘制一定长度或角度的线性构件图元，如梁、墙等。在“点加长度”前的复选框“口”中打钩，在“长度”或“反向长度”后的文本框内输入相应的数值，指定第一点为起点，指定第二点确定绘制方向，单击鼠标右键确认后，即可沿着某个方向绘制指定长度的梁图元。值得注意的是，长度和反向延伸长度不能同时为“0”。请读者自行操作并体验。

图 5-37　梁的其他绘制方法

2）快速捕捉目标点。在确定线性构件端点时，若目标起点不方便捕捉，有两种方法捕捉目标起点。

① Shift+左键。可在按住<Shift>键的同时单击参考点，打开“请输入偏移值”对话框，如图 5-38 所示，输入偏移值之后单击“确定”按钮即可。

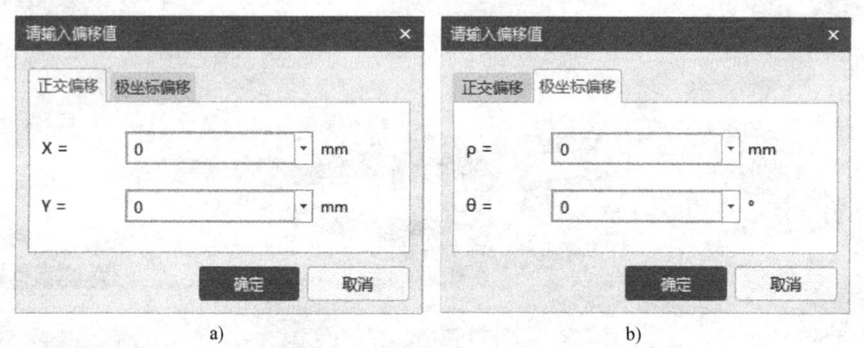

图 5-38　“请输入偏移值”对话框

注意此功能是在绘图选项卡下的工具为“不偏移”时才能使用，如果单击了“不偏移”后的下拉按钮，选择了“正交偏移”或“极坐标偏移”，则此功能失效。

② 偏移方式。也可以单击“绘图”选项卡下方的工具“不偏移”后的“▼”图标选择偏移的方式，软件提供了正交偏移和极坐标偏移两种方法。此处所指的偏移是指绘制位置与指定点间的偏移距离或角度。

如果选择正交偏移方式，则在其后的文本框中输入 X 和 Y 方向的偏移值，如图 5-39 所示。

如果选择极坐标偏移，则在其后的文本框中输入极径 ρ 和极角 θ，如图 5-40 所示。

这种绘图方式经常是在缺少直接定位点的情况下使用的，希望读者能够熟悉并掌握。其他绘制方式下的梁绘制技巧请读者自行体验。

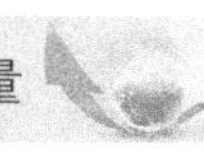

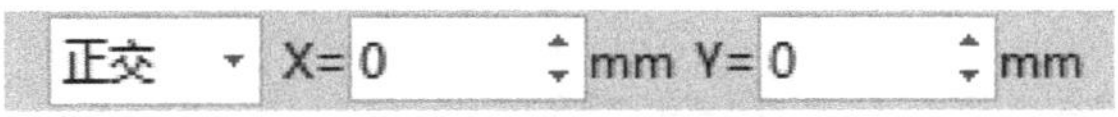

正交 X= 0 mm Y= 0 mm

图 5-39　正交偏移

极坐标 ρ= 0 mm θ= 0.000 °

图 5-40　极坐标偏移

3）改变左偏心距离。软件默认图元的中心线与轴线重合，如果有时遇到偏心图元，虽有多种绘制方法可以实现，但多数情况下需要对该图元进行二次编辑，能够一次绘制成功的方法有两种，一种是“偏移”画法，另一种是“改变左偏心距离”。

梁图元的插入点可以是截面宽度的两个端点和中点，可以使用快捷键<F4>进行调整。

4）智能布置。“智能布置”的子菜单如图 5-41 所示。通过“条基轴线”“条基中心线”“轴线”“墙轴线”“墙中心线”，可以自动生成梁图元。

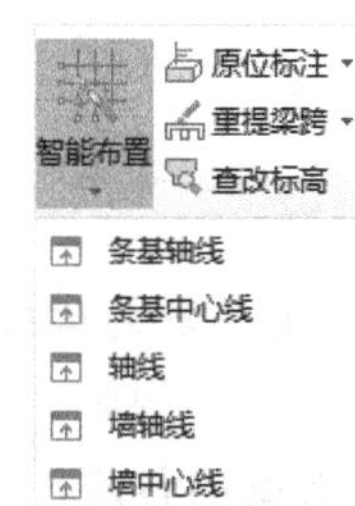

图 5-41　“智能布置”子菜单

（3）原位标注的其他工具

1）应用到同名梁。如果本层存在同名称的梁，且原位标注信息完全一致，就可以采用“应用到同名梁”功能来快速地实现梁的原位标注的输入。

操作方法：运行“应用到同名梁”功能，选择已完成原位标注的梁，则会弹出“应用范围选择”的对话框，选择对应的应用范围，单击“确定”按钮即可。

2）梁跨数据复制。把某一跨的原位标注复制到另外的跨，可以跨图元进行操作，复制内容主要是钢筋信息。

操作方法：运行“梁跨数据复制”功能，选择一段已经进行原位标注的梁跨，单击鼠标右键确定，然后单击要复制上标注的目标跨，单击鼠标右键确定，完成复制。

■ 5.3　屋面层梁的绘制

5.3.1　任务说明

本节的任务是完成屋面层梁的建模与做法定义，并将梁顶标高与板顶标高平齐。

5.3.2　任务分析

本工程的屋面采用结构找坡的方式，屋面层梁的顶标高与板顶标高相同，水平梁变为带有一定倾角的斜梁。可先将屋面梁绘制成水平梁，再通过查改梁的标高调整为斜梁。

5.3.3　任务实施

1. 屋面层梁的建模

屋面层梁的定义和绘制，请读者自行完成。

2. 屋面层梁的做法定义

屋面层梁为斜梁，当倾角大于 10°时人工消耗量进行调整，所以梁的混凝土清单项目特征需要增加“梁的坡度”特征项。模板的支撑高度超过 5m 时需要进行调整，倾角超过 10°时也需要调整，所以 WKL1（3）的做法如图 5-42 所示。

箍筋组合示意图　构件做法

添加清单　添加定额　删除　查询　项目特征　换算　做法刷　做法查询　提取做法　当前构件自动套做法

	编码	类别	名称	项目特征	单位	工程量表达式	表达式说明	单价
1	− 010503002	项	矩形梁	1. 混凝土种类:商品泵送混凝土 2. 混凝土强度等级:C25 3. 泵送高度:30m以内 4. 梁的坡度:10° 以内	m3	TJ	TJ<体积>	
2	6-194 H80212105 80212104	换	(C30泵送商品砼) 单梁框架梁连续梁 换为【C25预拌混凝土(泵送)】		m3	TJ	TJ<体积>	468.73
3	− 011702006	项	矩形梁 模板	1. 支撑高度:5m以内 2. 模板材质:15mm厚木模板 3. 梁的坡度:10° 以内	m2	MBMJ	MBMJ<模板面积>	
4	21-36 R*1.3,H32020115 32020115 *1.07,H32020132 32020132 *1.07	换	现浇挑梁、单梁、连续梁、框架梁 复合木模板 框架柱(墙)、梁、板净高在5m以内 人工*1.3,材料[32020115] 含量*1.07,材料[32020132] 含量*1.07		m2	MBMJ	MBMJ<模板面积>	682.3

图 5-42　WKL1（3）的做法

3. *屋面层梁的编辑*

（1）查改标高　“查改标高”位于“梁二次编辑”选项卡（图 5-43）。单击“查改标高”，所有梁的各跨支座处的标高显示在绘图区，根据状态栏提示“按鼠标左键选择标高标注，按 Enter 确认或 ESC 取消”选择要修改的梁支座处标高，如将图 5-44a 所示的“23.800”改为“24.000”，按<Enter>键，结果如图 5-44b 所示。

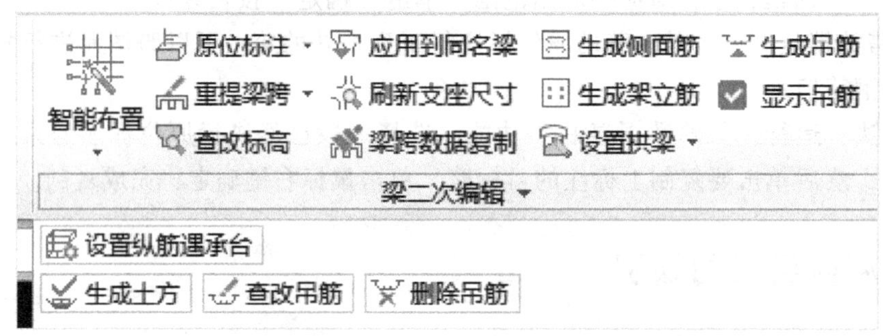

图 5-43　“梁二次编辑”选项卡

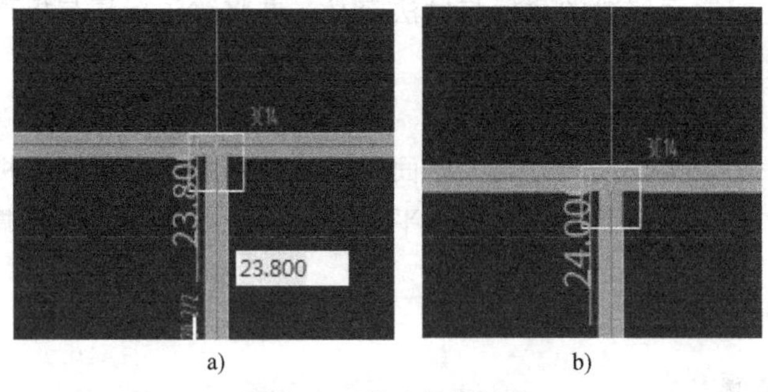

图 5-44　修改梁的标高

（2）自动平齐板　“自动平齐板”是一种调整梁标高的非常有效的功能，由于本工程尚未绘制楼板，所以，请读者参阅板建模算量的相关内容。

4. *计算结果*

（1）土建计算结果　梁的土建工程量见表 5-8。

表 5-8　梁的土建工程量

序号	编码	项目名称	单位	工程量明细	
				绘图输入	表格输入
实体项目					
1	010503002001	矩形梁 1. 混凝土种类:商品泵送混凝土 2. 混凝土强度等级:Φ25 3. 泵送高度:30m 以内 4. 梁的坡度:10°以内	m^3	29.0253	
	6-194 H80212105 80212104	(Φ30 泵送商品混凝土)单梁框架梁连续梁　换为【Φ25 预拌混凝土(泵送)】	m^3	29.0253	
措施项目					
1	011702006001	矩形梁 模板 1. 支撑高度:5m 以内 2. 模板材质:15mm 厚木模板 3. 梁的坡度:10°以内	m^2	124.5442	
	21-36 R×1.3,H32020115 32020115×1.07, H32020132 32020132×1.07	现浇挑梁、单梁、连续梁、框架梁 复合木模板　框架柱(墙)、梁、板净高在 5m 以内 人工×1.3,材料[32020115]含量×1.07,材料[32020132]含量×1.07	$10m^2$	12.45442	
2	011702006002	矩形梁 模板 1. 支撑高度:8m 以内 2. 模板材质:15mm 厚木模板 3. 梁的坡度:10°以内	m^2	207.8835	
	21-36 R×1.6,H32020115 32020115×1.15, H32020132 32020132×1.15	现浇挑梁、单梁、连续梁、框架梁 复合木模板 框架柱(墙)、梁、板净高在 8m 以内人工×1.6,材料[32020115]含量×1.15,材料[32020132]含量×1.15	$10m^2$	20.79391	

(2) 钢筋计算结果　梁的钢筋计算结果见表 5-9。

表 5-9　梁的钢筋计算结果

构件类型	钢筋总重/kg	各规格钢筋重量/kg										
		Φ6	Φ6	Φ8	Φ10	Φ12	Φ14	Φ16	Φ18	Φ20	Φ22	Φ25
梁	43736.741	731.197	3116.326	4718.243	4746.746	1091.514	1742.91	2529.071	5865.888	12981.706	3806.212	2406.928
合计	43736.741	731.197	3116.326	4718.243	4746.746	1091.514	1742.91	2529.071	5865.888	12981.706	3806.212	2406.928

5. 拓展延伸

(1) 设置拱梁　工程中的拱梁，可通过“设置拱梁”功能完成。其操作步骤如下：

1) 先按水平梁进行绘制（本例在Ⓑ轴与②轴交点与Ⓒ轴与③轴交点间绘制一根梁），然后单击“设置拱梁”按钮。

2）按照状态栏的操作提示“鼠标左键选择需要设置的梁，按右键确认或按<Esc>键取消”。

3）选择起拱点（本例选梁长的中点），弹出如图 5-45 所示的“设置拱梁”对话框，选择“起拱方式”和“起拱方向”后，修改绿色的数字为“起拱高度”或“起拱半径”（本例选起拱高度为 2500mm），单击“确定”按钮。

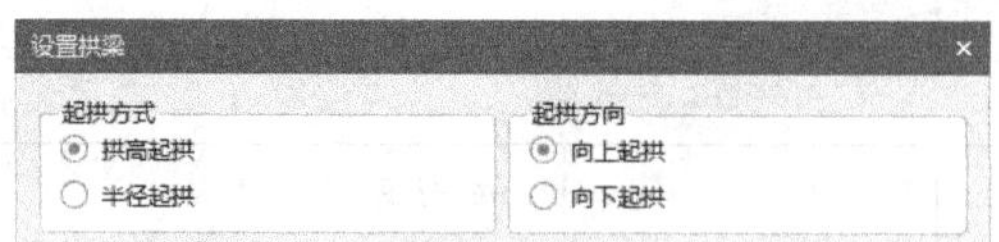

图 5-45 “设置拱梁”对话框

三维显示该拱梁如图 5-46 所示。

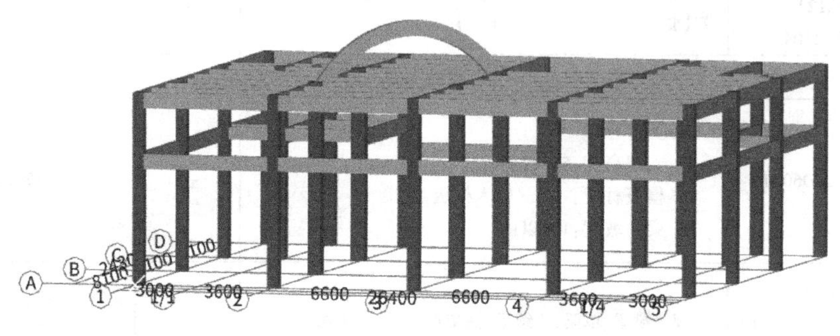

图 5-46 拱梁三维图

所有楼层梁绘制完成后如图 5-47 所示。

（2）参数化梁 新建参数化梁的步骤如下：

1）单击“新建参数化梁”。在构件列表中单击“新建”下拉菜单的子菜单“新建参数化梁”，弹出“选择参数化图形”对话框，如图 5-48 所示。

2）设置截面类型与具体尺寸。在弹出的“选择参数化图形”对话框设置截面类型与具体尺寸，单击“确认”按钮后显示“属性列表”，如图 5-49 所示。各项属性如下：

名称：在本层中的名称要唯一，本命名为“L 形梁”。

截面形状：可以单击当前框中的“…”按钮，在弹出的“选择参数化图形”对话框进行再次编辑。

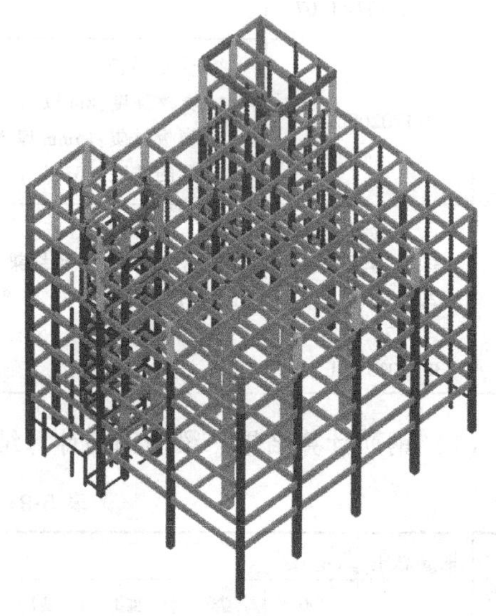

图 5-47 所有楼层梁绘制完成后的三维模型

截面宽度：参数化梁截面外接矩形的宽度，软件自动计算。

截面高度：参数化梁截面外接矩形的高度，软件自动计算。

截面面积：软件按照梁本身的属性计算出的截面面积。

截面周长：软件按照梁本身的属性计算出的截面周长。

其他属性与矩形梁属性类似，参见矩形梁属性列表。

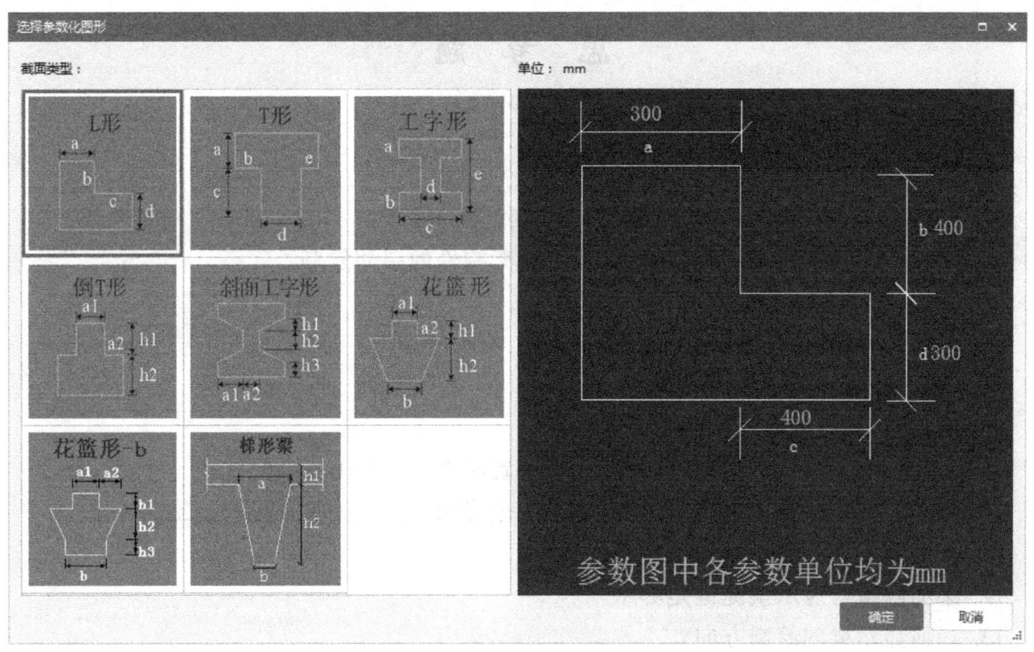

图 5-48　参数化梁的类型

“参数图”按钮：属性列表下方的“参数图”按钮，用于显示与隐藏参数图，调出参数图后可对其中的尺寸数据进行修改。

（3）异形梁　异形梁的定义请读者参阅异形柱定义的相关内容。异形梁的属性如图 5-50 所示。

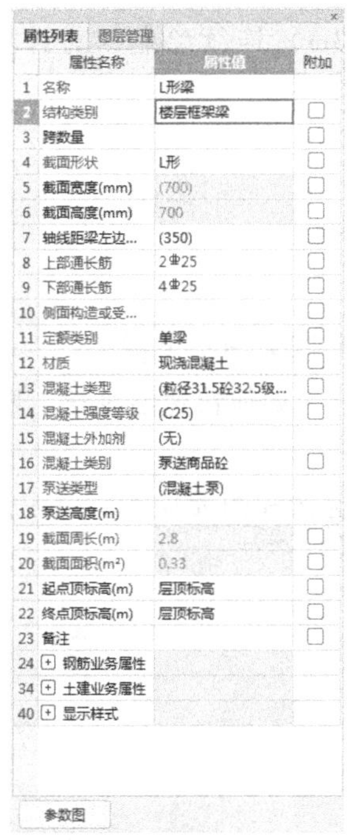

属性列表　图层管理

	属性名称	属性值	附加
1	名称	L形梁	
2	结构类别	楼层框架梁	☐
3	跨数量		☐
4	截面形状	L形	☐
5	截面宽度(mm)	(700)	☐
6	截面高度(mm)	700	☐
7	轴线距梁左边...	(350)	☐
8	上部通长筋	2⌀25	☐
9	下部通长筋	4⌀25	☐
10	侧面构造或受...		☐
11	定额类别	单梁	☐
12	材质	现浇混凝土	☐
13	混凝土类型	(粒径31.5砼32.5级...	☐
14	混凝土强度等级	(C25)	☐
15	混凝土外加剂	(无)	
16	混凝土类别	泵送商品砼	☐
17	泵送类型	(混凝土泵)	
18	泵送高度(m)		
19	截面周长(m)	2.8	☐
20	截面面积(m²)	0.33	☐
21	起点顶标高(m)	层顶标高	☐
22	终点顶标高(m)	层顶标高	☐
23	备注		☐
24	⊞ 钢筋业务属性		
34	⊞ 土建业务属性		
40	⊞ 显示样式		

参数图

图 5-49　参数化梁属性

属性列表

	属性名称	属性值	附加
1	名称	L形梁-1	
2	结构类别	楼层框架梁	☐
3	跨数量		☐
4	截面形状	异形	☐
5	截面宽度(mm)	700	☐
6	截面高度(mm)	700	☐
7	轴线距梁左边...	(350)	☐
8	上部通长筋	2⌀25	☐
9	下部通长筋	4⌀25	☐
10	侧面构造或受...		☐
11	定额类别	单梁	☐
12	材质	现浇混凝土	☐
13	混凝土类型	(粒径31.5砼32....	☐
14	混凝土强度等级	(C25)	☐
15	混凝土外加剂	(无)	
16	混凝土类别	泵送商品砼	☐
17	泵送类型	(混凝土泵)	
18	泵送高度(m)		
19	截面周长(m)	2.8	☐
20	截面面积(m²)	0.37	☐
21	起点顶标高(m)	层顶标高	☐
22	终点顶标高(m)	层顶标高	☐
23	备注		☐
24	⊞ 钢筋业务属性		
34	⊞ 土建业务属性		
40	⊞ 显示样式		

图 5-50　异形梁属性列表

思 考 题

1. 梁平法施工图钢筋的表示方法有哪几种？

2. 梁中常见的钢筋有几种？分别如何计算？

3. 梁构件有几种定义方法？梁图元有几种绘制方法？

4. 如何进行梁图元的层间复制？如何进行梁构件的层间复制？

5. 对梁进行原位标注的方式有几种？

6. 如何选择悬臂梁的钢筋代号？

7. 次梁加筋在软件中如何设置？

8. 如何在绘制过程中改变梁的插入点？

9. 当多个分层的梁被绘制在图纸的同一位置时如何进行 CAD 转化？

10. 当 X、Y 方向的梁的配筋信息不在同一张图纸上时应该如何进行 CAD 转化？

11. 梁的定义与绘制切换键是哪个？

12. 梁的隐藏与显示快捷键是哪个？

13. 如何显示梁的绘制方向？

14. 梁应如何套用清单和定额？

15. 如何描述梁的工程量清单项目特征？

16. 梁的工程量有哪几种？有什么区别？

17. 如何绘制拱梁和弧梁？

18. 梁模板应套用哪个定额子目？如何换算？

19. 如何为同名称的梁批量套用做法？

20. 一跨度 9m 的直梁一次绘制和分三段（每段长 3m）连续绘制，对计算钢筋是否有影响？

21. 弧梁有几种绘制方法？各应如何操作？

22. 重提梁跨的作用是什么？

23. 平法表格中 A1、A2、A3 和 A4 的意义是什么？

24. 调整梁的标高有几种方式？分别如何操作？

25. 采用矩形工具绘制四道梁，体验一下软件默认的绘图方向是怎样的？

26. 若二~四层梁相同，在已经绘制好二层梁的情况下，如何快速绘制三、四层梁？

27. 梯梁如何处理更合适？

28. 请完成二层~屋面层的框架梁的构件定义、做法定义和图元绘制，并总结梁的做法定义规律。

第6章

板的建模与算量

学习目标

了解板及板钢筋的类型及计算规则，能够应用造价软件定义板及板筋的属性与绘制，准确计算板及板钢筋工程量；掌握板属性的定义方法，掌握板图元的各种绘制及编辑方法，掌握板的做法定义方法；掌握板内钢筋的类型和属性的定义方法，掌握板内钢筋图元的各种绘制及编辑方法；掌握板的绘制、编辑方法与技巧，掌握板筋的快速绘制方法，掌握墙身大样图中经常出现的常见悬挑构件的定义与绘制方法，掌握柱帽的定义与绘制方法，熟悉螺旋板的定义和绘制方法。

■ 6.1 板的基础知识

6.1.1 板平法知识

1. 板的分类

钢筋混凝土板分多种形式，包括有梁板、无梁板、平板、悬挑板、叠合板、组合楼板和空心楼盖板等。

(1) 有梁板和平板　有梁板有两种解释，第一种是按照《房屋建筑与装饰工程消耗量定额》(YT01—31—2015) 对有梁板与平板的解释，如图6-1所示。从图中可以看出，有梁板是含有次梁的板。周边有框架梁，但是板中没有次梁，这块板是平板，并不是有梁板。根据这条解释可以推论，凡是有次梁的现浇板或者板中含梁就是有梁板，只有框架梁与现浇板组成的板称为平板。

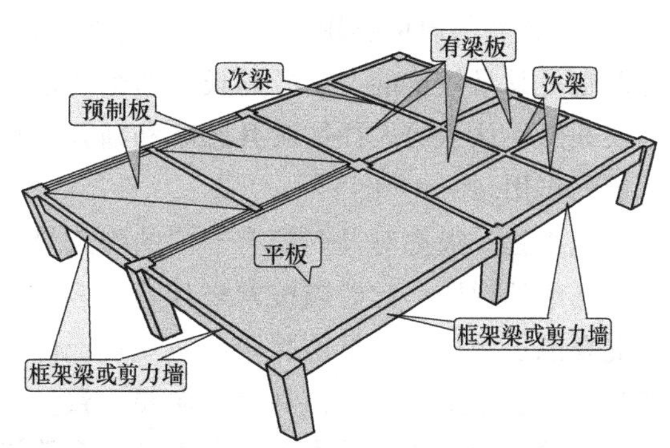

图6-1　有梁板与平板的区分

第二种解释，有梁板是指梁和板形成一体的钢筋混凝土板，它包括梁板式肋形板和井字肋形板。平板是指既无柱支承，又非现浇梁板结构，而周边支承在墙上的现浇钢筋混凝土板。本教材将以第二种解释进行介绍。

(2) 无梁板　无梁板是指板无梁、直接用柱头支撑，包括板和柱帽。

二维码 6-1　无梁板的相关内容

(3) 悬挑板　悬挑板是指挑出墙外的板。

(4) 叠合板　叠合板是预制和现浇混凝土相结合的一种较好结构形式。预制预应力薄板（厚 50～80mm）与上部现浇混凝土层结合成为一个整体，共同工作。薄板的预应力主筋即是叠合楼板的主筋，上部混凝土现浇层仅配置负弯矩钢筋和构造钢筋。预应力薄板用作现浇混凝土层的底模，不必为现浇层支撑模板。薄板底面光滑平整，板缝经处理后，顶棚可以不再抹灰。

(5) 组合楼板　组合楼板又可称为楼承板、楼层板、楼盖板、钢承板，是指压型钢板不仅作为混凝土楼板的永久性模板，而且作为楼板的下部受力钢筋参与楼板的受力计算，与混凝土一起共同工作形成组合楼板。

(6) 空心楼盖板　现浇钢筋混凝土空心楼盖板是继无梁楼盖、密肋楼盖之后又一种新型楼盖体系，其主要技术特点是，在现浇混凝土楼板中按规则布置一定数量的预制永久性薄壁箱体而形成的新型空心楼盖体系。

二维码 6-2　叠合板的相关内容

二维码 6-3　组合楼板的相关内容

二维码 6-4　空心楼盖板的相关内容

2. 板筋分类

板内的钢筋分为下部受力钢筋、上部受力钢筋和措施钢筋。

(1) 受力筋　受力筋包括下部受力筋和上部受力筋。下部受力筋主要是板底受力筋；上部受力筋为板顶钢筋，包括负筋、跨板受力筋、温度筋、抗裂筋和面筋。

(2) 措施筋（马凳筋）

1) 马凳筋的规格选用。马凳筋作为板的措施钢筋是必不可少的，从技术和经济角度来说有时也是举足轻重的，它既是设计的范畴也是施工的范畴，更是预算的范畴。一些缺乏实际经验和感性认识的人往往对其忽略和漏算。马凳筋用于上下两层板钢筋中间，起固定上层板钢筋的作用。

建筑工程一般都对马凳筋有专门的施工组织设计。如果施工组织设计中没有对马凳做出明确和详细的说明，此时应按常规计算，但有以下两个前提：一是马凳要有一定的刚度；二是马凳要能承受施工人员的踩踏，避免板上部钢筋扭曲和下陷。马凳排列可按矩形，也可按梅花形，一般是矩形陈列，马凳方向要一致。

马凳筋一般设置比受力和分布筋低一个等级，马凳筋的规格如下：

当板厚 $h \leqslant 140$mm，板受力筋和分布筋直径≤10mm 时，马凳筋直径可采用 8mm。

当 140mm$<h \leqslant$200mm，板受力筋直径≤12mm 时，马凳筋直径可采用 10mm。

当 200mm$<h \leqslant$300mm 时，马凳筋直径可采用 12mm。

当 300mm$<h \leqslant$500mm 时，马凳筋直径可采用 14mm。

当 500mm<h≤700mm 时，马凳筋直径可采用 16mm。

厚度大于 800mm 最好采用钢筋支架或角钢支架。

2）马凳筋的类型。马凳筋一般分为三种类型，即Ⅰ型、Ⅱ型和Ⅲ型，如图 6-2 所示。马凳筋的选择依施工方案确定，施工组织设计中有规定时按规定计算，无规定时可暂按板厚选择，板厚小于 100mm 的，选Ⅰ型，小于 200mm 的选Ⅱ型，大于 200mm 的选Ⅲ型，各类型的参数按以下经验数值计算。

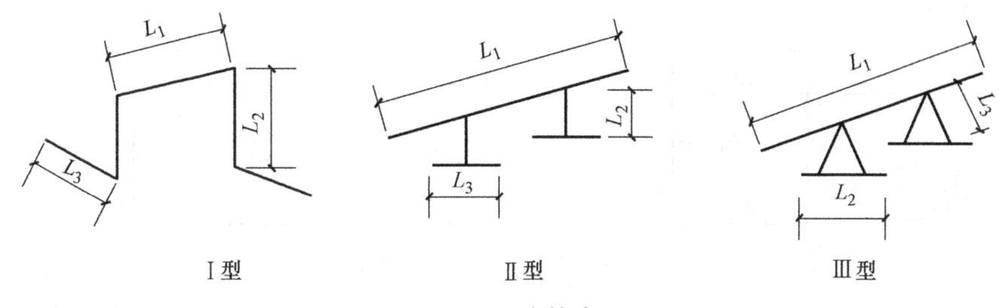

图 6-2 马凳筋类型

① Ⅰ型参数：

L_1（上平直段）= 板筋间距+50mm（或 80mm）。

L_2（高度）= 板厚−2 倍保护层厚度−板钢筋直径−双向板面筋直径。

L_3（下左平直段）= 板筋间距+50mm，下右平直段 = 板筋间距+100mm。

② Ⅱ型参数

L_1（上平直段）= 线形马凳筋方向的总长度。

L_2（高度）= 板厚−2 倍保护层厚度−板钢筋直径−双向板面筋直径。

L_3（下平直段）= 板筋间距+50mm。

③ Ⅲ型参数

L_1（上平直段）= 1000mm。

L_2（下平直段）= 200mm。

L_3（高度）= 板厚−2 倍保护层厚度−板钢筋直径−双向板面筋直径。

3）钢筋或角钢支架马凳。支架立柱间距一般为 1500mm，在立柱上只需设置一个方向的通长角铁，这个方向应该是与上部钢筋最下一皮钢筋垂直，间距一般为 2m，除此之外还要用斜撑焊接。支架的设计应该要有计算式，经过审批才能施工。

3. 有梁板筋标注

有梁楼盖钢筋混凝土板的标注方式通常按照平面注写方式标注，平面注写方式中包括板块集中标注和板支座原位标注两种方式。板的平法标注方式如图 6-3 所示。

（1）板块集中标注　板块集中标注的内容包括：板块编号、板厚、上部贯通纵筋、下部纵筋以及当板面标高不同时的标高高差。

1）板块编号。对于普通楼面，两向均以一跨为一板块；对于密肋楼盖，两向主梁（框架梁）均以一跨为一板块（非主梁密肋不计）。所有板块应逐一编号，相同编号的板块可择其一做集中标注，其他仅注写置于圆圈内的板编号以及当板面标高不同时的标高高差。板块编号见表 6-1。

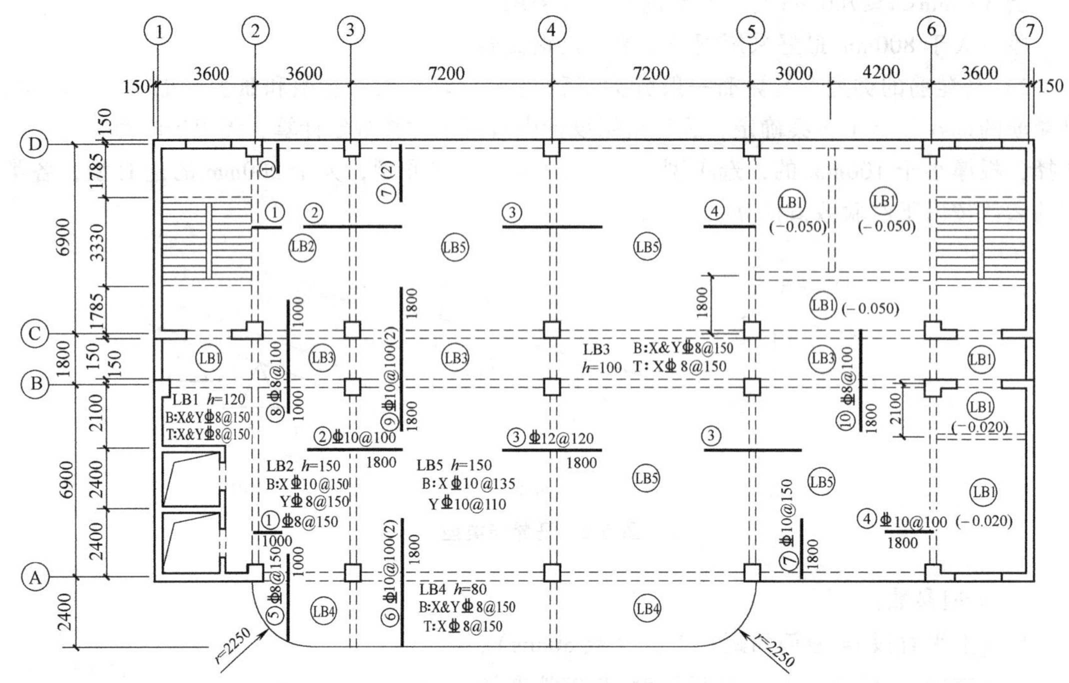

图 6-3　板的平法标注方式

表 6-1　板块编号

板类型	代号	序号
楼面板	LB	××
屋面板	WB	××
悬挑板	XB	××

2）板厚。板厚注写为 h=×××（为垂直于板面的厚度）；当悬挑板的端部改变截面厚度时，用斜线分隔根部与端部的高度值，注写为 h=×××/×××；当设计已在图中统一注明板厚时，此项可不注。

3）纵筋。纵筋按下部纵筋与上部纵筋分别注写（当板块上部不设贯通筋时则不注），并以 B 代表下部钢筋，以 T 代表上部钢筋，B&T 代表下部与上部；X 向纵筋以 X 打头，Y 向纵筋以 Y 打头，两向纵筋配置相同时则以 X&Y 打头。

当为单向板时分布筋可不注写，而在图中统一注明。

当在某些板内（例如在悬挑板 XB 的下部）配置有构造钢筋时，则 X 向以 Xc，Y 向以 Yc 打头注写。

当 Y 向采用放射配筋时（切向为 X 向，径向为 Y 向），应注明配筋间距的定位尺寸。

当纵筋采用“隔一布一”方式时，表达为Φ*xx*/*yy*@×××，表示直径为 *xx* 和直径为 *yy* 的钢筋二者之间间距为×××，直径为××的钢筋的间距为×××的 2 倍，直径为 *yy* 的钢筋的间距为×××的 2 倍，Φ为钢筋的级别代号，可为Φ、Φ、Φ、Φ等（计算机输入为 A、B、C 和 D 等）。

例如：有一楼面板块标注写为：

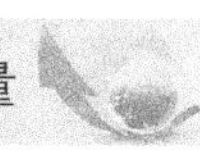

LB5 $h = 110$

B：XΦ12@120；YΦ10@110

表示 5 号楼面板，板厚 110mm，板下部配置的纵筋 X 向为Φ12@120，Y 向为Φ10@110，板上部未配置贯通纵筋。

例如：有一楼面板块标注写为：

LB5 $h = 110$

B：XΦ10/12@100；YΦ10@110

表示 5 号楼面板，板厚 110mm，板下部配置的纵筋 X 向为Φ10、Φ12 隔一布一，Φ10 与Φ12 之间间距为 100，Y 向为Φ10@110，板上部未配置贯通纵筋。

例如：有一悬挑板注写为：

XB2　$h = 150/100$

B：Xc&YcΦ8@200

表示 2 号悬挑板，板根部厚 150mm，端部厚 100mm，板下部配置构造钢筋双向均为Φ8@200（上部受力筋见板支座原位标注）。

4）板面标高高差。板面标高高差是指相对于结构层楼面标高的高差，应将其注写在括号内，且有高差时则注，无高差时不注。

（2）板支座原位标注　板支座原位标注的内容包括板支座上部非贯通纵筋和悬挑板上部受力钢筋。板支座原位标注的钢筋，应在配置相同跨的第一跨表达（当在梁悬挑部位单独配置时则在原位表达）。在配置相同跨的第一跨（或梁悬挑部位），垂直于板支座（梁或墙）绘制一段适宜长度的中粗实线（当该筋通常设置在悬挑板或贯通短跨板上部时，实线段应画至对边或贯通短跨），以该线段代表支座上部非贯通纵筋，并在线段上方注写钢筋编号（如①、②等）、配筋值、横向连续布置的跨数（注写在括号内，且当为一跨时可不注），以及是否横向布置到梁的悬挑端。

板支座上部非贯通筋自支座中线向跨内的伸出长度，注写在线段的下方位置；当中间支座上部非贯通纵筋向支座两侧对称伸出时，可仅在一侧标注伸出长度，另一侧不注，如图 6-4 所示；当向支座两侧非对称伸出时，应分别在支座两侧线段下方注写伸出长度，如图 6-5 所示。

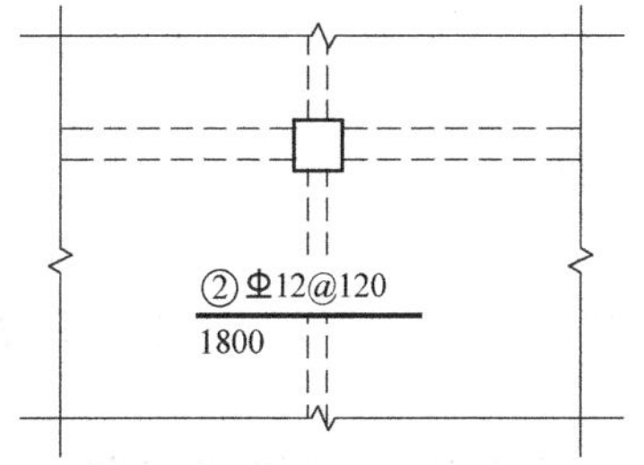

图 6-4　板支座非贯通筋对称伸出

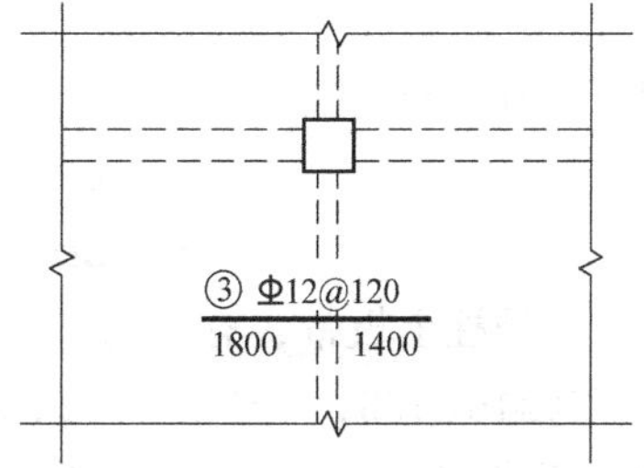

图 6-5　板支座非贯通筋非对称伸出

对线段画至对边贯通全跨或贯通全悬挑长度的上部通长纵筋，贯通全跨或伸出至全悬挑一侧的长度不注，只注明非贯通筋另一侧的伸出长度值，如图 6-6 所示。

在板平面布置图中，不同部位的板支座上部纵筋及悬挑板上部受力钢筋，可仅在一个部位注写，对其他相同者仅需在代表钢筋的线段上注写编号及横向连续布置的跨数。

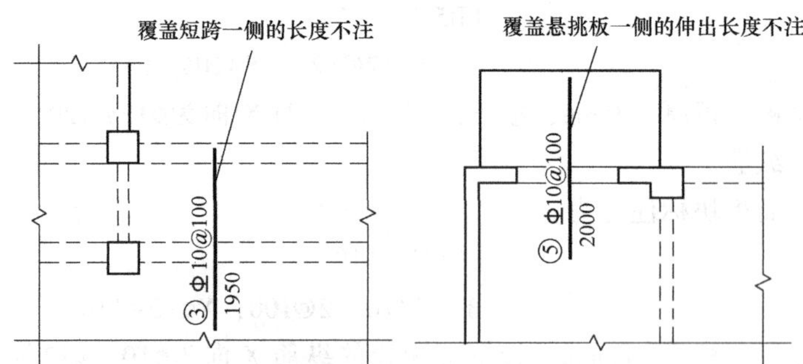

图 6-6　板支座非贯通筋贯通全跨或伸出到悬挑端

4. 无梁板筋标注

无梁楼盖钢筋混凝土板的标注采用平面注写方式，注写的内容包括板带集中标注和板带支座原位标注两部分。

(1) 板带集中标注　板带集中标注应在板带贯通纵筋配置相同跨的第一跨（X 向为左端跨，Y 向为下跨）注写。相同编号的板带可择其一做集中标注，其他仅注写板带编号（注在圆圈内）。板带集中标注的内容包括：板带编号、板带厚度及板带宽和贯通纵筋。

1) 板带编号。板带编号见表 6-2。

表 6-2　板带编号

板带类型	代号	序号	跨数及有无悬挑
柱上板带	ZSB	××	(××)(××A)或(××B)
跨中板带	KZB	××	(××)(××A)或(××B)

注：1. 跨数按柱网轴线计算（两相邻柱轴线之间为一跨）。
2. (××A) 为一端有悬挑，(××B) 为两端有悬挑，悬挑不计入跨数。

2) 板带厚及板带宽。板带厚度注写为 h=×××，板带宽注写为 b=×××。当无梁楼盖整体厚度和板带宽度已在图中注明时，此项可不注。

3) 贯通纵筋。贯通纵筋按板带下部和板带上部分别注写，并以 B 代表下部，T 代表上部，B&T 代表上部和下部。当采用放射配筋时应注明配筋间距的度量位置，必要时补绘配筋平面图。

例如：有一板带注写为：

ZSB2（5A）h=300　b=3000

B⏀16@100；T⏀18@200

表示 2 号柱上板带，有 5 跨且一端有悬挑，板带厚 300mm，宽 3000mm；板带配置贯通纵筋下部为⏀16@100，上部为⏀18@200。

(2) 板带支座原位标注　板带支座原位标注的内容为板带支座上部非贯通纵筋。以一段与板带同向的中粗实线段代表板带支座上部非贯通纵筋，对柱上板带，实线段贯穿柱上区域；对跨中板带，实线段横贯柱网轴线绘制。在线段上方注写钢筋编号（如①、②等）、配筋值及在线段下方注写自支座中线向两侧跨内的伸出长度。

例如：某工程平面图的某部位，在横跨板带支座绘制的对称线段上注有“⑦⏀18@250”，在线段的一侧的下方注有“1500”，则表示支座上部⑦号非贯通筋为⏀18@250，自支座中线

向两侧跨内伸出长度均为 1500mm。

当板带支座非贯通纵筋自支座中线向两侧对称伸出时，其伸出长度可仅在一侧标注；当配置在有悬挑端的边柱上时，该筋伸出到悬挑尽端，设计不注。当支座上部非贯通纵筋呈放射分布时，应注明配筋间距的定位位置。

不同部位的板带支座上部非贯通纵筋相同者，可仅在一个部位注写，其余则在代表非贯通纵筋线段上注写编号。

当板带上部已经配置贯通纵筋，但需增加配置板带支座非贯通纵筋时，应结合已配同向贯通纵筋的直径与间距，采取“隔一布一”的方式配置。

例如：有一板带上部已配置贯通纵筋⌀18@240，板带支座上部非贯通纵筋为⑤⌀18@240，则表示该板带在该位置实际配置的上部纵筋为⌀18@120，其中 1/2 为贯通纵筋，1/2 为⑤号非贯通纵筋（伸出长度略）。

例如：有一板带上部已配置贯通纵筋⌀18@240，板带支座上部非贯通纵筋为③⌀20@240，则板带在该位置实际配置的上部纵筋为⌀18 和⌀20 间隔布置，二者之间间距为 120mm（伸出长度略）。

（3）暗梁标注 暗梁的标注除编号为 AL 外，其他各项标注请参阅框架梁标注的相关内容。

（4）楼板相关构造及编号 楼板相关构造与编号见表 6-3，钢筋的详细标注请读者参阅《混凝土结构施工图平面整体表示方法制图规则和构造详图（现浇混凝土框架、剪力墙、梁、板）》（16G101-1）的相关内容。

表 6-3 楼板相关构造与编号

构造类型	代号	序号	说明
纵筋加强带	JQD	××	以单向加强纵筋取代原位置配筋
后浇带	HJD	××	有不同的留筋方式
柱帽	ZM	××	适用于无梁楼盖
局部升降板	SJB	××	板厚及配筋与所在板相同；构造升降高度≤300mm
板加腋	JY	××	腋高与腋宽可选注
板开洞	BD	××	最大边长与直径<1000mm；加强筋长度有全跨贯通和自洞边锚固两种
板翻边	FB	××	翻边高度≤300mm
角部加强筋	Crs	××	以上部双向非贯通加强筋取代原位置的非贯通配筋
悬挑板阴角附加筋	Cis	××	板悬挑阴角上部斜向附加钢筋
悬挑板阳角放射筋	Ces	××	板悬挑阳角上部放射筋
抗冲切箍筋	Rh	××	通常用于无柱帽无梁楼盖的柱顶
抗冲切弯起筋	Rb	××	通常用于无柱帽无梁楼盖的柱顶

6.1.2 软件功能介绍

1. 板构件定义

软件将板分为现浇板、螺旋板、柱帽、板洞和楼层板带五种，将板内的钢筋作为板构件的子类，分为板受力筋和板负筋。

（1）板构件属性定义　板构件的属性，是通过“通用操作”选项卡上的“定义”工具来完成的。进入构件定义的方式请参阅柱相关内容。下面以“通用操作”→“定义”方式为例进行介绍。

（2）板构件的属性简介　板的属性有32个，前30个如图6-7所示。板的这些属性要根据设计图纸中的规定准确填写，便于做法定义。下面主要介绍其独有的属性，其他属性与柱的同名属性意义相同。

1）类别：分为有梁板、无梁板、平板、拱板、薄壳板、隔断板、槽形板、空调板和其他板。

2）马凳筋参数：此处显示马凳筋的类型编号。马凳筋的参数类型有三种供选择，如图6-2所示。根据施工组织设计选择马凳筋类型并填写完整的马凳筋信息和相关尺寸后，单击“确定”按钮。

3）马凳筋信息：在“马凳筋信息”输入框中输入马凳筋信息，其格式见表6-4。

4）线形马凳筋方向：对Ⅱ、Ⅲ型马凳筋起作用。设置马凳筋的布置方向，可取“平行横向受力筋”或“平行纵向受力筋”。

5）马凳筋数量计算方式：设置马凳筋根数的计算方式，默认取“向上取整+1”，还可以取“向下取整+1”或“四舍五入+1”。

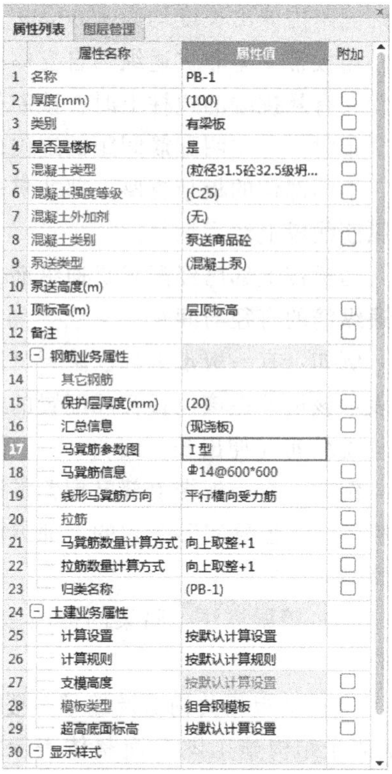

属性列表　图层管理

	属性名称	属性值	附加
1	名称	PB-1	
2	厚度(mm)	(100)	☐
3	类别	有梁板	☐
4	是否是楼板	是	☐
5	混凝土类型	(粒径31.5砼32.5级坍...	☐
6	混凝土强度等级	(C25)	☐
7	混凝土外加剂	(无)	
8	混凝土类别	泵送商品砼	☐
9	泵送类型	(混凝土泵)	
10	泵送高度(m)		
11	顶标高(m)	层顶标高	☐
12	备注		☐
13	− 钢筋业务属性		
14	其它钢筋		
15	保护层厚度(mm)	(20)	☐
16	汇总信息	(现浇板)	☐
17	马凳筋参数图	Ⅰ型	
18	马凳筋信息	⏀14@600*600	☐
19	线形马凳筋方向	平行横向受力筋	☐
20	拉筋		☐
21	马凳筋数量计算方式	向上取整+1	☐
22	拉筋数量计算方式	向上取整+1	☐
23	归类名称	(PB-1)	☐
24	− 土建业务属性		
25	计算设置	按默认计算设置	
26	计算规则	按默认计算规则	
27	支模高度	按默认计算设置	☐
28	模板类型	组合钢模板	☐
29	超高底面标高	按默认计算设置	☐
30	− 显示样式		

图6-7　板的属性

（3）板构件做法定义　板的做法同样包括工程量清单项目和定额子目的选择两方面内容，选择的原则和注意事项与柱相同。做法定义的具体操作结合案例工程进行说明。

表6-4　马凳筋输入格式

编号	输入格式	说明
格式1	200⏀12	数量+级别+直径，适用于Ⅰ型、Ⅱ型和Ⅲ型
格式2	⏀12@600×600	级别+直径@间距×间距，适用于Ⅰ型
格式3	⏀14@1000	级别+直径@间距，适用于Ⅱ型和Ⅲ型

2. 板图元的绘制

板图元的建模方法一般有点式绘制、线式绘制、智能布置和CAD转化生成板图元四种。此处只介绍绘制方法与原则，具体的操作方法在案例中进行说明。

（1）点式绘制　这种方式适用于在封闭区域内进行绘制，在构件导航栏中选择好需要绘制的板后，在封闭区域内单击即可。通过“绘图”选项卡上点式画法工具完成的，既可以在插入点上绘制，还可以在偏离插入点的位置绘制。

（2）线式绘制　线式绘制包括直线绘制、弧线绘制、圆形绘制和矩形绘制。适用于在任何区域绘制任意平面形状的板，既可以在插入点上绘制，还可以在偏离插入点的位置绘制。

（3）智能布置　该方式是以参照图元为边界智能布置板图元的一种方式。通过“现浇

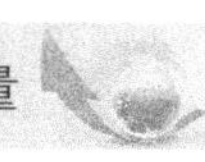

板二次编辑”选项卡的“智能布置”按钮，指定参考图元后完成绘制。参考图元可以是墙梁轴线、外墙梁外边线、内墙梁轴线。此种方式只能按同一名称的板进行布置，如果有不同厚度的板，布置完成后需进行调整。

（4）CAD 转化生成板图元　这种方式可将 CAD 线转化成板构件，这种方法操作简单、识别准确、效率极高，具体操作将结合案例工程中出现的有梁板为例进行介绍。

3. 板筋的定义

软件中将板内的钢筋分为受力筋、负筋和分布筋，其中受力筋又分为底筋、面筋、中间层筋、温度筋和跨板受力筋。板筋的定义请读者参阅后续相关内容。

4. 板受力筋的绘制

板受力筋的绘制与编辑，可以通过“板受力筋二次编辑”选项卡的相关功能来实现。“板受力筋二次编辑”选项卡工具栏如图 6-8 所示。下面仅介绍“布置受力筋”的操作，其他操作请读者自行体验。

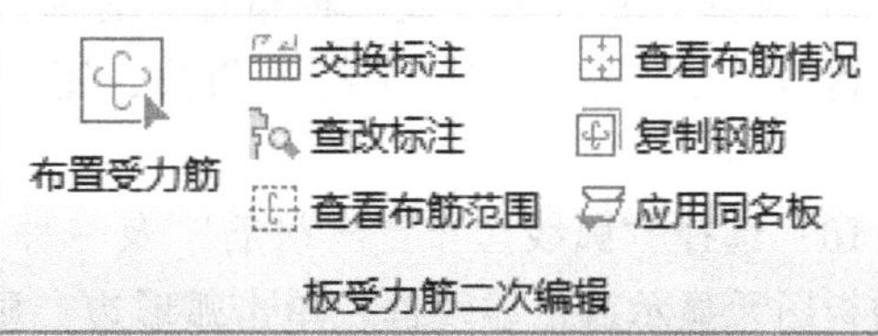

图 6-8　板受力筋二次编辑工具栏

（1）布筋范围和布筋方式选择　单击“板受力筋二次编辑”选项卡的“布置受力筋”，在弹出的快捷工具条可选择布置范围和布筋方式。其中：布置范围可以选“单板”“多板”“自定义”“按照受力范围”；布筋方式可以选“XY 方向”“水平”“垂直”“两点”“平行边”“弧线边布置放射筋”和“圆心布置放射筋”，如图 6-9 所示。

单板　多板　自定义　按受力筋范围　XY 方向　水平　垂直　两点　平行边　弧线边布置放射筋　圆心布置放射筋

图 6-9　布筋范围和布筋方式

需要注意的是，在布置受力筋时，需要同时选择布筋范围和布置方式后才能绘制受力筋。

（2）受力筋的绘制方法　受力筋的绘制方法主要有以下几种组合：

1）选择“单板”及一种布置方式后，光标移向要布置板筋的板图元，此时显示了板筋预览图，单击板图元即可布置成功。

2）选择“多板”及一种布置方式后，单击在绘图区域选择需要布置的板，然后单击鼠标右键确认，此时显示了板筋预览图，单击后即可布置成功。

3）选择“自定义”及一种布置方式后，在板图元上绘制出板筋的布置区域，会以紫色虚线框显示，此时显示了板筋预览图，单击即可布置成功。

4）选择“按受力筋范围”及一种布置方式后，单击参考钢筋线，即确认了要布筋的范围，以蓝色虚线显示并且显示了钢筋预览图，此时单击即可布置成功。

5）选择“XY 方向”及一种布置范围后，在弹出的窗口中选择具体的布置方式并输入钢筋信息，单击需要布置钢筋的板图元，则钢筋布置成功。

在此界面上有三种布筋方式，即双向布置、双网双向布置和 XY 向布置，还有选择参照轴网的功能。其中：

① 双向布置：适用于某种钢筋类别在两个方向上布置的信息是相同的情况。可支持输入底筋、面筋、温度筋、中间层筋。

② 双网双向布置：适用于底筋与面筋在 X 和 Y 两个方向上钢筋信息全部相同的情况。

③ XY 向布置：适用于底筋的 X、Y 方向信息不同，面筋的 X、Y 方向信息不同的情况。

④ 选择参照轴网：可以选择以轴网的水平和竖直方向为基准，进行布置，不勾选时，以绘图区水平方向为 X 方向，竖直方向为 Y 轴方向。

6）选择“水平”及一种布置范围后，光标移向要布置板筋的板图元，此时显示了板筋预览图，单击板图元即可布置成功。当轴网为倾斜时，软件以轴网的 X 方向为水平方向。

7）选择“垂直”及一种布置范围后，与“水平”布置方式相似，可参照水平布置方式。

8）选择“两点”及一种布置范围后，选择要布置钢筋的板图元，被选中的板以蓝色虚线框显示，指定第一点、第二点，确定板筋的布置方向后，单击鼠标右键确认完成布置。

9）选择“平行边”及一种布置范围后，选择需要布置板筋的板图元，选中的板图元显示蓝色虚框线，单击需要平行的板边，则会出现与该板边平行的板筋预览图，单击完成布置。

10）选择“弧线边布置放射筋”及一种布置范围后，选择需要布置板筋的板图元，选中的板图元显示蓝色虚线框，单击弧形边，显示板筋预览图，单击完成布置。

11）选择“圆心布置放射筋”及一种布置范围后，选择需要布筋的板图元，选中的板图元显示蓝色虚线框，在绘图区域内单击一点作为放射筋的圆点，软件弹出“请输入半径”界面；输入半径后，单击“确定”按钮，板图元内显示板筋预览图，单击完成布置。

5. 板负筋图元的绘制

板负筋图元的绘制与编辑，可以通过“板受力筋二次编辑”选项卡上的功能来实现。“板负筋二次编辑”选项卡工具栏如图 6-10 所示。下面仅介绍“布置负筋”的操作，其他操作请读者自行体验。

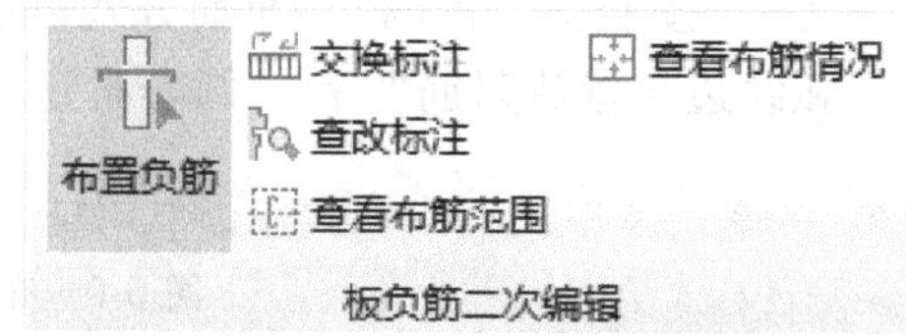

图 6-10 “板负筋二次编辑”选项卡工具栏

单击“板负筋二次编辑”选项卡的“布置负筋”后，弹出的快捷工具条可选择布置方式。负筋布筋方式如图 6-11 所示。

按梁布置 按圈梁布置 按连梁布置 按墙布置 按板边布置 画线布置 不偏移 X= 0 mm Y= 0 mm

图 6-11 负筋布筋方式

（1）按梁布置　光标移动到梁图元上，则梁图元显示一道蓝线，并且显示负筋的预览图，单击梁的一侧，该侧作为负筋的左标注，则完成布筋。

按圈梁布置、按连梁布置、按墙布置，与按梁布置的操作方法一致，不再赘述。

（2）按板边布置　光标移动到需要布置负筋的板边，则该板边显示为蓝色，同时显示板负筋的预览图，单击边线的一侧，该侧作为负筋的左标注，完成操作。

（3）画线布置　在需要布置板负筋的板图元中点击两点，连成一条蓝色直线，此时在该线处显示板负筋的预览图，单击边线的一侧，该侧作为负筋的左标注，完成操作。

6. 钢筋图元的编辑

（1）交换标注　有时在绘制跨板受力筋或负筋的时候，左右标注和图纸标注正好相反，需要进行调整，则可以使用“交换标注”功能。

（2）查看布筋范围　在查看工程时，板筋布置比较密集，想要查看具体某根受力筋或负筋的布置范围，此时可以使用“查看布筋范围”功能。

（3）查看布筋情况　查看受力筋、负筋布置的范围是否与图纸一致，检查和校验，可以使用“查看布筋情况”功能。

7. 识别受力筋

识别受力筋可以通过“识别板受力筋”选项卡上的“识别受力筋”工具来实现，如图6-12所示。识别受力筋的步骤如下：

（1）提取板筋线　点选或框选需要提取的板钢筋线CAD图元；单击鼠标右键确认选择，则选择的CAD图元自动消失，并存放在“已提取的CAD图层”中。

选择板负筋线的方式可以是单图元选择、按图层选择和按颜色选择。

（2）提取板筋标注　点选或框选需要提取的板钢筋标注CAD图元；单击鼠标右键确认选择，则选择的CAD图元自动消失，并存放在“已提取的CAD图层”中。

（3）识别钢筋　识别钢筋的方式分为点选识别受力筋和自动识别板筋两种。

1）点选识别受力筋。单击“点选识别受力筋”按钮，则弹出“受力筋信息”对话框，如图6-13所示。

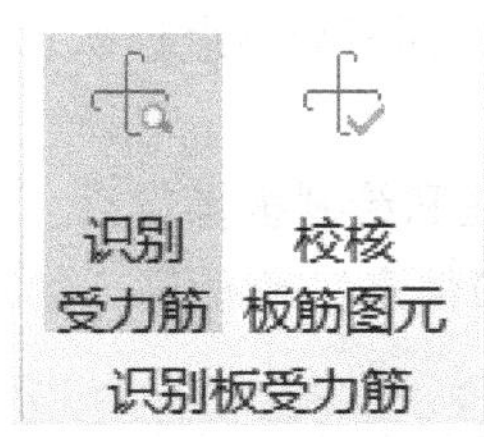

图6-12　“识别板受力筋”选项卡

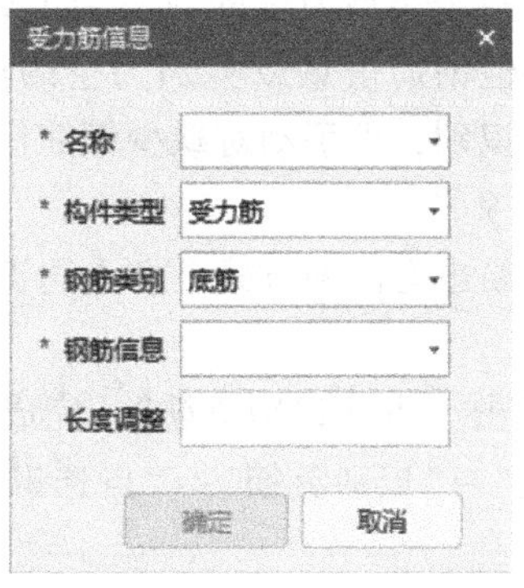

图6-13　点选识别受力筋

名称：不允许为空且不能超过255个字符，下拉框可选择最近使用的构件名称。

构件类型：受力筋（默认值）、跨版受力筋，下拉框选择。

钢筋类别：底筋（默认值）、面筋、中间层筋、温度筋，下拉框选择。

钢筋信息：不允许为空，下拉框可选择最近使用的钢筋信息。

长度调整：默认为空，可根据实际调整。

左右标注（适用于跨板受力筋）：默认（0，0），不允许为空，左右标注信息不能同时为0。

在已提取的CAD图元中单击受力筋钢筋线，软件会根据钢筋线与板的关系判断构件类型，同时软件自动找与其最近的钢筋标注作为该钢筋线的钢筋信息，并识别到“受力筋信息”窗口中；确认“受力筋信息”窗口准确无误后单击“确定”按钮，然后将光标移动到该受力筋所属的板内，板边线加亮显示，此亮色区域即为受力筋的布筋范围。

2）自动识别板筋

① 单击“自动识别板筋”。完成“提取板筋线”和“提取板筋标注”操作后，在弹出的识别面板中，下拉选择“自动识别板筋”功能，弹出“识别板筋选项”对话框，如图6-14所示。

② 修改无标注钢筋信息。可以在无标注钢筋中按图纸说明，对不同类型设定默认的钢筋信息；同时对图纸中多数无标注的钢筋伸出长度值进行设置。

③ 定位钢筋线。单击“确定”按钮，软件弹出“自动识别板筋”窗口；在当前窗口中，触发“定位”图标，可以在CAD图纸中快速查看对应的钢筋线；对应的钢筋线会以蓝色显示。

识别板筋选项

选项

无标注的负筋信息	C8@200
无标注的板受力筋信息	C8@200
无标注的跨板受力筋信息	C8@200
无标注负筋伸出长度(mm)	900,1200
无标注跨板受力筋伸出长度(mm)	900,1200

提示：

1.识别前，请确认柱、墙、梁等支座图元已生成

2.板图元绘制完成

确定 取消

图 6-14 “识别板筋选项”对话框

④ 生成板筋图元。单击“确定”按钮后，软件会自动生成板筋图元，识别完成后，自动执行板筋校核。对于钢筋信息或类别为空的项，单击“确定”按钮时会弹出“钢筋信息或类型为空的项不会生成图元，是否继续?”的提示说明。单击“是”按钮，继续识别，但钢筋信息或类别为空的项所对应的钢筋线，软件不会生成图元；单击“否”按钮，中断识别，可手动对缺少钢筋信息或类别的项进行编辑。

8. 识别负筋

识别负筋也有两种方式，即点选识别负筋和自动识别板筋，下面只介绍点选识别负筋的操作。

(1) 单击“点选识别负筋” 完成提取板筋线、提取板筋标注和绘制板操作后，单击选项卡“建模”→“识别负筋”→“点选识别负筋”，则弹出“板负筋信息”对话框，如图6-15所示。

名称：不允许为空且不能超过255个字符，下拉框可选择最近使用的构件名称。

钢筋信息：不允许为空，下拉框可选择最近使用的钢筋信息。

左右标注：默认（0，0），不允许为空，左右标注信息不能同时为0。

双边标注：“计算设置”（默认值）、“含支座”、“不含支座”，下拉框选择。

单边标注：“计算设置”（默认值）、“支座内边线”、“支座轴线”、“支座中心线”、“支座外边线”、“负筋线长度”，下拉框选择。

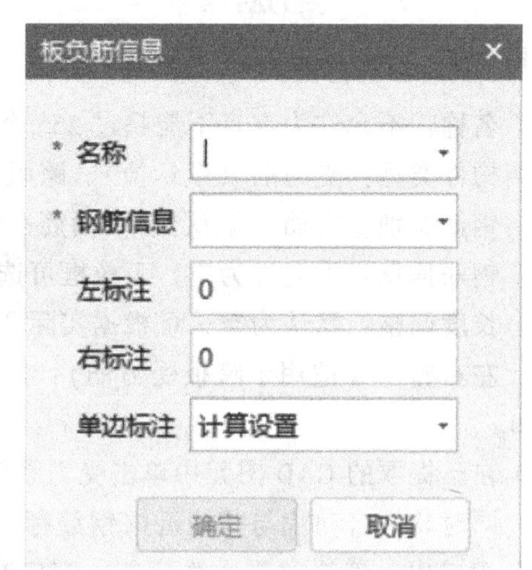

图 6-15 点选识别负筋

(2) 单击负筋钢筋线 在已提取的CAD图元中单击负筋钢筋线，软件会根据钢筋线与尺寸标注的关系判断单双边标注，同时软件自动找与其最近的钢筋标注作为该钢筋线的钢筋信息，并识别到“板负筋信息”对话框中。

(3) 选择布筋方式与布筋范围 确认“板负筋信息”对话框准确无误后单击“确定”按钮，然后选择布筋方式和范围，选择的范围线会加亮显示，此亮色区域即为负筋的布筋

范围。

(4) 完成负筋识别　单击鼠标左键，则提取的板钢筋线和板筋标注被识别为软件的板负筋构件。

■ 6.2　首层板的建模与算量

6.2.1　任务说明

本节的任务是完成首层有梁板的截面信息定义、做法定义和板图元绘制。

6.2.2　任务分析

根据 GS10 的二层板配筋图右下方的设计说明可知，本层的板厚均为 100mm，板顶标高部分与层顶标高相同，部分比层顶标高低 80mm。

配电房的顶板顶标高为 7.3m，建筑标高为 8.3m，中间部分为电缆沟，实际上该房间范围内的顶板为两层，JS07①号大样图标明，上板厚度 100mm，下板厚度 200mm，而 GS10 标明下层板的厚度为 140mm，两图不一致，本书按结构标注的板厚 140mm 进行计算。

6.2.3　任务实施

以首层 B-100 为例介绍板的定义过程和绘制方法。

1. B-100 定义

(1) B-100 属性定义　在“构件列表”页签下，单击“新建”按钮或单击鼠标右键，在弹出的快捷菜单中，单击“新建现浇板”，然后在“属性列表”中根据图纸的实际情况输入板的名称、厚度、类别、顶标高、马凳筋信息等，如图 6-16 所示。

1) 名称：建议按板的厚度进行命名，如“B-100”。

2) 厚度（mm）：根据图纸中标注的厚度输入，图中 $h=100$，在此输入“100”即可。

3) 类别：有梁板。

4) 顶标高：板的层顶标高，根据实际情况输入。

B-100 此处按默认“层顶标高”。例如①~②轴与Ⓒ~Ⓒ+1500 之间的板标高显示为“(H-0.080)”，表示比楼面标高（8m）低 0.08m，输入标高时可以输入为“7.92”或者“层顶标高-0.08”。

5) 马凳筋参数图：根据实际情况选择相应的形式。

6) 马凳筋信息：由马凳筋参数图定义时输入的信息生成。此工程马凳筋按以下设置：板中马凳筋采用Φ10，间距 1200mm；选择Ⅱ型 $L_1=1500$mm；$L_2=$板厚−上下两个保护层−2d（d 指马凳筋直径）；$L_3=250$mm。马凳筋参数如图 6-17 所示。

7) 拉筋：本工程不涉及拉筋，在一些新技术中板的

属性列表　图层管理

	属性名称	属性值	附加
1	名称	B-100	
2	厚度(mm)	(100)	☐
3	类别	有梁板	☐
4	是否是楼板	是	☐
5	混凝土类型	(粒径31.5砼32....	☐
6	混凝土强度等级	(C25)	☐
7	混凝土外加剂	(无)	
8	混凝土类别	泵送商品砼	☐
9	泵送类型	(混凝土泵)	
10	泵送高度(m)		
11	顶标高(m)	层顶标高	☐
12	备注		☐
13	⊟ 钢筋业务属性		
14	其它钢筋		
15	保护层厚...	(20)	☐
16	汇总信息	(现浇板)	☐
17	马凳筋参...	Ⅱ型	
18	马凳筋信息	Φ10@1200	☐
19	线形马凳...	平行横向受力筋	☐
20	拉筋		☐

图 6-16　B-100 属性

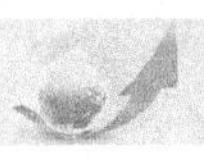

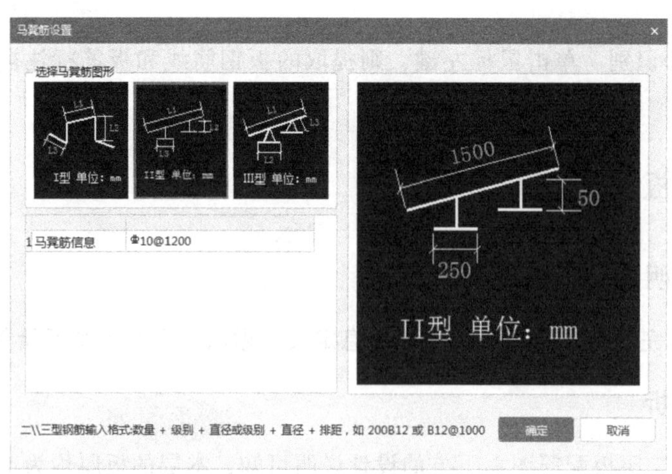

图 6-17 马凳筋参数图

双层钢筋存在拉筋计算。

输入完参数信息后，就完成了板属性的定义，如图 6-16 所示。按照同样的方法定义其他板的属性。

（2）B-100 做法定义 在“构件做法”页签中输入板的清单编码、清单名称、项目特征、计量单位和工程量代码，在清单项下再依次输入定额编号、定额名称、计量单位和工程量代码。

板属性定义完成后，双击板名称，调出“构件做法”页签，选择套用清单项目和定额子目。

软件提供了套用做法的各种功能按钮，如“添加清单”“添加定额”“查询”“当前构件自动套做法”“做法刷”等，下面以 C30 泵送商品混凝土有梁板（编码：010505001）为例进行介绍。

1）添加混凝土清单。添加清单的方式有两种，一种是通过“添加清单”按钮，另一种是通过“查询”按钮的子菜单“查询匹配清单”或“查询清单库”来完成。“查询”子菜单如图 6-18 所示。

直接添加清单的方式适用于对工程量清单比较熟悉的人员。单击“添加清单”按钮，直接输入工程量清单的编码，并按<Enter>键后，软件默认的项目名称、计量单位和工程量表达式则出现在相应列。

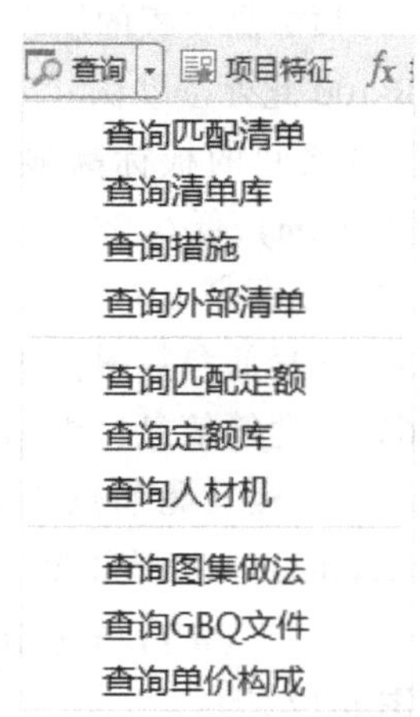

图 6-18 “查询”子菜单

通过查询匹配清单和查询清单库来添加清单的方式适用于对工程量清单不太熟悉的人员。“查询匹配清单”的界面如图 6-19 所示。直接双击第 1 项即可将有梁板清单添加到构件做法页面。

“查询清单库”界面如图 6-20 所示，直接单击第 1 项即可将有梁板的清单添加到构件做法页面。

添加有梁板清单项后，“添加定额”和“删除”按钮变为可用状态，如图 6-21 所示。

查询匹配清单 × 查询匹配定额 × 查询外部清单 × 查询清单库

◉ 按构件类型过滤 ○ 按构件属性过滤

	编码	名称	单位
1	010505001	有梁板	m3
2	010505002	无梁板	m3
3	010505003	平板	m3
4	010505004	拱板	m3
5	010505005	薄壳板	m3
6	010505006	栏板	m3
7	010505009	空心板	m3
8	010505010	其他板	m3
9	011702014	有梁板 模板	m2
10	011702015	无梁板 模板	m2
11	011702016	平板 模板	m2
12	011702017	拱板 模板	m2
13	011702018	薄壳板 模板	m2
14	011702019	空心板 模板	m2
15	011702020	其他板 模板	m2

图 6-19　“查询匹配清单”界面

查询匹配清单 × 查询匹配定额 × 查询外部清单 × 查询清单库 × 查询定额库 × 项目特征 × 标准换算

搜索关键字...

- 土石方工程
- 地基处理与边坡支护工程
- 桩基工程
- 砌筑工程
- 混凝土及钢筋混凝土工程
  - 现浇混凝土基础
  - 现浇混凝土柱
  - 现浇混凝土梁
  - 现浇混凝土墙
  - 现浇混凝土板

	编码	名称	单位
1	010505001	有梁板	m3
2	010505002	无梁板	m3
3	010505003	平板	m3
4	010505004	拱板	m3
5	010505005	薄壳板	m3
6	010505006	栏板	m3
7	010505007	天沟(檐沟)、挑檐板	m3
8	010505008	雨篷、悬挑板、阳台板	m3
9	010505009	空心板	m3
10	010505010	其他板	m3

图 6-20　“查询清单库”界面

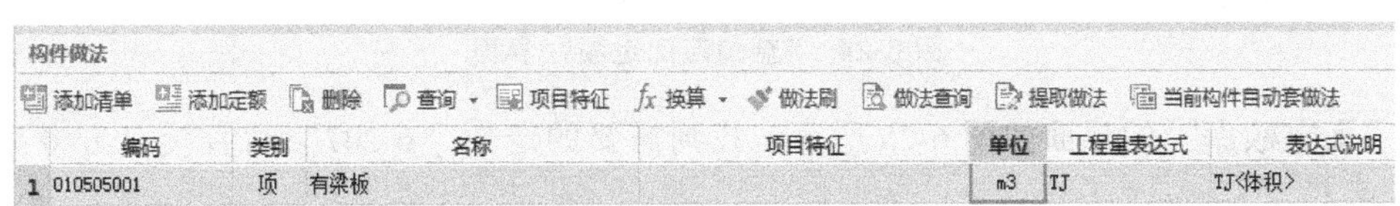

图 6-21　构件做法非空时

2）混凝土项目特征。需要根据工程的实际情况填写清单项目的项目特征。填写混凝土清单项目特征的方法前已述及不再赘述。当地定额对有梁板的换算要求如图 6-22 所示，因此该有梁板的项目特征描述如图 6-23 所示。

3）添加混凝土定额。添加定额的方式有二种，一种是使用工具栏上的“添加定额”按钮，该方式适用于对定额非常熟悉的人员；另一种是使用“查询”子菜单上的“查询匹配定额”和“查询定额库”，该两种方式适用于对定额不熟悉的人员。添加定额时要根据项目特征的描述进行选择。

单击“添加按钮”方式时，直接输入定额子目的编号“6-207”，定额子目名称和计量单位按默认填入，需要对工程量代码进行检查或修改。

“查询匹配定额”界面如图 6-24 所示。找到需要的定额“6-207”后直接双击即可将其添加到清单项下。

查询匹配清单 × 查询匹配定额 × 查询外部清单 × 查询清单库 × 查询定额库 × 项目特征 × 标准换算 ×

上移 下移 取消换算 执行选项

	换算列表		换算内容
1	如为阶梯教室、体验看台锯齿形底板时 人工*1.1		☐
2	输送高度	超过30m 机械[99051304] 含量*1.1	☐
3		超过50m 机械[99051304] 含量*1.25	☐
4		超过100m 机械[99051304] 含量*1.35	☐
5		超过150m 机械[99051304] 含量*1.45	☐
6		超过200m 机械[99051304] 含量*1.55	☐
7	有梁板、平板为斜板，坡度大于10° 人工*1.03		☐
8	换C30预拌混凝土(泵送型)		80212105 C30预拌混凝土(泵送)

图 6-22 计价定额规定的有梁板换算要求

查询匹配清单 × 查询匹配定额 × 查询外部清单 × 查询清单库 × 查询定额库 × 项目特征 ×

	特征	特征值	输出
1	混凝土种类	泵送商品混凝土	☑
2	混凝土强度等级	C25	☑
3	泵送高度	30m以内	☑
4	板倾角（度）	0	☑

图 6-23 板的项目特征

查询匹配清单 × 查询匹配定额 × 查询外部清单 × 查询清单库 × 查询定额库 × 项目特征 ×

⊙ 按构件类型过滤 ○ 按构件属性过滤

	编码	名称	单位	单价
46	6-174-2	栈桥 (C25砼) 有梁板 板顶高度<12m	m3	455.01
47	6-174-3	栈桥 (C40砼) 有梁板 板顶高度<12m	m3	487.16
48	6-176	栈桥 (C30砼) 有梁板 板顶高度<20m	m3	473.85
49	6-176-1	栈桥 (C20砼) 有梁板 板顶高度<20m	m3	455.69
50	6-176-2	栈桥 (C25砼) 有梁板 板顶高度<20m	m3	470.74
51	6-176-3	栈桥 (C40砼) 有梁板 板顶高度<20m	m3	502.89
52	6-207	(C30泵送商品砼) 有梁板	m3	461.29

图 6-24 “查询匹配定额”界面

“查询定额库”的界面如图 6-25 所示。找到需要的定额“6-207”后直接双击将其添加到清单项下。

查询匹配清单 × 查询匹配定额 × 查询外部清单 × 查询清单库 × 查询定额库 × 项目特征 × 标准换算 ×

搜索关键字...

- 混凝土工程
  - 自拌混凝土构件
  - 预拌混凝土泵送构件
    - 泵送现浇构件
      - 垫层及基础
      - 柱
      - 梁
      - 墙
      - 板

	编码	名称	单位	单价
1	6-207	(C30泵送商品砼) 有梁板	m3	461.29
2	6-208	(C30泵送商品砼) 无梁板	m3	451.43
3	6-209	(C30泵送商品砼) 平板	m3	469.88
4	6-210	(C30泵送商品砼) 拱板	m3	482.69
5	6-211	(C30泵送商品砼) 后浇板带	m3	479.37
6	6-212	(C30泵送商品砼) 空心楼板	m3	502.31

图 6-25 “查询定额库”界面

有梁板模板的清单、定额套用方法，请读者参阅柱模板套用相关内容，有梁板的完整做

法如图 6-26 所示。

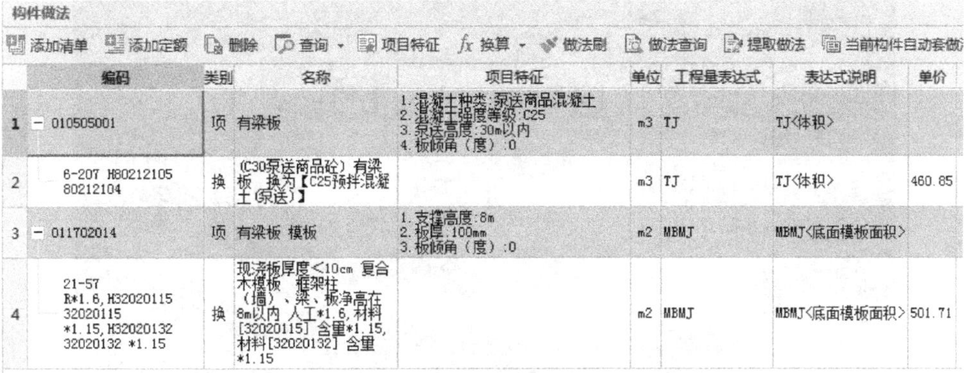

构件做法

添加清单　添加定额　删除　查询　项目特征　fx 换算　做法刷　做法查询　提取做法　当前构件自动套做法

	编码	类别	名称	项目特征	单位	工程量表达式	表达式说明	单价
1	− 010505001	项	有梁板	1. 混凝土种类:泵送商品混凝土 2. 混凝土强度等级:C25 3. 泵送高度:30m以内 4. 板倾角（度）:0	m3	TJ	TJ<体积>	
2	6-207 H80212105 80212104	换	(C30泵送商品砼) 有梁板　换为【C25预拌混凝土(泵送)】		m3	TJ	TJ<体积>	460.85
3	− 011702014	项	有梁板 模板	1. 支撑高度:8m 2. 板厚:100mm 3. 板倾角（度）:0	m2	MBMJ	MBMJ<底面模板面积>	
4	21-57 R*1.6, H32020115 32020115 *1.15, H32020132 32020132 *1.15	换	现浇板厚度<10cm 复合木模板　框架柱（墙）、梁、板净高在8m以内 人工*1.6, 材料[32020115] 含量*1.15, 材料[32020132] 含量*1.15		m2	MBMJ	MBMJ<底面模板面积>	501.71

图 6-26　有梁板完整做法

2. 板图元绘制

（1）手动绘制　按<F2>快捷键回到绘图界面进行板的绘制，由于本工程中的板均为矩形板，故板的绘制方式可以从点式绘制、线式绘制和智能布置三种方法中任选其一。

采用点式绘制在第二分层绘制配电房顶板（即③④ⒸⒹ轴线形成的区域板）的上层板，绘制后将其顶标高调整为“8.3m”或“层顶标高+0.3(8.3)”，如图 6-27 所示。

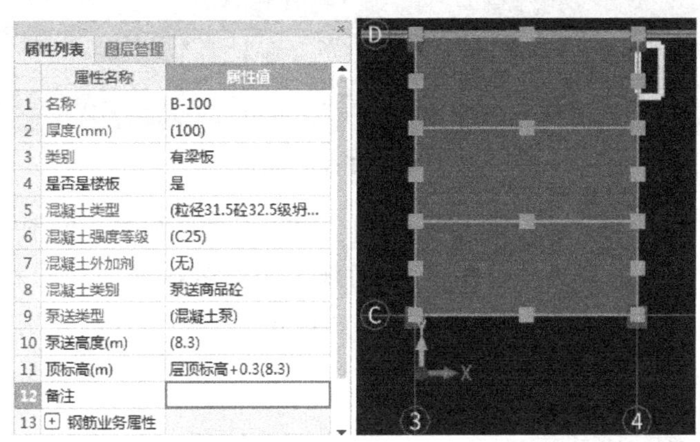

属性列表　图层管理

	属性名称	属性值
1	名称	B-100
2	厚度(mm)	(100)
3	类别	有梁板
4	是否是楼板	是
5	混凝土类型	(粒径31.5砼32.5级坍...
6	混凝土强度等级	(C25)
7	混凝土外加剂	(无)
8	混凝土类别	泵送商品砼
9	泵送类型	(混凝土泵)
10	泵送高度(m)	(8.3)
11	顶标高(m)	层顶标高+0.3(8.3)
12	备注	
13	⊞ 钢筋业务属性	

图 6-27　配电房顶板上层板

（2）CAD 识别　该方式可以将 CAD 图纸中的元素直接转化为板，它可以将不同厚度的板一次性识别完成，且在洞口处不形成板，其操作步骤可按“提取板标识”→“提取板洞线”→“识别板”的顺序进行。下面以图 6-28 为例说明识别板的过程，该操作在本层的第一分层进行。

1）提取板标识。板标识是指 CAD 图中表明板厚度的标志，一般注写在椭圆内。将图纸中的所有板标识全部提取后，单击鼠标右键确认。此图中无板标识，只在设计说明中进行了说明，可以省略这一步。

2）提取板洞线。将图纸中所有的板洞线（楼梯洞、电梯井洞）全部提取后，单击鼠标右键确认。

3）自动识别板。单击“自动识别板”按钮，弹出如图 6-29 所示的“识别板选项”对

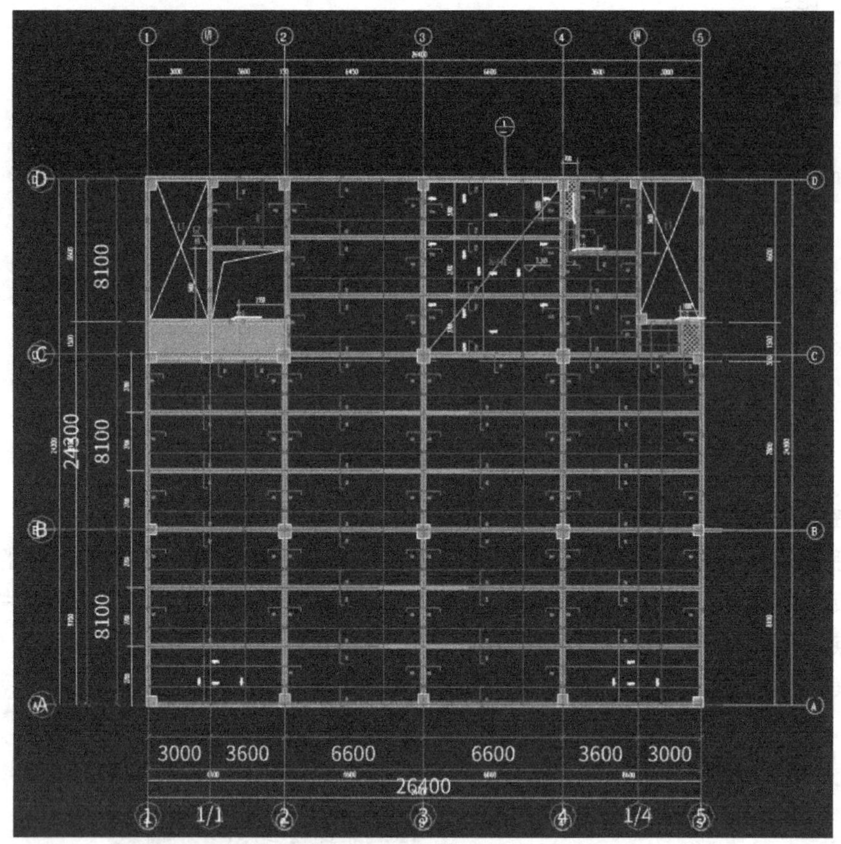

图 6-28 板 CAD 原图

话框，勾选板的支座构件后单击“确定”按钮，弹出对话框如图 6-30 所示。根据图纸右下角的说明“图中未注明的板厚为 100mm”的规定，将名称列的“无标注板”改为“B-100”，将厚度列的“120”改为“100”，单击“确定”按钮，自动识别板完成，如图 6-31 所示。

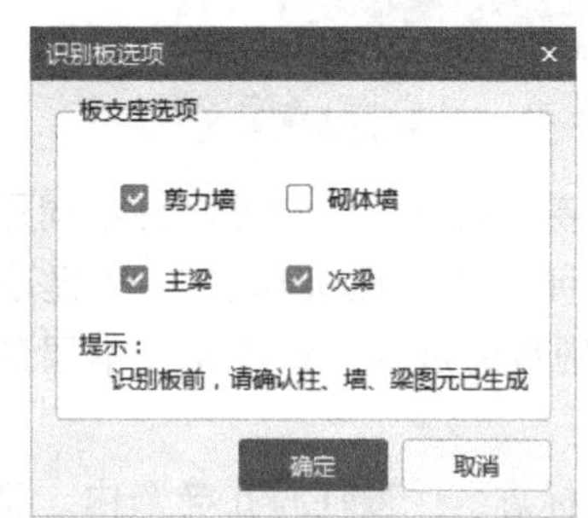

图 6-29 “识别板选项”对话框（板支座）

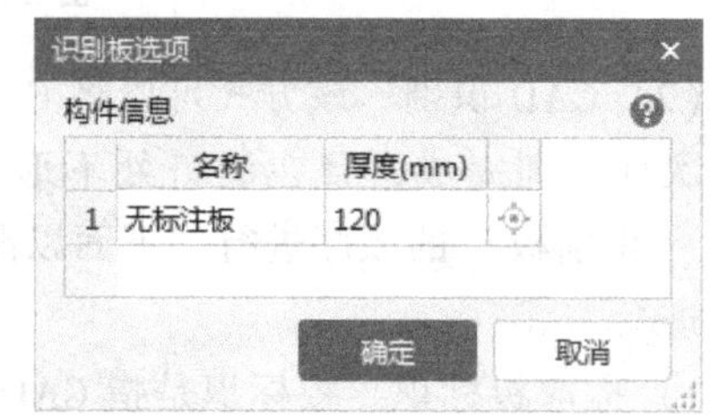

图 6-30 “识别板选项”对话框（构件信息）

3. 调整板顶标高

根据板的属性定义，板图元绘制完成后，有时需要调整板的标高，将水平板改为斜板、拱板，同一板块内进行升降板，对板进行分割、合并、拉伸等，这些操作可以通过“现浇板二次编辑”和“修改”选项卡上的功能来实现，如图 6-32 所示。

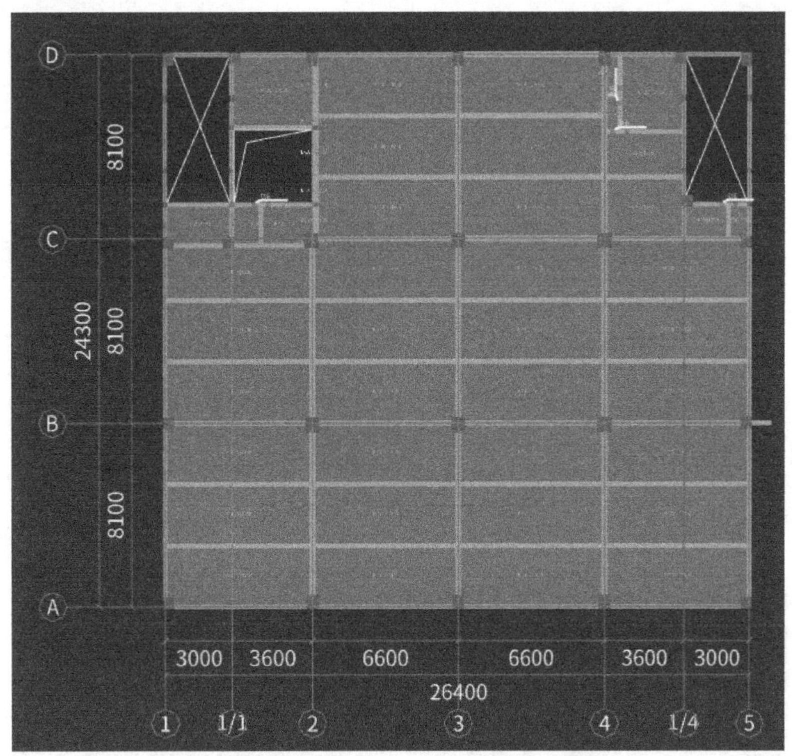

图 6-31　识别完成后的板布置图

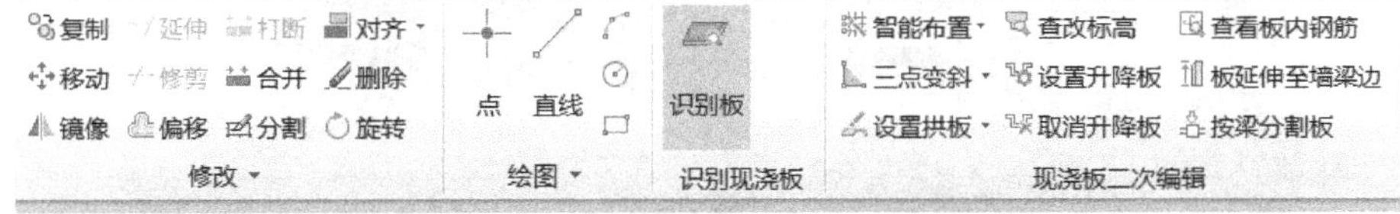

图 6-32　板的编辑选项卡

本节主要介绍板顶标高的调整方法。调整板顶标高的方式可以通过板属性列表和查改标高两种方式进行。

（1）在属性列表中调整　采用这种方式时，首先需要在图形中选中需要调整板顶标高的板块，然后修改“属性列表”中第 11 项属性“顶标高”。

本例中二层楼面，配电房范围内的顶板的下层板顶标高为 7.3m，可以在属性中直接调整为“7.3m”或“层顶标高-0.7m”，如图 6-33 所示。

有时为了便于分辨不同厚度的板或厚度相同但标高不同的板，可以通过修改板的显示颜色（如红色）来实现。首先选中需要修改显示颜色的板块，然后在构件属性中将第 31 项属性“填充颜色”的属性值改为红色。

（2）查改标高　通过“现浇板二次编辑”选项卡的“查改标高”工具可以调整板的标高。单击“查改标高”按钮，所有板的标高均在图中显示出来，如图 6-34 所示。根据图纸说明Ⓒ轴上方楼梯下方区域内的板顶标高为 7.920m，单击标高值“8.000”，将其下方的方框内的数值“8.000”改为“7.920”，按<Enter>键即完成了该板块板顶标高的修改，如图 6-35 所示。用同样的方法修改其他板块的板顶标高。

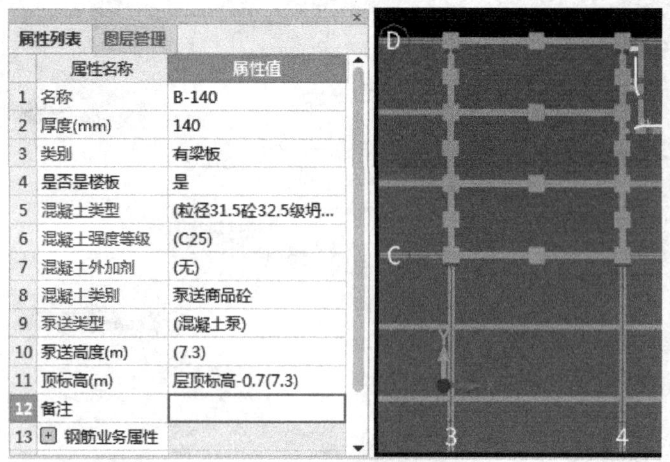

属性列表　图层管理

	属性名称	属性值
1	名称	B-140
2	厚度(mm)	140
3	类别	有梁板
4	是否是楼板	是
5	混凝土类型	(粒径31.5砼32.5级坍...
6	混凝土强度等级	(C25)
7	混凝土外加剂	(无)
8	混凝土类别	泵送商品砼
9	泵送类型	(混凝土泵)
10	泵送高度(m)	(7.3)
11	顶标高(m)	层顶标高-0.7(7.3)
12	备注	
13	⊞ 钢筋业务属性	

图 6-33　配电房顶板下层板

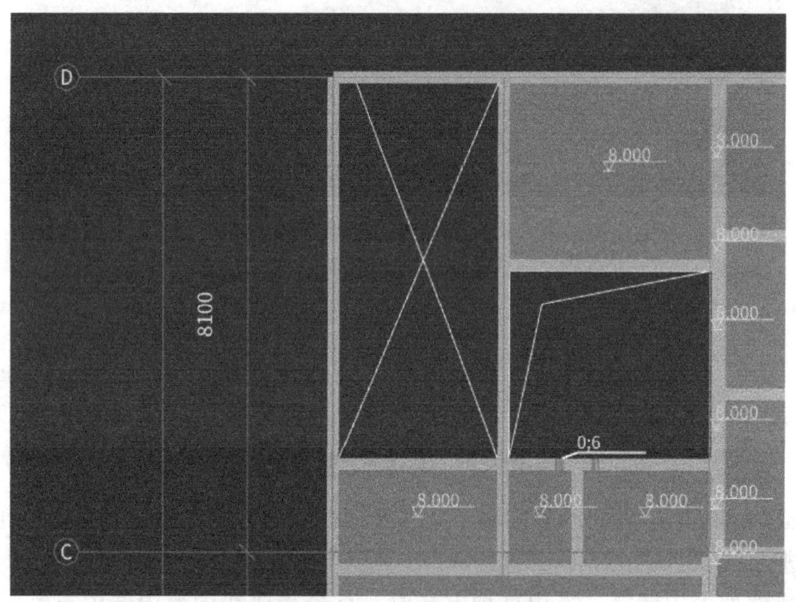

图 6-34　查改标高

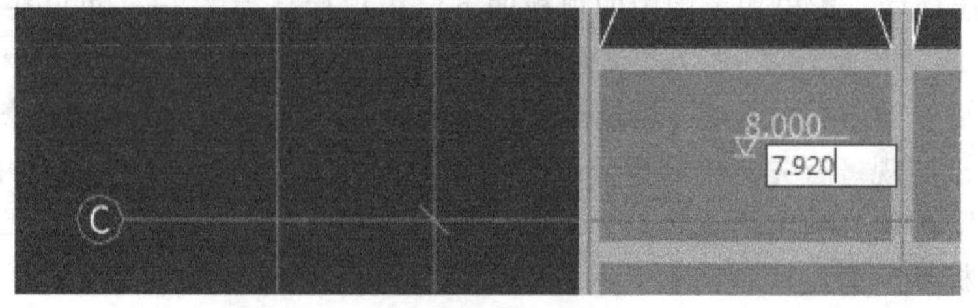

图 6-35　修改标高

修改标高和颜色后的二层板三维效果如图 6-36 所示。从此图中可以明显看出红色显示的板（洞口右下方）的标高发生了变化，各种不同标高或厚度的板也能在平面图中清楚地分辨。

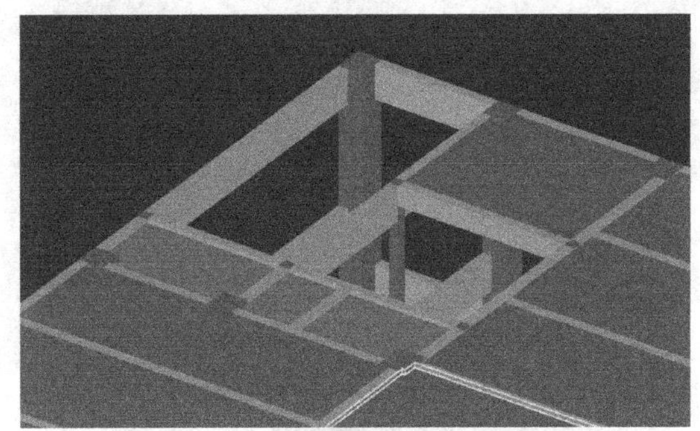

图 6-36　修改标高和颜色后的三维图

请读者自行体验其他各项功能并完成第二层~屋面层板的定义和绘制。

■ 6.3　首层板钢筋建模

6.3.1　任务说明

本节的任务是完成首层有梁板中钢筋的定义和板内钢筋图元的绘制。

6.3.2　任务分析

根据 GS10 的二层板配筋图右下方的设计说明可知，本层的板厚均为 100mm，板顶标高部分与层顶标高相同，部分比层顶标高低 80mm。

未注明的底筋为Φ6@150，未注明的顶筋为Φ8@200，未注明的分布筋为Φ6@200，板上砌砖墙时，在楼板内设置板底加强筋 2Φ12@50。

下面以图 6-37 所示的三个板块钢筋为例介绍各种类型钢筋的定义、绘制与编辑方法。

6.3.3　任务实施

该区域有三块板：下方为 1 号板，中间为 2 号板，上方为 3 号板。1 号板内底筋为Φ6@100，命名为“C6-100 底”；面筋为Φ6@100，是跨板受力筋，命名为“KBSLJ-c6-100”。2、3 号板的水平底筋与 1 号板相同；垂直底筋未注明，按Φ6@150 计算，命名为“C6-150 底”；负筋未注明按Φ8@200，命名为“FJ-C8-200”。

1. 板底受力筋

（1）板底受力筋定义　在构件导航栏中切换到“板”→“板受力筋”，在构件列表中单击“新建”→“新建板受力筋”，名称输入“C6-150 底”，类别选择“底筋”，钢筋信息输入“C6-150”，软件自动转换为“Φ6@150”，如图 6-38 所示。

长度调整属性用于处理一些伸出板范围以外的特殊钢筋，比如一些节点上经常出现的带弯折的钢筋，如果只是用于算量，则可以不用绘制出其实际形状，而只要计算其伸出板边的长度，赋予此属性即可。“C6-100 底”的定义方法与“C6-150 底”相同。

（2）板底受力筋绘制　绘制板底受力筋时，可能会因个人的绘图习惯不同而采用不同

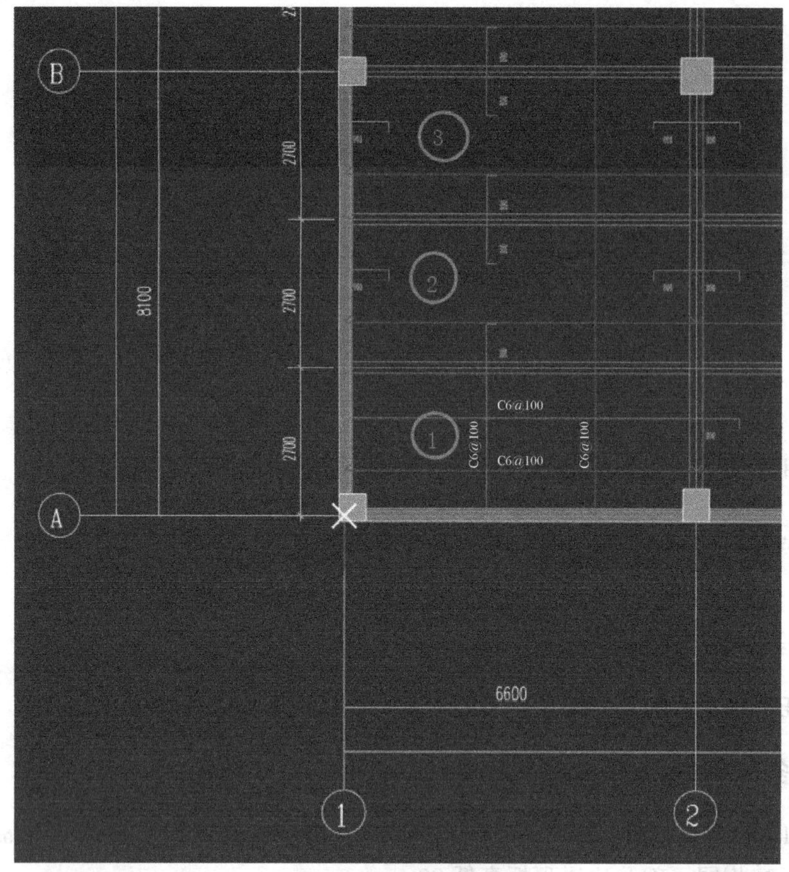

图 6-37　板筋示例

的绘制方法。有人喜欢从绘图效率方面考虑，尽量少绘图多算量，提高工作效率；有人喜欢绘制的钢筋位置与原CAD图纸一致，方便核对工程量。无论采用哪种绘制方法，只要工程量正确即达到了钢筋建模的目的。所以，绘制钢筋图元时应依个人的绘图习惯而定。

以图 6-37 中的三块板钢筋绘制为例，由于2、3号板的水平底筋相同（ф6@ 150），可以采用“多板+水平”的方式一次性绘制，也可以采用“单板+水平”两次绘制。

1、2、3号板块的垂直底筋均相同（ф6@ 100），可以采用“多板+垂直”的方式一次性绘制，也可以采用“单板+垂直”方式多次绘制。

1号板的底筋也可以采用“单板+XY向布置”一次性绘制，2、3号板的底筋也可以采用“多板+XY向布置”一次性绘制。

属性列表　图层管理

	属性名称	属性值	附加
1	名称	C6-150底	
2	类别	底筋	☐
3	钢筋信息	ф6@150	☐
4	左弯折(mm)	(0)	☐
5	右弯折(mm)	(0)	☐
6	备注		☐
7	− 钢筋业务属性		
8	钢筋锚固	(40)	
9	钢筋搭接	(56)	
10	归类名称	(C6-150底)	☐
11	汇总信息	(板受力筋)	☐
12	计算设置	按默认计算设置计算	
13	节点设置	按默认节点设置计算	
14	搭接设置	按默认搭接设置计算	
15	长度调整(...		☐
16	− 显示样式		
17	填充颜色		
18	不透明度	(100)	

图 6-38　板底筋定义

“单板+水平或垂直”和“多板+水平或垂直”的绘图方式非常简单，单击布筋位置即可完成。下面以“单板+XY向布置”为例说明钢筋的智能布置方式。

1）单击“板受力筋二次编辑”选项卡的“布置受力筋”工具。

2）选择布置范围为“单板”，布置方式为“XY 向布置”，在弹出的如图 6-39 所示的智能布置对话框中，在“底筋”选择区选择已经建好的钢筋（1 号板底筋 X、Y 方向均为Φ6@100）构件后，单击需要布置钢筋的板块，即可完成钢筋的布置。

2. 跨板受力筋

（1）跨板受力筋的定义　在构件导航栏中切换到“板”→“板受力筋”，在构件列表中单击“新建”→“新建跨板受力筋”，“名称”输入“KBSLJ-c6-100”，“类别”默认为“面筋”，“钢筋信息”输入“Φ6-100”（软件自动转为“Φ6@100”），“左标注”为“0”，“右标注”为“800”，如图 6-40 所示。第 7 项属性要特别加以注意，其属性值可以取“支座中心线”“支座轴线”“支座外边线”和“支座内边线”，一定要按照图纸上的规定修改，本例取“支座中心线”。

（2）跨板受力筋的绘制　1 号板跨板受力筋的绘制可以分别采用“单板+水平”和“单板+垂直”方式分两次绘制完成，也可以采用“单板+XY 向布置”一次性绘制完成。下面以“单板+XY 向布置”为例介绍，其他方法请读者自行体验。

1）单击“板受力筋二次编辑”选项卡的“布置受力筋”工具。

2）选择布置范围为“单板”，布置方式为“XY 向布置”，在弹出的如图 6-41 所示的“智能布置”对话框中，在“面筋”选择区选择已经建好的钢筋（1 号板跨板受力筋 X、Y 方向均为 KBSLJ-C6@100）构件后，单击需要布置钢筋的板块，即可完成钢筋的布置，如图 6-42 所示。

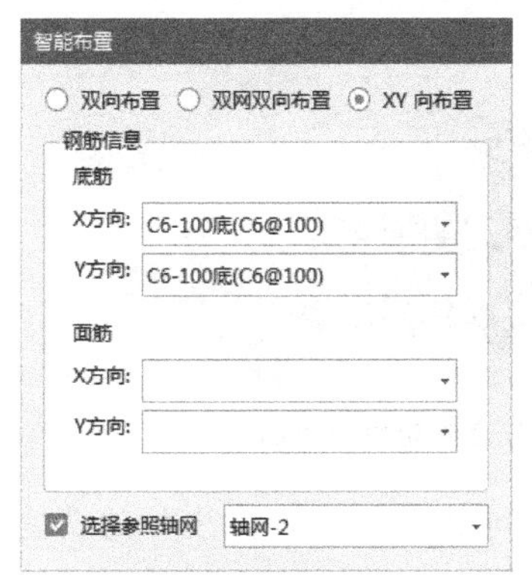

图 6-39　板受力筋单板+XY 方向

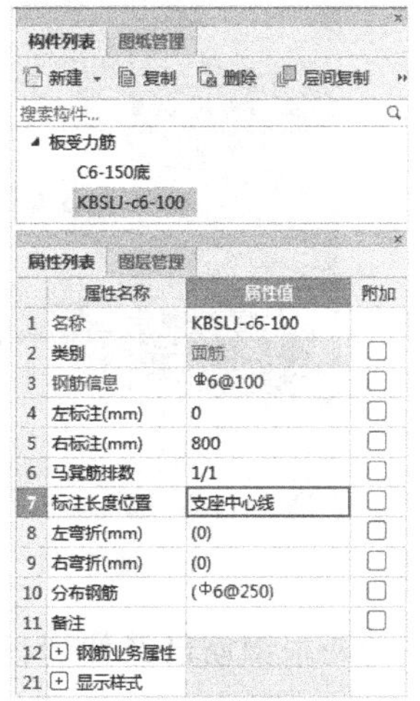

构件列表　图纸管理
新建　复制　删除　层间复制
搜索构件...
板受力筋
C6-150底
KBSLJ-c6-100

属性列表　图层管理

	属性名称	属性值	附加
1	名称	KBSLJ-c6-100	
2	类别	面筋	☐
3	钢筋信息	Φ6@100	☐
4	左标注(mm)	0	☐
5	右标注(mm)	800	☐
6	马凳筋排数	1/1	☐
7	标注长度位置	支座中心线	☐
8	左弯折(mm)	(0)	☐
9	右弯折(mm)	(0)	☐
10	分布钢筋	(Φ6@250)	☐
11	备注		☐
12	+ 钢筋业务属性		
21	+ 显示样式		

图 6-40　跨板受力筋定义

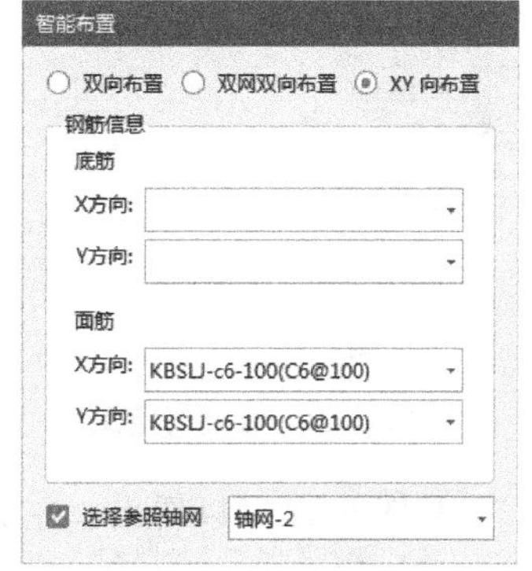

图 6-41　跨板受力筋“单板+XY 向布置”

从图 6-42 可以看到，自动布置的跨板受力筋标注方向发生了错误，此时需要使用“交换标注”的功能将其调整正确，请读者自行完成。

3. 板负筋

（1）板负筋定义　在构件导航栏中切换到“板”→“板负筋”，在构件列表中单击“新建”→“新建板负筋”，名称输入“FJ-C8-200”，钢筋信息输入“C8-200”（软件自动转为

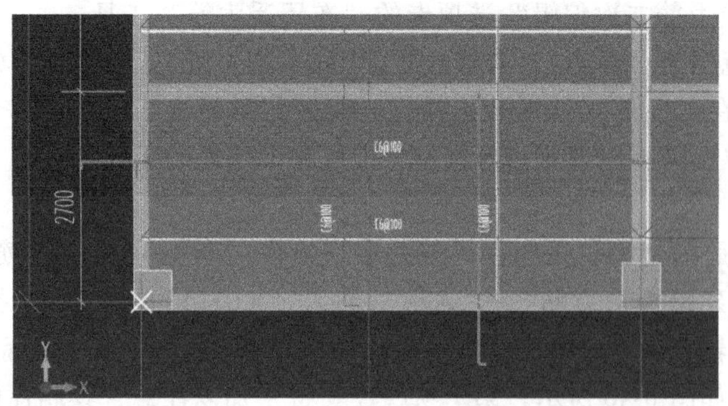

图 6-42　自动布置成功的跨板受力筋

“Φ8@200”)，左标注输入“800”，右标注输入“800”，第 6 项属性值非常重要，请读者一定要根据图纸的说明正确选择，本例“非单边标注含支座宽”的属性值选“是”，如图 6-43 所示。

(2) 板负筋绘制　从板配筋图上可以看到，2、3 号板的负筋均以梁为支座，伸出梁边均为 800mm，所以，绘制时可以选择“按梁布置”方式。布置成功后的板负筋如图 6-44 所示。

	属性名称	属性值	附加
1	名称	FJ-c8-200	
2	钢筋信息	Φ8@200	☐
3	左标注(mm)	800	☐
4	右标注(mm)	800	☐
5	马凳筋排数	1/1	☐
6	非单边标注含支座宽	(是)	☐
7	左弯折(mm)	(0)	☐
8	右弯折(mm)	(0)	☐
9	分布钢筋	Φ6@200	☐
10	备注		☐
11	+ 钢筋业务属性		
19	+ 显示样式		

图 6-43　板负筋定义

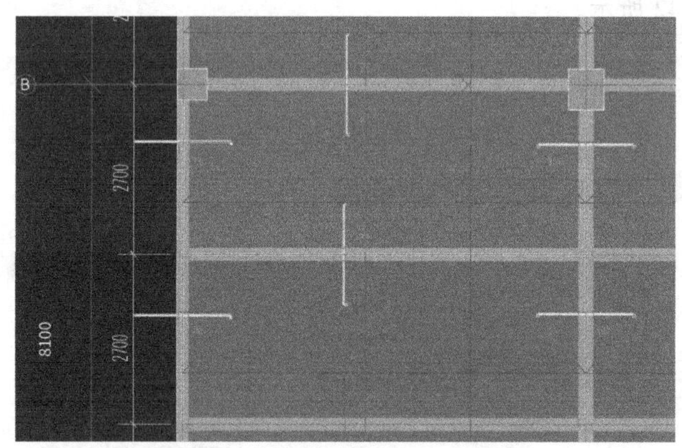

图 6-44　自动布置成功后的负筋

从图 6-44 可以看出，左侧板边的两根钢筋已经伸到板外，可通过“查改标注”的功能将左标注修改为“0”。

4. CAD 转化钢筋

下面以二层楼面板平法施工图为例，介绍自动识别板筋方式识别板筋的操作。自动识别板筋分为提取钢筋线、提取钢筋标识和自动识别板筋三个步骤，其操作方法如下。

(1) 提取钢筋线　单击“识别板受力筋”选项卡上的“识别受力筋”，在弹出的子菜单中单击“提取钢筋线”，单击 CAD 图中的钢筋线后，单击鼠标右键确认。

(2) 提取钢筋标识　单击“提取钢筋标识”，单击 CAD 图中的所有钢筋标识后，单击鼠标右键确认。

(3) 自动识别板筋　单击“点选识别板筋”后的“▼”按钮，单击弹出的“自动识别板筋”子菜单，弹出“识别板筋选项”，并按图纸说明对“无标注的负筋信息”“无标注的板受力筋信息”“无标注的跨板受力筋信息”“无标注负筋伸出长度”和“无标注跨板受力筋伸出长度”进行修改，如图 6-45 所示。

单击“确定”按钮，弹出如图 6-46 所示的“自动识别板筋”对话框，确认信息无误后，单击“确定”按钮。板筋识别完成后弹出“校核板筋图元”对话框，如图 6-47 所示。

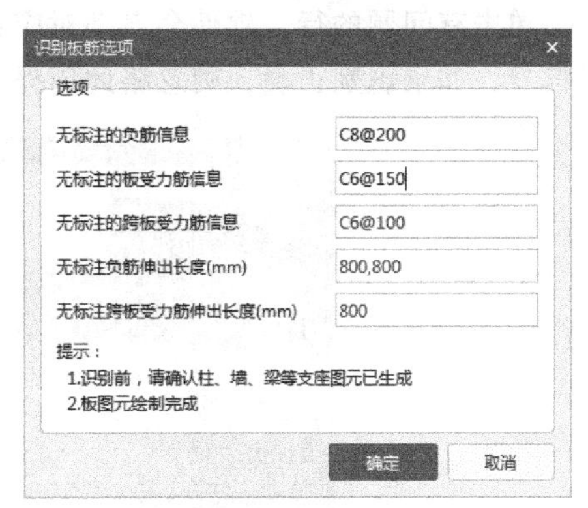

图 6-45　识别板筋选项

自动识别板筋

	名称	钢筋信息	钢筋类别
1	FJ-C8@170	C8@170	负筋
2	FJ-C8@200	C8@200	负筋
3	无标注FJ-C8@200	C8@200	负筋
4	KBSLJ-C6@100	C6@100	跨板受力筋
5	无标注KBSLJ-C6@100	C6@100	跨板受力筋
6	SLJ-C6@100	C6@100	底筋
7	无标注SLJ-C6@150	C6@150	底筋
8	SLJ-C8@200	C8@200	面筋

确定　取消

图 6-46　“自动识别板筋”信息

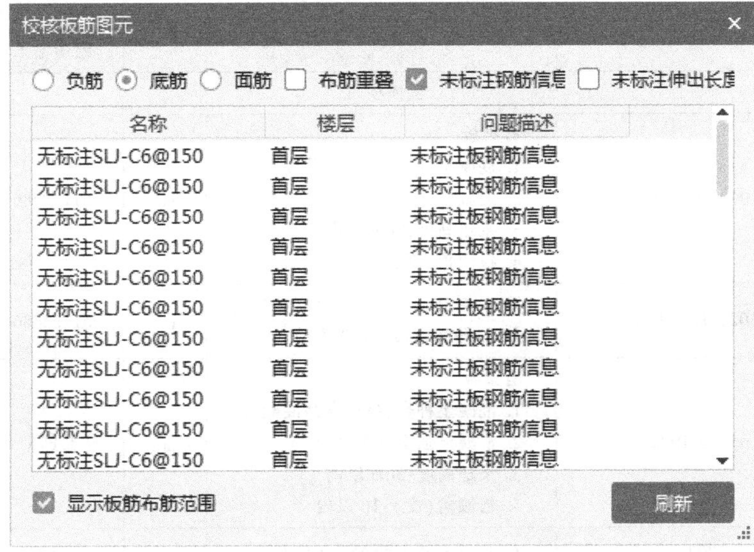

校核板筋图元

负筋　底筋　面筋　布筋重叠　未标注钢筋信息　未标注伸出长度

名称	楼层	问题描述
无标注SLJ-C6@150	首层	未标注板钢筋信息
无标注SLJ-C6@150	首层	未标注板钢筋信息
无标注SLJ-C6@150	首层	未标注板钢筋信息
无标注SLJ-C6@150	首层	未标注板钢筋信息
无标注SLJ-C6@150	首层	未标注板钢筋信息
无标注SLJ-C6@150	首层	未标注板钢筋信息
无标注SLJ-C6@150	首层	未标注板钢筋信息
无标注SLJ-C6@150	首层	未标注板钢筋信息
无标注SLJ-C6@150	首层	未标注板钢筋信息
无标注SLJ-C6@150	首层	未标注板钢筋信息
无标注SLJ-C6@150	首层	未标注板钢筋信息

显示板筋布筋范围　刷新

图 6-47　“校核板筋图元”信息框

单击有问题的行，软件会自动对应到该钢筋图元，如果识别的信息缺失，可直接修改图元信息，如果识别正确，则忽略此项提示。首层板钢筋识别结果如图 6-48 所示。

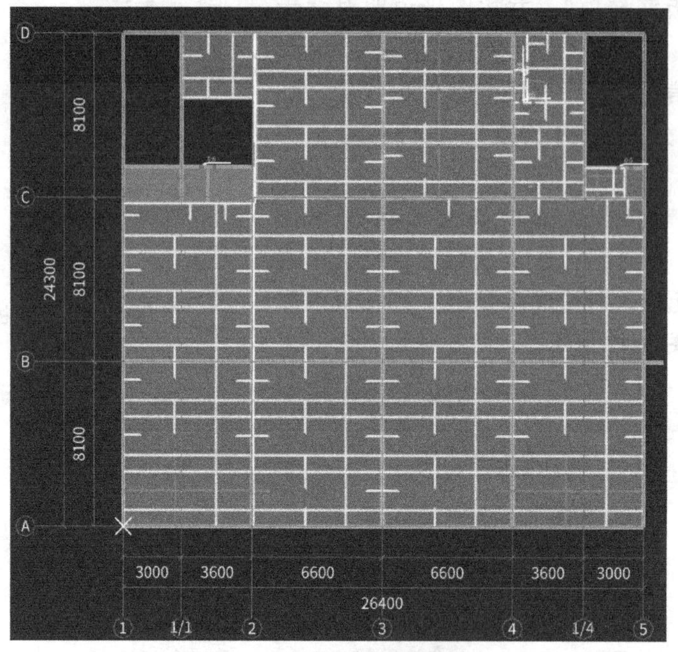

图 6-48　首层板钢筋识别结果

首层公共卫生间的顶板顶标高为 3.1m，请读者利用分层的功能绘制该板及板内钢筋，并请读者自行完成本层其他板以及第二~屋面层板及钢筋的定义与绘制。

5. 计算结果

（1）土建计算结果　本工程板的土建工程量计算结果见表 6-5。

表 6-5　板的土建工程量计算结果

序号	编码	项目名称	单位	工程量明细	
				绘图输入	表格输入
实体项目					
1	010505001001	有梁板 1. 混凝土种类:泵送商品混凝土 2. 混凝土强度等级:C25 3. 泵送高度:30m 以内 4. 板倾角(度):0	m^3	511.2486	
	6-207 H80212105 80212104	(C30 泵送商品混凝土)有梁板 换为【C25 预拌混凝土(泵送)】	m^3	511.2486	
2	010505001002	有梁板 1. 混凝土种类:泵送商品混凝土 2. 混凝土强度等级:C30 3. 泵送高度:30m 以内 4. 板倾角(度):10 以内	m^3	1.873	
	6-207	(C30 泵送商品混凝土)有梁板	m^3	1.873	

（续）

序号	编码	项目名称	单位	工程量明细	
				绘图输入	表格输入
实体项目					
3	010505001003	有梁板（止水台） 1. 混凝土种类：商品泵送混凝土 2. 混凝土强度等级：C25 3. 输送高度：30m 以内 4. 板倾角：10°以内	m^3	2.159	
	6-207 H80212105 80212104	（C30 泵送商品混凝土）有梁板 换为【C25 预拌混凝土（泵送）】	m^3	2.159	
措施项目					
1	011702014001	有梁板 模板 1. 支撑高度：5m 以内 2. 板厚：110mm 3. 板倾角（度）：0	m^2	127.6	
	21-59 R×1.3，H32020115 32020115×1.07，H32020132 32020132×1.07	现浇板厚度<20cm 复合木模板 框架柱（墙）、梁、板净高在 5m 以内 人工×1.3，材料［32020115］含量×1.07，材料［32020132］含量×1.07	10m^2	12.76	
2	011702014002	有梁板 模板 1. 支撑高度：5m 以内 2. 板厚：110mm 3. 板倾角（度）：10 以内	m^2	933.2331	
	21-59 R×1.3，H32020115 32020115×1.07，H32020132 32020132×1.07	现浇板厚度<20cm 复合木模板 框架柱（墙）、梁、板净高在 5m 以内 人工×1.3，材料［32020115］含量×1.07，材料［32020132］含量×1.07	10m^2	93.32331	
3	011702014003	有梁板 模板 1. 支撑高度：5m 以内 2. 板厚：150mm 3. 板倾角（度）：0	m^2	12.37	
	21-59 R×1.3，H32020115 32020115×1.07，H32020132 32020132×1.07	现浇板厚度<20cm 复合木模板 框架柱（墙）、梁、板净高在 5m 以内 人工×1.3，材料［32020115］含量×1.07，材料［32020132］含量×1.07	10m^2	1.237	
4	011702014004	有梁板 模板 部位：止水台	m^2	28.7909	
	21-59	现浇板厚度<20cm 复合木模板	10m^2	2.87909	
5	011702014005	有梁板 模板 1. 支撑高度：5m 以内 2. 板厚：100mm 3. 板倾角（度）：0	m^2	2909.9684	

（续）

序号	编码	项目名称	单位	工程量明细	
				绘图输入	表格输入
		措施项目			
5	21-57 R×1.6, H32020115 32020115×1.15, H32020132 32020132×1.15	现浇板厚度<10cm 复合木模板 框架柱（墙）、梁、板净高在 8m 以内 人工×1.6，材料［32020115］含量×1.15，材料［32020132］含量×1.15	10m²	290.99684	
6	011702014006	有梁板 模板 1. 支撑高度：8m 2. 板厚：100mm 3. 板倾角（度）：0	m²	884.5586	
	21-57 R×1.6, H32020115 32020115×1.15, H32020132 32020132×1.15	现浇板厚度<10cm 复合木模板 框架柱（墙）、梁、板净高在 8m 以内 人工×1.6，材料［32020115］含量×1.15，材料［32020132］含量×1.15	10m²	88.45586	
7	011702014007	有梁板 模板 1. 支撑高度：8m 2. 板厚：140mm 3. 板倾角（度）：0	m²	96.147	
	21-59 R×1.6, H32020115 32020115×1.15, H32020132 32020132×1.15	现浇板厚度<20cm 复合木模板 框架柱（墙）、梁、板净高在 8m 以内 人工×1.6，材料［32020115］含量×1.15，材料［32020132］含量×1.15	10m²	9.6147	

（2）钢筋计算结果　本工程钢筋工程量计算结果见表 6-6。

表 6-6　钢筋工程量计算结果

构件类型	钢筋总重/kg	各规格钢筋重量/kg		
		Φ6	Φ8	Φ10
圈梁	250.738	58.52		192.218
现浇板	20585.362	10427.782	7583.644	2573.936
合计	20836.1	10486.302	7583.644	2766.154

■ 6.4　拓展延伸（板）

6.4.1　板与板筋相关操作技巧

下面以第五层的楼板为例介绍板和板筋综合操作技巧。

1. 钢筋的快速绘制

（1）单板+XY 方向　左下角和右下角的两块板的配筋为底筋Φ6@100 双向，面筋Φ8@100 双向。新建这两种钢筋构件并采用“单板+XY 向布置”进行绘制。钢筋信息如图 6-49 所示。

（2）多板+双网双向布置　剩余板筋均为双层双向Φ6/Φ8@150，采用“多板+双网双向布置”进行绘制。

2. 板顶标高和厚度的修改

首先采用CAD转化的方法将第五层的楼板识别成平板（厚度为110mm），对照图纸进行修改电梯井顶板的标高和厚度，将标高修改为24.5m，将厚度修改为150mm，反建构件B-150，并显示为红色。采用“单板+双网双向布置”绘制钢筋Φ10@180，钢筋信息的填写如图6-50所示。

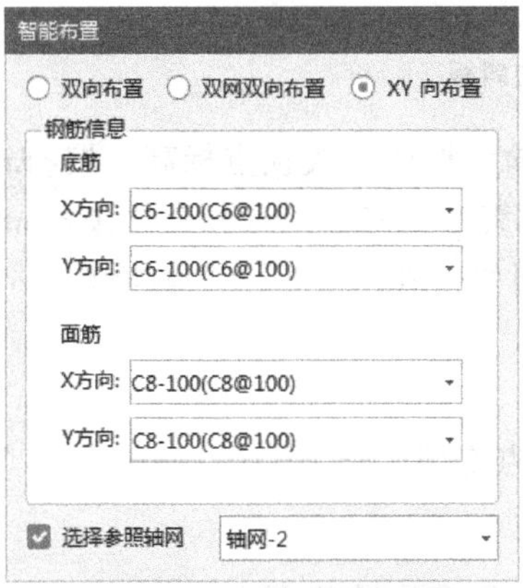

图6-49　XY向钢筋信息

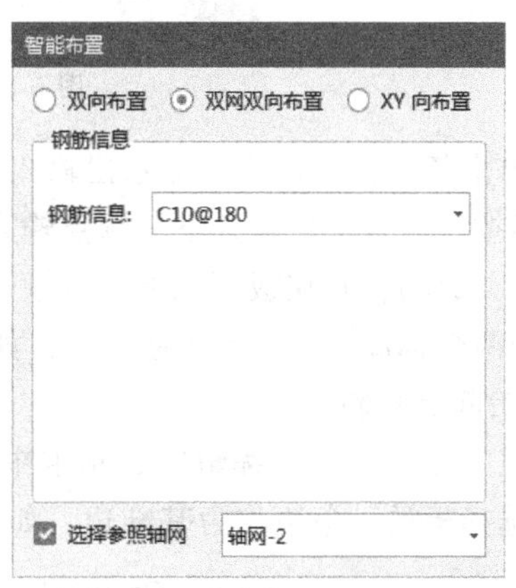

图6-50　双网双向布置钢筋信息

3. 板的合并与变斜

从CAD图中可以看到Ⓐ轴、Ⓒ轴处板顶标高为23.8m，Ⓑ轴和Ⓓ轴处板顶标高为24.0m。需要将板调整为斜板。为实现此目的，需要先将相邻的多块板合并成一块板，然后进行“三点变斜”操作。

（1）板的合并　在现浇板类下，选择需要合并的多块板，依次单击“修改”→“合并”或者单击右键快捷菜单中的“合并”。

（2）平板变斜　斜板不能直接绘制，必须先绘制平板，然后再变斜。软件提供了“三点变斜”“抬起点变斜”和“坡度变斜”三种变斜方式，单击“三点变斜”后的“▼”按钮，调出“三点变斜”子菜单，如图6-51所示。

1）三点变斜。

① 在“现浇板二次编辑”选项卡中单击“三点变斜”。

② 单击选择板图元，则显示出选中板的各顶点标高，如图6-52所示。

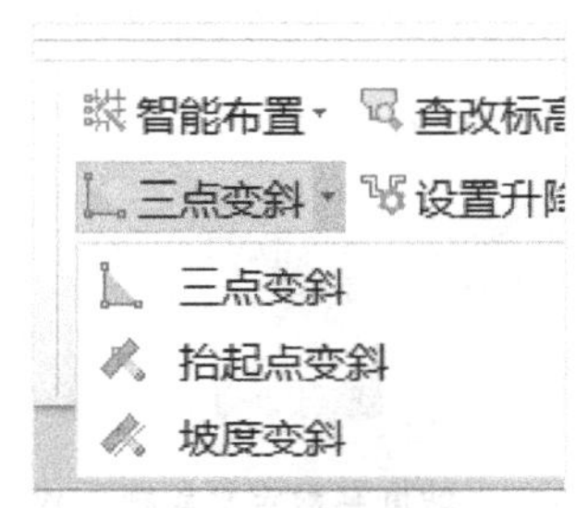

图6-51　平板变斜的方式

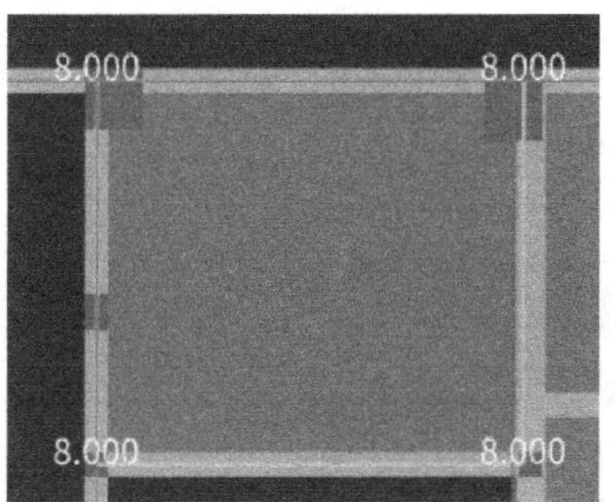

图6-52　板顶原始标高

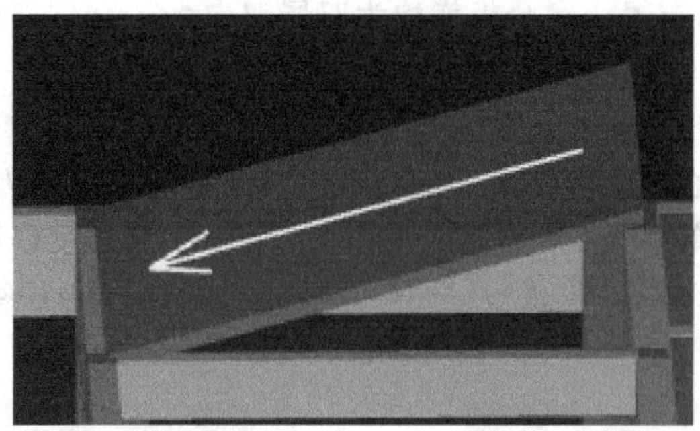

图 6-53　定义成功的斜板

③ 单击任一标高数字，显示出输入框，直接在输入框中修改顶点标高，按<Enter>键确认，光标按逆时针顺序跳入下一顶点输入框；当修改第二、三个顶点标高并按<Enter>键后，则斜板定义成功，并在板图元上显示倾斜方向线。例如，若想把板的右侧抬高 1m，则只要将右侧的两个标高“8”修改为“9”，如图 6-53 所示。

2）抬起点变斜。

① 在“现浇板二次编辑”选项卡中单击“抬起点变斜”。

② 选择板的一条边作为基准边，如图 6-54 所示。

图 6-54　基准边和择点示意

③ 单击一个抬起点，则弹出“抬起点定义斜板”对话框，如图 6-55 所示。

④ 可以选择输入抬起高度或者输入抬起点顶标高，单击“确定”按钮。

3）坡度变斜。

① 在“现浇板二次编辑”选项卡中单击“坡度变斜”。

② 单击需要变斜的板图元，然后选择斜板基准边，弹出“坡度系数定义斜板”对话框。

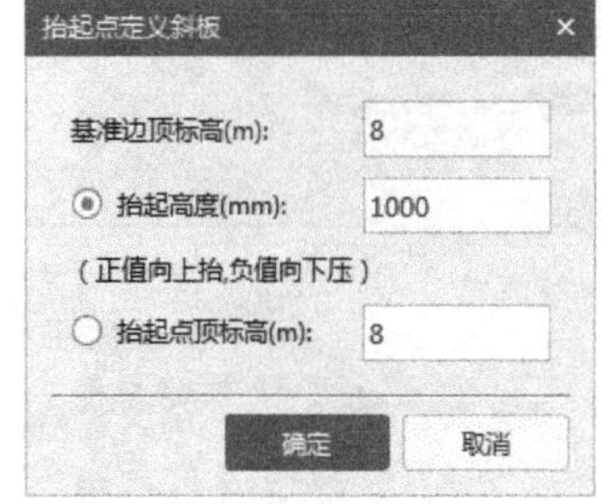

图 6-55　“抬起点定义斜板”对话框

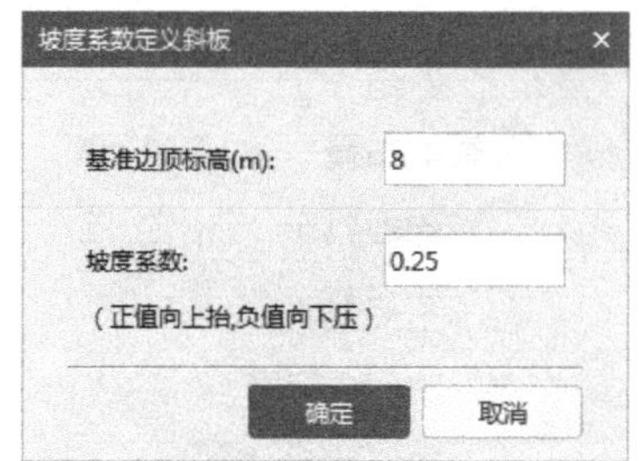

图 6-56　“坡度系数定义斜板”对话框

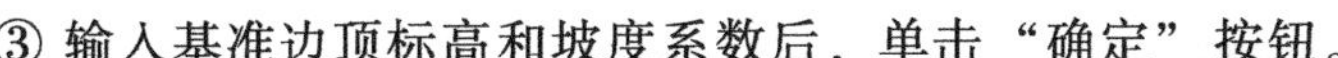

③ 输入基准边顶标高和坡度系数后，单击“确定”按钮。

4. 平齐板顶

“平齐板顶”功能位于“通用操作”选项卡上，如图 6-57 所示。单击“自动平齐板”后的“▼”按钮，出现“自动平齐板顶”和“指定平齐板顶”两项子菜单。

（1）自动平齐板 采用“自动平齐板”的功能实现与斜板相连的梁、柱、墙自动与板平齐。有时一道梁一侧或两侧有两块或多块标高不同的板，“自动平齐板”的操作会出现一些预料不到的结果。如电梯井顶板周边的四道梁，自动平齐后如图 6-58 所示，未达到平齐板顶的目的。

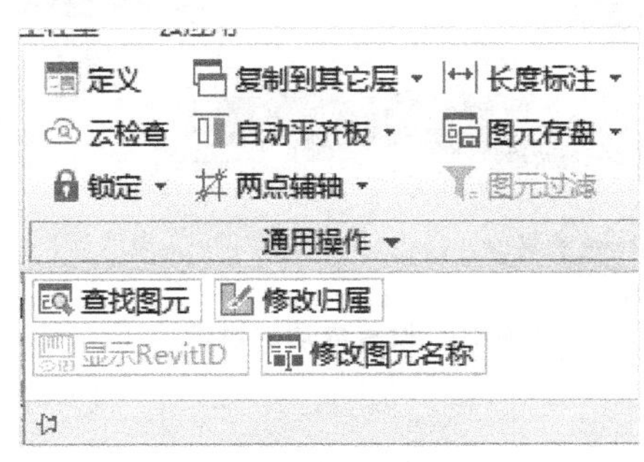

图 6-57 平齐板顶

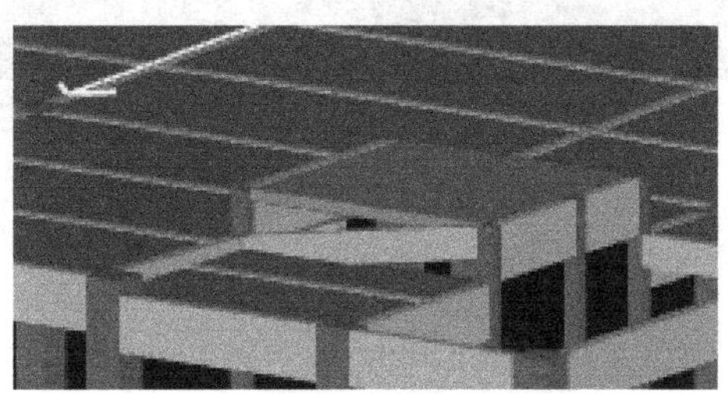

图 6-58 自动平齐后的电梯井顶板

（2）指定平齐板 对于图 6-58 中“自动平齐板”顶标高错误的板需要进行“指定平齐板”的操作，其步骤如下：

1）选择要平齐的梁，单击鼠标右键确定。

2）选定要平齐的板，单击鼠标右键确定。

对于执行“指定平齐板”操作无效的梁段，需要通过修改梁的原位标注使其恢复自动平齐板操作之前的标高。调整后屋面梁板的效果如图 6-59 所示。

图 6-59 调整后的屋面梁板

5. 设置拱板

拱板不能直接绘制，必须先绘制平板然后再将平板设置为拱板，设置步骤如下：

1）在“现浇板二次编辑”选项卡上单击“设置拱板”。

2）单击选择需要起拱的板图元，指定起拱基准线（假如沿板的竖向路线起拱）后弹出“设置拱板”对话框，如图 6-60 所示；选择弦长标注位置和起拱方向，输入起拱高度 1500mm，弦长为 3500mm，单击“确定”按钮，拱板设置成功，如图 6-61 所示。

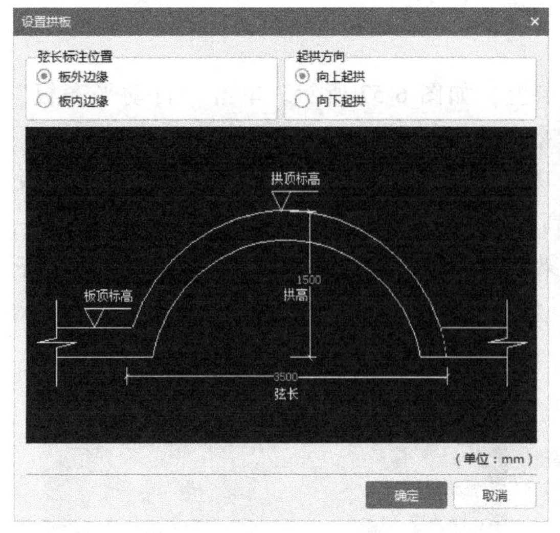

图 6-60 “设置拱板”对话框

图 6-61 设置成功的拱板

6.4.2 悬挑结构板

悬挑结构是工程结构中常见的结构形式之一，这种结构是从主体结构悬挑出梁或板，形成悬臂结构，其本质上仍是梁板结构。悬挑板的种类较多，如雨篷、挑檐、空调板、飘窗上下板、天沟、檐沟等，有时挑檐等的外边缘还上翻一定高度，有时上翻部分的顶端还带有飞边。根据上翻高度的不同，各地都分别制定了相应的工程量计算规则和相应的定额子目。当上翻高度较低时，上翻部分的工程量并入挑檐，套用复式雨篷定额；上翻高度较高时，上翻部分按栏板计算套用栏板定额，水平部分套用板式雨篷定额。水平投影面积按板底水平投影面积计算，不计飞边的宽度。具体上翻高度的界限应根据当地定额工程量计算规则而定。

1. 挑檐

挑檐是指屋面（楼面）挑出外墙的部分，一般挑出宽度不大于500mm，是连续设置的。主要是为了方便做屋面排水，对外墙也起到保护作用。一般南方多雨，出挑较大，北方少雨，出挑较小。高层建筑直通室外的安全出口上方，应设置挑出宽度不小于 1.0m 的防护挑檐。

根据挑檐的造型，分为板式、下翻挑檐和上翻挑檐。一般挑檐多为上翻挑檐，计算工程量和套定额时根据上翻高度的不同分别计算工程量和套用定额子目。例如，某地规定挑檐的翻檐高度在 250mm 以内时并入相应工程量按水平投影面积计算；超过 250mm 时按天沟、檐沟竖向挑板计算。

软件中也有挑檐构件，属于“其他”构件类，分为面式挑檐和线式异形挑檐两种。它的绘制方法与面式或线式其他图元的绘制方法相同。下面仅介绍“形状”和“类别”这两个独有的属性。“形状”由新建挑檐形式确定，“类别”可以选择“板式”或“复式”。

面式挑檐的属性如图 6-62 所示。线式异形挑檐的属性如图 6-63 所示。

	属性名称	属性值	附加
1	名称	TY-1	
2	形状	面式	☐
3	板厚(mm)	100	☐
4	材质	现浇混凝土	☐
5	混凝土类型	(粒径31.5砼32.5级坍落度35~50)	☐
6	混凝土强度等级	(C20)	☐
7	顶标高(m)	层顶标高	☐
8	类别	板式	☐
9	混凝土类别	自拌砼	☐

图 6-62　面式挑檐的属性

	属性名称	属性值	附加
1	名称	TY-2	
2	形状	异形	☐
3	截面形状	异形	☐
4	截面宽度(mm)	1000	☐
5	截面高度(mm)	400	☐
6	轴线距左边线...	(500)	☐
7	材质	现浇混凝土	☐
8	混凝土类型	(粒径31.5砼32.5级坍落度35~50)	☐
9	混凝土强度等级	(C20)	☐
10	截面面积(m²)	0.24	☐
11	起点顶标高(m)	层顶标高	☐
12	终点顶标高(m)	层顶标高	☐
13	类别	板式	☐

图 6-63　线式异形挑檐的属性

2. 雨篷

雨篷都是在大门或者外窗之上，多数是独立的，它设置在建筑物入口处，起遮雨和防止高空落物的作用。雨篷分为板式雨篷与复式雨篷，雨篷的三个檐边往上翻的为复式雨篷，仅为平板的为板式雨篷。雨篷的工程量计算规则如下：

当雨篷的挑出宽度超过 1.5m 时，分别按柱、梁、板套用相应定额；复式雨篷的翻边内口从雨篷上表面到翻边顶端超过 250mm 时，其超过部分按竖向挑板定额执行（超过部分的含模量也应按竖向挑板含模量计算）。

软件中雨篷的属性如图 6-64 所示。

3. 栏板

栏板是建筑物中起围护作用的一种构件，是一种板状护栏设施，封闭连续，一般用于阳

	属性名称	属性值	附加
1	名称	YP-1	
2	板厚(mm)	100	☐
3	材质	现浇混凝土	☐
4	混凝土类型	(粒径31.5砼32.5级坍落度35~50)	☐
5	混凝土强度等级	(C20)	☐
6	顶标高(m)	层顶标高	☐
7	类别	板式	☐
8	混凝土类别	自拌砼	☐
9	备注		☐
10	− 钢筋业务属性		
11	其它钢筋		
12	汇总信息	(雨蓬)	☐
13	− 土建业务属性		
14	计算设置	按默认计算设置	
15	计算规则	按默认计算规则	
16	建筑面积...	不计算	☐
17	模板类型	组合钢模板	☐
18	+ 显示样式		

图 6-64　雨篷的属性

台、屋面女儿墙处，高度一般在 1m 左右。

处于不同位置时，各地定额对其工程量的计算规定也有不同，一般情况下按以下规定处理：在屋面上材质为混凝土、直线型、厚度小于 100mm 的、形状为异形的、高度小于 1.5m 的，计价时一般按栏板计算；在屋面上材质为混凝土、直线型、厚度大于 100mm 的，计价时按剪力墙计算。

软件中的栏板分为矩形栏板和异形栏板，属于线式构件，支持所有的线式图元的绘制方法。

(1) 矩形栏板的属性　矩形栏板的属性如图 6-65 所示。矩形栏板构件可以方便地处理钢筋信息，尤其是沿绘制长度方向的钢筋长度不需要人工输入，软件可自动计算。

	属性名称	属性值	附加
1	名称	LB-1	
2	截面宽度(mm)	100	☐
3	截面高度(mm)	900	☐
4	轴线距左边线...	(50)	☐
5	水平钢筋	(2)⊈8@200	☐
6	垂直钢筋	(2)⊈8@200	☐
7	拉筋	Φ6@600*600	☐
8	材质	现浇混凝土	☐

图 6-65　矩形栏板的属性

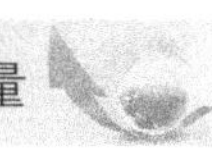

（2）异形栏板的属性　异形栏板的属性如图 6-66 所示。栏板中的钢筋只能通过“其他钢筋”属性来处理，沿绘制长度方向的钢筋长度需要人工输入。

属性列表　图层管理

	属性名称	属性值	附加
1	名称	LB-2	
2	截面形状	异形	☐
3	截面宽度(mm)	1000	☐
4	截面高度(mm)	1000	☐
5	轴线距左边线...	(500)	☐
6	材质	现浇混凝土	☐
7	混凝土类型	(粒径31.5砼32.5级坍落度35~50)	☐
8	混凝土强度等级	(C20)	☐
9	截面面积(m^2)	0.37	☐
10	起点底标高(m)	层底标高	☐
11	终点底标高(m)	层底标高	☐
12	混凝土类别	自拌砼	☐
13	备注		☐
14	⊟ 钢筋业务属性		
15	其它钢筋		

图 6-66　异形栏板的属性

4. 阳台

阳台挑出宽度超过 1.8m 时，不执行阳台定额，另按相应有梁板定额执行。

一般情况下，阳台是由挑出墙外的梁、板、栏板、阳台窗等构成的，且阳台处的挑梁与框架梁是连接在一起的，梁板的钢筋分别体现在楼层梁、板的配筋图中，所以，在套用梁板的做法时要注意区分梁、板和阳台。软件中只给出了一种面式阳台构件。

5. 天沟、檐沟竖向挑板

（1）天沟　天沟是指建筑物屋面两跨间的下凹部分。屋面排水分有组织排水和无组织排水（自由排水）。有组织排水一般是将雨水集到天沟内再由雨水管排下，聚集雨水的沟称为天沟。天沟分内天沟和外天沟：内天沟是指在外墙以内的天沟，一般有女儿墙；外天沟是挑出外墙的天沟，一般无女儿墙。

（2）檐沟　檐沟是指对老式建筑房屋屋面檐口下横向的排水沟单独安装的一种有组织排水装置，用于承接屋面的雨水，然后由竖管引到地面。单跨建筑上面有组织排水的挑檐和多跨建筑最外边的挑檐也称为檐沟。

檐沟与天沟没有明确的界限，都是有组织排水用的，两者的实际作用、做法和算法都是相同的，只是位置不同。

（3）工程量计算规则　天沟底板与侧板工程量应分别计算：底板按板式雨篷以板底水平投影面积计算，侧板按天沟、檐沟竖向挑板以体积计算。

（4）天沟和檐沟的定义建模　天沟和檐沟在软件中无对应的构件类型，其底板可以采用挑檐来定义和绘制，沟壁可以采用栏板构件进行定义和绘制。定义和绘制的方法不再赘述。

6. 墙身大样中悬挑构件的处理

建筑结构施工图中，突出墙面的构件一般以墙身大样图的形式详细表示，如图 6-67 和图 6-68 所示的墙身大样，图 6-67a 是空调板放置空调的一端，图 6-67b 是空调板中不放置空调的一端，均可以采用异形挑檐或异形栏板构件一次性建模，在做法中分别套用不同的清单和定额子目，在“工程量表达式”列编辑“工程量代码”。

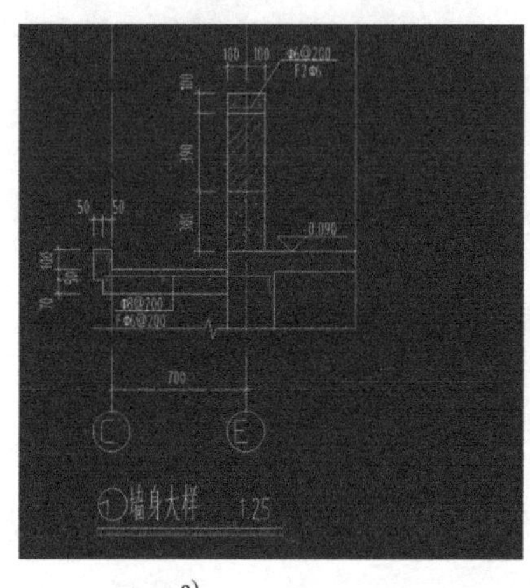

a)

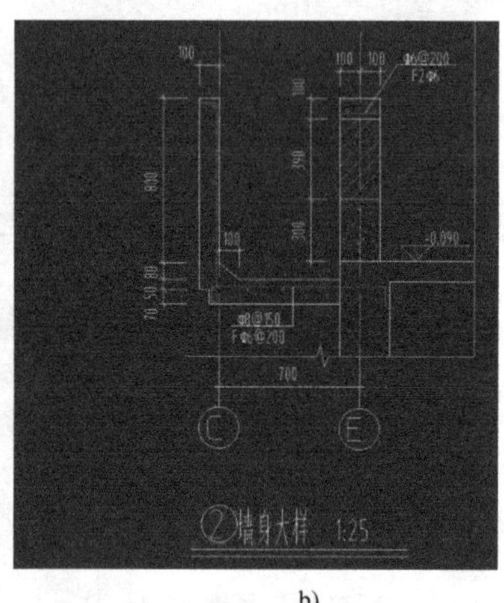

b)

图 6-67　墙身大样 1（上翻不带飞边）

注：1. a）图：上翻部分工程量并入挑檐，套用复式雨篷定额。

2. b）图：工程量分别计算，水平部分套用板式雨篷定额、立板套栏板定额。

3. 水平投影面积均按出墙 700mm 计算。

4. 挑檐与栏板的分界线为挑檐板顶面。

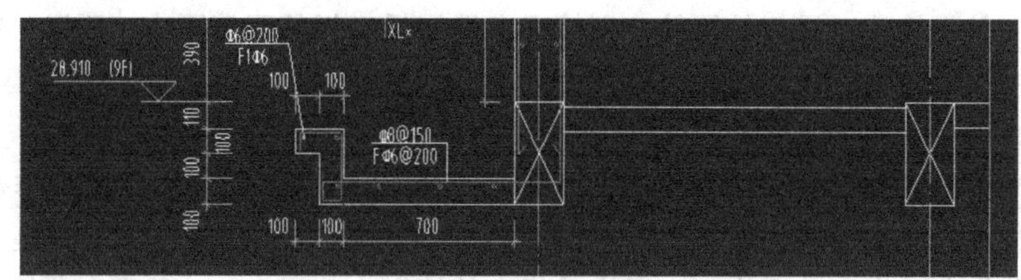

图 6-68　墙身大样 2（上翻带飞边）

注：1. 上翻部分工程量并入挑檐，套用复式雨篷定额。

2. 水平投影面积按出墙 800mm 计算。

下面以图 6-67b 为例，介绍异形栏板构件的属性、钢筋和做法的定义方法。

（1）属性定义　在栏板构件管理器中新建“异形栏板”，打开“异形截面编辑器”编辑如图 6-69 所示的异形栏板，设置插入点（配合将插入点设置在楼层层底标高处，即红色“×”所在位置，根据读者绘图的习惯，也可以设置在方便绘图的其他位置）。单击“确定”按钮后在其属性编辑器中将名称改为“异形栏板”，其属性如图 6-70 所示。在“其它钢筋”属性中编辑钢筋。

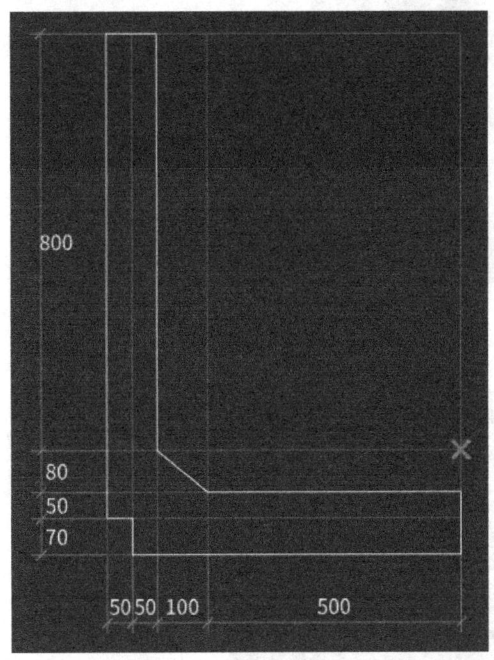

图 6-69　异形栏板示例

属性列表　图层管理

	属性名称	属性值	附加
1	名称	异形栏板	
2	截面形状	异形	☐
3	截面宽度(mm)	700	☐
4	截面高度(mm)	1000	☐
5	轴线距左边线...	(350)	☐
6	材质	现浇混凝土	☐
7	混凝土类型	(粒径31.5砼32.5级坍落度35~50)	☐
8	混凝土强度等级	(C20)	☐
9	截面面积(m²)	0.173	☐
10	起点底标高(m)	层底标高	☐
11	终点底标高(m)	层底标高	☐
12	混凝土类别	自拌砼	☐
13	备注		☐
14	⊟ 钢筋业务属性		
15	其它钢筋		
16	保护层厚...	(25)	☐
17	汇总信息	(栏板)	☐
18	抗震等级	(非抗震)	☐
19	锚固搭接	按默认锚固搭接计算	
20	计算设置	按默认计算设置计算	
21	节点设置	按默认节点设置计算	
22	搭接设置	按默认搭接设置计算	
23	⊞ 土建业务属性		
27	⊞ 显示样式		

图 6-70　异形栏板属性

（2）钢筋定义　栏板钢筋定义的方法有两种，一种是在“其它钢筋”属性中进行编辑，另一种是在“截面编辑”对话框中进行。在“其它钢筋”属性中进行编辑时，沿绘制长度方向的钢筋需要给定长度。在“截面编辑”对话框进行编辑，则不需要给定长度，其长度由软件根据绘制的长度自动确定。按该构件的长度为800mm，受力筋为Φ8@150，分布筋为Φ6@200。

1）在“其它钢筋”属性中编辑。打开“其它钢筋”属性，添加钢筋信息如图 6-71 所示。单击“确定”按钮后，在“其它钢筋”属性后出现了此异形栏板中的钢筋图号“361”和“1”。

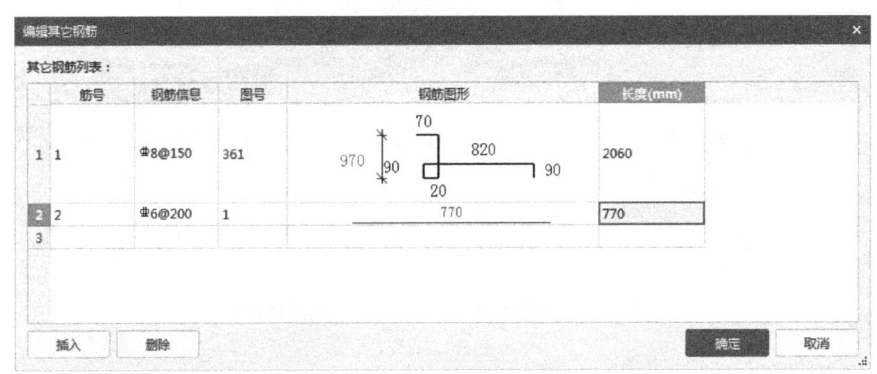

编辑其它钢筋

其它钢筋列表：

	筋号	钢筋信息	图号	钢筋图形	长度(mm)
1	1	Φ8@150	361	70 970 90 820 90 20	2060
2	2	Φ6@200	1	770	770
3					

插入　删除　确定　取消

图 6-71　异形栏板钢筋定义 1（其他钢筋属性）

2）在“截面编辑”对话框中编辑。在“截面编辑”对话框中，以点式布置分布筋，以直线式绘制受力筋，如图 6-72 所示。

（3）做法定义　该异形栏板的混凝土和模板的做法如图 6-73 所示。通过在做法定义界

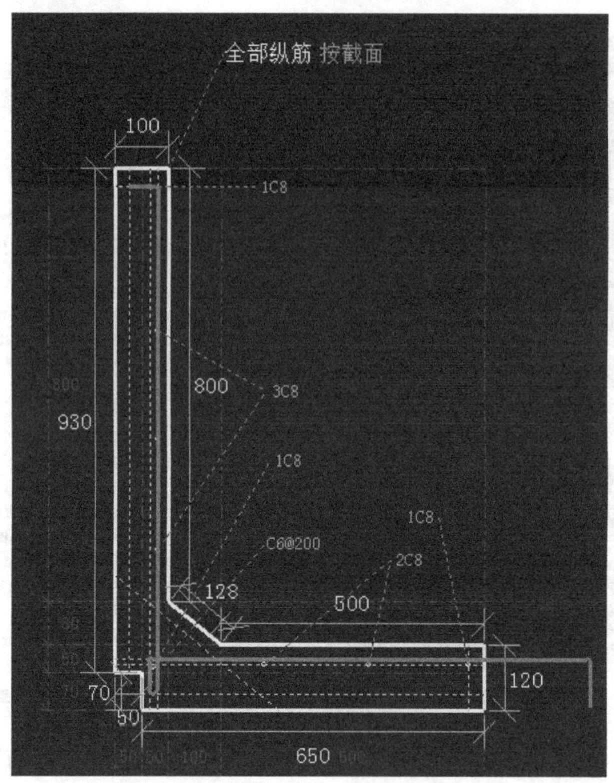

图 6-72　异形栏板配筋编辑（截面编辑）

面套用装修工程量的清单和定额并编辑工程量表达式，不绘制栏板装饰构件图元，也能计算出栏板的装修工程量，达到少绘图多算量的目的。请读者自行完成其余两个墙体大样的属性、钢筋和做法定义。

添加清单　添加定额　删除　查询　项目特征　fx 换算　做法刷　做法查询　提取做法　当前构件自动套做法

	编码	类别	名称	项目特征	单位	工程量表达式	表达式说明	单价
1	− 010505007	项	天沟(檐沟)、挑檐板	1. 混凝土种类:泵送商品混凝土 2. 混凝土强度等级:C25	m3	TJ-ZXXCD*(0.88*0.1+0.1*0.08/2)	TJ<体积>-ZXXCD<中心线长度>*(0.88*0.1+0.1*0.08/2)	
2	6-215	定	(C20泵送商品砼) 水平挑檐 板式雨篷		m2水平投影面积	MJ	MJ<面积>	454.41
3	− 010505006	项	栏板	1. 混凝土种类:泵送商品混凝土 2. 混凝土强度等级:C25	m3	ZXXCD*(0.88*0.1+0.1*0.08/2)	ZXXCD<中心线长度>*(0.88*0.1+0.1*0.08/2)	
4	6-222	定	(C20泵送商品砼) 栏板		m3	ZXXCD*(0.88*0.1+0.1*0.08/2)	ZXXCD<中心线长度>*(0.88*0.1+0.1*0.08/2)	520.19
5	− 011702023	项	雨篷、悬挑板、阳台板模板		m2	MJ-(0.88+0.8+0.13)*ZXXCD	MJ<面积>-(0.88+0.8+0.13)*ZXXCD<中心线长度>	
6	21-76	定	现浇水平挑檐、板式雨篷 复合木模板		m2水平投影面积	MJ-(0.88+0.8+0.13)*ZXXCD	MJ<面积>-(0.88+0.8+0.13)*ZXXCD<中心线长度>	856.96
7	− 011702021	项	栏板 模板		m2	(0.88+0.8+0.13)*ZXXCD	(0.88+0.8+0.13)*ZXXCD<中心线长度>	
8	21-87	定	现浇竖向挑板、栏板复合木模板		m2	(0.88+0.8+0.13)*ZXXCD	(0.88+0.8+0.13)*ZXXCD<中心线长度>	665.11

图 6-73　异形栏板的混凝土和模板的做法

6.4.3　螺旋板与柱帽

1. 螺旋板

地下车库带有转弯的汽车坡道会采用螺旋板进行设计，绘制这种汽车坡道时必须采用螺旋板构件进行定义。

（1）螺旋板的属性定义 螺旋板的属性如图 6-74 所示。下面仅介绍与现浇板不同的属性的意义。

1）宽度：螺旋板的内弧边至外弧边的距离。

2）内半径：螺旋板弧形内边至圆心点的距离，如图 6-75 所示。

属性列表 图层管理

	属性名称	属性值	附加
1	名称	LXB-1	
2	宽度(mm)	1000	☐
3	厚度(mm)	100	☐
4	内半径(mm)	1500	☐
5	旋转方向	逆时针	☐
6	旋转角度(°)	90	☐
7	横向放射配筋间距度量定位位置	螺旋板中线	☐
8	横向放射底筋		☐
9	纵向底筋		☐
10	横向放射面筋		☐
11	纵向面筋		☐
12	混凝土类型	(粒径31.5砼32.5级坍落度3...	☐
13	混凝土强度等级	(C25)	☐
14	混凝土外加剂	(无)	
15	泵送类型	(混凝土泵)	
16	泵送高度(m)		
17	顶标高(m)	层顶标高	☐
18	底标高(m)	层底标高	☐
19	备注		☐
20	⊟ 钢筋业务属性		
21	马凳筋参数图		
22	马凳筋信息		☐
23	线形马凳筋方向	平行横向受力筋	☐
24	拉筋		☐
25	马凳筋数量计算方式	向上取整+1	☐
26	拉筋数量计算方式	向上取整+1	☐
27	其它钢筋		
28	保护层厚度(mm)	(20)	☐
29	汇总信息	(螺旋板)	☐

图 6-74 螺旋板的属性

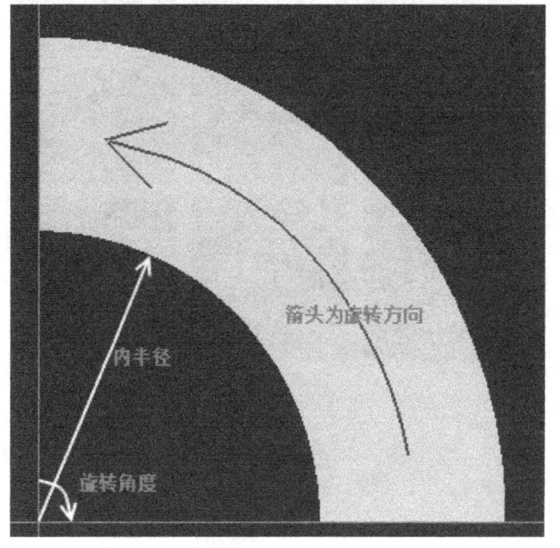

图 6-75 螺旋板的内半径、放置方向和放置角度属性解释

3）旋转方向：选择螺旋板旋转的方向，默认为逆时针。

4）旋转角度：螺旋板的两个直形边所形成的角度，默认为 90°。

5）横向放射配筋间距度量定位位置：横向放射配筋是指螺旋板宽度方向的配筋；间距度量及间距标准线，则说明以哪个位置的弧线为准来按间距布置钢筋。

6）横向放射底筋：宽度方向的底部钢筋。

7）纵向底筋：螺旋板长度方向的底部钢筋。

8）横向放射面筋：宽度方向的上部钢筋。

9）纵向面筋：螺旋板长度方向的上部钢筋。

定义螺旋板时一定要计算好底标高、顶标高、内半径和旋转角度。

（2）螺旋板的做法定义和绘制 螺旋板在《房屋建筑与装饰工程工程量计算规范》（GB 50854—2013）和当地建筑与装饰工程计价定额中均未找到相应的清单项目和定额子

目。可以选择有梁板的清单项目，定额子目可以参照拱板。

只能采用点式画法绘制螺旋板，其插入点是螺旋的圆心。

2. 柱帽

(1) 柱帽的属性定义 柱帽的参数化图形如图 6-76 所示。选择参数化图形，修改图形中的截面尺寸参数和钢筋信息后，单击“确定”按钮，完成柱帽属性定义。柱帽的属性如图 6-77 所示。

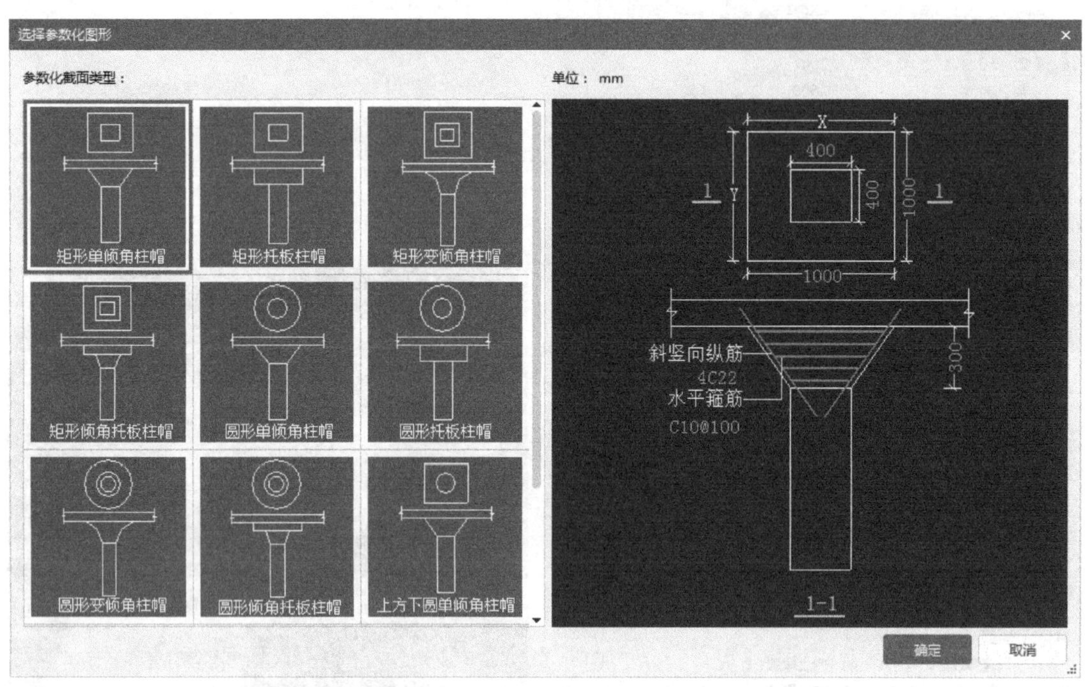

图 6-76 柱帽的参数化图形

属性列表	图层管理		
	属性名称	属性值	附加
1	名称	ZM-1	
2	柱帽类型	矩形单倾角柱帽	☐
3	柱帽截长(mm)	1000	☐
4	柱帽截宽(mm)	1000	☐
5	柱头截长(mm)	400	☐
6	柱头截宽(mm)	400	☐
7	柱帽高度(mm)	300	☐
8	配筋形式	采用斜向纵筋	☐
9	斜竖向纵筋	4⌀22	☐
10	水平箍筋	⌀10@100	☐
11	是否按板边切割	是	☐
12	材质	现浇混凝土	☐
13	混凝土类型	(粒径31.5砼32.5级坍落度35~...	☐
14	混凝土强度等级	(C25)	☐
15	混凝土外加剂	(无)	
16	泵送类型	(混凝土泵)	
17	泵送高度(m)		
18	顶标高(m)	顶板底标高	☐

图 6-77 柱帽的属性

(2) 柱帽的做法定义和绘制　根据工程量清单计量规范和定额工程量计算规则的规定，柱帽工程量与板工程量合并，套用无梁板清单和定额。

可以采用点式画法和智能布置两种方法绘制柱帽，智能布置的参照图元可以是柱，也可以是轴线。绘制完成后还可以通过“查改标注”修改截面尺寸。

思考题

1. 软件中板分为哪几类？
2. 板定义时应该注意调整哪几项属性？
3. 如何快速找到需要的清单项目和定额子目？
4. 板按属性过滤与按类型过滤后的定额子目有何特点？
5. 添加清单和定额的方式有哪几种？各应如何操作？
6. 板清单的项目特征应该描述哪几项？
7. 混凝土类别分为哪几种？
8. 板属性中的混凝土类型与类别有何区别？
9. 混凝土外加剂有哪几种？
10. 混凝土的泵送方式有哪几种？
11. 板顶标高的调整方式有哪几种，各有什么特点？
12. 常用的马凳筋的类型有哪几种，各自的常用尺寸是怎样的？
13. 钢筋业务属性中的拉筋在什么情况下使用？
14. 钢筋业务属性中的其他钢筋在什么情况下使用？
15. 板图元的绘制方法有哪几种？各自的适用条件是什么？
16. 如何进行板的分割与合并？
17. 如何进行板的拉伸？
18. 如何进行板的偏移？偏移的方式有几种？各适用于哪种情况？
19. 板的偏移与移动有何区别？
20. 板的偏移与板延伸到墙梁边有何区别？
21. 平板变斜板有哪几种方法？各应如何操作？
22. 平板变斜后，与该板相连的梁如何快速变斜？如何快速调整与其相连的柱、墙标高？
23. 升降板如何设置？在何种情况下使用？
24. 板智能布置的参考图元有哪些？
25. 识别板的操作步骤有哪些？有什么需要注意的问题？
26. 软件中钢筋分为几类？
27. 负筋中的左弯折和右弯折的意义是什么？如何确定其数值？
28. 板受力筋布置范围有几种选择？布置方式有几种选择？
29. 板负筋的布置方式有哪些？
30. XY 方向有几种情况，其各自的适用条件是什么？
31. 如何查看钢筋的布置范围？

32. 如何确定哪些板块已经布置了钢筋？
33. 如何修改钢筋的标注？
34. 如何交换钢筋的标注？交换钢筋标注适用于何种情况？
35. 识别板受力筋和负筋的方式有几种，各自的操作步骤是怎样的？
36. 根据你使用软件的经验，谈谈水井板、电井板的处理方法？
37. 根据你使用软件的经验，叠合板有几种处理方式？各种处理方式的优缺点是什么？
38. 根据你使用软件的经验，如何定义需要单独提量的叠合板板顶钢筋？
39. 根据你使用软件的经验，如何定义叠合板间的后浇板带更好？
40. 请完成第二层~屋面层各层板的构件定义、做法定义和图元绘制。
41. 如何建模处理螺旋汽车坡道的工程量？
42. 当柱上只有半个柱帽时，应如何处理？

第 7 章

墙的建模与算量

学习目标

了解墙体的主要分类，掌握砌体墙的建模流程与方法，掌握剪力墙的建模流程与方法；熟练掌握墙构件相关的命令操作，能够应用算量软件定义并绘制墙构件，准确套用清单及定额，并计算墙构件工程量；掌握剪力墙的属性和做法定义的方法，掌握异形墙的定义和绘制方法，掌握画一图元能算多量的技巧；掌握砌体加筋的处理方法，掌握参数化墙、保温墙、轻质隔墙、幕墙的定义方法，掌握墙体的二次编辑方法，掌握剪力墙约束边缘构件非阴影区钢筋的处理方法。

■ 7.1　墙的基础知识

7.1.1　墙及相关构件

1. 墙的种类

墙是建筑物的重要组成部分，它的作用是承重、围护或分隔空间。按所处的位置，墙可分为内墙和外墙。外墙是指建筑物四周与外界交接的墙体。内墙是指建筑物内部的墙体。

按布置方向，墙可分为纵墙和横墙。纵墙是指与屋长轴方向一致的墙。横墙是指与房屋短轴方向一致的墙。外纵墙通常称为檐墙。外横墙通常称为山墙。

按受力情况，墙可分为承重墙和非承重墙。承重墙是指承受上部荷载的墙，如剪力墙、砖混结构中砌体墙等。非承重墙是指不承受上部荷载的墙，如轻质隔墙等。

按构成材料，墙可分为砌体墙（砖墙、石墙、砌块墙）、混凝土墙、钢筋混凝土墙、轻质板材墙、玻璃幕墙、金属幕墙和石材幕墙等。

本节主要介绍砌体墙和钢筋混凝土剪力墙。轻质板材墙和幕墙，请读者参阅本章拓展延伸相关内容。

2. 圈梁与构造柱

为了加强砌体墙的抗震性能，经常在规定的位置设置圈梁和构造柱。圈梁多用于楼梯间砌体墙、电梯井壁砌体墙、层高超过 4m 的砌体墙、墙长超过墙高 2 倍的砌体墙中。在厨房、卫生间等有水房间的四周砌体墙底经常设置止水台，女儿墙顶经常设置压顶，这些构件可以使用圈梁构件进行建模算量。

构造柱属于二次结构，一般在主体结构施工完成后开始施工，构造柱分为带马牙槎与不带马牙槎两种。在砌体墙中一般采用带马芽槎的构造柱，在轻质混凝土墙板（ALC 板）墙中一般采用不带马牙槎的构造柱。

3. 钢筋混凝土剪力墙平法表示

剪力墙结构由剪力墙柱（约束边缘构件、构造边缘构件、非边缘暗柱、扶壁柱）、剪力墙身和剪力墙梁（连梁、暗梁、边框梁）三大部分组成。

剪力墙平法施工图的表示方法分为列表注写方式和截面注写方式。

列表注写方式是分别在剪力墙柱表、剪力墙身表和剪力墙梁表中，对应于剪力墙平面布置图上的编号，用绘制截面配筋图并注写几何尺寸与配筋具体数值的方式，来表达剪力墙平法施工图。

截面注写方式是在分标准层绘制的剪力墙平面布置图上，以直接在墙柱、墙身、墙梁上注写截面尺寸和配筋具体数值的方式来表达剪力墙平法施工图。

（1）编号规则

1）墙柱编号规则。将剪力墙按剪力墙柱、剪力墙身和剪力墙梁（简称为墙柱、墙身和墙梁）三类构件分别编号。其中墙柱代号由墙柱类型代号和序号组成，见表 7-1。

表 7-1　墙柱编号规则

墙柱类型	代号	序号
约束边缘构件	YBZ	××
构造边缘构件	GBZ	××
非边缘暗柱	AZ	××
挂壁柱	FBZ	××

注：1. 约束边缘构件包括约束边缘暗柱、约束边缘端柱、约束边缘翼墙、约束边缘转角墙四种，如图 7-1 所示。
2. 构造边缘构件包括构造边缘暗柱、构造边缘端柱、构造边缘翼墙、构造边缘转角墙四种，如图 7-2 所示。

2）墙身编号规则。墙身编号由墙身代号、序号以及墙身所配置的水平与竖向分布钢筋的排数组成，其中排数注写在括号内。地上剪力墙表达式为 Q××（×排），地下室外墙表达式为 DWQ××。其中，Q 表示地上剪力墙；DWQ 表示地下室外墙（指仅起挡土作用的地下室外墙）；××表示墙的序号；（×排）表示剪力墙的钢筋配置排数，缺省时默认为 2 排。

3）墙梁编号规则。墙梁编号由墙梁类型代号和序号组成，墙梁编号规则见表 7-2。

表 7-2　墙梁编号规则

墙梁类型	代号	序号
连梁	LL	××
连梁(对角暗撑配筋)	LL(JC)	××
连梁(交叉斜筋配筋)	LL(JX)	××
连梁(集中对角斜筋配筋)	LL(DX)	××
连梁(跨高比不小于 5)	LLK	××
暗梁	AL	××
边框梁	BKL	××

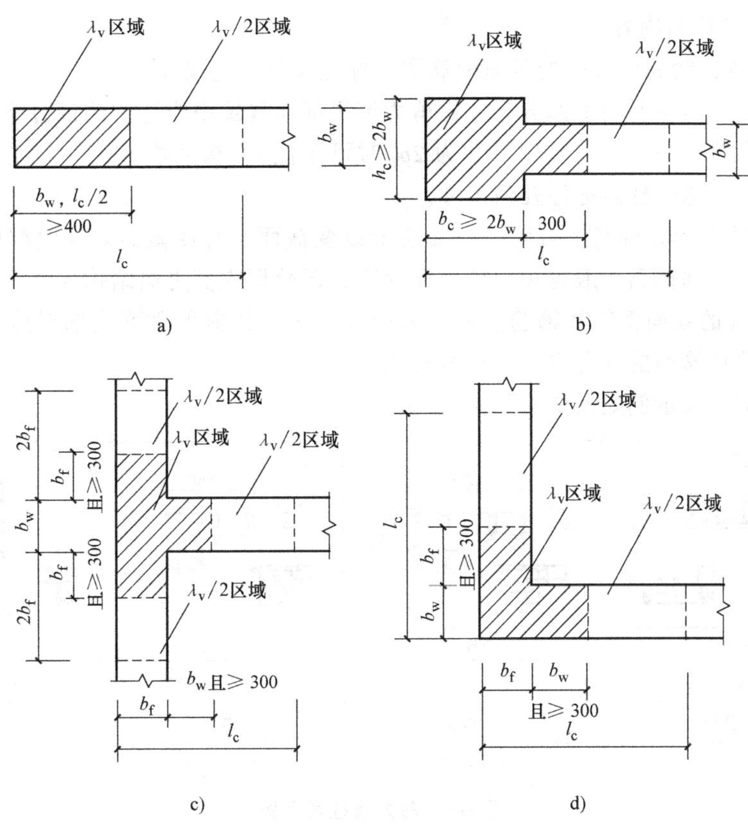

图 7-1 约束边缘构件

a）约束边缘暗柱 b）约束边缘端柱 c）约束边缘翼墙 d）约束边缘转角墙

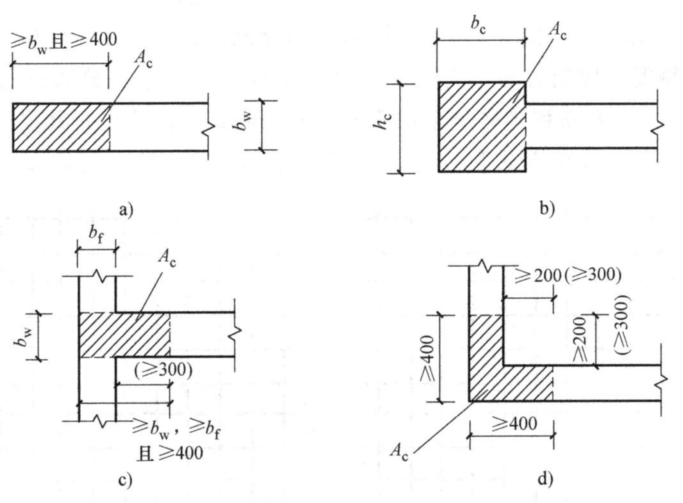

图 7-2 构造边缘构件

a）构造边缘暗柱 b）构造边缘端柱 c）构造边缘翼墙（括号中数值用于高层建筑）

d）构造边缘转角墙（括号中数值用于高层建筑）

（2）列表方式注写内容

1）墙柱列表注写内容。

① 墙柱编号，绘制该墙柱的截面配筋图，标注墙柱几何尺寸。

约束边缘构件需注明阴影部分尺寸；剪力墙平面布置图中应注明约束边缘构件沿墙肢长度 l_c（约束边缘翼墙中沿墙肢长度尺寸为 $2b_f$ 时可不注）；构造边缘构件需注明阴影部分尺寸；扶壁柱及非边缘暗柱需标注几何尺寸。

② 各段墙柱的起止标高。自墙柱根部往上以变截面位置或截面未变但配筋改变处为界分段注写。墙柱根部标高一般是指基础顶面标高，部分框支剪力墙结构为框支梁顶面标高。

③ 各段墙柱的纵向钢筋和箍筋。注写值应与在表中绘制的截面配筋对应一致。纵向钢筋总配筋值、墙柱箍筋的注写方式与柱箍筋相同。

剪力墙柱配筋表示例如图 7-3 所示。

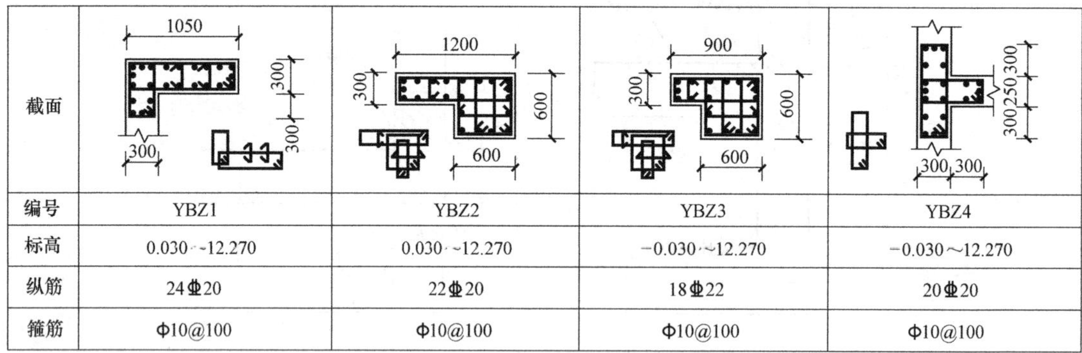

截面	1050 / 300 / 300 / 300	1200 / 300 / 600 / 600	900 / 300 / 600 / 600	300 / 250 / 300 / 300 / 300
编号	YBZ1	YBZ2	YBZ3	YBZ4
标高	0.030~12.270	0.030~12.270	−0.030~12.270	−0.030～12.270
纵筋	24Φ20	22Φ20	18Φ22	20Φ20
箍筋	Φ10@100	Φ10@100	Φ10@100	Φ10@100

图 7-3　剪力墙柱表示例

2）墙身列表注写内容

① 墙身编号，含水平与竖向分布钢筋的排数。

② 各段墙身起止标高。自墙身根部往上以变截面位置或截面未变但配筋改变处为界分段注写。墙身根部标高一般是指基础顶面标高，部分框支剪力墙结构为框支梁顶面标高。

③ 水平分布钢筋、竖向分布钢筋和拉结筋的具体数值。水平分布钢筋和竖向分布钢筋的注写数值为一排水平钢筋和竖向分布钢筋的规格与间距，具体设置几排已经在墙身编号后面表达。拉结筋应注明分布方式为“矩形”或“梅花形”。拉结筋的布置方式如图 7-4 所示

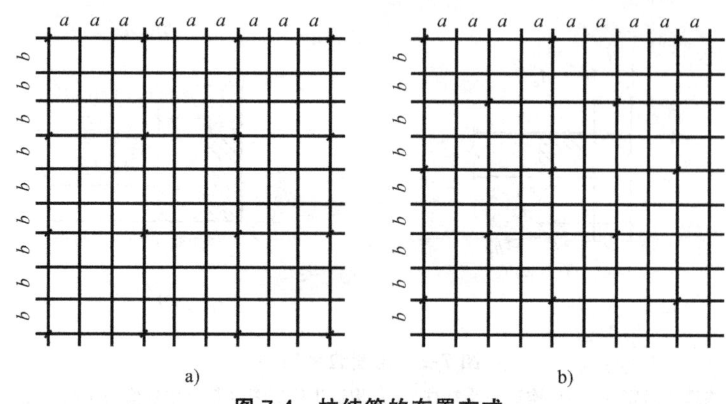

图 7-4　拉结筋的布置方式

a）拉结筋@ 3*a*3*b* 矩形（*a*≤200、*b*≤200）　b）拉结筋@ 4*a*4*b* 梅花形（*a*≤150、*b*≤150）

示，剪力墙墙身配筋表示例见表 7-3。

表 7-3　剪力墙墙身配筋表示例

编号	标高	墙厚	水平分布筋	垂直分布筋	拉筋(双向)
Q1	−0.030～30.27	300	⌀12@200	⌀12@200	⌀6@600×600
	30.270～59.070	250	⌀10@200	⌀10@200	⌀6@600×600
Q2	−0.030～30.27	250	⌀10@200	⌀10@200	⌀6@600×600
	30.270～59.070	200	⌀10@200	⌀10@200	⌀6@600×600

3）墙梁列表注写内容。

① 墙梁编号。

② 墙梁所在的楼层号。

③ 墙梁顶面标高高差。墙梁顶面标高高差是指相对于墙梁所在结构层楼面标高的高差值。高于者为正值，低于者为负值，无高差不注。

④ 墙梁截面尺寸 $b×h$，上部纵筋、下部纵筋和箍筋有具体数值。

⑤ 当墙梁设有对角暗撑时，注写暗撑的截面尺寸（箍筋外皮尺寸）；注写一根暗撑的全部纵筋，并标注“×2”表明有两道暗撑相互交叉；注写暗撑箍筋的具体数值。

⑥ 当连梁设有交叉斜筋时，注写连梁一侧对角斜筋的配筋值，并标注“×2”表明对称设置；注写对角斜筋在连梁端部设置的拉筋根数、强度等级及直径，并标注“×4”表明四个角都设置；注写连梁一侧折线配筋值，并标明“×2”表明对称配置。

⑦ 当连梁设有集中对角斜筋时，注写一条对角线上的对角斜筋，并标注“×2”表明对称配置。

⑧ 跨高比不小于 5 的连梁，按框架梁设计时，采用平面注写方式，注写规则同框架梁。

⑨ 墙梁侧面纵筋的配置，当墙身水平分布钢筋满足连梁、暗梁及边框梁的梁侧面纵向构造钢筋要求时，该筋配置同墙身水平分布钢筋，表中不注；当墙身水平分布钢筋不能满足连梁、暗梁及边框梁的梁侧面纵向构造钢筋的要求时，应在表中补充注明梁侧面纵筋的上述数值；当为连梁（跨高比不小于 5）时，平面注写方式以大写字母“N”打头。梁侧面纵向钢筋的锚固要求同连梁受力钢筋。

剪力墙梁配筋表示例见表 7-4。

表 7-4　剪力墙梁配筋表示例

编号	所在楼层	梁顶相对标高高差/m	梁截面尺寸 $\frac{b}{mm}×\frac{h}{mm}$	上部纵筋	下部纵筋	箍筋
LL1	2～9	0.800	300×2000	4⌀22	4⌀22	⌀10@100(2)
	10～16	0.8	250×2000	4⌀20	4⌀20	⌀10@100(2)
	屋面		250×1200	4⌀20	4⌀20	⌀10@100(2)
AL1	2～9		300×600	3⌀20	3⌀20	⌀8@150(2)
	10～16		250×500	3⌀18	3⌀18	⌀8@150(2)
BKL	屋面		500×700	4⌀22	4⌀22	⌀10@100(2)

（3）截面方式注写内容

1）墙柱截面注写内容。在相同编号的墙柱中选择一个截面，注明以下内容：

① 几何尺寸。

② 全部纵筋及箍筋的具体数值，其箍筋的表达方式与列表方式相同。

2）墙身截面注写内容。从编号相同的墙身中选择一道墙身，按顺序引注以下内容：

① 墙身编号，应包括注写在括号内的墙身所配置的水平与竖向分布钢筋的排数。

② 墙厚尺寸。

③ 水平分布钢筋、竖向分布钢筋和拉筋的具体数值。

3）墙梁截面注写内容。从相同编号的墙梁中选择一道墙梁，按顺序引注以下内容：

① 墙梁编号、墙梁截面尺寸 $b \times h$、墙梁箍筋、上部纵筋、下部纵筋和墙梁顶面标高高差的具体数值。

② 当连梁设有暗撑时，注写的内容同列表注写内容。

③ 当连梁设有交叉斜筋时，注写的内容同列表注写内容。

④ 当连梁设有集中对角斜筋时，注写的内容同列表注写内容。

⑤ 跨高比不小于 5 的连梁，按框架梁设计时，注写的规则同列表注写规则。

截面注写方式表示的剪力墙平法施工图如图 7-5 所示。

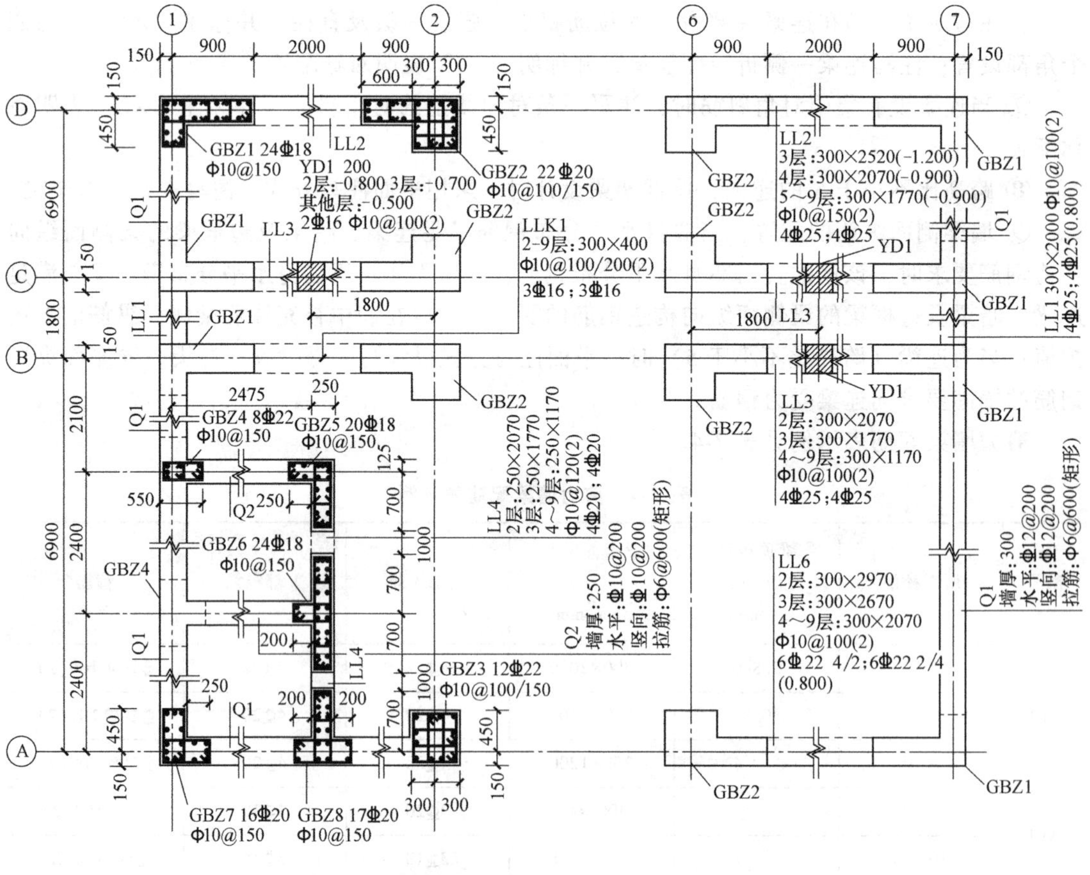

图 7-5　剪力墙、墙柱、墙梁配筋截面注写方式

7.1.2　软件功能介绍

软件中将混凝土墙分为剪力墙、人防门框墙、砌体墙、砌体加筋、保温墙、暗梁、墙垛和幕墙八类；将砌体墙分为内墙、外墙、异形墙、参数化墙和虚墙五种类型。

1. 墙的属性定义

进入墙的定义界面的方式与框架柱、梁、板相同，下面以砌体墙为例介绍手动定义方法，以剪力墙为例介绍 CAD 识别方法。

剪力墙在框架剪力墙结构或剪力墙结构中是最重要的一类构件。实际工程中，剪力墙除包括墙身外，还包括端柱、暗柱、暗梁、连梁等构件。暗柱、端柱在“柱”类中进行定义，连梁在“梁”类定义，暗梁在“剪力墙”类定义。

（1）新建墙的方法

1）手动建立。在构件导航栏依次单击“墙”→“砌体墙”→“新建”，弹出如图 7-6 所示的子菜单，选择需要新建的墙体类型。在构件列表中单击鼠标右键弹出快捷菜单，如图 7-7 所示，选择快捷菜单中的墙体类型。

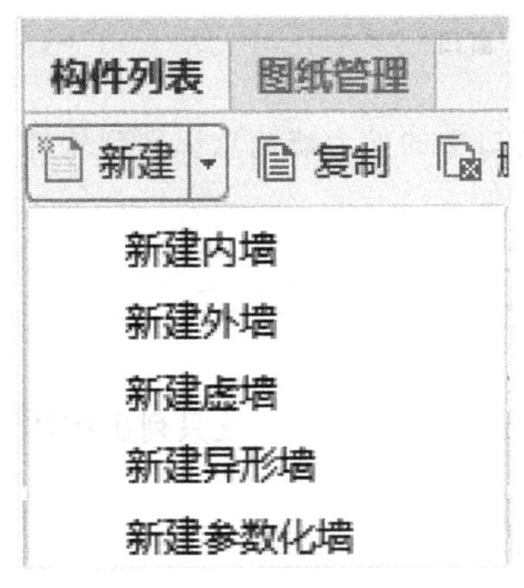

图 7-6　新建墙子菜单

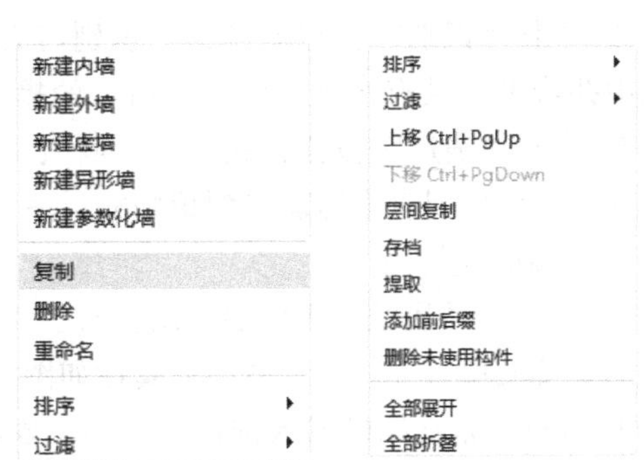

图 7-7　新建墙右键快捷菜单

2）识别剪力墙表。现在有很多图纸中剪力墙的配筋以剪力墙表的形式给出，软件提供了“识别剪力墙表”建立构件的方法。其操作步骤如下：

① 在图纸管理中添加包括可以用于识别的剪力墙表的 CAD 图，见表 7-5。

表 7-5　剪力墙身表

编号	标高/m	墙厚/mm	水平筋	垂直筋	拉筋
Q1(2 排)	-0.600~4.900	200	Φ8@200	Φ8@200	Φ6@600×600
Q2(2 排)	-0.600~4.900	250	Φ8@150	Φ8@150	Φ6@600×600
Q3(2 排)	-0.600~4.900	300	Φ10@200	Φ10@200	Φ6@600×600
Q3a(2 排)	-0.600~4.900	300	Φ10@150	Φ10@200	Φ6@600×600
Q4(2 排)	-0.600~4.900	350	Φ10@150	Φ10@150	Φ6@600×600

② 单击菜单“建模”页签，在“识别剪力墙”选项卡上单击“识别剪力墙表”。

③ 拉框选择剪力墙表中的数据，单击鼠标右键确认，弹出“识别剪力墙表”窗口，如

图 7-8 所示。识别时自动匹配表头，黑体字区域代表自动匹配项。如果识别对应的列有错误，在第一行的黑体字行中单击“▼”按钮，从下拉框内选择列对应关系。如果标高列中有非数字时替换为具体的标高数值。

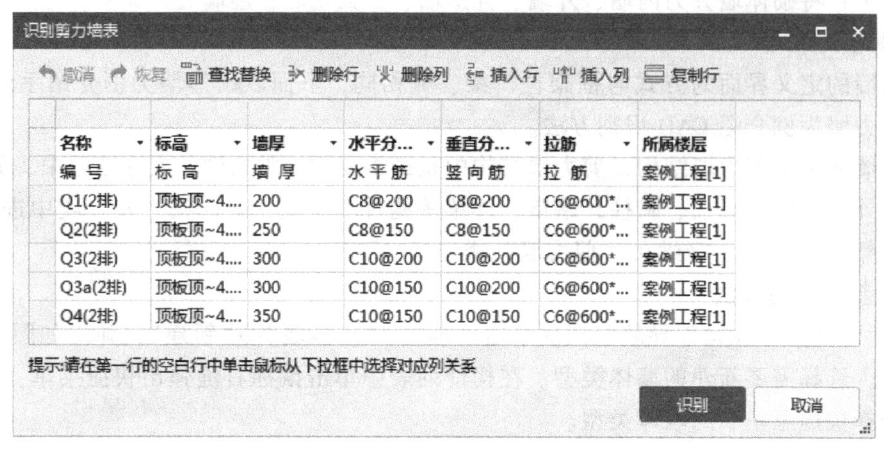

名称	标高	墙厚	水平分...	垂直分...	拉筋	所属楼层
编 号	标 高	墙 厚	水 平 筋	竖 向 筋	拉 筋	案例工程[1]
Q1(2排)	顶板顶~4....	200	C8@200	C8@200	C6@600*...	案例工程[1]
Q2(2排)	顶板顶~4....	250	C8@150	C8@150	C6@600*...	案例工程[1]
Q3(2排)	顶板顶~4....	300	C10@200	C10@200	C6@600*...	案例工程[1]
Q3a(2排)	顶板顶~4....	300	C10@150	C10@200	C6@600*...	案例工程[1]
Q4(2排)	顶板顶~4....	350	C10@150	C10@150	C6@600*...	案例工程[1]

图 7-8 “识别剪力墙表”窗口

④ 单击“识别”按钮即可将“识别剪力墙表”窗口中的剪力墙信息识别到软件的剪力墙表中并给出“共有 5 个构件被识别”的提示。

⑤ 单击“确定”按钮，完成剪力墙表识别。

返回到构件列表中即能看到识别完成后新建的剪力墙构件。

(2) 墙的属性简介

1) 砌体墙的属性。砌体墙的属性有些与框架柱的属性意义相同，故只列出砌体墙特殊属性的意义及填写方法。砌体墙的属性如图 7-9 所示。

① 名称：根据图纸输入构件的名称，该名称在当前楼层的当前构件类型下唯一。

② 厚度（mm）：墙体的厚度，单位为 mm。

③ 砌体通长筋：砌体墙上的通长加筋。输入格式：排数+级别+直径+@ +间距，如 2Φ6@ 500。

④ 横向短筋：砌体墙上的垂直墙面的短筋。输入格式：级别+直径+@ +间距或根数+级别+直径，例如：Φ8@ 200 或 14Φ8。

⑤ 内/外墙类别：用来识别内外墙图元的标志，内外墙的计算规则不同，必须区分。

⑥ 类别：分别为砌体墙、间壁墙、空斗墙、空花墙、填充墙、窗间墙、框架间墙、窗间墙、地下室墙、窗台石下墙身、挡土墙身，墙身、挡土墙、虚墙。其中虚墙本身不计算工程量，只起分割、封闭房间的作用，定义虚墙可通过修改墙体的“类别”实现。

2) 剪力墙属性。由于剪力墙的属性较多，本书中将其分为基本属性、钢筋业务属性和土建业务属性三类，其基本属性如图 7-10 所示。与砌体墙的属性对照，其特有的属性如下：

① 水平分布钢筋。输入格式为（排数）+级别+直径+@ +间距，当剪力墙有多种直径的钢筋时，在钢筋与钢筋之间用“+”连接。“+”前面表示墙左侧钢筋信息，“+”后面表示墙体右侧钢筋信息，其具体格式见表 7-6。

	属性名称	属性值	附加
1	名称	QTQ--1	
2	厚度(mm)	200	☐
3	轴线距左墙皮...	(100)	☐
4	砌体通长筋		☐
5	横向短筋		☐
6	材质	石	☐
7	砂浆类型	(水泥砂浆)	☐
8	砂浆标号	(M5)	☐
9	内/外墙标志	外墙	☑
10	类别	砌体墙	☐
11	起点顶标高(m)	层顶标高	☐
12	终点顶标高(m)	层顶标高	☐
13	起点底标高(m)	层底标高	☐
14	终点底标高(m)	层底标高	☐
15	备注		☐
16	− 钢筋业务属性		
17	其它钢筋		
18	汇总信息	(砌体通长拉结筋)	☐
19	计算设置	按默认计算设置计算	
20	搭接设置	按默认搭接设置计算	
21	钢筋搭接	(0)	
22	− 土建业务属性		
23	计算设置	按默认计算设置	
24	计算规则	按默认计算规则	
25	超高底面...	按默认计算设置	☐
26	− 显示样式		
27	填充颜色		
28	不透明度	(100)	

图 7-9　砌体墙的属性

	属性名称	属性值	附加
1	名称	JLQ-1	
2	厚度(mm)	200	☐
3	轴线距左墙皮...	(100)	☐
4	水平分布钢筋	(2)Φ12@200	☐
5	垂直分布钢筋	(2)Φ12@200	☐
6	拉筋	Φ6@600*600	☐
7	材质	现浇混凝土	☐
8	混凝土类型	(粒径31.5砼32.5级...	☐
9	混凝土类别	泵送商品砼	☐
10	混凝土强度等级	(C30)	☐
11	混凝土外加剂	(无)	
12	泵送类型	(混凝土泵)	
13	泵送高度(m)		
14	内/外墙标志	内墙	☑
15	类别	混凝土墙	☐
16	起点顶标高(m)	层顶标高	☐
17	终点顶标高(m)	层顶标高	☐
18	起点底标高(m)	层底标高	☐
19	终点底标高(m)	层底标高	☐
20	备注		☐
21	+ 钢筋业务属性		
34	+ 土建业务属性		
42	+ 显示样式		

图 7-10　剪力墙属性列表

表 7-6　剪力墙水平分布筋输入格式列表

格式编号	输入格式	说　明
1	(2)Φ12@200	(排数)+级别+直径@间距，软件新建默认2排
2	(1)Φ14@200+(1)Φ12@200	左右侧配筋不同时用“+”连接，+号前表示左侧的配筋，+号后表示右侧的配筋，左右侧指绘制剪力墙方向的左右侧
3	(1)Φ12@200+(1)Φ10@200+(1)Φ12@200	三排或多排钢筋，+号最前为左侧钢筋，+号最后为右侧钢筋，中间为中间层钢筋
4	(2)Φ14/Φ12@200	同排存在隔一布一钢筋且间距相同时，钢筋信息用“/”隔开。同间距隔一布一时，间距表示需参计算设置第40项进行取值
5	(2)Φ14@200/(2)Φ12@100	同排存在隔一布一钢筋且间距不同时，钢筋信息用“/”隔开
6	(2)Φ14@200[1500]/(2)Φ12@200[1500]	每排各种配筋信息的布置范围由设计指定，钢筋信息用“/”分开

② 垂直分布钢筋。剪力墙的竖向钢筋，输入格式：(排数)+级别+直径+@+间距，如(2)Φ12@150。具体输入格式见表 7-7。

表 7-7　垂直分布筋格式列表

格式编号	输入格式	说　明
1	(2)Φ12@200	(排数)+级别+直径@间距，软件新建默认 2 排
2	*(2)Φ12@200	输入“*”时表示该排钢筋在本层锚固计算
3	(1)Φ14@200+(1)Φ12@200	左右侧配筋不同时用“+”连接，+号前表示左侧的配筋，+号后表示右侧的配筋，左右侧指绘制剪力墙方向的左右侧
4	(1)Φ12@200+(1)Φ10@200+(1)Φ12@200	三排或多排钢筋，+号最前为左侧钢筋，+号最后为右侧钢筋，中间为中间层钢筋
5	(2)Φ14/Φ12@200	同排存在隔一布一钢筋且间距相同时，钢筋信息用“/”隔开。同间距隔一布一时，间距表示需参照计算设置第 40 项进行取值
6	(2)Φ14@200/(2)Φ12@100	同排存在隔一布一钢筋且间距不同时，钢筋信息用“/”隔开

③ 拉筋。剪力墙中的横向构造钢筋，即拉钩，其输入格式为：级别+直径@水平间距×竖向间距。例如：剪力墙的拉筋为三级钢筋，直径为 6mm，水平间距与垂直间距均为 600mm，其输入格式为Φ6@600×600。详细格式见表 7-8。

需要注意的是，软件中默认的拉筋布置构造是按矩形布置的，当设计图中要求按梅花形布置时则可通过“剪力墙”→“节点设置”→“剪力墙身拉筋布置构造”进行调整。

表 7-8　拉筋输入格式

格式编号	输入格式	说　明
1	Φ6@600×600	级别+直径@间距×间距
2	500Φ6	数量+级别+直径

④ 类别。剪力墙的类别分为混凝土墙、电梯井壁墙、大钢模板墙、滑模板墙和挡土墙。

剪力墙的钢筋业务属性如图 7-11 所示。其中“压墙筋”是指剪力墙顶部的钢筋，其输入格式为数量+级别+直径，例如 4Φ20，不同钢筋信息用“+”连接，例如 2Φ20+2Φ16。

剪力墙的土建业务属性如图 7-12 所示。其中，判断短肢剪力墙的选项有“程序自动判断”“剪力墙”和“柱”；图元形状可以手动修改为“直形”或“弧形”。

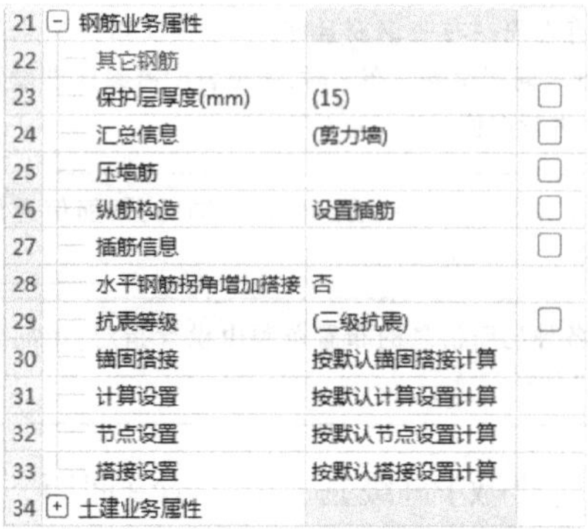

21	⊟ 钢筋业务属性		
22	其它钢筋		
23	保护层厚度(mm)	(15)	☐
24	汇总信息	(剪力墙)	☐
25	压墙筋		☐
26	纵筋构造	设置插筋	☐
27	插筋信息		☐
28	水平钢筋拐角增加搭接	否	
29	抗震等级	(三级抗震)	☐
30	锚固搭接	按默认锚固搭接计算	
31	计算设置	按默认计算设置计算	
32	节点设置	按默认节点设置计算	
33	搭接设置	按默认搭接设置计算	
34	⊞ 土建业务属性		

图 7-11　剪力墙的钢筋业务属性

34	⊟ 土建业务属性		
35	计算设置	按默认计算设置	
36	计算规则	按默认计算规则	
37	超高底面标高	按默认计算设置	☐
38	支模高度	按默认计算设置	☐
39	模板类型	组合钢模板	☐
40	判断短肢剪力墙	程序自动判断	☐
41	图元形状	直形	☐
42	⊞ 显示样式		

图 7-12　剪力墙的土建业务属性

2. *砌体墙的绘制方法*

砌体墙的绘制也有两种方法，一种是手工绘制，另一种是 CAD 识别。手工绘制的方法请参阅梁构件相关章节，下面主要介绍一下墙体的 CAD 识别方法。

识别墙分为识别剪力墙和识别砌体墙。这两种墙的识别方法和步骤是相同的，所不同的是提取的墙边线的类型不同，下面以识别砌体墙为例进行说明。

单击“识别砌体墙”选项卡的“识别砌体墙”按钮，出现如图 7-13 所示的菜单。按照菜单从上到下的顺序执行各步操作即可完成砌体墙的识别，其识别步骤如下：

(1) 提取砌体墙边线　单击“提取砌体墙边线”按钮，选中需要提取的墙边线 CAD 图元（也可以点选或框选需要提取的 CAD 图元），单击鼠标右键确认提取，则选择的墙边线 CAD 图元自动消失，并暂时存放在“已提取的 CAD 图层”中。

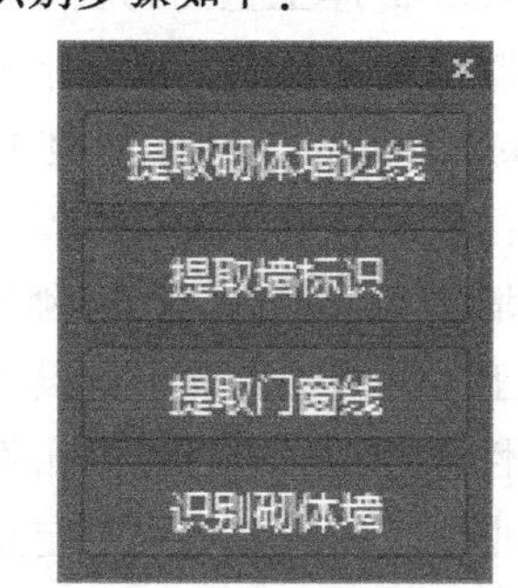

图 7-13　“识别砌体墙”菜单

选取 CAD 图元的方法可以在单图元选择、按图层选择或按颜色选择三种方法中任选其一。

(2) 提取墙标识　单击“提取墙标识”按钮，选中需要提取的砌体墙的名称标识 CAD 图元（也可以点选或框选需要提取的 CAD 图元），单击鼠标右键确认提取，则选择的墙标识 CAD 图元自动消失，并暂时存放在“已提取的 CAD 图层”中。

(3) 提取门窗线　建筑图中，门窗洞口会影响到墙的识别，在提取墙边线后，再提取门窗线，可以提升墙的识别率；利用选择相同图层图元或是选择相同颜色图元，选择到所有的门窗线，单击鼠标右键完成提取。

(4) 识别砌体墙　软件提供了三种识别砌体墙的方式，即自动识别、点选识别和框选识别。

自动识别会将提取到的 CAD 图元自动识别为砌体墙图元。

框选识别用于识别框选范围内的所有墙图元，框选时需要注意的是完全框选到的墙才会被识别。框选时要注意，光标的运动方向不同，选择的结果也是不同的。光标从左移动到右，只有被选择范围线完全框住的图元才被选中，而从右移动到左，则选择范围线接触到的所有图元均会被识别。

点选识别用于单独识别个别构件，或者自动识别遗漏的墙图元的识别。

■ 7.2　首层砌体墙的绘制

7.2.1　任务说明

本节的任务是：定义首层砌体墙并建模；定义首层砌体墙中的圈梁并建模；定义首层砌体墙中的构造柱并建模。

7.2.2　任务分析

分析 GS01 结构设计总说明可知，本工程的外墙为 200mm 厚烧结多孔砖，多孔砖强度等级为 A3.5，采用 M5 水泥砂浆砌筑；内隔墙为 200mm 厚加气混凝土砌块，砌块强度等级为 A3.5，采用 M5 混合砂浆砌筑。砌体墙应沿框架柱全高每隔 500mm 设 2Φ6 拉筋，拉筋应沿墙全长拉通。

由于建筑内部有卫生间，为多水房间，其余房间为无水房间，因此砌块内墙应分为两种构件，一种是内墙（无水），另一种是内墙（有水）；有水内墙以分为 100mm 厚和 200mm 厚。多孔砖外墙不区分多水与无水。

100mm 厚卫生间砌块墙的标高应调整到为 3.1m，其他砌体墙随楼层高度不变。

圈梁设置规定：根据结构设计总说明，在电梯井壁半高处需要设置圈梁，其截面为 200mm×250mm，配筋为 4Φ12，Φ6@200。砌体填充墙高度超过 4m 时，墙体半高处（一般结合门窗洞口上方过梁位置）应设置与柱连接且沿墙全长贯通的钢筋混凝土连系梁，梁截面为墙厚×150mm，配筋 4Φ10，Φ6@200。

卫生间周边墙体下部设 200mm 高 C20 素混凝土挡水坎。此构件的属性可以用圈梁构件的属性来定义，也可以采用圈梁的绘制方法进行绘制，但要根据当地计算规则定义其做法。如本书所用的计算规则规定止水台的工程量按有梁板工程量计算，所以其做法应套用有梁板的相应清单项目和定额子目。

构造柱的设置规定：在填充墙的转角、端头处及墙长超过层高 2 倍时均应设置构造柱，图中未给出的则按每 5m 一个间隔设一个构造柱。图中未注明的构造柱均为墙厚×200mm，配筋 4Φ10，Φ6@200。⑤轴砌体墙上在框架梁相交处各布置一根构造柱。

7.2.3 任务实施

1. *砌体墙及相关构件的定义*

（1）外墙定义　以外墙为例，在构件导航栏依次单击“墙”→“新建外墙”。软件默认名称为“QTQ-1”，这里为了区分不同厚度和位置的墙，将其改为“页岩多孔砖墙-200”，“厚度”输入“200”，“砌体通长筋”输入“2Φ6@500”（软件自动转为“2Φ6@500”），“材质”选用“页岩模数多孔砖”，“砂浆类型”和“砂浆标号”均选用默认值“水泥砂浆”和“M5”，“内/外墙标志”选“外墙”，如图 7-14 所示。

（2）内墙定义　外墙和内墙要分别定义，墙的“内/外墙标志”属性除了对自身工程量有影响外，还影响其他构件的智能布置。位于有水房间（如厨房、卫生间）四周的砌块墙体，其下方一般会有止水台，要在其名称后添加“有水”或“有水房间”加以注释；位于无水房间四周的墙体，要在其名称后添加“无水”或“无水房间”加以注释。

有水砌块内墙（200mm 厚）的属性如图 7-15 所示，有水房间砌块内墙（100mm 厚）和无水房间砌块内墙（200mm 厚）的属性请读者自行完成。

（3）圈梁定义　本层中包括三种可以用圈梁定义的构件，分别是电梯井壁圈梁、楼层半高处圈梁和卫生间止水台，其中电梯井壁圈梁属性如图 7-16 所示。其他二种圈梁的定义请读者自行完成。

（4）构造柱定义　构造柱的属性大部分与框架柱的属性相同，新增了“马牙槎设置”和“马牙槎宽度”两项属性，如图 7-17 所示。其中“马牙槎设置”可以为“带马牙槎”和“不带马牙槎”；“马牙槎”宽度是指单边马牙槎的宽度，默认为 60mm。

	属性名称	属性值	附加
1	名称	页岩多孔砖墙-200	
2	厚度(mm)	200	☐
3	轴线距左墙皮...	(100)	☐
4	砌体通长筋	2⌀6@500	☐
5	横向短筋		☐
6	材质	页岩模数多孔砖	☐
7	砂浆类型	(水泥砂浆)	☐
8	砂浆标号	(M5)	☐
9	内/外墙标志	外墙	☑
10	类别	砌体墙	☐
11	起点顶标高(m)	层顶标高	☐
12	终点顶标高(m)	层顶标高	☐
13	起点底标高(m)	层底标高	☐
14	终点底标高(m)	层底标高	☐
15	备注		☐
16	+ 钢筋业务属性		
22	+ 土建业务属性		
26	+ 显示样式		

图 7-14 砌体墙属性

	属性名称	属性值	附加
1	名称	砌块内墙-200（有水）	
2	厚度(mm)	200	☐
3	轴线距左墙皮...	(100)	☐
4	砌体通长筋	2⌀6@500	☐
5	横向短筋		☐
6	材质	砌块	☐
7	砂浆类型	混合砂浆	☐
8	砂浆标号	(M5)	☐
9	内/外墙标志	内墙	☑
10	类别	砌体墙	☐
11	起点顶标高(m)	层顶标高	☐
12	终点顶标高(m)	层顶标高	☐
13	起点底标高(m)	层底标高	☐
14	终点底标高(m)	层底标高	☐
15	备注		☐
16	+ 钢筋业务属性		
22	+ 土建业务属性		
26	+ 显示样式		

图 7-15 有水房间的内墙（200mm 厚）属性

	属性名称	属性值	附加
1	名称	电梯井壁圈梁	
2	截面宽度(mm)	200	☐
3	截面高度(mm)	250	☐
4	轴线距梁左边...	(100)	☐
5	上部钢筋	2⌀12	☐
6	下部钢筋	2⌀12	☐
7	箍筋	⌀6@200	☐
8	肢数	2	
9	材质	现浇混凝土	☐
10	混凝土类型	(粒径31.5砼32.5...	☐
11	混凝土强度等级	(C25)	☐
12	混凝土外加剂	(无)	
13	混凝土类别	泵送商品砼	☐
14	泵送类型	(混凝土泵)	
15	泵送高度(m)		
16	截面周长(m)	0.9	☐
17	截面面积(m²)	0.05	☐
18	起点顶标高(m)	层顶标高-4	☐
19	终点顶标高(m)	层顶标高-4	☐
20	备注		☐
21	+ 钢筋业务属性		
35	+ 土建业务属性		
41	+ 显示样式		

图 7-16 电梯井壁圈梁属性

	属性名称	属性值	附加
1	名称	GZ	
2	类别	构造柱	☐
3	截面宽度(B边)(...	200	☐
4	截面高度(H边)(...	200	☐
5	马牙槎设置	带马牙槎	☐
6	马牙槎宽度(mm)	60	☐
7	全部纵筋	4⌀10	☐
8	角筋		☐
9	B边一侧中部筋		☐
10	H边一侧中部筋		☐
11	箍筋	⌀6@200(2*2)	☐
12	箍筋胶数	2*2	
13	材质	现浇混凝土	☐
14	混凝土类型	(粒径31.5砼32.5级坍...	☐
15	混凝土强度等级	(C25)	☐
16	混凝土外加剂	(无)	
17	混凝土类别	泵送商品砼	☐
18	泵送类型	(混凝土泵)	

图 7-17 构造柱属性

2. 砌体墙及相关构件的绘制

(1) 砌体墙的绘制　绘制墙的方法与绘制梁的方法相同，且同样适用于剪力墙的绘制，请读者自行体验。

所有砌体墙的属性定义完成后，采用矩形画法绘制外墙，采用直线画法绘制内墙。为了便于区分不同的墙体，将有水房间的内墙用红色填充。首层砌体墙如图 7-18 所示。

(2) 圈梁的绘制　圈梁的绘制方法与框架梁相同。由于本工程中的电梯井壁圈梁布置于电梯井四周的墙壁上，可采用矩形画法绘制。

请读者完成①和⑤轴楼层半高处腰梁（实际标高 2.3m）和卫生间四周的墙体底部（除

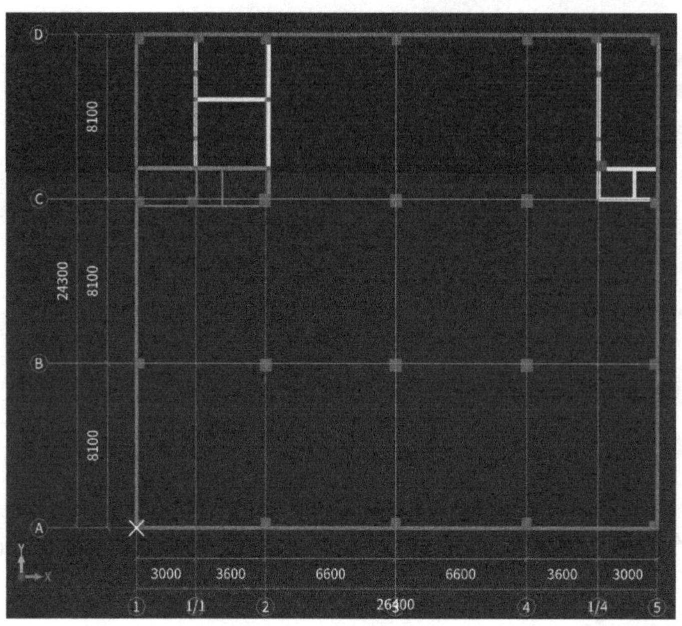

图 7-18　首层砌体墙

门口外）的止水台。

（3）构造柱的绘制　请读者参照框架柱的绘制方法，按照任务分析中的说明绘制本层的构造柱。

3. *首层砌体墙的做法*

（1）砌体墙做法定义

1）外墙的做法。页岩多孔砖墙-200 的做法如图 7-19 所示。

	编码	类别	名称	项目特征	单位	工程量表达式	表达式说明	单价
1	− 010401004	项	多孔砖墙	1.砖品种、规格、强度等级:页岩模数多孔砖，A3.5 2.墙体类型:200厚外墙 3.砂浆强度等级、配合比:M5水泥砂浆	m3	TJ	TJ<体积>	
2	4-32 H80050104 80010104	换	(M5混合砂浆) 页岩模数多孔砖 墙厚190mm 换为【水泥砂浆 砂浆强度等级 M5】		m3	TJ	TJ<体积>	438.23
3	− 010607005	项	砌块墙钢丝网加固	1.材料品种、规格:φ0.7@10*10热镀锌钢丝网片 2.加固方式:挂贴	m2	0.3*(WQWCGSWPZCD+WQNCGSWPZCD)	0.3*(WQWCGSWPZCD<外墙外侧钢丝网片总长度>+WQNCGSWPZCD<外墙内侧钢丝网片总长度>)	
4	14-30	定	热镀锌钢丝网		m2	0.3*WQWCGSWPZCD+WQNCGSWPZCD	0.3*WQWCGSWPZCD<外墙外侧钢丝网片总长度>+WQNCGSWPZCD<外墙内侧钢丝网片总长度>	190.66

图 7-19　页岩多孔砖墙-200 的做法

二维码 7-1　钢丝网片工程量的处理方式

请读者考虑一下顶层外墙的钢丝网片工程量代码如何填写，与其他各层的工程量代码有何不同?

2）内墙的做法。砌块内墙-200（有水）的做法如图 7-20 所示。

	编码	类别	名称	项目特征	单位	工程量表达式	表达式说明	单价
1	− 010402001	项	砌块墙	1.砌块品种、规格、强度等级:加气混凝土砌块墙，A3.5 2.墙体类型:内墙，200厚 3.砂浆强度等级:水泥石灰砂浆M5.0 4.所处环境:有水房间	m3	TJ	TJ<体积>	
2	4-10	定	(M5混合砂浆) 普通砂浆砌筑加气砼砌块墙200厚 (用于多水房间、底有砼坎台)		m3	TJ	TJ<体积>	356.28
3	− 010607005	项	砌块墙钢丝网加固	1.材料品种、规格:φ0.7@10*10热镀锌钢丝网片 2.加固方式:挂贴	m2	0.3*(NQLCGSWPZCD)	0.3*(NQLCGSWPZCD<内墙两侧钢丝网片总长度>)	
4	14-30	定	热镀锌钢丝网		m2	0.3*(NQLCGSWPZCD)	0.3*(NQLCGSWPZCD<内墙两侧钢丝网片总长度>)	190.66

图 7-20　砌块内墙-200（有水）的做法

多孔砖墙和砌块墙的做法中，工程量表达式选择体积“TJ”，请读者考虑这样选择有什么问题？如果这样选择不合适，在计价时应该如何进行修改？

二维码 7-2　砌体墙的计算厚度

（2）圈梁的做法　电梯井壁圈梁的做法如图 7-21 所示，楼层半高处腰梁的做法可参照电梯井壁圈梁的做法。根据当地计价定额的规定，止水台套用有梁板定额子目，止水台的做法如图 7-22 所示。

	编码	类别	名称	项目特征	单位	工程量表达式	表达式说明	单价
1	− 010503004	项	电梯井壁圈梁	1.混凝土种类:非泵送商品混凝土 2.混凝土强度等级:C25	m3	TJ	TJ<体积>	
2	6-320 H80212115 80212116	换	(C20非泵送商品砼) 圈梁　换为【C25预拌混凝土(非泵送)】		m3	TJ	TJ<体积>	482.85
3	− 011702008	项	圈梁 模板	1.模板种类:复合木模板	m2	MBMJ	MBMJ<模板面积>	
4	21-42	定	现浇圈梁、地坑支撑梁 复合木模板		m2	MBMJ	MBMJ<模板面积>	560.9

图 7-21　电梯井壁圈梁的做法

	编码	类别	名称	项目特征	单位	工程量表达式	表达式说明	单价
1	− 010505001	项	有梁板（止水台）	1.混凝土种类:商品泵送混凝土 2.混凝土强度等级:C25 3.输送高度:30m以内 4.板的倾角:10°以内	m3	TJ	TJ<体积>	
2	6-207 H80212105 80212104	换	(C30泵送商品砼) 有梁板　换为【C25预拌混凝土(泵送)】		m3	TJ	TJ<体积>	461.29
3	− 011702014	项	有梁板 模板	1.支撑高度:8m以内 2.模板类型:复合木模板	m2	MBMJ	MBMJ<模板面积>	
4	21-59	定	现浇板厚度<20cm 复合木模板		m2	MBMJ	MBMJ<模板面积>	565.43

图 7-22　止水台的做法

（3）构造柱的做法　构造柱的做法如图 7-23 所示。

	编码	类别	名称	项目特征	单位	工程量表达式	表达式说明	单价
1	− 010502002	项	构造柱	1.混凝土种类:非泵送商品混凝土 2.混凝土强度等级:C25	m3	TJ	TJ<体积>	
2	6-316 H80212115 80212116	换	(C20非泵送商品砼) 构造柱　换为【C25预拌混凝土(非泵送)】		m3	TJ	TJ<体积>	570.4
3	− 011702003	项	构造柱 模板	1.模板类型:复合木模板	m2	MBMJ	MBMJ<模板面积>	
4	21-32	定	现浇构造柱 复合木模板		m2	MBMJ	MBMJ<模板面积>	740.9

图 7-23　构造柱的做法

4. 砌体墙标高调整

墙标高可以利用属性列表和查改标高两种方法进行调整，这两种方法适用于所有墙体类别。

(1) 属性列表法　属性列表法是通过墙的属性列表调整，选中需要调整标高的墙体图元后，在属性列表中直接修改起点和终点的顶、底标高。此处所做的标高调整不影响未选中的同名称图元的属性，也不影响该构件的属性定义。

(2) 查改标高法　“查改标高”位于“墙的二次编辑”选项卡，此法只支持对墙顶标高的调整。下面以“砌体墙二次编辑”为例进行介绍。“砌体墙二次编辑”选项卡如图7-24所示。本节只介绍“查改标高”，其他功能请参阅拓展延伸相关内容。

查改标高法可用于在绘图区域快速调整构件图元的标高。查改标高时，支持表达式的输入，支持加减乘除四则运算。以砌体墙为例，其操作步骤如下：

单击“砌体墙二次编辑”分组下的“查改标高”，软件显示所有砌体墙图元的顶标高；单击需要修改的顶标高，在编辑窗口内修改后按<Enter>键确认数值；单击鼠标右键，退出“查改标高”命令。

例如：100mm厚卫生间砌块墙的标高需要调整到3.1m标高，则单击“砌块墙二次编辑”选项卡上的“查改标高”，将此三段墙的标高调整为“3.1m”即可。调整标高后的卫生间墙如图7-25所示。

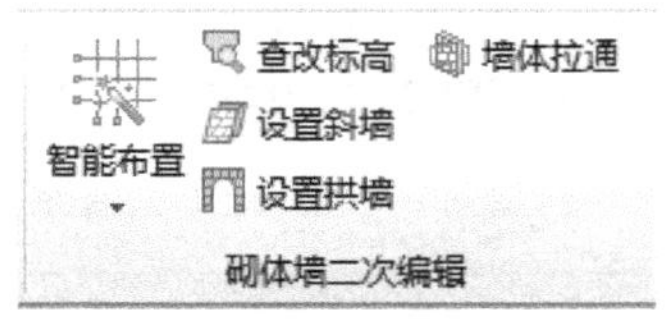

图7-24 “砌体墙二次编辑”选项卡

图7-25 调整标高后的卫生间墙

■7.3 屋面层墙的绘制

7.3.1 任务说明

本节的任务是完成：屋面层楼梯间和电梯井的砌体墙和钢筋混凝土墙的建模；屋面层异形钢筋混凝土女儿墙的建模；屋面立面防水层保护墙的建模。

7.3.2 任务分析

屋面层和电梯机房层均设有钢筋混凝土女儿墙，屋面层②轴的电梯井壁下段为高

700mm 的钢筋混凝土墙，截面及配筋如图 7-26 所示，上段为砌体墙。

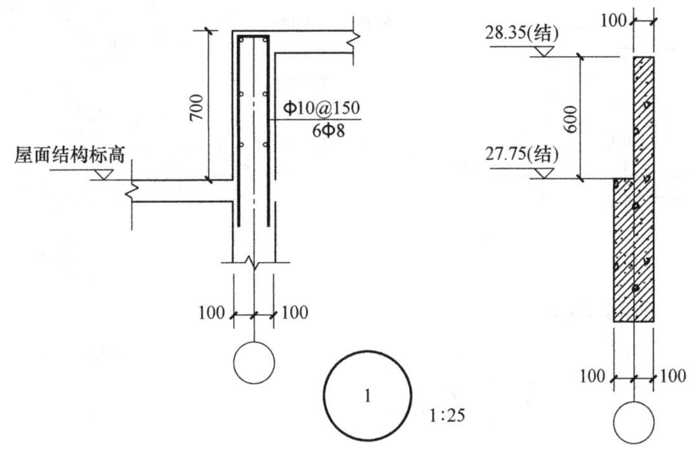

图 7-26 ④轴混凝土电梯井壁

屋面层的女儿墙为最高处 1.4m 的异形截面钢筋混凝土墙，如图 7-27 所示。

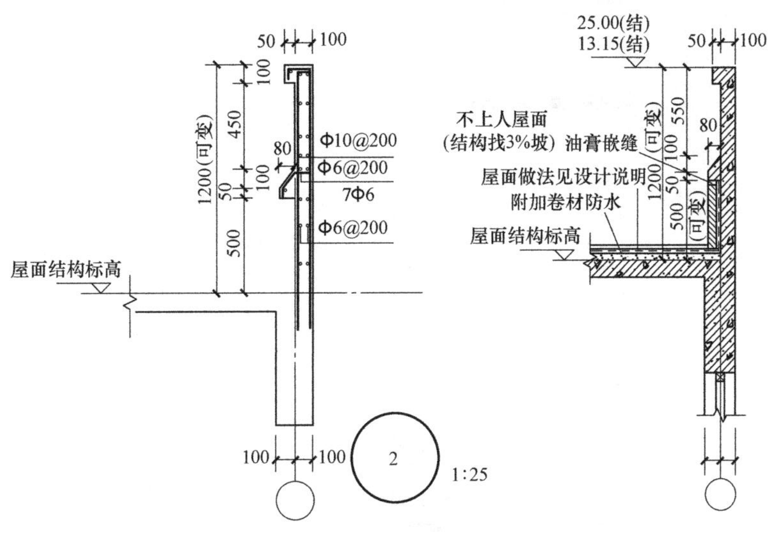

图 7-27 屋面混凝土女儿墙

⑭轴上楼梯间墙体下段为高 620mm 的异形钢筋混凝土墙，如图 7-28 所示，上段为砌体墙。

7.3.3 任务实施

1. 钢筋混凝土墙属性定义

(1) 混凝土电梯井壁的定义 电梯井壁下段墙的属性如图 7-29 所示。

(2) 异形混凝土女儿墙的定义

1) 新建异形剪力墙，在弹出的“异形截面编辑器”中编辑截面如图 7-30 所示。

2) 定义混凝土女儿墙的属性。异形混凝土女儿墙的属性如图 7-31 所示。

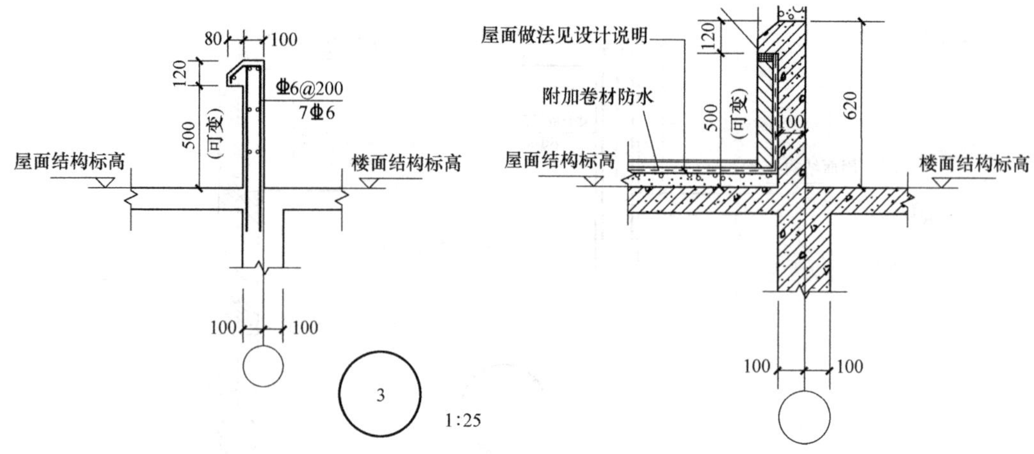

图 7-28　楼梯间墙体下段

属性列表　图层管理

	属性名称	属性值	附加
1	名称	电梯井壁下段	
2	厚度(mm)	200	☐
3	轴线距左墙皮距离(mm)	(100)	☐
4	水平分布钢筋	(2)Φ10@150	☐
5	垂直分布钢筋	(2)Φ10@150	☐
6	拉筋	6Φ8	☐
7	材质	现浇混凝土	☐
8	混凝土类型	(粒径31.5砼32.5级坍落度35~50)	☐
9	混凝土类别	泵送商品砼	☐
10	混凝土强度等级	(C30)	☐
11	混凝土外加剂	(无)	
12	泵送类型	(混凝土泵)	
13	泵送高度(m)		
14	内/外墙标志	外墙	☑
15	类别	混凝土墙	☐
16	起点顶标高(m)	层底标高+0.7	☐
17	终点顶标高(m)	层底标高+0.7	☐
18	起点底标高(m)	层底标高	☐
19	终点底标高(m)	层底标高	☐
20	备注		☐
21	⊟ 钢筋业务属性		
22	其它钢筋		
23	保护层厚度(mm)	(15)	☐
24	汇总信息	(剪力墙)	☐
25	压墙筋	2Φ6	☐
26	纵筋构造	纵筋锚固	☐
27	水平钢筋拐角增...	否	

图 7-29　电梯井壁下段墙的属性

与等厚剪力墙的属性相对照，异形墙属性将“厚度”变为“截面宽度”，增加了“截面形状”和“截面高度”，只有“起点底标高”和“终点底标高”，而无“起点顶标高”和

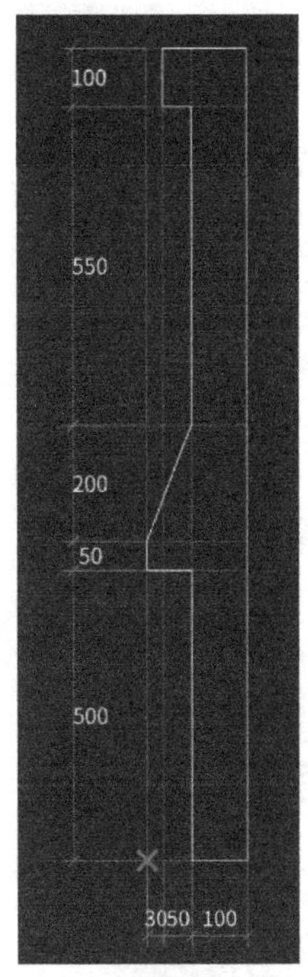

图 7-30　异形混凝土女儿墙截面

属性列表　图层管理

	属性名称	属性值	附加
1	名称	屋面异形女儿墙	
2	截面形状	异形	☐
3	截面宽度(mm)	180	☐
4	截面高度(mm)	1400	☐
5	轴线距左墙皮距离(mm)	(90)	☐
6	水平分布钢筋	(2)⏀6@200	☐
7	垂直分布钢筋	(2)⏀10@200	☐
8	拉筋		☐
9	材质	现浇混凝土	☐
10	混凝土类型	(粒径31.5砼32.5级坍落度35~50)	☐
11	混凝土类别	泵送商品砼	☐
12	混凝土强度等级	(C30)	☐
13	混凝土外加剂	(无)	
14	泵送类型	(混凝土泵)	
15	泵送高度(m)		
16	内/外墙标志	外墙	☑
17	类别	混凝土墙	☐
18	截面周长(m)	3.195	☐
19	截面面积(m²)	0.157	☐
20	起点底标高(m)	层底标高	☐
21	终点底标高(m)	层底标高	☐
22	备注		☐
23	⊟ 钢筋业务属性		
24	其它钢筋	18,574	
25	保护层厚度(mm)	(15)	☐
26	汇总信息	(剪力墙)	☐
27	压墙筋	2⏀6	☐
28	纵筋构造	纵筋锚固	☐

图 7-31　异形混凝土女儿墙的属性

“终点顶标高”，其他属性未发生变化。其中，“截面形状”可以单击当前框中的“…”按钮，在弹出的“异形截面编辑器”对话框进行再次编辑，“截面高度”即为绘制到模型中时墙体的高度。

（3）异形混凝土楼梯间墙的定义　采用与创建异形女儿墙相同的步骤，定义的异形混凝土楼梯间墙截面如图 7-32 所示，属性如图 7-33 所示。

2. 屋面层墙体的绘制

屋面层墙体的绘制，按照先绘制砌体墙，再绘制混凝土女儿墙，再绘制混凝土电梯间墙，最后绘制混凝土楼梯间墙的顺序进行。

（1）砌体墙的绘制　绘制砌体墙的方法不再赘述，绘制完成后调整电梯井壁和楼梯间墙段的底标高为“层底标高+异形墙的高度”。

（2）混凝土女儿墙的绘制　采用直线画法绘制混凝土女儿墙，但是在绘制混凝土女儿墙的过程中要注意绘图的方向。因为突出墙面的线条被创建在左侧，因此应采用逆时针的顺序进行绘制，以保证线条在墙的内侧。如果顺时针方向绘制，可以采用“通用操作”选项卡上的“调整方向”工具修改过来。

（3）混凝土电梯井壁和混凝土楼梯间墙的绘制　在调整电梯井壁和楼梯间相应墙段的砌体墙底标高后，采用直线法绘制混凝土电梯井壁和混凝土楼梯间墙。

全部绘制完成后的效果如图 7-34 所示。

3. 屋面层墙体的做法

（1）砌体外墙的做法　屋面砌体外墙的做法如图 7-35 所示。请读者比较一下该层外墙

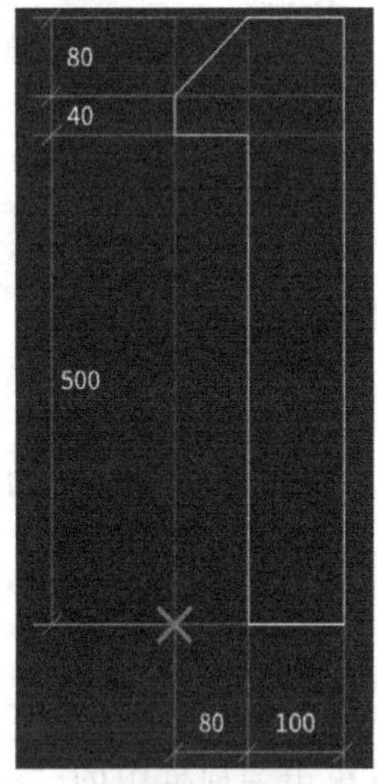

图 7-32　异形混凝土楼梯间墙截面

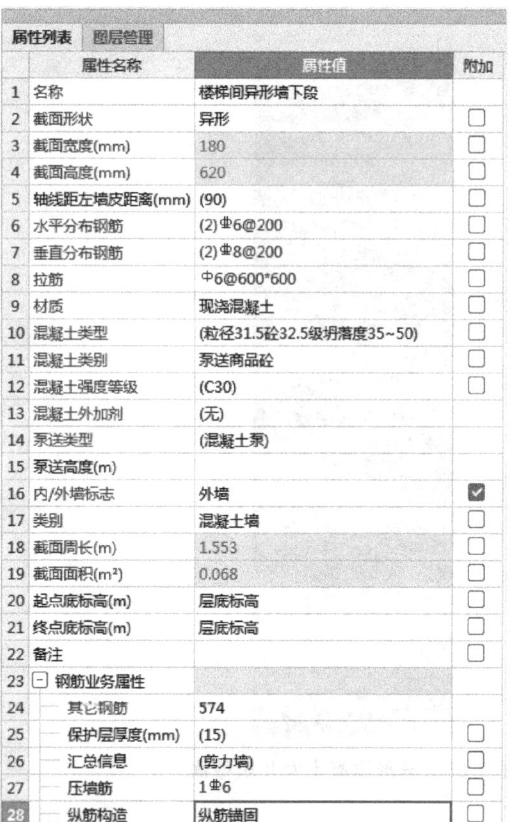

属性列表　图层管理

	属性名称	属性值	附加
1	名称	楼梯间异形墙下段	
2	截面形状	异形	☐
3	截面宽度(mm)	180	☐
4	截面高度(mm)	620	☐
5	轴线距左墙皮距离(mm)	(90)	☐
6	水平分布钢筋	(2)⏀6@200	☐
7	垂直分布钢筋	(2)⏀8@200	☐
8	拉筋	⏀6@600*600	☐
9	材质	现浇混凝土	☐
10	混凝土类型	(粒径31.5砼32.5级坍落度35~50)	☐
11	混凝土类别	泵送商品砼	☐
12	混凝土强度等级	(C30)	☐
13	混凝土外加剂	(无)	
14	泵送类型	(混凝土泵)	
15	泵送高度(m)		
16	内/外墙标志	外墙	☑
17	类别	混凝土墙	☐
18	截面周长(m)	1.553	☐
19	截面面积(m²)	0.068	☐
20	起点底标高(m)	层底标高	☐
21	终点底标高(m)	层底标高	☐
22	备注		☐
23	⊟ 钢筋业务属性		
24	其它钢筋	574	
25	保护层厚度(mm)	(15)	☐
26	汇总信息	(剪力墙)	☐
27	压墙筋	1⏀6	☐
28	纵筋构造	纵筋锚固	☐

图 7-33　异形混凝土楼梯间墙属性

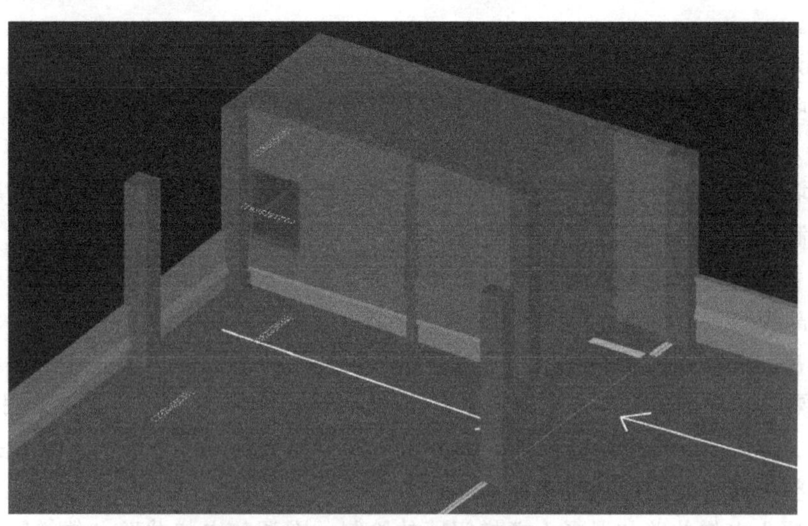

图 7-34　女儿墙绘制完成后的效果

做法与首层的外墙做法有何不同，为什么？

(2) 混凝土电梯井壁的做法　剪力墙的清单和定额的套用方法与混凝土柱相同，包括混凝土和模板两项内容，但套用的清单和定额子目要根据剪力墙所处的位置和墙体的厚度、

	编码	类别	名称	项目特征	单位	工程量表达式	表达式说明	单价
2	4-32 H80050104 80010104	换	(M5混合砂浆) 页岩模数多孔砖 墙厚190mm 换为【水泥砂浆 砂浆强度等级 M5】		m3	TJ	TJ<体积>	438.23
3	− 010607005	项	砌块墙钢丝网加固	1.材料品种、规格:Φ0.7@10*10热镀锌钢丝网片 2.加固方式:挂贴	m2	0.3*(WQWCGSWPZCD+WQNCGSWPZCD)+WQWCGSWPMJ	0.3*(WQWCGSWPZCD<外墙外侧钢丝网片总长度>+WQNCGSWPZCD<外墙内侧钢丝网片总长度>)+WQWCGSWPMJ<外墙外侧满挂钢丝网片面积>	
4	14-30	定	热镀锌钢丝网		m2	0.3*(WQWCGSWPZCD+WQNCGSWPZCD)+WQWCGSWPMJ	0.3*(WQWCGSWPZCD<外墙外侧钢丝网片总长度>+WQNCGSWPZCD<外墙内侧钢丝网片总长度>)+WQWCGSWPMJ<外墙外侧满挂钢丝网片面积>	190.66

图 7-35 屋面砌体外墙做法

形状而改变。例如，剪力墙中的直形墙既可以是直形墙，又可以是电梯井壁，这两者所套用的定额子目是不同的；地下室剪力墙则要套用挡土墙的相应清单和定额，须注意区分。

端柱、暗柱、暗梁与连梁的钢筋工程量与剪力墙的钢筋工程量分别计算和统计，端柱、暗梁和连梁的土建工程量全部计入剪力墙的工程量内。

暗柱和短肢剪力墙的土建工程量是否计入剪力墙内则应按当地的工程量计算规则确定。例如有些地方规定：当矩形暗柱沿墙方向的截面尺寸与剪力墙厚度相同时，暗柱的土建工程量计入剪力墙工程量内；当暗柱沿墙方向的截面尺寸与墙厚不同时，如果两面突出墙面，则其工程量按柱计算，若一面突出墙面则计入剪力墙的工程量内；L形、T形和十字形暗柱，当两个方向的边长之和超过2000mm时，其土建工程量计入剪力墙工程量内。

添加剪力墙构件混凝土和模板清单、定额的方法，请读者参阅混凝土矩形柱相关内容。电梯井壁的做法如图7-36所示。为了与直形墙进行区分，此处将清单名称“直形墙”改为“电梯井壁”。

	编码	类别	名称	项目特征	单位	工程量表达式	表达式说明	单价
1	− 010504001	项	电梯井壁	1.混凝土种类:泵送商品混凝土 2.混凝土强度等级:C25	m3	TJ	TJ<体积>	
2	6-26-1	定	(C25砼) 地面以上直(圆)形墙厚在200mm内		m3	TJ	TJ<体积>	501.86
3	− 011702011	项	电梯井壁 模板	1.模板类型:复合木模板	m2	MBMJ	MBMJ<模板面积>	
4	21-52	定	现浇电梯井壁 复合木模板		m2	MBMJ	MBMJ<模板面积>	472.08

图 7-36 电梯井壁的做法

如果在剪力墙中存在连梁和暗梁，因其是剪力墙的组成部分，不需套做法，软件自动将其土建工程量合并到剪力墙工程量中。

（3）混凝土女儿墙和混凝土楼梯间墙的做法　由于混凝土女儿墙和混凝土楼梯间墙均为异形墙，均有突出墙面的线条，除套用墙的清单和定额外，根据当地的工程量计算规则，线条套用小型构件清单和定额。所以，混凝土楼梯间墙的做法如图7-37所示，混凝土女儿墙的做法如图7-38所示。小型构件“工程量表达式”列的工程量代码根据各自的截面面积或外露长度计算。

	编码	类别	名称	项目特征	单位	工程量表达式	表达式说明	单价	综合单价	措施项目	专业	自动套
1	− 010504001	项	砼楼梯间墙	1.混凝土种类:泵送商品混凝土 2.混凝土强度等级:C25	m3	TJ-0.0064*YSCD	TJ<体积>-0.0064*YSCD<长度>			☐	建筑工程	☐
2	6-26-1	定	(C25砼) 地面以上直(圆)形墙厚在200mm内		m3	TJ-0.0064*YSCD	TJ<体积>-0.0064*YSCD<长度>	501.86		☐	土建	☐
3	− 011702011	项	砼楼梯间墙 模板	1.模板类型:复合木模板	m2	MBMJ-(1.414*0.08+0.08+0.04)*YSCD	MBMJ<模板面积>-(1.414*0.08+0.08+0.04)*YSCD<长度>			☑	建筑工程	☐
4	21-52	定	现浇电梯井壁 复合木模板		m2	MBMJ-(1.414*0.08+0.08+0.04)*YSCD)	MBMJ<模板面积>-(1.414*0.08+0.08+0.04)*YSCD<长度>)	472.08		☑	土建	☐
5	− 010507007	项	其他构件	1.构件的类型:线条 2.构件规格:截面面积0.0064m2 3.部位:楼梯间墙 4.混凝土种类:泵送商品混凝土 5.混凝土强度等级:C25	m3	0.0064*YSCD	0.0064*YSCD<长度>			☐	建筑工程	☐
6	6-227	定	(C20泵送商品砼) 小型构件		m3	0.0064*YSCD	0.0064*YSCD<长度>	514.78		☐	土建	☐
7	− 011702025	项	其他现浇构件 模板		m2	(1.414*0.08+0.08+0.04)*YSCD	(1.414*0.08+0.08+0.04)*YSCD<长度>			☑	建筑工程	☐
8	21-89	定	现浇檐沟小型构件木模板		m2			726.43		☑	土建	☐

图 7-37 混凝土楼梯间墙的做法

	编码	类别	名称	项目特征	单位	工程量表达式	表达式说明	单价	综合单价	措施项目	专业	自动套
1	− 010504001	项	屋面女儿墙	1.混凝土种类:泵送商品混凝土 2.混凝土强度等级:C25	m3	TJ-0.013*YSCD	TJ<体积>-0.013*YSCD<长度>			☐	建筑工程	☐
2	6-26-1	定	(C25砼) 地面以上直(圆)形墙厚在200mm内		m3	TJ-0.013*YSCD	TJ<体积>-0.013*YSCD<长度>	501.86		☐	土建	☐
3	− 011702011	项	屋面女儿墙 模板	1.模板类型:复合木模板	m2	MBMJ-0.4954*YSCD	MBMJ<模板面积>-0.4954*YSCD<长度>			☑	建筑工程	☐
4	21-52	定	现浇电梯井壁 复合木模板		m2	MBMJ-0.4954*YSCD	MBMJ<模板面积>-0.4954*YSCD<长度>	472.08		☑	土建	☐
5	− 010507007	项	其他构件	1.构件的类型:线条 2.构件规格:截面面积0.013m2 3.部位:女儿墙 4.混凝土种类:泵送商品混凝土 5.混凝土强度等级:C25	m3	0.013*YSCD	0.013*YSCD<长度>			☐	建筑工程	☐
6	6-227	定	(C20泵送商品砼) 小型构件		m3	0.013*YSCD	0.013*YSCD<长度>	514.78		☐	土建	☐
7	− 011702025	项	其他现浇构件 模板		m2	0.4954*YSCD	0.4954*YSCD<长度>			☑	建筑工程	☐
8	21-89	定	现浇檐沟小型构件木模板		m2			726.43		☑	土建	☐
9	− 010401012	项	零星砌砖	1.零星砌砖名称、部位:屋面立面防水层保护墙 2.砖品种、规格、强度等级:标准砖 3.砂浆强度等级、配合比:水泥砂浆M5.0	m3	0.053*0.5*YSCD	0.053*0.5*YSCD<长度>			☐	建筑工程	☐
10	4-57-1	定	(M5水泥砂浆) 标准砖零星砌砖		m3	0.053*0.5*YSCD	0.053*0.5*YSCD<长度>	525.46		☐	土建	☐

图 7-38 混凝土女儿墙的做法

(4) 屋面立面防水保护墙的处理　屋面立面防水保护墙为1/4砖墙，对于这部分墙体处理的方式有两种：一种是定义、建模；另一种不需建模，而直接利用混凝土女儿墙和混凝土楼梯间墙的属性计算工程量。下面简单介绍第二种方式。

直接在混凝土女儿墙和混凝土楼梯间墙做法中加入如图7-39所示的屋面立面防水层保护墙的做法即可。

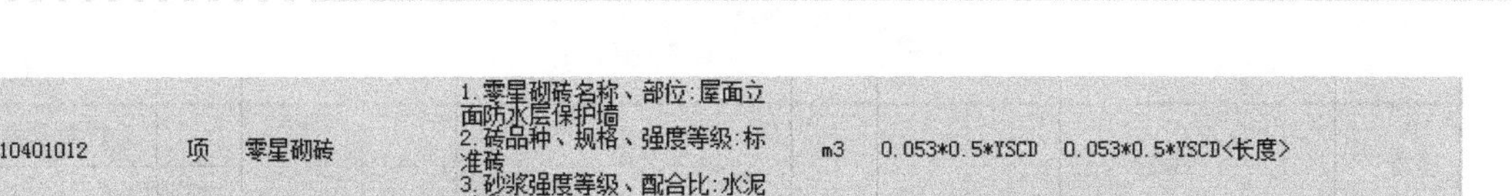

9	− 010401012	项	零星砌砖	1.零星砌砖名称、部位:屋面立面防水层保护墙 2.砖品种、规格、强度等级:标准砖 3.砂浆强度等级、配合比:水泥砂浆M5.0	m3	0.053*0.5*YSCD	0.053*0.5*YSCD<长度>	
10	4-57-1	定	(M5水泥砂浆) 标准砖零星砌砖		m3	0.053*0.5*YSCD	0.053*0.5*YSCD<长度>	525.46

图 7-39　屋面立面防水层保护墙的做法

4. 计算结果

(1) 土建计算结果　本工程墙的土建清单与定额工程量表见表 7-9。

表 7-9　墙的土建清单与定额工程量表

序号	编码	项目名称	单位	工程量明细	
				绘图输入	表格输入
实体项目					
1	010401004001	多孔砖墙 1. 砖品种、规格、强度等级:页岩模数多孔砖,A3.5 2. 墙体类型:200mm 厚外墙 3. 砂浆强度等级、配合比:M5 水泥砂浆	m^3	200.813	
	4-32 H80050104 80010104	(M5 混合砂浆)页岩模数多孔砖 墙厚 190mm 换为【水泥砂浆 砂浆强度等级 M5】	m^3	200.813	
2	010402001001	砌块墙 1. 砌块品种、规格、强度等级:加气混凝土砌块墙,A3.5 2. 墙体类型:内墙,200mm 厚 3. 砂浆强度等级:水泥石灰砂浆 M5.0 4. 所处环境:无水房间	m^3	158.1365	
	4-8	(M5 混合砂浆)普通砂浆砌筑加气混凝土砌块墙 200mm 厚以上(用于无水房间、底无混凝土坎台)	m^3	158.1365	
3	010402001002	砌块墙 1. 砌块品种、规格、强度等级:加气混凝土砌块墙,A3.5 2. 墙体类型:内墙,100mm 厚 3. 砂浆强度等级:水泥石灰砂浆 M5.0 4. 所处环境:有水房间	m^3	10.7485	
	4-9	(M5 混合砂浆)普通砂浆砌筑加气混凝土砌块墙 100mm 厚(用于多水房间、底有混凝土坎台)	m^3	10.7485	
4	010402001003	砌块墙 1. 砌块品种、规格、强度等级:加气混凝土砌块墙,A3.5 2. 墙体类型:内墙,200mm 厚 3. 砂浆强度等级:水泥石灰砂浆 M5.0 4. 所处环境:有水房间	m^3	27.4087	

（续）

序号	编码	项目名称	单位	工程量明细	
				绘图输入	表格输入
实体项目					
4	4-10	（M5 混合砂浆）普通砂浆砌筑加气混凝土砌块墙 200mm 厚（用于多水房间、底有混凝土坎台）	m^3	27.4087	
5	010502002001	构造柱 1. 混凝土种类：非泵送商品混凝土 2. 混凝土强度等级：C25	m^3	17.8233	
	6-316 H80212115 80212116	（C20 非泵送商品混凝土）构造柱 换为【C25 预拌混凝土（非泵送）】	m^3	17.7838	
6	010503004001	电梯井壁圈梁 1. 混凝土种类：非泵送商品混凝土 2. 混凝土强度等级：C25	m^3	2.945	
	6-320 H80212115 80212116	（C20 非泵送商品混凝土）圈梁 换为【C25 预拌混凝土（非泵送）】	m^3	2.8938	
7	010503004002	楼层半高处腰梁 1. 混凝土种类：非泵送商品混凝土 2. 混凝土强度等级：C25	m^3	0.813	
	6-320 H80212115 80212116	（C20 非泵送商品混凝土）圈梁 换为【C25 预拌混凝土（非泵送）】	m^3	0.813	
8	010607005001	砌块墙钢丝网加固 1. 材料品种、规格：Φ0.7@10×10 热镀锌钢丝网片 2. 加固方式：挂贴	m^2	1398.5135	
	14-30	热镀锌钢丝网	$10m^2$	139.85135	
措施项目					
1	011702003001	构造柱 模板 1. 模板类型：复合木模板	m^2	201.6943	
	21-32	现浇构造柱 复合木模板	$10m^2$	20.16943	
2	011702008001	圈梁 模板 1. 模板种类：复合木模板	m^2	37.488	
	21-42	现浇圈梁、地坑支撑梁 复合木模板	$10m^2$	3.7488	

（2）钢筋工程量计算结果　钢筋工程量计算结果见表 7-10。

表 7-10　钢筋类型级别直径汇总表

构件类型	钢筋总重/kg	各规格钢筋重 1kg		
		Φ6	Φ10	Φ12
构造柱	1393.004	311.344	1081.66	
砌体墙	2352.324	2352.324		
砌体加筋	9.809	9.809		
圈梁	423.984	86.328	77.912	259.744
合计	4179.121	2759.805	1159.572	259.744

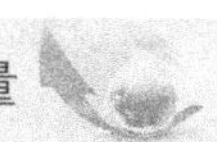

■7.4　拓展延伸（墙）

7.4.1　砌体加筋

砌体加筋有两种方式：一种是沿砌体墙的长度方向设置通长钢筋，沿厚度方向设置横向钢筋；另一种是从钢筋混凝土柱、构造柱或剪力墙边伸出一定长度的钢筋到砌体中。第一种方式可以在砌体墙定义时解决，本节介绍第二种砌体加筋方式。针对这种加筋方式软件提供了多种参数化图形，以满足砌体加筋的需要。

1. *新建砌体加筋*

(1) 选择参数化图形　单击“新建砌体加筋”后出现选择“选择参数化图形”界面，如图7-40所示。软件内置了多种常用的砌体加筋形式，可以根据实际情况进行选择。新建砌体加筋后，在“参数化截面类型”后的下拉选择框中，选择对应的参数图，输入墙体宽度、钢筋伸出长度等相关参数信息。单击“确定”按钮完成砌体加筋构件的建立，弹出砌体加筋属性列表，如图7-41所示。

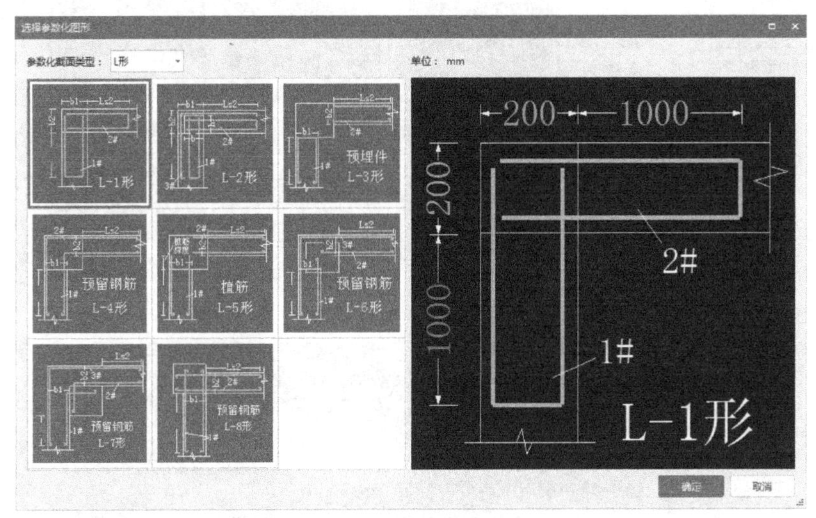

图7-40　砌体加筋参数化图形选择

(2) 砌体加筋属性　砌体加筋构件各个属性的含义如下：

1）名称：根据图纸输入构件的名称，该名称在当前楼层的当前构件类型下唯一。

2）砌体加筋形式：软件内置了多种常用的砌体加筋形式，可以根据实际情况进行选择。

3）1#加筋：根据所选图示填入，例如：T-1形拉结筋只需填入1#和2#拉结筋。可单击后面“…”按钮，显示该钢筋支持什么样的输入方式。

4）2#加筋：根据所选图示填入，例如：T-1形拉结筋只

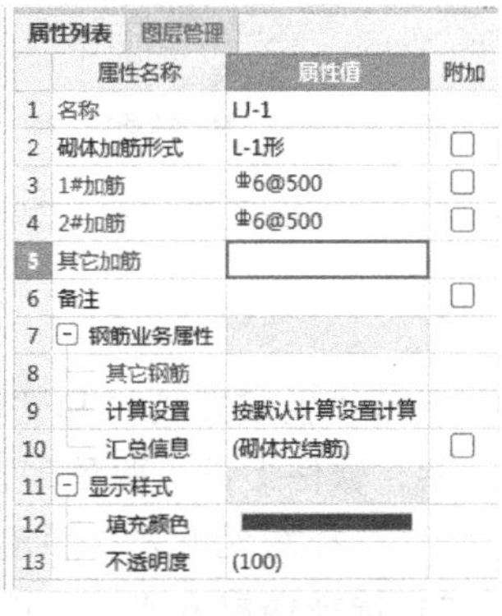

属性列表　图层管理

	属性名称	属性值	附加
1	名称	LJ-1	
2	砌体加筋形式	L-1形	☐
3	1#加筋	Φ6@500	☐
4	2#加筋	Φ6@500	☐
5	其它加筋		
6	备注		☐
7	⊟ 钢筋业务属性		
8	其它钢筋		
9	计算设置	按默认计算设置计算	
10	汇总信息	(砌体拉结筋)	☐
11	⊟ 显示样式		
12	填充颜色		
13	不透明度	(100)	

图7-41　砌体加筋属性列表

需填入1#和2#拉结筋。可单击后面“…”按钮，显示该钢筋支持什么样的输入方式。

5）其他加筋：除了当前构件中已经输入的钢筋以外，还有需要计算的钢筋，则可以通过其他加筋来输入。具体的输入格式为“数量+级别+直径@间距”，数量未输入时默认为1。如⌀6@500表示数量为1，钢筋级别为HRB400，直径为6mm，间距为500mm。

其他属性请读者参阅其他构件的相关属性介绍。

2. *砌体加筋绘制*

（1）点式绘制　砌体加筋的绘制方法为点式绘制。选择需要绘制的砌体加筋，单击插入点即完成。

（2）生成砌体加筋　除点式画法外，还可以通过“砌体加筋二次编辑”选项卡上的“生成砌体加筋”功能完成。选择框架柱、构造柱、剪力墙图元，可以生成与砌体墙相交处的连接筋，并且可以整楼生成。“生成砌体加筋”对话框如图7-42所示。

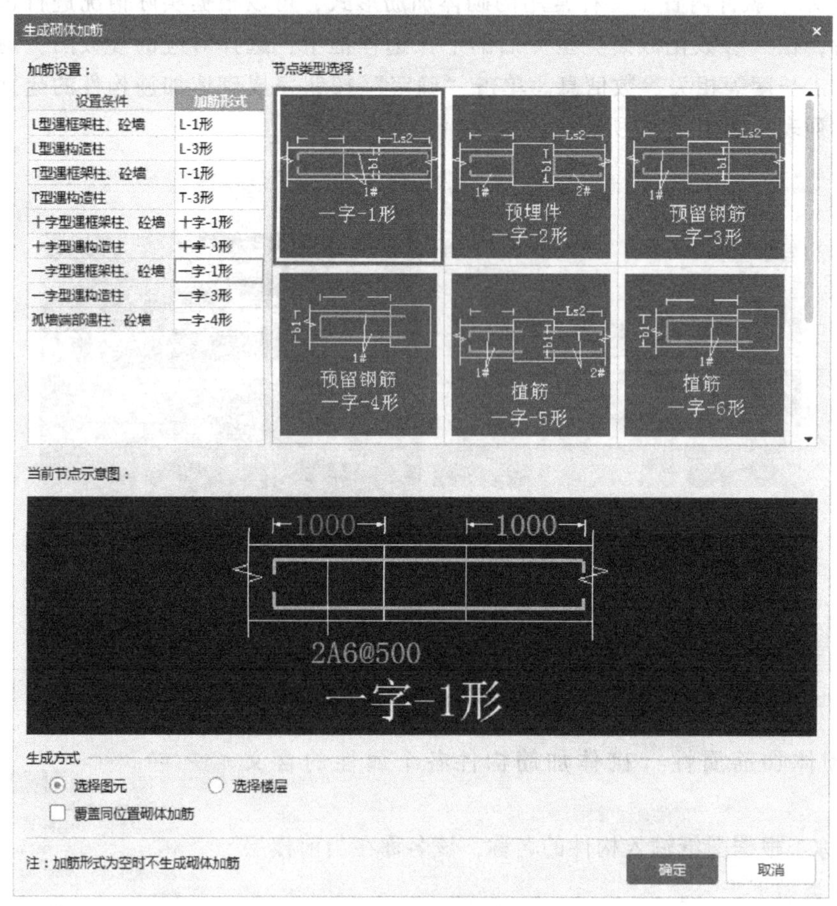

图7-42　“生成砌体加筋”对话框

选择“生成方式”和“覆盖同位置砌体加筋”后，单击“确定”按钮完成砌体加筋图元绘制。软件提供了两种砌体加筋生成方式。

1）选择图元方式：手动选择框架柱或构造柱或剪力墙图元，单击鼠标右键完成。

2）选择楼层方式：可以一次性生成一个或多个楼层或整楼生成，单击“确定”按钮完成。

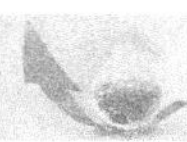

7.4.2　其他类型墙定义

1. 参数化墙

参数化墙与异形墙非常类似，只是截面不需要绘制，但只能在软件提供的参数化图形中选择，其界面如图 7-43 所示。其属性的含义请读者参阅异形墙相应属性。

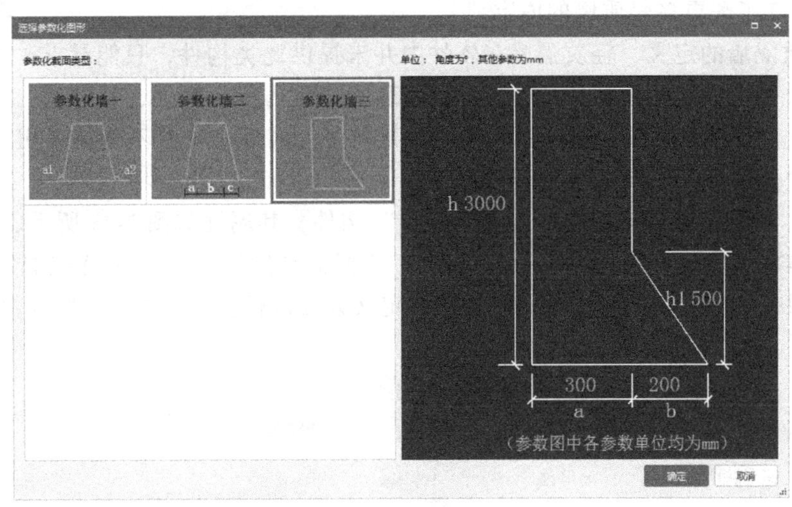

图 7-43　参数化墙

2. 保温墙

保温墙是一种在竖向分层的墙体，在软件中是以竖向分层单元的形式体现的。它的定义与一般墙体类似，不同的是要先建构件，然后建分层单元，构件中的厚度是各分层厚度之和。

单击“新建保温墙”后，在“新建”菜单或右键快捷菜单下，就会出现“新建保温墙单元”的子菜单，单击“新建保温墙单元”后新建一个分层单元。新建的第一个单元为右侧单元，新建的第二个单元为左侧单元，之后新建的单元依从右到左的顺序进行排列，位于左右两个单元之间。右侧单元的编号始终不变，左侧单元的编号则随着新建单元数量的增加而变化，但新增的单元编号始终比左侧单元的编号小 1，各个单元的编号如图 7-44 所示。在“材质”属性中增加了苯板、珍珠岩板等保温材料，其他属性请读者参阅一般砌体墙的相应属性。

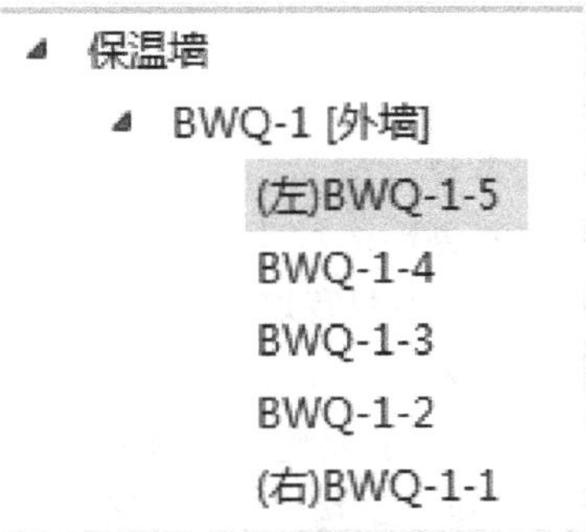

保温墙
BWQ-1 [外墙]
(左)BWQ-1-5
BWQ-1-4
BWQ-1-3
BWQ-1-2
(右)BWQ-1-1

图 7-44　保温墙单元

3. 墙垛

墙垛是指在平面中凸出墙面的柱状构造，主要起加强墙体稳定性的作用，同时也可作局部承重构件。墙垛分为单面墙垛和双面墙垛。

单面墙垛：一侧和墙身平，另一侧凸出墙身。如墙身 240mm，在墙身某一部位凸出半砖 120mm，使 24 墙变成 37 墙，宽一砖或一砖半。

双面墙垛：墙身在某一部位两侧都凸出半砖，如墙身 240mm，在墙身某一部位两侧同一处各凸出半砖

120mm，使 24 墙变成 49 墙，宽一砖或一砖半。

由于墙垛的工程量并入所依附的墙体工程量内，所以墙垛也套墙体清单项和定额子目。

4. 轻质隔墙

二维码 7-3 轻质墙的种类

（1）轻质隔墙的种类　轻质隔墙是指用各种轻质材料施工完成的非承重隔墙，包括砌块隔墙、玻璃隔墙、骨架隔墙板、活动隔墙等，请读者扫描下方的二维码 7-3 了解更多轻质墙的内容。

（2）轻质隔墙的定义　轻质隔墙在软件中并未提供此类构件，只能寻求以其他构件来替代。遍观剪力墙、砌体墙和保温墙三类构件的属性，每种构件貌似都可以代替轻质隔墙，但需要调整的参数较多，属性定义时不建议采用墙构件替代，建议采用软件提供的“自定义线”构件来替代。

软件在“自定义”类下提供了“自定义线”构件，其属性如图 7-45 所示。只需要根据设计图的具体要求修改“名称”“截面宽度”、“截面高度”和“扣减优先级”四个属性。其做法定义根据轻质隔墙的材质参照砌体墙的定义方法进行。绘制方法参照其他线式构件的绘制方法。

属性列表　图层管理

	属性名称	属性值	附加
1	名称	ZDYX-1	
2	构件类型	自定义线z	
3	截面宽度(mm)	300	□
4	截面高度(mm)	300	□
5	轴线距左边线距离(mm)	(150)	□
6	混凝土强度等级	(C20)	□
7	起点顶标高(m)	层顶标高	□
8	终点顶标高(m)	层顶标高	□
9	备注		□
10	⊟ 钢筋业务属性		
11	其它钢筋		
12	归类名称	(ZDYX-1)	□
13	汇总信息	(自定义线)	□
14	保护层厚度(mm)	(25)	□
15	抗震等级	(非抗震)	□
16	锚固搭接	按默认锚固搭接计算	
17	计算设置	按默认计算设置计算	
18	节点设置	按默认节点设置计算	
19	搭接设置	按默认搭接设置计算	
20	⊟ 土建业务属性		
21	计算规则	按默认计算规则	
22	扣减优先级	要扣减点，要扣减面，要扣减线	□
23	⊞ 显示样式		

图 7-45　自定义线属性

5. 幕墙

二维码 7-4 幕墙简介

（1）幕墙的种类　幕墙是建筑的外墙围护，主要包括玻璃幕墙、金属幕墙和石材幕墙三种类型。

（2）幕墙的定义

1）幕墙的属性。幕墙的属性如图 7-46 所示。幕墙独有的属性有“材质”和“结构类型”两个：

材质：不同材质的墙对应不同的计算规则。可选项有“玻璃”“金属板”“石材”“陶

土板”等。

结构类型：可选项有“全玻幕墙”“带骨架幕墙”，套做法时起到标志的作用。

属性列表　图层管理

	属性名称	属性值	附加
1	名称	MQ-1	
2	材质	玻璃	☐
3	结构类型	全玻幕墙	☐
4	厚度(mm)	100	☐
5	轴线距左墙皮距离(mm)	(50)	☐
6	内/外墙标志	外墙	☑
7	起点顶标高(m)	层顶标高	☐
8	终点顶标高(m)	层顶标高	☐
9	起点底标高(m)	层底标高	☐
10	终点底标高(m)	层底标高	☐
11	备注		☐
12	⊟ 土建业务属性		
13	计算设置	按默认计算设置	
14	计算规则	按默认计算规则	
15	⊞ 显示样式		

图 7-46　幕墙的属性

2）幕墙的做法。幕墙的做法可以根据设计图的要求描述项目特征，然后根据项目特征套用适当的定额子目，如图 7-47 所示。

	编码	类别	名称	项目特征	单位	工程量表达式	表达式说明	单价
1	− 011209002	项	全玻（无框玻璃）幕墙	1.玻璃品种、规格、颜色:夹层玻璃 2.固定方式:粘接	m2	MJ	MJ<面积>	
2	14-158	定	全玻璃幕墙 挂式		m2	MJ	MJ<面积>	7395.36

图 7-47　幕墙的做法

3）幕墙的绘制。幕墙的绘制方法请读者参阅砌体墙相关内容。

7.4.3　墙的二次编辑

1. 设置斜墙

为满足建筑功能和美观的需要，很多大型公共建筑（如体育馆、博物馆）以及一些地标性建筑多有斜面设计。挡土墙、护坡、水塔、烟囱等构筑物的墙体一般也是倾斜的。当遇到这种工程，可以使用“设置斜墙”功能将已绘制的垂直墙体变斜。

该功能适用于剪力墙、砌体墙、虚墙、幕墙（包括弧形墙、拱墙，不包括参数化墙、异形墙），只能把已有直墙变斜，不能直接绘制斜墙。墙上的墙面、墙裙、踢脚、保温层、墙垛，在墙图元设置斜墙后会自动随墙变斜。操作步骤如下：

（1）选择“设置斜墙”功能　在砌体/剪力墙二次编辑分组中选择“设置斜墙”功能。

（2）选择需要变斜的墙图元　点选需要变斜的墙图元，单击鼠标右键确认选择，弹出“设置斜墙”对话框，如图 7-48 所示。

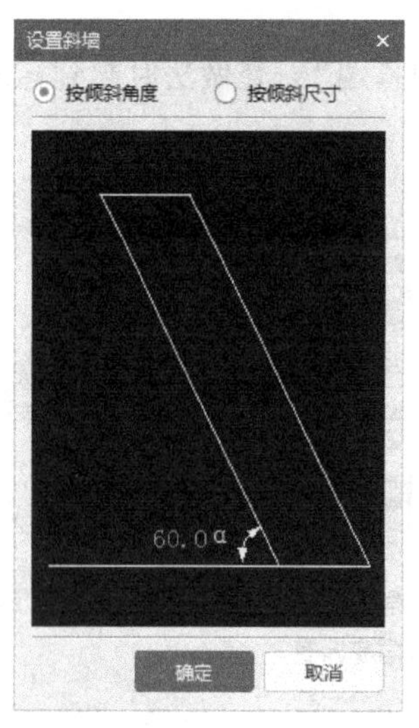

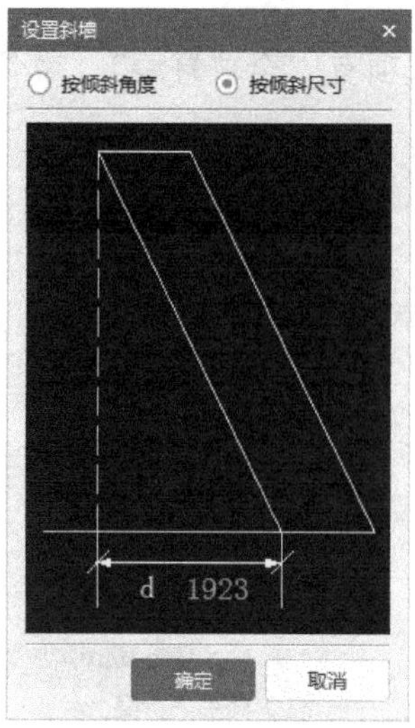

图 7-48 设置斜墙

（3）选择斜墙生成方式 软件提供了“按倾斜角度”和“按倾斜尺寸”两种生成斜墙方式。按倾斜角度生成斜墙时，需要输入墙的倾斜角度 α（$0<\alpha\leqslant 90$，单位为°）；按倾斜尺寸生成斜墙时，需要输入 d（$0\leqslant d\leqslant 50000$，单位为 mm）值；选择生成方式后，单击“确定”按钮确认。

（4）指定倾斜方向 按住鼠标左键指定墙的倾斜方向（即向墙的哪一侧倾斜）后生成斜墙。

2. 设置拱墙

拱屋面下的墙，墙顶多为拱形（工业厂房居多）。有些为对称拱，有些为非对称拱。建筑正面屋顶处为了做装饰，凸出屋顶的墙顶做成拱形。

该设置适用于剪力墙、砌体墙、幕墙（不包括弧形墙、斜墙、参数化墙、异形墙）。修改拱墙的顶标高，墙将变为平墙或斜墙，墙面、保温层、墙垛、后浇带自动适应拱墙。其操作步骤为：设置拱墙→选择墙图元和起拱点→选择起拱方式并填写参数。

（1）单击“设置拱墙” 选择“墙二次编辑”分组中的“设置拱墙”功能。

（2）选择墙图元和起拱点 选择墙图元，并选择起拱点。

（3）选择起拱方式并填写参数 在弹出的参数设置窗口，选择拱起方式并填写起相应参数，单击“确定”按钮，拱墙设置完成。软件提供了按拱高和按半径两种起拱方式，如图 7-49 所示。

请读者体验按拱高和按半径起拱的方式在绘图方式上的区别。

3. 墙体拉通

在绘制斜墙时，会出现斜墙与直墙、斜墙与斜墙相交的情况，相交后存在缺口或者凸出墙面的部分，为了不影响工程量计算结果的准确性，需要将凸出墙面的部分修剪成与墙面平齐，将缺口部分补齐，此时可以使用“斜墙拉通”功能。

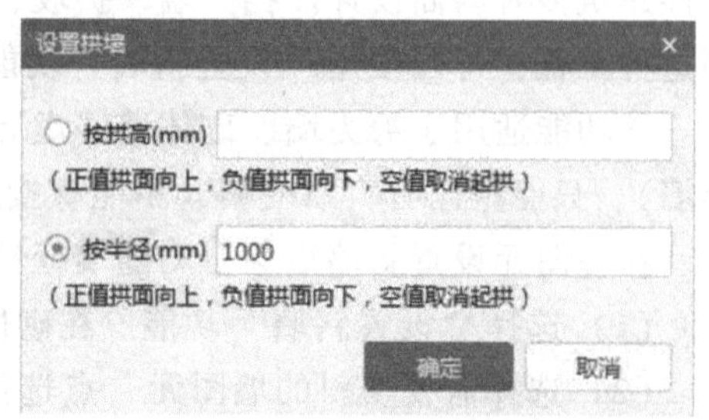

图 7-49 设置拱墙

该功能只适用于墙和幕墙中的斜墙，不支持参数化墙、异形墙、拱墙和直墙。图 7-50a 所示的两道砌体直墙与一道砌体斜墙相交，需要将两道直墙的左半部分修剪成与斜墙平齐，此时就可以使用“墙体拉通”功能，其操作步骤如下：

在“砌体墙二次编辑”分组中选择“墙体拉通”功能；单击第一个要拉通的图元，接着选择第二个拉通图元，即可完成墙体拉通。每次只能选择两道墙体进行拉通，且两道墙中必须含有斜墙图元。拉通后的效果如图 7-50b 所示。

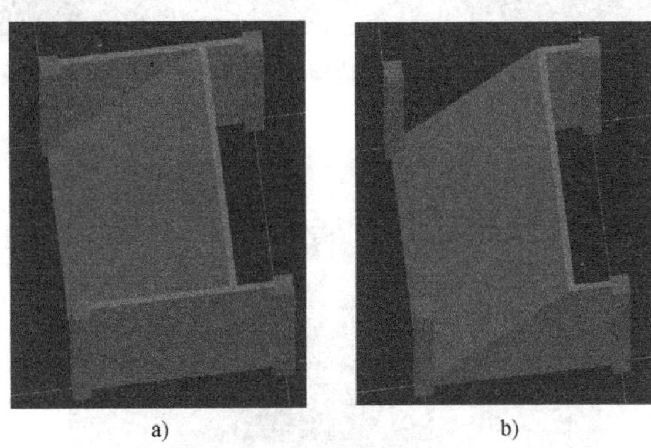

a)　　　　b)

图 7-50　斜墙与直墙相交

7.4.4　约束边缘构件非阴影区箍筋的处理

1. 非阴影区箍筋简介

边缘构件分为约束边缘构件和构造边缘构件。约束边缘构件是指用箍筋约束的暗柱、端柱、翼墙和转角墙等构件，其混凝土用箍筋约束，有比较大的变形能力。约束边缘构件以 Y 打头，如 YAZ、YDZ、YYZ、YJZ 等。在剪力墙两端和洞口两侧应设置边缘暗柱，有阴影区和非阴影区之分。构造边缘构件相对于约束边缘构件其对混凝土的约束较差，只有阴影区没有非阴影区，构造边缘构件在编号时以字母 G 打头，如 GAZ、GDZ、GYZ、GJZ 等。

对于约束边缘构件（图 7-1），阴影部分必须采用箍筋，阴影范围之外可以采用箍筋或拉筋，但约束边缘构件的边界处应为箍筋。

对于构造边缘构件（图 7-2），在底部加强部位及抗震墙转角处宜用箍筋，构造边缘构件的边界处应为箍筋，箍筋范围内的其他部位用拉筋即可。

阴影区暗柱的定义、绘制方法参阅框架柱相关内容，本节介绍约束边缘构件非阴影区内钢筋在软件中的处理方式。

某工程中的约束边缘柱为 2YBZ14，配置纵筋 14Φ14，箍筋Φ8@150，剪力墙的配筋为纵向分布筋（2）Φ10@200，水平分布筋为（2）Φ10@200，拉筋Φ6@600×600。约束边缘柱的钢筋布置及非阴影区配筋要求如图 7-51 和图 7-52 所示。

2. 常用处理方式

剪力墙中约束边缘构件中非阴影区域箍筋的计算是一个非常容易忽视且复杂烦琐的一项工作，不同的造价人员有不同的处理方法，一般有定义为一个暗柱、定义为两个暗柱、定义为参数化暗柱、将非阴影区钢筋定义在阴影区截面范围之外、利用钢筋业务属性的其他箍筋属性五种处理方法。

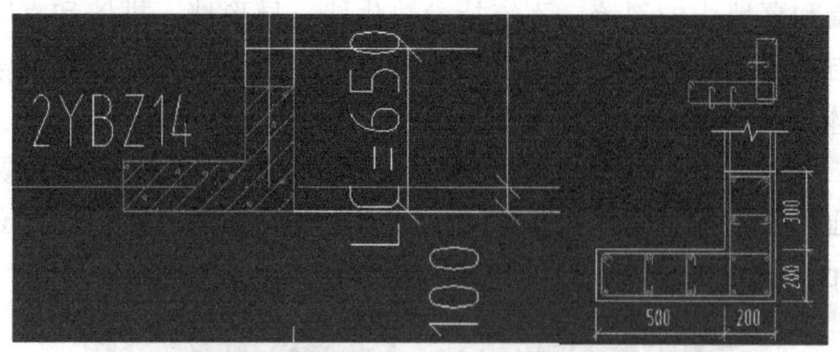

图 7-51 约束边缘柱的钢筋布置

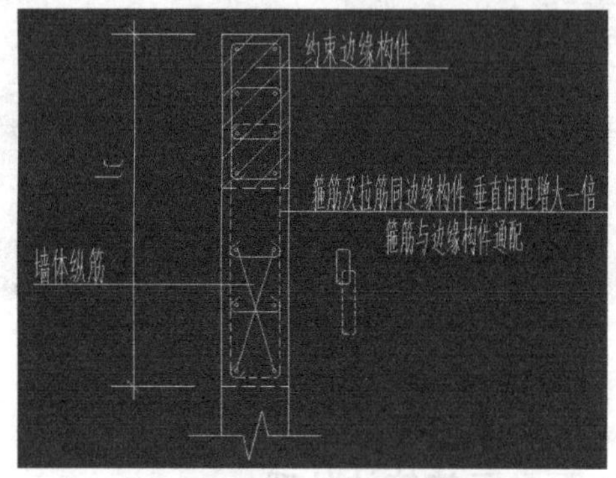

图 7-52 约束边缘柱非阴影区配筋要求

3. 各种处理方式的优劣

(1) 对钢筋工程量的影响　剪力墙的垂直分布钢筋和水平分布钢筋不受暗柱的影响，只有箍筋和拉筋随着剪力墙的长度的变化而变化。前三种非阴影区箍筋的处理方式，在剪力墙位置绘制了暗柱后，剪力墙的长度变短，箍筋和拉筋分别按墙和暗柱的设置进行计算，计算结果是符合实际情况的；后两种方式是在阴影区范围内增加了非阴影区范围内的箍筋和拉筋，但非阴影区的长度范围内仍然是剪力墙，这就可能导致软件多算非阴影区范围内的墙体箍筋和拉筋的工程量，对于本例而言，由于非阴影区的长度较小，对箍筋和拉筋的工程量影响可以忽略不计，如果非阴影区的长度较大，势必对钢筋工程量造成一定的影响。

二维码 7-5　暗柱的处理

(2) 对建模的影响　前三种方式均需要对构件的属性重新定义，不能直接利用 CAD 识别结果，也不能通过构件识别方式进行绘图，故构件定义和绘图工作量非常繁重。所以，工作中要根据剪力墙边缘约束构件非阴影区域的实际情况采用适宜的处理方法。

思 考 题

1. 墙体有哪些类型？
2. 为什么墙体要区分内墙和外墙？
3. 为什么砌块墙要区分有水房间和无水房间的墙？
4. 为什么砌体墙内要配置钢筋？一般有几种配置方式？在软件中分别如何实现？
5. 砌块墙的工程量代码应该如何选择？

6. 顶层外墙的钢丝网片工程量代码如何填写？
7. 调整墙体标高的方式有哪些？
8. 砌体加筋的表现形式有哪几种？分别如何定义？
9. 参数化墙、异形墙的高度是由哪个属性确定的？
10. 保温墙与普通墙的区别是什么？
11. 如何设置斜墙？如何将斜墙与斜墙或直墙拉通？
12. 如何设置拱墙？拱墙与斜墙能否拉通？
13. 要在长 6m 的墙的中间起拱，要求起拱高度为 1m，起拱弦长为 3m，如何操作？
14. 如何快速建立剪力墙构件？
15. 设置斜墙与斜柱的操作有何区别？
16. 设置拱梁与拱墙的操作有何区别？
17. 按照起拱高度和起拱半径形成的拱墙有何不同？
18. 地下室剪力墙应该套用哪项清单和定额？
19. 电梯井壁和直形剪力墙套用的定额子目有何不同？
20. 暗柱是否需要套用做法？满足哪些条件时才需要套用？
21. 标准砖墙和砌块墙的厚度属性，在计算工程量时有何不同？
22. 根据你使用软件的经验，如何定义剪力墙内的带 E 钢筋？
23. 屋面立面防水层保护墙的工程量如何计算更方便？
24. 如果只用 GTJ2018 软件对墙体建模，而不使用 GCCP5.0 进行计价，墙体构件应该如何定义？
25. 如果同一厚度的内墙定义为一个构件，也用此构件进行建模，但需要分别提取楼梯间内墙、有水房间内墙和无水房间内墙的工程量，在另外一个计价软件中套用清单和定额，该如何操作？
26. 轻质隔墙和砌体墙的属性有何区别？
27. 幕墙上的门窗如何定义和绘制？
28. 幕墙和砌体墙在计算工程量时，哪个的优先级别更高？
29. 幕墙与带形窗能否互相替代？试举例说明。
30. 剪力墙的边缘构件有哪几种？它们对箍筋和拉筋的要求有何不同？
31. 约束边缘构件非阴影区钢筋的配置要求是什么？如何计算这部分钢筋的工程量？

第 8 章

门、窗、洞口及相关构件的建模与算量

学习目标

熟练掌握门、窗、洞口及相关构件的命令操作；能够应用算量软件定义并绘制门窗洞及相关构件，准确套用清单及定额，并计算门窗及相关构件的工程量。

■ 8.1 门、窗、洞口及相关构件的基础知识

8.1.1 门窗分类及相关构件

门窗按其所处的位置不同分为围护构件或分隔构件，根据不同的设计要求要分别具有保温、隔热、隔声、防水、防火等功能。门窗既是建筑物围护结构系统中重要的组成部分，也是建筑造型的重要组成部分，所以它们的形状、尺寸、比例、排列、色彩、造型等对建筑的整体造型都有很大的影响。

1. 普通门窗分类

门窗可以按材质、按功能、按开启方式、按性能、按应用部位和洞口形状进行分类。

依据门窗材质，大致可以分为：木门窗、钢门窗、塑钢门窗、铝合金门窗、玻璃钢门窗、不锈钢门窗、铁花门窗、隔热断桥铝门窗、木铝复合门窗、铝木复合门窗、实木门窗、阳光房、玻璃幕墙、木质幕墙等。

按功能门分为旋转门、防盗门、自动门。

按开启方式窗分为固定窗、上悬窗、中悬窗、下悬窗、立转窗、平开门窗、滑轮平开窗、滑轮窗、平开下悬门窗、推拉门窗、推拉平开窗，门分为折叠门、地弹簧门、提升推拉门、推拉折叠门、内倒侧滑门。

按性能门窗分为隔声型门窗、保温型门窗、防火门窗、气密门窗。

按应用部位门窗分为内门窗和外门窗。

按照洞口形状门窗可以分为矩形门窗和异形门窗。

2. 高科技门窗分类

高科技门窗可以分为调光玻璃、LED 玻璃和无框阳台三类。

二维码 8-1
高科技门窗

3. 门窗相关构件

与门窗装修直接相关的构件包括窗帘盒、窗台板、门窗套。以门窗洞口为母图元的依附图元包括过梁和窗台压顶，与门窗洞口类似的构件有壁龛。

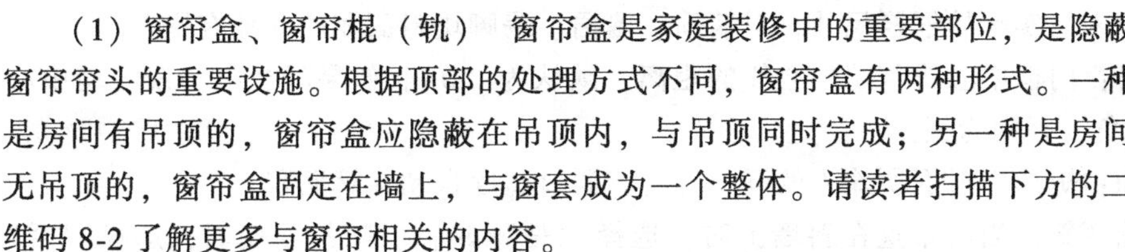

（1）窗帘盒、窗帘棍（轨）　窗帘盒是家庭装修中的重要部位，是隐蔽窗帘帘头的重要设施。根据顶部的处理方式不同，窗帘盒有两种形式。一种是房间有吊顶的，窗帘盒应隐蔽在吊顶内，与吊顶同时完成；另一种是房间无吊顶的，窗帘盒固定在墙上，与窗套成为一个整体。请读者扫描下方的二维码 8-2 了解更多与窗帘相关的内容。

二维码 8-2
窗帘盒、窗帘棍的种类

（2）窗台板　窗台板是木工用夹板、饰面板做成木饰面的形式，也可以是用水泥、石材做成。窗台板的款式主要是从材质上来分类的，常见的材质有大理石、花岗石、人造石、装饰面板和装饰木线。

（3）门窗套　门窗套是指在门窗洞口的两个立边垂直面，可突出外墙形成边框也可与外墙平齐，既要立边垂直平整又要满足与墙面平整，故此质量要求很高。

门窗套包括筒子板和贴脸，与墙连接在一起。如图 8-1 所示，门窗套包括 A 面和 B 面；筒子板指 A 面，贴脸指 B 面。

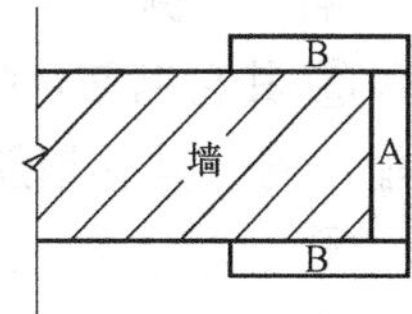

图 8-1　门窗套示意

（4）过梁　当墙体上开设门窗洞口且墙体洞口大于 300mm 时，为了支撑洞口上部砌体传来的各种荷载，并将这些荷载传给门窗等洞口两边的墙，常在门窗洞口上设置横梁，该梁称为过梁。

（5）窗台压顶　压顶是建筑中露天的墙上顶部的钢筋混凝土覆盖层，可以在女儿墙的顶部，也可以在窗台处。在外墙的窗台顶部、窗户底部的压顶称为窗台压顶。

（6）壁龛　壁龛是在墙身上留出用来作为贮藏设施的空间。它的深度受到构造上的限制，通常从墙边挑出 0.1~0.2m 左右。壁龛可以预留，也可以后凿，以前的墙上碗柜、书架，现在的墙上鞋柜、消防柜、配电柜等都是半嵌在墙上，都是壁龛的典型应用。

8.1.2　软件功能介绍

1. 门窗属性定义

门窗洞在软件中包括门、窗、门连窗、墙洞、带形窗、带形洞、飘窗、老虎窗、过梁及壁龛。按照洞口形状分为矩形门窗、异形门窗、参数化门窗和标准门窗四种类型。

创建门窗的方法、步骤与柱、梁、板等构件相同；下面以矩形门为例说明门窗的属性含义。

（1）矩形门的属性　矩形门的属性如图 8-2 所示，包括基本属性、钢筋业务属性、土建业务属性和显示样式四个部分。

属性列表

	属性名称	属性值	附加
1	名称	M-1	
2	洞口宽度(mm)	1200	☐
3	洞口高度(mm)	2100	☐
4	离地高度(mm)	0	☐
5	框厚(mm)	60	☐
6	立樘距离(mm)	0	☐
7	洞口面积(m²)	2.52	☐
8	是否随墙变斜	否	☐
9	备注		☐
10	－ 钢筋业务属性		
11	斜加筋		☐
12	洞口每侧...		☐
13	其它钢筋		
14	汇总信息	(洞口加强筋)	☐
15	－ 土建业务属性		
16	计算规则	按默认计算规则	
17	－ 显示样式		
18	填充颜色		
19	不透明度	(100)	

图 8-2　矩形门的属性

1）基本属性。

① 名称：根据图纸输入构件的名称，该名称在当前楼层的当前构件类型下唯一。

② 洞口宽度（mm）：安装门位置的预留洞的宽度。

③ 洞口高度（mm）：安装门位置的预留洞的高度。

④ 离地高度（mm）：门底部距离当前层楼地面的高度。

⑤ 框厚：输入门实际的框厚尺寸，对墙面、墙裙、踢脚块料面积的计算有影响。

⑥ 立樘距离：门框中心线与墙中心线的距离，默认为“0”。如果门框中心线在墙中心线左边，该值为负，否则为正。

⑦ 洞口面积：矩形门根据所输入的洞口宽度和洞口高度自动计算面积。

⑧ 是否随墙变斜：当门布置在斜墙上时，选择“是”时，门随斜墙变斜；选择“否”时，门不随墙变斜；

⑨ 备注：该属性值仅仅是个标识，对计算不起任何作用。

2）钢筋业务属性

① 斜加筋：输入格式为数量+级别+直径，例如 4Φ16。

② 洞口每侧加强筋：用于计算门周围的加强钢筋，如果顶部和两侧配筋不同时，则用“/”隔开，例如 6Φ12/4Φ12。

③ 其它钢筋：除了当前构件中已经输入的钢筋以外，还有需要计算的钢筋时，可以将其输入到“其它钢筋”属性中。

④ 汇总信息：默认为洞口加强筋。报表预览时部分报表可以根据该信息进行钢筋的分类汇总。

其他属性的含义请读者参阅框架柱的同名属性。

（2）矩形窗的属性　矩形窗的属性如图 8-3 所示，其中

1）类别：可选“普通窗”或“百页窗”。

2）顶标高：窗顶的标高，其值为“层底标高+洞口高度+离地高度”。

其他属性与矩形门的同名属性含义相同。

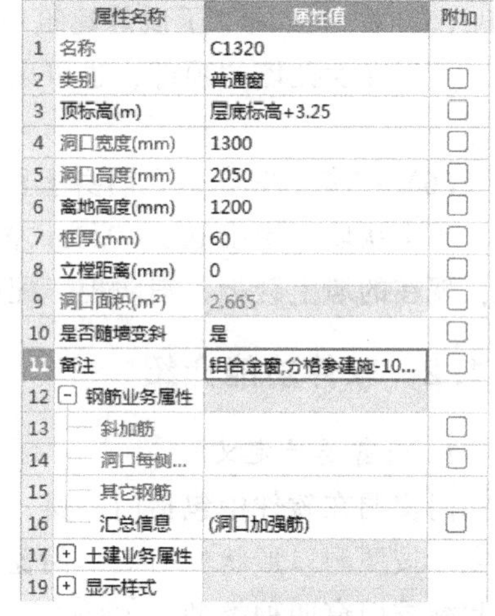

属性列表　图层管理

	属性名称	属性值	附加
1	名称	C1320	
2	类别	普通窗	☐
3	顶标高(m)	层底标高+3.25	☐
4	洞口宽度(mm)	1300	☐
5	洞口高度(mm)	2050	☐
6	离地高度(mm)	1200	☐
7	框厚(mm)	60	☐
8	立樘距离(mm)	0	☐
9	洞口面积(m²)	2.665	☐
10	是否随墙变斜	是	☐
11	备注	铝合金窗,分格参建施-10...	☐
12	− 钢筋业务属性		
13	斜加筋		☐
14	洞口每侧...		☐
15	其它钢筋		
16	汇总信息	(洞口加强筋)	☐
17	+ 土建业务属性		
19	+ 显示样式		

图 8-3　矩形窗的属性

2. 门窗绘制方法

门窗及洞口构件属于墙的附属构件，必须绘制在墙上。门窗属于点式构件，软件提供了点式画法，在“二次编辑”选项卡上还提供了“智能布置”、“精确布置”的画法。门窗既可以通过手动绘制，也可以通过 CAD 识别转化。具体操作请读者参阅后续相关内容。

3. 过梁的定义

过梁分为矩形过梁、异形过梁和标准过梁三种类型。过梁定义的方法请读者参阅框架梁的定义方法。

4. 过梁的绘制

过梁是墙体洞口的附属构件，只能绘制在洞口位置。绘制过梁的方式有点画、智能布置和生成过梁三种方式。

1）点画。单击洞口位置，就能将选定的洞口构件绘制到指定位置，长度由洞口宽度和支承长度之和来确定。

2）智能布置。智能布置时可以使用的参照图元如图 8-4 所示，根据需要绘制洞口的具体情况进行选择，

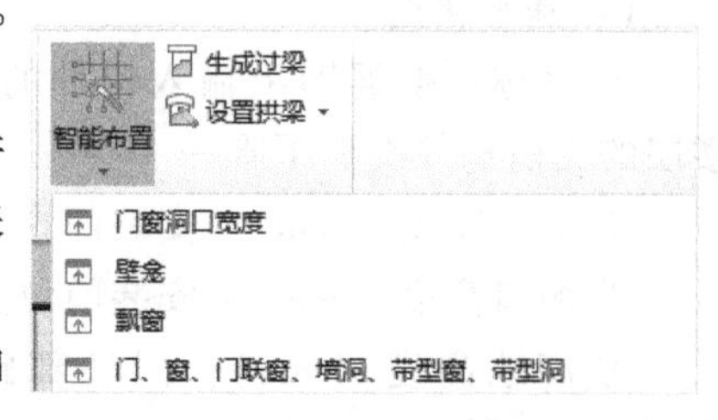

图 8-4　过梁的参照图元

软件即可自动布置过梁到选定的参照图元上。

3）生成过梁。在绘制砌块墙上的过梁时，结构总说明中有时会描述过梁的布置要求，如果过梁的规格较多，按照说明逐一手动绘制费时费力，此时可以使用“生成过梁”功能，根据图纸规定条件快速布置。自动生成过梁时软件会反建构件，不必新建过梁构件后再执行此功能。幕墙上的门窗洞不生成过梁，飘窗只有布置在墙上才能生成过梁。其具体操作步骤如下：

在“过梁二次编辑”分组中选择“生成过梁”；在“自动生成过梁”对话框中填写过梁的布置位置和布置条件，可以通过“添加行”和“删除行”增减布置条件，如图 8-5 所示，选择过梁的生成方式，并决定是否勾选“覆盖同位置过梁”，过梁生成后会提示共布置了多少根过梁。

生成方式可以按图元生成，也可按楼层生成。按图元生成时，点选或拉框选择要布置过梁的图元，单击鼠标右键完成布置；按楼层生成时，选择需要布置的楼层，单击“确定”按钮完成。

图 8-5　生成过梁对话框

■ 8.2　首层和二层门窗的建模

8.2.1　任务说明

本节的任务有：完成首层和二层所有门窗的定义、建模与算量；完成首层和二层电梯门洞的定义与建模；完成首层和二层所有门窗洞过梁的定义、建模与算量。

8.2.2　任务分析

通过分析 JS10 门窗表，本工程中包括卷帘门、防火门、普通门、普通窗和组合门窗五大类型。每种类型中又包括多种规格型号的门窗。通过分析 JS06 立面图，设备管道井门的离地高度为 300mm，其他门的离地高度均为 0；而窗的离地高度分别为 1200mm、3400mm、

4050mm 和 5250mm。

通过分析 JS08，所有外门窗均与外墙外边线平齐。

由于首层的层高为 8m，布置了两层窗户，窗的离地高度不统一，需要分别进行定义并绘制在不同分层中。二层的层高为 3.95m，布置了一层窗户，其中 C6132 的离地高度为 0，其他所有窗的离地高度均为 1200mm。

JS02 标明了电梯门洞的宽度为 2000mm，高度为 2500mm，离地高度为 0。通过 1—1 剖面图可以看到洞口上方有一道过梁。

根据 GS01 结构设计总说明中如图 8-6 所示的关于非承重砌体洞口上部需设置预制过梁的有关规定，分别定义相应高度的过梁（宽度同墙宽）。

5、非承重砌体洞口上部需设置预制过梁时，过梁按下表采用

洞口净跨 l_0	l_0≤1000	l_0 >1000 ≤1500	l_0 >1500 ≤2000	l_0 >2000 ≤2500	l_0 >2500 ≤3000	l_0 >3000 ≤3500
梁高h	100	120	150	180	240	300
支承长度a	240	240	240	370	370	370
面筋		2C8	2C8	2C10	2C10	2C10
底筋	2C8	2C10(2C8)	2C10(2C8)	2C12(2C10)	2C14(2C12)	2C14(2C12)

注a、过梁砼等级C25，分布筋为C6@200，箍筋为C6@200，括号内配筋用于120隔墙。

b、预制过梁可根据施工条件改为现浇。

c、当洞顶距梁底净高小于h+120时，改用下挂板代替过梁，详见附图三十二，下挂板后浇。

d、当洞口侧边离砼柱、墙边不足支座长度，砼柱、墙施工时应在过梁纵筋相应位置予埋连接钢筋。

图 8-6　设置过梁的有关规定

8.2.3　任务实施

1. 首层门窗的属性定义

(1) 识别门窗表新建门窗构件　由于门窗类型较多，本节以识别门窗表的方式，创建门窗构件。其具体步骤如下：

1）选择门窗表。依次单击“建模”→“识别门”→“识别门窗表”按钮，按照状态栏提示“左键选择门窗表，右键确认/Esc 放弃”，选择门窗表，选中的门窗表区域显示在黄线范围内，如图 8-7 所示。

2）选择对应列。单击鼠标右键确认后，弹出“识别门窗表”窗口，使用“删除行”和“删除列”功能删除无用的行和列后，如图 8-8 所示。

3）识别门窗构件。单击“识别”按钮即可将“识别门窗表”窗口中的门窗洞信息识别为软件中的门窗洞构件，并给出“构件识别完成，识别到以下构件：门构件××个，窗构件××个，门边窗构件××个”的提示。

4）完成识别门窗构件。单击“确定”按钮，识别成功的门窗构件创建成功，并显示在

门窗表

类型	设计编号	洞口尺寸(mm)	数量	图集名称	页次	选用型号	备注
防火门	FM1221a乙	1200X2100	1	03J609		2M04-1521	乙级防火门
	FM1丙	600X2100	8	03J609		2M04-1021	丙级防火门
	FM1221乙	1200X2100	9	03J609		2M04-1221	乙级防火门
	FM1021甲	1000X2100	1	03J609		2M04-1021	甲级防火门
	FM1823甲	1800X2300	1	03J609		2M04-1823	甲级防火门
卷帘门	JLM6146	6100X4600	2	暂定彩钢卷帘门，业主自理			
普通门	M0721	700X2100	10	暂定平开夹板门，由业主二次意装备另定			
	M1521	1500X2100	1	平开夹板门			
	M1824	1800X2400	5	平开夹板门			
	M1834	1800X3400	2	铝合金门，分格参建施-10		M1834 详图	
普通窗	C1215	1200X1500	3	铝合金窗，分格参建施-10		C1215 详图	
	C1312	1300X1200	1	铝合金窗，分格参建施-10		C1312 详图	
	C1318	1300X1800	1	铝合金窗，分格参建施-10		C1318 详图	
	C1320	1300X2050	5	铝合金窗，分格参建施-10		C1320 详图	
	C1820	1800X2050	12	铝合金窗，分格参建施-10		C1820 详图	
	C6118	6100X1850	1	铝合金窗，分格参建施-10		C6118 详图	
	C6120	6100X2050	10	铝合金窗，分格参建施-10		C6120 详图	
	C6132	6100X3250	1	铝合金窗，分格参建施-10		C6132 详图	
	C6134	6100X3400	2	铝合金窗，分格参建施-10		C6134 详图	
	C2920a	2950X2050	11	铝合金窗，分格参建施-10		C2920a 详图	
	C5920a	5950X2050	10	铝合金窗，分格参建施-10		C5920a 详图	
	C5934a	5950X3400	2	铝合金窗，分格参建施-10		C5934a 详图	
	C7420a	7450X2050	10	铝合金窗，分格参建施-10		C7420a 详图	
	C7434a	7450X3400	2	铝合金窗，分格参建施-10		C7434a 详图	
	C6120s	6100X2050	8	铝合金窗，分格参建施-10		C6120s 详图	
组合门窗	MC2934a	2950X3400	2	铝合金组合门窗种，分格参建施-10		MC2934a 详图	

图 8-7　门窗表

构件列表中。

（2）新建电梯和卫生间门洞　手动创建电梯和卫生间门洞构件，电梯门洞的属性如图 8-9 所示。请读者自行创建卫生间门洞构件。

2. 首层门窗的做法定义

首层门涉及钢质卷帘门、木夹板甲级防火门、木夹板乙级防火门、木夹板平开门、铝合金门、铝合金窗和铝合金连窗门。图纸中的门不论是暂定材质还是指定材质，均按指定材质计算。

工程量的计量单位可以选择“樘”，也可以选择“洞口面积”。具体如何选择请读者根据工程的实际情况自行决定，但是同一工程要保持计量单位的一致性。本书在定义门窗的做法时，采用了不同的计量单位示例，实际计算时，清单工程量以“樘”为计量单位，定额

识别门窗表

撤消 恢复 查找替换 删除行 删除列 插入行 插入列 复制行

名称	宽度*高度	备注	类型	所属楼层
FM1221a乙	1200*2100	乙级防火门	门	案例工程[1]
FM1丙	600*2100	丙级防火门	门	案例工程[1]
FM1221乙	1200*2100	乙级防火门	门	案例工程[1]
FM1021甲	1000*2100	甲级防火门	门	案例工程[1]
FM1823甲	1800*2300	甲级防火门	门	案例工程[1]
JLM6146	6100*4600	暂定彩钢防雨卷帘门,业主自理	门	案例工程[1]
M0721	700*2100	暂定平开夹板门,由业主二次装修另定	门	案例工程[1]
M1521	1500*2100	平开夹板门	门	案例工程[1]
M1824	1800*2400	平开夹板门	门	案例工程[1]
M1834	1800*3400	铝合金门,分格参建施-10M1834详图	门	案例工程[1]
C1215	1200*1500	铝合金窗,分格参建施-10C1215详图	窗	案例工程[1]
C1312	1300*1200	铝合金窗,分格参建施-10C1312详图	窗	案例工程[1]
C1318	1300*1800	铝合金窗,分格参建施-10C1318详图	窗	案例工程[1]
C1320	1300*2050	铝合金窗,分格参建施-10C1320详图	窗	案例工程[1]
C1820	1800*2050	铝合金窗,分格参建施-10C1820详图	窗	案例工程[1]
C6118	6100*1850	铝合金窗,分格参建施-10C6118详图	窗	案例工程[1]
C6120	6100*2050	铝合金窗,分格参建施-10C6120详图	窗	案例工程[1]
C6132	6100*3250	铝合金窗,分格参建施-10C6132详图	窗	案例工程[1]
C6134	6100*3400	铝合金窗,分格参建施-10C6134详图	窗	案例工程[1]
C2920a	2950*2050	铝合金窗,分格参建施-10C2920a详图	窗	案例工程[1]
C5920a	5950*2050	铝合金窗,分格参建施-10C5920a详图	窗	案例工程[1]
C5934a	5950*3400	铝合金窗,分格参建施-10C5934a详图	窗	案例工程[1]
C7420a	7450*2050	铝合金窗,分格参建施-10C7420a详图	窗	案例工程[1]
C7434a	7450*3400	铝合金窗,分格参建施-10C7434a详图	窗	案例工程[1]
C6120s	6100*2050	铝合金窗,分格参建施-10C6120s详图	窗	案例工程[1]
MC2934a	2950*3400	铝合金组合门窗,分格参建施-10MC2934a详图	门...	案例工程[1]

提示:请在第一行的空白行中单击鼠标从下拉框中选择对应列关系

识别 取消

图 8-8 “识别门窗表”窗口（删除后）

工程量的计量单位与当地计价定额子目一致。

属性列表 图层管理

	属性名称	属性值	附加
1	名称	电梯门洞	
2	洞口宽度(mm)	2000	☐
3	洞口高度(mm)	2500	☐
4	离地高度(mm)	0	☐
5	洞口每侧加强筋		☐
6	斜加筋		☐
7	加强暗梁高度(mm)		☐
8	加强暗梁纵筋		☐
9	加强暗梁箍筋		☐
10	洞口面积(m²)	5	☐
11	是否随墙变斜	是	☐
12	备注		☐
13	⊕ 钢筋业务属性		
16	⊕ 土建业务属性		
18	⊕ 显示样式		

图 8-9 电梯门洞属性

（1）钢质卷帘门　卷帘门（卷闸门）是以多关节活动的门片串联在一起，在固定的滑道内，以门上方卷轴为中心转动上下的门。卷帘门适用于商业门面、车库、商场、医院、厂矿企业等公共场所或住宅。卷帘门上一般需要安装启动装置，有时还会安装小门。本工程中的卷帘门为彩钢防雨卷帘门，只有电动启动装置，而无小门，故其做法如图 8-10 所示，请读者注意卷帘门工程量表达式的工程量代码。

（2）木夹板防火门　木夹板防火门 $FM1_{丙}$ 的做法如图 8-11 所示。

建筑设计说明第十条规定，防火墙和公共走廊上疏散用的平开防火门应设闭门器，双扇平开防火门安装闭门器和顺序器，常开防火门须安装信号控制关闭和反馈装置。故乙级防火门 $FM1221_{乙}$ 的做法如图 8-12 所示。其他乙级防火门的做法定义请读者自行完成。

	编码	类别	名称	项目特征	单位	工程量表达式	表达式说明	单价
1	− 010803001	项	金属卷帘(闸)门	1.门代号及洞口尺寸:JLM6146 2.门材质:钢 3.启动装置品种、规格:电动启动装置	m2	DKKD*(DKGD+600)	DKKD<洞口宽度>*(DKGD<洞口高度>+600)	
2	16-23	定	彩钢卷帘门安装		m2	DKKD*(DKGD+600)	DKKD<洞口宽度>*(DKGD<洞口高度>+600)	2189.27
3	16-29	定	电动卷帘门附件安装 电动装置安装		套	SL	SL<数量>	2037.64

图 8-10　彩钢防雨卷帘门的做法

	编码	类别	名称	项目特征	单位	工程量表达式	表达式说明	单价
1	− 010801004	项	木质防火门	1.门代号及洞口尺寸:FM1丙,600*2100	樘	SL	SL<数量>	
2	9-77	定	防火门		樘	SL	SL<数量>	283.06

图 8-11　FM1丙 的做法

	编码	类别	名称	项目特征	单位	工程量表达式	表达式说明	单价
1	− 010801004	项	木质防火门	1.门代号及洞口尺寸:FM1221乙,1200*2100 2.附件:闭门器	樘	SL	SL<数量>	
2	9-77	定	防火门		樘	SL	SL<数量>	283.06
3	16-309	定	闭门器安装		只	SL	SL<数量>	117.63

图 8-12　FM1221乙 的做法

甲级防火门 FM1823甲 的做法有两种，做法 1 如图 8-13 所示。请读者注意甲级防火门的清单中有两项闭门器安装定额 16-309，后一项的名称改为“闭门器顺序器安装”，因为在建筑与装饰定额中无“顺序器安装”定额，用“闭门器安装”定额代替，在计价时再将其中的材料“闭门器”修改为“顺序器”，单价套用顺序器的价格。做法 2 是套用安装工程定额中的 10-422（智能顺序控制器）和 12-9-57（安装自动闭门器），如图 8-14 所示。具体采用哪种做法需要甲乙双方协商解决。其他甲级防火门的做法定义请读者自行完成。

	编码	类别	名称	项目特征	单位	工程量表达式	表达式说明	单价
1	− 010801004	项	木质防火门	1.门代号及洞口尺寸:FM1823甲,1800*2300 2.附件:闭门器和闭门顺序器	樘	DKMJ	DKMJ<洞口面积>	
2	9-77	定	防火门		樘	SL	SL<数量>	283.06
3	16-309	定	闭门器安装		只	SL*2	SL<数量>*2	117.63
4	16-309	定	闭门器顺序器安装		只	SL	SL<数量>	117.63

图 8-13　FM1823甲 的做法 1

	编码	类别	名称	项目特征	单位	工程量表达式	表达式说明	单价
5	− 010801004	项	木质防火门		樘	SL	SL<数量>	
6	9-77	定	防火门		樘	SL	SL<数量>	283.06
7	10-422	借	智能顺序控制器		套	SL	SL<数量>	969.26
8	12-9-57	借	安装自动闭门器		台	SL*2	SL<数量>*2	71.16

图 8-14　FM1823甲 的做法 2

（3）木夹板平开门　本工程中的木夹板平开门是普通木门，涉及的型号包括 M0721、M1521 和 M182。首层只涉及 M0721 其做法如图 8-15 所示。其他普通木门的做法请读者自行完成。

	编码	类别	名称	项目特征	单位	工程量表达式	表达式说明	单价
1	− 010801001	项	木质门	1.门代号及洞口尺寸:M0721,700*2100	m2	DKMJ	DKMJ<洞口面积>	
2	16-34	定	门框安装		m2洞口面积	DKMJ	DKMJ<洞口面积>	589.62
3	16-31	定	实拼门夹板面安装		m2	DKMJ	DKMJ<洞口面积>	2172.86

图 8-15　M0721 的做法

(4) 铝合金门　本工程中 M1834 是铝合金门，其做法如图 8-16 所示。

	编码	类别	名称	项目特征	单位	工程量表达式	表达式说明	单价
1	− 010802001	项	金属(塑钢)门	1.门代号及洞口尺寸:M1834，1800*3400 2.门框、扇材质:铝合金	m2	DKMJ	DKMJ<洞口面积>	
2	16-2	定	铝合金门 平开门及推拉门安装		m2	DKMJ	DKMJ<洞口面积>	3958.09

图 8-16　铝合金门的做法

(5) 铝合金窗　本工程中的窗均为铝合金窗，其中有些扇是固定的，有些扇是推拉的，还有一些是上悬的。全部为推拉扇的窗包括 C1215、C1312 和 C1318。C1312 的做法如图 8-17 所示，其他铝合金推拉窗的做法定义请读者自行完成。

	编码	类别	名称	项目特征	单位	工程量表达式	表达式说明	单价
1	− 010807001	项	金属（塑钢、断桥）窗	1.窗代号及洞口尺寸:C1312，1300*1200 2.框、扇材质:铝合金 3.玻璃品种、厚度:按标准图集	m2	DKMJ	DKMJ<洞口面积>	
2	16-3	定	铝合金窗 推拉窗安装		m2	DKMJ	DKMJ<洞口面积>	2997.7

图 8-17　推拉窗 C1312 的做法示例

部分扇推拉、部分扇固定的窗见表 8-1，其做法如图 8-18 所示。其他同类型铝合金窗的做法定义请读者自行完成。

表 8-1　部分扇推拉、部分扇固定的窗

窗代号	洞口面积	推拉扇面积/m^2	固定扇面积/m^2
C6134	DKMJ	3.66	DKMJ-3.66
C5934	DKMJ	3.57	DKMJ-3.57
C2920a	DKMJ	1.96	DKMJ-1.96
C6120	DKMJ	8.235	DKMJ-8.235
C1820	DKMJ	2.43	DKMJ-2.43
C1320	DKMJ	1.76	DKMJ-1.76
C4734a	DKMJ	6.705	DKMJ-6.705
C5920a	DKMJ	8.0325	DKMJ-8.0325
C7420a	DKMJ	5.03	DKMJ-5.03
C6118	DKMJ	7.625	DKMJ-7.625
C6132	DKMJ	3.05	DKMJ-3.05

部分扇推拉、部分扇上悬、部分扇固定的窗为 C6120s，推拉部分的面积为 8.235m^2，上

	编码	类别	名称	项目特征	单位	工程量表达式	表达式说明	单价
1	− 010807001	项	金属（塑钢、断桥）窗	1.窗代号及洞口尺寸:C1820,1800*2050 2.框、扇材质:铝合金 3.玻璃品种、厚度:按标准图集	m2	DKMJ	DKMJ<洞口面积>	
2	16-3	定	铝合金窗 推拉窗安装		m2	2.43	2.43	2997.7
3	16-4	定	铝合金窗 固定窗安装		m2	DKMJ-2.43	DKMJ<洞口面积>-2.43	2774.61

图 8-18　部分扇推拉、部分扇固定窗的做法示例

悬部分的面积为 1.42m^2，其余为固定窗面积，其做法示例如图 8-19 所示。

	编码	类别	名称	项目特征	单位	工程量表达式	表达式说明	单价
1	− 010807001	项	金属（塑钢、断桥）窗	1.窗代号及洞口尺寸:C6120s,6100*2050 2.框、扇材质:铝合金 3.玻璃品种、厚度:按标准图集	m2	DKMJ	DKMJ<洞口面积>	
2	16-3	定	铝合金窗 推拉窗安装		m2	8.235	8.235	2997.7
3	16-5	定	铝合金窗 平开窗/悬窗安装		m2	1.42	1.42	3896.26
4	16-4	定	铝合金窗 固定窗安装		m2	DKMJ-7.235-1.42	DKMJ<洞口面积>-7.235-1.42	2774.61

图 8-19　部分推拉、部分上悬、部分固定窗的做法示例

对于这种既有固定部分，又有活动部分的门窗，实际工程中，建设单位大多要求承包人将固定部分和活动部分统一考虑并报价，本书中采用分别报价的方法，具体如何操作要根据招标文件的规定进行。

（6）铝合金连窗门　铝合金连窗门的做法，清单库中无金属连窗门项目，所以借用金属门清单项目，将“金属（塑钢）门”改为“金属（塑钢）连窗门”，然后将连窗门的门、窗分别套用门、窗的相应定额。连窗门的做法示例如图 8-20 所示。

	编码	类别	名称	项目特征	单位	工程量表达式	表达式说明	单价
1	− 010802001	项	金属(塑钢)连窗门	1.门代号及洞口尺寸:MC2934a 2.门框或扇外围尺寸:框1800*3400，扇1150*3400 3.门框、扇材质:铝合金	m2	DKMJ	DKMJ<洞口面积>	
2	16-2	定	铝合金门 平开门及推拉门安装		m2	1.8*3.4	6.12	3958.09
3	16-4	定	铝合金窗 固定窗安装		m2	DKMJ-6.12	DKMJ<洞口面积>-6.12	2774.61

图 8-20　连窗门的做法示例

3. 首层门窗洞的绘制与编辑

（1）门窗洞绘制　由于本层的窗有三个分层，不适宜用“识别门窗洞口”的功能，可采用点式画法、智能布置法或精确布置法手动绘制门窗图元。

1）点式画法和智能布置法。采用点式画法时，只要在墙图元上单击合适的位置，不需参照插入点；智能布置法的参照图元为墙段中点，只能在墙段中点布置一个图元，如果在一道墙上有多个门或窗，则不能直接使用这种方法，请读者自行体验。

2）精确布置法。精确布置法适用于门、窗、门联窗、墙洞、飘窗、壁龛。支持精确布置的墙图元可以是剪力墙、砌体墙、保温墙、幕墙。其操作步骤如下：

① 在“门窗二次编辑”分组中选择“精确布置”。

② 在需要精确布置门窗的墙体上选择一点作为精确布置的起点，拖动光标选择方向，

在输入框中输入偏移数值，该数值为窗边线距离起点的距离，按<Enter>键确认完成。

将门、电梯门洞、卫生间门洞和下层窗绘制在第一分层，将 C1320 绘制在第三分层，将其他窗绘制在第二分层，绘制完成后的效果如图 8-21 所示。

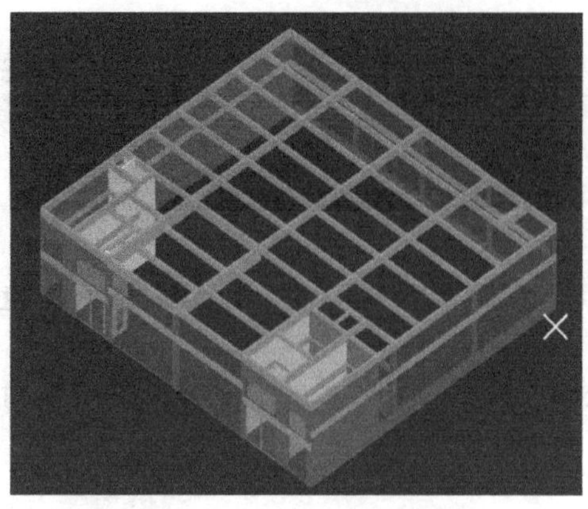

图 8-21 首层门窗效果图

（2）门窗图元属性调整

1）调整门窗图元的离地高度。在属性列表中，所有窗的离地高度均为 900mm，不符合设计要求，所以需要根据上节的分析结果逐一调整“离地高度”属性。

2）调整组合门窗的属性。根据门窗详图，将 MC2934a 中的“窗距门相对高度”调整为“0”。

3）调整立樘位置。观察图中的门窗位置是处于墙体中间的，不符合设计要求。通过“门窗二次编辑”选项卡上的“立樘调整”功能，对所有外墙上的门窗立樘位置进行调整。

4. *首层过梁属性定义*

观察图 8-21 可以看到，外墙上的门上方均有框架梁，故都不需要设置过梁。内墙上的门只有 FM_1 丙和 M0721 需要设置过梁，外墙上的窗只有 C1318、C1820 和 C2920a 需要设置过梁，故总共定义四种过梁，即 GL-1000、GL-1500、GL-2000 和 GL-3000，分别适用于宽度为 1m 以内、1～1.5m、1.5～2m 和 2.5～3m 的洞口。其中 GL-1000 的属性如图 8-22 所示，其中：

属性列表 图层管理

	属性名称	属性值	附加
1	名称	GL-1000	
2	截面宽度(mm)		☐
3	截面高度(mm)	100	☐
4	中心线距左墙...	(0)	☐
5	全部纵筋		☐
6	上部纵筋		☐
7	下部纵筋	2⌀8	☐
8	箍筋	⌀6@200(2)	☐
9	肢数	2	☐
10	材质	现浇混凝土	☐
11	混凝土类型	(粒径31.5砼32.5...	☐
12	混凝土强度等级	(C25)	☐
13	混凝土类别	泵送商品砼	☐
14	混凝土外加剂	(无)	
15	泵送类型	(混凝土泵)	
16	泵送高度(m)		
17	位置	洞口上方	☐
18	顶标高(m)	洞口顶标高加过...	☐
19	起点伸入墙内...	120	☐
20	终点伸入墙内...	120	☐
21	长度(mm)	(240)	☐

图 8-22 首层过梁属性

1）截面宽度：默认值为空时，过梁的宽度为其所在的墙图元的宽度。

2）位置：确定过梁是在门窗洞口的上方还是下方，默认为洞口上方。

3）起点伸入墙内长度：过梁的一端，从门窗洞口边开始算起，伸入墙内的长度，单位为 mm。绘制时距离墙图元起点较近的一端被称为起点。

4）终点伸入墙内长度：过梁的一端，从门窗洞口边开始算起，伸入墙内的长度，单位为 mm。绘制时距离墙图元起点较远的一端被称为终点。

其他属性的含义同框架梁同名属性的含义。其他三种过梁请读者自行完成。

5. *首层过梁的做法定义*

本工程中门窗过梁为预制过梁，其做法如图 8-23 所示。其他过梁的做法定义请读者完成。

二维码 8-3
过梁的处理方法

6. *首层过梁的绘制*

首层过梁较少，可采用点式画法绘制。完成后的效果如图 8-24（绿色

	编码	类别	名称	项目特征	单位	工程量表达式	表达式说明	单价
1	− 010510003	项	过梁		m3	TJ	TJ<体积>	
2	6-359 H80212115 80212116	换	(C20非泵送商品砼) 现场预制过梁　换为【C25预拌混凝土(非泵送)】		m3	TJ	TJ<体积>	448.54
3	− 011702009	项	过梁 模板	1.模板类型:复合木模板	m2	MBMJ	MBMJ<模板面积>	
4	21-152	定	加工厂预制过梁模板(砼底模)		m3			200.52

图 8-23　过梁做法示例

部分）所示。请读者自行绘制其他层的过梁。

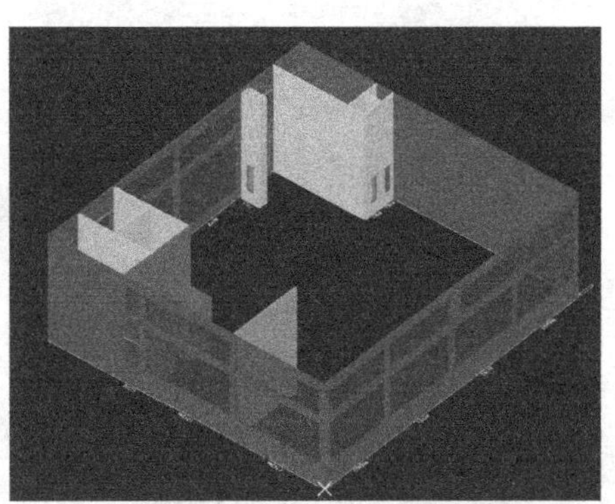

图 8-24　首层过梁布置图

7. 二层门窗洞的绘制

二层的门窗只有一层，采用“识别门窗洞”的方法来绘制。

（1）门窗属性调整　门窗构件已经采用识别门窗表的方式在首层生成，电梯门洞和卫生间门洞也已在首层生成。首先将一层识别完成的门窗构件和创建的电梯门洞和卫生间门洞，通过“定义”界面的“层间复制”功能，复制到二层，并将 C6132 的离地高度设为“0”，其他窗的离地高度属性全部设为“1200”。

（2）识别门窗洞　门窗洞口是墙体的附属构件，识别门窗必须在墙图元绘制完成并已经创建门窗构件后才能进行。若墙体图元绘制不完整，则门窗 CAD 图元转化后会发生错位。识别转化门窗前应将含有门窗表的 CAD 图纸调入到绘图区，首先通过“识别门窗表”功能建立门窗构件。若未创建门窗构件，软件可以对固定格式进行门窗尺寸解析，如 M0921，自动反建 900mm×2100mm 的门构件。如果当前工作区域内没有 CAD 图纸时，“识别门”选项卡上的按钮均处于不可用状态（灰色），如图 8-25a 所示；当将任意的 CAD 图纸通过“图纸管理器”调入到工作区后，“识别门”选项卡上的工具才变为可用状态（黑色），如图 8-25b 所示。

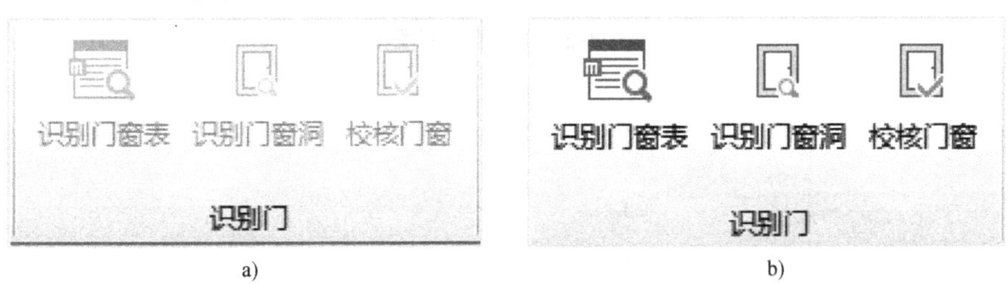

图 8-25　“识别门”选项卡

首先将“二层平面图”通过“图纸管理器”调入工作区，如图 8-26 所示。

在“图层管理”中勾选“CAD 原始图层”，如图 8-27 所示。然后通过“识别门窗洞”将 CAD 图元转化为门窗洞图元。

在导航栏切换到“门窗洞”→“门/窗/门连窗/墙洞”构件下，依次单击“建模”→“识别门”→“识别门窗洞”按钮。弹出“识别门窗洞”子菜单如图 8-28 所示，该菜单从上到下的顺序即为识别门窗洞的步骤。

26400
3000
3300
6450
6600
2600
C1820
C2920a
C6120s
C6132
C7420a
C5920a
C6120
8100
24300
3600
6600
1/1
1/4

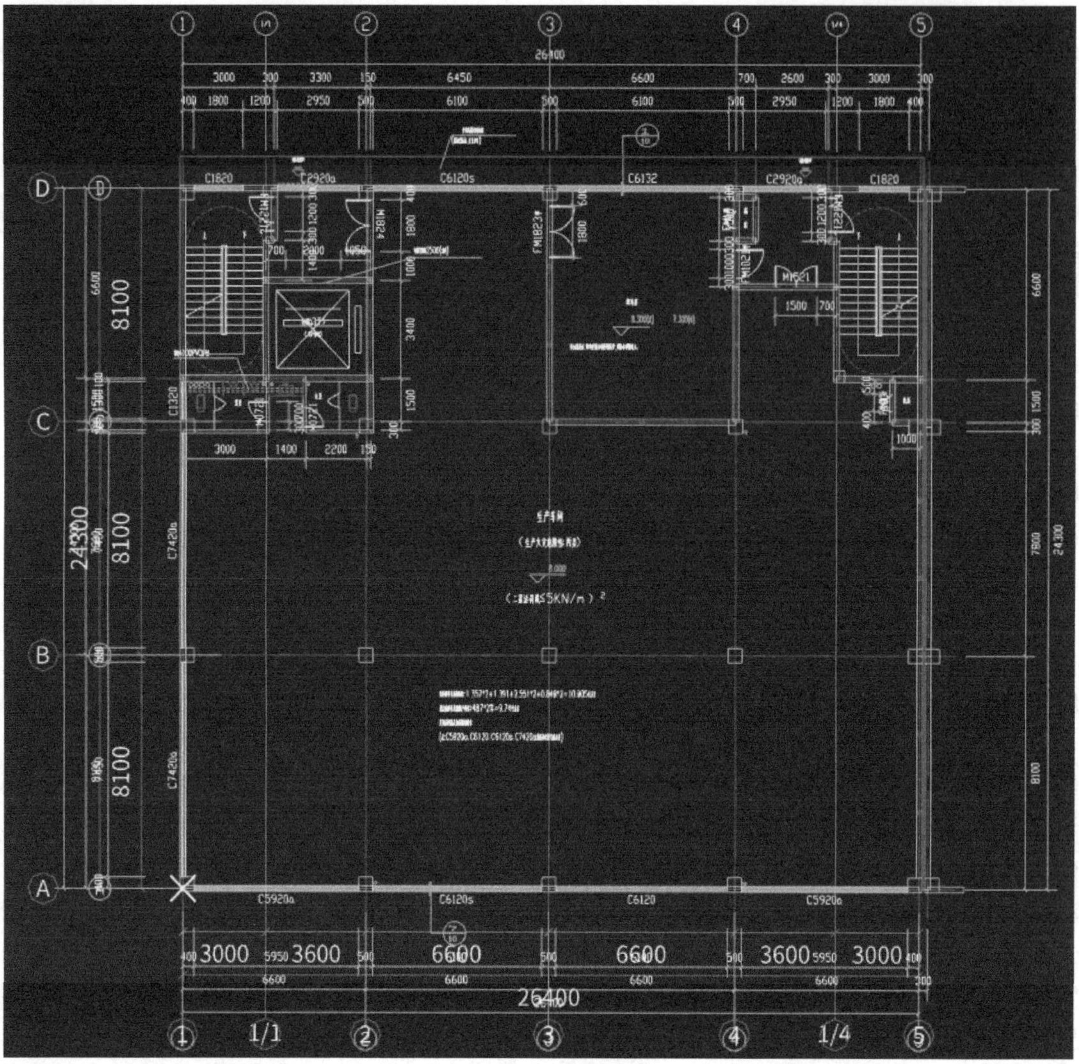

图 8-26　二层平面图

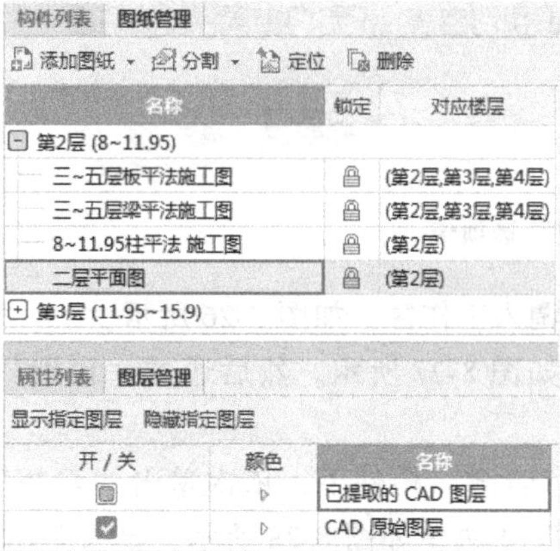

构件列表
图纸管理
添加图纸
分割
定位
删除
名称
锁定
对应楼层
第2层 (8~11.95)
三~五层板平法施工图
(第2层,第3层,第4层)
三~五层梁平法施工图
(第2层,第3层,第4层)
8~11.95柱平法 施工图
(第2层)
二层平面图
(第2层)
第3层 (11.95~15.9)
属性列表
图层管理
显示指定图层
隐藏指定图层
开 / 关
颜色
名称
已提取的 CAD 图层
CAD 原始图层

图 8-27　图纸管理和图层管理

提取门窗线
提取门窗洞标识
点选识别

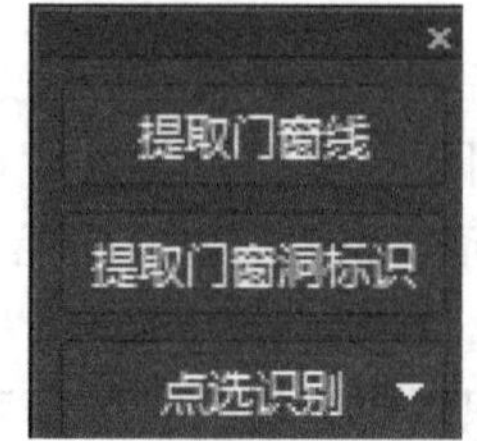

图 8-28　“识别门窗洞”子菜单

1）提取门窗线。单击“提取门窗线”，按照状态栏的提示“左键或 Ctrl/Alt+左键选择门窗洞线<右键提取/Esc 放弃>”，单击任意一处门窗洞线，选中的门窗洞线高亮显示，单击鼠标右键确认，CAD 门窗洞图元自动消失并被提取到“已提取的 CAD 图层”中。

2）提取门窗洞标识。单击需要提取的 CAD 门窗洞标识图元中的任意一处，则选中的 CAD 图元高亮显示；单击鼠标右键确认选择，则选择的 CAD 图元自动消失，并存放在“已提取的 CAD 图层”中。

3）识别。识别的方式分为自动识别、点选识别和框选识别三种。自动识别可以将提取的门窗洞标识一次性全部识别为软件的门窗图元，并弹出识别成功的提示。点选识别和框选识别，一般用于自动识别遗漏或位置错误的门窗图元的识别或错误修改。选择门窗标识后，单击鼠标右键确认选择，则所选的门窗标识查找与它平行且最近的墙边线进行门窗洞自动识别。

识别完成后的效果如图 8-29 所示。其他楼层的门窗定义与绘制请读者自行完成。

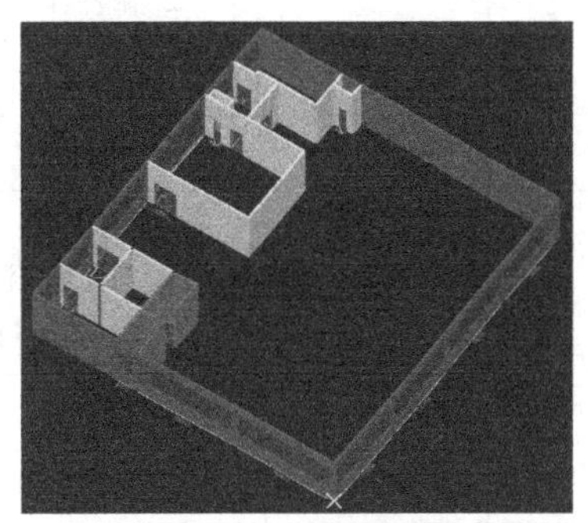

图 8-29　二层门窗

8. 计算结果

单击“汇总计算”，本工程门窗清单定额汇总表见表 8-2。

表 8-2　门窗清单定额汇总表（部分）

序号	编码	项目名称	单位	工程量明细	
				绘图输入	表格输入
实体项目					
1	010510003001	过梁 混凝土强度等级:C25 现场预制过梁	m^3	2.1653	
	6-359 H80212115 80212116	(C20 非泵送商品混凝土)现场预制过梁换为【C25 预拌混凝土(非泵送)】	m^3	2.1653	
2	010801001001	木质门 门代号及洞口尺寸:M0721,700mm×2100mm	樘	10	
	16-31	实拼门夹板面安装	$10m^2$	1.47	
	16-34	门框安装	$10m^2$ 洞口面积	1.47	
3	010801001002	木质门 门代号及洞口尺寸:M1824,1800mm×2400mm	樘	4	
	16-31	实拼门夹板面安装	$10m^2$	1.728	
	16-34	门框安装	$10m^2$ 洞口面积	1.728	
4	010801001003	木质门 门代号及洞口尺寸:M1521,1500mm×2100mm	樘	4	
	16-31	实拼门夹板面安装	$10m^2$	1.26	
	16-34	门框安装	$10m^2$ 洞口面积	1.26	

（续）

序号	编码	项目名称	单位	工程量明细	
				绘图输入	表格输入
实体项目					
5	010801004001	木质防火门 1. 门代号及洞口尺寸：FM1221$_{乙}$，1200mm×2100mm 2. 附件：闭门器	樘	9	
	9-77	防火门	樘	9	
	16-309	闭门器安装	只	9	
6	010801004002	木质防火门 1. 门代号及洞口尺寸：FM1221a$_{乙}$，1200mm×2100mm 2. 附件：闭门器	樘	1	
	9-77	防火门	樘	1	
	16-309	闭门器安装	只	1	
7	010801004003	木质防火门 门代号及洞口尺寸：FM1$_{丙}$，600mm×2100mm	樘	11	
	9-77	防火门	樘	11	

注：完整汇总表请登录机工教育服务网下载或致电客服索取。

8.3 拓展延伸（门窗及相关构件）

8.3.1 带形窗（洞）、异形门窗

1. 带形窗与带形洞

带形窗是指正面看去所有固定的或可开启的窗扇一个挨一个，长度较长，窗扇之间无墙、柱隔开，呈现水平带状的窗。带形窗位置不装窗框和窗扇的洞口称为带形洞。

带形窗和带形洞在软件中不同于普通的门窗洞口，普通门窗洞口为点状构件，而带形窗和带形洞为线状构件。所以带形窗和带形洞的洞口宽度由绘制的长度决定。绘制时普通门窗洞口必须依附于墙体才能绘制，而带形窗和带形洞可以不用依附于墙体而单独绘制。带形窗和带形洞的属性如图 8-30 所示。

带形窗与带形洞的绘制方法，可以采用所有线式类型的绘制方法，包括直线式、弧线式、矩形、圆形等；也可以采用智能布置的方法，其参照图元为栏板或墙。

带形窗的做法定义请读者参阅窗的做法，带形洞的做法定义请读者参阅洞口的做法。

2. 异形门窗

异形门窗截面的定义与异形梁截面的定义方法相同，使用“异形截面编辑器”绘制成任意合理形状，其绘制方法请读者参阅矩形门窗的绘制方法。

8.3.2 参数化门窗

由于实际工程中的门窗形状多种多样，软件中将经常使用的门窗按照立面形状进行了分

	属性名称	属性值	附加
1	名称	DXC-1	
2	框厚(mm)	60	☐
3	轴线距左边线...	(30)	☐
4	是否随墙变斜	是	☐
5	起点顶标高(m)	层底标高+2.7	☐
6	终点顶标高(m)	层底标高+2.7	☐
7	起点底标高(m)	层底标高+0.9	☐
8	终点底标高(m)	层底标高+0.9	☐
9	备注		☐
10	⊞ 钢筋业务属性		
13	⊞ 土建业务属性		
15	⊞ 显示样式		

a)

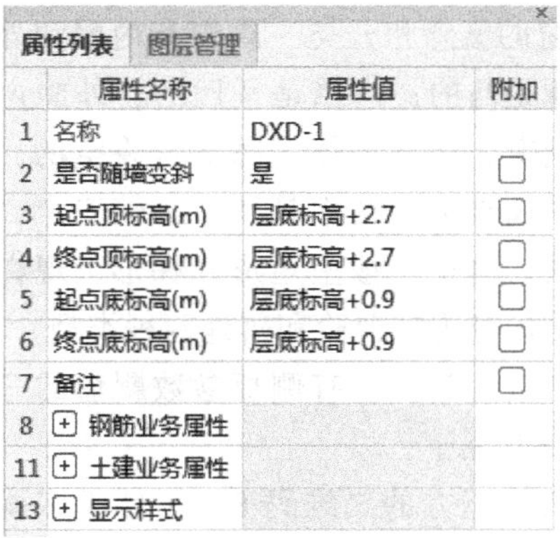

	属性名称	属性值	附加
1	名称	DXD-1	
2	是否随墙变斜	是	☐
3	起点顶标高(m)	层底标高+2.7	☐
4	终点顶标高(m)	层底标高+2.7	☐
5	起点底标高(m)	层底标高+0.9	☐
6	终点底标高(m)	层底标高+0.9	☐
7	备注		☐
8	⊞ 钢筋业务属性		
11	⊞ 土建业务属性		
13	⊞ 显示样式		

b)

图 8-30　带形窗和带形洞的属性

a）带形窗属性　b）带形洞属性

类，将立面形状中的各部分的尺寸做成了参数形式，使用时只要修改其中的参数即可。国家和地方也颁布了一些门窗（包含门连窗）标准图集，标准图集中的这些门窗称为标准化门窗，对于标准图集中的门窗只需要选择图集编号和对应的门窗编号即可。

1. 参数化普通门窗

参数化普通门窗的立面形状较多，有矩形、矩形带亮子、弧顶形、尖顶形、圆形、大弓形、三角形、六角形和八角形，其参数化立面类型如图 8-31 所示。选择“弧顶门窗”，单击“确定”按钮后，其属性如图 8-32 所示。其做法的套用和绘制方法与普通门窗相同。

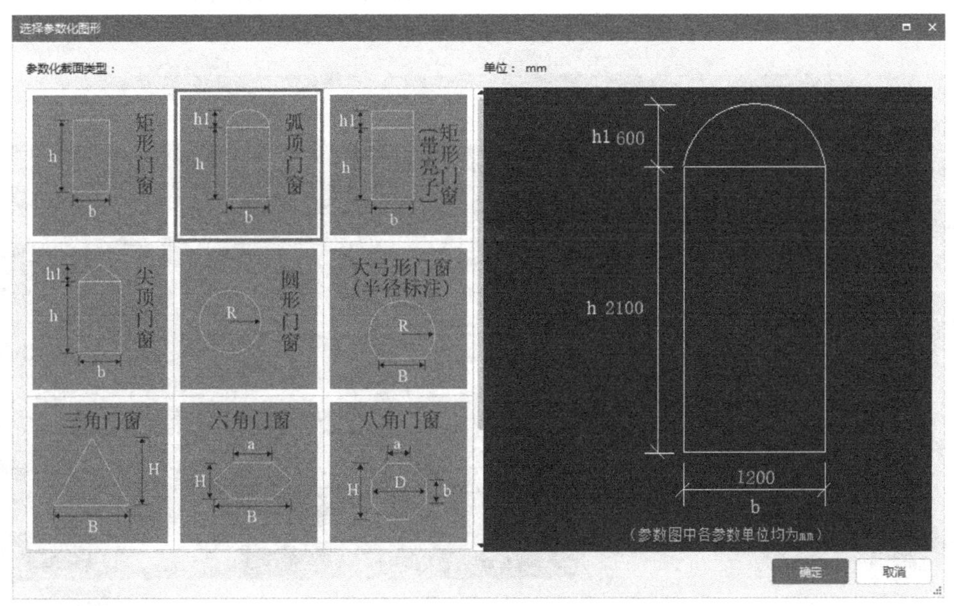

图 8-31　参数化普通门窗示例

2. 飘窗

(1) 飘窗的概念和分类　飘窗有内飘和外飘两种类型，外飘是凸的，内飘是平凹的，外飘窗一般三面都是玻璃窗，凸出墙体，底下是凌空的，内飘窗一般只有一面玻璃，两面是墙，比较安全，但占用室内的空间。飘窗一般呈矩形或梯形，现在流行的飘窗一般可以分为带台阶和落地两种类型。

无侧板参数化飘窗和有侧板参数飘窗的三维效果图如图 8-33 所示。

请读者扫描下方的二维码 8-4 了解更多飘窗的内容。

属性列表　图层管理

	属性名称	属性值	附加
1	名称	M1835	
2	截面形状	弧顶门窗	☐
3	洞口宽度(mm)	1200	☐
4	洞口高度(mm)	2700	☐
5	离地高度(mm)	0	☐
6	框厚(mm)	60	☐
7	立樘距离(mm)	0	☐
8	洞口面积(m²)	3.085	☐
9	是否随墙变斜	否	☐
10	备注		☐
11	⊕ 钢筋业务属性		
16	⊕ 土建业务属性		
18	⊕ 显示样式		

图 8-32　参数化弧顶门窗参数

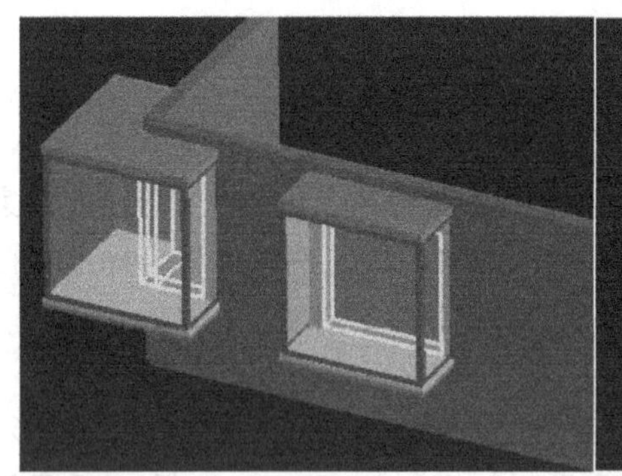

图 8-33　飘窗三维效果图

二维码 8-4
飘窗的分类

(2) 飘窗的属性　在软件中飘窗也做成参数化的截面类型以供选用。软件中的参数化截面类型如图 8-34 左侧所示，右侧显示选定截面类型的各项参数。按照设计图的要求修改右侧窗口中的各项参数即可。图 8-34 中所示矩形飘窗的属性如图 8-35 所示。

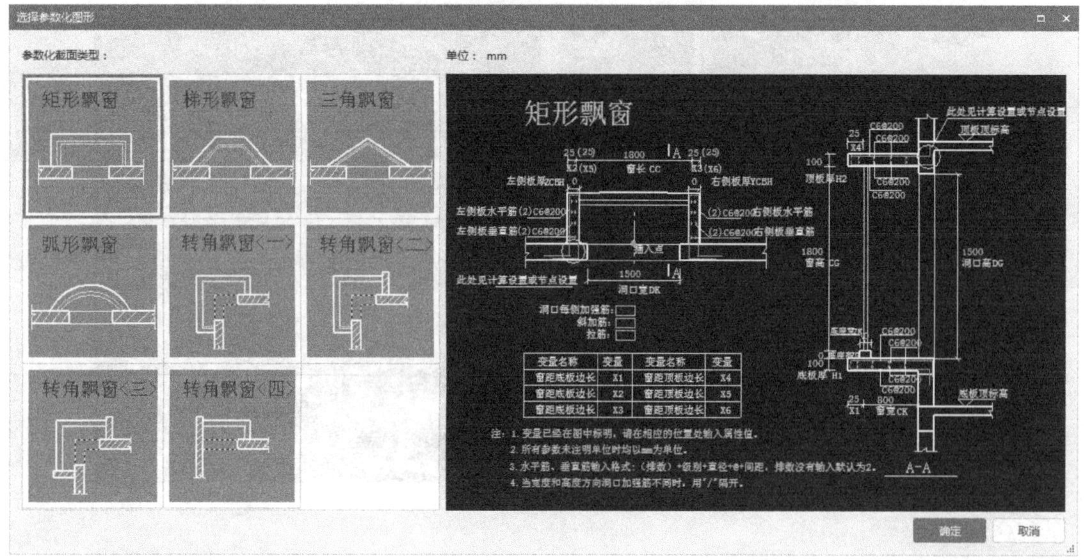

图 8-34　矩形飘窗

（3）飘窗的做法　飘窗的做法要根据设计图中的要求，套用相应的清单和定额子目，可能涉及的工程量名称和代码如图 8-36 所示。

属性列表　图层管理

	属性名称	属性值	附加
1	名称	PC-1	
2	截面形状	矩形飘窗	☐
3	离地高度(mm)	900	☐
4	建筑面积计算...	计算一半	☐
5	混凝土类型	(粒径31.5砼32.5级坍落度35~50)	☐
6	混凝土强度等级	(C25)	☐
7	备注		☐
8	⊕ 钢筋业务属性		
15	⊕ 土建业务属性		

图 8-35　矩形飘窗属性

	工程量名称	工程量代码
1	数量	SL
2	砼体积	TTJ
3	模板面积	MBMJ
4	贴墙装修面积	TQZHXMJ
5	底板侧面面积	DDBCMMJ
6	底板底面面积	DDBDMMJ
7	窗外底板顶面装修面积	CWDDBDMZHXMJ
8	窗内底板顶面装修面积	CNDDBDMZHXMJ
9	顶板侧面面积	DGBCMMJ
10	顶板顶面面积	DGBDMMJ
11	窗外顶板底面装修面积	CWDGBDMZHXMJ
12	窗内顶板底面装修面积	CNDGBDMZHXMJ
13	窗面积	CMJ
14	洞口面积	DKMJ
15	侧板面积	CBMJ
16	窗外侧板装修面积	CWCBZHXMJ
17	窗内侧板装修面积	CNCBZHXMJ
18	侧板体积	CTJ

图 8-36　飘窗可能涉及的做法

飘窗的绘制方法，软件支持点式画法、精确布置和智能布置。其中智能布置的参照图元为墙段中点。

3. 老虎窗

（1）老虎窗的概念　老虎窗又称为老虎天窗，是指一种开在屋顶上的天窗，也就是在斜屋面上凸出的窗，用作房屋顶部的采光和通风。老虎窗的形状如图 8-37 所示。

图 8-37　老虎窗

老虎窗主要由顶板、正立面墙、两侧墙以及窗体等构件组合而成。老虎窗的材料与屋面板相同，一般为混凝土现浇而成。顶板考虑保温与防水要求，顶板上表面与屋面做法相同，顶板下表面与屋顶室内天棚做法相同。两侧墙外侧、顶板的三个侧面、正立面墙外侧与外墙面装修做法相同。内墙面装修与室内房间装修做法相同。

（2）老虎窗的定义　在软件中将老虎窗也做成了参数化图形，如图 8-38 所示。修改图中所有绿色属性后，单击“确定”按钮，其属性如图 8-39 所示。如果顶板上还设计了其他钢筋，可在对应属性位置添加。

（3）老虎窗的做法　斜屋顶老虎窗应设置在屋面板的支撑端。屋面转折处、防水层与突

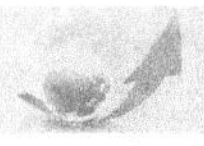

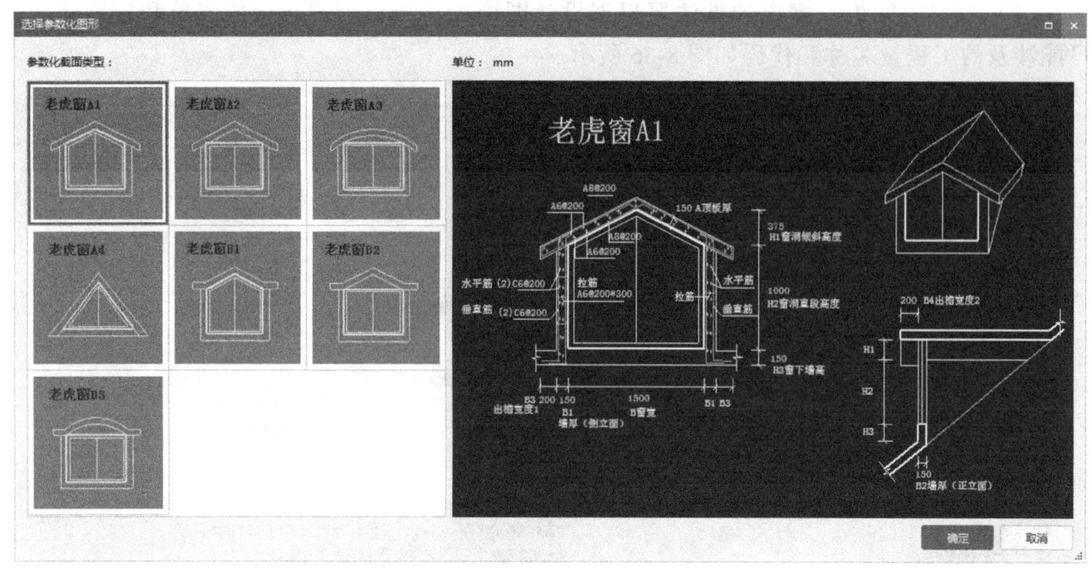

图 8-38　参数化老虎窗

出屋面的交界处，应设置分格缝并应与屋面板缝对齐，使防水层因温差的影响、混凝土干缩结构变形等因素造成的防水层裂缝集中到分格缝处，以免板面开裂。

分格缝的设置间距不宜过大，当大于 6m 时，应在中部设“V”形分格缝，分格缝深度宜贯穿整个防水层厚度。当分格缝兼作排气道时，缝可适当加宽，并设排气孔出气，当屋面采用石油、沥青、卷材做防水层时，分格缝处应加 200~300mm 宽的卷材，用沥青胶单边点贴，分格缝内嵌满油膏。

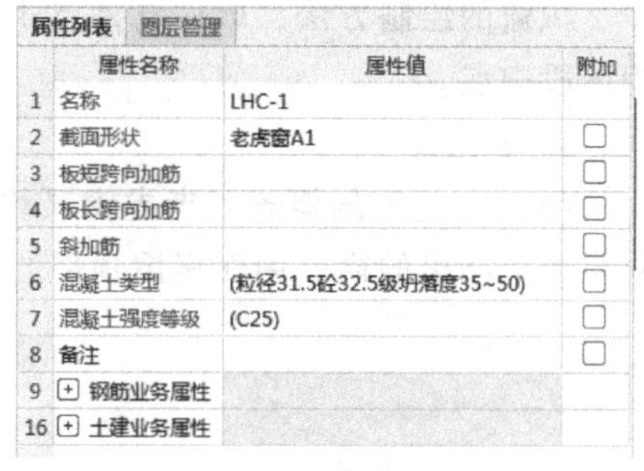

属性列表　图层管理

	属性名称	属性值	附加
1	名称	LHC-1	
2	截面形状	老虎窗A1	☐
3	板短跨向加筋		☐
4	板长跨向加筋		☐
5	斜加筋		☐
6	混凝土类型	(粒径31.5砼32.5级坍落度35~50)	☐
7	混凝土强度等级	(C25)	☐
8	备注		☐
9	⊞ 钢筋业务属性		
16	⊞ 土建业务属性		

图 8-39　老虎窗属性

在确定老虎窗顶板及三面墙体模板工程定额项目时，应考虑施工方案中使用的模板及支撑种类。

老虎窗的做法定义方法与普通窗相同，但除包括窗的内容外，还应包括构成老虎窗的其他部件的相应内容。如图 8-40 所示的各项清单项目，各清单项下的定额子目根据各部分的做法套用。

添加清单　添加定额　删除　查询　项目特征　fx 换算　做法刷　做法查询　提

	编码	类别	名称	项目特征	单位	工程量表达式	表达式说明	单价
1	010807001	项	金属（塑钢、断桥）窗		m2	CDKMJ	CDKMJ<窗洞口面积>	
2	010504001	项	直形墙		m3	QTJ	QTJ<墙体积>	
3	010505001	项	有梁板		m3	BTJ	BTJ<板体积>	
4	011702011	项	直形墙 模板		m2	QMBMJ	QMBMJ<墙模板面积>	
5	011702014	项	有梁板 模板		m2	BMBMJ	BMBMJ<板模板面积>	
6	011201001	项	墙面一般抹灰		m2	QMNZHXMJ	QMNZHXMJ<墙面内装修面积>	
7	011201001	项	墙面一般抹灰		m2	QMWZHXMJ	QMWZHXMJ<墙面外装修面积>	
8	011301001	项	天棚抹灰		m2	DBNCZHXMJ	DBNCZHXMJ<顶板内侧装修面积>	
9	011301001	项	天棚抹灰		m2	DBCHYDBMJ	DBCHYDBMJ<顶板出檐底部面积>	

图 8-40　老虎窗的做法定义

8.3.3　门窗相关构件

1. 窗帘盒、窗台板、门窗套

窗帘盒、窗台板和门窗套等构件在GTJ2018中是不能建模的，但是可以通过门窗构件做法定义或者使用土建表格法计算其工程量，也可以使用广联达装饰算量软件进行计算。下面以C1215-1（窗洞尺寸为1200mm×1500mm）为例介绍窗帘盒、窗帘棍、窗台板和门窗套的算量方法。

窗帘盒的规格为高100mm左右，宽度依照使用窗帘杆的数量确定，单杆窗帘盒宽度为120mm，双杆宽度为150mm以上，长度根据设计要求，最短应超过窗口宽度300mm，窗口两侧各超出150mm，最长可与墙体通长。

如果砌体墙厚度为200mm，窗居中安装，窗框的宽度为80mm，贴脸宽100mm，窗台板突出墙面50mm，则窗套的筒子板宽60mm，窗套的展开宽度为160mm，窗帘盒、窗帘棍、窗台板和门窗套的做法可按图8-41所示进行定义。

	编码	类别	名称	项目特征	单位	工程量表达式	表达式说明	单价
1	− 010807001	项	金属（塑钢、断桥）窗	1.窗代号及洞口尺寸:C1215，1200*1500 2.框、扇材质:铝合金 3.玻璃品种、厚度:按标准图集	m2	DKMJ	DKMJ<洞口面积>	
2	16-3	定	铝合金窗 推拉窗安装		m2	DKMJ	DKMJ<洞口面积>	2997.7
3	− 010810002	项	木窗帘盒	1.窗帘盒材质、规格:木工板，宽140mm 2.防护材料种类:清漆	m	DKKD+0.3	DKKD<洞口宽度>+0.3	
4	18-67	定	明窗帘盒 细木工板、纸面石膏板、普通切片板		m	DKKD+0.3	DKKD<洞口宽度>+0.3	4629.52
5	17-28	定	每增加一遍 清漆 木扶手		m	2.04*(DKKD+0.3)	2.04*(DKKD<洞口宽度>+0.3)	13.82
6	− 010810005	项	窗帘轨	1.窗帘轨材质、规格:单轨 2.轨的数量:1 3.防护材料种类:清漆	m	DKKD+0.3	DKKD<洞口宽度>+0.3	
7	18-73	定	窗帘轨道安装		m	DKKD+0.3	DKKD<洞口宽度>+0.3	1723.12
8	17-28	定	每增加一遍 清漆 木扶手		m	0.35*(DKKD+0.3)	0.35*(DKKD<洞口宽度>+0.3)	13.82
9	− 010809001	项	木窗台板	1.基层材料种类:砖墙 2.窗台面板材质、规格、颜色:木板、面板宽0.11m 3.防护材料种类:清漆	m2	0.11*(DKKD+0.1)	0.11*(DKKD<洞口宽度>+0.1)	
10	18-52	定	窗台板 木板		m2	0.11*(DKKD+0.1)	0.11*(DKKD<洞口宽度>+0.1)	920.83
11	17-29	定	每增加一遍 清漆 其它木材面		m2	0.11*(DKKD+0.1)	0.11*(DKKD<洞口宽度>+0.1)	44.78
12	− 010808001	项	木门窗套	1.窗代号及洞口尺寸:C1215-1，120081500 2.门窗套展开宽度:160mm 3.面层材料品种、规格:木饰面板 4.防护材料种类:清漆	m2	0.16*(DKSMCD+0.1*4)	0.16*(DKSMCD<洞口三面长度>+0.1*4)	
13	18-46	定	窗套 木饰面板(成品)面		m2	0.16*(DKSMCD+0.1*4)	0.16*(DKSMCD<洞口三面长度>+0.1*4)	4844.13
14	17-29	定	每增加一遍 清漆 其它木材面		m2	0.16*(DKSMCD+0.1*4)	0.16*(DKSMCD<洞口三面长度>+0.1*4)	44.78

图8-41　窗帘盒等的做法定义

注：1. 第3~8行的“0.3”是超出窗洞宽度的长度，应根据超出的实际长度填写。

2. 第9~11行的“0.11”是筒子板宽度与突出墙面的宽度之和，“0.1”是突出墙面的宽度。

3. 第12~14行的“0.16”是筒子板与贴脸宽度之和，“0.1”是贴脸宽度。

2. 压顶

(1) 矩形压顶的属性　矩形压顶的属性如图8-42所示，除无集中标注钢筋信息外，其他属性均与框架梁相同。

比较过梁与压顶的属性，可以看出过梁处理钢筋比较方便，压顶的钢筋需要在“其他钢筋”属性中添加或在“截面编辑”窗口中编辑。

压顶构件往往出现在窗台或屋顶女儿墙顶处，如果是窗台压顶，建议读者按过梁构件定义；如果是屋面女儿墙压顶，建议按压顶或圈梁构件定义。

(2) 压顶的做法　假设压顶的截面为 200mm×200mm，配筋为 4⌀10，箍筋为⌀6@200，其做法如图 8-43 所示。

(3) 压顶的绘制　软件支持的压顶的绘制方法有线式画法和智能布置，智能布置的参考图元可以是栏板中心线和墙中心线，具体的绘制方法请读者参阅框架梁的绘制方法。

3. 壁龛

在软件中也被分为矩形壁龛与异形壁龛。矩形壁龛的属性如图 8-44 所示，它的独有属性为“洞口深度”，其值一定要小于所依附的墙体的厚度。壁龛如果没有特殊装修可以不套做法，有特殊装修时一定要套用做法，其绘制方法与门窗相同。

属性列表　图层管理

	属性名称	属性值	附加
1	名称	YD-1	
2	截面宽度(mm)	200	☐
3	截面高度(mm)	200	☐
4	轴线距左边线...	(100)	☐
5	材质	现浇混凝土	☐
6	混凝土类型	(粒径31.5砼32.5级坍落度35~50)	☐
7	混凝土强度等级	(C20)	☐
8	混凝土类别	自拌砼	☐
9	截面面积(m²)	0.04	☐
10	起点顶标高(m)	墙顶标高	☐
11	终点顶标高(m)	墙顶标高	☐
12	备注		☐
13	⊟ 钢筋业务属性		
14	其它钢筋		
15	汇总信息	(压顶)	☐
16	保护层厚...	(25)	☐
17	抗震等级	(非抗震)	☐
18	锚固搭接	按默认锚固搭接计算	
19	计算设置	按默认计算设置计算	
20	节点设置	按默认节点设置计算	
21	搭接设置	按默认搭接设置计算	
22	⊟ 土建业务属性		
23	计算设置	按默认计算设置	
24	计算规则	按默认计算规则	
25	模板类型	组合钢模板	☐
26	⊞ 显示样式		

图 8-42　矩形压顶的属性

	编码	类别	名称	项目特征	单位	工程量表达式	表达式说明	单价
1	− 010507005	项	扶手、压顶	1.断面尺寸:200*200 2.混凝土种类:非泵送商品混凝土 3.混凝土强度等级:C25	m3	TJ	TJ<体积>	
2	6-349	定	(C20非泵送商品砼) 压顶		m3	TJ	TJ<体积>	500.55
3	− 011702025	项	其他现浇构件 模板		m2	MBMJ	MBMJ<模板面积>	
4	21-94	定	现浇压顶 复合木模板		m2	MBMJ	MBMJ<模板面积>	618.14

图 8-43　压顶做法

属性列表　图层管理

	属性名称	属性值	附加
1	名称	BK-1	
2	洞口宽度(mm)	1000	☐
3	洞口高度(mm)	1000	☐
4	洞口深度(mm)	100	☐
5	离地高度(mm)	0	☐
6	洞口每侧加强筋		☐
7	斜加筋		☐
8	备注		☐
9	⊞ 钢筋业务属性		
12	⊞ 土建业务属性		
14	⊞ 显示样式		

图 8-44　壁龛的属性

二维码 8-5
壁龛的工程量
计算规则

在计算嵌有壁龛的墙、墙面抹灰面层、墙面块料面层时，可以参照墙体上洞口的计算规则进行适当调整。

思　考　题

1. 门框厚度对哪些工程量的计算有影响？门窗立挺位置如何调整？

2. 一个楼层中有多层窗户时，各分层的窗户如何绘制？
3. 如何快速定义门窗？
4. 如何快速绘制门窗？
5. 门窗采用不同计量单位时，其项目特征如何描述？各有哪些优点和缺点？
6. 电梯门洞的装修做法何时必须定义？
7. 带形窗与普通窗的区别有哪些？
8. 壁龛与洞口的区别有哪些？
9. 有壁龛的砌体墙工程量如何计算？
10. 有壁龛的抹灰墙面和块料墙面工程量应如何计算？
11. 当壁龛的离地高度为 0 时，楼面的整体面层和块料面层的工程量如何计算？
12. 如何在一个门洞位置布置两扇门？
13. 飘窗的做法应包括哪些内容？
14. 老虎窗的做法应包括哪些内容？

第 9 章

楼梯的建模与算量

学习目标

了解楼梯的分类，熟悉楼梯的组成，掌握楼梯的定义和绘制方法，熟悉表格法界面的各项功能；学会采用表格法计算楼梯各个构件的钢筋工程量，学会定义参数化楼梯并计算楼梯所有组成部分的土建工程量；掌握单构件数据的复用方法，掌握螺旋楼梯的定义与绘制方法，掌握各种护栏的定义与绘制方法。

■ 9.1 楼梯的基础知识

9.1.1 楼梯的基本概念

楼梯是负责建筑物楼层间垂直交通的构件，用于楼层之间和高差较大时的交通联系。在设有电梯、自动扶梯作为主要垂直交通手段的多层和高层建筑中也要设置楼梯。高层建筑尽管采用电梯作为主要垂直交通工具，但仍然要保留楼梯供发生火灾时逃生之用。

楼梯由连续梯级的梯段（又称梯跑）、平台（休息平台）和围护构件等组成。楼梯的最低一级和最高一级踏步间的水平投影距离称为梯长，梯级的总高度称为梯高。

每个楼梯段上的踏步数目不得超过 18 级，不得少于 3 级。楼梯平台按其所处位置分为楼层平台和中间平台。栏杆是设置在楼梯段和平台临空一侧的围护构件，应有一定的强度和刚度，并应在上部设置供人们手扶用的扶手。除栏杆上安装扶手外，有时在靠墙一侧也要安装靠墙扶手。

9.1.2 楼梯的分类

1. 按用途分

楼梯按用途分为普通楼梯和特种楼梯两大类。普通楼梯包括钢筋混凝土楼梯、钢楼梯和木楼梯等，其中钢筋混凝土楼梯在结构刚度、耐火、造价、施工、造型等方面具有较多的优点，应用最为普遍。特种楼梯主要有安全梯、消防梯和自动梯三种。

2. 按梯段分

楼梯按梯段可分为单跑楼梯、双跑楼梯和多跑楼梯。梯段的平面形状有直线、折线和曲线。

二维码 9-1　普通楼梯的分类　　二维码 9-2　特种楼梯的种类　　二维码 9-3　楼梯梯段分类

3. 按结构形式和受力特点分

按结构形式和受力特点楼梯形式可分为板式、梁式、悬挑（剪刀）式和螺旋式，前两种属于平面受力体系，后两种则为空间受力体系。

板式楼梯是由梯段板、平台板和平台梁组成。梯段板是一块带踏步的斜板，斜板支承于上、下平台梁上，底层下端支承在地垄墙上。

梁式楼梯由踏步板、梯段斜梁、平台板和平台梁组成。

剪刀式楼梯，是一种每层有两个出入口实现可上又可下的消防楼梯，其好处是输出量倍增，保证意外逃生输出量，如图 9-1 所示。

螺旋楼梯一般都是沿圆形或椭圆形的轨迹一圈一圈逐渐上升的楼梯，如图 9-2 所示。

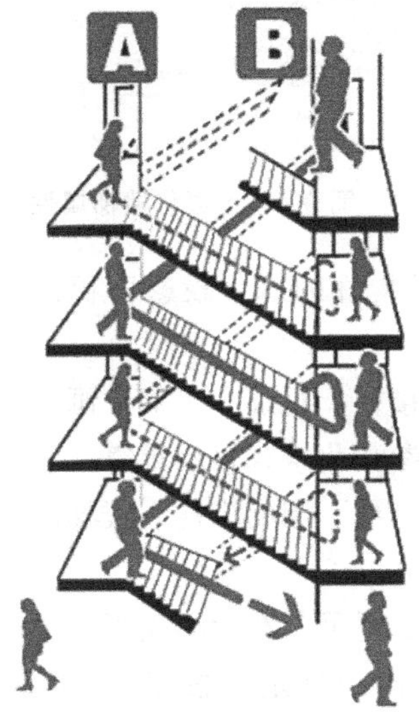

图 9-1　剪刀楼梯

图 9-2　螺旋楼梯

9.1.3　软件功能介绍

软件中将楼梯分为楼梯、直形梯段、螺旋楼梯和楼梯井四类构件。各类楼梯的属性主要针对钢筋混凝土楼梯材质而设计。

图 9-3a 所示为软件提供的楼梯分类，图 9-3b 所示为楼梯构件的右键快捷菜单。

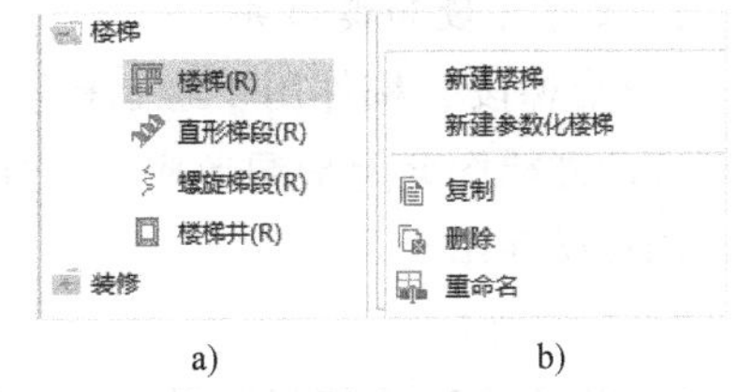

图 9-3　软件楼梯分类

1. 楼梯的定义

(1) 新建楼梯　软件提供了“新建楼梯”和“新建参数化楼梯”两种创建楼梯的方法，“新建楼梯”的步骤与其他构件相同，本书只介绍“新建参数化楼梯”，具体操作请读者参阅后续相关内容。

通过“新建楼梯”创建的楼梯属性如图 9-4 所示，通过“新建参数化楼梯”创建的楼梯属性如图 9-5 所示。其中：

名称：根据图纸输入楼梯名称，如 LT-1。

建筑面积计算方式：该属性用于处理楼梯计算建筑面积的方式，包括计算全部、计算一半和不计算三种方式，默认为不计算。

截面形状：是指选定的参数化图形的截面形状。

其他属性的意义请参阅其他混凝土构件的相同属性。

属性列表 | 图层管理

	属性名称	属性值	附加
1	名称	LT-1	
2	建筑面积计算方式	不计算	☐
3	混凝土强度等级	(C25)	☐
4	备注		☐
5	⊟ 钢筋业务属性		
6	其它钢筋		
7	汇总信息	(楼梯)	☐
8	⊟ 土建业务属性		
9	计算规则	按默认计算规则	
10	⊟ 显示样式		
11	填充颜色		
12	不透明度	50	

图 9-4　楼梯的属性

属性列表 | 图层管理

	属性名称	属性值	附加
1	名称	首层第1、2梯段	
2	截面形状	标准双跑II	☐
3	建筑面积计算方式	不计算	☐
4	混凝土强度等级	(C25)	☐
5	底标高(m)	层底标高	☐
6	备注		☐
7	⊟ 钢筋业务属性		
8	其它钢筋		
9	汇总信息	(楼梯)	☐
10	⊟ 土建业务属性		
11	计算规则	按默认计算规则	

图 9-5　参数化楼梯属性

采用“新建楼梯”方式创建的楼梯构件只能计算楼梯构件的水平投影面积，不能计算楼梯组成中的其他部件的工程量。

从计算楼梯的工程量角度而言，建模形成的非参数化楼梯，可以在平面上画出任意形状的楼梯，但只能计算与水平投影面积有关的楼梯工程量；参数化楼梯可以计算楼梯全部的土建工程量。所以楼梯的土建工程量要根据所建模型的种类采用不同的方法。楼梯的钢筋工程量在模型中很难体现，一般采用表格法进行计算。

（2）新建参数化楼梯　新建参数化楼梯的界面如图 9-6 所示。在此界面可以选择符合设计图要求的楼梯截面类型，修改参数图中绿色属性后，单击“确定”按钮后，弹出参数化楼梯属性，如图 9-5 所示。其中截面形状属性可选参数化建立时设置的标准双跑 1、标准双跑 2、标准双跑 3、转角双跑、直形双跑、直形单跑和转角三跑。

2. 楼梯的绘制

新建的非参数化楼梯，可以采用点式画法、线式画法进行绘制，而参数化楼梯只能采用点式画法进行绘制。

3. 直形梯段和楼梯井

“直形梯段”构件用于绘制梯段为直形的各种楼梯的水平投影。“楼梯井”构件用于在绘制好的楼梯图元上掏洞形成楼梯井。如果各段楼梯构图元之间已经形成了楼梯井，则可以不绘制楼梯井图元。

4. 表格输入

“表格输入”是算量软件中辅助用户算量的一个工具模块，对于预算中的一些零星工程

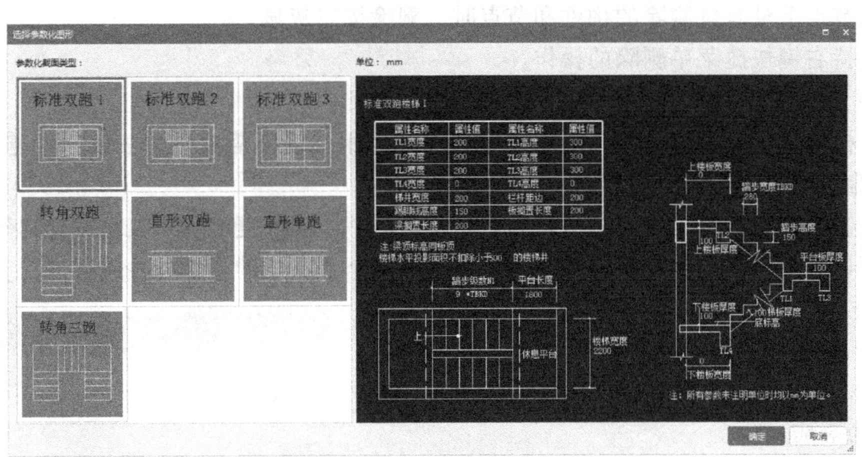

图 9-6　新建参数化楼梯界面

量、参数化的图集（楼梯、灌注桩等工程量）可以在“表格输入”中计算。

切换到“工程量”页签，单击“表格输入”选项卡上的“表格输入”，弹出“表格输入”对话框，表格输入分为钢筋表格输入和土建表格输入，钢筋表格输入操作界面由构件管理区、属性编辑区、钢筋编辑区、图集选择区、图集编辑区、功能区 6 个区域组成，如图 9-7 所示。

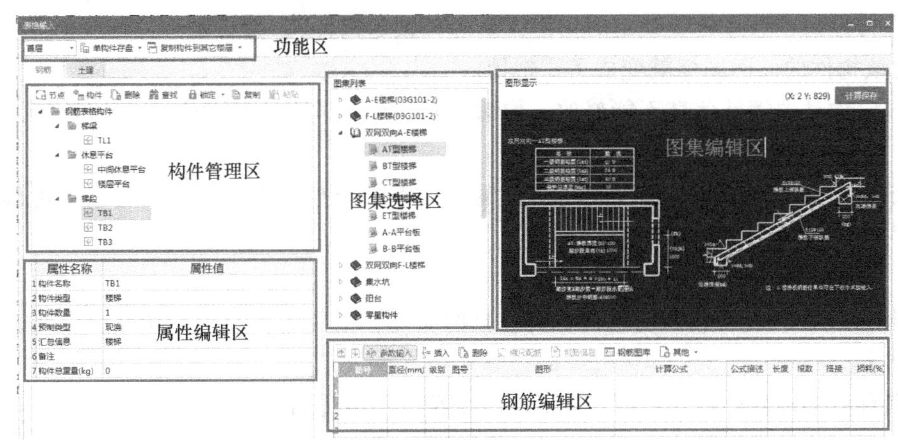

图 9-7　钢筋“表格输入”对话框

（1）构件管理

1）添加节点。单击“节点”，可以添加不同层级的文件夹节点，节点添加完成后或添加的过程中还可以修改节点名称，也可以通过鼠标拖拽或右键快捷菜单上的“向上移动”或“向下移动”改变节点间的层级关系。

2）添加构件。单击“构件”，可以在当前节点层级下添加多个构件。添加的构件可以修改名称。可以通过鼠标拖动或右键快捷菜单中的“向上移动”或“向下移动”改变构件的排列顺序。构件的属性可以在属性编辑区域修改。

3）删除。

① 对添加的构件和节点进行删除的操作。

② 当节点下没有可删除的构件和节点时，删除按钮灰显。

③ 支持右键快捷菜单删除的操作。

4）复制、粘贴。

① 表格输入中，有的构件钢筋组成比较相似，用户就不需要重复去输入一遍钢筋，只要采用复制功能，就可以复制构件，进行局部修改。

② 复制功能也可以跨楼层进行复制，如首层的一个构件复制后可以粘贴到其他楼层。

③ 可以选择单个构件进行复制，也可以选择一个节点下的全部构件进行复制。

5）查找构件。“查找构件”就是在当前层中按照构件名称查找构件。其操作步骤如下：

① 单击“查找构件”，弹出“查找构件”对话框，如图 9-8 所示。

图 9-8 “查找构件”对话框

② 在“关键字”后的文本框中输入要查找的构件名称的全部或一部分，单击“查找下一个”按钮，找到后光标就会定位到该名称的构件上。如果名称包含查找关键字的构件很多，光标会自动停留在第一个构件上。如果没有找到，软件提示未查找到任何构件。

6）锁定与解锁。“锁定构件”就是将指定的构件钢筋信息全部锁定，锁定后的构件钢筋信息不能编辑修改；需要编辑时可以使用“解锁构件”进行解锁。其操作步骤如下：

① 在构件树中选择希望锁定的构件，单击“锁定构件”，选择的构件钢筋信息就被锁定了。同时该构件的前面图标就变成了一把锁。

② 锁定构件的钢筋信息不能修改，同时，对于锁定构件，平法输入、参数输入和直接输入相关的命令都成为灰色不可使用的状态。

③ 锁定构件适用于某些构件钢筋信息输入后不希望被再次改动的情况，也可作为核对工程量时对已核对构件的标记。

（2）构件属性和钢筋编辑

1）构件属性。表格输入的构件也有各自的属性，主要包括以下六个属性，其意义及填写方法如下：

① 名称：构件名称输入不能超过 255 个字符，不能重名。

② 类型：构件类别默认为“其它”，可以下拉选择（楼梯、墙、柱、梁等构件类型），构件类型输入会影响报表的统计。

③ 构件数量：输入范围［0~100000］，不能为空，默认为 1。构件数量的输入，影响构件的重量。

④ 预制类型：该项只可以选择不可以编辑，下拉选择中有“现浇”“预制绑扎”“预制点焊”三种。

⑤ 汇总信息：汇总信息可以与构件类型进行联动匹配，也可以自己修改设置。

⑥ 构件总重：计算汇总后，光标切换在节点上，实时显示构件统计的工程量。

2）钢筋编辑。在钢筋编辑区中，采用直接输入法或参数输入法输入钢筋，具体操作请读者参阅后续相关内容。

钢筋编辑区界面如图 9-9 所示。各项工具的功能如下：

图 9-9 钢筋编辑区界面

① 上移/下移。在表格中选中某一行钢筋，单击上移钢筋按钮“↑”，则该行钢筋就向上移动一行。

在表格中选中某一行钢筋，单击下移钢筋按钮“↓”，则该行钢筋就向下移动一行。

当光标所处位置为第一行时，上移钢筋“↑”灰显；当光标所处位置为最后一行时，下移钢筋“↓”灰显。

② 参数输入。采用“参数输入法”时选择标准图集。

③ 插入。在表格中选择某一行，单击“插入”按钮，则在当前行插入一行空白行。当没有任何行时，插入按钮灰显。

④ 删除。在表格中选择某一行或多行，单击“删除”按钮，则删除当前所选中的行。光标在最后空行时，此功能灰显。

其他工具请读者参阅拓展延伸相关内容。

■ 9.2 首层楼梯工程量的计算

9.2.1 首层楼梯钢筋的计算

楼梯钢筋的计算一般采用表格法完成。

1. 任务说明

本节的任务是采用表格法完成首层楼梯钢筋工程量的计算。

2. 任务分析

本工程设计了两个楼梯，首层楼梯钢筋工程量包括梯梁、休息平台和梯段。首层的层高为 8m，共设有四个梯段，第 1 梯段高为 2106mm，第 2 梯段高为 1944mm，第 3、4 梯段高均为 1975mm。

从通用楼梯图中可以看到，TL1 的截面尺寸为 200mm×400mm，箍筋为Φ6@100/200(2)，上下纵筋均为 3Φ14。首层共有 6 根梯梁。

中间休息平台板为 PB1，厚度为 100mm，配筋为短向双层Φ8@150，长向Φ8@200。楼层休息平台板为 PB2，厚度为 100mm，配筋为双层双向Φ8@200。

本层楼梯分为四个梯段，均采用 AT 型楼梯，第 1 梯段为 TB1，梯段板厚 120mm，板底配筋Φ8@150，板顶配筋Φ8@200；第 2 梯段为 TB2，板厚 110mm，板底配筋Φ8@150，板顶配筋Φ8@200；第 3、4 梯段板为 TB3，板厚均为 110mm，板底配筋Φ8@150，板顶配筋Φ8@200。梯段板的分布筋均为Φ6@200。

3. 任务实施

(1) 新建节点和构件　在“钢筋表格构件”区域新建三个节点——“梯梁”“休息平台”和“梯段”。在“梯梁”节点下新建一个构件“TL1”；在“休息平台”节点下新建三个构件——“中间休息平台 1280”“中间休息平台 1750”和“楼层平台”；在“梯段”节点下新建三个构件——“TB1”“TB2”和“TB3”。首层楼梯构件列表如图 9-10 所示。

（2）编辑钢筋　梯梁采用直接输入法，休息平台和梯段采用参数输入法进行计算。直接输入，即在钢筋编辑区域下方的钢筋表中，依次输入钢筋编号，选择钢筋直径、级别、图号并填写各项参数，在“根数”列输入根数后，其余的参数均由软件自动计算并显示。

1）梯梁。单击构件“TL1”，在构件属性中将“构件数量”的属性值修改为“12”（注：如果不需要分层统计工程量，此处可以修改为整楼中 TL1 的数量），如图 9-11 所示。

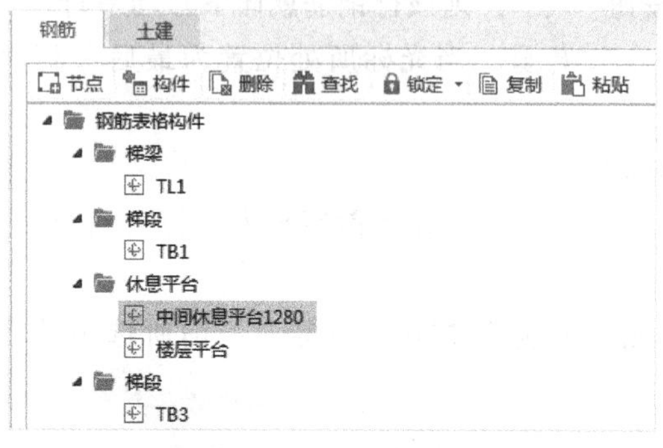

图 9-10　首层楼梯构件列表

	属性名称	属性值
1	构件名称	TL1
2	构件类型	楼梯
3	构件数量	12
4	预制类型	现浇
5	汇总信息	楼梯
6	备注	
7	构件总重量(kg)	377.82

图 9-11　梯梁构件属性

此梁的集中标注信息为“TL1 200×400，⌀6@100/200（2）　3⌀14；3⌀14”。在右侧直接输入钢筋编号、直径、级别、图号，并在图形的相应位置输入钢筋的尺寸后，输入根数即可完成钢筋的计算，如图 9-12 所示的 1 号、2 号钢筋。

参数输入　插入　删除　缩尺配筋　钢筋信息　钢筋图库　其他

	筋号	直径(mm)	级别	图号	图形	计算公式	公式描述	长度	根数	搭接	损耗(%)	单重(kg)	总重(kg)
1	1	14	⌀	63	210　3150	3150+2*210		3570	3	0	0	4.32	12.96
2	2	14	⌀	63	210　3150	3150+2*210		3570	3	0	0	4.32	12.96
3	3	6	⌀	195	350　150	2*350+2*150+2*(75+3.57*d)		1193	21	0	0	0.265	5.565

图 9-12　TL1 配筋计算示例

值得说明的是，在输入箍筋（图 9-12 中的 3 号钢筋）根数时，既可以直接输入，也可以输入加密区长度及加密区箍筋间距、非加密区长度及非加密区间距，如图 9-13 所示，单击“确定”按钮后由软件自动计算箍筋的根数。

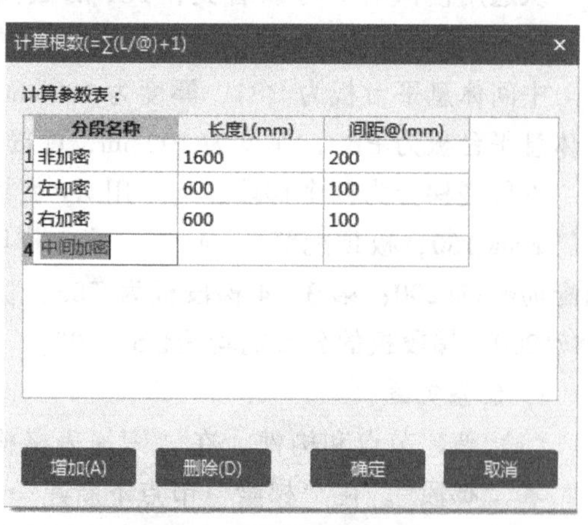

图 9-13　箍筋根数计算示例

读者可以按照同样的方法在第二～五层分别建立梯梁节点和相应的梯梁构件，分别计算其钢筋工程量。同时请读者考虑还有哪些更快捷的方法来完成梯梁钢筋工程量的计算。

2）休息平台。单击构件“中间休息平台

1280”，输入休息平台的属性后，单击“参数输入”调出图集选择列表，点开图集列表，选中“双网双向 A-E 楼梯”→“A-A 平台板”如图 9-14 所示。

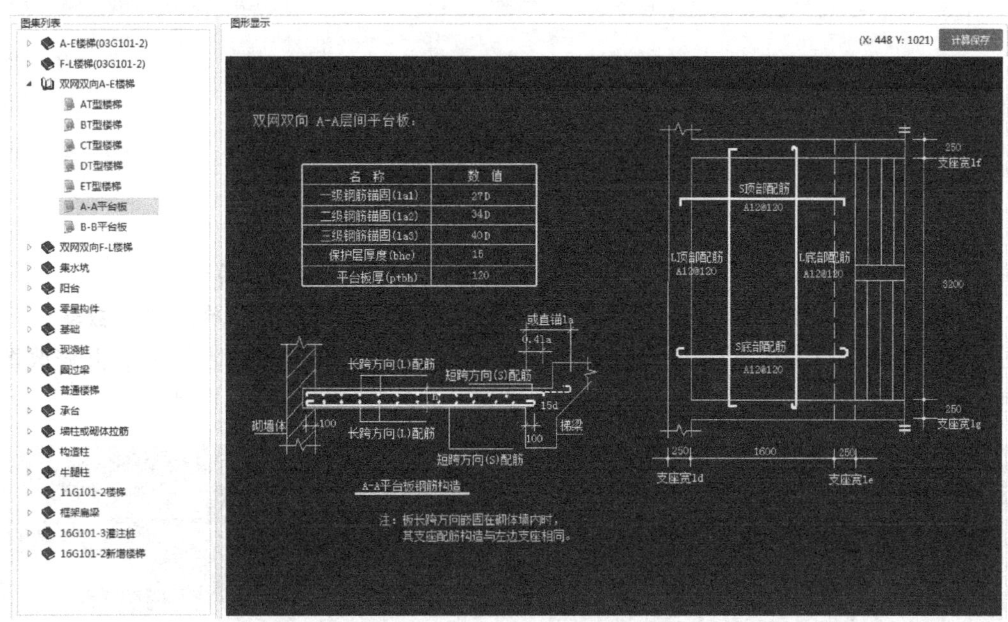

图 9-14　中间休息平台板配筋

修改配筋信息和平台板厚度，如图 9-15 所示。单击右上角的“计算保存”按钮，其计算结果如图 9-16 所示。

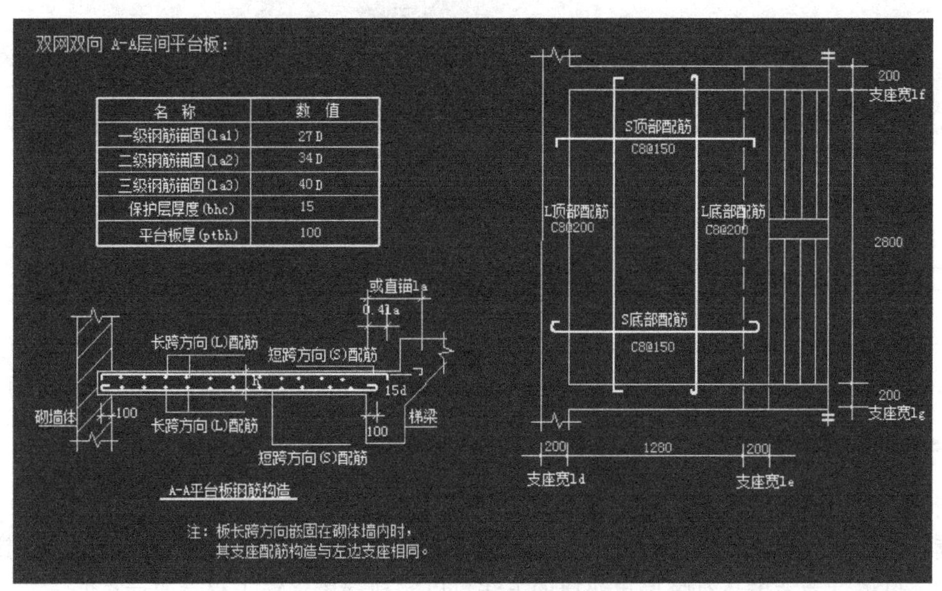

图 9-15　中间休息平台板 1280 参数

请读者采用同样的方法计算中间休息平台 1750 和楼层平台板的钢筋工程量。读者可以按照同样的方法在第二~五层分别建立休息平台节点和相应构件，分别计算其钢筋工程量，

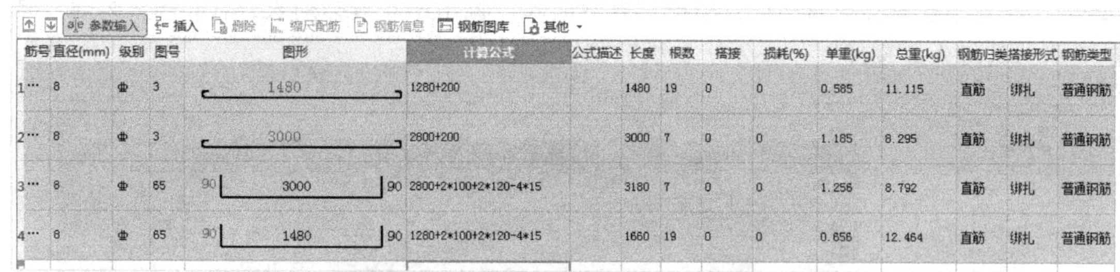

筋号	直径(mm)	级别	图号	图形	计算公式	公式描述	长度	根数	搭接	损耗(%)	单重(kg)	总重(kg)	钢筋归类	搭接形式	钢筋类型
1…	8	Φ	3	1480	1280+200		1480	19	0	0	0.585	11.115	直筋	绑扎	普通钢筋
2…	8	Φ	3	3000	2800+200		3000	7	0	0	1.185	8.295	直筋	绑扎	普通钢筋
3…	8	Φ	65	90 3000 90	2800+2*100+2*120-4*15		3180	7	0	0	1.256	8.792	直筋	绑扎	普通钢筋
4…	8	Φ	65	90 1480 90	1280+2*100+2*120-4*15		1660	19	0	0	0.656	12.464	直筋	绑扎	普通钢筋

图 9-16　中间休息平台板 1280 计算结果

也请读者考虑还有哪些更快捷的方法可以实现休息平台钢筋工程量计算？

3）梯段。在构件管理区单击构件“TB1”，输入梯段的属性后，单击“参数输入”调出图集选择列表，点开图集列表，选择“双网双向 A-E 楼梯”→“AT 型楼梯”，并修改图中绿色属性如图 9-17 所示，单击“计算保存”按钮，其计算结果如图 9-18 所示。

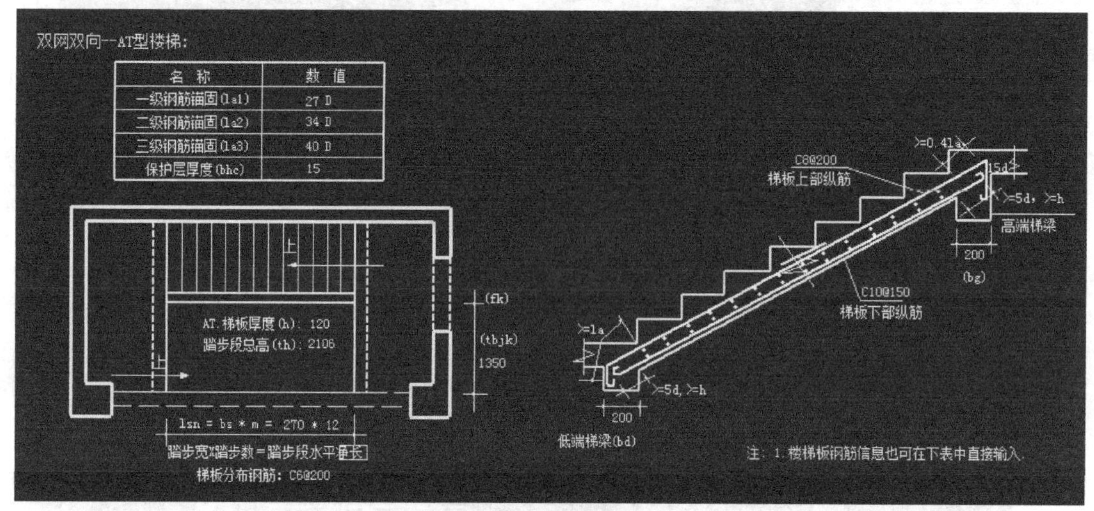

图 9-17　TB1 参数图

筋号	直径(mm)	级别	图号	图形	计算公式	公式描述	长度	根数	搭接	损耗(%)	单重(kg)	总重(kg)	钢筋归类	搭接形式	钢筋类型
1 梯…	8	Φ	3	4018	3240*1.166+2*120		4018	10	0	0	1.587	15.87	直筋	绑扎	普通钢筋
2…	8	Φ	781	120 4122 104	3240*1.166+320+248		4346	8	0	0	1.717	13.736	直筋	绑扎	普通钢筋
3…	6	Φ	3	1320	1350-2*15		1320	40	0	0	0.293	11.72	直筋	绑扎	普通钢筋

图 9-18　TB1 计算结果

请读者采用同样的方法计算 TB2 和 TB3 的钢筋工程量。

读者可以按照同样的方法在第二～五层分别建立梯段节点和梯段构件，分别计算其钢筋工程量，也请读者考虑还有哪些更快捷的方法可以实现梯段钢筋工程量的计算？

9.2.2　首层楼梯土建工程量计算

本节以参数化楼梯为例，介绍楼梯所涉及的各个组成部分的工程量计算方法。直形

梯段和楼梯井构件的使用方法请读者自行体验，螺旋梯的使用请读者参阅拓展延伸相关内容。

1. 任务说明

本节的任务是计算首层楼梯的以下分项工程的工程量：

1）混凝土、模板工程量。

2）栏杆、扶手工程量。

3）面层和防滑条工程量。

4）底面抹灰及油漆工程量。

5）预埋件工程量。

2. 任务分析

楼梯的主体部分的组成，已经在首层钢筋工程量计算一节做了分析，下面主要对楼梯的装饰部分进行分析。

通过阅读 JS01 建筑施工图设计总说明，楼梯面层未给出做法，顶棚也未说明油漆和涂料的做法，为了内容的完整性，楼梯面层及楼梯底面分别按表 9-1 做法处理。

表 9-1　楼梯间的做法

名称	做　　法
楼梯面层	3. 20mm 厚 1：2.5 水泥砂浆找平抹光(梯级另设铜条护角线)
	2. 刷素水泥浆(或界面剂)一道
	1. 钢筋混凝土表面清理干净
楼梯底面	批混合腻子两遍，喷白色涂料

通过阅读 JS09 楼梯详图可知，金属楼梯栏杆倾斜段的高度为 900mm，水平段的高度为 1050mm。大立柱为 40mm×40mm×3.5mm 方钢，小立柱为 40mm×25mm×2.5mm 方钢，横向栏杆两道，一道紧贴踏步，另一道为 40mm×30mm×3.5mm 方钢，在栏杆上方 286mm 处安装 40mm×30mm×3.5mm 方钢扶手。大、小立柱均通过锚件（15J403-1-M8/E22）锚固在梯段侧面，与立柱连接的扁钢分别为 20mm×70mm×10mm 和 20mm×55mm×10mm。栏杆的油漆为红丹防锈底漆一遍、醇酸调和漆二度。

3. 任务实施

（1）新建首层第 1、2 梯段　在构件导航栏中，单击“楼梯”，在构件管理器中单击“新建参数化楼梯”，选择“标准双跑楼梯Ⅱ”参数图，如图 9-19 所示。修改完成后，单击“确定”按钮，在属性中将名称修改为“首层第 1、2 梯段”。

（2）新建首层第 3、4 梯段　首层第 3、4 梯段的定义与第 1、2 梯段相同，但所选的参数图为“标准双跑楼梯Ⅰ”，其参数图如图 9-20 所示。修改所有的参数后，将其名称修改为“首层第 3、4 梯段”，底标高修改为“层底标高+4.05”。

（3）楼梯的做法定义　根据楼梯的组成，其做法中除包括混凝土和模板外，还应包括楼梯栏杆、栏杆扶手和靠墙扶手等构件的做法，也可以包括附着在楼梯上的其他分部的做法，如楼梯面层、防滑条、踢脚线、底面抹灰及油漆等。

根据前面的分析和给定做法，楼梯套用的清单和定额子目如图 9-21 所示，其中要特别注意楼梯混凝土工程量的换算。

标准双跑楼梯Ⅱ

属性名称	属性值	属性名称	属性值
TL1宽度	200	TL1高度	400
TL2宽度	200	TL2高度	400
TL3宽度	200	TL3高度	400
TL4宽度	200	TL4高度	400
梯井宽度	100	栏杆距边	50
踢脚线高度	150	板搁置长度	100
梁搁置长度	100		

注：梁顶标高同板顶
楼梯水平投影面积不扣除小于500的楼梯井

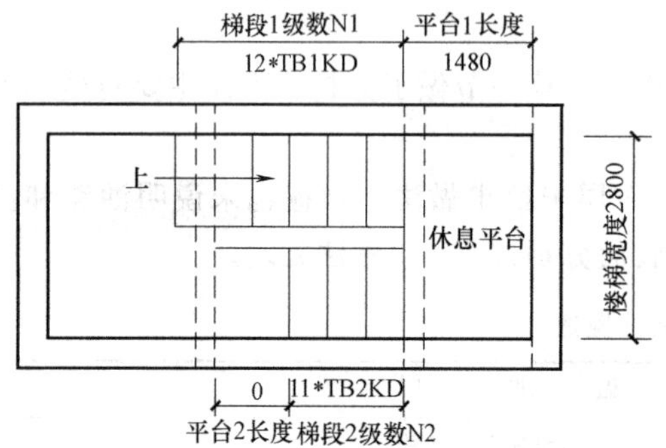

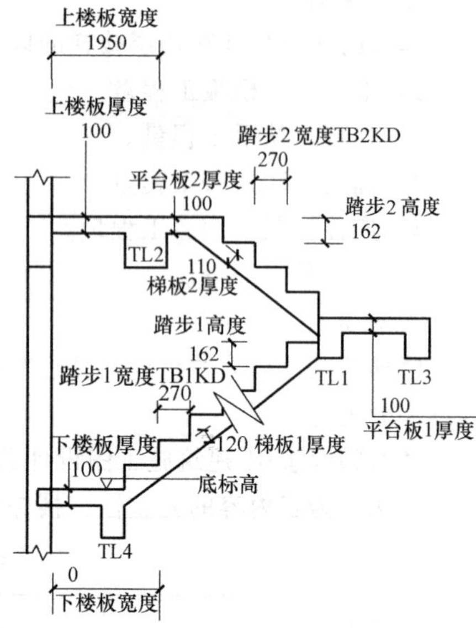

注：所有参数未注明单位时均以mm为单位。

图 9-19　首层第 1、2 梯段

标准双跑楼梯Ⅰ

属性名称	属性值	属性名称	属性值
TL1宽度	200	TL1高度	400
TL2宽度	200	TL2高度	400
TL3宽度	200	TL3高度	400
TL4宽度	0	TL4高度	400
梯井宽度	100	栏杆距边	50
踢脚线高度	150	板搁置长度	100
梁搁置长度	100		

注：1. 梁顶标高同板顶。
2. 楼梯水平投影面积不扣除小于500的楼梯井。

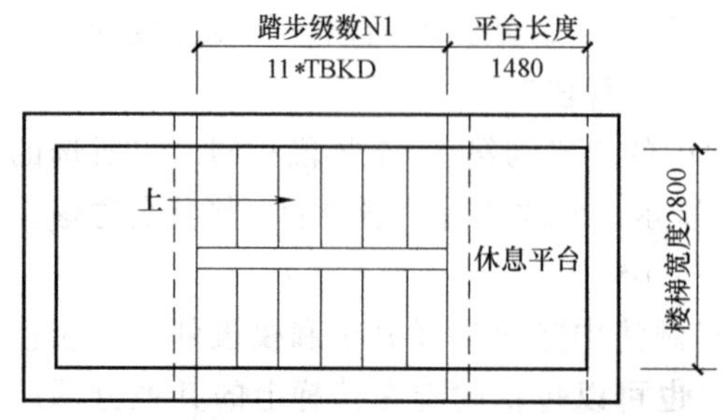

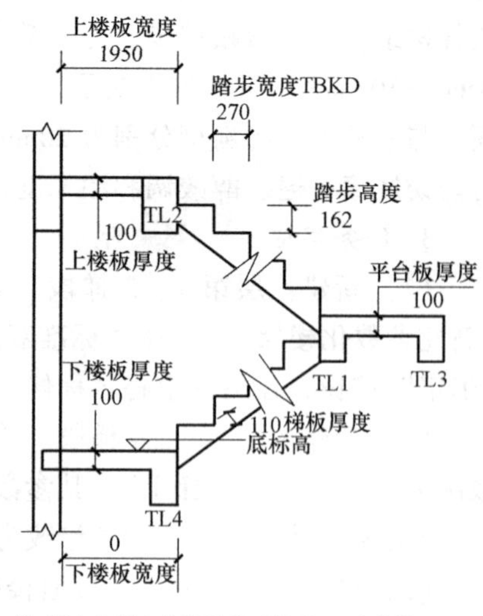

注：所有参数未注明单位时均以mm为单位。

图 9-20　首层第 3、4 梯段

金属面油漆的工程量表达式未给出，其工程量需要根据各种截面的栏杆长度、截面外周

长和根数计算得出，请读者自行完成工程量表达式的编辑。

并请读者自行完成第二～五层楼梯的完整定义。

参数图　构件做法

添加清单　添加定额　删除　查询　项目特征　换算　做法刷　做法查询　提取做法　当前构件自动套

	编码	类别	名称	项目特征	单位	工程量表达式	表达式说明	单价
1	010506001	项	直形楼梯	1. 混凝土种类：泵送商品混凝土 2. 混凝土强度等级：C25 3. 泵送高度：30m以内	m2	TYMJ	TYMJ<水平投影面积>	
2	6-213 H80212103 80212104	换	(C20泵送商品砼) 直形楼梯 换为【C25预拌混凝土(泵送)】		m2水平投影面积	TYMJ	TYMJ<水平投影面积>	994.6
3	6-218	定	(C20泵送商品砼) 楼梯、雨篷、阳台、台阶混凝土含量每增减		m3	1.015*TTJ-2.06*TYMJ/10	1.015*TTJ<砼体积>-2.06*TYMJ<水平投影面积>/10	477.91
4	011702024	项	楼梯 模板	1. 类型：双跑楼梯 2. 模板材质：复合木楼板	m2	TYMJ	TYMJ<水平投影面积>	
5	21-74	定	现浇楼梯 复合木模板		m2水平投影面积	MBMJ	MBMJ<模板面积>	1608.6
6	011106004	项	水泥砂浆楼梯面层	1. 面层厚度、砂浆配合比：20mm厚1：2.5水泥砂浆 2. 防滑条材料种类、规格：铜条	m2	TYMJ	TYMJ<水平投影面积>	
7	13-24	定	水泥砂浆 楼梯		m2水平投影面积	TYMJ	TYMJ<水平投影面积>	827.93
8	13-106	定	踏步面上嵌(钉) 防滑铜条		m	FHTCD	FHTCD<防滑条长度>	486.54
9	14-31	定	混凝土面刷界面剂		m2	TYMJ	TYMJ<水平投影面积>	48.62
10	011503001	项	金属扶手、栏杆、栏板	1. 扶手材料种类、规格：40*30*3.5方钢 2. 栏杆材料种类、规格：40*25*2.5方钢 3. 栏杆高度（mm）：h=900	m	LGCD	LGCD<栏杆扶手长度>	
11	13-152	定	型钢栏杆 不锈钢管扶手		m	LGCD	LGCD<栏杆扶手长度>	2291.21
12	011407002	项	天棚喷刷涂料	1. 基层类型：现浇混凝土 2. 喷刷涂料部位：楼梯底面 3. 腻子种类：白色混合腻子 4. 刮腻子要求：二遍 5. 涂料品种、喷刷遍数：白色涂料	m2	TYMJ	TYMJ<水平投影面积>	
13	17-206	定	砂胺喷涂天棚面		m2	TYMJ	TYMJ<水平投影面积>	434.51
14	011405001	项	金属面油漆	1. 构件名称：楼梯栏杆 2. 油漆品种、刷漆遍数：红丹防锈底漆一遍，醇酸调和漆二度	m2			
15	17-135	定	红丹防锈漆 第一遍 金属面		m2			56.98
16	17-132	定	调和漆 第一遍 金属面		m2			45.06
17	17-133	定	调和漆 第二遍 金属面		m2			41.07

图 9-21　楼梯做法定义

注：1. 第 3 行工程量表达式中的“1.015”是每 m^3 混凝土构件的混凝土消耗量，“2.06”是每 $10m^2$ 水平投影面积的楼梯混凝土定额工程量。

2. 金属面油漆清单项可选计量单位为“t”和“m^2”，选用与组价定额相同的计量单位。

（4）首层楼梯的绘制　采用点式画法先画第 1、2 梯段，再画第 3、4 梯段。绘制完成后检查一下楼梯梯段的方向是否正确，如果上下方向反向，请用旋转功能进行调整；如果左右两梯段的位置相反，请使用镜像功能进行调整。绘制完成后的首层楼梯如图 9-22 所示。请读者完成另一个楼梯的绘制并思考采用什么方法绘制更快？

（5）预埋件计算

1）预埋件标准图。楼梯栏杆预埋件标准图集如图 9-23 所示。预埋件分为 90mm×6mm 通长扁钢，每隔 60mm 焊接一根Φ 8 长 240mm 的 U 形钢筋两种类型；连接栏杆立柱的扁钢有 20mm×70mm×10mm 和 55mm×70mm×10mm 两种。

图 9-22　首层楼梯

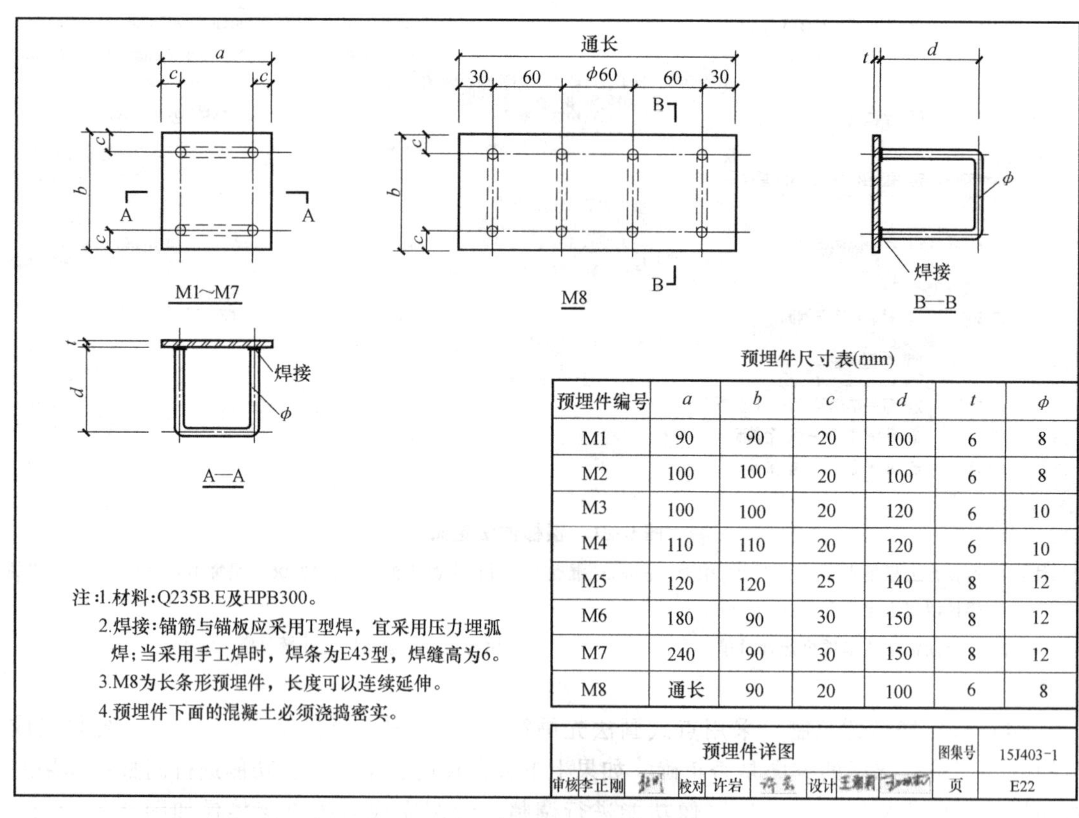

预埋件尺寸表(mm)

预埋件编号	a	b	c	d	t	φ
M1	90	90	20	100	6	8
M2	100	100	20	100	6	8
M3	100	100	20	120	6	10
M4	110	110	20	120	6	10
M5	120	120	25	140	8	12
M6	180	90	30	150	8	12
M7	240	90	30	150	8	12
M8	通长	90	20	100	6	8

注:1.材料:Q235B.E及HPB300。
2.焊接:锚筋与锚板应采用T型焊，宜采用压力埋弧焊;当采用手工焊时，焊条为E43型，焊缝高为6。
3.M8为长条形预埋件，长度可以连续延伸。
4.预埋件下面的混凝土必须浇捣密实。

预埋件详图	图集号	15J403-1
审核 李正刚　校对 许岩　设计 王斌莉	页	E22

图 9-23　楼梯栏杆预埋件标准图集

2）预埋件工程量计算。预埋件的工程量可以在“表格输入”→“土建”中完成。预埋件的节点、构件结构和构件（90mm×6mm 通长扁钢）属性如图 9-24 所示，其做法和工程量计算式如图 9-25 所示。请读者自行完成其他三种预埋件的做法及工程量表达式。

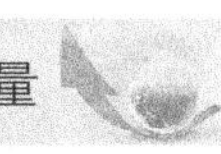

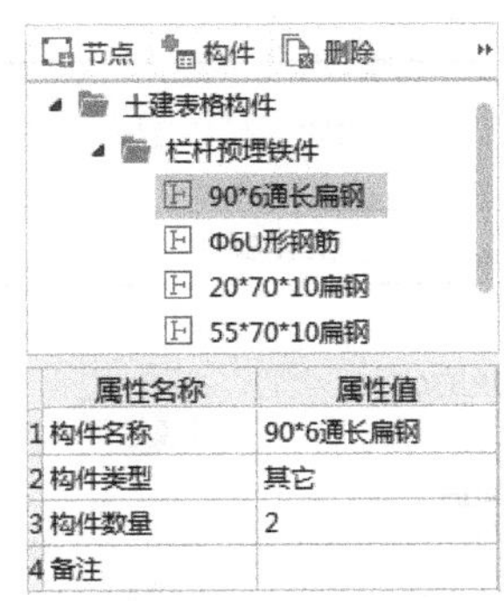

	属性名称	属性值
1	构件名称	90*6通长扁钢
2	构件类型	其它
3	构件数量	2
4	备注	

图 9-24 预埋件节点、构件结构和构件属性

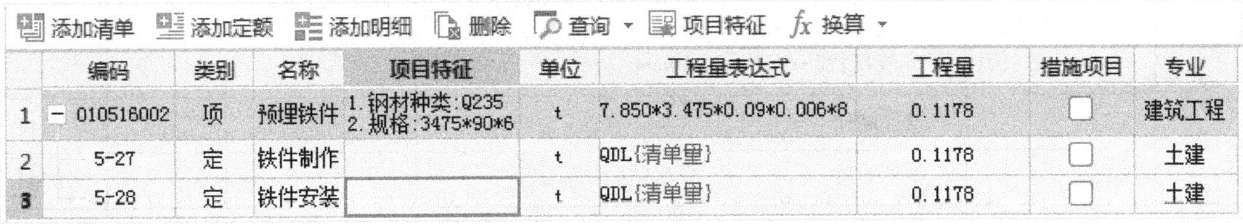

添加清单 添加定额 添加明细 删除 查询 项目特征 *fx* 换算

	编码	类别	名称	项目特征	单位	工程量表达式	工程量	措施项目	专业
1	− 010516002	项	预埋铁件	1. 钢材种类:Q235 2. 规格:3475*90*6	t	7.850*3.475*0.09*0.006*8	0.1178	☐	建筑工程
2	5-27	定	铁件制作		t	QDL{清单量}	0.1178	☐	土建
3	5-28	定	铁件安装		t	QDL{清单量}	0.1178	☐	土建

图 9-25 通长扁钢预埋件的做法

9.2.3 首层楼梯工程量计算结果

1. 土建工程量清单定额汇总表

在“工程量”选项卡下，单击“汇总计算”→“首层”→“楼梯”→“确定”，其计算结果（清单定额汇总表）按清单排序后见表 9-2 所示。

表 9-2 首层楼梯清单定额汇总表

序号	编码	项目名称	单位	工程量明细	
				绘图输入	表格输入
实体项目					
1	010506001001	直形楼梯 1. 混凝土种类:泵送商品混凝土 2. 混凝土强度等级:C25 3. 泵送高度:30m 以内	m^2	71.591	
	6-213 H80212103 80212104	(C20 泵送商品混凝土)直形楼梯换为【C25 预拌混凝土(泵送)】	$10m^2$ 水平投影面积	7.1591	
	6-218	(C20 泵送商品混凝土)楼梯、雨篷、阳台、台阶混凝土工程量每增减	m^3	−0.8319	
2	010516002001	预埋件 1. 钢材种类:Q235 2. 规格:3475mm×90mm×6mm	t		0.4712
	5-27	铁件制作	t		0.4712
	5-28	铁件安装	t		0.4712

（续）

序号	编码	项目名称	单位	工程量明细	
				绘图输入	表格输入
实体项目					
3	010516002002	预埋件 1. 钢材种类：HPB300 2. 规格：ф6 3. 铁件尺寸：240mm	t		0.1359
	5-27	铁件制作	t		0.1359
	5-28	铁件安装	t		0.1359
4	010516002003	预埋件 1. 钢材种类：Q235 2. 规格：20mm×70mm×10mm	t		0.0246
	5-27	铁件制作	t		0.0246
	5-28	铁件安装	t		0.0246
5	010516002004	预埋件 1. 钢材种类：Q235 2. 规格：55mm×70mm×10mm	t		0.0672
	5-27	铁件制作	t		0.0672
	5-28	铁件安装	t		0.0672
6	011106004001	水泥砂浆楼梯面层 1. 面层厚度、砂浆配合比：20mm 厚 1∶2.5 水泥砂浆 2. 防滑条材料种类、规格：铜条	m^2	71.591	
	13-24	水泥砂浆　楼梯	$10m^2$ 水平投影面积	7.1591	
	13-106	踏步面上嵌（钉）防滑铜条	10m	13.23	
	14-31	混凝土面刷界面剂	$10m^2$	7.1591	
7	011407002001	天棚喷刷涂料 1. 基层类型：现浇混凝土 2. 喷刷涂料部位：楼梯底面 3. 腻子种类：白色混合腻子 4. 刮腻子要求：二遍 5. 涂料品种、喷刷遍数：白色涂料	m^2	71.591	
	17-206	砂胶喷涂天棚面	$10m^2$	7.1591	
8	011503001001	金属扶手、栏杆、栏板 1. 扶手材料种类、规格：40mm×30mm×3.5mm 方钢 2. 栏杆材料种类、规格：40mm×25mm×2.5mm 方钢	m	32.4574	
	13-152	型钢栏杆　不锈钢管扶手	10m	3.24574	

（续）

序号	编码	项目名称	单位	工程量明细	
				绘图输入	表格输入
措施项目					
1	011702024001	楼梯　模板 1. 类型:双跑楼梯 2. 模板材质:复合木模板	m^2	71.591	
	21-74	现浇楼梯　复合木模板	$10m^2$ 水平投影面积	13.33391	

2. 首层楼梯钢筋汇总表

首层楼梯钢筋汇总表见表 9-3。

表 9-3　首层楼梯钢筋汇总表　（单位：t）

构件类型	钢筋重量合计	各规格钢筋重量			
		⌀6	⌀8	⌀10	⌀14
楼梯	1.112	0.156	0.459	0.186	0.311
合计	1.112	0.156	0.459	0.186	0.311

■ 9.3　拓展延伸（楼梯及相关构件）

9.3.1　表格法的深度应用

1. 单构件数据复用

单构件数据复用，是一项很实用的功能。这项功能使得已经定义好的标准化构件既可以在本工程中重复使用，也可以进行存盘，以备在其他类似工程中使用。具体操作请读者参阅绘图输入的相关内容。

2. 构件存盘

单构件数据在不同工程间利用时，主要是通过“单构件存盘”或“单构件提取”功能完成。具体操作请读者参阅绘图输入的相关内容。

3. 钢筋表格法的深度应用

表格法除可以计算楼梯梁、休息平台和梯段的钢筋工程量外，还可以计算所有不能通过建模计算的钢筋工程量，如砌体墙下无梁时板底加筋、楼板阳角放射筋、板或筏板中无内置类型的马凳筋、板洞加筋、梁洞加筋、约束边缘构件边缘区加筋等。除此之外，还可以对平面形状不规则的板进行缩尺配筋、修改钢筋信息、在钢筋图库中增加钢筋形状、修改钢筋参数重新计算等，下面做简单介绍。

（1）缩尺配筋　缩尺配筋指一些平面形状不规则的板（梯形，圆弧形等）内钢筋长度是渐变的，在单构件中设置输入处理，一般是以平均值计取的。使用缩尺配筋功能，可以对单根钢筋进行缩尺配筋，算出平均长度和根数，并为每根钢筋保存相应的缩尺信息。其操作步骤如下：

1）选择单根钢筋：单击“缩尺配筋”按钮，打开“缩尺配筋”界面，如图9-26所示。

2）选择图形名称：在“图形名称”中可以选择所要计算缩尺配筋的类型，共分17种。

3）选择图形特征：不同的图形名称对应不同的特征图形，这里可以预览到图形。

4）参数设定：不同的图形有不同的参数，根据图形特征示意图，输入参数。如果不清楚每个参数的含义，可参阅左下角对每个参数的解释。

5）输入属性值后，单击“确定”按钮，软件根据设置的值进行计算，返回到直接输入法界面。单击“取消”按钮，不做任何修改。

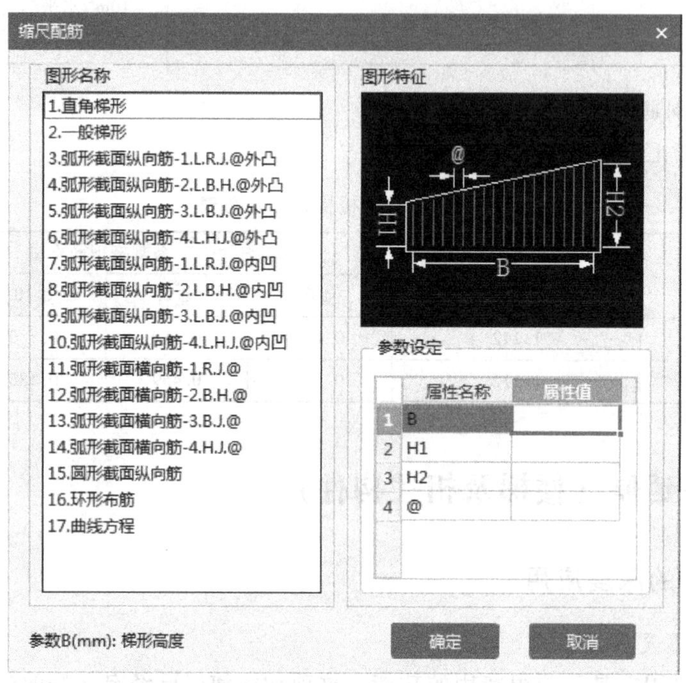

图9-26 “缩尺配筋”界面

（2）钢筋信息修改 “钢筋信息”用于方便地调整一行或多行钢筋的基本信息（直径、钢筋级别、根数、钢筋类型、搭接、搭接形式）、损耗。其操作步骤如下：

1）选择钢筋。选择一行或多行钢筋，单击“钢筋信息”按钮，打开“修改钢筋信息”界面，如图9-27所示。

2）修改钢筋基本信息。

① 钢筋类型：为所选钢筋表格中的初始类型，当前所输入的钢筋类型直接决定了后面的钢筋直径和钢筋级别下拉框中所列出的数据，可对其进行修改。

② 级别：为所选钢筋表格中的初始级别，其中冷轧扭和冷轧带肋钢筋的级别不允许修改。

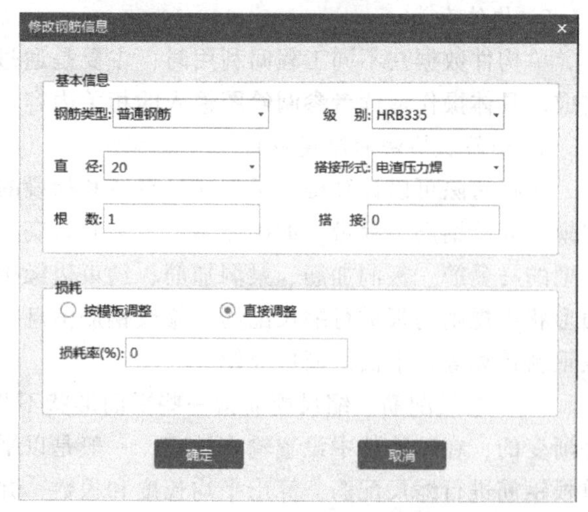

图9-27 “修改钢筋信息”界面

③ 直径：为所选钢筋表格中的初始直径，可对其进行修改。

④ 根数：为所选钢筋表格中的初始根数，可对其进行修改。

⑤ 搭接：为所选钢筋表格中的初始搭接，可对其进行修改。

⑥ 搭接形式：为所选钢筋表格中的初始搭接形式，可对其进行修改。

在修改钢筋信息时，只有选择了相同钢筋类型、相同钢筋级别时，钢筋“直径”数据框才可编辑。选择的钢筋类型不一样时，则钢筋“级别”、钢筋“直径”数据框为灰，不可编辑；选择的钢筋类型相同，钢筋级别不同时，则钢筋“直径”数据栏为灰，不可编辑。

3）修改损耗计算方式。选择“按模板调整”，界面如图 9-28 所示，“损耗类别”包括直径损耗类别和其他损耗类别，可以在下拉框中进行选择；选择“直接调整”时界面如图 9-29 所示，损耗率为所选损耗模板的损耗百分率。

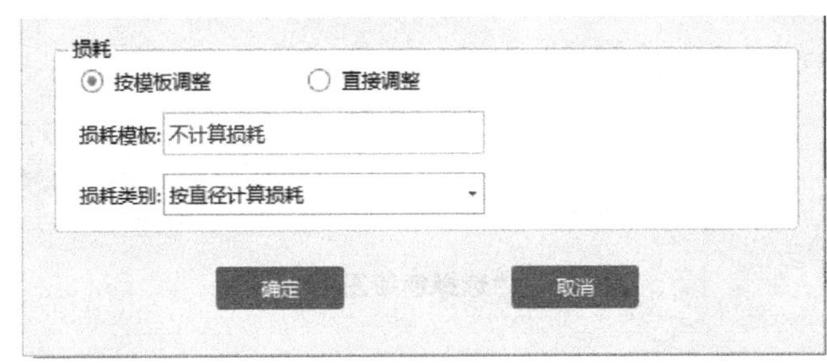

图 9-28　按模板调整损耗界面

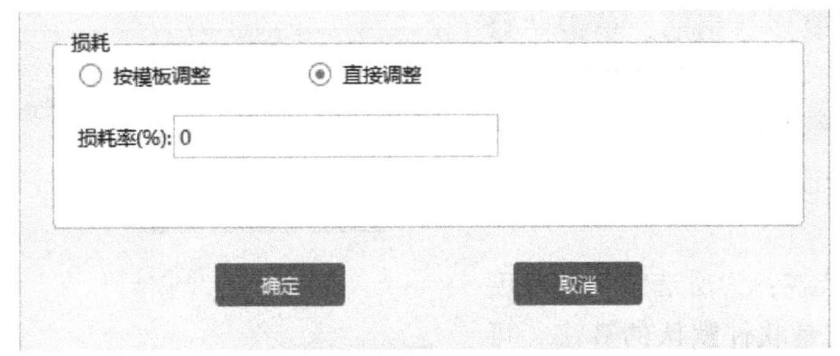

图 9-29　直接调整损耗界面

4）修改的确定或取消。单击“确定”按钮，钢筋信息修改成功，返回当前界面。单击“取消”按钮，取消修改钢筋信息功能。

（3）钢筋图库　表格输入中，选择钢筋图形后，“选择钢筋图形”窗口关闭，再次添加钢筋时需要再次进入这个界面再去选择，操作不便捷。如果在系统图库中没有需要的钢筋形状可以通过“自定义图库”的方式进行添加，其操作步骤如下：

1）直接输入法界面，单击“钢筋图库”功能按钮，弹出“选择钢筋图形”界面，如图 9-30 所示。该界面上有“系统图库”和“自定义图库”两个页签。

2）进入“自定义图库”页签，单击“添加自定义钢筋图形”按钮，进入“自定义钢筋图形”界面，进行钢筋图形的定义。

3）双击定义好的钢筋图形，若光标所在的行已有钢筋图形，则修改；若光标所在的行为空，则为自动添加图形。

（4）修改参数　单击表格输入界面上的“其他”按钮，在弹出的下拉菜单中选择“修

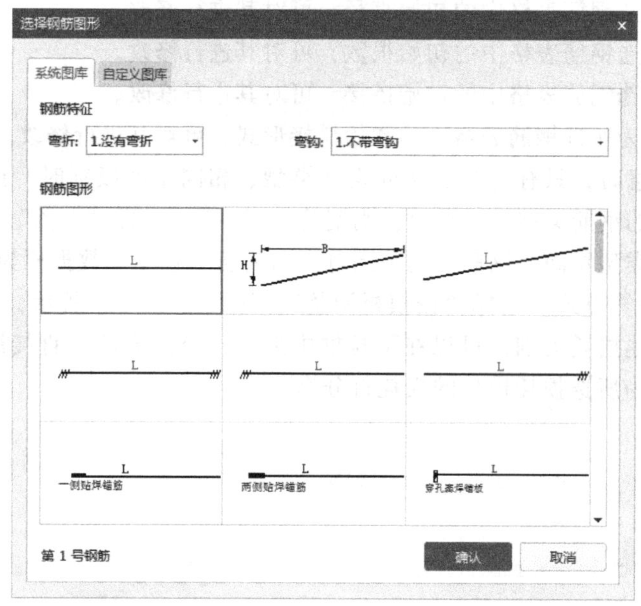

图 9-30 “选择钢筋图形”界面

改参数”，此功能用于对当前所选中的钢筋输入相应的参数重新计算，同时刷新当前行钢筋的数据。其操作步骤如下：

1）选择一行或多行钢筋，单击“修改参数”按钮，打开“修改参数”对话框，如图 9-31 所示。在此界面可以预览选定的钢筋图形、修改钢筋参数和长度计算公式。

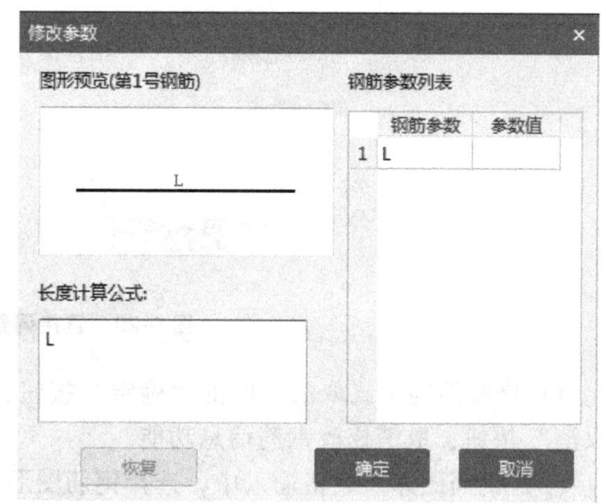

图 9-31 “修改参数”对话框

① 长度计算公式：为所选钢筋的长度计算公式，此公式是软件默认的算法，可以对其进行修改。

② 参数值：当选择单根钢筋或选择多根图号、参数值都相同的钢筋时，“参数值”一栏为所选的钢筋值，否则为空。

③ 在修改了钢筋的长度计算公式后，“恢复”按钮变为黑色，单击“恢复”按钮，长度计算公式恢复到系统默认的计算公式。

2）单击“确认”按钮，按照当前所输入的参数重新计算；单击“取消”按钮，不做任何操作。

（5）按当前列排序

1）光标移动到当前列，选择“其他”按钮下拉框中“按当前列排序”功能，或在右键快捷菜单中选择“按当前列排序”功能，如图 9-32 所示，则系统按照当前列的属性从小到大的顺序重新排序。

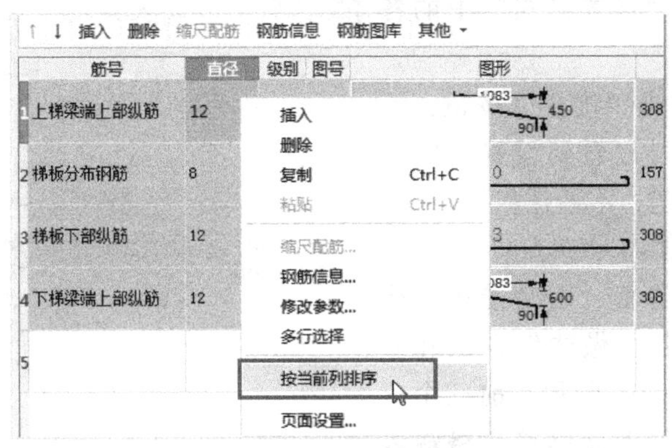

图 9-32　按当前列排序

2）该功能只针对钢筋号、直径、级别、图号、长度、根数、搭接、单重、总重列有效。

（6）多行选择　该功能用于选中当前构件中相同图号的钢筋所在行，多用于对同一规格型号的钢筋进行调整或修改，其操作步骤如下：

1）单击鼠标右键弹出快捷菜单或者单击“其他”菜单，选择“多行选择”按钮。

2）软件弹出“选择多行”对话框，如图 9-33 所示。

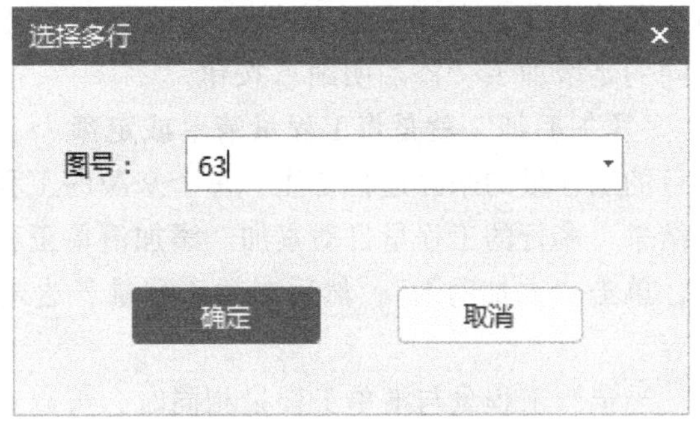

图 9-33　“选择多行”对话框

3）选择需要的钢筋图号，单击“确定”按钮即可选中需要的行，如图 9-34 所示。

筋号	直径(mm)	级别	图号	图形	计算公式	公式描述	长度	根数	搭接	损耗(%)	单重(kg)	总重(kg)
1	14	Φ	63	210 3150	3150+2*210		3570	3	0	0	4.32	12.96
2	14	Φ	63	210 3150	3150+2*210		3570	3	0	0	4.32	12.96
3	6	Φ	195	350 150	2*350+2*150+2*(75+3.57*d)		1193	21	0	0	0.265	5.565

图 9-34　选择多行选中的钢筋

4）单击“修改信息”按钮修改钢筋信息。

（7）页面设置　“页面设置”用于对各种输入法输出的钢筋的字体、颜色等进行设置，也可以设置“列”的显示、隐藏。其操作步骤如下：

单击“页面设置”按钮，打开“页面设置”窗口，如图 9-35 所示。

1）设置格式：在“设置格式”中选择所要设置的输入方式，然后在下方设置此格式输出钢筋的字体、颜色等。

2）设置显示列：在显示列中显示了直接输入法中所有列，可以在列前打钩或不打钩来选择是否要显示该列。

3）取默认设置：对各参数进行修改后，若单击“取默认设置”，软件将恢复系统默认的设置，此按钮只对“设置格式”中的各项设置有效。

4）设置完毕，单击“确认”按钮，返回直接输入法界面，可以看到设置后的结果。单击“取消”按钮，不做任何操作。

4. 土建表格法的应用

土建表格输入的界面，由功能区、构件管理区、属性编辑区、做法编辑区和做法查询区组成，如图 9-36 所示。前三个区域的功能与操作请读者参阅钢筋表格输入的相关内容；做法查询区的操作与绘图输入中的构件做法查询区相同，做法编辑区与绘图输入中的构件做法编辑区类似，所不同的是增加了“添加明细”按钮。

图 9-35 “页面设置”窗口

“添加明细”就是将工程量清单或定额子目的工程量的来源进行备注，每个来源的工程量以四则运算式的形式输入，由软件自动计算结果，多行的工程量自动累加。添加清单工程量明细时，选中需要添加明细的工程量清单行，单击“添加明细”，然后在“工程量表达式”列输入工程量计算式，在其他列输入备注内容。

当定额工程量与清单工程量相同时，可以直接输入“QDL”，软件直接取清单工程量作为定额工程量；当定额工程量与清单工程量不同时，也可以添加定额子目工程量明细。添加定额子目工程量明细的操作请参阅添加清单工程量明细的操作。

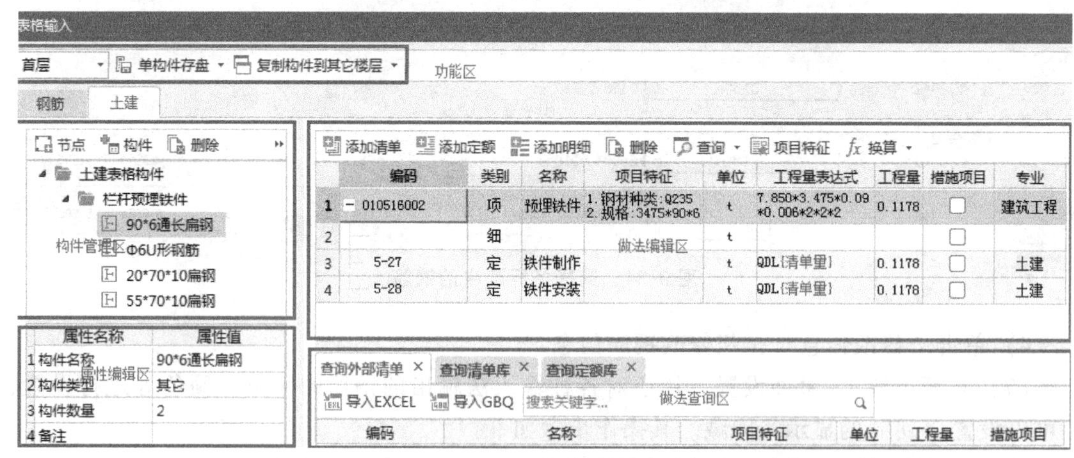

图 9-36 土建表格输入

9.3.2 螺旋楼梯及各种护栏

1. 螺旋楼梯

（1）螺旋楼梯的属性 螺旋楼梯的属性如图 9-37 所示。此处仅介绍其独有的属性，其他属性参阅框架柱构件的相应属性。

1）名称：根据图纸输入螺旋梯段名称。

2）梯板厚度：输入梯板厚度，单位为 mm。

3）梯段宽度：输入梯段宽度，单位为 mm。

4）踏步高度：输入螺旋梯板踏步高度，单位为 mm。

5）踏步总高：输入螺旋梯板踏步总高，单位为 mm。

6）内半径：输入螺旋梯段的内半径，即螺旋梯段弧形内边至圆心点的距离。

7）旋转方向：螺梯段的旋转方向分为“顺时针”和“逆时针”两种，默认为“逆时针”。

8）旋转角度：输入螺旋梯段的旋转角度，螺旋梯段的两个直形边所形成的角度，默认为 90°。

（2）螺旋楼梯的做法定义和绘制　螺旋楼梯的做法定义同直形楼梯，绘制方法只支持点式画法。

2. 各种护栏

护栏包括台阶栏杆、无障碍坡道栏杆、护窗栏杆、阳台栏杆、板边栏杆、女儿墙顶栏杆和空调栏杆等多种类型。这些护栏的定义可以使用软件提供的“栏杆扶手”构件来完成。

（1）栏杆的属性　栏杆扶手按使用功能可分为栏杆扶手和靠墙扶手两种类型。栏杆扶手的属性如图 9-38 所示，下面介绍其独有属性。

属性列表　图层管理

	属性名称	属性值
1	名称	HLT-1
2	梯板厚度(mm)	100
3	梯段宽度(mm)	1500
4	踏步高度(mm)	150
5	踏步总高(mm)	3000
6	内半径(mm)	500
7	旋转方向	逆时针
8	旋转角度(°)	360
9	建筑面积计算方式	不计算
10	材质	现浇混凝土
11	混凝土类型	(粒径31.5砼32.5级坍落度35~50)
12	混凝土强度等级	(C25)
13	混凝土外加剂	(无)
14	泵送类型	(混凝土泵)
15	泵送高度(m)	(2.4)
16	底标高(m)	层底标高(-0.6)
17	混凝土类别	泵送商品砼
18	备注	
19	+ 钢筋业务属性	
22	+ 土建业务属性	
26	+ 显示样式	

图 9-37　螺旋楼梯的属性

	属性名称	属性值	附加
1	名称	矩形截面栏杆扶手	
2	材质	金属	☐
3	类别	栏杆扶手	☐
4	扶手截面形状	矩形	☐
5	扶手截面宽度(mm)	80	☐
6	扶手截面高度(mm)	50	☐
7	栏杆截面形状	矩形	☐
8	栏杆截面宽度(mm)	20	☐
9	栏杆截面高度(mm)	20	☐
10	高度(mm)	1100	☐
11	间距(mm)	110	☐
12	起点底标高(m)	层底标高	☐
13	终点底标高(m)	层底标高	☐
14	备注		☐
15	− 土建业务属性		
16	计算规则	按默认计算规则	
17	− 显示样式		
18	填充颜色		
19	不透明度	(100)	

图 9-38　矩形截面栏杆扶手属性

1）名称：根据实际情况输入栏杆扶手名称，如：矩形截面栏杆扶手。

2）材质：可选项为“金属”“玻璃”“砖石”“砼”与“木”。

3）类别：新建栏杆扶手则默认为“栏杆扶手”，新建靠墙扶手则默认为“靠墙扶手”。

4）扶手截面形状：可选项为“矩形”“圆形”与“异形”。设置为“矩形”时，需输入扶手截面宽度与高度；设置为“圆形”时，需输入截面半径；设置为“异形”时，可单击“扶手截面”属性值框中“▼”按钮，在“异形截面编辑器”中进行绘制与编辑。

5）扶手截面宽度：扶手截面为矩形时的截面宽度。

6）扶手截面高度：扶手截面为矩形时的截面高度。

7）栏杆截面形状：可选项为“矩形”“圆形”与“异形”。设置为“矩形”时，需输入栏杆截面宽度与高度；设置为“圆形”时，需输入截面半径；设置为“异形”时，可单击“栏杆剖面”属性值框中“▼”按钮，在“异形截面编辑器”中进行编辑。

8）栏杆截面宽度：设置栏杆截面宽度。

9）栏杆截面高度：设置栏杆截面高度。

10）高度：从栏杆底部到扶手顶部的高度，当扶手截面不规则时，顶部指中线位置的高度。

11）间距：设置栏杆立杆的间距。

(2）护栏的做法和绘制　各种护栏的做法可参照楼梯栏杆的定义方法进行定义。护栏的绘制方法请参阅其他线形构件，智能布置时其参考图元可以是现浇板、预制板、窗、门连窗、墙洞、带形窗、带形洞、梯段、台阶、螺旋板、墙、压顶和栏板。

思 考 题

1. 参数化楼梯中梯梁和休息平台板的搁置长度有什么作用？
2. 顶层楼梯栏杆的做法定义与其他层有何不同？
3. 楼梯栏杆的材料与所套定额的材料不同，在计价时应该如何处理？
4. 如果楼梯为块料面层，其做法应该如何定义？
5. 如果楼梯设有靠墙扶手，其做法如何定义？
6. 本工程中楼梯栏杆预埋件如何计算？
7. 如果两个楼梯的空间参数且上下方向均相同，在已经绘制好一个楼梯的情况下采用什么方法绘制另一个楼梯更方便？如果空间参数相同但上下方向相反采用什么方法绘制更方便？
8. 栏杆扶手的油漆工程量的计量单位如何确定？
9. 如何使用表格法计算栏杆油漆的工程量？
10. 智能布置栏杆扶手的参考图元有哪些？
11. 如何布置螺旋楼梯的双侧栏杆？
12. 如何布置飘窗的护窗栏杆？

第 10 章

装修、保温、屋面和零星构件的建模与算量

学习目标

了解装修工程的种类和主要工作内容，了解保温层的种类与施工做法，了解屋面工程的种类和施工做法；熟悉装修、保温和屋面构件的基本属性，熟悉装修、保温和屋面构件的定义和绘制方法；掌握装修构件的做法定义方法，掌握装修构件的绘制方法与技巧。

■ 10.1 装修、保温与屋面工程概述

10.1.1 装修工程的种类

装修工程是用建筑材料及其制品或用雕塑、绘画等装饰性艺术品，对建筑物室内外进行装潢和修饰的工作总称。装饰工程包括室内外抹灰工程、饰面安装工程和玻璃、油漆、粉刷、裱糊工程三大部分。具体分为楼地面、抹灰、门窗（请参阅门窗工程相关内容）、吊顶、轻质隔墙、饰面板（砖）、幕墙（请参阅墙相关内容）、涂饰、裱糊与软包、细部等子分部，各个子分部再划分为以下分项工程。

1. 楼地面

楼地面是楼面与地面工程的总称，地面（楼面）通常由面层和基层两部分构成。面层又分为整体面层、块料面层、木竹面层和卷材面层。有时面层与基层之间还需要设置防水层。楼地面分为整体面层、块料面层、木竹面层、卷材面层和基层。

整体面层包括水泥混凝土面层、水泥砂浆面层、水磨石面层、防油渗面层、水泥钢（铁）屑面层、不发火（防爆）面层。

块料面层包括砖（陶瓷锦砖、缸砖、陶瓷地砖和水泥花砖）面层、大理石面层和花岗岩面层、预制板块（预制水泥混凝土、水磨石板块）面层、料石（条石、块石）面层、塑料板面层、活动地板面层和地毯面层。

2. 抹灰

抹灰在建筑中指采用石灰砂浆、混合砂浆、聚合物水砂浆、麻刀灰、纸筋灰和保温砂浆颗粒等对建筑物的面层抹灰和石膏浆罩面工艺。建筑抹灰包括：一般抹灰、装饰抹灰、清水砌体勾缝和保温抗酸耐碱处理。

二维码 10-1
木竹面层、卷材面层与基层

3. 吊顶

吊顶是指房屋居住环境顶部装修的一种装饰，即天花板的装饰，是室内

装饰的重要部分之一。吊顶具有保温、隔热、隔声、吸声的作用，也是电气、通风空调、通信和防火、报警管线设备等工程的隐蔽层。

4. 饰面板（砖）

饰面砖按使用部位分主要有外墙砖、内墙砖和特殊部位的艺术造型砖三种。按烧制的材料及其工艺分，主要有陶瓷锦砖（马赛克）、陶质地砖、红缸砖、石塑防滑地砖、瓷质地砖、抛光砖、釉面砖、玻化砖和钒钛黑瓷板地砖等。

5. 涂饰

涂饰分为水性涂料涂饰，溶剂型涂料涂饰和美术涂饰三种。

二维码 10-2　抹灰的种类

二维码 10-3　吊顶的种类

二维码 10-4　涂料的种类

6. 裱糊与软包

裱糊是在建筑物内墙和顶棚表面粘贴纸张、塑料壁纸、玻璃纤维墙布、锦缎等制品的施工过程。软包是一种在室内墙面用柔性材料加以包装的墙面装饰方法。

二维码 10-5
软包的种类

软包所使用的材料质地柔软，色彩柔和，除能够柔化整体空间氛围外，还具有阻燃、吸声、隔声、防潮、防霉、抗菌、防水、防油、防尘、防污、防静电和防撞的功能。软包种类可划分为常规传统软包、型条软包和皮雕软包三大类。

7. 细部

细部是指建筑装饰装修工程中局部采用的部件或饰物。主要包括橱柜制作与安装，窗帘盒、窗台板和暖气罩制作与安装，门窗套制作与安装，护栏和扶手制作与安装，花饰制作与安装。窗帘盒、窗台板和门窗套等细部装修内容请读者参阅门窗相关内容，护栏和扶手请读者参阅楼梯相关内容。

二维码 10-6
橱柜、暖气
罩和花饰

10.1.2　保温工程概述

外墙保温是由聚合物砂浆、玻璃纤维网格布、阻燃型模塑聚苯乙烯泡沫板（EPS）或挤塑板（XPS）等材料复合而成，现场粘结施工。依据《建筑工程施工质量验收统一标准》（GB 50300—2013），外墙保温属于“建筑节能分部”中的“围护系统节能子分部”。该子分部包括墙体节能、幕墙节能、门窗节能、屋面节能、地面节能等分项工程。外墙保温技术按保温层所在的位置分为外墙内保温、外墙夹心保温和外墙外保温三大类。

1. 外墙内保温

外墙内保温是在外墙结构的内部加做保温层，目前常用的内保温做法主要有以下三种：内贴预制保温板、内贴增强粉刷石膏聚苯板和内抹胶粉聚苯颗粒保温浆料。

二维码 10-7
外墙内保
温的种类

2. 外墙夹心保温

外墙夹心保温技术是将保温材料置于同一外墙的内、外侧墙片之间，内、外侧墙片均可采用传统的黏土砖、混凝土空心砌块等。

3. 外墙外保温

外墙外保温技术是将保温层安装在外墙外表面，由保温层、保护层和固定材料构成。外保温是目前大力推广的一种建筑保温节能技术系统，称为外墙外保温工程。外墙外保温工程是将外墙外保温系统通过组合、组装、施工或安装固定在外墙外表面上所形成的建筑物实体。目前常用的外墙保温系统包括 EPS 板薄抹灰外保温系统和胶粉 EPS 颗粒保温浆料外保温系统。

EPS 板薄抹灰外保温系统由 EPS 板保温层、薄抹面层和饰面涂层构成，EPS 板用胶黏剂固定在基层上，薄抹面层中铺满玻纤网。

胶粉 EPS 颗粒保温浆料外保温系统由界面层、胶粉 EPS 颗粒保温浆料保温层、抗裂砂浆薄抹面层和饰面层组成。胶粉 EPS 颗粒保温浆料经现场拌和后喷涂或抹在基层上形成保温层，薄抹面层中铺满玻纤网。

10.1.3　屋面工程概述

二维码 10-8 屋面的构造和发展方向

1. 屋面的构成

屋面工程是房屋建筑的分部工程之一，其主体涵盖屋面板及上面的所有构造层次，是综合反映屋面多功能作用的系统工程。屋面板上的构造层次一般包含屋面板、混凝土或水泥砂浆找平层、保温隔热层、隔汽层、通风防潮层、防水层、水泥砂浆保护层、排水系统、女儿墙及避雷措施等。采用坡屋面时还有瓦面和挂瓦条的施工。

2. 屋面的类型

屋面的类型很多，大体可以分为平屋面和坡屋面。各种形式的屋面，其主要区别在于屋面坡度的大小。

二维码 10-9 屋面的类型

3. 屋面防水类型

屋面防水的类型分为卷材防水屋面和刚性防水屋面。屋面防水工程一般包括屋面卷材防水、屋面涂膜防水、屋面刚性防水、瓦屋面防水和屋面接缝密封防水。

卷材防水屋面也称柔性防水屋面。其主要构造层次是承重层、隔汽层、保温层、找平层、防水层和保护层。

刚性防水屋面就是在钢筋混凝土结构层上采用细石混凝土、防水水泥砂浆等刚性防水层。为了防止裂缝，刚性防水层应该设置分格缝，缝的间距为 3~5m，缝内可填嵌缝膏，也可贴缝或盖缝。

10.1.4　零星构件

本节主要介绍建筑面积、散水、台阶和坡道四类构件。

1. 建筑面积

建筑面积是指建筑物外墙勒脚以上的结构外围水平面积，应按《建筑面积计算规范》（GB/T 50353—2013）的规定进行计算，其中要特别注意的是建筑物的外墙外保温层，应按其保温材料的水平截面积计算，并计入自然层建筑面积。建筑面积是以平方米反映房屋建筑建设规模的实物量指标，是建设工程领域一个重要的技术经济指标，也是国家宏观调控的重要指标之一。

2. 散水

散水是与外墙勒脚垂直交接向外倾斜的室外地面部分，用于排除雨水、保护墙基免受雨水侵蚀，是保护房屋基础的有效措施之一。

二维码 10-10 散水

3. 台阶

台阶是建筑中连接室内错层楼（地）面或室内与室外地坪的过渡设施。一般是指用砖、石、混凝土等筑成的一级一级供人上下的建筑物，多设在大门前或坡道上。需要计算的工程量包括台阶垫层、台阶面层和台阶体积。

4. 坡道

坡道是连接高差地面或者楼面的斜向交通通道以及门口的垂直交通和竖向疏散措施。与建筑物相关的坡道包括通往地下室的斜道和轮椅坡道。通往地下室的斜道，部分采用非台阶的形式供住户推电动车、摩托车、自行车进入地下室；轮椅坡道是指坡度宽度以及地面、扶手、高度等方面符合乘轮椅者通行的坡道，一般设在单元门边专供残疾人轮椅车辆使用。

二维码 10-11 台阶

10.1.5 软件功能介绍

软件将装修分为室内与室外两个部分，装修构件包括“楼地面”“踢脚”“墙面”“室内外墙裙”“天棚”“吊顶”“独立柱装修”和“单梁装修”。为了满足方便绘图和提取工程量的要求，软件提供了“房间”构件，可以将室内某个房间的六个面的装饰集成到一个构件（房间）内。软件还在“其他”构件提供了“保温层”“屋面”“建筑面积”“散水”和“台阶”等构件。

本节仅介绍各个构件的属性定义和绘制方法，其做法定义将结合具体案例进行介绍。

1. 楼地面

楼地面装修是指敷设在楼地板、阳台板、飘窗顶底板等构件上面的装修部分，它既可以作为房间的一个组成部分，也可以单独使用。

（1）属性定义　楼地面构件既可以用来定义楼面，也可以用来定义地面；既适用于整体地面，也适用于块料地面。有些楼地面需要计算地面防水面积，而有些楼地面不需计算防水面积，因此楼地面构件的属性中给出了“是否计算防水面积”的选项，以满足不同计算要求。楼地面的属性如图 10-1 所示，其独有属性的意义如下：

属性列表　图层管理

	属性名称	属性值	附加
1	名称	DM-1	
2	块料厚度(mm)	0	☐
3	是否计算防水面积	否	☐
4	顶标高(m)	层底标高	☐
5	备注		☐
6	⊟ 土建业务属性		
7	计算设置	按默认计算设置	
8	计算规则	按默认计算规则	
9	⊞ 显示样式		

图 10-1　楼地面属性

1）名称：根据实际情况输入楼地面名称，如 DM-1。

2）块料厚度：根据实际情况输入楼地面块料的厚度，单位为 mm。

3）是否计算防水面积：选择“是”则计算水平防水面积，选择“否”则不计算防水面积。

4）顶标高：输入楼地面的顶标高，默认为“层底标高”。

（2）楼地面图元绘制　楼地面图元可以采用点式画法、线式画法或智能布置等方式进行绘制。绘制完成后还可以设置或修改防水层的卷边高度，需要注意的是只有属性“是否计算防水面积”选择“是”时，其设置的结果才会起作用。设置防水卷边的操作请读者按照软件状态栏的提示自行体验。楼地面智能布置时的参考图元为现浇板或房间。

2. 踢脚

踢脚用于处理室内高度约 150mm 的墙面根部。踢脚的属性如图 10-2 所示。其中块料厚度影响踢脚块料面积的计算，应根据实际情况输入，默认为 0。其他属性的意义与楼地面相同。

踢脚可以采用点式画法、直线式画法和智能布置方式进行绘制，采用智能布置时其参考图元只能是房间。

3. 墙裙

（1）墙裙的属性　墙裙用于处理室内外墙面下部，根据采用的材质不同可区分为块料墙裙和抹灰墙裙。墙裙装修如果敷贴在虚墙上时，不会计算工程量。墙裙起点、终点底标高默认为“墙底标高”，如果墙裙构件绘制在栏板上，则取栏板的底标高值。软件中的墙裙分为内墙裙和外墙裙。其属性如图 10-3 所示。标出部分属性的意义如下，其他属性同楼地面。

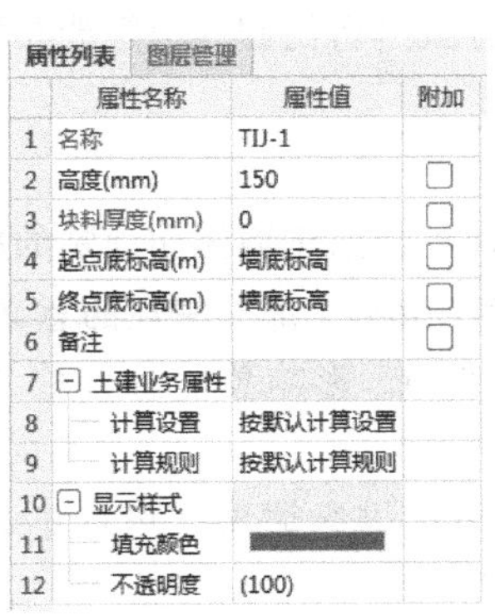

属性列表　图层管理

	属性名称	属性值	附加
1	名称	TIJ-1	
2	高度(mm)	150	☐
3	块料厚度(mm)	0	☐
4	起点底标高(m)	墙底标高	☐
5	终点底标高(m)	墙底标高	☐
6	备注		☐
7	⊟ 土建业务属性		
8	计算设置	按默认计算设置	
9	计算规则	按默认计算规则	
10	⊟ 显示样式		
11	填充颜色		
12	不透明度	(100)	

图 10-2　踢脚的属性

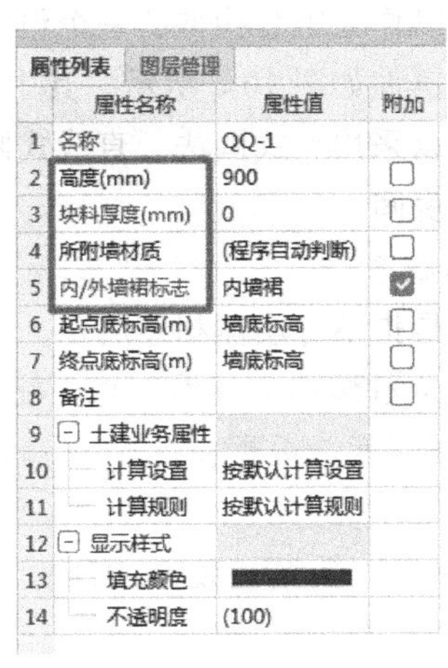

属性列表　图层管理

	属性名称	属性值	附加
1	名称	QQ-1	
2	高度(mm)	900	☐
3	块料厚度(mm)	0	☐
4	所附墙材质	(程序自动判断)	☐
5	内/外墙裙标志	内墙裙	☑
6	起点底标高(m)	墙底标高	☐
7	终点底标高(m)	墙底标高	☐
8	备注		☐
9	⊟ 土建业务属性		
10	计算设置	按默认计算设置	
11	计算规则	按默认计算规则	
12	⊟ 显示样式		
13	填充颜色		
14	不透明度	(100)	

图 10-3　墙裙的属性

1）高度：墙裙高度包括踢脚的高度。

2）块料厚度：根据实际情况输入块料厚度，默认为 0，影响块料面积的计算。

3）所附墙材质：默认为空，绘制到墙上后会自动根据所依附的墙材质而自动变化，不需手工调整。

4）内/外墙裙标志：内外墙裙的计算规则不同，用来识别内外墙裙图元的标志。

（2）墙裙的绘制　墙裙可以采用点式画法、直线式画法或智能布置方式进行绘制，智能布置时其参考图元可以是“房间”或“墙材质”。

4. 墙面

软件中墙面装修是指敷贴在墙、栏板等构件上的装修；墙面装修如果敷贴在虚墙上时，不会计算工程量。墙面起点、终点顶/底标高默认为墙顶/底标高，如果墙面构件绘制在栏板上，则取栏板的顶底标高值。

墙面分为内墙面和外墙面，其属性如图 10-4 所示。各属性的意义同墙裙。

墙面可以采用点式画法、直线式画法或智能布置功能进行绘制，智能布置时的参考图元可以是墙材质、房间或外墙外连线。

属性列表　图层管理

	属性名称	属性值	附加
1	名称	QM-1	
2	块料厚度(mm)	0	☐
3	所附墙材质	(程序自动判断)	☐
4	内/外墙面标志	内墙面	☑
5	起点顶标高(m)	墙顶标高	☐
6	终点顶标高(m)	墙顶标高	☐
7	起点底标高(m)	墙底标高	☐
8	终点底标高(m)	墙底标高	☐
9	备注		☐
10	⊟ 土建业务属性		
11	计算设置	按默认计算设置	
12	计算规则	按默认计算规则	
13	⊟ 显示样式		
14	填充颜色		
15	不透明度	(100)	

图 10-4　墙面的属性

5. 天棚

天棚用于处理在楼板底面直接喷浆、抹灰或铺放装饰材料的装修。可以作为组合构件的一个组成部分，也可以单独使用。天棚必须绘制在板上。

天棚的属性如图 10-5 所示。它的布置高度总是与板底标高一致。

天棚可以采用点式画法、直线式画法、智能布置等方式进行绘制，智能布置时的参考图元可以是房间、现浇板或空心楼盖板。

6. 吊顶

吊顶用于处理在楼板中埋好金属杆、龙骨或其他挂件，然后将各种板材吊挂在其上的一种装修。可以作为组合构件的一个组成部分，也可以单独使用。

吊顶的属性如图 10-6 所示。其中离地高度是指地面至吊顶底的高度。

吊顶可以采用点式画法、直线式画法或智能布置的方式进行绘制，但智能布置时的参考图元只能是房间。

7. 独立柱装修

独立柱是指不与墙体相连的柱，独立柱装修用于处理不依附于墙体而铺贴的柱面装饰。

（1）独立柱装修的属性　独立柱装修的属性如图 10-7 所示。部分属性的意义如下：

1）块料厚度：根据实际情况输入块料厚度，默认为 0，影响独立柱装修块料面积的计算。

2）顶标高：独立柱装修的顶标高，可以根据实际情况进行调整，可以不与柱顶标高相同。

3）底标高：独立柱装修的底标高，可以根据实际情况进行调整，可以不与柱底标高相同。

属性列表　图层管理

	属性名称	属性值	附加
1	名称	TP-1	
2	备注		☐
3	⊟ 土建业务属性		
4	计算设置	按默认计算设置	
5	计算规则	按默认计算规则	
6	⊟ 显示样式		
7	填充颜色		
8	不透明度	(100)	

图 10-5　天棚的属性

属性列表　图层管理

	属性名称	属性值	附加
1	名称	DD-1	
2	离地高度(mm)	2700	☐
3	备注		☐
4	⊞ 土建业务属性		
7	⊞ 显示样式		

图 10-6　吊顶的属性

属性列表　图层管理

	属性名称	属性值	附加
1	名称	DLZZX-1	
2	块料厚度(mm)	0	☐
3	顶标高(m)	柱顶标高	☐
4	底标高(m)	柱底标高	☐
5	备注		☐
6	⊞ 土建业务属性		
9	⊞ 显示样式		

图 10-7　独立柱装修的属性

（2）独立柱装修的绘制　独立柱装修可以采用点式画法和智能布置进行绘制，但智能布置时的参考图元只能是柱。

8. 单梁装修

所谓单梁是指周边无楼板、上下均无墙的梁，这些梁的四个表面均需计算装修工程量，此时可以采用“单梁装修”构件计算这部分梁的装修工程量。如屋面的花架梁、室内的单梁、有些地区的阳台挑梁等。

单梁装修的构件属性如图10-8所示，其中块料厚度影响单梁装修块料面积的计算，应根据实际情况输入，默认为0。单梁装修可以采用点式画法或智能布置进行绘制，但智能布置时的参考图元只能是梁。

9. 房间

(1) 房间的属性　房间的定义与其他装修构件的定义稍有不同，单击“新建房间”之后，在“构件列表”的右侧会弹出房间构件可以添加的“构件类型”，其界面如图10-9所示。在“构件类型”右侧会弹出两个页签“依附构件类型”和“构件做法”，如图10-10所示。

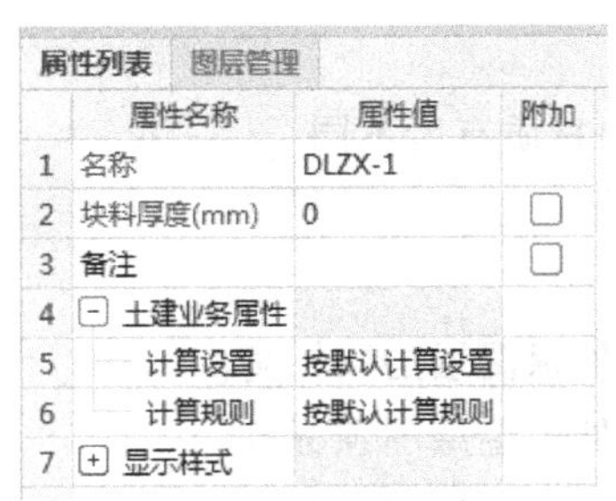

图10-8　单梁装修的构件属性

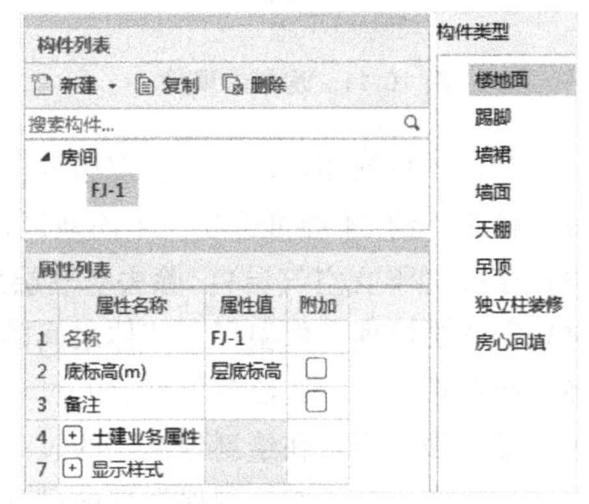

图10-9　新建房间界面

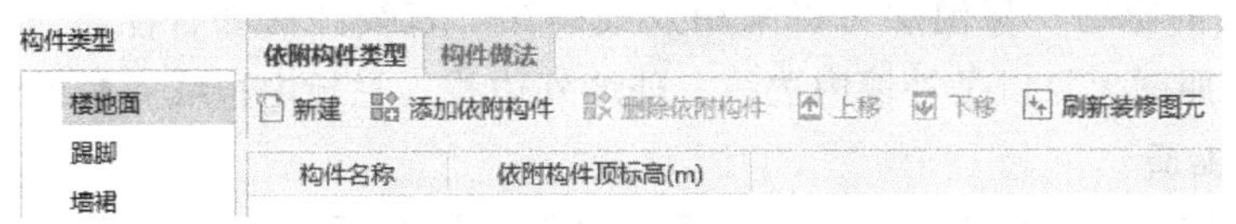

图10-10　添加依附构件界面

“依附构件类型”页签下包括六个工具按钮，分别是“新建”“添加依附构件”“删除依附构件”“上移”“下移”和“刷新装修图元”。

一般情况下，在定义房间构件之前，首先要完成所有房间依附构件的定义，如果定义房间时尚未定义依附构件，则可以通过“新建”按钮进行新建。可以单击“添加依附构件”按钮添加选定“构件类型”中的对应构件到房间；某种构件类型下添加了依附构件后，“删除依附构件”按钮变为可用，可以删除添加错误的依附构件；“刷新装修图元”一般是房间中的装修出现变更或绘制错误时使用的，这个功能是刷新当前楼层、当前房间所勾选的装修构件，不能一次刷新所有楼层和所有房间的装修构件。

房间的属性如图10-11所示。其中“底标高”应根据工程实际修改，例如夹层的情况，装修不一致时，可以修改“底标高”绘制两个房间。

(2) 房间的绘制　房间可以采用点式画法和智能布置方式进行绘制，但智能布置时只能采用“拉框布置”方式。布置完成后，如果发现依附构件有错误，则可以通过“刷新装修图元”进行房间装修的更改。

10. 保温层

（1）保温层的属性　保温层的属性如图 10-12 所示。各属性的含义如下：

属性列表　图层管理

	属性名称	属性值	附加
1	名称	FJ-1	
2	底标高(m)	层底标高	☐
3	备注		☐
4	⊟ 土建业务属性		
5	计算设置	按默认计算设置	
6	计算规则	按默认计算规则	
7	⊟ 显示样式		
8	填充颜色		
9	不透明度	(100)	

图 10-11　房间的属性

属性列表　图层管理

	属性名称	属性值	附加
1	名称	BWC-1	
2	材质	苯板	☐
3	厚度(不含空气层)(mm)	50	☐
4	空气层厚度(mm)	10	☐
5	起点顶标高(m)	墙顶标高	☐
6	终点顶标高(m)	墙顶标高	☐
7	起点底标高(m)	墙底标高	☐
8	终点底标高(m)	墙底标高	☐
9	备注		☐
10	⊟ 土建业务属性		
11	计算设置	按默认计算设置	
12	计算规则	按默认计算规则	
13	⊞ 显示样式		

图 10-12　保温层的属性

1）名称：根据图纸输入保温层名称，如 BWC-1。

2）材质：约 14 种可选项，不同地区计算规则对应的材质有所不同。

3）厚度（不含空气层）：除去空气层后保温层的厚度。

4）空气层厚度：保温层与墙体之间的厚度。

5）起点顶标高：在绘制保温层的过程中，光标起点处保温层的顶标高。

6）终点顶标高：在绘制保温层的过程中，光标终点处保温层的顶标高。

7）起点底标高：在绘制保温层的过程中，光标起点处保温层的底标高。

8）终点底标高：在绘制保温层的过程中，光标终点处保温层的底标高。

（2）保温层的绘制　保温层可以采用点式画法、直线画法和智能布置方法进行布置，智能布置时的参照图元可以是外墙内边线、外墙外边线、栏板内边线和栏板外边线。

11. 自定义贴面

“自定义贴面”构件类型，有效解决零星构件装修难题，理论上可以任意选面布置装修、编辑截面快速布置，规则扣减、精准出量，但此软件版本只能布置在柱和挑檐图元上。

（1）自定义贴面的属性　自定义贴面的属性如图 10-13a 所示，其做法类型包括“防水”“防水+保温”“防水+保温+装饰”“防水+装饰”“保温”“保温+装饰”和“装饰”，

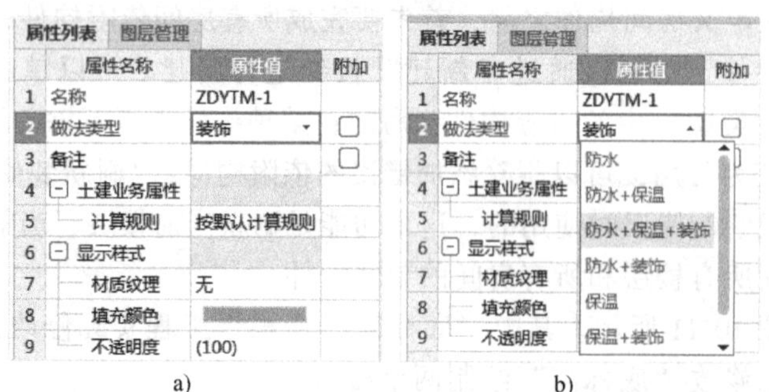

属性列表　图层管理

	属性名称	属性值	附加
1	名称	ZDYTM-1	
2	做法类型	装饰	☐
3	备注		☐
4	⊟ 土建业务属性		
5	计算规则	按默认计算规则	
6	⊟ 显示样式		
7	材质纹理	无	
8	填充颜色		
9	不透明度	(100)	

a)

属性列表　图层管理

	属性名称	属性值	附加
1	名称	ZDYTM-1	
2	做法类型	装饰	☐
3	备注	防水	
4	⊟ 土建业务属性	防水+保温	
5	计算规则	防水+保温+装饰	
6	⊟ 显示样式	防水+装饰	
7	材质纹理	保温	
8	填充颜色	保温+装饰	
9	不透明度		

b)

图 10-13　自定义贴面的属性

可从“做法类型”属性值的下拉列表框（图 10-13b）中选择输入。

（2）自定义贴面的绘制　自定义贴面的绘制可以采用点式画法和智能布置法，智能布置时的参照图元为挑檐或柱。实际操作中，若需要布置所有边时建议使用智能布置法，若只布置其中几个边时建议使用点式画法。下面以布置柱构件贴面为例介绍智能布置的操作步骤。

1）首先在构件导航栏中切换到“自定义”→“自定义贴面”。

2）在构件列表中选择要绘制的自定义贴面构件，如 ZDYTM-1。

3）单击“建模”→“自定义贴面二次编辑”→“智能布置”，弹出“布置贴面”对话框，如图 10-14 所示。

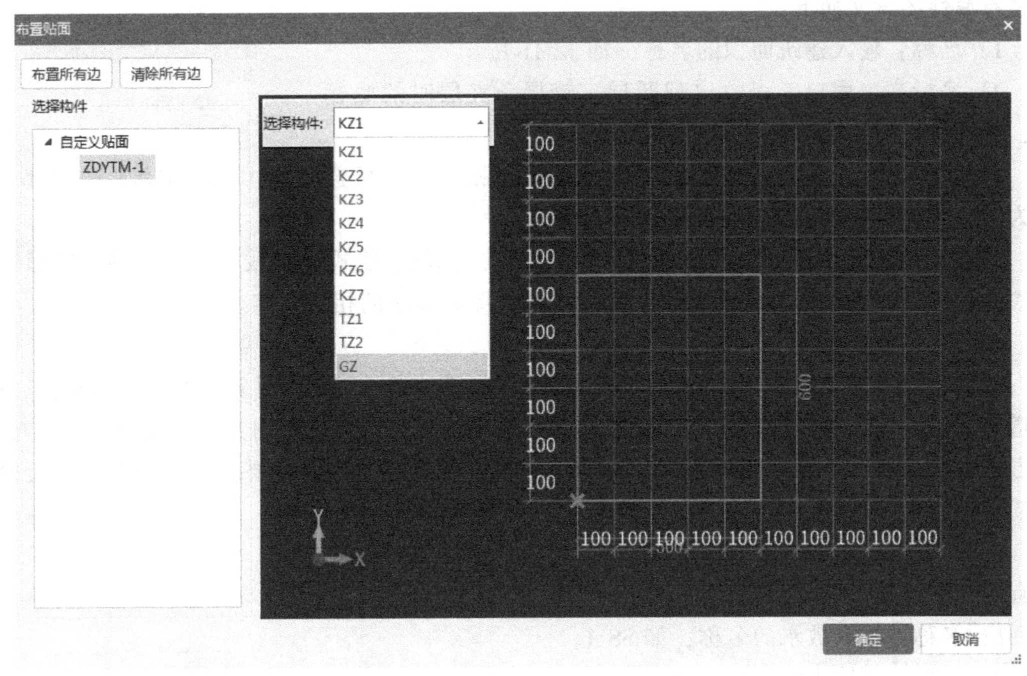

图 10-14　“布置贴面”对话框

4）单击“选择构件”列表框中的“▲”按钮，弹出可供布置贴面的柱图元，选择需要布置贴面的柱，如“KZ1”。

5）单击对话框左上角的“布置所有边”按钮，柱子的四条边线均变为蓝色，再单击“确定”按钮，图中所有 KZ1 图元均布置了贴面。

12. *屋面*

（1）屋面的属性　屋面的属性如图 10-15 所示。名称可根据图纸输入屋面名称，如 WM-1；底标高默认为顶板顶标高，可以根据实际情况进行调整。

（2）屋面的绘制　屋面可以采用点式画法、线式画法或智能布置方式绘制，智能布置时的参照图元可以是外墙内边线、栏板内边线、现浇板和外墙轴线。

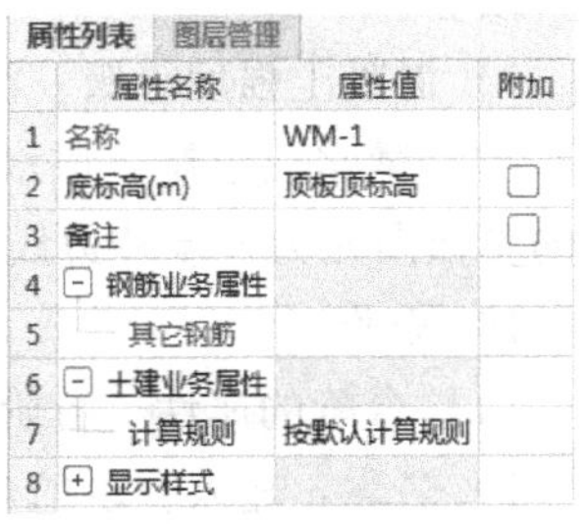

属性列表　图层管理

	属性名称	属性值	附加
1	名称	WM-1	
2	底标高(m)	顶板顶标高	☐
3	备注		☐
4	⊟ 钢筋业务属性		
5	其它钢筋		
6	⊟ 土建业务属性		
7	计算规则	按默认计算规则	
8	⊞ 显示样式		

图 10-15　屋面的属性

绘制完成后还可以进行“自适应斜板”“设置防水卷边”

“查改防水卷边”“生成屋脊线”“设置屋脊线”和“删除屋脊线”等二次编辑。下面介绍“自适应斜板”功能，其他二次编辑功能请读者自行体验。

在定义坡屋面，使其与所在斜板坡度保持一致的快速处理方法，就是使用“自适应斜板”功能。如果所选屋面图元位于多块斜板上，则软件首先按照斜板顶的分割线自动分割屋面，然后再根据斜板的坡度自动调整屋面图元坡度与斜板一致；如果所选屋面既覆盖了斜板又覆盖了平板时，软件自动判断，斜板部分以斜板间的分割线分隔屋面，然后根据斜板坡度自动调整屋面坡度与斜板一致，平板部分以斜板和平板间的分隔线分割屋面。

13. 建筑面积

(1) 建筑面积的属性　建筑面积的属性如图 10-16 所示。其独有属性的含义如下：

1) 名称：输入建筑面积的名称，如 JZMJ-1。

2) 底标高：用户工程中出现跃层、错层、夹层时的底标高，不同平面需要计算各自的建筑面积。

3) 建筑面积计算方式：可按实际的计算规则选择，可选项为“计算全部”“计算一半”或“不计算”。

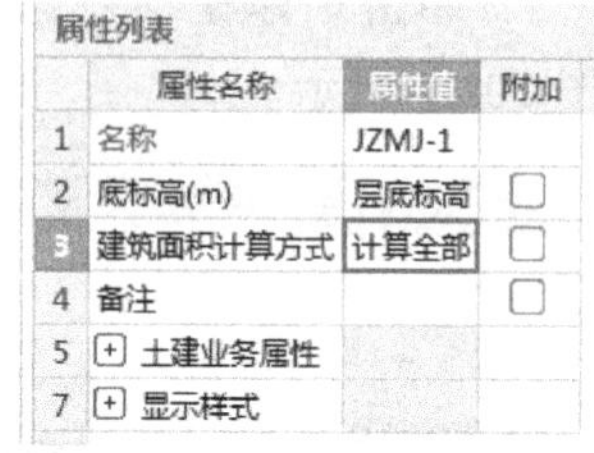
属性列表

	属性名称	属性值	附加
1	名称	JZMJ-1	
2	底标高(m)	层底标高	☐
3	建筑面积计算方式	计算全部	☐
4	备注		☐
5	+ 土建业务属性		
7	+ 显示样式		

图 10-16　建筑面积的属性

(2) 建筑面积的绘制　建筑面积可以采用点式画法、线式（直线、弧线、圆、矩形等）画法绘制，绘制方法请读者参阅点式和线式构件图元画法的相关内容。

14. 散水、坡道

软件中只提供了散水构件未提供坡道构件，由于坡道的工程量计算规则与散水相同，故坡道构件可以用散水构件来代替。下面只介绍散水构件的属性和绘制方法，坡道的定义与绘制方法与散水相同，但采用智能布置法绘制散水后，再绘制坡道需要对散水进行特殊处理，请读者参阅本章拓展延伸坡道部分。

(1) 散水的属性　散水的属性如图 10-17 所示，其独有属性的含义如下：

1) 名称：输入散水的名称，如 SS-1。

2) 厚度：可输入散水的厚度。

3) 材质：可选项为“现浇混凝土”“预拌混凝土(泵送型)”“预拌混凝土（非泵送型）”与“砖”。不同地区计算规则对应的材质有所不同。

4) 混凝土类型：当前构件的混凝土类型，可以根据实际情况进行调整。默认取值与楼层设置的混凝土类型一致。

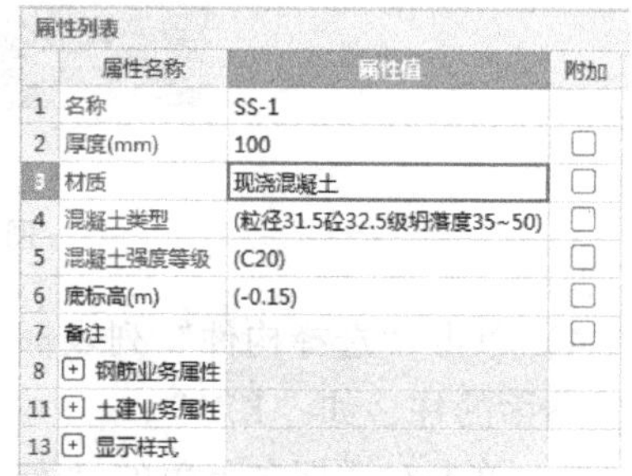
属性列表

	属性名称	属性值	附加
1	名称	SS-1	
2	厚度(mm)	100	☐
3	材质	现浇混凝土	☐
4	混凝土类型	(粒径31.5砼32.5级坍落度35~50)	☐
5	混凝土强度等级	(C20)	☐
6	底标高(m)	(-0.15)	☐
7	备注		☐
8	+ 钢筋业务属性		
11	+ 土建业务属性		
13	+ 显示样式		

图 10-17　散水的属性

5) 混凝土强度等级：混凝土抗压强度；默认取值与楼层设置的混凝土强度等级一致。

(2) 散水的绘制　散水可以采用点式画法、线式画法或智能布置方式绘制，智能布置时的参照图元为外墙外边线。此时外墙外边线必须封闭，否则无法绘制完成。

15. 台阶

(1) 台阶的属性　台阶的属性如图 10-18 所示，其独有的属性含义如下：

1) 名称：输入台阶的名称，如 TAIJ-1。

2) 台阶高度：输入台阶的总高度。

3）踏步高度：为只读属性，踏步高度=踏步总高度/踏步个数。

4）混凝土类型：当前构件的混凝土类型，可以根据实际情况进行调整。默认取值与楼层设置的混凝土类型一致。

5）混凝土强度等级：输入混凝土抗压强度；默认取值与楼层设置的混凝土强度等级一致。

6）顶标高：输入台阶的顶标高，单位为m。

（2）台阶的绘制　台阶可以采用点式画法、线式（直线、弧线、圆、矩形等）画法绘制，还可以通过“台阶二次编辑”进行台阶边的设置。

属性列表

	属性名称	属性值	附加
1	名称	TAIJ-1	
2	台阶高度(mm)	150	☐
3	踏步高度(mm)	150	☐
4	混凝土强度等级	(C20)	☐
5	顶标高(m)	层底标高	☐
6	备注		☐
7	⊞ 钢筋业务属性		
10	⊞ 土建业务属性		
12	⊞ 显示样式		

图 10-18　台阶的属性

■ 10.2　首层装修的绘制

10.2.1　任务说明

本节的任务有以下几项：

1）定义首层室内外装修构件、保温层及其做法。

2）定义首层的各功能房间并添加依附构件。

3）绘制并编辑首层各功能房间。

4）绘制首层的散水和坡道。

5）计算首层装修工程量。

10.2.2　任务分析

通过识读各层建筑平面图可知，本工程除楼地面、踢脚、墙面、天棚外，还有独立柱，可以将其全部纳入所属房间。首层的房间可以归纳为生产车间、楼梯间、报警阀室、高压配电间、低压配电间、卫生间、货梯厅和电梯井道。

通过分析JS01可以看到，有些部位缺少面层，结合图纸设计说明将室内外各部位的做法进行统一，见表10-1。

表 10-1　工程做法表

编号/名称	做　法	备注
地 1/ 细石混凝土地面	1. 50mm 厚 C20 细石混凝土,表面撒 1∶1 水泥砂浆随捣随抹光,内配双向Φ 6@ 100 钢筋网片 2. 100mm 厚 C20 混凝土垫层 3. 450mm 厚碎石垫层 4. 素土夯实	除卫生间以外的所有地面
地 2/ 地砖地面 （带防水层）	1. 10mm 厚 300mm×300mm 防滑地砖,白色水泥膏擦缝 2. 撒素水泥面(洒适量清水) 3. 20mm 厚 1∶1 干硬性水泥砂浆粘贴 4. 1.5mm 厚 JS 水泥基防水涂料,沿墙面上翻 300mm,门口位置应向外铺出 500mm 宽,向门洞两侧共延伸 250mm 5. 50mm 厚 C20 细石混凝土,表面撒 1∶1 水泥砂浆随捣随抹光,内配双向Φ 6@ 100 钢筋网片	卫生间地面

（续）

编号/名称	做　　法	备注
地 2/ 地砖地面 （带防水层）	6. 100mm 厚 C20 混凝土垫层 7. 360mm 厚碎石垫层 8. 素土夯实	卫生间地面
楼 1/ 细石混凝土楼面	50mm 厚 C20 细石混凝土，表面撒 1：1 水泥砂浆随捣随抹光	除卫生间以外的所有楼面
楼 2/ 地砖楼面 （带防水层）	1. 5mm 厚 300mm×300mm 防滑地砖，白色水泥膏擦缝 2. 撒素水泥面（洒适量清水） 3. 20mm 厚 1：1 干硬性水泥砂浆粘贴 4. C20 细石混凝土找坡 1%，坡向地漏，最薄处 25mm 5. 1.5mm 厚 JS 水泥基防水涂料沿墙面上翻 300mm，门口位置应向外铺出 500mm 宽，向门洞两侧共延伸 250mm 6. 钢筋混凝土板面清理干净	卫生间楼面
踢脚 1/ 150 高水泥踢脚	1. 8mm 厚 1：2.5 水泥砂浆压实抹光 2. 12mm 厚 1：3 水泥砂浆打底扫毛	所有房间
内墙 1/ 乳胶漆墙面	1. 刷（喷）白色内墙乳胶漆 2. 6mm 厚 1：0.3：3 水泥石灰膏砂浆抹面 3. 12mm 厚 1：1：6 水泥石灰膏砂浆打底 4. 墙体与混凝土交界处挂 300mm 宽Φ 0.7@ 10×10 镀锌钢丝网，每边搭 150mm，顶层砌体满挂 5. 墙体表面清理干净	除卫生间墙面以外的所有内墙面及与墙相连的柱面、梁面
内墙 2/ 瓷砖墙面	1. 5mm 厚内墙面砖 2. 6mm 厚 1：1 水泥砂浆结合层 3. 1.2mm 厚 JS 水泥基防水涂料 4. 12mm 厚 1：3 水泥砂浆打底 5. 墙体与混凝土交界处挂 300mm 宽Φ 0.7@ 10×10 镀锌钢丝网，每边搭 150mm，顶层砌体满挂 6. 墙体表面清理干净	卫生间墙面 1.8m 以下部分
内墙 3/ 乳胶漆墙面	1. 1.2mm 厚 JS 水泥基防水涂料 2. 6mm 厚 1：2.5 水泥砂浆粉面 3. 12mm 厚 1：3 水泥砂浆打底 4. 墙体与混凝土交界处挂 300mm 宽Φ 0.7@ 10×10 镀锌钢丝网，每边搭 150mm，顶层砌体满挂 5. 墙体表面清理干净	卫生间墙面 1.8m 以上部分
管道井内壁	12mm 厚 1：1：6 水泥砂浆找平（随砌随抹）	
雨篷	1. 板顶最薄处 20mm 厚 1：2.5 水泥砂浆（内掺 3%防水剂）找坡 1%，接墙处上翻 150mm 2. 钢筋混凝土雨篷板 3. 板底、顶、侧均刮两遍防水腻子，刷外墙真石漆	
平顶 1	1. 刷白色内墙乳胶漆 2. 6mm 厚 1：0.3：3 水泥石灰膏粉面 3. 6mm 厚 1：0.3：3 水泥石灰膏打底扫毛 4. 刷素水泥浆一道（内掺建筑胶） 5. 现浇混凝土楼板	除卫生间以外的所有天棚

（续）

编号/名称	做　　法	备注
平顶 2	1. 刷(喷)白色内墙乳胶漆(防霉) 2. 刷 1.0mm 厚 JS 水泥基防水涂料 3. 钢筋混凝土板表面清理打磨、修补找平	卫生间天棚
外墙 1/ 保温涂料外墙	1. 外墙面真石漆两遍 2. 中层漆一道,封固漆一道 3. 5mm 厚抗裂砂浆复合耐碱玻纤网格布一层 4. 55mm 厚 B1 级挤塑聚苯板保温层一道(加黏结剂和锚固钉) 5. 20mm 厚 1∶2.5 水泥砂浆(掺 0.5%防水剂)找平层 6. 每立方水泥砂浆中掺 0.9kg 聚丙烯抗裂纤维 7. 墙体与混凝土交界处挂 300mm 宽Φ 0.7@ 10×10 镀锌钢丝网(设置于水泥砂浆找平层中部),每边搭 150mm,顶层砌体满挂 8. 墙体表面清理干净	
外墙 2/ 非保温涂料墙面	1. 外墙面真石漆两遍 2. 中层漆一道,封固漆一道 3. 12mm 厚 1∶3 水泥砂浆打底 4. 8mm 厚 1∶2.5 水泥砂浆抹面 5. 墙体与混凝土交界处挂 300mm 宽Φ 0.7@ 10×10 镀锌钢丝网(设置于水泥砂浆找平层中部),每边搭 150mm。 6. 墙体表面清理干净	屋面女儿墙双侧、屋面独立柱、独立梁面
屋面 1/ Ⅰ级防水保温屋面	1. 50mm 厚 C30 细石混凝土原浆收光,内配Φ 4@ 100×100 双向焊接钢筋网,平面四周(沿墙和水沟边)设宽 10mm 的伸缩缝,缝内嵌改性沥青密封膏,平面内双向间距 4m 设宽 10mm 的伸缩缝,用切割机切深 15mm,缝内嵌改性沥青密封膏,缝表面热贴宽 200mm 厚 3mmSBS 聚酯胎沥青卷材 2. 0.4mm 厚塑料薄膜隔离层 3. 90mm 厚 B1 级挤塑聚苯板保温层 4. 3mm 厚 SBS 改性沥青防水卷材,上翻 300mm 高 5. 现浇钢筋混凝土屋面板,随浇随抹平压光	
室外台阶、坡道	1. 50mm 厚 C15 混凝土随捣随抹平 2. 100mm 厚 C20 混凝土垫层 3. 150mm 厚片石灌砂夯实垫层 4. 素土夯实(室外坡道与主体交接处设 20mm 宽伸缩缝,填沥青胶泥)	
室外散水 (宽 800mm)	1. 50mm 厚 C15 混凝土,撒 1∶1 水泥砂子压实赶光 2. 150mm 厚片石灌砂夯实垫层 3. 素土夯实向外坡 5%(沿长度方向每隔 6m 设宽 20mm 伸缩缝一道,散水与外墙间设通长缝,缝宽 10mm,缝内填沥青胶泥)	

10.2.3　任务实施

本节只完成首层装修构件及做法定义、图元绘制并计算工程量，其他层的室内外装修请读者自行完成。本工程未涉及细部装修构件，如果实际工程有细部装修构件，建议读者在表格输入中进行。

1. 室内装修构件的定义

（1）楼地面定义　楼地面的构件定义非常简单，下面以地 1 为例介绍楼地面的做法定义，以地 2 为例介绍防水楼地面的属性和做法定义。地面 1 和地面 2 中的Φ 6@ 100 双向钢筋网片不体现在做法中，而在“工程量”→“表格输入”→“钢筋表格构件”中单独计算。其他楼地面的定义请读者自行完成。

根据表 10-1 中地 1 的做法描述，该分项可以分为混凝土面层、混凝土垫层和碎石垫层三个清单项目，即该构件的做法将包括三项工程量清单，只要绘制一次“地 1”图元，即能同时计算出“地 1”的构件工程量和所有清单、定额做法工程量。

1）混凝土找平层做法定义。在“查询匹配清单”页签下，选择“按构件类型过滤”，双击第 3 项清单“细石混凝土楼地面”，如图 10-19 所示，将其添加到做法表中。

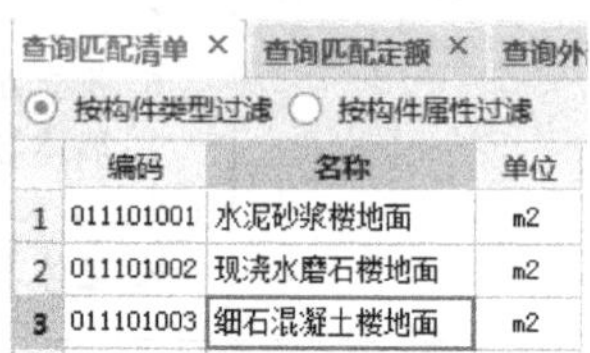

查询匹配清单 × | 查询匹配定额 × | 查询外

⦿ 按构件类型过滤 ○ 按构件属性过滤

	编码	名称	单位
1	011101001	水泥砂浆楼地面	m2
2	011101002	现浇水磨石楼地面	m2
3	011101003	细石混凝土楼地面	m2

图 10-19　混凝土面层的清单项目选择

单击“项目特征”页签，在弹出的“项目特征”对话框中，输入如图 10-20 所示的项目特征，软件默认显示清单工程量计算规范给出的前两项项目特征，为了方便对量，此处增加了第三项特征“部位”。如果不增加这一行，将“地 1”填写在第二行（如“地 1，50 厚，C30 非泵送商品混凝土”）或者添加到清单名称中（如“细石混凝土楼地面-地 1”）均可以，实际操作时可依个人习惯而定。

查询匹配清单 × | 查询匹配定额 × | 查询外部清单 × | 查询清单库 × | 查询定额库 × | 项目特征 × | 标准换算 ×

	特征	特征值	输出
1	找平层厚度、砂浆配合比		☐
2	面层厚度、混凝土强度等级	50厚，C30非泵送商品混凝土	☑
3	部位	地1	☑

图 10-20　混凝土面层的项目特征

根据清单项目特征的描述，在“查询匹配定额”页签下，在“按构件类型过滤”的选项下，双击第 4 项定额“找平层细石混凝土厚 40mm”，如图 10-21 所示，将其添加到做法表中。值得说明的是，当地定额中只有混凝土找平层而无混凝土面层，所以本例选择混凝土找平层的定额项目。

查询匹配清单 × | 查询匹配定额 × | 查询外部清单 × | 查询清单库 × | 查询定额库

⦿ 按构件类型过滤 ○ 按构件属性过滤

	编码	名称	单位	单价
1	13-15	找平层 水泥砂浆(厚20mm) 混凝土或硬基层上	10m2	130.67
2	13-16	找平层 水泥砂浆(厚20mm) 在填充材料上	10m2	163.84
3	13-17	找平层 水泥砂浆(厚20mm) 厚度每增(减)5mm	10m2	28.51
4	13-18	找平层 细石混凝土 厚40mm	10m2	206.95
5	13-19	找平层 细石混凝土 厚度每增(减)5mm	10m2	23.06

图 10-21　混凝土面层的定额选择

对照项目特征可以看出，本项定额只包括了 40mm 厚的找平层，而设计为 50mm 厚，需要通过软件提供的“换算”功能，可采用以下三种处理方式之一进行换算。

第一种处理方式：选择该项定额，单击“换算”工具下的“标准换算”工具，在“实际厚度”后的“换算内容”列填写“50”，如图 10-22 所示。定额编码和定额名称的显示如图 10-23 所示。这种方式比较简洁，推荐使用这种定额调整的方式。

第二种处理方式：将 50mm 厚的混凝土找平层分为 40mm 厚和两个 5mm 厚，分别套用相应定额，将 13-19 的定额单价×2，工程量取清单工程量，如图 10-24 所示。

查询匹配清单 × 查询匹配定额 × 查询清单库 × 查询定额库 × 项目特征 × 标准换算 ×

上移 下移 取消换算 执行选项 ▾

	换算列表	换算内容
1	实际厚度(mm)	50
2	家庭室内装饰 人工*1.15	☐
3	换C20砼16mm32.5坍落度35~50mm	80210105 C20砼16mm32.5坍落度35~50mm

图 10-22 混凝土找平层厚度的标准换算输入界面

添加清单 添加定额 删除 查询 ▾ 项目特征 fx 换算 ▾ 做法刷 做法查询 提取做法 当前构件自动套

	编码	类别	名称	项目特征	单位	工程量表达式	表达式说明	单价
1	− 011101003	项	细石混凝土楼地面	1.面层厚度、混凝土强度等级:50厚，C30非泵送商品混凝土 2.部位:地1	m2	DMJ	DMJ<地面积>	
2	13-18 + 13-19 * 2	换	找平层 细石混凝土 厚40mm 实际厚度(mm):50		m2	DMJ	DMJ<地面积>	206.95

图 10-23 混凝土找平层定额换算方式一

添加清单 添加定额 删除 查询 ▾ 项目特征 fx 换算 ▾ 做法刷 做法查询 提取做法 当前构件自动套

	编码	类别	名称	项目特征	单位	工程量表达式	表达式说明	单价
1	− 011101003	项	细石混凝土楼地面	1.面层厚度、混凝土强度等级:50厚，C30非泵送商品混凝土 2.部位:地1	m2	DMJ	DMJ<地面积>	
2	13-18	定	找平层 细石混凝土 厚40mm		m2	DMJ	DMJ<地面积>	206.95
3	13-19 *2	换	找平层 细石混凝土 厚度每增(减)5mm 单价*2		m2	DMJ	DMJ<地面积>	23.06

图 10-24 混凝土找平层定额换算方式二

第三种处理方式：将 50mm 厚的混凝土找平层分为 40mm 厚和两个 5mm 厚，13-19 的定额单价不变，工程量取清单工程量的 2 倍，如图 10-25 所示。

添加清单 添加定额 删除 查询 ▾ 项目特征 fx 换算 ▾ 做法刷 做法查询 提取做法 当前构件自动套

	编码	类别	名称	项目特征	单位	工程量表达式	表达式说明	单价
1	− 011101003	项	细石混凝土楼地面	1.面层厚度、混凝土强度等级:50厚，C30非泵送商品混凝土 2.部位:地1	m2	DMJ	DMJ<地面积>	
2	13-18	定	找平层 细石混凝土 厚40mm		m2	DMJ	DMJ<地面积>	206.95
3	13-19	定	找平层 细石混凝土 厚度每增(减)5mm		m2	DMJ*2	DMJ<地面积>*2	23.06

图 10-25 混凝土找平层定额换算方式三

至此，混凝土找平层的做法定义仍未完成，原因是图 10-22 中第 3 项中的混凝土是 C20 现场自拌混凝土，而项目特征描述为“C30 非泵送商品细石混凝土”，还需要对混凝土进行强度换算和品种换算。

单击图 10-22 第 3 行的“换算内容”列的“▼”按钮，则弹出系统中所有的混凝土类别，如图 10-26 所示，单击类别前的“▷”按钮，则会在每个类别下列出所有强度等级和配合比的混凝土。

本例中要替换为 C30 非泵送商品细石混凝土，为了查找的方便，单击“标号”后的“▼”，将“不限”改为“C30”，单击“非泵送混凝土”后的“▷”，则所有配合比的 C30 非泵送混凝土全部显示出来供选择，如图 10-27 所示。

定额项 13-18 和 13-19 所用的现场搅拌混凝土的粗骨料粒径为 16mm，水泥强度等级为 32.5 级，坍落度为 35~50mm。在弹出的所有配合比的 C30 非泵送商品混凝土中，找不到与定额项 13-18 所用石子粒径、水泥强度等级和坍落度完全匹配的混凝土，本例选择粗骨料粒径相同的编号为 80213007 配合比的混凝土，如图 10-28 所示。

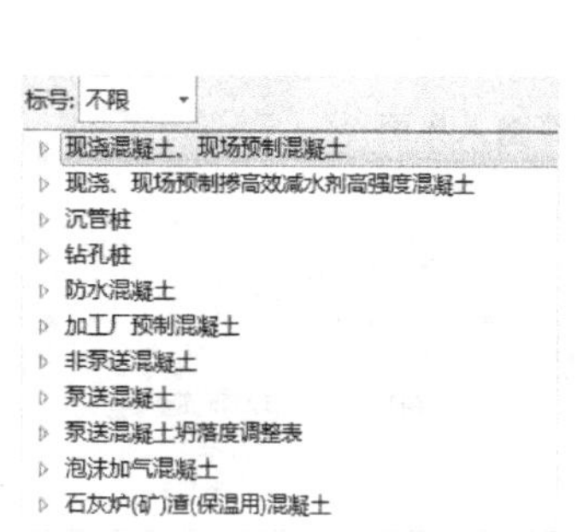

图 10-26　混凝土种类换算界面

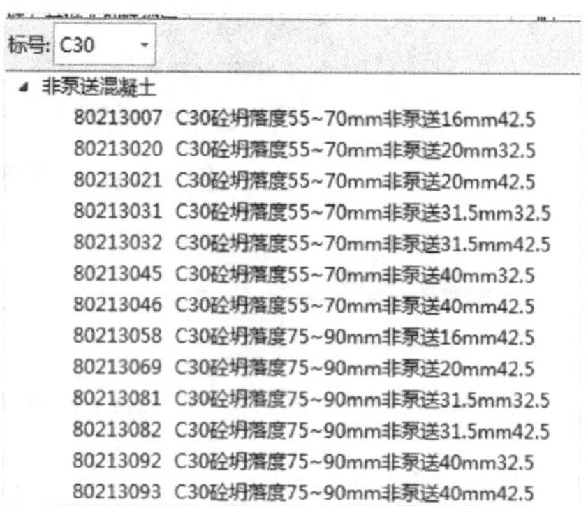

图 10-27　所有配比的 C30 非泵送混凝土

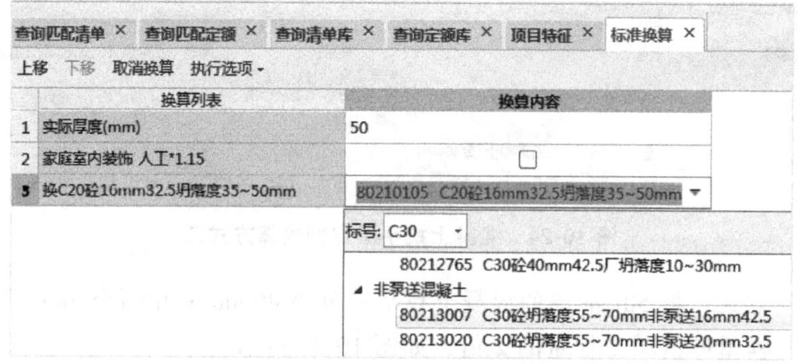

图 10-28　找平层混凝土换算示例

混凝土找平层的做法定义如图 10-29 所示，需要注意的是，虽然进行了以上的逐多换算，但还有一些换算项目在计量软件中无法进行（如本定额子目中含有的搅拌机台班消耗量无法删除），需要到计价软件中去调整。请读者一定要注意此类问题，凡是在计量软件中无法完成的定额换算项目，在计价软件中必须调整，才能使得计价结果与描述的项目特征相符，准确计算工程造价。

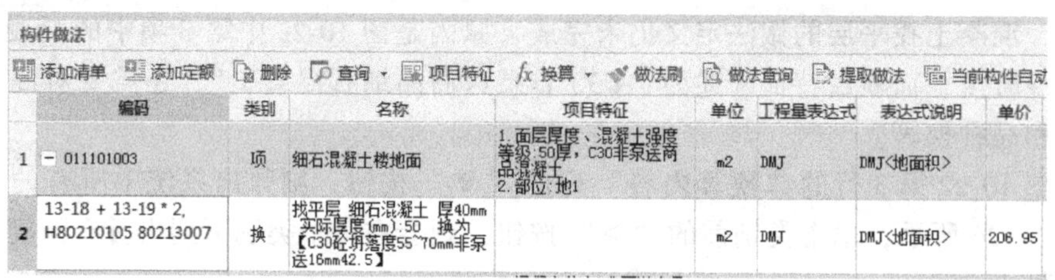

图 10-29　混凝土找平层的完整做法

2）混凝土垫层做法定义。在“查询匹配清单”页签下只能显示本构件类型的对应清单项目，所以楼地面的垫层在此界面无法找到，只能使用“查询清单库”，混凝土垫层在“混凝土与钢筋混凝土工程”分部，“现浇混凝土基础”子分部，如图 10-30 所示。

双击第 1 项清单“垫层”将其添加到做法表中，将名称“垫层”改为“混凝土垫层”，

查询匹配清单 × 查询匹配定额 × 查询外部清单 × 查询清单库 × 查询定额库 × 标准换算 ×

搜索关键字...

- 混凝土及钢筋混凝土工程
  - 现浇混凝土基础
  - 现浇混凝土柱
  - 现浇混凝土梁
  - 现浇混凝土墙

	编码	名称	单位
1	010501001	垫层	m3
2	010501002	带形基础	m3
3	010501003	独立基础	m3
4	010501004	满堂基础	m3
5	010501005	桩承台基础	m3
6	010501006	设备基础	m3

图 10-30　混凝土垫层

根据做法描述填写相应的项目特征，根据计量单位编辑工程量表达式，其清单项如图 10-31 所示。值得说明的是，垫层的计量单位为 m^3，而楼地面的计量单位为 m^2，且楼地面构件未提供体积工程量的表达式，必须对垫层的工程量（体积 = 厚度×面积）表达式进行正确编辑，以保证工程量计算的准确性。

	编码	类别	名称	项目特征	单位	工程量表达式	表达式说明
1	+ 011101003	项	细石混凝土楼地面	1. 面层厚度、混凝土强度等级:50厚，C30非泵送商品混凝土 2. 部位:地1	m2	DMJ	DMJ<地面积>
3	− 010501001	项	混凝土垫层	1. 混凝土种类:非泵送商品混凝土 2. 混凝土强度等级:C20 3. 厚度:100mm	m3	0.1*DMJ	0.1*DMJ<地面积>

图 10-31　混凝土垫层清单项

根据清单项目特征查询定额库，依次单击“预拌混凝土非泵送构件”→“非泵送现浇构件”→“垫层及基础”，弹出的定额子目选项如图 10-32 所示。

查询匹配清单 × 查询匹配定额 × 查询外部清单 × 查询清单库 × 查询定额库 × 标准换算 × 查看换算信息 ×

搜索关键字...

- 混凝土工程
  - 自拌混凝土构件
  - 预拌混凝土泵送构件
    - 泵送现浇构件
    - 泵送预制构件
    - 泵送构筑物
  - 预拌混凝土非泵送构件
    - 非泵送现浇构件
      - 垫层及基础
      - 柱
      - 梁

	编码	名称	单位	单价
1	6-301	(C10非泵送商品砼) 基础无筋砼垫层	m3	412.96
2	6-301-1	(C15非泵送商品砼) 基础无筋砼垫层	m3	416.01
3	6-302	(C20非泵送商品砼) 毛石混凝土条形基础	m3	392.71
4	6-303	(C20非泵送商品砼) 无梁式混凝土条形基础	m3	433.1
5	6-304	(C20非泵送商品砼) 有梁式混凝土条形基础	m3	432.61
6	6-305	(C20非泵送商品砼) 高颈杯形基础	m3	437.58
7	6-306	(C20非泵送商品砼) 无梁式满堂(板式)基础	m3	425.48
8	6-307	(C20非泵送商品砼) 有梁式满堂(板式)基础	m3	432.4
9	6-308	(C20非泵送商品砼) 桩承台独立柱基	m3	431.29
10	6-309	(C20非泵送商品砼) 毛石混凝土设备基础砼块体 20m3以内	m3	396.17
11	6-310	(C20非泵送商品砼) 毛石混凝土设备基础砼块体 20m3以外	m3	390.05
12	6-311	(C20非泵送商品砼) 混凝土设备基础砼块体 20m3以内	m3	430.51
13	6-312	(C20非泵送商品砼) 混凝土设备基础砼块体 20m3以外	m3	425.57

图 10-32　查询混凝土垫层定额库

双击第 2 项定额“6-301-1”将其添加到做法表中，通过“标准换算”换算混凝土强度等级，编辑工程量表达式后如图 10-33 所示。

构件做法

添加清单　添加定额　删除　查询　项目特征　*fx* 换算　做法刷　做法查询　提取做法　当前构件自动套做

	编码	类别	名称	项目特征	单位	工程量表达式	表达式说明	单价
1	+ 011101003	项	细石混凝土楼地面	1. 面层厚度、混凝土强度等级:50厚，C30非泵送商品混凝土 2. 部位:地1	m2	DMJ	DMJ<地面积>	
3	− 010501001	项	混凝土垫层	1. 混凝土种类:非泵送商品混凝土 2. 混凝土强度等级:C20 3. 厚度:100mm	m3	0.1*DMJ	0.1*DMJ<地面积>	
4	6-301-1 H80212114 80212115	换	(C15非泵送商品砼) 基础无筋砼垫层 换为【C20预拌混凝土(非泵送)】		m3	0.1*DMJ	0.1*DMJ<地面积>	416.01

图 10-33　混凝土垫层定额换算

3）碎石垫层做法定义。碎石垫层在砌体工程分部，在清单库中，依次单击“砌筑工程”→“垫层”，如图 10-34 所示。

双击弹出的垫层清单将其添加到做法表中，并将名称改为“碎石垫层”，根据“地 1”的做法描述，填写项目特征并将素土夯实包括在碎石垫层分项内，根据计量单位编辑工程量表达式如图 10-35 所示。

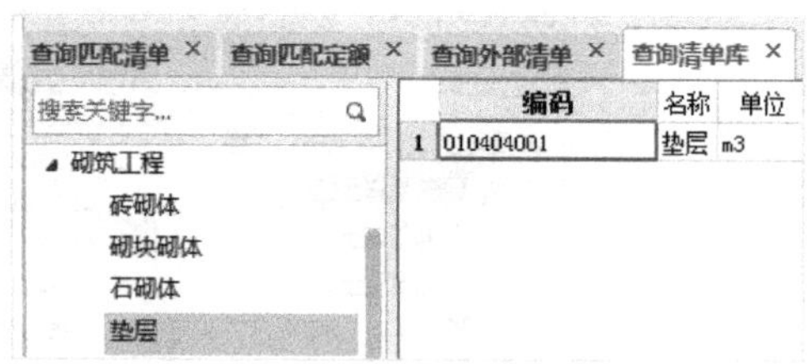

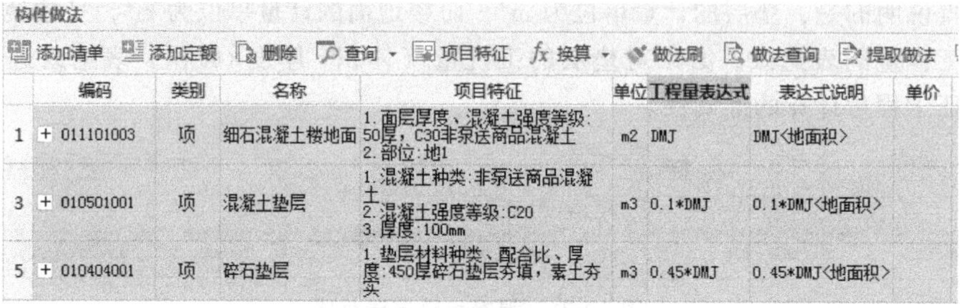

图 10-34　碎石垫层清单库

构件做法

添加清单　添加定额　删除　查询　项目特征　fx 换算　做法刷　做法查询　提取做法

	编码	类别	名称	项目特征	单位	工程量表达式	表达式说明	单价
1	+ 011101003	项	细石混凝土楼地面	1.面层厚度、混凝土强度等级:50厚，C30非泵送商品混凝土 2.部位:地1	m2	DMJ	DMJ<地面积>	
3	+ 010501001	项	混凝土垫层	1.混凝土种类:非泵送商品混凝土 2.混凝土强度等级:C20 3.厚度:100mm	m3	0.1*DMJ	0.1*DMJ<地面积>	
5	+ 010404001	项	碎石垫层	1.垫层材料种类、配合比、厚度:450厚碎石垫层夯填，素土夯实	m3	0.45*DMJ	0.45*DMJ<地面积>	

图 10-35　碎石垫层清单项

根据碎石垫层的清单项目特征描述，查找垫层定额库如图 10-36 所示，双击第 6 项编号为“4-99”的定额子目将其添加到做法表中；素土夯实的定额库如图 10-37 所示，双击第 3 项编号为“1-100”的定额子目，将其添加到做法表中。碎石垫层做法如图 10-38 所示，“地 1”的完整做法如图 10-39 所示。

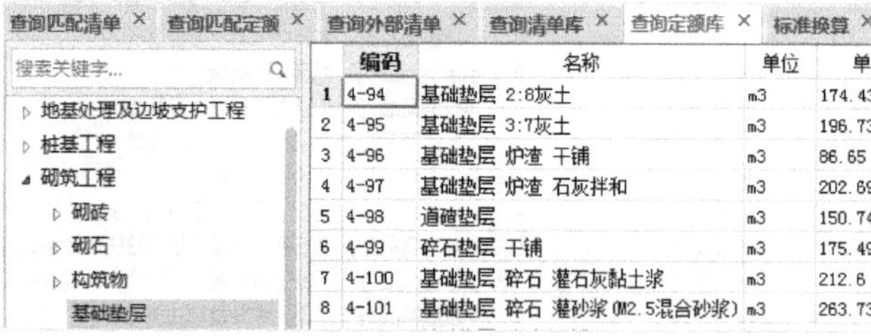

查询匹配清单　查询匹配定额　查询外部清单　查询清单库　查询定额库　标准换算

搜索关键字...
- 地基处理及边坡支护工程
- 桩基工程
- 砌筑工程
  - 砌砖
  - 砌石
  - 构筑物
  - 基础垫层

	编码	名称	单位	单价
1	4-94	基础垫层 2:8灰土	m3	174.43
2	4-95	基础垫层 3:7灰土	m3	196.73
3	4-96	基础垫层 炉渣 干铺	m3	86.65
4	4-97	基础垫层 炉渣 石灰拌和	m3	202.69
5	4-98	道碴垫层	m3	150.74
6	4-99	碎石垫层 干铺	m3	175.49
7	4-100	基础垫层 碎石 灌石灰黏土浆	m3	212.6
8	4-101	基础垫层 碎石 灌砂浆(M2.5混合砂浆)	m3	263.73

图 10-36　垫层定额库

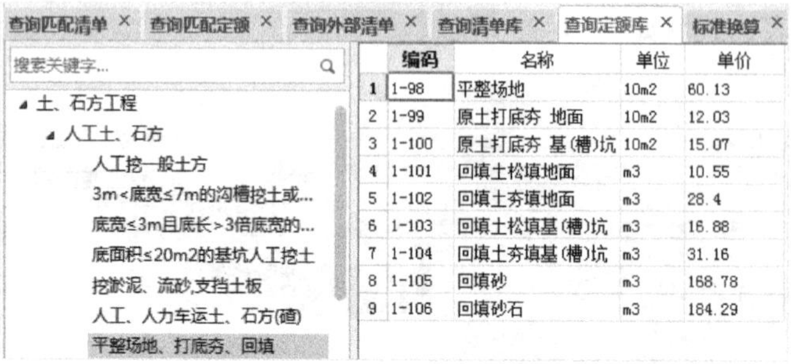

查询匹配清单　查询匹配定额　查询外部清单　查询清单库　查询定额库　标准换算

搜索关键字...
- 土、石方工程
  - 人工土、石方
    - 人工挖一般土方
    - 3m＜底宽≤7m的沟槽挖土或...
    - 底宽≤3m且底长＞3倍底宽的...
    - 底面积≤20m2的基坑人工挖土
    - 挖淤泥、流砂,支挡土板
    - 人工、人力车运土、石方(碴)
    - 平整场地、打底夯、回填

	编码	名称	单位	单价
1	1-98	平整场地	10m2	60.13
2	1-99	原土打底夯 地面	10m2	12.03
3	1-100	原土打底夯 基(槽)坑	10m2	15.07
4	1-101	回填土松填地面	m3	10.55
5	1-102	回填土夯填地面	m3	28.4
6	1-103	回填土松填基(槽)坑	m3	16.88
7	1-104	回填土夯填基(槽)坑	m3	31.16
8	1-105	回填砂	m3	168.78
9	1-106	回填砂石	m3	184.29

图 10-37　素土夯实的定额库

构件做法

添加清单　添加定额　删除　查询　项目特征　换算　做法刷　做法查询　提取做法

	编码	类别	名称	项目特征	单位	工程量表达式	表达式说明	单价
1	+ 011101003	项	细石混凝土楼地面	1.面层厚度、混凝土强度等级:50厚，C30非泵送商品混凝土 2.部位:地1	m2	DMJ	DMJ<地面积>	
3	+ 010501001	项	混凝土垫层	1.混凝土种类:非泵送商品混凝土 2.混凝土强度等级:C20 3.厚度:100mm	m3	0.1*DMJ	0.1*DMJ<地面积>	
5	− 010404001	项	碎石垫层	1.垫层材料种类、配合比、厚度:450厚碎石垫层夯填，素土夯实	m3	0.45*DMJ	0.45*DMJ<地面积>	
6	4-99	定	碎石垫层 干铺		m3	0.45*DMJ	0.45*DMJ<地面积>	175.49
7	1-100	定	原土打底夯 基(槽)坑		m2	DMJ	DMJ<地面积>	15.07

图 10-38　碎石垫层做法

构件做法

添加清单　添加定额　删除　查询　项目特征　换算　做法刷　做法查询　提取做法

	编码	类别	名称	项目特征	单位	工程量表达式	表达式说明	单价
1	− 011101003	项	细石混凝土楼地面	1.面层厚度、混凝土强度等级:50厚，C30非泵送商品混凝土 2.部位:地1	m2	DMJ	DMJ<地面积>	
2	13-18 + 13-19 * 2,H80210105 80213007	换	找平层 细石混凝土 厚40mm 实际厚度(mm):50 换为【C30砼坍落度55~70mm非泵送16mm42.5】		m2	DMJ	DMJ<地面积>	206.95
3	− 010501001	项	混凝土垫层	1.混凝土种类:非泵送商品混凝土 2.混凝土强度等级:C20 3.厚度:100mm	m3	0.1*DMJ	0.1*DMJ<地面积>	
4	6-301-1 H80212114 80212115	换	(C15非泵送商品砼) 基础无筋砼垫层 换为【C20预拌混凝土(非泵送)】		m3	0.1*DMJ	0.1*DMJ<地面积>	416.01
5	− 010404001	项	碎石垫层	1.垫层材料种类、配合比、厚度:450厚碎石垫层夯填，素土夯实	m3	0.45*DMJ	0.45*DMJ<地面积>	
6	4-99	定	碎石垫层 干铺		m3	0.45*DMJ	0.45*DMJ<地面积>	175.49
7	1-100	定	原土打底夯 基(槽)坑		m2	DMJ	DMJ<地面积>	15.07

图 10-39　“地 1”的完整做法

4）防水层的属性定义。“地 2”是防水地砖地面，定义其属性时一定要注意填写“块料厚度”的厚度值，并将“是否计算防水面积”的属性值改为“是”。“块料厚度”的值不填写将影响块料的面积计算。“是否计算防水面积”为“否”时，软件不计算该楼地面的防水面积。“地 2”的属性如图 10-40 所示。

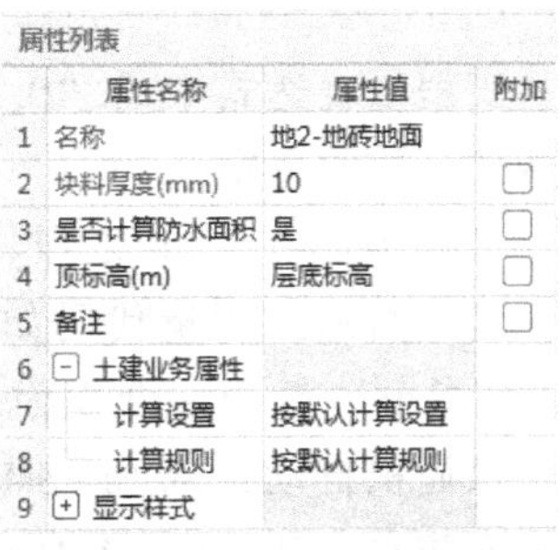

属性列表

	属性名称	属性值	附加
1	名称	地2-地砖地面	
2	块料厚度(mm)	10	☐
3	是否计算防水面积	是	☐
4	顶标高(m)	层底标高	☐
5	备注		☐
6	− 土建业务属性		
7	计算设置	按默认计算设置	
8	计算规则	按默认计算规则	
9	+ 显示样式		

图 10-40　“地 2”属性定义

5）防水层的做法定义。“地 2”的做法定义与“地 1”相同的部分不再赘述，其防水部分简述如下：

根据“地 2”的防水做法描述，查询清单库如图 10-41 所示。

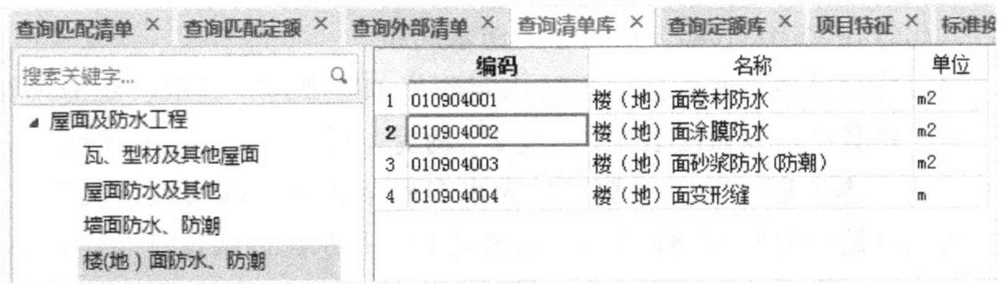

查询匹配清单　查询匹配定额　查询外部清单　查询清单库　查询定额库　项目特征　标准换

搜索关键字...

- 屋面及防水工程
  - 瓦、型材及其他屋面
  - 屋面防水及其他
  - 墙面防水、防潮
  - 楼(地)面防水、防潮

	编码	名称	单位
1	010904001	楼（地）面卷材防水	m2
2	010904002	楼（地）面涂膜防水	m2
3	010904003	楼（地）面砂浆防水（防潮）	m2
4	010904004	楼（地）面变形缝	m

图 10-41　楼地面防水清单库

双击第 2 项清单“楼（地）面涂膜防水”将其添加到做法表中，填写项目特征，编辑工程量表达式，其清单做法如图 10-42 所示。

构件做法

添加清单　添加定额　删除　查询　项目特征　fx 换算　做法刷　做法查询　提取做法　当前构件自动套做法

	编码	类别	名称	项目特征	单位	工程量表达式	表达式说明
1	+ 011101003	项	细石混凝土楼地面	1.面层厚度、混凝土强度等级:50厚，C30非泵送商品混凝土 2.部位:地2	m2	DMJ	DMJ<地面积>
3	+ 010501001	项	混凝土垫层	1.混凝土种类:非泵送商品混凝土 2.混凝土强度等级:C20 3.厚度:100mm	m3	0.1*DMJ	0.1*DMJ<地面积>
5	+ 010404001	项	碎石垫层	1.垫层材料种类、配合比、厚度:360厚碎石垫层夯填，素土夯实	m3	0.36*DMJ	0.36*DMJ<地面积>
8	+ 011102003	项	块料楼地面	1.结合层厚度、砂浆配合比:撒素水泥面（洒适量清水） 3、20厚1：1干硬性水泥砂浆粘贴 2.面层材料品种、规格、颜色:10厚防滑地砖300*300白色水泥膏擦缝	m2	KLDMJ	KLDMJ<块料地面积>
10	+ 010904002	项	楼（地）面涂膜防水	1.防水膜品种:JS水泥基防水涂料 2.涂膜厚度、遍数:1.5厚，二遍 3.反边高度:300 4.门两侧延伸:250 5.门口向外铺出:500	m2	SPFSMJ+0.25*0.6	SPFSMJ<水平防水面积>+0.25*0.6

图 10-42　“地 2”防水清单做法

工程量表达式中为“SPFSMJ+0.25＊0.6”，其中“SPFSMJ”是指该楼地面的水平防水面积，其数值包括该楼地面所在处的地面净面积、门口向外铺出的与门口宽度等宽的面积以及上翻高度小于最小立面防水高度的面积，门口向外铺出的宽度及上翻的最低高度根据工程设置进行计算。其设置步骤为“工程设置”→“土建设置”→“计算设置”→“楼地面”，根据当地计算规则和设计说明修改软件默认的清单和定额的计算设置，如图 10-43 所示。

	设置描述	设置选项
1	楼地面立面防水的最低高度值(mm)	300
2	楼地面水平防水在门窗洞口水平开口处的延伸长度(mm)	500

图 10-43　楼地面防水设置

工程量表达式中的“0.25”是指设计要求向门口两侧延伸的宽度，“0.6”是门口向外铺出的宽度（0.5）与墙厚（0.1）之和。

楼地面的工程量代码如图 10-44 所示。LMFSMJSP 是指小于等于最低立面防水高度的立面防水面积，该面积自动计入 SPFSMJ（水平防水面积），套用平面防水定额子目；LMFSMJ 是指上翻高度大于最低立面防水高度时，立面的全部防水面积，套用立面防水定额子目，此时 SPFSMJ 不再包括立面的防水面积。

	工程量名称	工程量代码
1	地面积	DMJ
2	块料地面积	KLDMJ
3	地面周长	DMZC
4	水平防水面积	SPFSMJ
5	立面防水面积(大于最低立面防水高度)	LMFSMJ
6	立面防水面积(小于最低立面防水高度)	LMFSMJSP

图 10-44　楼地面工程量代码

根据清单项目特征描述，查询楼地面防水定额库如图 10-45 所示。双击第 22 项编号为 10-120 定额子目，将其添加到做法表中。“地 2”的完整做法如图 10-46 所示。

（2）踢脚定义　本工程中的“踢脚 1”为水泥砂浆踢脚，其属性定义和做法定义的过程不再赘述，其完整做法如图 10-47 所示。需要注意的是水泥砂浆设计与定额不同时需要进行换算，换算方法与混凝土的换算类似。

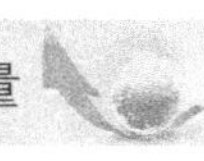

查询匹配清单 ×　查询匹配定额 ×　查询外部清单 ×　查询清单库 ×　查询定额库 ×　项目特征 ×　标准换算 ×

搜索关键字...

- 土、石方工程
- 地基处理及边坡支护工程
- 桩基工程
- 砌筑工程
- 钢筋工程
- 混凝土工程
- 金属结构工程
- 构件运输及安装工程
- 木结构工程
- 屋面及防水工程
  - 屋面防水
  - 平面立面及其它防水
    - 涂刷油类
    - 防水砂浆

	编码	名称	单位	单价
8	10-106	砖墙面立面刷石油沥青 一遍	10m2	206.4
9	10-107	平面刷石油沥青 每增加一遍	10m2	94.11
10	10-108	混凝土、抹灰面立面刷石油沥青 每增加一遍	10m2	102.62
11	10-109	砖墙面立面刷石油沥青 每增加一遍	10m2	117.4
12	10-110	平面刷石油沥青玛碲脂 一遍	10m2	177.4
13	10-111	混凝土、抹灰面立面刷石油沥青玛碲脂 一遍	10m2	190.27
14	10-112	砖墙面立面刷石油沥青玛碲脂 一遍	10m2	208.84
15	10-113	平面刷石油沥青玛碲脂 每增加一遍	10m2	93.65
16	10-114	混凝土、抹灰面立面刷石油沥青玛碲脂 每增加一遍	10m2	102.09
17	10-115	砖墙面立面刷石油沥青玛碲脂 每增加一遍	10m2	115.45
18	10-116	刷聚氨脂防水涂料 (平面)二涂2.0mm	10m2	713.71
19	10-117	刷聚氨脂防水涂料 (立面)二涂2.0mm	10m2	802.37
20	10-118	聚合物水泥 防水涂料 一布四涂	10m2	348.18
21	10-119	丙烯酸 防水涂料 一布三涂	10m2	235.61
22	10-120	水泥基渗透结晶 防水材料 二~三遍(厚2mm)	10m2	491.07

图 10-45　楼地面防水定额库

构件做法

添加清单　添加定额　删除　查询　项目特征　fx 换算　做法刷　做法查询　提取做法　当前构件自动套做法

	编码	类别	名称	项目特征	单位	工程量表达式	表达式说明	单价
1	011101003	项	细石混凝土楼地面	1.面层厚度、混凝土强度等级:50厚，C30非泵送商品混凝土 2.部位:地2	m2	DMJ	DMJ<地面积>	
2	13-18 + 13-19 *2,H80210105 80213007	换	找平层 细石混凝土 厚40mm		m2	DMJ	DMJ<地面积>	206.95
3	010501001	项	混凝土垫层	1.混凝土种类:非泵送商品混凝土 2.混凝土强度等级:C20 3.厚度:100mm	m3	0.1*DMJ	0.1*DMJ<地面积>	
4	6-301-1 H80212114 80212115	换	(C15非泵送商品砼) 基础无筋砼垫层 换为【C20预拌混凝土(非泵送)】		m3	0.1*DMJ	0.1*DMJ<地面积>	416.01
5	010404001	项	碎石垫层	1.垫层材料种类、配合比、厚度:360厚碎石垫层夯填，素土夯实	m3	0.36*DMJ	0.36*DMJ<地面积>	
6	4-99	定	碎石垫层 干铺		m3	0.36*DMJ	0.36*DMJ<地面积>	175.49
7	1-100	定	原土打底夯 基(槽)坑		m2	DMJ	DMJ<地面积>	15.07
8	011102003	项	块料楼地面	1.结合层厚度、砂浆配合比:撒素水泥面（洒适量清水） 3、20厚1：1干硬性水泥砂浆粘贴 2.面层材料品种、规格、颜色:10厚防滑地砖300*300白色水泥膏擦缝	m2	KLDMJ	KLDMJ<块料地面积>	
9	13-81	定	楼地面单块0.4m2以内地砖 干硬性水泥砂浆粘贴		m2	KLDMJ	KLDMJ<块料地面积>	1003.29
10	010904002	项	楼（地）面涂膜防水	1.防水膜品种:JS水泥基防水涂料 2.涂膜厚度、遍数:1.5厚，二遍 3.反边高度:300 4.门两侧延伸:250 5.门口向外铺出:500	m2	SPFSMJ+0.25*0.6	SPFSMJ<水平防水面积>+0.25*0.6	
11	10-120	定	水泥基渗透结晶 防水材料 二 三遍(厚2mm)		m2	SPFSMJ+0.25*0.6	SPFSMJ<水平防水面积>+0.25*0.6	491.07

图 10-46　“地 2”的完整做法

构件做法

添加清单　添加定额　删除　查询　项目特征　fx 换算　做法刷　做法查询　提取做法

	编码	类别	名称	项目特征	单位	工程量表达式	表达式说明	单价
1	011105001	项	水泥砂浆踢脚线	1.踢脚线高度:150 2.底层厚度、砂浆配合比:12厚1：3水泥砂浆打底扫毛 3.面层厚度、砂浆配合比:8厚1：2.5水泥砂浆压实抹光	m	TJMHCD	TJMHCD<踢脚抹灰长度>	
2	13-27 H80010123 80010124	换	水泥砂浆 踢脚线 换为【水泥砂浆 比例 1:2.5】		m	TJMHCD	TJMHCD<踢脚抹灰长度>	62.94

图 10-47　踢脚 1 做法

（3）墙面定义　本节以“内墙1”和“内墙2”为例分别介绍墙面抹灰、墙面面砖和抹灰面油漆的做法定义。墙面钢丝网片的工程量计算，请读者参阅砌体工程相关内容，本节不再介绍。

1）工程量代码解析。由于本工程中的墙、柱、梁表面均需要抹灰，而墙体包括页岩多孔砖墙和加气混凝土砌块墙，因此抹灰基层包括砖基层、砌块基层和混凝土基层，所以定义内墙面时“所附墙材质”的属性按默认设置（程序自动判断）不变，定义做法时应正确选择工程量代码。其工程量代码如图10-48所示。

	工程量名称	工程量代码
1	墙面抹灰面积	QMMHMJ
2	墙面块料面积	QMKLMJ
3	柱抹灰面积	ZMHMJ
4	柱块料面积	ZKLMJ
5	凸出墙面柱抹灰面积	TCQMZMHMJ
6	凸出墙面柱块料面积	TCQMZKLMJ
7	平齐墙面柱抹灰面积	PQQMZMHMJ
8	平齐墙面柱块料面积	PQQMZKLMJ
9	梁抹灰面积	LMHMJ
10	梁块料面积	LKLMJ
11	砖墙面抹灰面积	ZQMMHMJ
12	砼墙面抹灰面积	TQMMHMJ
13	砖墙面块料面积	ZQMKLMJ
14	砼墙面块料面积	TQMKLMJ
15	砌块墙面抹灰面积	QKQMMHMJ
16	石墙面抹灰面积	SQMMHMJ
17	砌块墙面块料面积	QKQMKLMJ
18	石墙面块料面积	SQMKLMJ
19	平齐墙面梁抹灰面积	PQQMLMHMJ
20	平齐墙面梁块料面积	PQQMLKLMJ
21	凸出墙面梁抹灰面积	TCQMLMHMJ
22	凸出墙面梁块料面积	TCQMLKLMJ

图10-48　墙面工程量代码

2）内墙1的属性定义。内墙1的属性定义，除名称外不需要进行任何修改，使用软件默认的属性，其做法如图10-49所示。

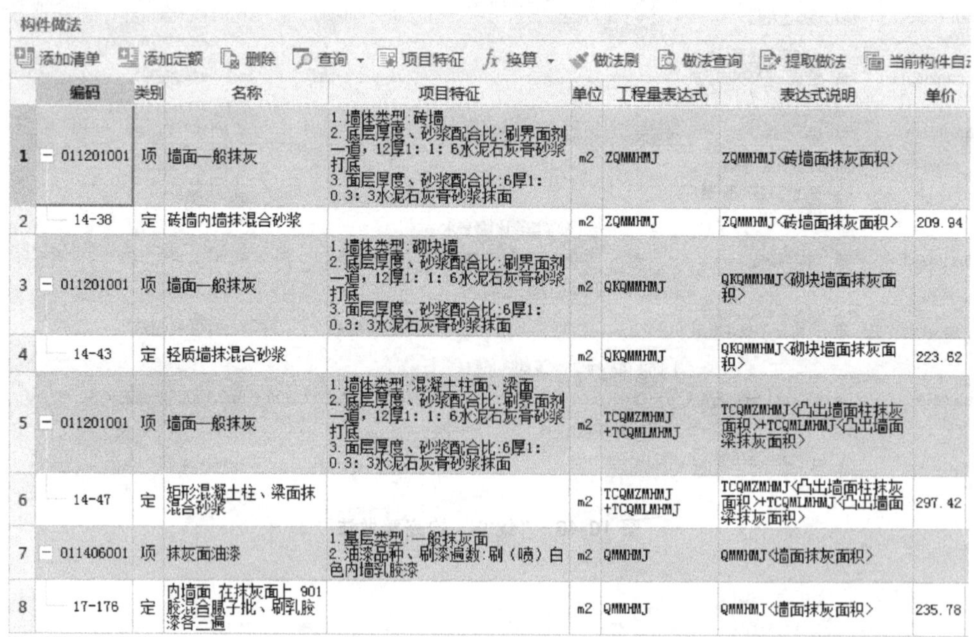

构件做法

添加清单　添加定额　删除　查询　项目特征　换算　做法刷　做法查询　提取做法　当前构件自

	编码	类别	名称	项目特征	单位	工程量表达式	表达式说明	单价
1	011201001	项	墙面一般抹灰	1.墙体类型:砖墙 2.底层厚度、砂浆配合比:刷界面剂一道，12厚1:1:6水泥石灰膏砂浆打底 3.面层厚度、砂浆配合比:6厚1:0.3:3水泥石灰膏砂浆抹面	m2	ZQMMHMJ	ZQMMHMJ<砖墙面抹灰面积>	
2	14-38	定	砖墙内墙抹混合砂浆		m2	ZQMMHMJ	ZQMMHMJ<砖墙面抹灰面积>	209.94
3	011201001	项	墙面一般抹灰	1.墙体类型:砌块墙 2.底层厚度、砂浆配合比:刷界面剂一道，12厚1:1:6水泥石灰膏砂浆打底 3.面层厚度、砂浆配合比:6厚1:0.3:3水泥石灰膏砂浆抹面	m2	QKQMMHMJ	QKQMMHMJ<砌块墙面抹灰面积>	
4	14-43	定	轻质墙抹混合砂浆		m2	QKQMMHMJ	QKQMMHMJ<砌块墙面抹灰面积>	223.62
5	011201001	项	墙面一般抹灰	1.墙体类型:混凝土柱面、梁面 2.底层厚度、砂浆配合比:刷界面剂一道，12厚1:1:6水泥石灰膏砂浆打底 3.面层厚度、砂浆配合比:6厚1:0.3:3水泥石灰膏砂浆抹面	m2	TCQMZMHMJ+TCQMLMHMJ	TCQMZMHMJ<凸出墙面柱抹灰面积>+TCQMLMHMJ<凸出墙面梁抹灰面积>	
6	14-47	定	矩形混凝土柱、梁面抹混合砂浆		m2	TCQMZMHMJ+TCQMLMHMJ	TCQMZMHMJ<凸出墙面柱抹灰面积>+TCQMLMHMJ<凸出墙面梁抹灰面积>	297.42
7	011406001	项	抹灰面油漆	1.基层类型:一般抹灰面 2.油漆品种、刷漆遍数:刷（喷）白色内墙乳胶漆	m2	QMMHMJ	QMMHMJ<墙面抹灰面积>	
8	17-176	定	内墙面 在抹灰面上 901胶混合腻子批、刷乳胶漆各三遍		m2	QMMHMJ	QMMHMJ<墙面抹灰面积>	235.78

图10-49　内墙1做法

注：1. 应并入墙面抹灰工程量的混凝土柱面和梁面抹灰，套用混凝土墙面抹灰的定额子目。

2. 第1、3行中的工程量代码均包括混凝土柱面和梁面的抹灰工程量在内。

3. 第5、7行中的工程量代码分别为混凝土柱、梁面的抹灰面积。

3）内墙2和内墙3定义。内墙2的属性定义如图10-50所示。需要注意其“起点顶标

高”和“终点顶标高”一定要设置正确，以方便后期图元的绘制。

内墙 3 的属性定义如图 10-51 所示。定义时注意“起点底标高”和“终点底标高”的属性值，一定要从面砖墙面的顶标高开始计算，以方便后期的图元绘制。

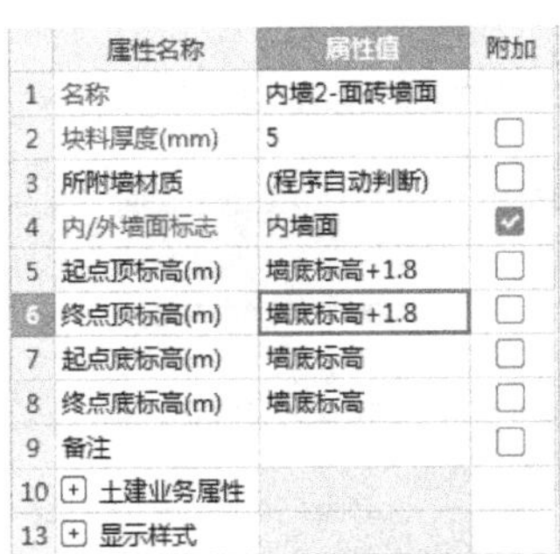

	属性名称	属性值	附加
1	名称	内墙2-面砖墙面	
2	块料厚度(mm)	5	☐
3	所附墙材质	(程序自动判断)	☐
4	内/外墙面标志	内墙面	☑
5	起点顶标高(m)	墙底标高+1.8	☐
6	终点顶标高(m)	墙底标高+1.8	☐
7	起点底标高(m)	墙底标高	☐
8	终点底标高(m)	墙底标高	☐
9	备注		☐
10	⊞ 土建业务属性		
13	⊞ 显示样式		

图 10-50　内墙 2 属性

	属性名称	属性值	附加
1	名称	内墙3-乳胶漆墙面	
2	块料厚度(mm)	0	☐
3	所附墙材质	(程序自动判断)	☐
4	内/外墙面标志	内墙面	☑
5	起点顶标高(m)	墙顶标高	☐
6	终点顶标高(m)	墙顶标高	☐
7	起点底标高(m)	墙底标高+1.8	☐
8	终点底标高(m)	墙底标高+1.8	☐
9	备注		☐
10	⊞ 土建业务属性		
13	⊞ 显示样式		

图 10-51　内墙 3 属性

内墙 2 的做法如图 10-52 所示，内墙 3 的做法定义如图 10-53 所示。

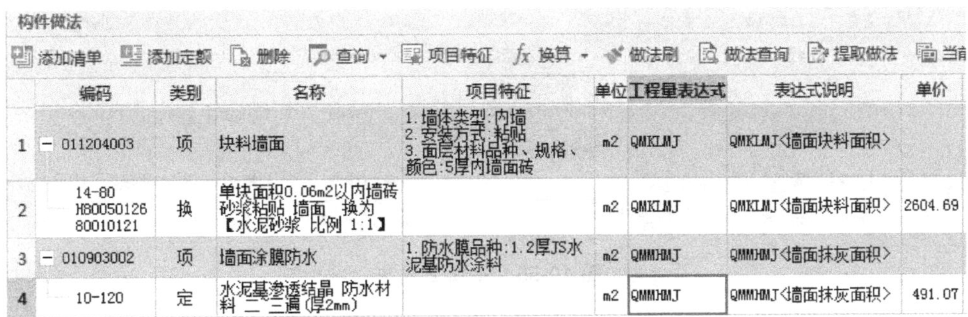

构件做法

添加清单　添加定额　删除　查询　项目特征　换算　做法刷　做法查询　提取做法　当前

	编码	类别	名称	项目特征	单位	工程量表达式	表达式说明	单价
1	− 011204003	项	块料墙面	1. 墙体类型:内墙 2. 安装方式:粘贴 3. 面层材料品种、规格、颜色:5厚内墙面砖	m2	QMKLMJ	QMKLMJ<墙面块料面积>	
2	14-80 H80050126 80010121	换	单块面积0.06m2以内墙砖砂浆粘贴 墙面　换为【水泥砂浆 比例 1:1】		m2	QMKLMJ	QMKLMJ<墙面块料面积>	2604.69
3	− 010903002	项	墙面涂膜防水	1. 防水膜品种:1.2厚JS水泥基防水涂料	m2	QMMHMJ	QMMHMJ<墙面抹灰面积>	
4	10-120	定	水泥基渗透结晶 防水材料 二 三遍(厚2mm)		m2	QMMHMJ	QMMHMJ<墙面抹灰面积>	491.07

图 10-52　内墙 2 做法

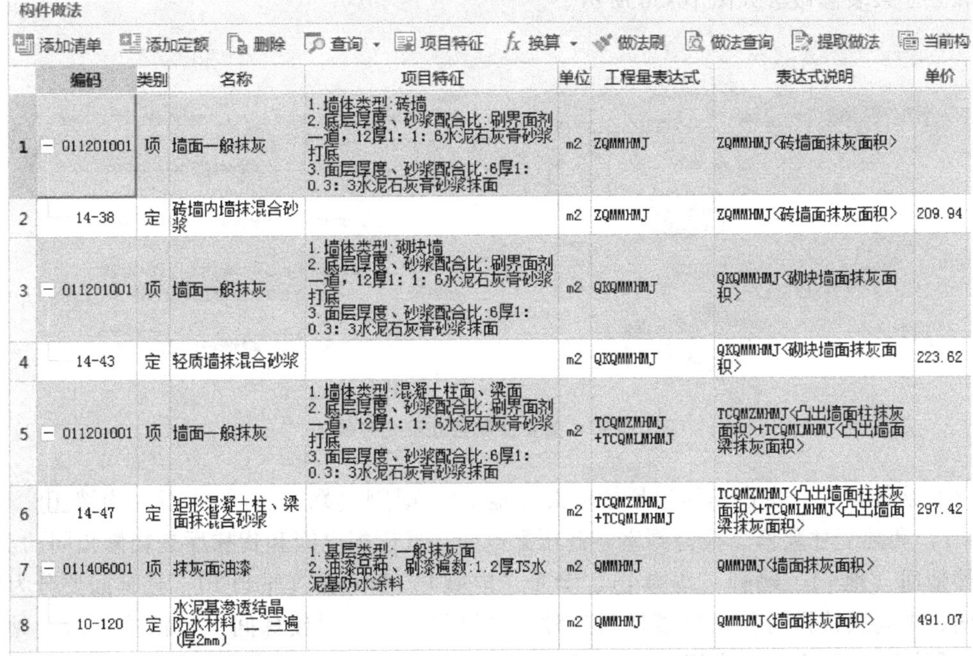

构件做法

添加清单　添加定额　删除　查询　项目特征　换算　做法刷　做法查询　提取做法　当前构

	编码	类别	名称	项目特征	单位	工程量表达式	表达式说明	单价
1	− 011201001	项	墙面一般抹灰	1. 墙体类型:砖墙 2. 底层厚度、砂浆配合比:刷界面剂一道，12厚1: 1: 6水泥石灰膏砂浆打底 3. 面层厚度、砂浆配合比:6厚1: 0.3: 3水泥石灰膏砂浆抹面	m2	ZQMMHMJ	ZQMMHMJ<砖墙面抹灰面积>	
2	14-38	定	砖墙内墙抹混合砂浆		m2	ZQMMHMJ	ZQMMHMJ<砖墙面抹灰面积>	209.94
3	− 011201001	项	墙面一般抹灰	1. 墙体类型:砌块墙 2. 底层厚度、砂浆配合比:刷界面剂一道，12厚1: 1: 6水泥石灰膏砂浆打底 3. 面层厚度、砂浆配合比:6厚1: 0.3: 3水泥石灰膏砂浆抹面	m2	QKQMMHMJ	QKQMMHMJ<砌块墙面抹灰面积>	
4	14-43	定	轻质墙抹混合砂浆		m2	QKQMMHMJ	QKQMMHMJ<砌块墙面抹灰面积>	223.62
5	− 011201001	项	墙面一般抹灰	1. 墙体类型:混凝土柱面、梁面 2. 底层厚度、砂浆配合比:刷界面剂一道，12厚1: 1: 6水泥石灰膏砂浆打底 3. 面层厚度、砂浆配合比:6厚1: 0.3: 3水泥石灰膏砂浆抹面	m2	TCQMZMHMJ +TCQMLMHMJ	TCQMZMHMJ<凸出墙面柱抹灰面积>+TCQMLMHMJ<凸出墙面梁抹灰面积>	
6	14-47	定	矩形混凝土柱、梁面抹混合砂浆		m2	TCQMZMHMJ +TCQMLMHMJ	TCQMZMHMJ<凸出墙面柱抹灰面积>+TCQMLMHMJ<凸出墙面梁抹灰面积>	297.42
7	− 011406001	项	抹灰面油漆	1. 基层类型:一般抹灰面 2. 油漆品种、刷漆遍数:1.2厚JS水泥基防水涂料	m2	QMMHMJ	QMMHMJ<墙面抹灰面积>	
8	10-120	定	水泥基渗透结晶 防水材料 二 三遍(厚2mm)		m2	QMMHMJ	QMMHMJ<墙面抹灰面积>	491.07

图 10-53　内墙 3 做法

(4) 天棚的属性定义　天棚的属性定义请读者自行完成，平顶 1 的做法如图 10-54 所示，平顶 2 的做法如图 10-55 所示。

构件做法

添加清单　添加定额　删除　查询　项目特征　fx 换算　做法刷　做法查询　提取做法

	编码	类别	名称	项目特征	单位	工程量表达式	表达式说明	单价
1	− 011301001	项	天棚抹灰	1.基层类型:混凝土板 2.抹灰厚度、材料种类:6厚1: 0.3: 3水泥石灰膏打底扫毛，6厚1: 0.3: 3水泥石灰膏粉面	m2	TPMHMJ	TPMHMJ<天棚抹灰面积>	
2	15-87	定	混凝土天棚 混合砂浆面 现浇		m2	TPMHMJ	TPMHMJ<天棚抹灰面积>	191.05
3	− 011406001	项	抹灰面油漆	1.基层类型:一般抹灰面 2.油漆品种、刷漆遍数:刷白色内墙乳胶漆 3.部位:天棚	m2	TPMHMJ	TPMHMJ<天棚抹灰面积>	
4	17-160	定	墙、柱、天棚抹灰面 底油一遍 调和漆二遍		m2	TPMHMJ	TPMHMJ<天棚抹灰面积>	122.15

图 10-54　平顶 1 做法

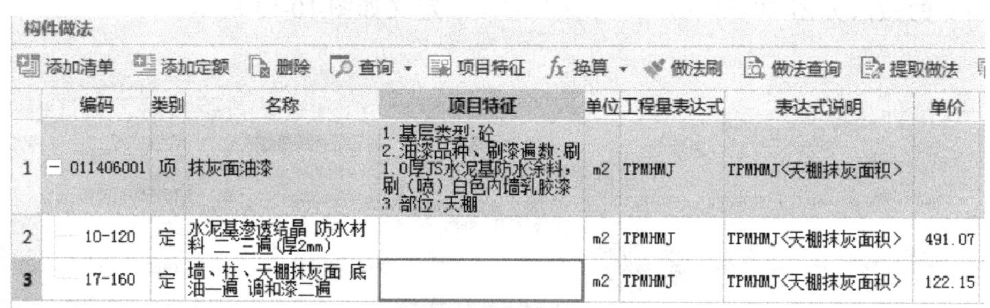

构件做法

添加清单　添加定额　删除　查询　项目特征　fx 换算　做法刷　做法查询　提取做法

	编码	类别	名称	项目特征	单位	工程量表达式	表达式说明	单价
1	− 011406001	项	抹灰面油漆	1.基层类型:砼 2.油漆品种、刷漆遍数:刷1.0厚JS水泥基防水涂料，刷（喷）白色内墙乳胶漆 3.部位:天棚	m2	TPMHMJ	TPMHMJ<天棚抹灰面积>	
2	10-120	定	水泥基渗透结晶 防水材料 二 三遍(厚2mm)		m2	TPMHMJ	TPMHMJ<天棚抹灰面积>	491.07
3	17-160	定	墙、柱、天棚抹灰面 底油一遍 调和漆二遍		m2	TPMHMJ	TPMHMJ<天棚抹灰面积>	122.15

图 10-55　平顶 2 做法

(5) 独立柱、独立梁装修定义　独立柱、独立梁装修的属性定义请读者自行完成，独立柱和独立梁装修做法如图 10-56 所示。

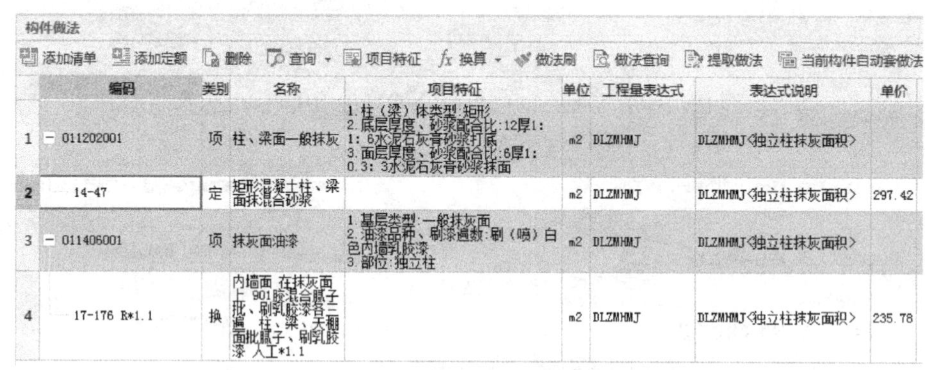

构件做法

添加清单　添加定额　删除　查询　项目特征　fx 换算　做法刷　做法查询　提取做法　当前构件自动套做法

	编码	类别	名称	项目特征	单位	工程量表达式	表达式说明	单价
1	− 011202001	项	柱、梁面一般抹灰	1.柱（梁）体类型:矩形 2.底层厚度、砂浆配合比:12厚1: 1: 6水泥石灰膏砂浆打底 3.面层厚度、砂浆配合比:6厚1: 0.3: 3水泥石灰膏砂浆抹面	m2	DLZMHMJ	DLZMHMJ<独立柱抹灰面积>	
2	14-47	定	矩形混凝土柱、梁面抹混合砂浆		m2	DLZMHMJ	DLZMHMJ<独立柱抹灰面积>	297.42
3	− 011406001	项	抹灰面油漆	1.基层类型:一般抹灰面 2.油漆品种、刷漆遍数:刷（喷）白色内墙乳胶漆 3.部位:独立柱	m2	DLZMHMJ	DLZMHMJ<独立柱抹灰面积>	
4	17-176 R*1.1	换	内墙面 在抹灰面上 901胶混合腻子批、刷乳胶漆各三遍 柱、梁、天棚面批腻子、刷乳胶漆 人工*1.1		m2	DLZMHMJ	DLZMHMJ<独立柱抹灰面积>	235.78

图 10-56　独立柱和独立梁装修做法

(6) 房间定义　生产车间包括楼地面（地 1）、踢脚（踢脚 1）、墙面（内墙 1）、天棚（平顶 1）和独立柱装修。报警阀室、高压配电间、低压配电间和货梯厅是装修相同的房间，包括楼地面（地 1）、踢脚（踢脚 1）、墙面（内墙 1）和天棚（平顶 1）。楼梯间要分为底层楼梯间、中间层楼梯间和顶层楼梯间三种，本层只定义底层楼梯间，包括楼地面（地 1）、踢脚（踢脚 1）和墙面（内墙 1）；中间楼层还需定义中间层楼梯间，只包括墙面（内墙

1)；顶层还需定义顶层楼梯间，包括墙面（内墙 1）和天棚（平顶 1)。电梯井道只包括墙面（管道井内壁)。卫生间包括楼地面（地 2)、踢脚（踢脚 1)、墙面（内墙 2 和内墙 3）和天棚（平顶 2)。

各个房间可以逐个新建，然后添加依附构件，添加依附构件的过程请读者自行体验。为了提高新建房间的效率，装修相同的房间可以采用复制功能进行复制后修改名称获得，装修相近的房间也可以复制后局部修改而成。

2. 室外装修构件定义

室外装修包括外墙面的找平抹灰、保温层的铺贴、抗裂砂浆的粉刷和真石漆。

本例中将找平抹灰、保温层铺贴、抗裂砂浆粉刷和真石漆等均定义在“外墙 1”中。为了对比保温层采用不同的构件计算得到的工程量，另新建一个保温层构件并绘制图元。请读者自行完成新建保温层的过程并考虑以下两个问题：为什么不用外墙面图元代替保温层图元？为什么必须绘制保温层图元？

外墙面有混凝土墙面和页岩砖墙面，混凝土墙面是指混凝土柱面和梁面。“外墙 1”的做法如图 10-57 所示。此做法定义中涉及的在“标准换算”页签无法完成的定额子目换算待计价时再行处理。

构件做法

添加清单　添加定额　删除　查询　项目特征　换算　做法刷　做法查询　提取做法　当前构件自动套做法

	编码	类别	名称	项目特征	单位	工程量表达式	表达式说明	单价
1	− 011201001	项	墙面一般抹灰	1. 墙体类型:砖外墙 2. 底层厚度、砂浆配合比:20厚1:2.5水泥砂浆（掺0.5%防水剂）找平层 3. 每立方水泥砂浆中掺0.9千克聚丙烯抗裂纤维	m2	ZQMMHMJ	ZQMMHMJ<砖墙面抹灰面积>	
2	14-8	定	砖墙外墙抹水泥砂浆		m2	ZQMMHMJ	ZQMMHMJ<砖墙面抹灰面积>	254.61
3	− 011201001	项	墙面一般抹灰	1. 墙体类型:混凝土柱面、梁面 2. 底层厚度、砂浆配合比:20厚1:2.5水泥砂浆（掺0.5%防水剂）找平层 3. 每立方水泥砂浆中掺0.9千克聚丙烯抗裂纤维	m2	TCQMZMHMJ+TCQMLMHMJ	TCQMZMHMJ<凸出墙面柱抹灰面积>+TCQMLMHMJ<凸出墙面梁抹灰面积>	
4	14-23	定	矩形混凝土柱、梁面抹水泥砂浆		m2	TCQMZMHMJ+TCQMLMHMJ	TCQMZMHMJ<凸出墙面柱抹灰面积>+TCQMLMHMJ<凸出墙面梁抹灰面积>	310.42
5	− 011201001	项	墙面一般抹灰	1. 墙体类型:外墙 2. 面层厚度、砂浆配合比:5厚抗裂砂浆复合耐碱玻纤网格布一层	m2	QMMHMJ	QMMHMJ<墙面抹灰面积>	
6	14-28	定	墙面耐碱玻纤网格布 一层		m2	QMMHMJ	QMMHMJ<墙面抹灰面积>	37.51
7	14-35	定	抗裂砂浆抹面4mm(网格布)		m2	QMMHMJ	QMMHMJ<墙面抹灰面积>	155.91
8	− 011406001	项	抹灰面油漆	1. 刮腻子遍数:中层漆一道，封固漆一道 2. 油漆品种、刷漆遍数:外墙面真石漆两遍 3. 部位:外墙面	m2	QMMHMJ	QMMHMJ<墙面抹灰面积>	
9	17-218	定	外墙真石漆 胶带分格		m2	QMMHMJ	QMMHMJ<墙面抹灰面积>	1205.81
10	− 011001003	项	保温隔热墙面	1. 保温隔热部位:墙体 2. 保温隔热方式:外保温 3. 保温隔热材料品种、规格及厚度:1级聚苯板、55厚	m2	QMMHMJ	QMMHMJ<墙面抹灰面积>	
11	11-38 + 11-40 * 6	换	外墙外保温聚苯乙烯挤塑板 厚度25mm 砖墙面 实际厚度(mm):55		m2	QMMHMJ-PQQMZMHMJ-PQQMLMHMJ	QMMHMJ<墙面抹灰面积>-PQQMZMHMJ<平齐墙面柱抹灰面积>-PQQMLMHMJ<平齐墙面梁抹灰面积>	863.78
12	11-39 + 11-40 * 6	换	外墙外保温聚苯乙烯挤塑板 厚度25mm 砼墙面 实际厚度(mm):55		m2	PQQMZMHMJ+PQQMLMHMJ	PQQMZMHMJ<平齐墙面柱抹灰面积>+PQQMLMHMJ<平齐墙面梁抹灰面积>	921.29

图 10-57　“外墙 1”的做法

3. 室内外装修图元绘制

通过对首层平面图和首层已经绘制完成的墙图元进行分析，Ⓒ-300，①②轴间卫生间入口处需要补绘一个门洞或一道虚墙，以分隔卫生间与生产车间。

为了绘制图元的方便，室内装修以房间为单位采用点式画法进行绘制，外墙面和外墙保温层也采用点式画法进行绘制。绘制完成后的效果如图 10-58 所示。仔细观察会发现还有一些墙柱、天棚未能绘制装修构件，建议读者在表格输入中计算此部分的装修工程量，也可参照本章“拓展延伸”一节中介绍的方法建模处理。

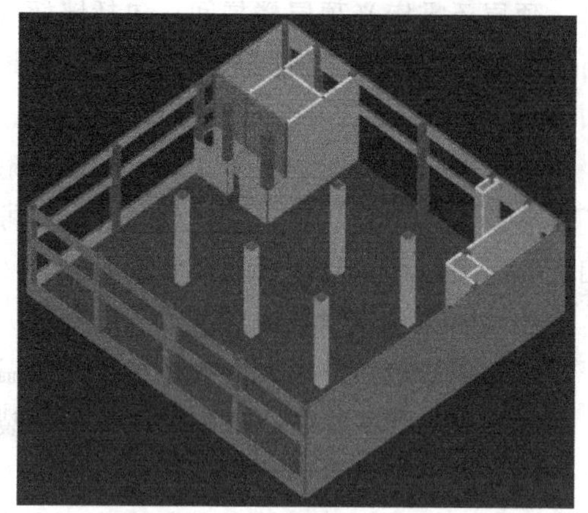

图 10-58　首层房间效果图

4. 首层装修计算结果

在“工程量”选项卡下，依次单击“汇总计算”→“首层”→“装饰”→“确定”，其计算结果（清单定额汇总表）按清单排序后见表 10-2。

表 10-2　首层装修清单定额汇总表（部分）

序号	编码	项目名称	单位	工程量明细	
				绘图输入	表格输入
实体项目					
1	010404001001	碎石垫层 垫层材料种类、配合比、厚度:450mm 厚碎石垫层夯填,素土夯实	m^3	268.857	
	1-100	原土打底夯　基(槽)坑	$10m^2$	59.941	
	4-99	碎石垫层　干铺	m^3	269.7345	
2	010404001002	碎石垫层 垫层材料种类、配合比、厚度:360mm 厚碎石垫层夯填,素土夯实	m^3	3.8862	
	1-100	原土打底夯　基(槽)坑	$10m^2$	1.0795	
	4-99	碎石垫层　干铺	m^3	3.8862	
3	010501001001	混凝土垫层 1. 混凝土种类:非泵送商品混凝土 2. 混凝土强度等级:C20 3. 厚度:100mm	m^3	60.8255	
	6-301-1 H80212114 80212115	(C15 非泵送商品混凝土)　基础无筋混凝土垫层　换为【C20 预拌混凝土(非泵送)】	m^3	61.0205	
4	010903002001	墙面涂膜防水 防水膜品种:1.2mm 厚 JS 水泥基防水涂料	m^2	33.24	

注：请登录机工教育服务网下载完整汇总表或致电客服索取。

■ 10.3 屋面做法定义与图元绘制

10.3.1 屋面做法定义

根据表 10-1，“屋面 1”的做法分为刚性防水层、柔性防水层和保温层三个分部分项工程项目，并将钢筋网并入刚性防水层，将刚性防水层的盖缝卷材并入卷材防水层，保温层中的隔离层暂套用“耐酸沥青胶泥玻璃布一布一油”子目，计价再换算隔离材料。屋面做法如图 10-59 所示。

添加清单　添加定额　删除　查询　项目特征　*fx* 换算　做法刷　做法查询　提取做法　当前构件自动套做法

	编码	类别	名称	项目特征	单位	工程量表达式	表达式说明	单价
1	− 010902003	项	屋面刚性层	1.刚性层厚度:50 2.混凝土种类:非泵送商品混凝土 3.混凝土强度等级:C30 4.钢筋规格、型号:A4@100*100	m2	MJ	MJ<面积>	
2	10-83 + 10-85 *2,H80212115 80212117	换	非泵送预拌细石砼 刚性防水屋面有分格缝 40mm厚		m2	MJ	MJ<面积>	403.71
3	5-4	定	现浇砼构件冷轧带肋钢筋		t	0.00617*4*4*(1*10+1*10)*MJ/1000	0.0062*4*4*(1*10+1*10)*MJ<面积>/1000	6460.53
4	− 011001001	项	保温隔热屋面	1.保温隔热材料品种、规格、厚度:90厚D1级挤塑聚苯板保温层 2.隔气层材料品种、厚度:0.4mm厚塑料薄膜隔离层	m2	MJ	MJ<面积>	
5	11-15	定	屋面、楼地面保温隔热 聚苯乙烯挤塑板(厚25mm)		m2	MJ	MJ<面积>	290.97
6	11-109	定	隔离层耐酸沥青胶泥玻璃布一布一油		m2	MJ	MJ<面积>	340.5
7	− 010902001	项	屋面卷材防水	1.卷材品种、规格、厚度:3厚SBS 2.防水层数:单层 3.防水层做法:热熔满铺	m2	FSMJ+(MJ/4+MJ/4)*0.2	FSMJ<防水面积>+(MJ<面积>/4+MJ<面积>/4)*0.2	
8	10-32	定	单层SBS改性沥青防水卷材(热熔满铺法)		m2	FSMJ+(MJ/4+MJ/4)*0.2	FSMJ<防水面积>+(MJ<面积>/4+MJ<面积>/4)*0.2	431.62

图 10-59　屋面做法

10.3.2 屋面图元绘制

采用智能布置法绘制屋面图元后，先“自适应斜板”，使屋面变为与屋面板倾斜度相同的斜屋面，然后设置防水卷边上翻“300”，屋面层的效果如图 10-60 所示。请读者自行完成

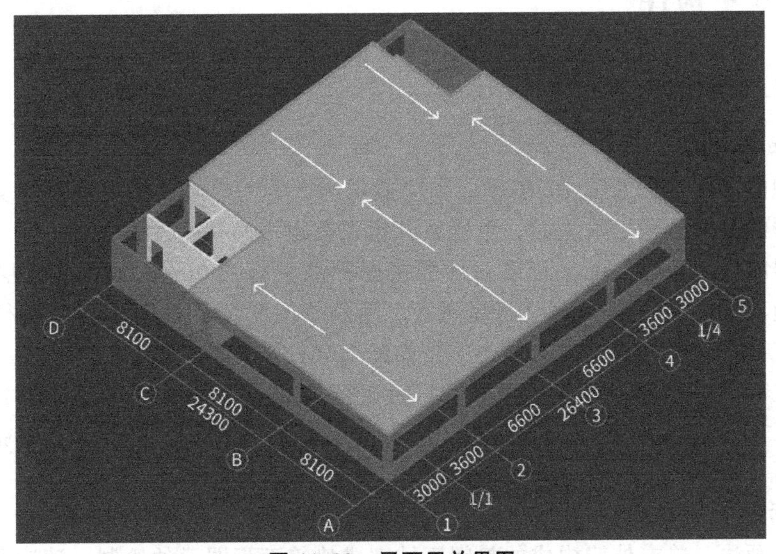

图 10-60　屋面层效果图

局部屋面层的屋面定义和绘制。

10.3.3 屋面工程量

标高 23.800m 屋面层的清单、定额汇总工程量见表 10-3。

表 10-3 标高 23.800m 屋面的清单、定额汇总工程量

序号	编码	项目名称	单位	工程量明细	
				绘图输入	表格输入
实体项目					
1	010902001001	屋面卷材防水 1. 卷材品种、规格、厚度:3mm 厚 SBS 2. 防水层数:单层 3. 防水层做法:热熔满铺	m^2	665.4651	
	10-32	单层 SBS 改性沥青防水卷材(热熔满铺法)	$10m^2$	66.54651	
2	010902003001	屋面刚性层 1. 刚性层厚度:50mm 2. 混凝土种类:非泵送商品混凝土 3. 混凝土强度等级:C30 4. 钢筋规格、型号:Φ 4@ 100×100	m^2	577.3137	
	5-4	现浇混凝土构件冷轧带肋钢筋	t	1.1399	
	10-83+10-85×2,H80212115 80212117	非泵送预拌细石混凝土 刚性防水屋面有分格缝 40mm 厚,实际厚度(mm):50 换为【C30 预拌混凝土(非泵送)】	$10m^2$	57.73137	
3	011001001001	保温隔热屋面 1. 保温隔热材料品种、规格、厚度:90mm 厚 B1 级挤塑聚苯板保温层 2. 隔气层材料品种、厚度:0.4mm 厚塑料薄膜隔离层	m^2	577.3137	
	11-15	屋面、楼地面保温隔热 聚苯乙烯挤塑板(厚 25mm)	$10m^2$	57.73137	
	11-109	隔离层耐酸沥青胶泥玻璃布 一布一油	$10m^2$	57.73137	

■ 10.4 零星构件

10.4.1 建筑面积

1. 建筑面积的定义

建筑面积的属性定义如图 10-16 所示。一般情况下不需要对其做法进行定义，当计算与建筑面积有关的分部分项工程量时，可以将其定义在建筑面积构件做法中。

如本工程的檐高超过 20m，且第四层的楼面标高正好为 20m，因此第五层且层高超过 3.6m，可以计取建筑物超高费和层高超高费。超高费的工程量以建筑面积进行计算，可将超高增加费定义在建筑面积构件的做法中，如图 10-61 所示。

第 1 行定额子目为建筑物超高增加费，第 2 行定额子目是层高超高费。本层的层高为 3.95m，超过 3.6m 时，每增高 1m（不足 0.1m 时按 0.1m 计算）按定额的 20%计算，换算系数为 0.4×0.2=0.08。

2. 建筑面积的绘制

采用点式画法，单击外墙构成的封闭区域完成建筑面积图元的绘制。请读者定义各层的

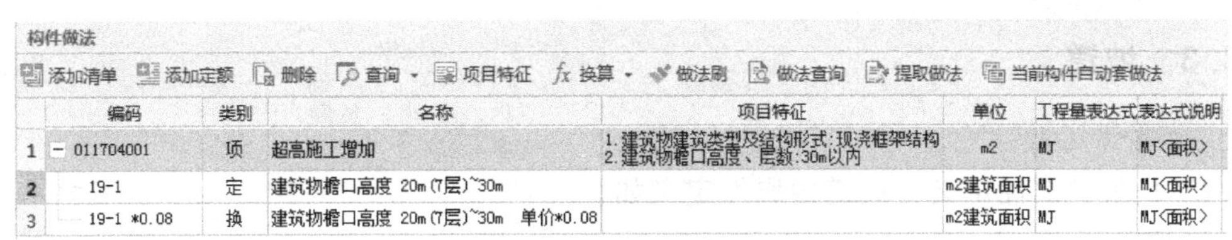

构件做法

添加清单　添加定额　删除　查询　项目特征　fx 换算　做法刷　做法查询　提取做法　当前构件自动套做法

	编码	类别	名称	项目特征	单位	工程量表达式	表达式说明
1	− 011704001	项	超高施工增加	1.建筑物建筑类型及结构形式:现浇框架结构 2.建筑物檐口高度、层数:30m以内	m2	MJ	MJ<面积>
2	19-1	定	建筑物檐口高度 20m(7层)~30m		m2建筑面积	MJ	MJ<面积>
3	19-1 *0.08	换	建筑物檐口高度 20m(7层)~30m　单价*0.08		m2建筑面积	MJ	MJ<面积>

图 10-61　建筑面积做法

建筑面积构件并绘制建筑面积图元。

10.4.2　散水

1. 散水做法定义

散水做法定义如图 10-62 所示。

构件做法

添加清单　添加定额　删除　查询　项目特征　fx 换算　做法刷　做法查询　提取做

	编码	类别	名称	项目特征	单位	工程量表达式	表达式说明	单价
1	− 010507001	项	散水	1.垫层材料种类、厚度:150厚片石灌砂夯实 2.面层厚度:50mm 3.混凝土种类:现浇 4.混凝土强度等级:C15	m2	MJ	MJ<面积>	
2	13-18 + 13-19 * 2,H80210105 80210117	换	找平层 细石混凝土 厚40mm　实际厚度(mm):50　换为【C15砼20mm32.5坍落度35~50mm】		m2	MJ	MJ<面积>	206.95
3	10-171	定	沥青砂浆伸缩缝		m	TQCD+TQCD/6*0.8+0.8*1.414*4	TQCD<贴墙长度>+TQCD<贴墙长度>/6*0.8+0.8*1.414*4	185.17
4	4-106	定	基础垫层 毛石 灌砂浆(M2.5混合砂浆)		m3	0.15*MJ	0.15*MJ<面积>	255.53

图 10-62　散水做法

2. 散水的绘制

以“外墙外边线”为参照图元，采用智能布置法绘制散水，在首层完成散水绘制后如图 10-63a 所示。

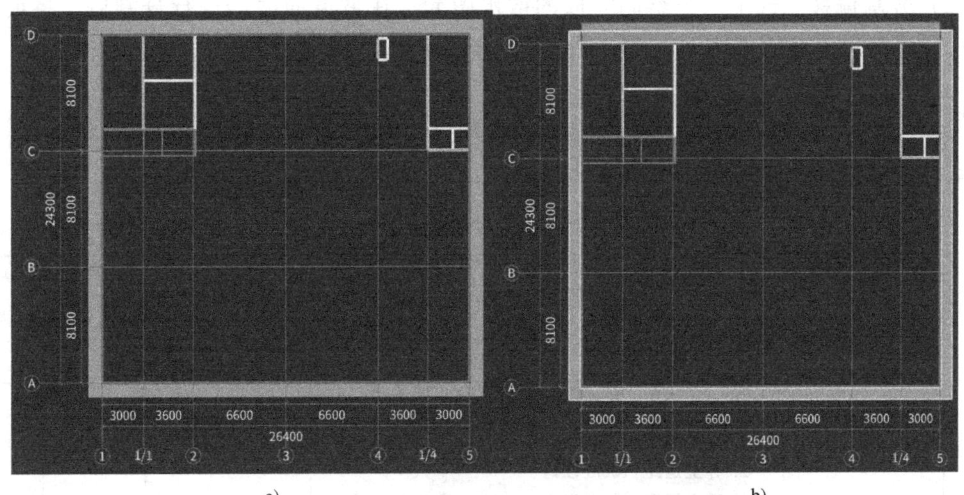

a)　　b)

图 10-63　散水、坡道

a) 散水　b) 坡道

10.4.3 坡道

1. 坡道的定义

（1）坡道的属性定义　坡道的属性定义如图 10-64 所示。

（2）坡道的做法定义　坡道的做法定义如图 10-65 所示。

2. 坡道的绘制

由于软件中未提供坡道构件，且坡道的工程量计算规则与散水相同，故可用散水构件代替。可以采用“分割删除”或“分割偏移”两种绘制方法之一进行处理。

属性列表

	属性名称	属性值	附加
1	名称	坡道	
2	厚度(mm)	50	☐
3	材质	现浇混凝土	☐
4	混凝土类型	(粒径31.5砼32.5级坍落度35~50)	☐
5	混凝土强度等级	C20	☐
6	底标高(m)	(-0.15)	☐
7	备注		☐
8	⊞ 钢筋业务属性		
11	⊞ 土建业务属性		
13	⊞ 显示样式		

图 10-64　坡道的属性定义

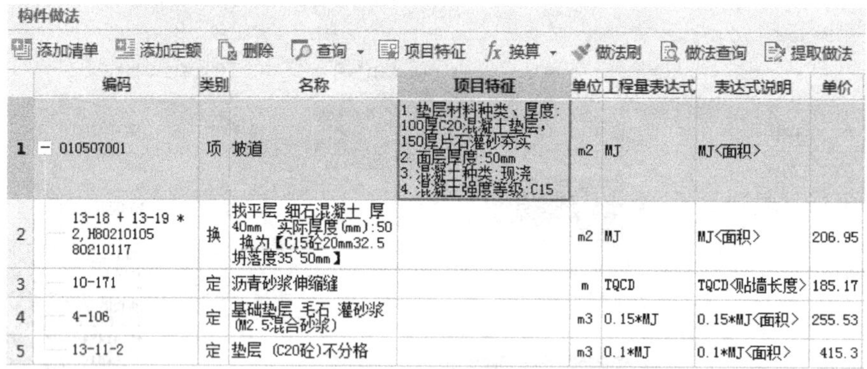
构件做法

添加清单　添加定额　删除　查询　项目特征　换算　做法刷　做法查询　提取做法

	编码	类别	名称	项目特征	单位	工程量表达式	表达式说明	单价
1	010507001	项	坡道	1. 垫层材料种类、厚度：100厚C20混凝土垫层，150厚片石灌砂夯实 2. 面层厚度：50mm 3. 混凝土种类：现浇 4. 混凝土强度等级：C15	m2	MJ	MJ〈面积〉	
2	13-18 + 13-19 * 2, H80210105 80210117	换	找平层 细石混凝土 厚40mm 实际厚度(mm)：50 换为【C15砼20mm32.5坍落度35~50mm】		m2	MJ	MJ〈面积〉	206.95
3	10-171	定	沥青砂浆伸缩缝		m	TQCD	TQCD〈贴墙长度〉	185.17
4	4-106	定	基础垫层 毛石 灌砂浆(M2.5混合砂浆)		m3	0.15*MJ	0.15*MJ〈面积〉	255.53
5	13-11-2	定	垫层 (C20砼)不分格		m3	0.1*MJ	0.1*MJ〈面积〉	415.3

图 10-65　坡道的做法定义

（1）分割删除　用散水代替坡道时，必须将坡道处的散水构件删除，否则会提示构件重叠。选中已经绘制完成的散水图元，在坡道的两端进行分割后，将坡道处的散水删除，再用矩形画法绘制坡道，如图 10-63b 所示。

（2）分割偏移　选中已经绘制完成的散水图元，在坡道的两端进行分割后，将坡道处的散水采用多边偏移的方法加宽到 1.5m 宽，如图 10-63b 所示。

10.4.4 室外零星构件工程量

室外零星构件的清单定额工程量见表 10-4。

表 10-4　室外零星构件清单定额汇总表

序号	编码	项目名称	单位	工程量明细	
				绘图输入	表格输入
实体项目					
1	010101001001	平整场地 1. 土壤类别：三类土 2. 弃土运距：100m 以内 3. 取土运距：100m 以内	m^2	651.7	
	1-98	平整场地	$10m^2$	87.21	

（续）

序号	编码	项目名称	单位	工程量明细	
				绘图输入	表格输入
实体项目					
2	010507001001	散水 1. 垫层材料种类、厚度:150mm 厚片石灌砂夯实 2. 面层厚度:50mm 3. 混凝土种类:现浇 4. 混凝土强度等级:C15	m^2	63.04	
	4-106	基础垫层　毛石　灌砂浆(M2.5 混合砂浆)	m^3	9.456	
	10-171	沥青砂浆伸缩缝	10m	9.02048	
	13-18+13-19×2,H80210105 80210117	找平层　细石混凝土　厚 40mm　实际厚度(mm):50 换为【C15 混凝土 20mm　32.5　坍落度 35~50mm】	$10m^2$	6.304	
3	010507001002	坡道 1. 垫层材料种类、厚度:100mm 厚 C20 混凝土垫层,150mm 厚片石灌砂夯实 2. 面层厚度:50mm 3. 混凝土种类:现浇 4. 混凝土强度等级:C15	m^2	39.9	
	4-106	基础垫层　毛石　灌砂浆(M2.5 混合砂浆)	m^3	5.985	
	10-171	沥青砂浆伸缩缝	10m	2.66	
	13-11-2	垫层　(C20 混凝土)不分格	m^3	3.99	
	13-18+13-19×2,H80210105 80210117	找平层　细石混凝土　厚 40mm　实际厚度(mm):50 换为【C15 混凝土 20mm　32.5　坍落度 35~50mm】	$10m^2$	3.99	
措施项目					
1	011701001001	综合脚手架 1. 建筑结构形式:现浇框架结构 2. 檐口高度:23.95m	m^2	658.3599	
	20-7+20-8×0.6	综合脚手架檐高在 12m 以上层高在 8m 内　实际高度(m):8.6	m^2 建筑面积	658.3599	

■ 10.5　拓展延伸（装修）

1. 换算子菜单

“换算”工具下包含“标准换算”“取消换算”和“查看换算信息”三项子菜单，如图 10-66 所示。在换算完成后，还可以取消换算和查看换算信息。

(1) 标准换算　由于定额的换算种类较多，同一项定额有时还需要进行多种换算，前面只介绍了“标准换算”的简单应用，本节介绍“标准换算”菜单下的其他功能。

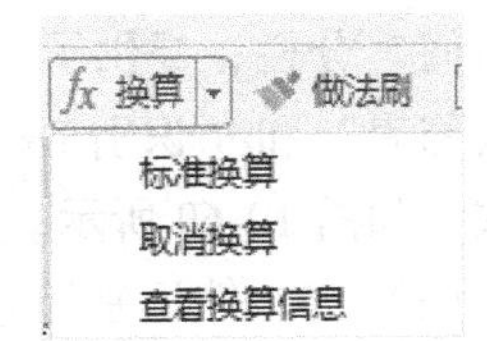

图 10-66　“换算”子菜单

仍以混凝土找平层的标准换算为例，其界面如图 10-67 所示。在此界面的左上角有四项工具：“上移”“下移”“取消换算”和“执行选项”。“上移”和“下移”用于各换算行的位置互换，“取消换算”用于还原之前所做换算；“执行选项”下有“清除原有换算”和“在原有换算上叠加”两个选项，系统默认为“在原有换算上叠加”。有些换算项目，可以勾选“换算内容”列复选框“□”，进行相应的换算。

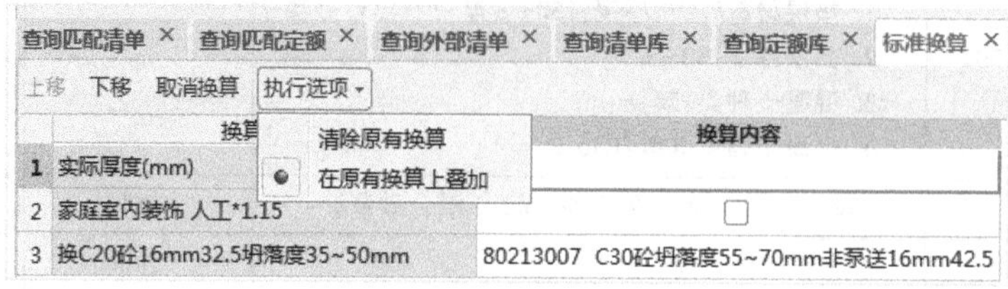

图 10-67　标准换算界面

（2）取消换算　取消换算既可以通过“标准换算”页签下的“取消换算”工具来完成，也可以通过单击右键快捷菜单中的“取消换算”完成。选中要取消换算的定额行，单击“取消换算”可将之前所做的换算全部取消，恢复定额的原始组成。

（3）查看换算信息　仍以混凝土找平层换算为例，查看换算信息页面如图 10-68 所示。在此界面可以看到对该项定额所做的所有换算的信息，如果只取消其中的某项换算，可以先选中欲取消的换算行，再单击“删除”按钮。“删除”按钮只删除选中的换算信息，而“取消换算”是将全部的换算清除。在此界面同样可以通过“上移”和“下移”按钮对换算信息行的位置进行互换。

查询匹配清单　查询匹配定额　查询外部清单　查询清单库　查询定额库　标准换算　查看换算信息

上移　下移　删除

	换算串	说明	来源
1	− 标准换算		标准换算
2	+ 13-19 * 2	实际厚度(mm):50	标准换算
3	H80210105 80213007	把人材机80210105(C20砼16mm32.5坍落度35~50mm)替换为人材机80213007(C30砼坍落度55~70mm非泵送16mm42.5)(含量不变)	标准换算

图 10-68　查看换算信息页面

2. 识别房间装修表

通过新建房间和装修构件的操作可以体会到，建立房间装修构件花费大量的时间和精力，而实际工程 CAD 图上会带有房间做法明细表，表中注明了房间的名称、位置以及房间内各种地面、墙面、踢脚、天棚、吊顶、墙裙的一系列做法名称。在掌握了房间装修构件定义的基本操作之后，可以充分利用 CAD 图提供的装修表格资源和软件提供的“识别房间装修表”功能，快速建立房间及房间依附构件。下面简单介绍“识别房间装修表”的操作。

“识别房间装修表”的功能位于“建模”选项卡的“识别房间”分栏，提供了“按构件识别装修表”、“按房间识别装修表”和“识别 Excel 装修表”三种识别房间装修表的方式，如图 10-69 所示。

按构件识别装修表
按房间识别装修表
识别Excel装修表
识别房间

图 10-69　“识别房间”选项卡

（1）按构件识别装修表　当图纸中没有体现房间与房间内各装修之间的对应关系时可以采用“按构件识别装修

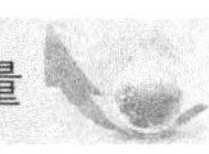

表”，如某工程的房屋装修构件做法见表 10-5，此时可以采用“按构件识别装修表”的功能快速建立装修构件，然后再与房间建立依附关系。

表 10-5　室内装修构件做法表

部位	装修构件做法
楼 1	钢筋混凝土楼面 钢筋混凝土楼板随捣随抹平 (面层及防水做法由用户处理)
楼 2	细石混凝土楼面 1. 50mm 厚 C20 细石混凝土，表面撒 1∶1 水泥砂浆，随捣随抹光，内配双向Φ 6@ 100 钢筋网片 2. 100mm 厚 C20 混凝土垫层 3. 150mm 厚片石垫层 4. 素土夯实
内墙 1	不做抹灰 基层处理，不做抹灰

“按构件识别装修表”的操作步骤如下：

单击“按构件识别装修表”工具，拉框选择装修表，单击鼠标右键确认。在“按构件识别装修表”（图 10-70）中，在第一行的空白行中单击，从下拉框中选择对应关系，单击“识别”按钮。

图 10-70　“按构件识别装修表”对话框

识别后如果发现有同名称构件，软件给出是否识别的提示，如图 10-71 所示，识别完成后，软件提示识别到的构件个数，如图 10-72 所示。

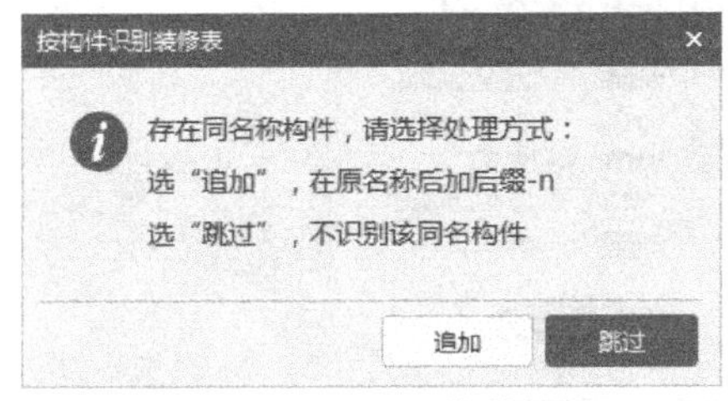

图 10-71　同名称构件提示

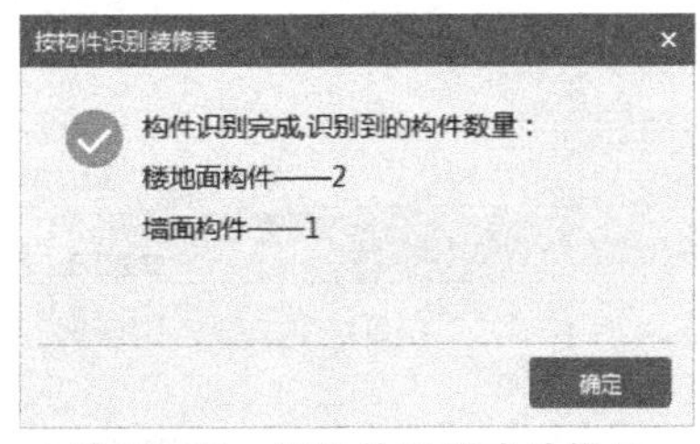

图 10-72　按构件识别成功提示

（2）按房间识别装修表　图纸中明确了装修构件与房间的关系，这时可以使用“按房间识别装修表”功能建立房间和依附构件。某工程的房间装修做法表见表 10-6 所示。

表 10-6　建筑内装修各部位做法表

房间	楼地面	内墙面	顶棚	备注
厂房	楼 1(地 1)	内墙 1	棚 1	
电梯厅、楼梯间	楼 1(地 2)	内墙 1	棚 1	
卫生间	楼 1(地 1)	内墙 1	棚 1	
其余部分	楼 1(地 1)	内墙 1	棚 1	

单击“按房间识别装修表”，按住鼠标左键拉框选择装修表，单击鼠标右键确认，弹出如图 10-73 所示的“按房间识别装修表”对话框。在第一行的空白行中单击，从下拉框中选择对应关系，单击“识别”按钮，识别成功后软件提示识别到的构件个数。

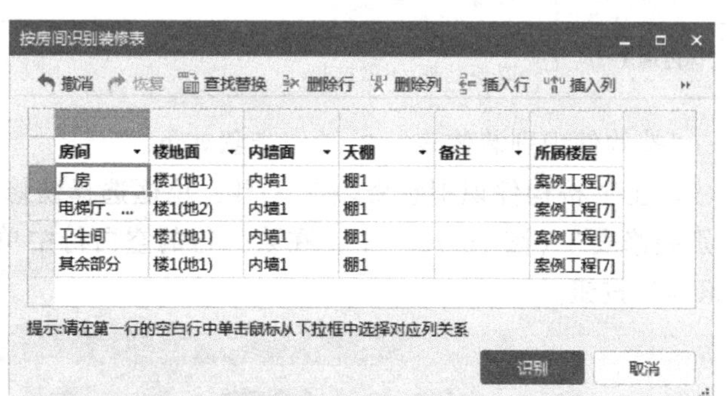

图 10-73　“按房间识别装修表”对话框

（3）识别 Excel 装修表　如果房间装修表以 Excel 文件的形式给出，可以采用“识别 Excel 装修表”的功能识别房间和装修构件。单击“识别 Excel 装修表”，弹出“识别 Excel 装修表”对话框。通过“选择”按钮选择装修表所在的 Excel 工作簿，通过“选择数据表”选择装修表所在的数据表，通过“识别方式”选择识别方式，在表格行的首行下拉选择对应列“名称”，在“类型”列选择对应装修类型，选择完成后如图 10-74 所示。单击“识别”按钮，之后的操作与“按构件识别装修表”相同，请读者自行体验。

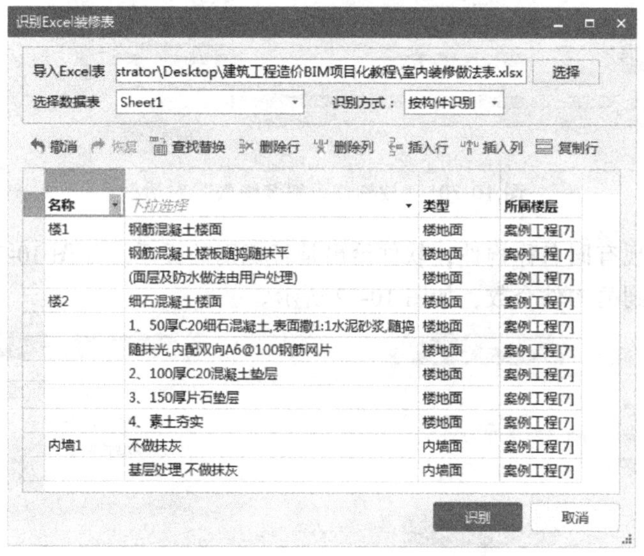

图 10-74　“识别 Excel 装修表”对话框

3. 首层卫生间顶板上部的墙、柱、梁面和天棚工程量处理

从图 10-58 可以看到，卫生间的天棚绘制在了标高为 3.1m 的卫生间顶板上，而板顶标高为 8.0m 楼板未成功绘制天棚图元；有墙的房间全部成功地绘制上了墙面图元，但卫生间顶板以上的墙、柱和梁面均未成功绘制墙面图元。

标高为 8m 的楼层顶板的天棚处理非常简单，只需在此板上绘制天棚图元即可。

（1）墙面工程量处理　Ⓒ+1200 处①轴和①~②轴间墙在卫生间顶板以上，超出了卫生间墙的顶标高，未能成功绘制墙面图元，在卫生间区域①轴和Ⓒ+1200 处分别补画 3.1m 标高以上的“墙面 1”图元，其效果如图 10-75a 所示。

（2）柱面工程量处理　柱表面未成功绘制装修图元，这就意味着此区域标高 3.1m 以上部分柱的表面不能计算装修工程量。为了计算柱表面的工程量，必须添加此部分的装修图元，以保证柱面工程量计算的准确性。建议采用独立柱装修来处理。

此时需将柱分为上下两段，下段的顶标高与卫生间顶板顶标高相同，上段的底标高与卫生间顶板顶标高相同，上段用独立柱装修图元绘制。绘制完成后的效果如图 10-75b 所示。需要注意的是，此部分的装修做法应与生产车间的墙柱面装修做法相同，而不能采用卫生间的墙面装修做法。

（3）梁面工程量处理　在卫生间顶部（标高 5.25m 处）还有四道梁，如图 10-76a 所示的未绘制装修图元，此四道梁可以采用单梁装修构件来处理，装修后如图 10-76b 所示。

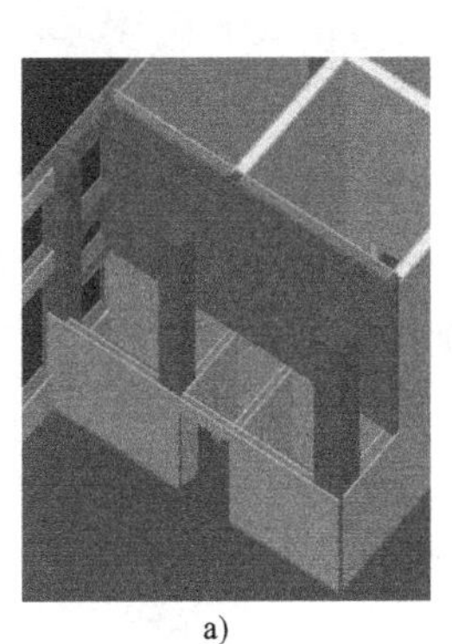

a)

b)

图 10-75　墙面工程量处理效果图

a）补绘墙面图元后　b）补绘独立柱装修后效果图

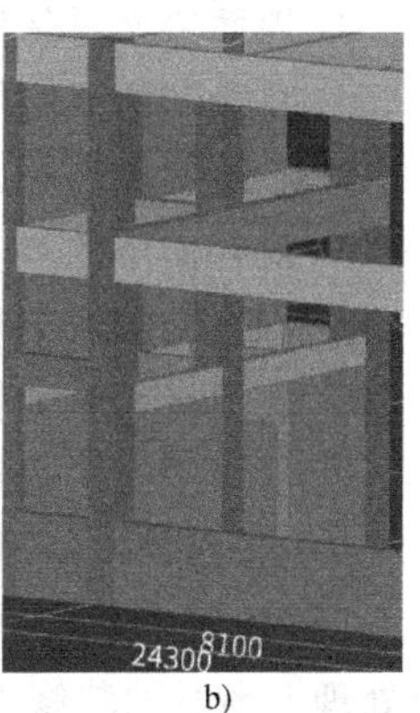

a)　b)

图 10-76　卫生间顶部梁装修前后对比图

绘制单梁装修时需要注意，不需要单梁装修的梁段要进行删除，否则会造成工程量的不准确。

4. 工程量计算规则对比

通过查看首层装修计算结果可以看到，有些项目的清单工程量与定额工程量稍有差别，如楼地面及楼地面垫层、墙面抹灰等，这是由这些项目的清单工程量与定额工程量计算规则不同造成的。

二维码 10-12
楼地面、墙面与其他构件间的扣减规则

5. 不同材质墙面装修定义的处理方式

有时设计人员对不同材质的墙面采用不同品种的抹灰砂浆，抹灰厚度有时相同，有时不同。以标注厚度均为 200mm 的剪力墙和砌块墙为例，剪力墙的实际厚度与标注厚度相同，而砌块墙的实际厚度却为 190mm。

当同一面墙上既有砌块墙，又有剪力墙时，如果按照相同厚度抹灰，每侧抹灰的厚度相差 5mm，墙面必不平整。若要保持墙面的平整性，则砌块墙面的抹灰厚度必然大于剪力墙面的抹灰厚度。

由于不同材质的墙面抹灰要求的工艺不同，有些地方的计价定额分别按不同材质墙面编制了抹灰定额，对于包含在墙面中的混凝土柱、梁面也按不同的截面形状编制了抹灰定额。因此在实际工作中，大部分情况下需要分别计算不同材质墙面和不同截面形状的柱梁面抹灰工程量。

二维码 10-13
不同材质墙面抹灰定义的处理方式

在工程实践中，经常遇到的抹灰设计要求分为以下几种情况：

1）抹灰砂浆品种和厚度均相同。

2）抹灰砂浆品种相同，而厚度不相同。

3）抹灰砂浆品种不同，厚度相同。

4）抹灰砂浆品种和厚度均不相同。

思 考 题

1. 装修构件有哪些？

2. 需要计算楼地面防水工程量时应如何定义其属性？

3. 墙面定义时保温层应如何处理？

4. 只绘制保温层图元能否计算墙面的工程量？有何不足？

5. 不绘制保温层图元有何不足？

6. 块料面层的厚度属性对哪些工程量有影响？

7. 洞口的抹灰工程量与块料工程量有何不同？

8. 墙面定义时为什么要区分不同的墙体基层？如何在做法中体现？

9. 二层楼梯间的踢脚是指哪一部分？是否需要绘制？

10. 天棚构件依附到房间时，如何确定其顶标高？

11. 独立柱装修构件的适用条件是什么？如果一根柱下半段与墙相连，上半段独立，如何处理上半段的装修工程量？

12. 单梁装修的适用条件是什么？如何绘制单梁装修？

13. 多跨梁的其中某跨需要单独装修时，应该如何处理？

14. 房间中某个依附构件发生了变化，如何快速更新？

15. 细石混凝土楼地面定额可以在“标准换算”页签进行的换算项目有哪些？

16. 水泥砂浆楼地面定额可以在“标准换算”页签进行的换算有哪些？

17. 墙面抹灰定额可以在“标准换算”页签进行的换算项目有哪些？

18. 如何在工程量代码中编辑卫生间等有水房间的楼地面防水上翻部分和门口凸出部分的工程量？

19. 卫生间楼地面的最低上翻高度有何作用？

20. 快速建立房间及其依附构件的方法有哪些？

21. 不同材质墙面抹灰砂浆品种和厚度均不同时应该如何进行做法定义？

第 11 章

基础和土方的建模与算量

学习目标

了解与基础相关的房屋建筑构件，熟悉软件中提供的各种基础及土方构件的定义、绘制与编辑方法；掌握独立基础、桩承台、基础梁和砖基础的做法定义方法，掌握垫层的做法定义方法，掌握单集水坑的做法定义方法，掌握桩的做法定义方法。

■ 11.1 基础与土方的基础知识

11.1.1 基础的基本类型

按基础使用的材料分为灰土基础、砖基础、毛石基础、三合土基础、混凝土基础、钢筋混凝土基础；按埋置深度可分为浅基础、深基础，其中埋置深度不超过 5m 者称为浅基础，大于 5m 者称为深基础；按受力性能可分为刚性基础和柔性基础；按构造形式可分为独立基础、条形基础、满堂基础和桩基础，其中满堂基础又分为筏形基础和箱形基础。下面主要从构造形式上简单介绍基础的类型。

1. 独立基础

(1) 独立基础的概念　独立基础是整个或局部结构物下的无筋或配筋基础。独立基础的常用断面形式有踏步形、锥形、杯形。材料通常采用钢筋混凝土、素混凝土等。当柱为现浇时，独立基础与柱子是整浇在一起的；当柱子为预制时，通常将基础做成杯口形，然后将柱子插入，并用细石混凝土嵌固，称为杯口基础。坐落在几个轴线交点并承载几个独立柱的基础称为联合独立基础。

(2) 独立基础平法集中标注　独立基础平法施工图有平面注写与截面注写两种方式。独立基础的平面注写方式分为集中标注与原位标注两部分内容。普通独立基础和杯口独立基础的集中标注，是在基础平面图上集中引注的内容，其中基础编号、截面竖向尺寸、配筋为必注内容，基础底面标高（当与基础底面基准标高不同时）和必要的文字注解为选注内容。

素混凝土普通独立基础的集中标注，除无基础配筋内容外均与钢筋混凝土普通独立基础相同。

1) 独立基础的编号。普通独立基础和杯口独立基础的编号规则见表 11-1。独立基础的截面形状常见的有阶形和坡形，阶形截面编号加下标“j”，如 DJ_j××，坡形截面加下标

“p”，如 DJ_p××。

表 11-1　独立基础编号

类型	基础底板截面形状	代号	序号
普通独立基础	阶形	DJ_j	××
	坡形	DJ_p	××
杯口独立基础	阶形	BJ_j	××
	坡形	BJ_p	××

2）独立基础的截面竖向尺寸。

① 普通独立基础。普通阶形独立基础的截面竖向尺寸自下而上逐级顺向标注并用“/”分开，只有一阶时只标注一个数值，如图 11-1 所示的三阶普通独立基础的截面竖向尺寸可以标注为 $h_1/h_2/h_3$；普通坡形独立基础的竖向截面尺寸也自下而上标注并用“/”分开，如图 11-2 所示的坡形普通独立基础的截面竖向尺寸可以标注为 h_1/h_2。

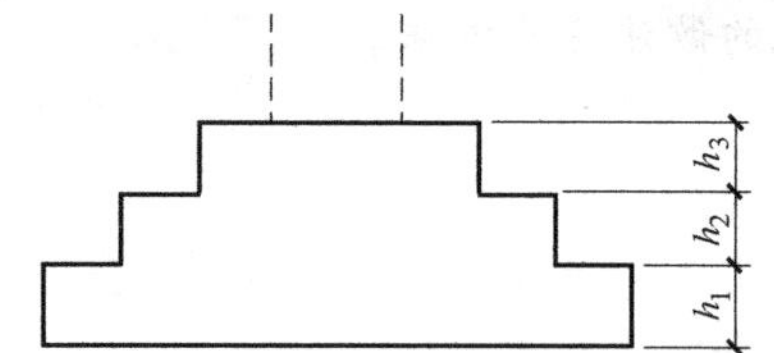

图 11-1　普通阶形独立基础截面竖向尺寸

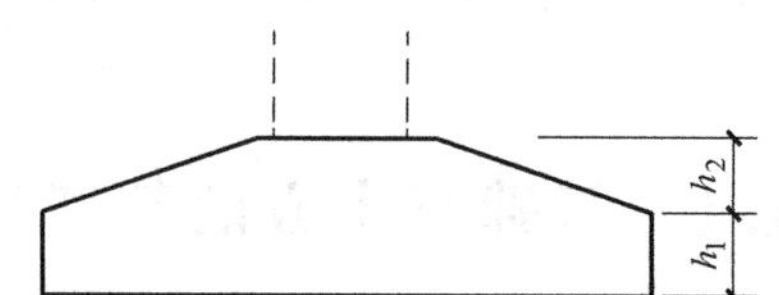

图 11-2　普通坡形独立基础截面竖向尺寸

② 杯口独立基础。杯口独立基础的截面竖向尺寸分为两组，第一组表达杯口内，第二组表达杯口外，两组尺寸以“，”分隔，注写为“a_0/a_1，$h_1/h_2/h_3$”，其含义如图 11-3 和图 11-4 所示，其中 a_0 为柱插入杯口内的尺寸加 50mm。

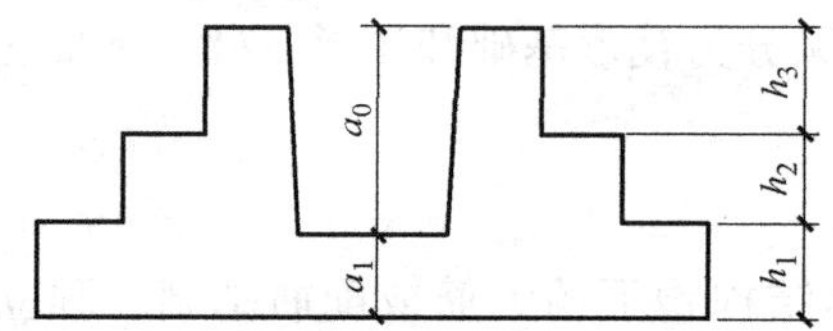

图 11-3　阶形杯口独立基础截面竖向尺寸

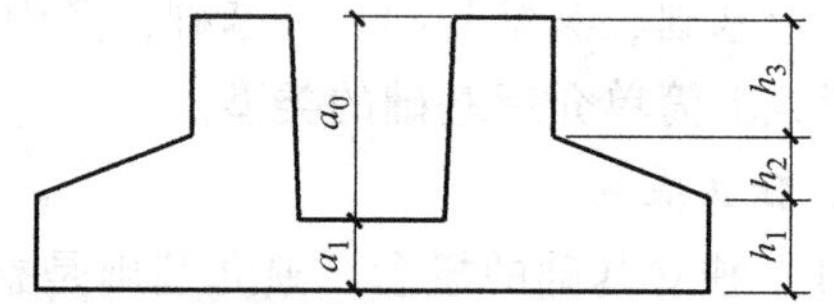

图 11-4　坡形杯口独立基础截面竖向尺寸

3）独立基础配筋。普通独立基础和杯口独立基础的双向配筋注写规定如下：

以 B 代表各种独立基础底板的底部配筋，T 代表独立基础底板的顶部配筋，X 向配筋以 X 打头注写，Y 向配筋以 Y 打头注写，当两向配筋相同时，则以 X&Y 打头注写。如当独立基础底板配筋标注为“B：X⏀16@150，Y⏀16@200”时，表示基础底部配置 HRB400 级钢筋，X 向钢筋直径为 16mm，间距为 150mm；Y 向钢筋直径为 16mm，间距为 200mm，如图 11-5 所示。

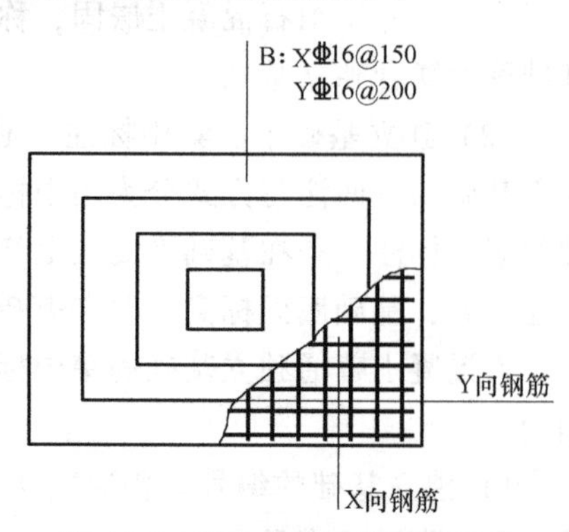

图 11-5　独立基础底部配筋示意

杯口基础顶部焊接钢筋网和高杯口独立基础的短柱配筋表示方法请读者参阅《混凝土结构施工图平面整体表示方法制图规则和构造详图（独立基础、条形

基础、筏形基础、桩基础）》（16G101-3）的相关内容。

4）基础底面标高。当独立基础的底面标高与基础底面基准标高不一致时，应将独立基础的底面标高直接注写在“（ ）”内。

5）必要的文字注解。必要的文字注解是在独立基础的设计有特殊要求时需要标注的内容。例如，基础底板配筋是否采用减短方式等。

（3）独立基础平法原位标注　独立基础原位标注的内容包括独立基础两向边长 x、y，柱截面尺寸 x_c、y_c 或直径 d_c，以及阶宽或坡形平面尺寸 x_i、y_i，当设置短柱时还应标注短柱的截面尺寸，阶形独立基础的原位标注如图 11-6 和图 11-7 所示，坡形独立基础的原位标注如图 11-8 和图 11-9 所示，带短柱的独立基础原位标注如图 11-10 所示，独立基础的设计综合表达如图 11-11 所示。

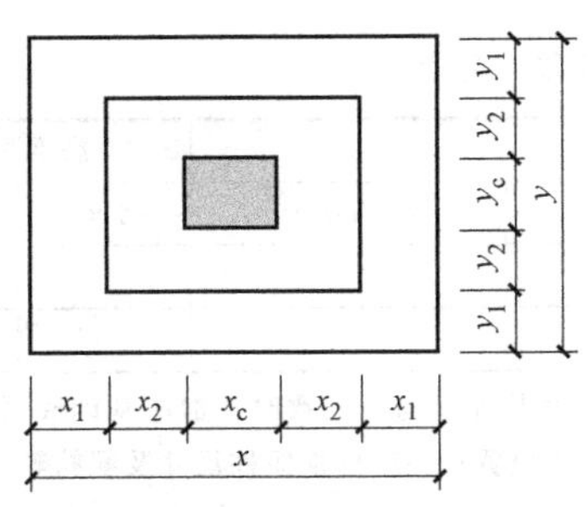

图 11-6　对称阶形截面原位标注

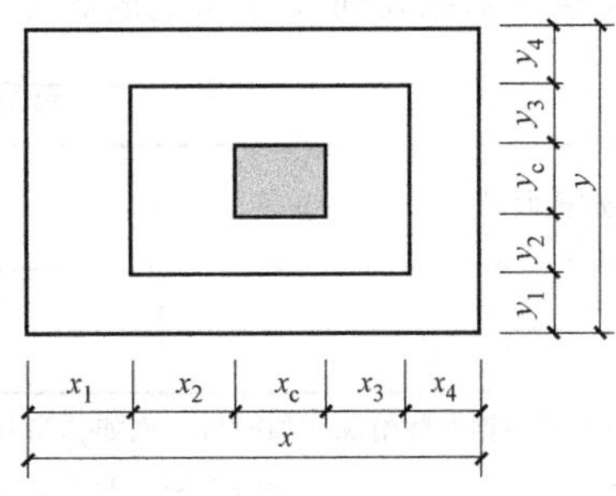

图 11-7　非对称阶形截面原位标注

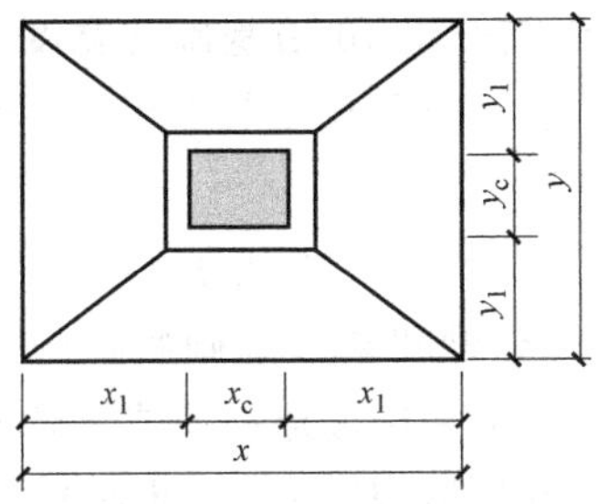

图 11-8　对称坡形截面原位标注

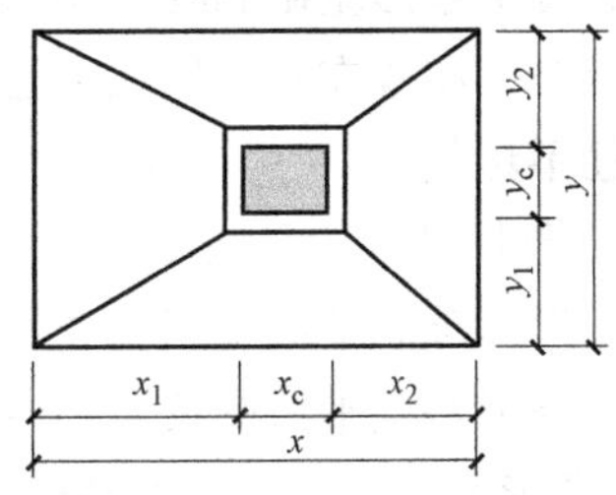

图 11-9　非对称坡形截面原位标注

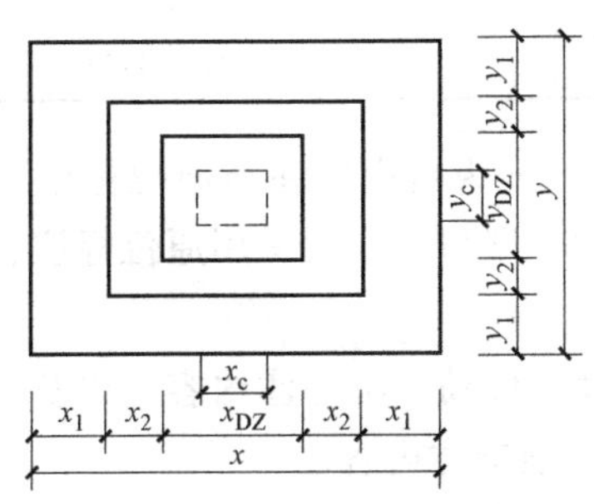

图 11-10　带短柱独立基础原位标注

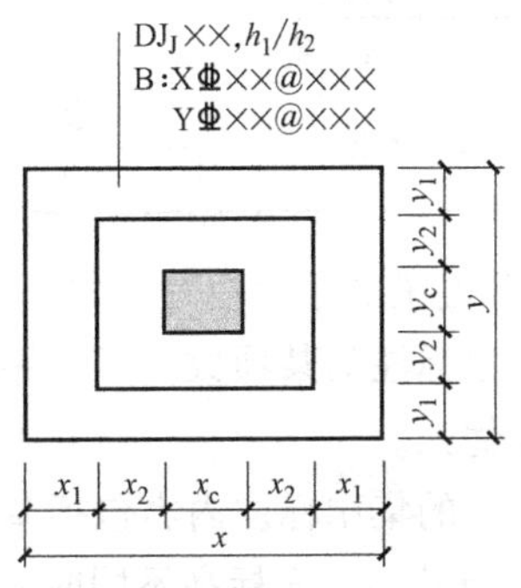

图 11-11　独立基础的设计综合表达

（4）独立基础的截面注写　独立基础的截面注写分为截面标注与表格注写两种注写方式。

对单个基础进行截面标注的内容与形式，与传统单构件正投影表示方法基本相同；对多个同类基础可以采用列表注写方式。表中内容为基础截面的几何数据和配筋等，在截面图上应标注与表中栏目相对应的代号。普通独立基础列表的具体内容规定如下：

普通独立基础列表注写栏目如下：

1）编号。阶形截面编号为 DJ_J××，坡形截面编号为 DJ_P××。

2）几何尺寸。水平尺寸 X、Y、x_c、y_c 或圆柱直径 d_c，X_i、Y_i，$i=1, 2, 3, \cdots$；竖向尺寸 $h_1/h_2/\cdots$。

3）配筋。B：X：ф××@×××，Y：ф××@×××。

普通独立基础几何尺寸和配筋表见表 11-2。

表 11-2　普通独立基础几何尺寸和配筋表

基础编号/截面号	截面几何尺寸				底部配筋	
	x、y	x_c、y_c	x_i、y_i	$h_1/h_2/\cdots$	X 向	Y 向

注：表中可根据实际情况增加栏目。例如，当基础底面标高与基础底面基准标高不一致时，加注基础底面杆高；为双柱独立基础时，加注基础顶端配筋或基础梁几何尺寸和配筋；当设置短柱时增加短柱尺寸及配筋等。

2. 条形基础

（1）条形基础的概念　条形基础是指基础长度远远大于宽度的一种基础形式。按上部结构分为墙下条形基础和柱下条形基础。基础的长度大于或等于 10 倍基础的宽度。条形基础的特点是，布置在一条轴线上且与两条以上轴线相交，有时也和独立基础相连，但截面尺寸与配筋不尽相同。

（2）条形基础的平法表达　条形基础可以分为两类，一类是梁板式条形基础，另一类是板式条形基础。平法施工图将梁板式条形基础分解为基础梁和条形基础底板分别进行表达；板式条形基础平法图仅表达条形基础底板。条形基础一般采用坡形截面或单阶形截面。

1）条形基础编号。条形基础的编号分为基础梁和条形基础底板编号，见表 11-3。

表 11-3　条形基础梁及底板编号

类型		代号	序号	跨数及有无外伸
基础梁		JL	××	(××)端部无外伸 (××A)一端有外伸 (××B)两端有外伸
条形基础底板	坡形	TJB_p	××	
	阶形	TJB_j	××	

2）基础梁的平面注写方式。基础梁的平面注写方式分为集中标注与原位标注两部分内容，当集中标注的某项数值不适用于基础梁的某部位时，则将该数值采用原位标注，施工时原位标注优先。

基础梁的集中标注内容包括基础梁编号、截面尺寸、配筋三项必注内容，以及基础梁底面标高（与基础底面标高不同时）和必要的文字注解两项选注内容。

基础梁的编号见表 11-3。基础梁的截面尺寸 $b\times h$，表示梁截面宽度与高度；当为竖向加

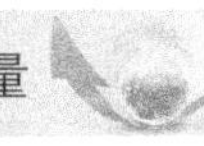

腋梁时，用 $b \times h \quad Yc_1 \times c_2$ 表示，其中 c_1 为腋长，c_2 为腋高。

当基础梁外伸部位采用变截面高度时，在该部位原位注写 $b \times h_1/h_2$，h_1 为根部截面高度，h_2 为尽端截面高度。

基础梁的配筋包括箍筋、底面配筋、顶面配筋和侧面配筋。其中底面配筋以 B 打头标注，顶面配筋以 T 打头标注。下面只介绍箍筋的注写方式，其他钢筋的标注方式、注写格式请读者参阅框架梁配筋注写相关内容，但要分清基础梁顶底配筋。

基础梁箍筋的注写方式如下：

当采用一种箍筋间距时，注写钢筋级别、直径、间距及肢数（箍筋肢数写在括号内）。当采用两种箍筋时，用“/”分隔不同箍筋，按照从基础梁两端向跨中的顺序注写。先注写第一段箍筋（在前面加注箍筋道数），在斜线后再注写第二段箍筋（不再加注箍筋道数）。

例如：9⌀16@100/⌀16@200（6）表示配置两种间距的 HRB400 的箍筋，直径为 16mm，从梁两端起向跨内按间距 100mm 每端各设置 9 道，梁其余部分的箍筋间距为 200mm，均为 6 肢箍。

基础梁的原位标注需要注写基础梁支座底部纵筋、附加箍筋或吊筋、外伸部位的变截面尺寸以及需要修正的集中标注的相关内容，具体标注的格式请读者参阅框架梁的相关内容，但要分清基础梁顶底配筋。

3）条形基础底板的平面注写方式。条形基础底板的平面注写方式分为集中标注与原位标注两部分内容，当集中标注的某项数值不适用于基础底板的某跨或某部位时，则将该数值采用原位标注在跨或该外伸部位，施工时原位标注取值优先。

条形基础底板的集中标注内容包括基础梁编号、截面尺寸、配筋三项必注内容，以及基础梁底面标高（与基础底面标高不同时）和必要的文字注解两项选注内容。注写的格式请读者参阅独立基础相关内容。

素混凝土条形基础底板的集中标注，除无底板配筋内容外与钢筋混凝土条形基础底板相同。

条形基础平面尺寸原位标注 b、b_i（$i=1, 2, 3\cdots$），其中 b 为基础底板总宽度，b_i 为基础底板台阶的宽度。当基础底板采用对称于基础梁的坡形截面或单阶形截面时，b_i 一般不注。条形基础底板平面尺寸原位标注如图 11-12 所示。条形基础平法施工图如图 11-13 所示。

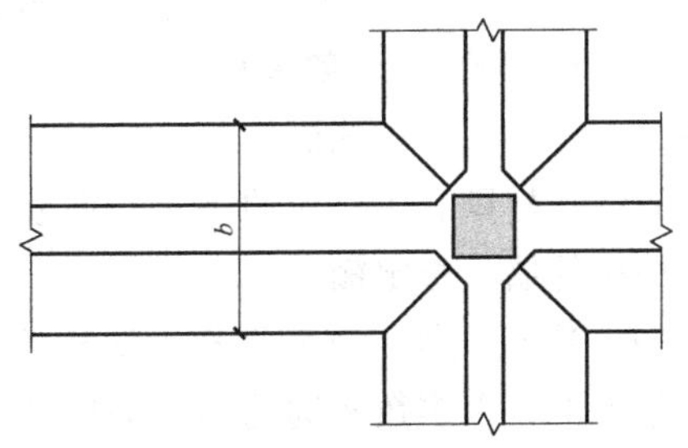

图 11-12　条形基础底板平面尺寸原位标注

4）条形基础的截面注写方式。条形基础梁和基础底板的截面注写方式分为截面标注与列表注写两种方式。截面注写方式请读者参阅独立基础相关内容。

条形基础梁的列表注写内容见表 11-4。条形基础底板的列表注写的内容见表 11-5 所示。

表 11-4　条形基础梁的列表注写内容

基础梁编号/截面号	截面几何尺寸		配筋	
	$B \times h$	竖向加腋 $c_1 \times c_2$	底部贯通纵筋+非贯通纵筋，顶部贯通纵筋	第一种箍筋/第二种箍筋

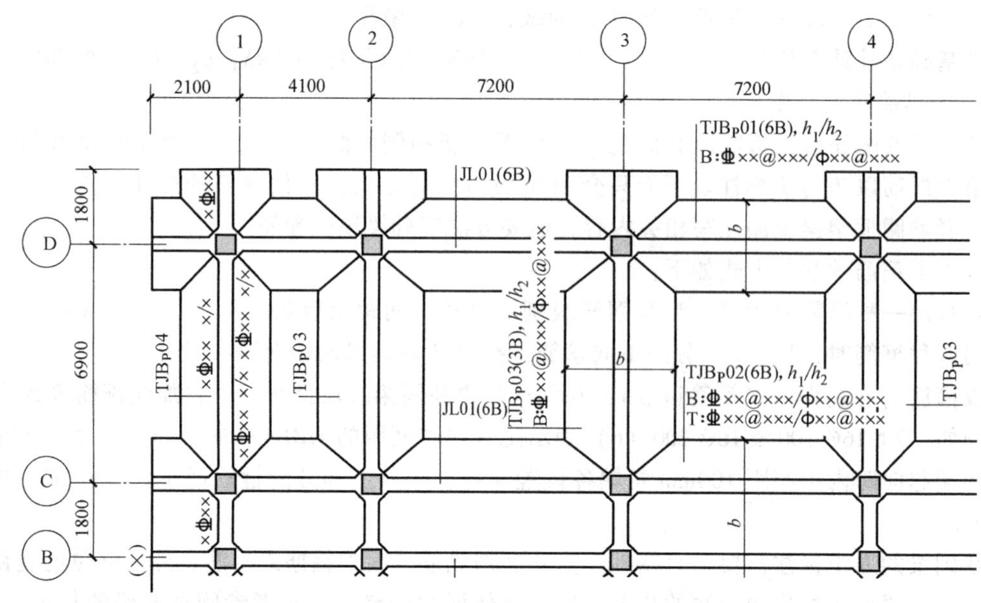

图 11-13　条形基础平法施工图

表 11-5　条形基础底板的列表注写内容

基础底板编号/截面号	截面几何尺寸			底部配筋	
	b	b_i	h_1/h_2	横向受力钢筋	纵向分布钢筋

3. 满堂基础

（1）满堂基础　用板、梁、墙、柱组合浇筑而成的基础，称为满堂基础（也称筏形基础或筏板形基础），一般有板式（无梁式）满堂基础、梁板式（片筏式）满堂基础和箱形满堂基础三种形式。板式满堂基础的板，梁板式满堂基础的梁和板等，套用满堂基础定额，而其上的墙、柱则套用相应的墙、柱定额。箱形基础的底板套用满堂基础定额，隔板和顶板则套用相应的墙、板定额。

（2）梁板式筏形基础平板平法标注　梁板式筏板基础一般与其所支承的柱、墙绘制在同一张图上，以多数相同的基础平板底面标高作为底面基准标高，根据筏板与基础梁的位置关系，梁板式平板可以分为高位板（梁顶与板顶一平）、低位板（梁底与板底一平）和中位板（板在梁的中部）。这三种板通过图纸中标注的基础梁底面与板底面的标高高差来区分。

梁板式筏形基础由基础主梁、基础次梁和基础平板构成。其编号见表 11-6。

表 11-6　梁板式筏形基础构件编号

类型	代号	序号	跨数及有无外伸
基础主梁(柱下)	JL	××	(××)端部无外伸 (××A)一端有外伸 (××B)两端有外伸
基础次梁	JCL	××	
梁板筏基础平板	LPB	××	

基础主梁与基础次梁的集中标注与原位标注如图 11-14~图 11-16 所示。

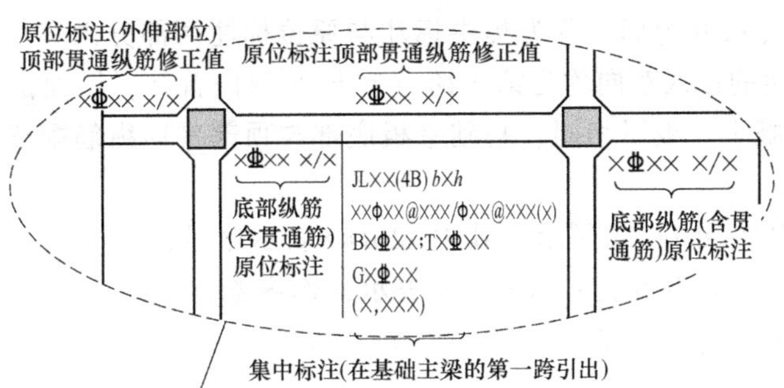

图 11-14　基础主梁集中标注

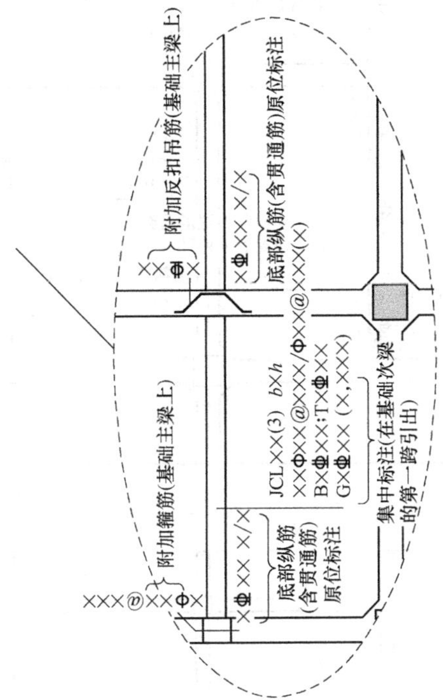

图 11-15　基础次梁集中标注

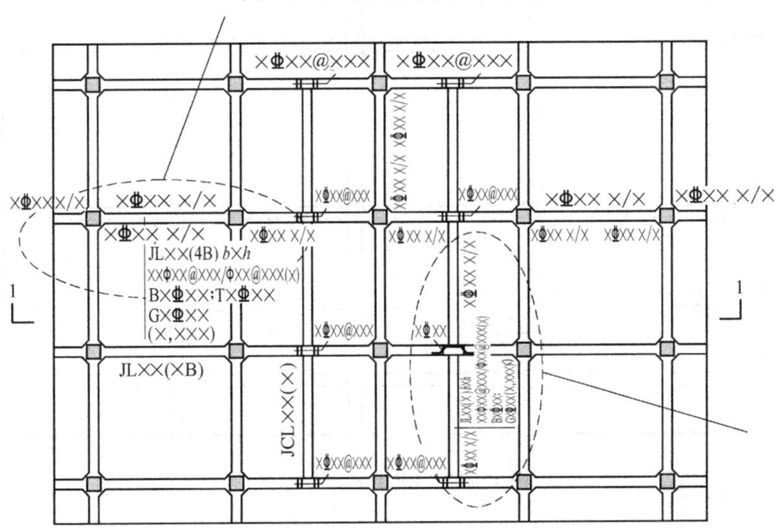

图 11-16　基础主、次梁原位标注

梁板式筏形平板 LPB 的标注分为集中标注与原位标注两部分内容，其贯通纵筋的集中标注被标注在所表达的板区双向均为第 1 跨（X 与 Y 双向首跨，图面由左至右为 X 向，由下向上为 Y 跨）的板上。板厚相同、基础平板底部与顶部贯通纵筋配置相同的区域称为同一板区。

LPB 的集中标注如图 11-17 所示。其中 LPB××表示序号，h = ×××表示板厚，X 表示 X 方向，Y 表示 Y 方向，B 表示底部纵筋，T 表示顶部纵筋，（4B）表示在 X 向两端均有外伸，（3B）表示在 Y 向均有外伸。

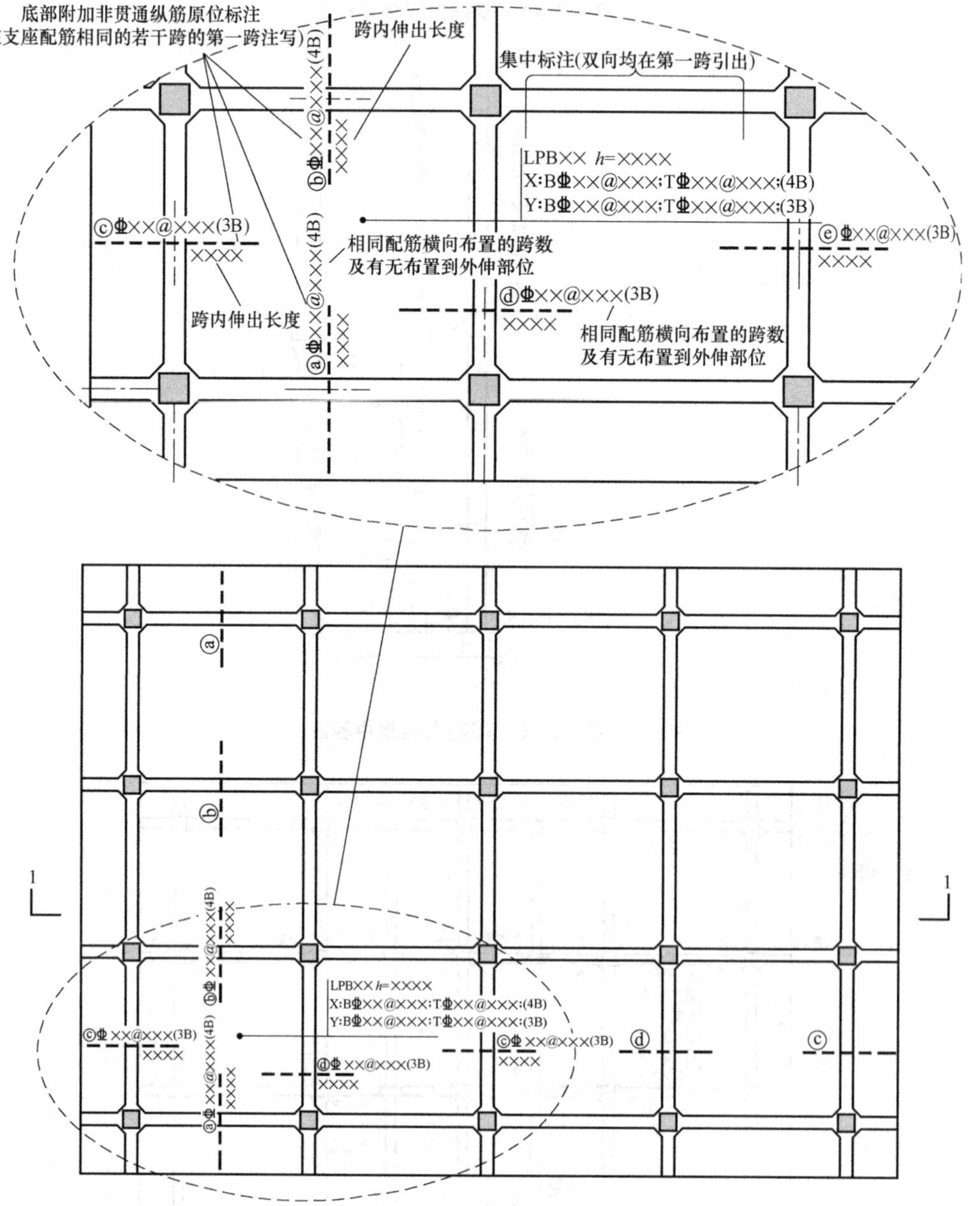

图 11-17　LPB 的集中标注

（3）平板式筏板基础的平法表示　平板式筏板基础的代号为 BPB，其配筋的平法表示如图 11-18 所示。各个符号的意义与 LPB 相同。

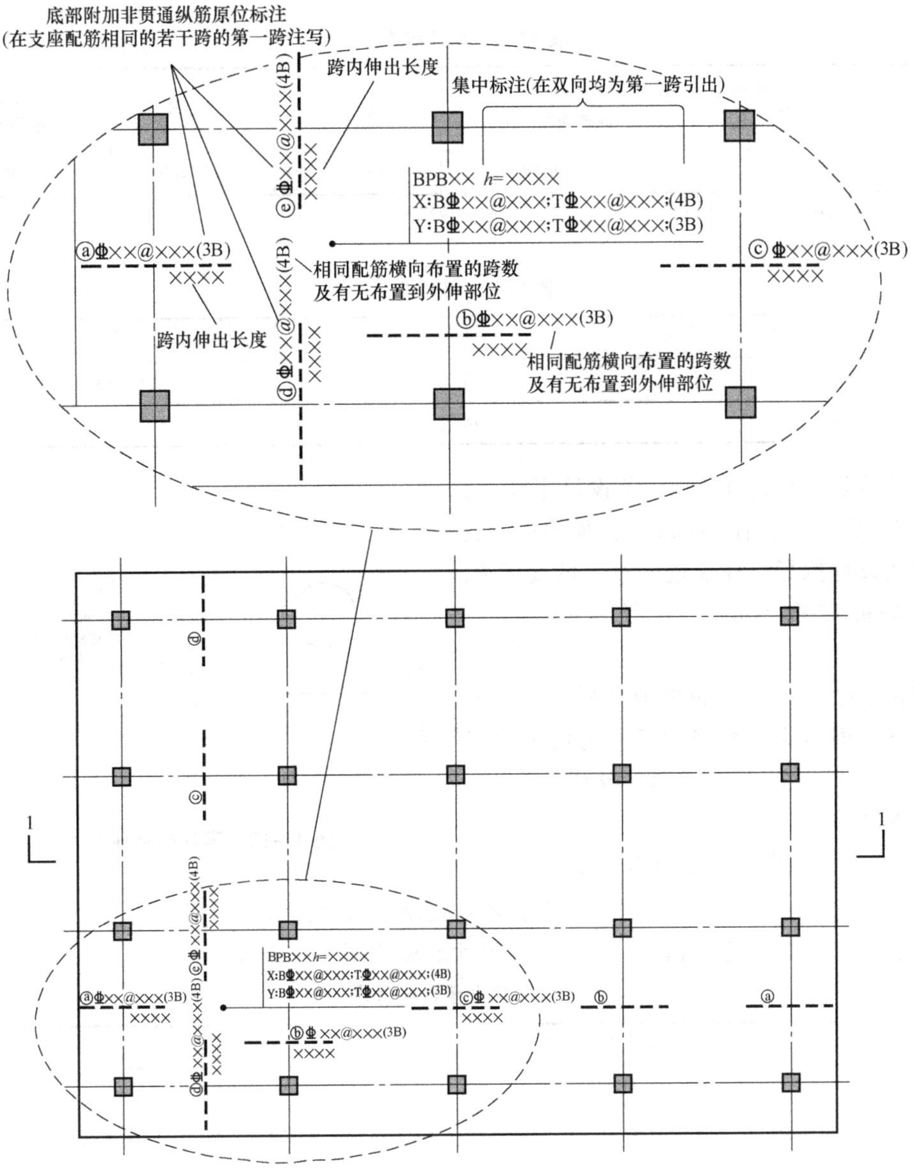

图 11-18　平板式筏板基础的平法表示

4. 桩基础

（1）桩基础的类型　桩是将建筑物的全部或部分荷载传递给地基土并具有一定刚度和抗弯能力的传力构件，其横截面尺寸远小于其长度。而桩基础是由埋设在地基中的多根桩（称为桩群）和把桩群联合起来共同工作的桩承台两部分组成。请读者扫描下方的二维码了解桩基础的类型。

二维码 11-1
桩基础的类型

（2）灌注桩平法施工图表示方法　灌注桩在平面施工图上可以采用列表注写方式和平面注写方式。列表注写方式是在平面布置图上分别标注定位尺寸，在桩表中注写桩编号、桩尺寸、纵筋、螺旋箍筋、柱顶标高、单桩竖向承载力特征值，见表 11-7，其中桩编号见表 11-8。

表 11-7 灌注桩表

桩号	桩径 D/mm × 桩长 L/m	通长等截面配筋全部纵筋	箍筋	桩顶标高/m	单桩竖向承载力特征值/kN
GZH1	800×16.700	10 ⌀ 18	L ⌀ 8@ 100/200	−3.400	2400

注：1. 表中可根据实际情况增加栏目，如为扩底灌注桩时应增加扩底端尺寸。

2. 表中 L 代表螺旋箍筋。

表 11-8 桩编号

类型	代号	序号
灌注桩	GZH	××
扩底灌注桩	GZH_k	××

当钢筋笼长度超过 4m 时，若设计未注明，则应每隔 2m 设一道直径 12mm 焊接加劲箍，设计注明时按设计执行。柱顶进入承台的高度 h，柱径 < 800mm 时取 50mm，柱径 ≥ 800mm 时取 100mm。

灌注桩平面注写方式的规则同列表注写方式，将表格中内容除单桩竖向承载力特征值以外集中标注在灌注桩上，如图 11-19 所示。

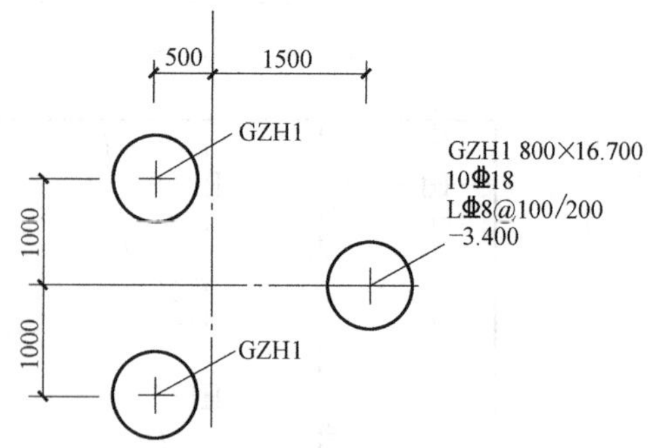

图 11-19 灌注桩平面注写

（3）桩承台施工图表示方法

1）独立承台的集中标注的内容除包括承台编号、截面竖向尺寸、配筋三项必注内容，还包括承台板底面标高、必要的文字注解两项选注内容。桩承台的编号见表 11-9。截面竖向尺寸的标注同独立基础。

表 11-9 独立承台编号表

类型	独立承台截面形状	代号	序号	说明
独立承台	阶形	CT_j	××	单阶截面即为平板式独立承台
	坡形	CT_p	××	
杯口独立承台	阶形	BCT_j	××	
	坡形	BCT_p	××	

2）独立承台配筋。独立承台的配筋以 B 打头注写底部配筋，以 T 打头注写顶部配筋。

矩形承台 X 向配筋以 X 打头，Y 向配筋以 Y 打头，当两向配筋相同时则以 X&Y 打头。

当为等边三桩承台时，以“△”打头，注写三角布置的各边受力钢筋（注明根数并在配筋值后注写“×3”），在“/”后注写分布钢筋，不设分布钢筋时不注写。

当为等腰三桩承台时，以“△”打头，注写等腰三角形底边的受力钢筋+两对称斜边的受力钢筋（注明根数并在两对称配筋值后注写“×2”），在“/”后注写分布钢筋，不设分布钢筋时不注写。

当为多边形（五边形或六边形）承台或异形承台，且采用 X 向和 Y 向正交配筋时，注写方式与矩形独立承台相同。

两桩承台可按承台梁进行标注。

独立承台的原位标注主要标注承台的平面尺寸，请读者参阅《混凝土结构施工图 平面整体表示方法制图规则和构造详图（独立基础、条形基础、筏形基础、桩基础）》（16G101-3）的相关内容。

（4）承台梁的平法表示 承台梁的代号为“CTL”，编号的表示方法以及集中标注的内容均与基础梁相同。原位标注注写承台梁的附加箍筋或吊筋以及集中标注的修正内容。

11.1.2 基础相关构件

基础相关构件包括基础联系梁、后浇带、上柱墩、下柱墩、基坑等，其编号见表 11-10。

表 11-10 基础相关构件类型与编号

构件类型	代号	序号	说 明
基础联系梁	JLL	××	用于独立基础、条形基础、桩基承台
后浇带	HJD	××	用于梁板、平板筏基础、条形基础等
上柱墩	SZD	××	用于平板筏基础
下柱墩	XZD	××	用于梁板、平板筏基础
基坑(沟)	JK	××	用于梁板、平板筏基础
窗井墙	CJQ	××	用于梁板、平板筏基础
防水板	FBPB	××	用于独基、条基、桩基加防水板

1. 基础联系梁

（1）基础联系梁的概念 基础联系梁是指直接以垫层顶为底模板的梁，一般用于框架结构、框架剪力墙结构，框架柱落于基础梁上或基础梁交叉点上，其主要作用是作为上部建筑的基础，将上部荷载传递到地基上。基础联系梁主要用于独立基础、条形基础和桩承台之间的联系。

（2）基础联系梁的平面表示 基础联系梁的代号为 JLL，编号原则与注写方法请读者参阅非框架梁相关内容。

2. 后浇带

（1）后浇带的概念 根据国家标准《混凝土结构工程施工规范》（GB 50666—2011）第 2.0.10 条后浇带的定义，后浇带是为适应环境温度变化、混凝土收缩、结构不均匀沉降等因素影响，在梁、板（包括基础底板）、墙等结构中预留的具有一定宽度且经过一定时间后再浇筑的混凝土带。

（2）后浇带的平法表示 后浇带的代号为 HJD，其平面形状及定位由平面布置图表达。后浇带留筋方式和后浇混凝土强度等级等引注内容表达：留筋方式分为贯通和 100%搭接两种；混凝土一般采用补偿收缩混凝土，强度等级比所在构件强度等级高一级。贯通留筋的后浇带宽度通常取大于或等于 800mm，100%搭接留筋的后浇带宽度取 800mm 和（L_1+60mm）的较大值。后浇带引注图示如图 11-20 所示。

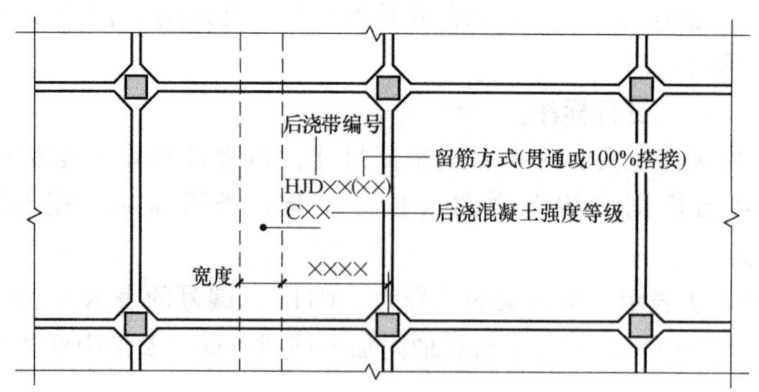

图 11-20　后浇带引注图示

3. 柱墩

二维码 11-2
柱墩平法标注

柱墩又称墩基，分为上柱墩（SZD）和下柱墩（XZD）。上柱墩是根据平板式筏板基础受剪或受冲切承载力的需要，在板顶面以上混凝土柱的根部设置的混凝土墩。下柱墩是根据平板式筏形基础受剪或受冲切承载力的需要，在柱的所在位置、基础平板底面以下设置的混凝土墩。

4. 集水坑

集水坑的作用是将大面积浅的水收集成小面积深的水，方便抽水，常见于地下室。这种集水坑在平法图集中称为基坑，要与土方工程中的基坑区别开来。

基坑的代号为 JK，应注写编号 JK××和几何尺寸。其几何尺寸按“基坑深度 h_k/基坑平面尺寸 $x×y$”的顺序注写，表达为 $h_k/x×y$。x 为 X 方向基坑宽度，y 为 Y 方向基坑宽度，在平面图上应标注基坑的平面尺寸。基坑引注的内容如图 11-21 所示。

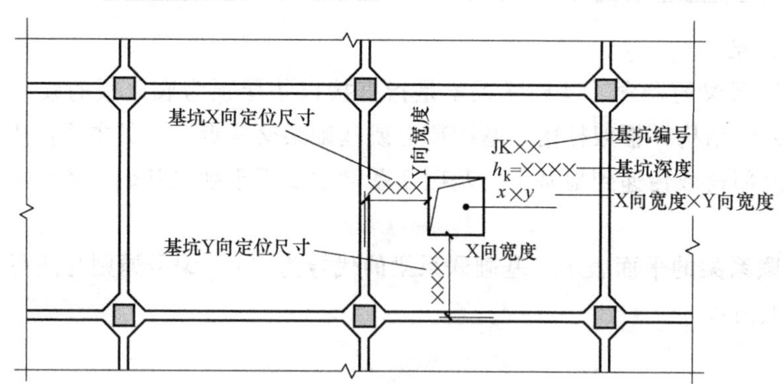

图 11-21　基坑引注图示

5. 地沟

地沟是指屋面雨水管接到散水上后在散水边做的排水沟或者供电缆、给水排水、通风、供热管道等铺设的管道。地沟分明和暗两种，地沟需要配备地沟盖板。

11.1.3　土方

土方一般分为挖基坑土方、挖沟槽土方、挖一般土方和回填土方。基坑是一个统称，在不同的情况下有不同的定义。例如，在《混凝土结构施工图平面整体表示方法制图规则和

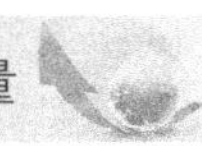

构造详图（独立基础、条形基础、筏形基础、桩基础）》（16G101-3）、《建筑基坑支护技术规程》（JGJ 120—2012）和《房屋建筑与装饰工程工程量计算规范》（GB 50854—2013）中，对基坑都有不同的定义。下面按《房屋建筑与装饰工程工程量计算规范》中的规定进行介绍。

1. 基坑简介

基坑是在基础设计位置按基底标高和基础平面尺寸所开挖的土坑。基坑属于临时性工程，其作用是提供一个空间，使基础的砌筑作业得以按照设计所指定的位置进行。基坑分为三级，一级基坑是指重要工程或支护结构做主体结构的一部分，开挖深度大于10m，与邻近建筑物、重要设施的距离在开挖深度以内的基坑，基坑范围内有历史文物、近代优秀建筑、重要管线等需要严加保护的基坑。三级基坑是指开挖深度小于或等于7m且周围环境无特殊要求的基坑。二级基坑是指一级基坑和三级之外的基坑。基坑深度较大时需要采用一定的支护措施，常见的支护措施见表11-11。开挖这类基坑时的土方涉及的支护措施则应按相应分部计算工程量。

表11-11　常见支护形式

基坑类型	浅基坑	深基坑
支护措施	锚拉支撑	土钉墙支护
	斜柱支撑	钢板桩支护
	连续式垂直支撑	水泥土墙支护
	间断式水平支撑	排桩内支撑支护
	断续式水平支撑	排桩土层锚杆支护
	短柱横隔式支撑	挡土灌注排桩或地下连续墙支护
	临时挡土墙支撑	

2. 土方分类

（1）挖基坑土方　为方便独立基础的施工而分别为每个独立基础开挖的长宽比不超过3且底面积不超过150m^{2}的坑称为基坑，开挖基坑形成的土方称为挖基坑土方。

（2）挖基槽土方　为配合条形基础施工而开挖的底宽在7m以内，且底长大于3倍底宽的槽形坑称为基槽，其挖方过程称为基槽开挖。

（3）挖一般土方　凡沟槽底宽在7m以上，基坑底面面积150m^{2}以上的挖土称为一般开挖或大开挖。大开挖施工完成后的回填称为大开挖回填，根据回填材料的不同分为一般原土回填和灰土回填。

（4）回填土方　回填土方是建筑工程的填土，主要有地基填土、基坑（槽）或管沟回填、室内地坪回填、室外场地回填平整等。

回填方法分为人工填土和机械填土（推土机填土、铲运机填土、汽车填土）两类。压实方法一般有碾压法、夯实法和振动压实法以及利用运土工具压实。根据回填材料的不同分为原土回填和灰土回填。

11.1.4　软件基本功能介绍

本节只介绍各类构件的属性定义和绘制方法，做法定义请读者参阅后续内容。

1. 软件提供的基础构件类型

软件在“基础”构件类型下提供了“基础梁”“筏板基础”“独立基础”“条形基础”“桩承台”“桩”“集水坑”“地沟”“柱墩”“基础板带”“垫层”“砖胎模”“筏板主筋”和“筏板负筋”等构件，在“其他”构件类型下提供了后浇带构件。

2. 构件的定义和绘制

（1）基础梁的属性定义和绘制

1）基础梁的属性定义。基础梁的属性定义如图 11-22 所示，其中类别可以选择“基础主梁”“基础次梁”和“承台梁”，其他属性与框架梁相同。

2）基础梁的绘制。基础梁的绘制与 CAD 识别转化方法，请读者参阅框架梁相关内容。

（2）筏板的属性定义和绘制

1）属性定义。筏板的属性定义如图 11-23 所示。

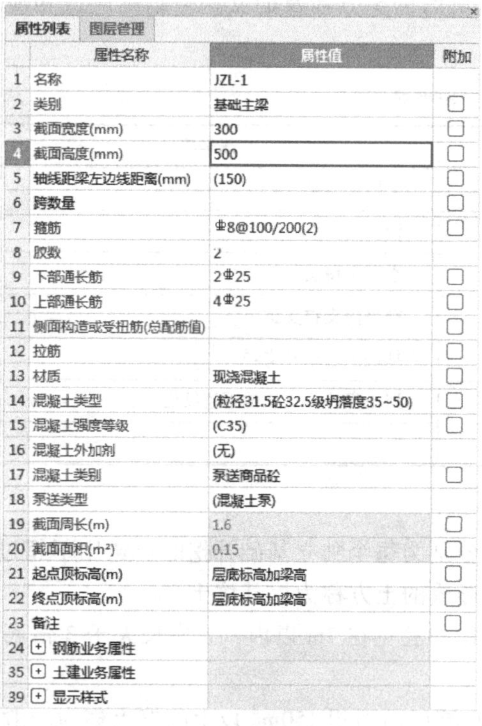

属性列表　图层管理

	属性名称	属性值	附加
1	名称	JZL-1	
2	类别	基础主梁	☐
3	截面宽度(mm)	300	☐
4	截面高度(mm)	500	☐
5	轴线距梁左边线距离(mm)	(150)	☐
6	跨数量		☐
7	箍筋	⌀8@100/200(2)	☐
8	肢数	2	
9	下部通长筋	2⌀25	☐
10	上部通长筋	4⌀25	☐
11	侧面构造或受扭筋(总配筋值)		☐
12	拉筋		☐
13	材质	现浇混凝土	☐
14	混凝土类型	(粒径31.5砼32.5级坍落度35~50)	☐
15	混凝土强度等级	(C35)	☐
16	混凝土外加剂	(无)	
17	混凝土类别	泵送商品砼	☐
18	泵送类型	(混凝土泵)	
19	截面周长(m)	1.6	☐
20	截面面积(m²)	0.15	☐
21	起点顶标高(m)	层底标高加梁高	☐
22	终点顶标高(m)	层底标高加梁高	☐
23	备注		☐
24	⊞ 钢筋业务属性		
35	⊞ 土建业务属性		
39	⊞ 显示样式		

图 11-22　基础梁属性定义

属性列表　图层管理

	属性名称	属性值
1	名称	FB-1
2	厚度(mm)	(500)
3	材质	现浇混凝土
4	混凝土类型	(粒径31.5砼32.5级
5	混凝土强度等级	(C35)
6	混凝土外加剂	(无)
7	泵送类型	(混凝土泵)
8	类别	有梁式
9	顶标高(m)	层底标高+0.5
10	底标高(m)	层底标高
11	混凝土类别	泵送商品砼
12	备注	
13	⊟ 钢筋业务属性	
14	其它钢筋	
15	马凳筋参数图	
16	马凳筋信息	
17	线形马凳筋方向	平行横向受力筋
18	拉筋	
19	拉筋数量计算方式	向上取整+1
20	马凳筋数量计算方式	向上取整+1
21	筏板侧面纵筋	
22	U形构造封边钢筋	
23	U形构造封边钢筋弯折长度(mm)	max(15*d,200)
24	归类名称	(FB-1)
25	保护层厚度(mm)	(40)
26	汇总信息	(筏板基础)
27	⊞ 土建业务属性	
31	⊞ 显示样式	

图 11-23　筏板的属性定义

① 拉筋：当有侧面纵筋时，软件按“计算设置”→“钢筋”中的设置自动计算拉筋信息。当前构件需要特殊处理时，可以根据实际情况输入。筏板拉筋的布置方式有矩形布置和梅花布置两种方式，如图 11-24 所示，软件默认为矩形布置。

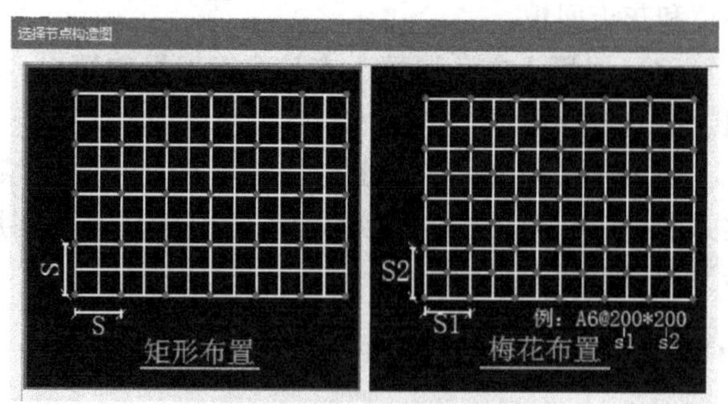

图 11-24　筏板拉筋的布置方式

② 拉筋数量计算方式：设置拉筋根数的计算方式，默认取“计算设置”

中设置的计算方式。拉筋数量的计算方式有三种，即“四舍五入+1”“向上取整+1”和“向下取整+1”，软件默认为“向上取整+1”。

③ 马凳筋数量计算方式：设置马凳筋根数的计算方式，默认取“计算设置”中设置的计算方式。同拉筋数量计算方式。

④ 筏板侧面纵筋：用于计算筏板边缘侧面钢筋的计算。输入格式：级别+直径+间距或者数量+级别+直径，如⌀14@200或4⌀14。

⑤ U形构造封边钢筋：板边缘侧面封边采用该钢筋时，在此输入封边筋属性。输入格式：级别+直径+@+间距，如⌀16@200。

⑥ U形构造封边钢筋弯折长度：软件按“计算设置”→“钢筋”中的设置自动生成U形构造封边筋弯折长度。当前构件需要特殊处理时，可以根据实际情况输入。

其他属性与现浇板相同。

2）筏板的绘制与编辑。筏板的绘制与编辑选项卡如图11-25所示。基础筏板绘制方法请读者参阅现浇板相关内容；“筏板基础二次编辑”功能中的“智能布置”，根据实际情况选择适当的参照图元，其参照图元可以是外墙外边线、基础梁外边线、大开挖土方和面式垫层，请读者自行体验。下面介绍“设置变截面”和“设置边坡”工具的使用，“生成土方”工具请读者参阅后续内容。

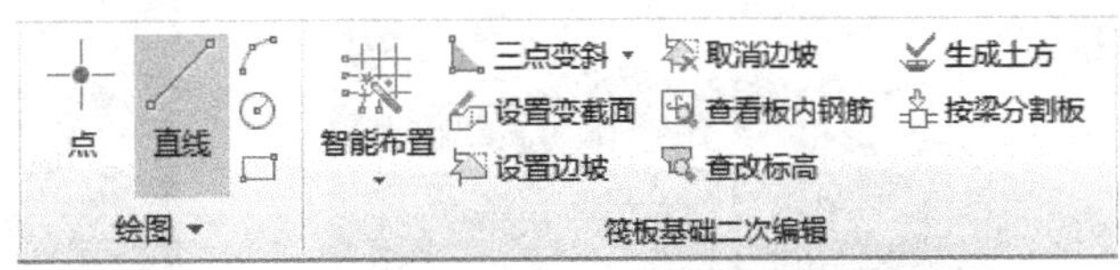

图11-25 筏板的绘制与编辑方法

① 设置变截面。在实际工程中，经常遇到筏板因厚度不同或标高不同，导致变截面处钢筋需要特殊处理，此时可以利用软件提供的“设置变截面”功能来完成。其操作步骤如下：

选择需要设置变截面的两个筏板图元，单击鼠标右键确认，弹出“筏板变截面定义”对话框，如图11-26所示。修改对话框中设置变截面的参数，单击“确定”按钮即可设置成功。请读者按以上操作步骤自行体验。

② 设置边坡。实际工程中，筏板边缘有时不是立面垂直，如图11-27所示，钢筋需要特殊处理时可以采用软件提供的“设置边坡”功能来完成。其操作步骤如下：

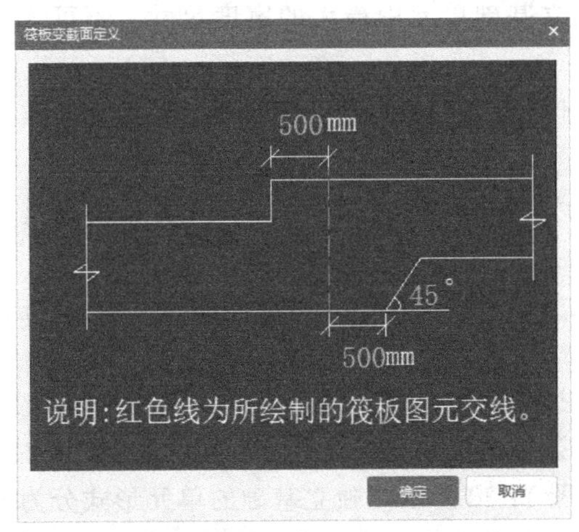

图11-26 “筏板变截面定义”对话框

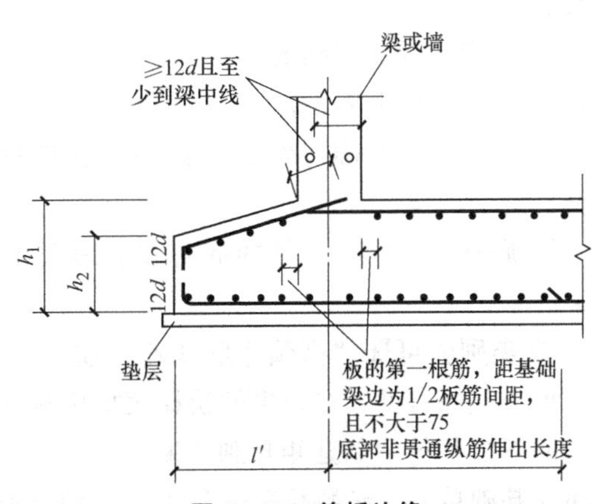

图11-27 筏板边缘

单击“设置边坡”，点选或框选边坡后，弹出可供选择的边坡类型如图 11-28 所示。在快捷工具条上选择设置“所有边”或“多边”。

当选择“所有边”时，点选或框选要设置边坡的筏板图元，单击鼠标右键确认，弹出“设置筏板边坡”对话框；当选择“多边”时，则可单击需要设置边坡的筏板边，选中的筏板边线呈现绿色，单击鼠标右键确认后同样弹出“设置筏板边坡”对话框，如图 11-28 所示。选择需要设置的边坡样式，修改相应的参数值后，单击“确定”按钮设置成功。请读者按以上操作步骤自行体验。

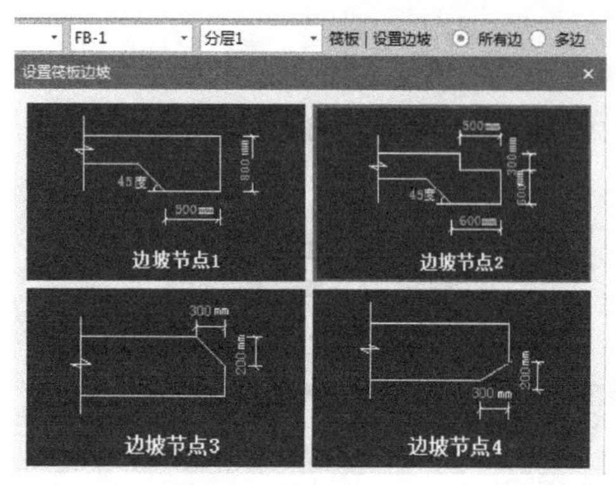

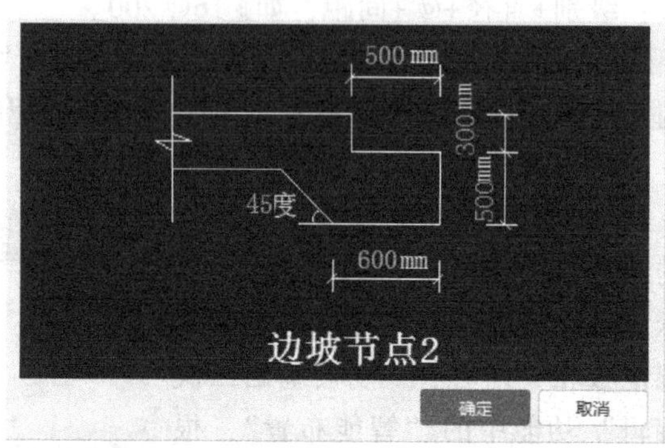

图 11-28 设置边坡

（3）独立基础的属性定义与绘制

1）独立基础的属性定义。独立基础分为矩形独立基础和自定义独立基础，下面以矩形独立基础（名称为 DJ-1）为例介绍独立基础的属性定义。前已述及，独立基础可以是一级或多级的阶形或坡形，每一级均是独立基础中的一个单元，故独立基础构件属于复杂构件，需要建立其构成单元。在未建立独立基础单元之前，其属性如图 11-29a 所示。其属性的意义如下：

① 名称：根据图纸输入独立基础名称，如 DJ-1。

② 长度：独立基础的长度，该属性值为独立基础单元中最大的长度尺寸，不可人工修改。

③ 宽度：独立基础的宽度，该属性值为独立基础单元中最大的宽度尺寸，不可人工修改。

④ 高度：独立基础的高度，是多个独立基础单元高度的总和，不可人工修改。自定义独立基础的高度可以根据实际高度输入。

⑤ 顶标高：基础构件的顶标高，软件默认为“层底标高”，可以根据实际情况进行调整。

⑥ 底标高：基础构件的底标高，软件默认为“层底标高”，可以根据实际情况进行调整。

⑦ 类别：可选“高颈杯形基础”或“独立柱基基础”两者之一。

单击鼠标右键，在弹出的快捷菜单中选择“新建矩形独立基础单元”或者单击“新建”按钮的下拉菜单“新建矩形独立基础单元”，如图 11-30 所示。独立基础的单元形式分为矩形独立基础单元、参数化独立基础单元和异形独立基础单元三种，下面以矩形独立基础单元

属性列表　图层管理

	属性名称	属性值
1	名称	DJ-1
2	长度(mm)	0
3	宽度(mm)	0
4	高度(mm)	0
5	顶标高(m)	层底标高
6	底标高(m)	层底标高
7	类别	高颈杯形基础
8	备注	
9	⊟ 钢筋业务属性	
10	扣减板/筏...	全部扣减
11	扣减板/筏...	全部扣减
12	保护层厚...	(40)
13	汇总信息	(独立基础)
14	计算设置	按默认计算设置计算
15	搭接设置	按默认搭接设置计算
16	⊟ 土建业务属性	
17	计算设置	按默认计算设置
18	计算规则	按默认计算规则
19	⊞ 显示样式	

a)

属性列表　图层管理

	属性名称	属性值
1	名称	DJ-1
2	长度(mm)	1000
3	宽度(mm)	1000
4	高度(mm)	1000
5	顶标高(m)	层底标高+1
6	底标高(m)	层底标高
7	类别	独立柱基基础
8	备注	
9	⊟ 钢筋业务属性	
10	扣减板/筏板面筋	全部扣减
11	扣减板/筏板底筋	全部扣减
12	保护层厚度(mm)	(40)
13	汇总信息	(独立基础)
14	计算设置	按默认计算设置计算
15	搭接设置	按默认搭接设置计算
16	⊟ 土建业务属性	
17	计算设置	按默认计算设置
18	计算规则	按默认计算规则
19	⊞ 显示样式	
22	⊞ DJ-1-2	
49	⊞ DJ-1-1	

b)

图 11-29　建立独立基础单元前后独立基础构件的属性

为例进行介绍，其他类型的独立基础单元的新建请读者自行体验。

独立基础单元（DJ-1-1）的属性列表，如图 11-31 所示。新建的第一个单元默认为独立基础的最底层单元，后面新建的独基单元依次向上叠加，最后建立的独基单元即为最顶层的独基单元。

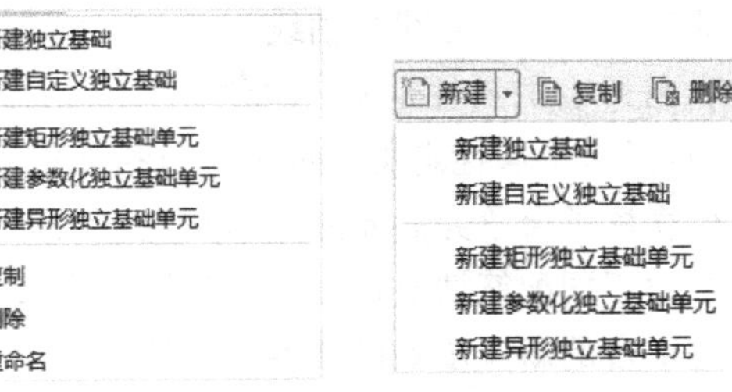

图 11-30　新建独立基础单元菜单

◢ DJ-1
（底）DJ-1-1

属性列表　图层管理

	属性名称	属性值
1	名称	DJ-1-1
2	截面长度(mm)	1000
3	截面宽度(mm)	1000
4	高度(mm)	500
5	横向受力筋	⌀12@200
6	纵向受力筋	⌀12@200
7	短向加强筋	
8	顶部柱间配筋	
9	材质	现浇混凝土
10	混凝土类型	(粒径31.5砼32.5级坍
11	混凝土强度等级	(C35)
12	混凝土外加剂	(无)
13	泵送类型	(混凝土泵)
14	相对底标高(m)	(0)
15	截面面积(m²)	1
16	混凝土类别	泵送商品砼

◢ DJ-1
（顶）DJ-1-2
（底）DJ-1-1

属性列表　图层管理

	属性名称	属性值
1	名称	DJ-1-2
2	截面长度(mm)	500
3	截面宽度(mm)	500
4	高度(mm)	500
5	横向受力筋	
6	纵向受力筋	
7	短向加强筋	
8	顶部柱间配筋	
9	材质	现浇混凝土
10	混凝土类型	(粒径31.5砼32.5级坍
11	混凝土强度等级	(C35)
12	混凝土外加剂	(无)
13	泵送类型	(混凝土泵)
14	相对底标高(m)	(0.5)
15	截面面积(m²)	0.25
16	混凝土类别	泵送商品砼

图 11-31　矩形独立基础单元属性

新建独立基础单元后的独立基础构件属性如图 11-29b 所示。长度、宽度和高度属性发生了变化，且在原属性的最后增加了新建的所有独立基础单元，展开可以查看其所有属性，请读者进行对比查看。

2）独立基础的绘制。独立基础可以采用点式画法、智能布置和 CAD 转化方法进行绘制，智能布置的参考图元可以是基坑土方、柱或轴线。点式画法和智能布置的绘制方法请读者参阅框架柱的相关内容。本节只介绍 CAD 识别转化的步骤。

识别独立基础的前提是先完成独立基础构件的新建。新建独立基础构件可以采用手工新建的方法，也可以采用识别独立基础表的方法进行。识别独立基础表的方法请读者参阅识别柱表的方法。识别独立基础的操作步骤如下：

单击“建模”菜单，选择“识别独立基础”选项卡，单击“识别独立基础”工具，在弹出的菜单中单击“提取独基边线”→“提取独基标识”→“自动/点选/框选识别”，识别完成后软件自动校核独立基础图元。

（4）条形基础的定义与绘制　条形基础与独立基础一样，也是由多个单元组成的复杂构件，也需要建立条形基础单元后才能显示其完整的属性。建立的步骤以及各个属性的含义请读者参阅独立基础相关内容。

条形基础可以采用线式（直线、弧线、圆、矩形）画法和智能布置方式进行绘制，线式画法请读者参阅墙的相关内容，智能布置时的参考图元可以是基槽土方轴线、基槽土方中心线、墙轴线、墙中心线和轴线。

（5）桩承台的属性定义与绘制

1）桩承台的属性定义。桩承台与独立基础一样，也是由多个单元组成的复杂构件，也需要在建立桩承台单元后才能显示其完整的属性。软件提供了桩承台构件参数化单元，且针对桩承台的不同配筋情况提供了配筋类型模板，可根据实际工程中承台配筋的具体情况选择使用。桩承台的新建步骤以及各个属性的含义请读者参阅独立基础相关内容。

2）桩承台的绘制。桩承台属于点式构件，可以采用点式画法或智能布置方法进行布置，具体布置方法请读者参阅独立基础构件相关内容。

桩承台也可以采用 CAD 转化的方法进行绘制，其操作步骤请读者参阅独立基础的 CAD 识别转化过程，识别完成后软件自动校核桩承台图元。

（6）桩的定义与绘制

1）矩形桩和异形桩的属性。桩构件分为矩形桩、异形桩和参数化桩，可以根据工程中实际使用的桩的截面形状选择合适的桩构件类型。建议采用参数化桩进行新建，因为参数化桩截面类型库中包括了常用的桩的类型，如图 11-32 所示。

矩形桩和异形桩的属性如图 11-33 所示。其中“结构类别”属性可取“人工挖孔桩”“机械钻孔桩”“振动管灌注桩”和“预应力管桩”四种之一，软件虽并未完全包括常用的桩的结构类别，但此项属性不影响工程量的计算。

2）参数化桩属性。在弹出的“选择参数化图形”对话框设置截面类型与具体尺寸，单击“确定”按钮后显示属性列表，参数化桩的属性如图 11-34 所示。

1）名称：根据图纸输入桩名称，如参数化桩。

2）截面形状：可以单击当前框中的“…”按钮，在弹出的“选择参数化图形”对话框进行再次编辑。

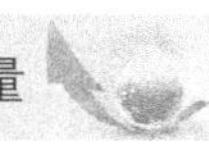

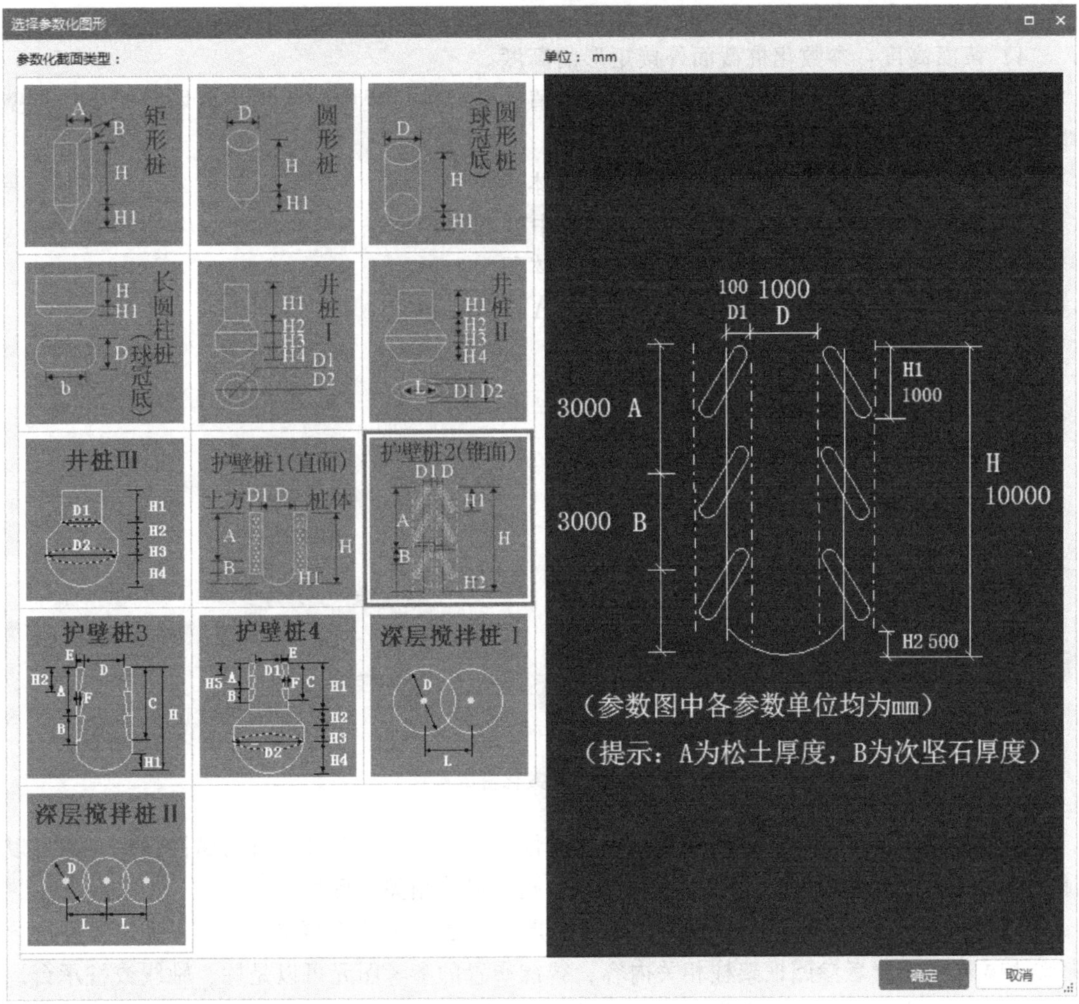

图 11-32　参数化桩（护壁桩 2）截面类型

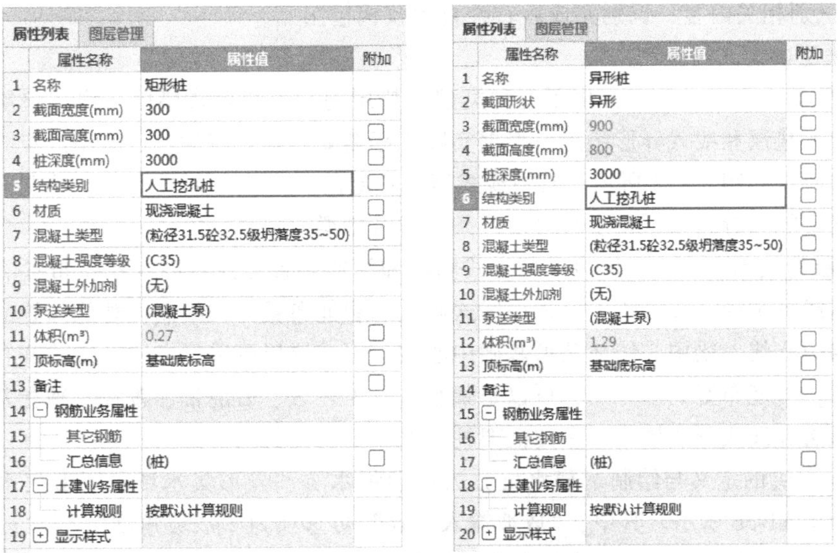

属性列表　图层管理

	属性名称	属性值	附加
1	名称	矩形桩	
2	截面宽度(mm)	300	☐
3	截面高度(mm)	300	☐
4	桩深度(mm)	3000	☐
5	结构类别	人工挖孔桩	☐
6	材质	现浇混凝土	☐
7	混凝土类型	(粒径31.5砼32.5级坍落度35~50)	☐
8	混凝土强度等级	(C35)	☐
9	混凝土外加剂	(无)	
10	泵送类型	(混凝土泵)	
11	体积(m³)	0.27	☐
12	顶标高(m)	基础底标高	☐
13	备注		☐
14	⊟ 钢筋业务属性		
15	其它钢筋		
16	汇总信息	(桩)	☐
17	⊟ 土建业务属性		
18	计算规则	按默认计算规则	
19	⊞ 显示样式		

属性列表　图层管理

	属性名称	属性值	附加
1	名称	异形桩	
2	截面形状	异形	☐
3	截面宽度(mm)	900	☐
4	截面高度(mm)	800	☐
5	桩深度(mm)	3000	☐
6	结构类别	人工挖孔桩	☐
7	材质	现浇混凝土	☐
8	混凝土类型	(粒径31.5砼32.5级坍落度35~50)	☐
9	混凝土强度等级	(C35)	☐
10	混凝土外加剂	(无)	
11	泵送类型	(混凝土泵)	
12	体积(m³)	1.29	☐
13	顶标高(m)	基础底标高	☐
14	备注		☐
15	⊟ 钢筋业务属性		
16	其它钢筋		
17	汇总信息	(桩)	☐
18	⊟ 土建业务属性		
19	计算规则	按默认计算规则	
20	⊞ 显示样式		

图 11-33　矩形桩与异形桩的属性

3）截面宽度：参数化桩截面外接矩形的宽度。

4）截面高度：参数化桩截面外接矩形的高度。

5）护壁体积：选用护壁桩时生成该属性值，为成桩过程中防止桩孔坍塌所产生的护壁部分的体积。

6）土方体积：成桩过程中所挖土方的总体积。

7）坚石体积：为次坚石部分（图 11-32 中 B 部分）体积。

8）松石体积：在护壁桩中数值等于松土体积。

9）松土体积：为松土部分（图 11-32 中 A 部分）体积。

属性列表　图层管理

	属性名称	属性值	附加
1	名称	参数化桩	
2	截面形状	矩形桩	☐
3	截面宽度(mm)	600	☐
4	截面高度(mm)	600	☐
5	桩深度(mm)	6600	☐
6	结构类别	人工挖孔桩	☐
7	材质	现浇混凝土	☐
8	混凝土类型	(粒径31.5砼32.5级坍落度35~50)	☐
9	混凝土强度等级	(C35)	☐
10	混凝土外加剂	(无)	
11	泵送类型	(混凝土泵)	
12	体积(m³)	2.376	☐
13	护壁体积(m³)	0	☐
14	土方体积(m³)	2.376	☐
15	坚石体积(m³)	0	☐
16	松石体积(m³)	0	☐
17	松土体积(m³)	0	☐
18	顶标高(m)	基础底标高	☐
19	备注		☐
20	− 钢筋业务属性		
21	其它钢筋		
22	汇总信息	(桩)	☐
23	− 土建业务属性		
24	计算规则	按默认计算规则	
25	+ 显示样式		

图 11-34　参数化桩的属性

通过对比矩形桩、异形桩和参数化桩的属性，可以看到，参数化桩的属性最全，除可以计算桩的体积工程量之外，还可以同时计算桩孔护壁等相关工程量。

3）桩的绘制。桩属于点式构件，可采用点式画法、智能布置和 CAD 识别方法进行绘制。点式画法请读者参阅框架柱相关内容，智能布置的参考图元可以是柱、轴线或桩承台。

桩的绘制也可以通过软件提供的“识别桩”功能来完成，其操作步骤请读者参阅框架柱的 CAD 识别相关内容，识别完成后软件自动校核桩图元。

（7）垫层的定义与绘制

1）垫层的定义。软件中提供了五种类型的垫层构件，即点式垫层、线式垫层、面式垫层、点式异形垫层和线式异形垫层，根据实际工程需要选择对应的垫层类型。点式、线式和面式垫层的属性如图 11-35 所示。其中线式矩形垫层的“宽度”属性为空，绘制时按条形基础和基础梁智能布置，垫层宽度会自适应条基或基础梁。

2）垫层的绘制。点式垫层可采用点式画法和智能布置方式绘制，智能布置的参考图元可以是独基或桩承台。线式垫层可采用线式画法和智能布置方式绘制，智能布置的参考图元可以是地沟中心线、梁中心线或条形基础中心线。面式垫层可采用点式、线式和智能布置方式进行绘制，智能布置的参考图元可以是集水坑、下柱墩、后浇带、筏板、独立基础或桩承台。点式画法和线式画法请读者参阅框架柱、梁、板的相关内容。

（8）集水坑的定义与绘制　集水坑分为矩形集水坑和异形集水坑，矩形集水坑的参数图和属性如图 11-36 所示。其中，“放坡输入方式”可选项为“放坡角度”与“放坡底宽”。“放坡角度”是指集水坑底面斜坡与水平面的夹角；“放坡底宽”是指集水坑坡面在水平面

a)

	属性名称	属性值
1	名称	DC-1
2	形状	点型
3	长度(mm)	1000
4	宽度(mm)	1000
5	厚度(mm)	100
6	材质	现浇混凝土
7	混凝土类型	(粒径31.5砼32.
8	混凝土强度等级	(C10)
9	混凝土外加剂	(无)
10	泵送类型	(混凝土泵)
11	截面面积(m²)	1
12	顶标高(m)	基础底标高
13	备注	
14	⊞ 钢筋业务属性	
17	⊞ 土建业务属性	
21	⊞ 显示样式	

b)

	属性名称	属性值
1	名称	DC-2
2	形状	线型
3	宽度(mm)	
4	厚度(mm)	100
5	轴线距左边线距离(mm)	(0)
6	材质	现浇混凝土
7	混凝土类型	(粒径31.5砼32
8	混凝土强度等级	(C10)
9	混凝土外加剂	(无)
10	泵送类型	(混凝土泵)
11	截面面积(m²)	0
12	起点顶标高(m)	基础底标高
13	终点顶标高(m)	基础底标高
14	备注	
15	⊞ 钢筋业务属性	
18	⊞ 土建业务属性	
22	⊞ 显示样式	

c)

	属性名称	属性值
1	名称	DC-3
2	形状	面型
3	厚度(mm)	100
4	材质	现浇混凝土
5	混凝土类型	(粒径31.5砼32.5
6	混凝土强度等级	(C10)
7	混凝土外加剂	(无)
8	泵送类型	(混凝土泵)
9	顶标高(m)	基础底标高
10	备注	
11	⊞ 钢筋业务属性	
14	⊞ 土建业务属性	
18	⊞ 显示样式	

图 11-35　点式、线式和面式垫层的属性

a）点式垫层　b）线式垫层　c）面式垫层

的投影宽度；可以根据实际情况选择一种设置方式。“坡度输入方式”的选项决定了下一个属性的名称显示。

集水坑为点式构件，可以采用点式画法进行绘制，具体操作请读者参阅框架柱的相关内容。

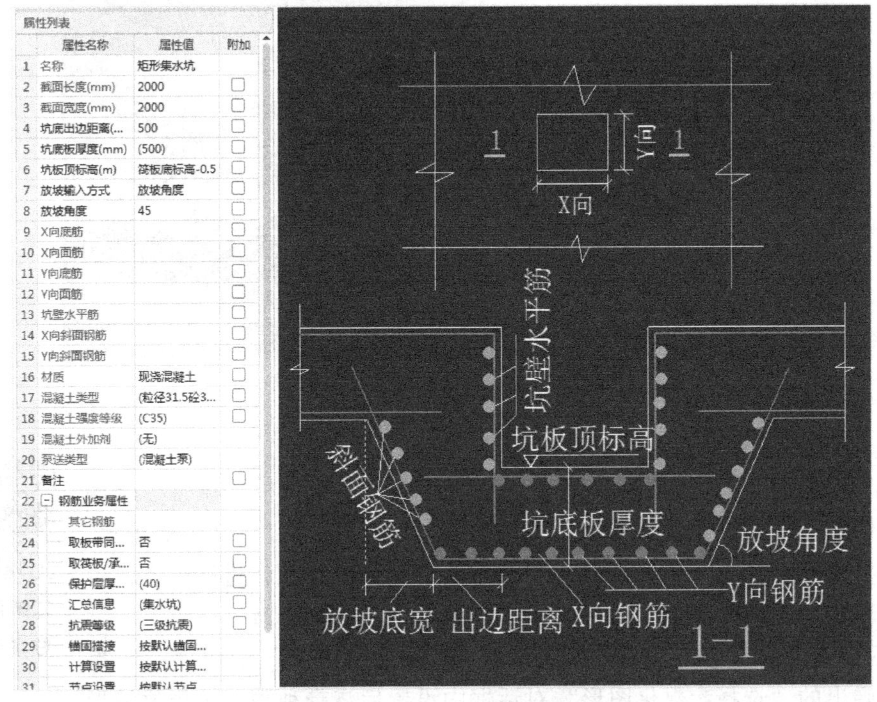

属性列表

	属性名称	属性值	附加
1	名称	矩形集水坑	
2	截面长度(mm)	2000	
3	截面宽度(mm)	2000	
4	坑底出边距离(...	500	
5	坑底板厚度(mm)	(500)	
6	坑板顶标高(m)	筏板底标高-0.5	
7	放坡输入方式	放坡角度	
8	放坡角度	45	
9	X向底筋		
10	X向面筋		
11	Y向底筋		
12	Y向面筋		
13	坑壁水平筋		
14	X向斜面钢筋		
15	Y向斜面钢筋		
16	材质	现浇混凝土	
17	混凝土类型	(粒径31.5砼3...	
18	混凝土强度等级	(C35)	
19	混凝土外加剂	(无)	
20	泵送类型	(混凝土泵)	
21	备注		
22	⊟ 钢筋业务属性		
23	其它钢筋		
24	取板带同...	否	
25	取筏板/承...	否	
26	保护层厚...	(40)	
27	汇总信息	(集水坑)	
28	抗震等级	(三级抗震)	
29	锚固搭接	按默认锚固...	
30	计算设置	按默认计算...	
31	节点设置	按默认节点	

图 11-36　矩形集水坑的属性和参数图形

（9）柱墩的定义与绘制　软件提供了 9 种柱墩的参数图供选择使用，如图 11-37 所示，共有5个上柱墩和4个下柱墩，分为矩形上、下柱墩，圆形上、下柱墩，棱台形上、下柱墩，圆台形上、下柱墩，以及上方下圆形柱墩。矩形上柱墩和棱台形上柱墩有柱状配筋和网状配筋之分。

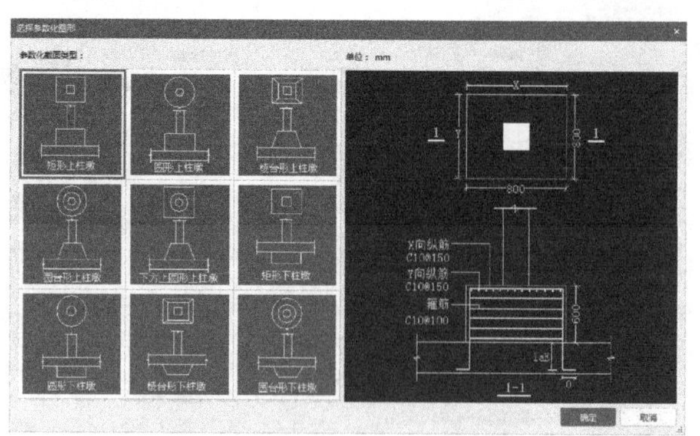

图 11-37　柱墩参数化图形

新建构件时，根据实际需要选择参数化图形，单击“确定”按钮，生成构件。修改图11-37所示右侧的截面尺寸和钢筋信息。

矩形上柱墩的属性和参数图如图11-38所示。柱墩为点式构件，可以采用点式画法或智能布置方式绘制，具体操作请读者参阅框架柱相关内容。请读者扫描下方的二维码11-3了解柱墩属性。

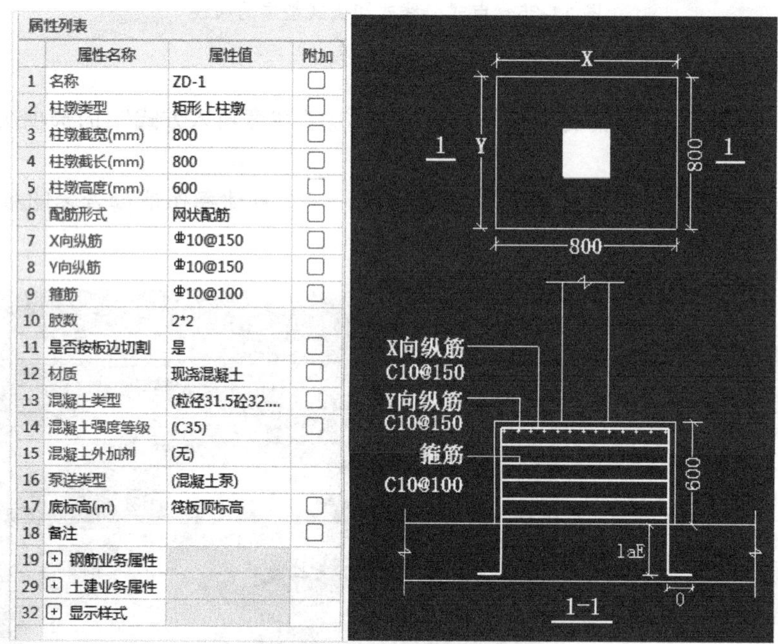

属性列表

	属性名称	属性值	附加
1	名称	ZD-1	☐
2	柱墩类型	矩形上柱墩	☐
3	柱墩截宽(mm)	800	☐
4	柱墩截长(mm)	800	☐
5	柱墩高度(mm)	600	☐
6	配筋形式	网状配筋	☐
7	X向纵筋	⌀10@150	☐
8	Y向纵筋	⌀10@150	☐
9	箍筋	⌀10@100	☐
10	肢数	2*2	
11	是否按板边切割	是	☐
12	材质	现浇混凝土	☐
13	混凝土类型	(粒径31.5砼32....	☐
14	混凝土强度等级	(C35)	☐
15	混凝土外加剂	(无)	
16	泵送类型	(混凝土泵)	
17	底标高(m)	筏板顶标高	☐
18	备注		☐
19	⊞ 钢筋业务属性		
29	⊞ 土建业务属性		
32	⊞ 显示样式		

图 11-38　柱墩属性和参数图

（10）后浇带属性定义与类型选择

1）后浇带属性。后浇带构件包括了筏板后浇带、现浇板后浇带、外墙后浇带、内墙后浇带、梁后浇带和基础梁后浇带，其属性如图11-39所示。后浇带的参数图可单击“属性列表”左下角的“参数图”按钮进行查看，也可以通过单击“后浇带类型”后的“…”按钮进行查看和修改。

二维码 11-3
柱墩的属性

2）后浇带类型选择。以筏板后浇带为例，单击属性值框中的“…”按钮，可在弹出的“选择参数化图形”对话框中设置后浇带种类，选择放坡形式。软件提供了“角度放坡”和“底宽放坡”两种放坡形式，软件默认为“底宽放坡”形式；单击“配筋形式”按钮，在弹出的如图11-40所示的“配筋形式”窗口中选择与设计

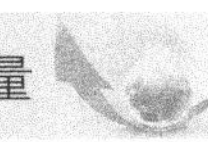

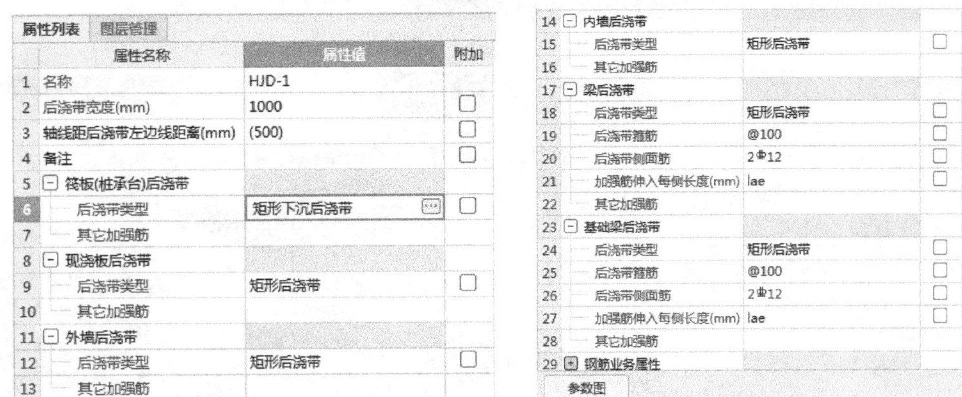

属性列表　图层管理

	属性名称	属性值	附加
1	名称	HJD-1	
2	后浇带宽度(mm)	1000	☐
3	轴线距后浇带左边线距离(mm)	(500)	☐
4	备注		☐
5	⊟ 筏板(桩承台)后浇带		
6	后浇带类型	矩形下沉后浇带	☐
7	其它加强筋		
8	⊟ 现浇板后浇带		
9	后浇带类型	矩形后浇带	☐
10	其它加强筋		
11	⊟ 外墙后浇带		
12	后浇带类型	矩形后浇带	☐
13	其它加强筋		
14	⊟ 内墙后浇带		
15	后浇带类型	矩形后浇带	☐
16	其它加强筋		
17	⊟ 梁后浇带		
18	后浇带类型	矩形后浇带	☐
19	后浇带箍筋	@100	☐
20	后浇带侧面筋	2⌀12	☐
21	加强筋伸入每侧长度(mm)	lae	☐
22	其它加强筋		
23	⊟ 基础梁后浇带		
24	后浇带类型	矩形后浇带	☐
25	后浇带箍筋	@100	☐
26	后浇带侧面筋	2⌀12	☐
27	加强筋伸入每侧长度(mm)	lae	☐
28	其它加强筋		
29	⊞ 钢筋业务属性		

参数图

图 11-39　后浇带属性

对应的配筋形式后，单击“确定”按钮完成。筏板后浇带参数化截面类型和配筋形式如图 11-41 所示。其他构件的后浇带的截面类型和配筋形式的操作请读者自行体验。

后浇带可采用线式画法绘制，具体操作请参阅线式构件的相关内容。

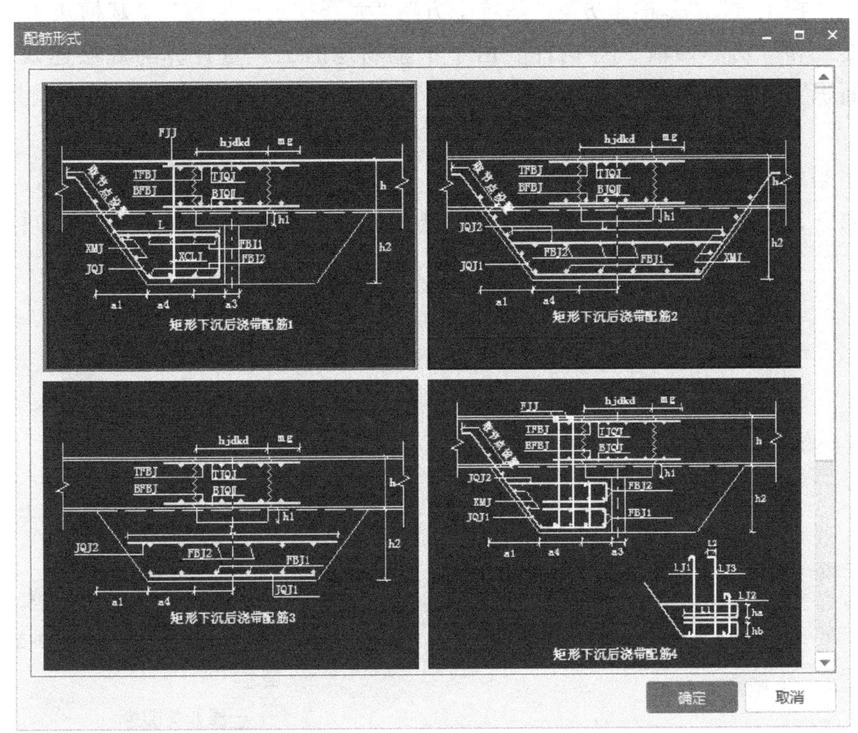

图 11-40　后浇带配筋形式

（11）筏板主筋和筏板负筋　筏板主筋和筏板负筋的定义与绘制、编辑方法，请读者参阅现浇板钢筋的相关内容。

（12）砖胎模的属性定义与绘制　砖胎模的属性定义如图 11-42 所示。其绘制方法可以采用线式画法或智能布置方式，智能布置的参照图元可以是筏基、集水坑、独立基础、条形基础、桩承台、柱墩和梁。

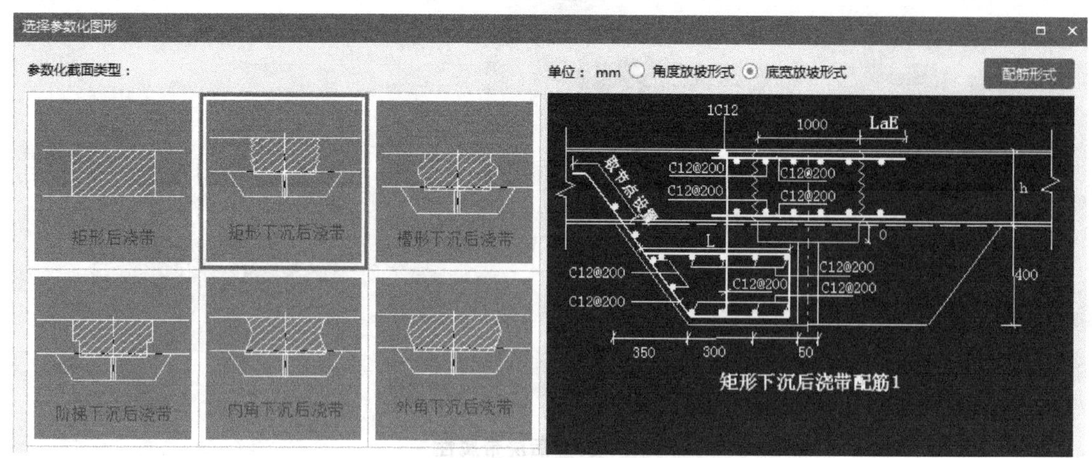

图 11-41　后浇带参数化截面类型

3. 土方构件类型

计量平台软件在“其他”构件类下提供了“平整场地”构件，在“土方”构件类型下提供了“大开挖土方”“基槽土方”“基坑土方”“大开挖灰土回填”“基槽灰土回填”“基坑灰土回填”和“房芯回填”等构件。由于平整场地的工程量计算与底层建筑面积有关，且“建筑面积”构件的定义方法与“平整场地”类似，所以将“建筑面积”也并入土方构件中。

（1）平整场地和建筑面积的属性与绘制　平整场地的属性如图 11-43 所示，只有“名称”一项属性，可根据平整场地的具体情况进行命名，当场地内存在多种不同的土质时，则需要建立多个平整场地构件。

属性列表　图层管理

	属性名称	属性值	附加
1	名称	ZTM-1	
2	厚度(mm)	240	☐
3	轴线距砖胎膜左边线距离(mm)	(240)	☐
4	材质	石	☐
5	砂浆类型	(水泥砂浆)	☐
6	砂浆标号	(M5)	☐
7	起点顶标高(m)	-0.6	☐
8	终点顶标高(m)	-0.6	☐
9	起点底标高(m)	垫层顶标高	☐
10	终点底标高(m)	垫层顶标高	☐
11	备注		☐
12	⊞ 土建业务属性		
15	⊞ 显示样式		

图 11-42　砖胎模的属性定义

◢ 平整场地
PZCD-1

属性列表　图层管理

	属性名称	属性值	附加
1	名称	PZCD-1	
2	备注		☐
3	⊞ 土建业务属性		
5	⊞ 显示样式		

图 11-43　平整场地的属性

建筑面积的属性如图 11-44 所示，其中“底标高”属性为实际工程中出现跃层、错层、夹层时的底标高，不同平面需要计算各自的建筑面积。“建筑面积计算方式”属性，可根据实际的计算规则来确定，可选项为“计算全部”“计算一半”或“不计算”。

平整场地图元可以采用点式画法、线式画法或智能布置的方式绘制，智能布置时的参照图元是外墙轴线，因此建模时一定要保证外墙是连续且封闭的，如果有不封闭或不连续处请用虚外墙进行封闭。建筑面积图元可以采用点式画法、线式画法进行绘制。

▲ 建筑面积

JZMJ-1

属性列表　图层管理

	属性名称	属性值	附加
1	名称	JZMJ-1	
2	底标高(m)	层底标高	☐
3	建筑面积计算方式	计算全部	☐
4	备注		☐
5	⊞ 土建业务属性		
7	⊞ 显示样式		

图 11-44　建筑面积的属性

（2）大开挖土方的属性和绘制

1）大开挖土方的属性定义。大开挖土方的属性如图 11-45 所示。各属性的含义如下：

① 名称：根据实际情况输入大开挖土方名称，如 DKW-1。

② 土壤类别：手动修改土壤类别，属性值选项为“一类土”“二类土”“三类土”或“四类土”。

③ 深度（mm）：输入大开挖土方的深度，默认为室外地坪距大开挖底的距离。

④ 放坡系数：为放坡宽度 B 和挖土深度 H 的比值，如 0.33，放坡系数设置为“0”时，表示不放坡。

⑤ 工作面宽（mm）：基础施工时单边增加的工作面宽度。

⑥ 顶标高（m）：选择或直接输入大开挖土方的顶标高，默认为“底标高加深度”。

⑦ 底标高（m）：选择或直接输入大开挖土方的底标高，默认为“层底标高”。

大开挖深度、放坡系数和工作面宽示意如图 11-46 所示。

⑧ 挖掘机级别：可选“0.5m^3 以内”“1m^3 以内”“1.25m^3 以内”或“1.8m^3 以内”。

⑨ 挖掘机类型：可选“正铲挖掘机”“反铲挖掘机”或“拉铲挖掘机”。

⑩ 是否装车：可选“是”或“否”。

属性列表　图层管理

	属性名称	属性值	附加
1	名称	DKW-1	
2	土壤类别	二类干土	☐
3	深度(mm)	(1650)	☐
4	放坡系数	0	☐
5	工作面宽(mm)	0	☐
6	挖土方式	机械	☐
7	顶标高(m)	层底标高+1.65	☐
8	底标高(m)	层底标高	☐
9	备注		☐
10	⊟ 土建业务属性		
11	计算设置	按默认计算设置	
12	计算规则	按默认计算规则	
13	挖掘机级别	0.5m3以内	☐
14	挖掘机类型	正铲挖掘机	☐
15	是否装车	是	☐
16	⊞ 显示样式		

图 11-45　大开挖土方的属性

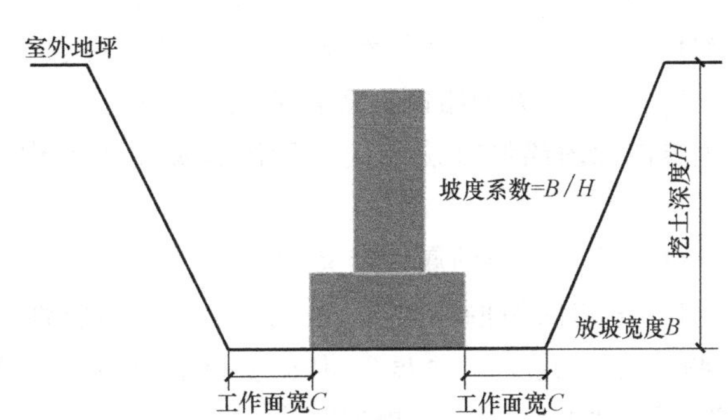

图 11-46　大开挖土方参数示意

2）大开挖土方图元的绘制。大开挖土方图元可以采用点式画法、线式画法或智能布置方式绘制，智能布置时的参照图元可以是筏板基础、独立基础、外墙外边线、面式垫层或桩承台。

（3）基槽土方的属性定义与绘制

1）基槽土方的属性定义。基槽土方的属性定义如图 11-47 所示，其中“槽底宽”是指输入基槽底的宽度，不含工作面宽度。其他属性的含义与大开挖土方相同。需要注意只有放坡系数设置为“0”时，基槽才会计算挡土板的面积，当放坡系数不为 0 时，挡土板面积为 0。

2）基槽土方构件的绘制。基槽土方图元可以采用线式画法和智能布置方式进行布置，智能布置的参照图元可以是线式垫层中心线、螺旋板、梁轴线、梁中心线、条基轴线、条基中心线和轴线。

（4）基坑土方的属性定义与绘制

1）基坑土方的属性定义。基坑土方的属性定义如图 11-48 所示。其中坑底长度和宽度是指基坑底的长度和宽度，不含工作面的宽度。其他属性的含义与大开挖土方相同。

属性列表 图层管理

	属性名称	属性值
1	名称	JC-1
2	土壤类别	二类干土
3	槽底宽(mm)	3000
4	槽深(mm)	(1650)
5	左工作面宽(mm)	0
6	右工作面宽(mm)	0
7	左放坡系数	0
8	右放坡系数	0
9	轴线距基槽左...	(1500)
10	挖土方式	人工
11	起点底标高(m)	层底标高
12	终点底标高(m)	层底标高
13	备注	
14	⊞ 土建业务属性	
17	⊞ 显示样式	

图 11-47　基槽土方的属性定义

属性列表 图层管理

	属性名称	属性值
1	名称	JK-1
2	土壤类别	二类干土
3	坑底长(mm)	3000
4	坑底宽(mm)	3000
5	深度(mm)	(1650)
6	工作面宽(mm)	0
7	放坡系数	0
8	挖土方式	人工
9	顶标高(m)	层底标高+1.65
10	底标高(m)	层底标高
11	备注	
12	⊟ 土建业务属性	
13	计算设置	按默认计算设置
14	计算规则	按默认计算规则
15	⊞ 显示样式	

图 11-48　基坑土方的属性定义

2）基坑土方的绘制。基坑图元可以采用点式画法或智能布置方式绘制，智能布置时的参照图元可以是点式垫层、集水坑、柱、轴线、独立基础、桩承台和柱墩。

（5）灰土土方的属性定义和绘制

1）灰土土方的属性定义。大开挖灰土土方、基槽灰土土方和基坑灰土土方构件均是复杂构件，由灰土土方单元构成，请读者自行体验。

2）灰土土方的绘制。各种灰土土方的绘制方法与对应的土方图元的绘制方法相同，请读者参阅土方构件的相关内容。

（6）房芯回填的属性定义和绘制

1）房芯回填的属性定义。房芯回填的属性定义如图 11-49 所示。其中“厚度”根据实际情况填写，“回填方式”可选“夯填”或“松填”。

属性列表 图层管理

	属性名称	属性值	附加
1	名称	FXHT-1	
2	厚度(mm)	500	☐
3	回填方式	夯填	☐
4	顶标高(m)	0	☐
5	备注		☐
6	⊟ 土建业务属性		
7	计算规则	按默认计算规则	
8	⊞ 显示样式		

图 11-49　房芯回填的属性定义

2）房芯回填的绘制。房芯回填图元可以采用点式画法、线式画法或智能布置方式绘制，智能布置的参照图元是房间。

■ 11.2　基础层构件绘制

11.2.1　任务说明

本节的任务是：

1）完成桩承台的定义、绘制和工程量计算。

2）完成基础梁的定义、绘制与工程量计算。

3）完成电梯井坑的定义、绘制与工程量计算。

4）完成基础垫层的定义、绘制与工程量计算。

5）完成预应力管桩的定义、绘制与工程量计算。

6）完成基础层土方构件的定义、绘制与工程量计算。

11.2.2　任务分析

识读 GS03 可知，本工程为预应力管柱基础，包括 A 类桩 PC600A（110）20 根、B 类桩 PC550A（110）25 根。PC550A（110）长度为 53m（15m×3+8m），其中 A11 和 A12 两根桩长为 60m，桩顶标高为-1.65m；PC600A（110）桩长 56m（15m×3+11m），桩顶标高-1.75m。混凝土强度等级均为 C60，每根桩的接头均为三个。

由首层平面图可知，室内外高差为 0.15m，PC550A（110）的送桩长度应为 2m，PC600A（110）的送桩长度应为 2.1m。本工程所在地的土层较软，不使用桩尖。

识读 GS04 可知，本工程有 A 型、B 型和 C 型三种桩承台，均为单阶承台，A 型和 B 型为矩形承台，C 型为等边三角形切角承台，其技术要求见表 11-12；DL-1、DL-2、DL-2a、DL-3 和 DL-4 五种基础梁，如图 11-50 所示；一个电梯井坑，其配筋详图如图 11-51 所示；

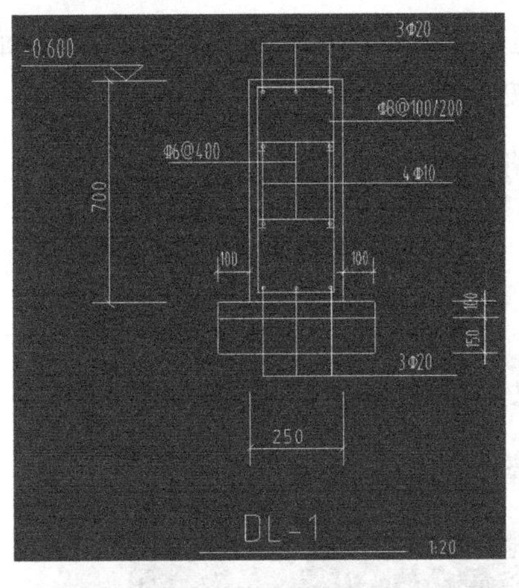

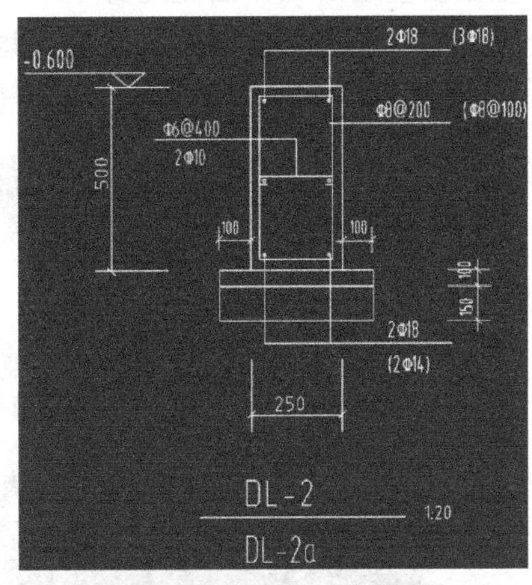

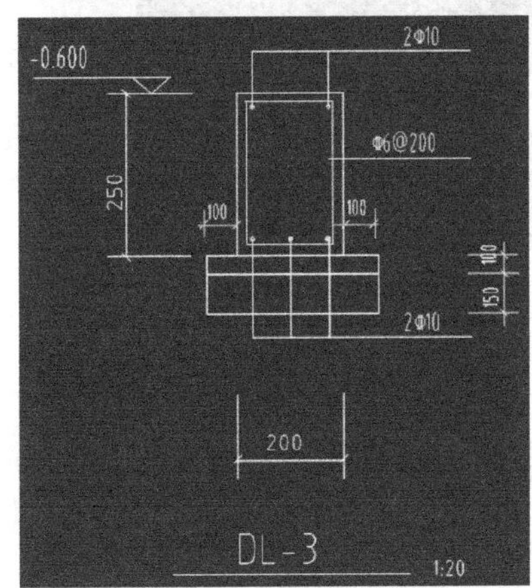

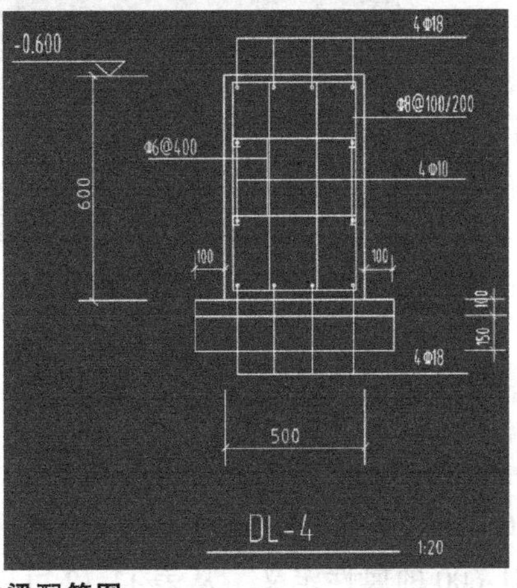

图 11-50　地梁配筋图

基础梁、桩承台和电梯井坑底板下均设 150mm 厚片石灌砂垫层和 100mm 厚 C15 混凝土垫层。

识读结构设计总说明可知，承台、承台梁及电梯井坑坑壁的砖胎模及±0.000 以下砌体采用 MU10 标准砖、M5.0 水泥砂浆实砌，砖胎模表面抹 1：2 水泥砂浆。

表 11-12　承台表

名称	型号	底标高/m	高度/mm	长向上筋	长向下筋	箍筋	腰筋
J1-600	A	−1.4	800			⌀12@200	⌀12@200
J2-550	B	−1.7	1100	6⌀14	11⌀20	⌀10@200	⌀12@200
J2-600	B	−1.8	1200	6⌀14	12⌀22	⌀10@180	⌀12@200
J3a-550	B	−1.7	1100	11⌀20	11⌀20	⌀10@200	⌀12@200
J3a-600	B	−1.8	1200	12⌀22	12⌀22	⌀10@180	⌀12@200
J3-550	C	−1.7	1100	沿桩顶三向配筋 7⌀20			

本工程的土质为三类土，其放坡深度限值为 1.5m，采用反铲挖掘机在坑上作业，放坡系数为 0.67，桩承台和电梯井坑底板部分挖土采用基坑构件，承台梁部分挖土采用基槽构件。混凝土基础及垫层的工作面宽度为 300mm。

由承台表可知，各承台垫层的底面标高均超过−1.65m，自然地面到垫层底面的深度均超过了 1.5m，故均需要放坡开挖。弃土运距暂按 100m 考虑。

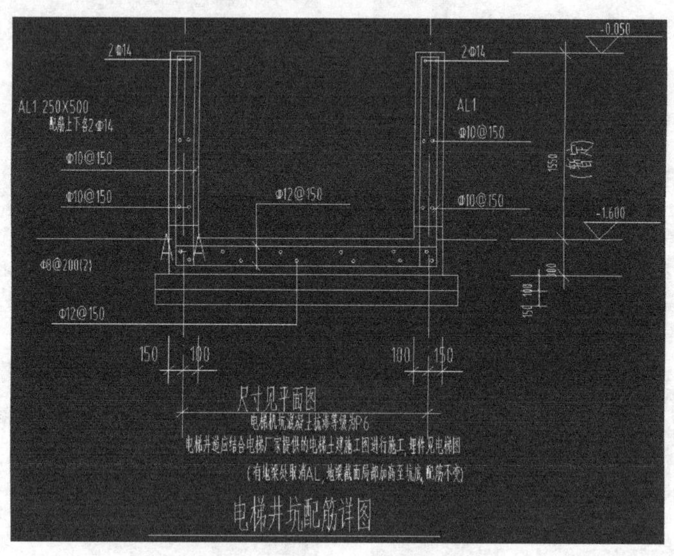

图 11-51　电梯井坑配筋详图

11.2.3　任务实施

1. 桩承台的定义与绘制

以 J1-600、J2-550 和 J3-550 为例进行说明。

（1）J1-600 的属性定义　从表 11-12 可以看出，J1-600 是 A 类正方形承台，其配筋如图

11-52 所示。此图可以理解为沿长度和宽度方向顶面和底面各有 2 根钢筋及⏀12@200 的侧面钢筋和箍筋，而梁式配筋承台的配筋模板只给出了沿长度方向的受力筋和腰筋，所以找不到完全匹配的配筋形式，只能寻找替代方案。

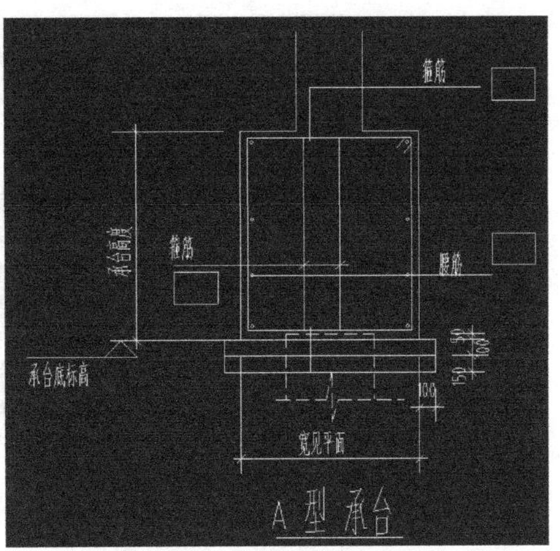

图 11-52　A 型承台配筋示意

这里有两种替代方案，一是改用独立基础，二是采用梁式配筋独立承台。读者也可以使用其他替代方案，具体采用何种替代方案请读者自行决定。

1）改用矩形独立基础。改用矩形独立基础构件绘制，但此类构件只有横向受力筋和纵向受力筋，而无箍筋，将箍筋用 195 号钢筋体现在“钢筋业务属性”的“其他钢筋”中，如图 11-53 所示。考虑到此承台的长短边长度相等，应对称配筋，图 11-53 中的钢筋根数应加倍，即横向受力筋和纵向受力筋均改为“10⏀12”，其他钢筋中的 195 号箍筋的根数改为 14。

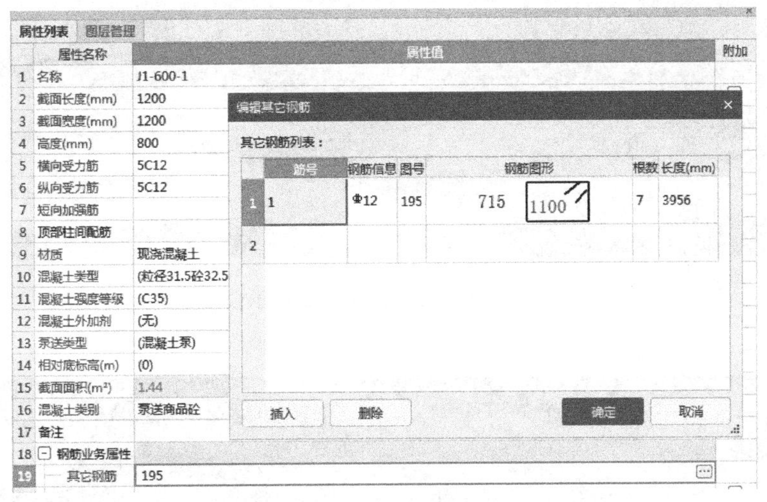

图 11-53　独立基础配筋代换方案

2）采用梁式配筋承台修改配筋信息。原设计的侧面筋和箍筋均为⏀12@200，将顶端和底部的两根侧面钢筋分别配置在上部筋和下部筋中，考虑到另一个方向的配筋将其加倍，即上部和下部的配筋均为 4⏀12，而将箍筋和侧面筋的间距加密为⏀12@100，如图 11-54 所示。这种替代方案可能对钢筋的工程量稍有影响，但影响不大。

（2）J2-550 的属性定义　根据 J2-550 的配筋情况，选用矩形梁式承台配筋如图 11-55 所示。其他矩形承台的定义请读者自行完成。

（3）J3-550 的属性定义　J3-550 是一种在实际工程中应用非常广泛的三桩承台，根据设计图上的信息，无分布筋和侧面筋，采用软件提供的“三桩承台一”进行定义，如图 11-56 所示。

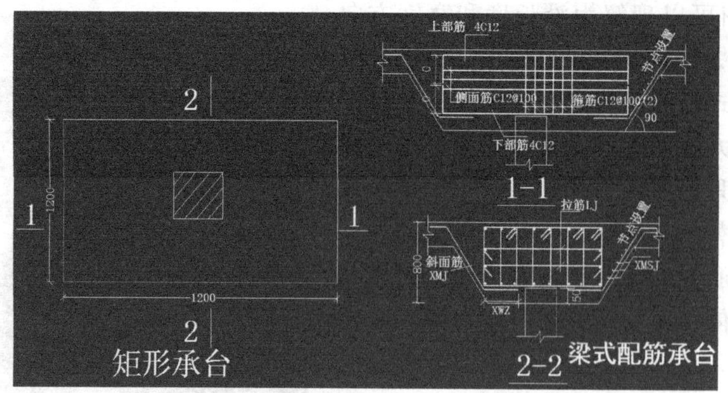

图 11-54　J1-600 梁式配筋承台

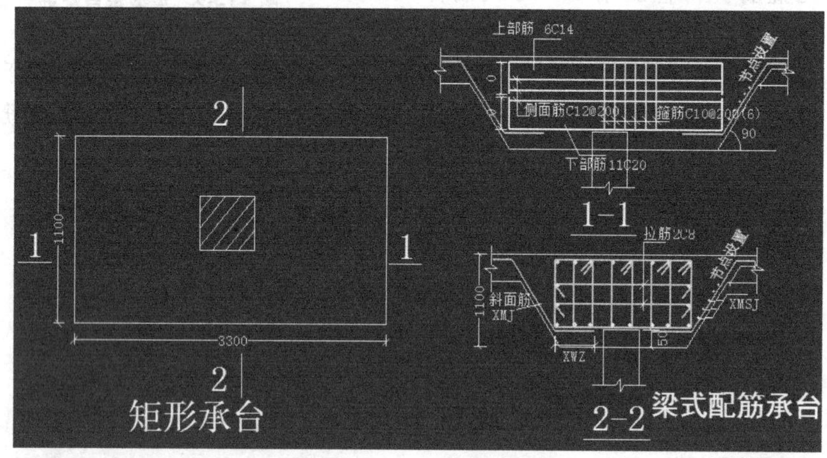

图 11-55　J2-550 梁式配筋承台

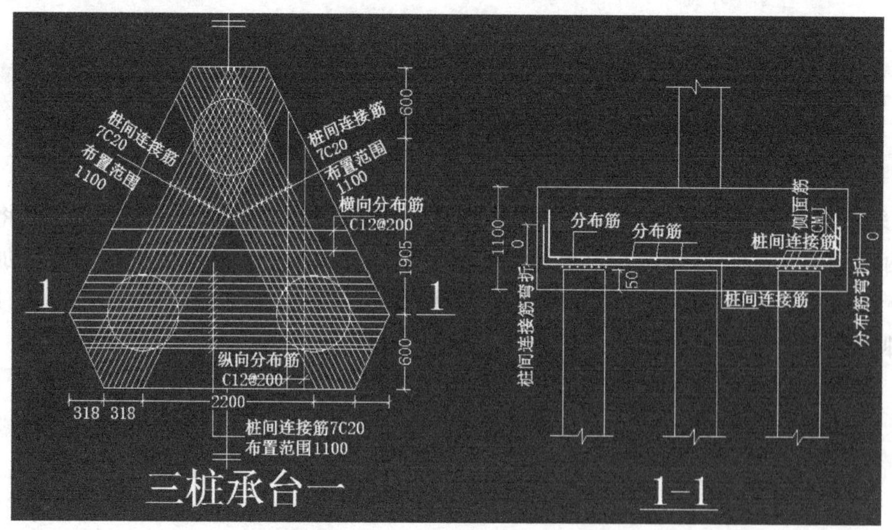

图 11-56　J3-550 承台配筋图

（4）桩承台的做法定义　桩承台的做法定义方法与钢筋混凝土柱的做法定义方法相似，所不同的是，桩承台的做法必须定义在桩承台单元上，桩承台单元的做法如图 11-57 所示。只需定义某一个承台单元的做法，然后使用“做法刷”将其刷到所有的桩承台单元。

参数图　构件做法

添加清单　添加定额　删除　查询　项目特征　fx 换算　做法刷　做法查询　提取做法　当前构件自

	编码	类别	名称	项目特征	单位	工程量表达式	表达式说明	单价
1	− 010501005	项	桩承台基础	1. 混凝土种类:泵送商品混凝土 2. 混凝土强度等级:C35	m3	TJ	TJ<体积>	
2	6-185 H80212103 80212106	换	(C20泵送商品砼) 桩承台独立柱基 换为【C35预拌混凝土(泵送)】		m3	TJ	TJ<体积>	405.75
3	− 011702001	项	基础 模板	1. 基础类型:桩承台 2. 模板材质:复合木模板	m2	MBMJ	MBMJ<模板面积>	
4	21-12	定	现浇各种柱基、桩承台 复合木模板		m2	MBMJ	MBMJ<模板面积>	603.76

图 11-57　桩承台的做法

采用点式画法或旋转点式画法将所有的桩承台绘制在基础平面图上，如图 11-58 所示。

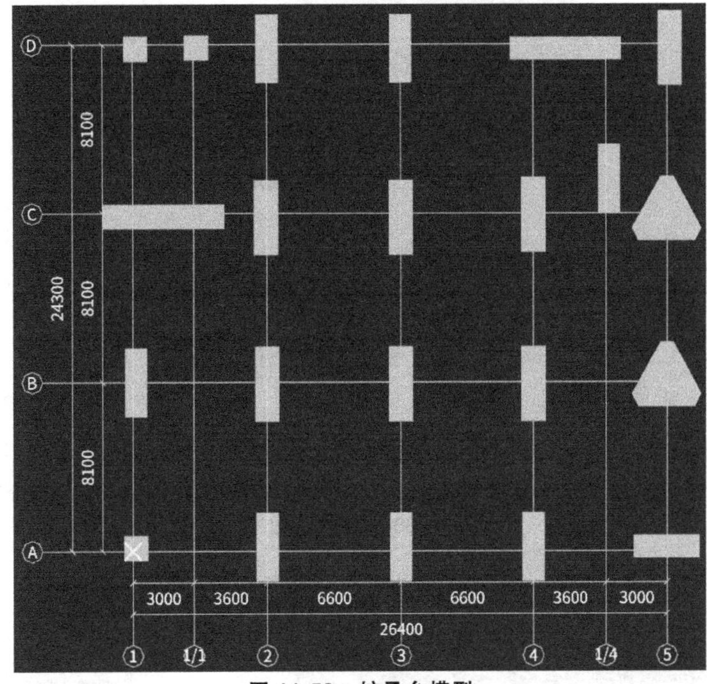

图 11-58　桩承台模型

2. *基础梁的定义与绘制*

以 DL-1 为例进行说明，其他 DL 系列基础梁请读者自行完成。

（1）DL-1 的属性定义　DL-1 的属性定义如图 11-59 所示。

（2）DL-1 的做法　DL-1 的做法如图 11-60 所示。其他 DL 系列基础梁的做法采用“做法刷”功能进行套用。

采用线式画法绘制所有的 DL 系列基础梁，然后重提梁跨，或者采用 CAD 转化的方法绘制所有的 DL 系列基础梁。请读者自行完成。绘制完成后的效果如图 11-61 所示。

3. *砖基础的定义与绘制*

（1）砖基础的属性定义　砖基础为条形基础，采用条形基础构件进行定义，其中高为 600mm 的条形基础单元的属性，如图 11-62 所示。

	属性名称	属性值	附加
1	名称	DL-1	
2	类别	承台梁	☐
3	截面宽度(mm)	250	☐
4	截面高度(mm)	700	☐
5	轴线距梁左边线距离(mm)	(125)	☐
6	跨数量		☐
7	箍筋	⌀8@100/200(2)	☐
8	肢数	2	
9	下部通长筋	3⌀20	☐
10	上部通长筋	3⌀20	☐
11	侧面构造或受扭筋(总配筋值)	G4⌀10	☐
12	拉筋	⌀6@400	☐
13	材质	现浇混凝土	☐
14	混凝土类型	(粒径31.5砼32.5级坍落度35~50)	☐
15	混凝土强度等级	(C35)	☐
16	混凝土外加剂	(无)	
17	混凝土类别	泵送商品砼	☐
18	泵送类型	(混凝土泵)	
19	截面周长(m)	1.9	☐
20	截面面积(m²)	0.175	☐
21	起点底标高(m)	-1.3	☐
22	终点底标高(m)	-1.3	☐
23	备注		☐
24	⊞ 钢筋业务属性		
37	⊞ 土建业务属性		

图 11-59　DL-1 的属性定义

箍筋组合示意图　构件做法

添加清单　添加定额　删除　查询　项目特征　fx 换算　做法刷　做法查询　提取做法　当

	编码	类别	名称	项目特征	单位	工程量表达式	表达式说明	单价
1	− 010503001	项	基础梁	1. 混凝土种类:泵送商品混凝土 2. 混凝土强度等级:C35	m3	TJ	TJ<体积>	
2	6-193 H80212105 80212106	换	(C30泵送商品砼) 基础梁 地坑支撑梁　换为【C35预拌混凝土(泵送)】		m3	TJ	TJ<体积>	439.26
3	− 011702005	项	基础梁 模板	1. 梁截面形状:矩形承台梁 2. 模板材料:复合木模板	m2	MBMJ	MBMJ<模板面积>	
4	21-34	定	现浇基础梁 复合木模板		m2	MBMJ	MBMJ<模板面积>	455.72

图 11-60　DL-1 的做法

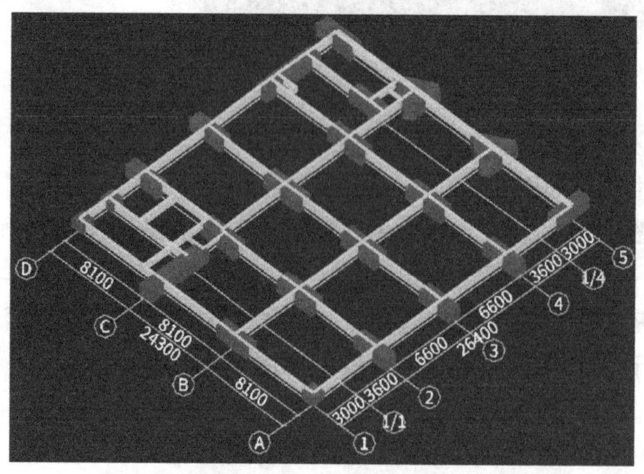

图 11-61　基础梁绘制完成后的效果

◢ 条形基础
◢ 砖基础
(底)砖条基-1

属性列表　图层管理

	属性名称	属性值	附加
1	名称	砖条基-1	
2	截面宽度(mm)	240	☐
3	截面高度(mm)	600	☐
4	相对偏心距(mm)	0	☐
5	相对底标高(m)	(0)	☐
6	受力筋		☐
7	分布筋		☐
8	材质	砖	☐
9	砂浆类型	(水泥砂浆)	☐
10	砂浆标号	(M5)	☐
11	截面面积(m²)	0.144	☐
12	备注		☐
13	⊞ 钢筋业务属性		
18	⊞ 显示样式		

图 11-62　砖条形基础的属性定义

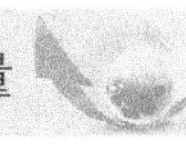

（2）砖基础的做法定义　砖基础的做法同样要定义在砖条形基础的条基单元上，根据设计总说明中的做法描述，其做法定义如图 11-63 所示。

添加清单　添加定额　删除　查询　项目特征　fx 换算　做法刷　做法查询　提取做法

	编码	类别	名称	项目特征	单位	工程量表达式	表达式说明	单价
1	010401001	项	砖基础	1.砖品种、规格、强度等级：标准砖，240*115*53，MU10 2.基础类型：条形 3.砂浆强度等级：水泥砂浆M5.0	m3	TJ	TJ<体积>	
2	4-1	定	直形砖基础（M5水泥砂浆）		m3	TJ	TJ<体积>	406.24

图 11-63　砖基础的做法

采用线式画法依次绘制各道条形砖基础，绘制完成后如图 11-64 中最上层图元所示。

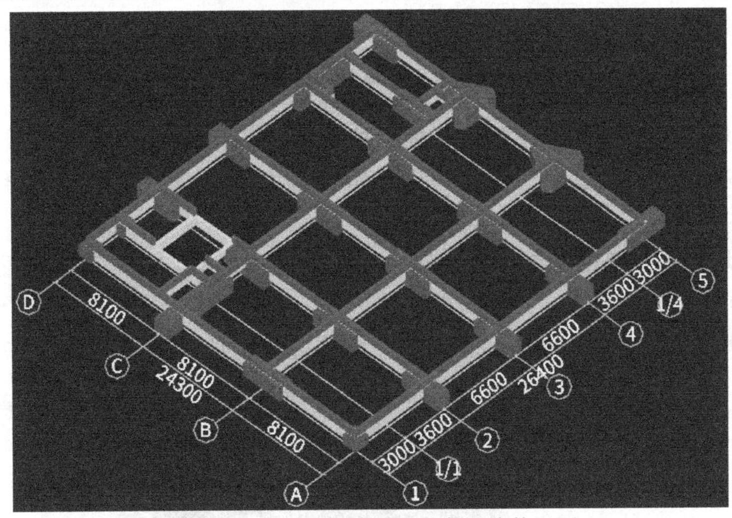

图 11-64　条形砖基础和承台梁的效果图

4. 电梯井坑的定义与绘制

本案例中的电梯井坑可以采用两种绘制方法：一是分解为底板和坑壁，底板用筏板定义，坑壁用剪力墙定义，然后分别绘制；二是采用集水坑构件。因为电梯井坑必须绘制在筏板上，所以要首先建立并绘制一块筏板，再定义并绘制电梯井坑。

（1）分解为底板和坑壁时电梯井坑底板的定义与绘制

1）电梯井坑底板属性定义。由图 11-51 可知，电梯井坑的底板厚度为 300mm，底板顶面标高 -1.6m，底板配筋双层双向⌀12@150；坑壁厚度 250mm，坑壁顶面标高 -0.05m，坑壁双排配筋，水平和垂直方向的分布筋均为⌀10@150，拉筋⌀6@450×450；坑壁顶部设暗梁 AL1，截面为 250mm×500mm，上下各配 2⌀14 的纵向受力钢筋，箍筋⌀8@200。电梯井坑底板的属性如图 11-65 所示。

属性列表　图层管理

	属性名称	属性值	附加
1	名称	电梯井坑底板	
2	厚度(mm)	300	☐
3	材质	现浇混凝土	☐
4	混凝土类型	(粒径31.5砼32.5级坍落...	☐
5	混凝土强度等级	(C35)	☐
6	混凝土外加剂	(无)	
7	泵送类型	(混凝土泵)	
8	类别	有梁式	☐
9	顶标高(m)	层底标高+0.25	☐
10	底标高(m)	层底标高-0.05	☐
11	混凝土类别	泵送商品砼	☐
12	备注		☐
13	− 钢筋业务属性		
14	其它钢筋		
15	马凳筋参数图	II型	
16	马凳筋信息	⌀12@1000	☐
17	线形马凳筋方向	平行横向受力筋	☐
18	拉筋		☐
19	拉筋数量计算方式	向上取整+1	☐
20	马凳筋数量计算方式	向上取整+1	☐
21	筏板侧面纵筋		☐
22	U形构造封边钢筋		☐
23	U形构造封边钢筋弯折长度(mm)	max(15*d,200)	
24	归类名称	(电梯井坑底板)	☐
25	保护层厚度(mm)	(40)	☐

图 11-65　电梯井坑底板的属性

2）电梯井坑底板做法定义。电梯井坑底板做法如图 11-66 所示。如果底板需要抹灰，则必须将抹灰的清单和定额定义在做法中。

构件做法

添加清单　添加定额　删除　查询　项目特征　换算　做法刷　做法查询　提取做

	编码	类别	名称	项目特征	单位	工程量表达式	表达式说明	单价
1	− 010501004	项	满堂基础	1.混凝土种类:泵送商品混凝土 2.混凝土强度等级:C35	m3	TJ	TJ<体积>	
2	6-183 H80212103 80212106	换	(C20泵送商品砼）无梁式满堂(板式)基础 换为【C35预拌混凝土(泵送)】		m3	TJ	TJ<体积>	401.07
3	− 011702001	项	基础 模板	1.基础类型:满堂基础 2.模板材质:复合木模板	m2	MBMJ	MBMJ<模板面积>	
4	21-8	定	现浇无梁式钢筋混凝土满堂基础 复合木模板		m2	MBMJ	MBMJ<模板面积>	501.94

图 11-66　电梯井坑底板做法

3）电梯井坑底板的绘制。如果采用集水坑构件，则承载电梯井坑底板的筏板的顶面标高应为-0.05m，建议在首层绘制；如果采用分解方式，建议在基础层绘制后再调整其标高。

4）电梯井坑底板钢筋的绘制。分别定义筏板主筋和负筋，采用智能布置法将筏板主筋和负筋布置到电梯井坑底板上。

（2）采用集水坑构件时电梯井坑的定义　电梯井坑构件的属性如图 11-67 所示。

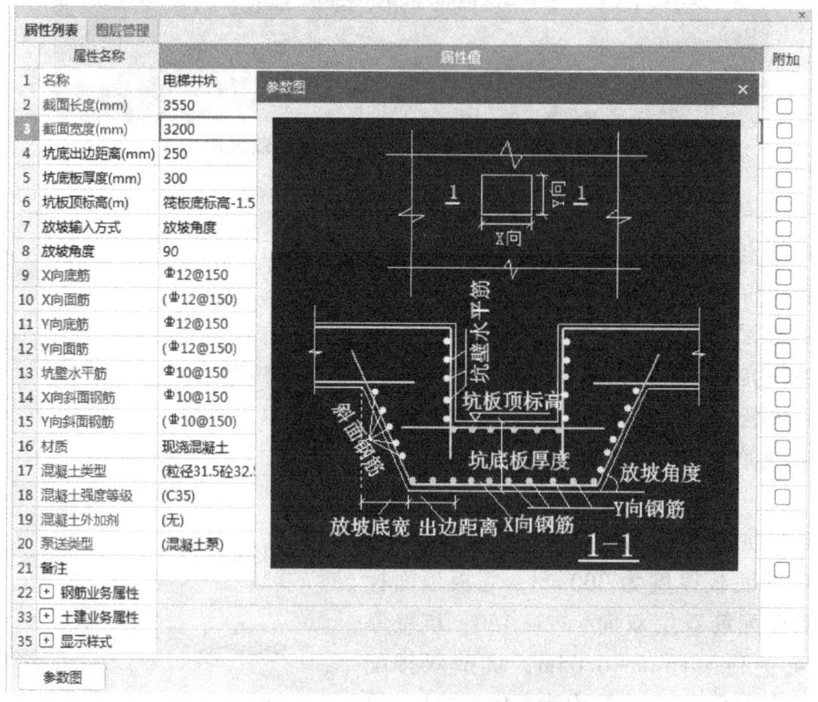

	属性名称	属性值
1	名称	电梯井坑
2	截面长度(mm)	3550
3	截面宽度(mm)	3200
4	坑底出边距离(mm)	250
5	坑底板厚度(mm)	300
6	坑板顶标高(m)	筏板底标高-1.5
7	放坡输入方式	放坡角度
8	放坡角度	90
9	X向底筋	Φ12@150
10	X向面筋	(Φ12@150)
11	Y向底筋	Φ12@150
12	Y向面筋	(Φ12@150)
13	坑壁水平筋	Φ10@150
14	X向斜面钢筋	Φ10@150
15	Y向斜面钢筋	(Φ10@150)
16	材质	现浇混凝土
17	混凝土类型	(粒径31.5砼32.5
18	混凝土强度等级	(C35)
19	混凝土外加剂	(无)
20	泵送类型	(混凝土泵)
21	备注	
22	+ 钢筋业务属性	
33	+ 土建业务属性	
35	+ 显示样式	

图 11-67　电梯井坑属性和参数图

对照属性和参数图中的钢筋信息，可以发现坑底的配筋与筏板的配筋相同，此时属性中的“X 向底筋”“X 向面筋”“Y 向底筋”和“Y 向面筋”可以为空。

坑壁的垂直钢筋是由筏板的受力筋弯折后延伸到坑壁形成的，本案例的坑壁垂直分布筋

与筏板配筋不同，而属性中只有“坑壁水平筋”属性，而无“坑壁垂直分布筋”属性和“水平拉筋”属性，坑壁顶端的暗梁也不能绘制，这些在集水坑构件中未包括的钢筋均要添加到“钢筋业务属性”的“其他钢筋”中。

电梯井坑的做法采用筏板的做法时，采用点式画法进行绘制。

（3）采用分解方式时电梯井坑坑壁的属性定义和绘制

1）电梯井坑坑壁的属性定义。电梯井坑坑壁可以用剪力墙来定义。其过程可参阅墙的相关内容，并请读者自行完成。电梯井坑坑壁的属性如图 11-68 所示。采用线式画法将井坑四壁绘制到平面图中，如图 11-69 所示。

属性列表　图层管理

	属性名称	属性值	附加
1	名称	电梯井坑坑壁	
2	厚度(mm)	250	☐
3	轴线距左墙皮距离(mm)	(125)	☐
4	水平分布钢筋	(2)Φ10@150	☐
5	垂直分布钢筋	(2)Φ10@150	☐
6	拉筋	Φ6@450*450	☐
7	材质	现浇混凝土	☐
8	混凝土类型	(粒径31.5砼32.5级坍落度35~50)	☐
9	混凝土类别	泵送商品砼	☐
10	混凝土强度等级	(C30)	☐
11	混凝土外加剂	(无)	
12	泵送类型	(混凝土泵)	
13	泵送高度(m)		
14	内/外墙标志	内墙	☑
15	类别	混凝土墙	☐
16	起点顶标高(m)	层顶标高-0.05	☐
17	终点顶标高(m)	层顶标高-0.05	☐
18	起点底标高(m)	基础底标高	☐
19	终点底标高(m)	基础底标高	☐

图 11-68　电梯井坑坑壁的属性

图 11-69　电梯井坑坑壁的三维效果

2）电梯井坑坑壁做法。电梯井坑坑壁的构件虽为剪力墙，但其实际施工方法与集水坑相同，故其混凝土做法套用筏板的混凝土做法，其模板做法应调整模板面积的工程量代码。调整时应注意的问题有以下几个方面：

① 剪力墙的模板面积代码为墙的双侧模板面积之和，电梯井坑外侧和筏板外侧一般采用砖胎模，故只能计算电梯井坑坑壁内侧的模板面积，代码为“(YSCD－0.2)×(YSQG－0.3)”。

② 坑底部分的模板面积“3.2m×3.55m”应包含在坑壁模板面积内，且应由周边墙模板面积代码提供，每道墙公摊的面积为“3.2m×3.55m/4”。

③ 从电梯井坑坑壁的三维效果图（图 11-69）可以看到，坑壁还与承台和承台梁有交叉穿越关系，但由于承台梁位于坑壁半高处，内侧的模板与坑壁的模板可以共用，此段内侧可不布置砖胎模，故可不考虑与承台、承台梁模板之间的扣减关系。电梯井坑坑壁做法如图 11-70 所示。如果坑壁需要抹灰则要将抹灰的清单和定额定义在做法中。

3）电梯井坑坑壁顶部暗梁的定义与绘制。坑壁顶部暗梁的属性如图 11-71 所示。采用智能布置方式将其绘制在电梯井坑坑壁上，如图 11-72 所示。壁顶部暗梁属于坑壁的组成部分，其工程量包含在坑壁的工程量中，无须再单独为其定义做法。

构件做法

添加清单 添加定额 删除 查询 项目特征 换算 做法刷 做法查询 提取做法 当前构件自动

	编码	类别	名称	项目特征	单位	工程量表达式	表达式说明	单价
1	− 010501004	项	满堂基础	1.混凝土种类:泵送商品混凝土 2.混凝土强度等级:C35	m3	TJ	TJ<体积>	
2	6-183 H80212103 80212106	换	(C20泵送商品砼) 无梁式满堂(板式)基础 换为【C35预拌混凝土(泵送)】		m3	TJ	TJ<体积>	401.07
3	− 011702001	项	基础 模板	1.基础类型:满堂基础 2.模板材质:复合木模板	m2	(YSCD-0.2)*(YSQG-0.3)+3.2*3.55/4	(YSCD<长度>-0.2)*(YSQG<墙高>-0.3)+3.2*3.55/4	
4	21-8	定	现浇无梁式钢筋混凝土满堂基础 复合木模板		m2	(YSCD-0.2)*(YSQG-0.3)+3.2*3.55/4	(YSCD<长度>-0.2)*(YSQG<墙高>-0.3)+3.2*3.55/4	501.94

图 11-70 电梯井坑坑壁做法

属性列表

	属性名称	属性值	附加
1	名称	坑壁顶部暗梁	
2	类别	暗梁	☐
3	截面宽度(mm)		☐
4	截面高度(mm)	500	☐
5	轴线距梁左边线距离(mm)	(0)	☐
6	上部钢筋	2⌀14	☐
7	下部钢筋	2⌀14	☐
8	箍筋	⌀8@200	☐
9	侧面纵筋(总配筋值)		☐
10	肢数	2	
11	拉筋		☐
12	材质	现浇混凝土	☐
13	混凝土强度等级	(C30)	☐
14	混凝土外加剂	(无)	
15	泵送类型	(混凝土泵)	
16	泵送高度(m)		
17	终点为顶层暗梁	否	
18	起点为顶层暗梁	否	
19	起点顶标高(m)	层顶标高-0.05	☐
20	终点顶标高(m)	层顶标高-0.05	☐
21	备注		☐
22	⊞ 钢筋业务属性		
31	⊞ 土建业务属性		
38	⊞ 显示样式		

图 11-71 坑壁顶部暗梁的属性

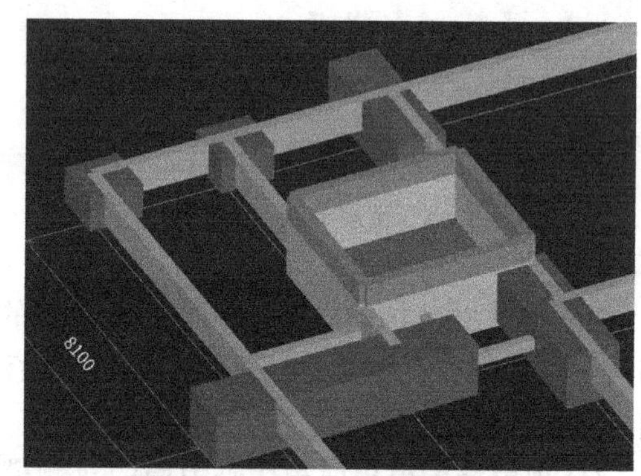

图 11-72 坑壁顶部暗梁

5. 垫层的定义与绘制

（1）垫层的做法定义　本工程的垫层包括承台垫层、承台梁垫层和电梯井坑底板垫层，其中承台垫层和电梯井坑底板垫层是面式垫层，承台梁垫层是线式垫层。本例将两种材料的垫层合并为一个垫层，其厚度为 250mm，在做法中分别套用混凝土垫层、片石垫层的清单项目和定额子目。其属性如图 11-73 所示，做法如图 11-74 所示。

（2）承台梁垫层的绘制　单击“智能布置”→“梁中心线”，单击鼠标左键拉框选择要布置垫层的承台梁，单击鼠标右键确认，弹出如图 11-75 所示的“设置出边距离”对话框，输入“左右出边距离”“起点出边距离”和“终点出边距离”后，单击“确定”按钮，完成承台梁垫层的绘制。

由于本工程采用一砖厚标准砖胎模，所以垫层的出边距离应改为 240mm。

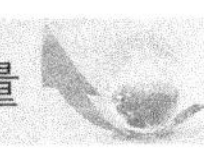

属性列表

	属性名称	属性值
1	名称	线式垫层
2	形状	线型
3	宽度(mm)	
4	厚度(mm)	250
5	轴线距左边线距离(mm)	(0)
6	材质	现浇混凝土
7	混凝土类型	(粒径31.5砼32.5级坍落度35~50)
8	混凝土强度等级	(C10)
9	混凝土外加剂	(无)
10	泵送类型	(混凝土泵)
11	截面面积(m²)	0
12	起点顶标高(m)	基础底标高
13	终点顶标高(m)	基础底标高
14	备注	
15	⊟ 钢筋业务属性	
16	其它钢筋	
17	汇总信息	(垫层)
18	⊟ 土建业务属性	
19	计算设置	按默认计算设置
20	计算规则	按默认计算规则
21	工艺	干铺
22	⊞ 显示样式	

图 11-73　垫层的属性

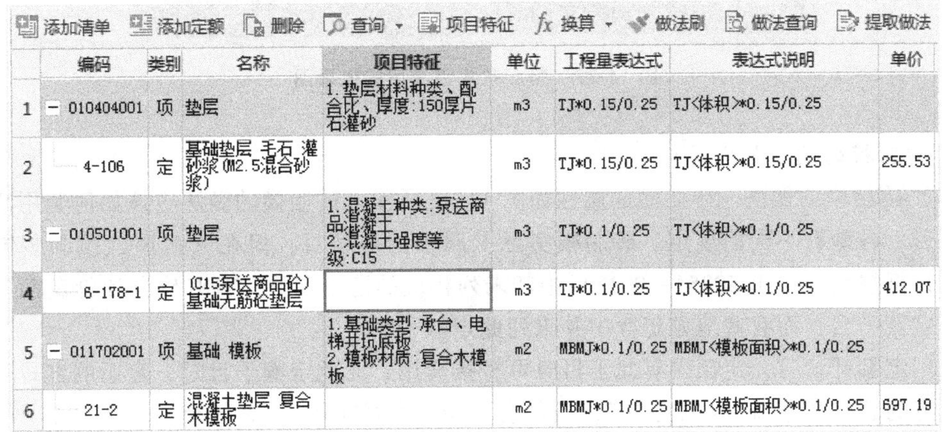

添加清单　添加定额　删除　查询　项目特征　fx 换算　做法刷　做法查询　提取做法

	编码	类别	名称	项目特征	单位	工程量表达式	表达式说明	单价
1	010404001	项	垫层	1.垫层材料种类、配合比、厚度:150厚片石灌砂	m3	TJ*0.15/0.25	TJ<体积>*0.15/0.25	
2	4-106	定	基础垫层 毛石 灌砂浆(M2.5混合砂浆)		m3	TJ*0.15/0.25	TJ<体积>*0.15/0.25	255.53
3	010501001	项	垫层	1.混凝土种类:泵送商品混凝土 2.混凝土强度等级:C15	m3	TJ*0.1/0.25	TJ<体积>*0.1/0.25	
4	6-178-1	定	(C15泵送商品砼)基础无筋砼垫层		m3	TJ*0.1/0.25	TJ<体积>*0.1/0.25	412.07
5	011702001	项	基础 模板	1.基础类型:承台、电梯井坑底板 2.模板材质:复合木模板	m2	MBMJ*0.1/0.25	MBMJ<模板面积>*0.1/0.25	
6	21-2	定	混凝土垫层 复合木模板		m2	MBMJ*0.1/0.25	MBMJ<模板面积>*0.1/0.25	697.19

图 11-74　垫层的做法

(3) 电梯井坑底板和承台垫层的绘制　采用智能布置法进行绘制。绘制电梯井坑底板垫层时依次单击“智能布置”→“筏板”，绘制承台垫层时依次单击“智能布置”→“桩承台”，弹出如图 11-76 所示的设置出边距离对话框。

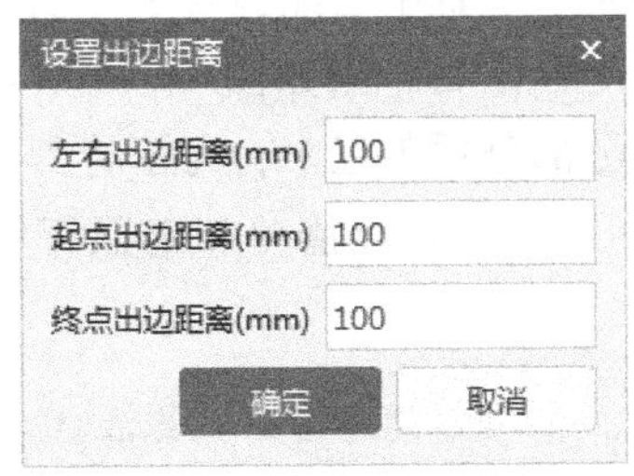

图 11-75　设置线式垫层出边距离

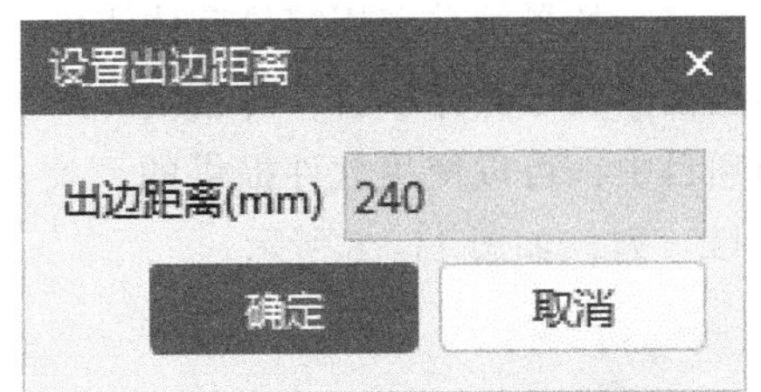

图 11-76　设置面式垫层出边距离

一般情况下，垫层的出边距离为 100mm，本案例中承台和 DL 系列基础梁均采用 240mm 厚标准砖胎模，故垫层的出边距离应为 240mm。

输入出边距离“240”后，单击“确定”按钮，完成电梯井坑底板和承台的垫层布置。所有垫层布置完成后的效果如图 11-77 最下层图元所示。

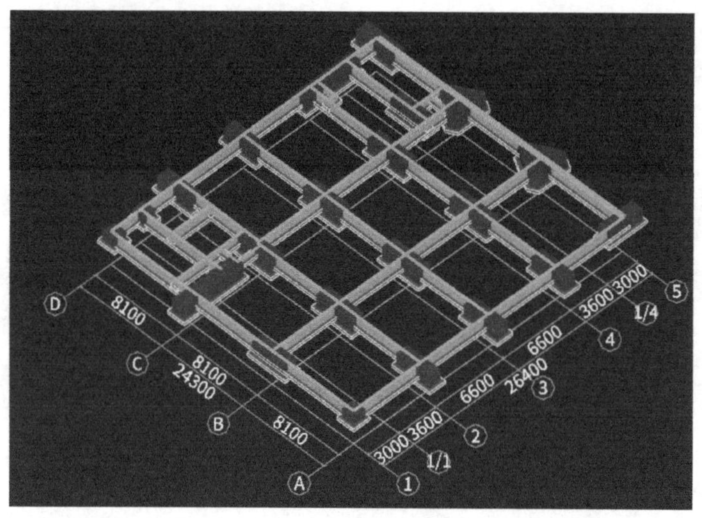

图 11-77　垫层布置完成后的效果图

6. *砖胎模的做法与绘制*

(1) 砖胎模的做法　砖胎模的属性如图 11-42 所示。砖胎模的做法应该如何套用清单和定额子目，各地有不同的规定。砖胎模实际上属于措施项目，但在《房屋建筑与装饰工程工程量计算规范》(GB 50854—2013) 中却未列相应的清单项目，有些地方计价定额中列有砖胎模定额子目，而有些地方定额中并未列此定额子目。

采用定额计价时，定额中有此子目时可直接套用；无此定额子目时，套用的方式则五花八门，有的套“砖基础+墙面抹灰”，有的套“墙+墙面抹灰”，有的套用“零星砖砌体+墙面抹灰”，套用砖基础造价最低，套用砖墙造价次低，套用零星砌体造价最高。这导致发承包双方结算时存在纠纷。

采用清单计价时，因清单工程量计量规范中无明确的清单项目，有的补充一个“砖胎模”清单项目，有的则直接套用“砖基础”或“砖墙”或“零星砌体”的清单项目，还有的套用“混凝土基础模板”的清单项目。

本工程所在地的当地计价定额中有砖胎模定额子目，且该子目中已经包含了侧面抹灰的工作内容。如果清单套用零星砌体清单，定额套用砖胎模定额子目，则如图 11-78 所示。由于零星砌体属于实体项目，砖胎模的工程量就会被汇总到分部分项工程中，为了将其汇总到措施项目中，可以使用软件提供的“实体转措施”功能，即勾选相应清单和定额行的“措施项目”列，如图 11-78 所示。

添加清单　添加定额　删除　查询　项目特征　fx 换算　做法刷　做法查询　提取做法　当前构件自动套

	编码	类别	名称	项目特征	单位	工程量表达式	表达式说明	单价	综合单价	措施项目
1	− 010401012	项	零星砌砖　(砖胎模)	1. 零星砌砖名称、部位:砖胎模 2. 砖品种、规格、强度等级:标准砖 3. 砂浆强度等级、配合比:水泥砂浆M5.0	m2	MHMJ	MHMJ<抹灰面积>			☑
2	21-103 H80050104 80010104	换	标准砖侧模(M5混合砂浆)　换为【水泥砂浆 砂浆强度等级 M5】		m2	MHMJ	MHMJ<抹灰面积>	143.01		☑

图 11-78　砖胎模采用零星砌体方式的做法

砖胎模的清单项目也可以编制补充清单，其做法如图 11-79 所示；还可以采用基础模板清单项目，其做法如图 11-80 所示。

添加清单　添加定额　删除　查询　项目特征　fx 换算　做法刷　做法查询　提取做法　当前构件自动套

	编码	类别	名称	项目特征	单位	工程量表达式	表达式说明	单价	综合单价	措施项目
1	− AB001	补项	砖胎模	1.砖品种、规格、强度等级:标准砖 2.砂浆强度等级:M5水泥砂浆砌筑，1:2水泥砂浆抹面 3.部位:承台、承台梁、电梯坑外壁	m2	MHMJ	MHMJ<抹灰面积>			☑
2	21-103 H80050104 80010104	换	标准砖侧模(M5混合砂浆) 换为【水泥砂浆 砂浆强度等级 M5】		m2	MHMJ	MHMJ<抹灰面积>	143.01		☑

图 11-79　砖胎模采用补充清单方式的做法

添加清单　添加定额　删除　查询　项目特征　fx 换算　做法刷　做法查询　提取做法　当前构件自动套做法

	编码	类别	名称	项目特征	单位	工程量表达式	表达式说明	单价	综合单价	措施项目
1	− 011702001	项	基础 模板（砖胎模）	1.砖品种、规格、强度等级:标准砖 2.砂浆强度等级:M5水泥砂浆砌筑，1:2水泥砂浆抹面 3.部位:承台、承台梁、电梯坑外壁	m2	MHMJ	MHMJ<抹灰面积>			☑
2	21-103 H80050104 80010104	换	标准砖侧模(M5混合砂浆) 换为【水泥砂浆 砂浆强度等级 M5】		m2	MHMJ	MHMJ<抹灰面积>	143.01		☑

图 11-80　砖胎模采用基础模板清单方式的做法

（2）砖胎模的绘制　采用智能布置的方式，分别布置电梯井坑底板、桩承台、基础梁的砖胎模，如图 11-81 所示。从图中可以看出有些部分需要布置但未布置上（如Ⓐ轴承台梁的下侧、Ⓒ轴上方 1/4~5 轴间 DL 上侧、红线标出的区域 1 上侧），有些区域不需布置而已经布置上（红线标出的区域 2 的内、外侧），需要布置但未布置上的部位要补绘，不需布置而已经布置上的部位要删除。

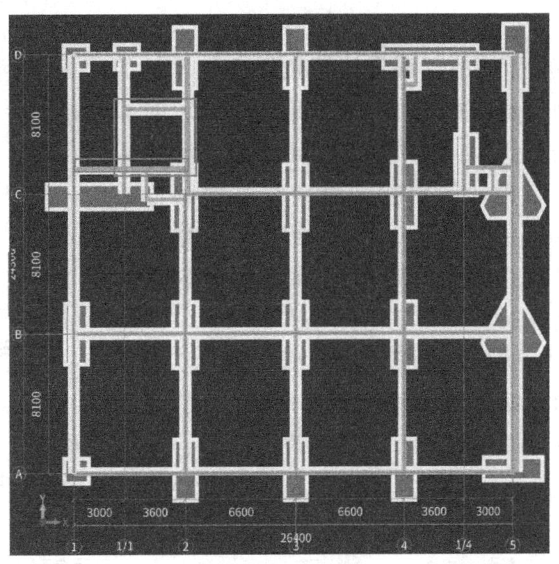

图 11-81　承台、基础梁和电梯井坑底板砖胎模

电梯井坑坑壁无法采用智能布置只能采用线式画法手工布置。删除电梯井坑坑壁部位已经布置好的砖胎模，重新绘制坑壁外侧的砖胎模（因内侧已经在电梯井坑坑壁构件上计算了模板面积，无须再布置砖胎模），修正并补绘后的砖胎模效果如图 11-82 所示。

7. 桩的定义与绘制

（1）PC550a（110）的属性定义　PC550a（110）为管桩，其截面为圆形，单击构件导航栏上的“新建”或右键快捷菜单中的“新建异形桩”，在“异形截面编辑器”中绘制直径为 550mm 的圆后，单击“确定”按钮，在属性列表中修改“结构类别”为“预应力管桩”，“混凝土类型”为“预制混凝土”，“桩深度”为“53000”，其属性如图 11-83 所示。请读者自行完成 PC600a（110）的属性定义，注意 PC600a（110）的长度有两种，需要多

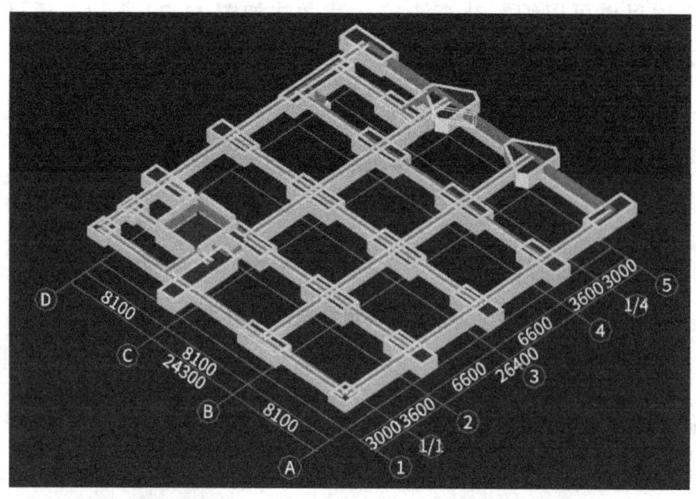

图 11-82　修正并补绘后的砖胎模效果图

建立一个构件 PC600a（110）-1，建议不同类型或长度的桩用不同的颜色进行显示，以示区别。

（2）PC550A（110）的做法定义　预应力管柱的工程量计算包括打桩、桩的制作和运输，故 PC550a（110）的做法如图 11-84 所示，由于当地定额中无预制管柱的定额子目，暂用预制方桩定额子目代替，到计价时再换算桩的单价。请读者自行完成其他桩的做法定义。

属性列表	图层管理		
	属性名称	属性值	附加
1	名称	PC550A(110)	
2	截面形状	异形	☐
3	截面宽度(mm)	550	☐
4	截面高度(mm)	550	☐
5	桩深度(mm)	53000	☐
6	结构类别	预应力管桩	☐
7	材质	预制混凝土	☐
8	混凝土类型	(粒径31.5砼32.5级坍落度35~50)	☐
9	混凝土强度等级	C60	☐
10	混凝土外加剂	(无)	
11	泵送类型	(混凝土泵)	
12	体积(m³)	12.592	☐
13	顶标高(m)	-1.65	☐

图 11-83　PC550a（110）的属性定义

预应力钢筋混凝土管桩清单工程量的计量单位，除可以选用 m^3 外，还可以选用 m 或根，请读者思考一下，选用不同的计量单位时，各有哪些优点和缺点？

构件做法

添加清单　添加定额　删除　查询　项目特征　fx 换算　做法刷　做法查询　提取做法　当前构件自动套做法

	编码	类别	名称	项目特征	单位	工程量表达式	表达式说明	单价
1	− 010301002	项	预制钢筋混凝土管桩	1.送桩深度、桩长:送桩深度1.5m，桩长53m（=15*3+8）接头3个 2.桩外径、壁厚:桩外径550，壁厚110 3.沉桩方法:静力压柱 4.混凝土强度等级:C60	m3	CD*(0.55*0.55-0.44*0.44)*3.14/4	CD<长度>*(0.55*0.55-0.44*0.44)*3.14/4	
2	3-22	定	静力压预制钢筋混凝土离心管桩桩长>24m		m3	CD*(0.55*0.55-0.44*0.44)*3.14/4	CD<长度>*(0.55*0.55-0.44*0.44)*3.14/4	362.7
3	3-24	定	静力压送预制钢筋混凝土离心管桩桩长>24m		m3	2*(0.55*0.55-0.44*0.44)*3.14/4	0.171	437.88
4	3-27	定	电焊接螺栓+电焊轨道式柴油打桩机3.5t		个	SL*3	SL<数量>*3	203.63
5	6-228	定	(C30泵送商品砼）预制方桩		m3	CD*(0.55*0.55-0.44*0.44)*3.14/4	CD<长度>*(0.55*0.55-0.44*0.44)*3.14/4	450.67
6	8-3	定	Ⅰ类预制混凝土构件 运输运距<10km		m3	CD*(0.55*0.55-0.44*0.44)*3.14/4	CD<长度>*(0.55*0.55-0.44*0.44)*3.14/4	210.46

图 11-84　PC550A（110）的做法

（3）桩的绘制　可以采用点式画法绘制 PC550a（110）、PC600a（110）和 PC600a（110）-1。绘制完成后其平面图如图 11-85 所示。绘制完成后根据桩承台的底面标高依次调整桩的顶标高。

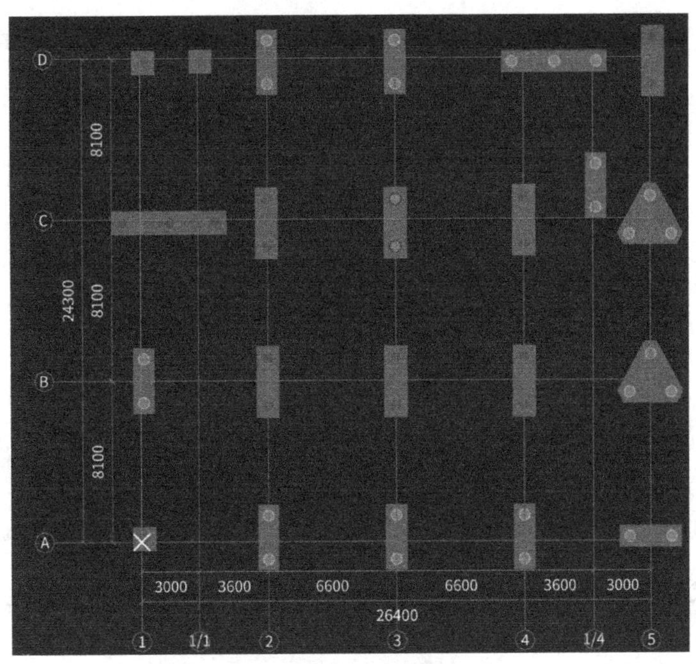

图 11-85　桩绘制完成后的平面图

8. 土方的定义与绘制

（1）平整场地的绘制与做法定义　平整场地一般绘制在首层，请读者自行完成。平整场地的做法如图 11-86 所示。需要注意的是，如果是大开挖土方一般不计算平整场地的费用。

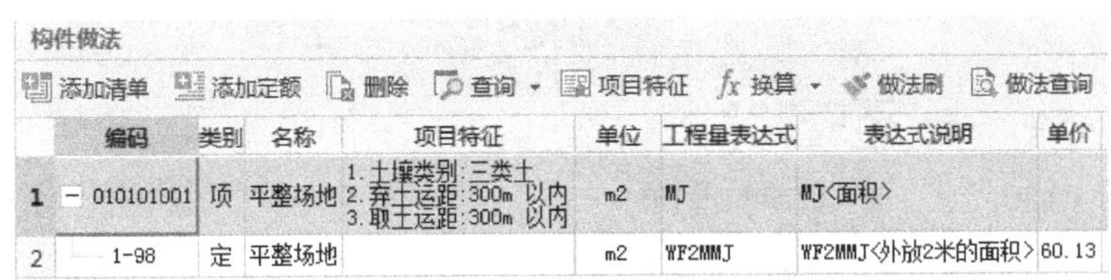

构件做法

添加清单　添加定额　删除　查询　项目特征　fx 换算　做法刷　做法查询

	编码	类别	名称	项目特征	单位	工程量表达式	表达式说明	单价
1	− 010101001	项	平整场地	1. 土壤类别：三类土 2. 弃土运距：300m 以内 3. 取土运距：300m 以内	m2	MJ	MJ<面积>	
2	1-98	定	平整场地		m2	WF2MMJ	WF2MMJ<外放2米的面积>	60.13

图 11-86　平整场地做法

（2）土方图元生成

1）自动生成基坑土方图元。基坑土方图元，不但可以手工绘制，还可以根据垫层等基础构件自动生成并同时建立相应的构件，然后再针对生成的构件进行做法定义。其操作步骤如下：

在构件导航样依次单击“基础”→“垫层”，再依次单击“建模”菜单→“垫层二次编辑”选项卡→“生成土方”工具，弹出“生成土方”对话框，如图 11-87 所示。

选择“土方类型”为“基坑土方”，“起始放坡位置”为“垫层底”，“生成方式”为“手动生成”，“生成范围”为“基坑土方”，然后单击“确定”按钮，状态栏提示“请选择构件图元”，按功能键<F3>，弹出批量选择对话框，勾选“面式垫层”，如图 11-88 所示，单击“确定”按钮，全部面式垫层被选中，单击鼠标右键确定后，基坑土方图元生成完毕，且在土方构件类型下生成了 23 个基坑土方图元，7 类基坑土方构件。

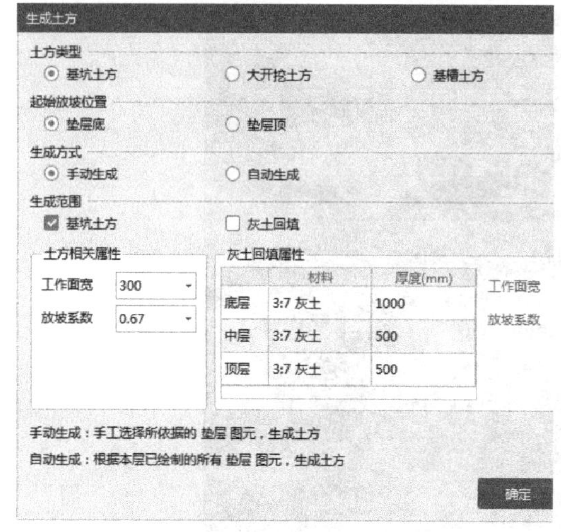

图 11-87 “生成土方”对话框

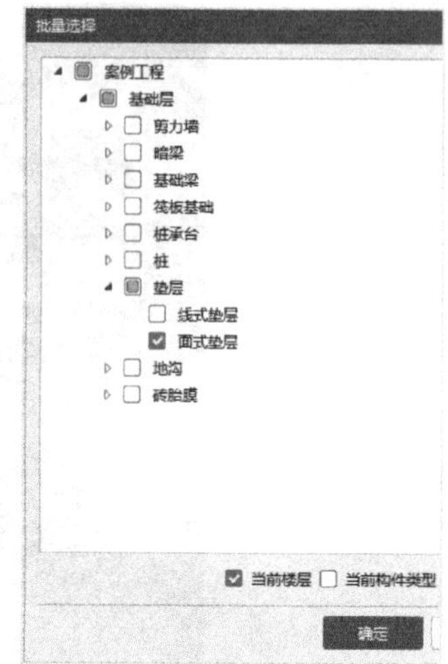

图 11-88 “批量选择”对话框

2）自动生成基槽土方图元。基槽土方图元的生成与基坑土方图元的生成过程相似，请读者自行完成。

（3）土方构件做法定义

1）基坑土方构件做法定义。基坑土方构件做法如图 11-89 所示，其他基坑土方构件的做法采用做法刷功能定义。

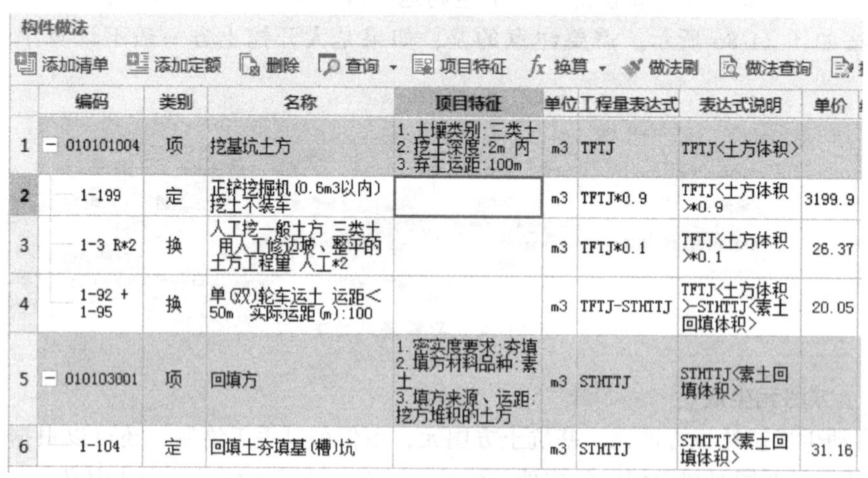

构件做法

添加清单 添加定额 删除 查询 项目特征 换算 做法刷 做法查询

	编码	类别	名称	项目特征	单位	工程量表达式	表达式说明	单价
1	010101004	项	挖基坑土方	1. 土壤类别:三类土 2. 挖土深度:2m 内 3. 弃土运距:100m	m3	TFTJ	TFTJ<土方体积>	
2	1-199	定	正铲挖掘机(0.6m3以内) 挖土不装车		m3	TFTJ*0.9	TFTJ<土方体积>*0.9	3199.9
3	1-3 R*2	换	人工挖一般土方 三类土 用人工修边坡、整平的土方工程量 人工*2		m3	TFTJ*0.1	TFTJ<土方体积>*0.1	26.37
4	1-92 + 1-95	换	单(双)轮车运土 运距<50m 实际运距(m):100		m3	TFTJ-STHTTJ	TFTJ<土方体积>-STHTTJ<素土回填体积>	20.05
5	010103001	项	回填方	1. 密实度要求:夯填 2. 填方材料品种:素土 3. 填方来源、运距:挖方堆积的土方	m3	STHTTJ	STHTTJ<素土回填体积>	
6	1-104	定	回填土夯填基(槽)坑		m3	STHTTJ	STHTTJ<素土回填体积>	31.16

图 11-89 基坑土方做法

2）基槽土方构件做法定义。基槽土方构件做法如图 11-90 所示。其他基槽土方构件的做法采用做法刷功能定义。

9. *基础层构件汇总计算*

单击“工程量”→“汇总计算”，选择基础层，单击“确定”按钮，计算完成后，钢筋

构件做法

添加清单　添加定额　删除　查询　项目特征　换算　做法刷　做法查询

	编码	类别	名称	项目特征	单位	工程量表达式	表达式说明	单价
1	− 010101003	项	挖沟槽土方	1.土壤类别:三类土 2.挖土深度:2m 内 3.弃土运距:100m	m3	TFTJ	TFTJ<土方体积>	
2	1-199	定	正铲挖掘机(0.6m3以内)挖土不装车		m3	TFTJ*0.9	TFTJ<土方体积>*0.9	3199.9
3	1-3 R*2	换	人工挖一般土方 三类土 用人工修边坡、整平的土方工程量 人工*2		m3	TFTJ*0.1	TFTJ<土方体积>*0.1	26.37
4	1-92 + 1-95	换	单(双)轮车运土 运距<50m 实际运距(m):100		m3	TFTJ	TFTJ<土方体积>	20.05
5	− 010103001	项	回填方	1.密实度要求:夯填 2.填方材料品种:素土 3.填方来源、运距:挖方堆积的土方	m3	STHTTJ	STHTTJ<素土回填体积>	
6	1-104	定	回填土夯填基(槽)坑		m3	STHTTJ	STHTTJ<素土回填体积>	31.16

图 11-90　基槽土方构件做法

工程量见表11-13，土建清单定额工程量见表11-14。值得说明的是表格中各分部分项工程量的小数点位数要根据清单工程量计量规范的规定进行调整。在算量文件中也可以暂时不调，到计价软件中再行调整。

表 11-13　基础构件钢筋类型、级别、直径工程量汇总表

构件类型	钢筋总重/kg	各规格钢筋重量/kg							
		Φ6	Φ8	Φ10	Φ12	Φ14	Φ18	Φ20	Φ22
剪力墙	478.956	12.998		465.958					
暗梁	121.951		44.895			77.056			
承台梁	5976.26	90.126	1543.661	569.963		7.926	498.37	3266.214	
筏板基础	331.483				331.483				
桩承台	6174.783		9.858	2245.779	813.574	365.886		1324.994	1414.692
合计	13083.433	103.124	1598.414	3281.7	1145.057	450.868	498.37	4591.208	1414.692

表 11-14　基础层构件清单定额工程量表

序号	编码	项目名称	单位	工程量明细	
				绘图输入	表格输入
实体项目					
1	010101003001	挖沟槽土方 1. 土壤类别:三类土 2. 挖土深度:2m 内 3. 弃土运距:100m	m^3	388.7203	
	1-3　R×2	人工挖一般土方　三类土　用人工修边坡、整平的土方工程量　人工×2	m^3	38.8722	
	1-92+1-95	单(双)轮车运土　运距<50m　实际运距(m):100	m^3	388.7203	
	1-199	正铲挖掘机(0.6m^3以内)挖土不装车	$1000m^3$	0.3498483	

（续）

序号	编码	项目名称	单位	工程量明细	
				绘图输入	表格输入
实体项目					
2	010101004001	挖基坑土方 1. 土壤类别：三类土 2. 挖土深度：2m 内 3. 弃土运距：100m	m^3	798.9909	
	1-3 R×2	人工挖一般土方 三类土 用人工修边坡、整平的土方工程量 人工×2	m^3	79.8997	
	1-92+1-95	单（双）轮车运土 运距＜50m 实际运距（m）：100	m^3	255.5706	
	1-199	正铲挖掘机（0.6m^3 以内）挖土不装车	1000m^3	0.7190913	
3	010103001001	回填方 1. 密实度要求：夯填 2. 填方材料品种：素土 3. 填方来源、运距：挖方堆积的土方	m^3	845.1135	
	1-104	回填土夯填基（槽）坑	m^3	845.1135	
4	010301002001	预制钢筋混凝土管桩 1. 送桩深度、桩长：送桩深度 1.5m，桩总长 56m＝15m×3+11m，接头 3 个 2. 桩外径、壁厚：桩外径 600mm，壁厚 110mm 3. 沉桩方法：静力压柱 4. 混凝土强度等级：C60	m^3	96.5682	
	3-22	静力压预制钢筋混凝土离心管桩桩长＞24m	m^3	96.5682	
	3-24	静力压送预制钢筋混凝土离心管桩桩长＞24m	m^3	3.5586	
	3-27	电焊接螺栓+电焊轨道式柴油打桩机 3.5t	个	54	
	6-228	（C30 泵送商品混凝土） 预制方桩	m^3	96.5682	
	8-3	Ⅰ类预制混凝土构件 运输运距＜10km	m^3	96.5682	
5	010301002002	预制钢筋混凝土管桩 1. 送桩深度、桩长：送桩深度 1.5m，桩总长 59m＝15m×3+14m，接头 3 个 2. 桩外径、壁厚：桩外径 600mm，壁厚 110mm 3. 沉桩方法：静力压柱 4. 混凝土强度等级：C60	m^3	11.2946	
	3-22	静力压预制钢筋混凝土离心管桩桩长＞24m	m^3	11.2946	
	3-24	静力压送预制钢筋混凝土离心管桩桩长＞24m	m^3	0.3954	
	3-27	电焊接螺栓+电焊轨道式柴油打桩机 3.5t	个	6	
	6-228	（C30 泵送商品混凝土） 预制方桩	m^3	11.2946	
	8-3	Ⅰ类预制混凝土构件 运输运距＜10km	m^3	11.2946	

（续）

序号	编码	项目名称	单位	工程量明细	
				绘图输入	表格输入
实体项目					
6	010301002003	预制钢筋混凝土管桩 1. 送桩深度、桩长：送桩深度 1.5m，桩长 53m = 15m×3+8m 接头 3 个 2. 桩外径、壁厚：桩外径 550mm，壁厚 110mm 3. 沉桩方法：静力压柱 4. 混凝土强度等级：C60	m^3	113.27	
	3-22	静力压预制钢筋混凝土离心管桩桩长>24m	m^3	113.27	
	3-24	静力压送预制钢筋混凝土离心管桩桩长>24m	m^3	4.275	
	3-27	电焊接螺栓+电焊轨道式柴油打桩机 3.5t	个	75	
	6-228	（C30 泵送商品混凝土）　预制方桩	m^3	113.27	
	8-3	Ⅰ类预制混凝土构件　运输运距<10km	m^3	113.27	
7	010401001001	砖基础 1. 砖品种、规格、强度等级：标准砖，240mm×115mm×53mm，MU10 2. 基础类型：条形 3. 砂浆强度等级：水泥砂浆 M5.0	m^3	19.0519	
	4-1	直形砖基础（M5 水泥砂浆）	m^3	19.0519	
8	010404001003	垫层 1. 垫层材料种类、配合比、厚度：150mm 厚片石灌砂	m^3	36.2945	
	4-106	基础垫层　毛石　灌砂浆（M2.5 混合砂浆）	m^3	37.9014	
9	010501001002	垫层 1. 混凝土种类：泵送商品混凝土 2. 混凝土强度等级：C15 3. 厚度：100mm	m^3	24.1971	
	6-178-1	（C15 泵送商品混凝土）　基础无筋混凝土垫层	m^3	25.2672	
10	010501004001	满堂基础 1. 混凝土种类：泵送商品混凝土 2. 混凝土强度等级：C35	m^3	6.6906	
	6-183 H80212103 80212106	（C20 泵送商品混凝土）　无梁式满堂（板式）基础　换为【C35 预拌混凝土（泵送）】	m^3	6.6906	
11	010501005001	桩承台基础 1. 混凝土种类：泵送商品混凝土 2. 混凝土强度等级：C35	m^3	101.9121	
	6-185 H80212103 80212106	（C20 泵送商品混凝土）　桩承台独立柱基　换为【C35 预拌混凝土（泵送）】	m^3	102.4498	
12	010503001001	基础梁 1. 混凝土种类：泵送商品混凝土 2. 混凝土强度等级：C35	m^3	31.6344	

（续）

序号	编码	项目名称	单位	工程量明细	
				绘图输入	表格输入
		实体项目			
12	6-193 H80212105 80212106	（C30泵送商品混凝土） 基础梁 地坑支撑梁 换为【C35预拌混凝土（泵送）】	m^3	31.6344	
		措施项目			
1	011702001001	基础 模板 1. 基础类型：桩承台 2. 模板材质：复合木模板	m^2	1.23	
	21-12	现浇各种柱基、桩承台 复合木模板	$10m^2$	0.123	
2	011702001002	基础 模板 1. 基础类型：承台、电梯井坑底板 2. 模板材质：复合木模板	m^2	56.0713	
	21-2	混凝土垫层 复合木模板	$10m^2$	5.60713	
3	011702001003	基础 模板 1. 基础类型：满堂基础 2. 模板材质：复合木模板	m^2	36.5794	
	21-8	现浇无梁式钢筋混凝土满堂基础 复合木模板	$10m^2$	3.65794	
4	011702005001	基础梁 模板 1. 梁截面形状：矩形承台梁 2. 模板材料：复合木模板	m^2	46.0754	
	21-34	现浇基础梁 复合木模板	$10m^2$	4.60754	
5	AB001	砖胎模 1. 砖品种、规格、强度等级：标准砖 2. 砂浆强度等级：M5水泥砂浆砌筑，1：2水泥砂浆抹面 3. 部位：承台 、承台梁、电梯坑外壁	m^2	348.2711	
	21-103 H80050104 80010104	标准砖侧模（M5混合砂浆） 换为【水泥砂浆 砂浆强度等级 M5】	m^2	348.2711	

首层平整场地的工程量见表11-15。

表11-15 首层平整场地工程量

序号	编码	项目名称	单位	工程量明细	
				绘图输入	表格输入
		实体项目			
1	010101001001	平整场地 1. 土壤类别：三类土 2. 弃土运距：300m以内 3. 取土运距：300m以内	m^2	651.7	
	1-98	平整场地	$10m^2$	87.21	

■ 11.3　拓展延伸（基础相关构件）

1. 地沟

（1）地沟的属性定义

地沟也是复杂构件，由沟底、左沟壁、右沟壁和盖板四部分组成，可以像独立基础一样新建各个组成单元，也可以使用软件中提供的参数化地沟来构建。

新建地沟单元的方法同独立基础，需要注意的是建立左右沟壁两个单元时，要注意调整“相对底标高”和“相对偏心距”，请读者自行体验，下面简要介绍一下参数化地沟。

在构件导航栏依次单击“地沟”→“新建”→“参数化地沟”，弹出选择参数化地沟对话框，软件只提供了矩形地沟参数化图形，如图 11-91 所示，按照设计要求修改右侧的各部分参数后，单击“确定”按钮，其底板、侧壁和盖板的属性如图 11-92～图 11-94 所示。地沟右侧壁的属性除与左侧壁的相对偏心距不同外，其他属性均相同。其中材质可根据工程实际所用的材料进行选择，可选材质包括“现浇混凝土”“泵送商品混凝土”“非泵送商品混凝土”“预制混凝土”“砖”或“石”。

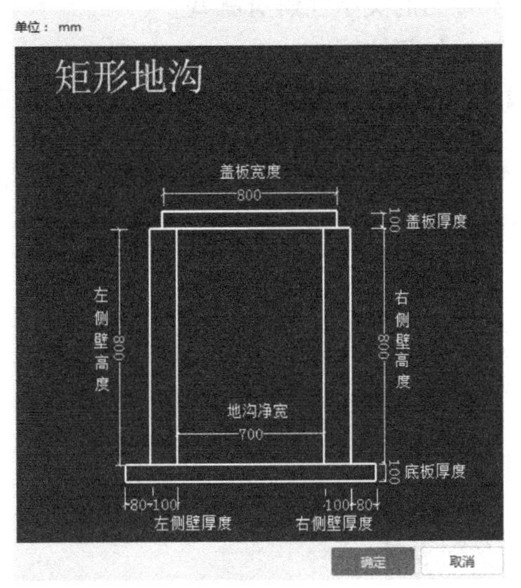

图 11-91　矩形地沟参数化图形

属性列表　图层管理

	属性名称	属性值	附加
1	名称	DG-1-1	
2	类别	底板	☐
3	材质	现浇混凝土	☐
4	混凝土强度等级	C20	☐
5	混凝土类型	(粒径31.5砼32.5级坍落度35~50)	☐
6	截面宽度(mm)	1060	☐
7	截面高度(mm)	100	☐
8	截面面积(m²)	0.106	☐
9	相对偏心距(mm)	0	☐
10	相对底标高(m)	(0)	☐
11	其它钢筋		
12	备注		☐
13	⊞ 显示样式		

图 11-92　地沟底板属性

属性列表　图层管理

	属性名称	属性值	附加
1	名称	DG-1-2	
2	类别	侧壁	☐
3	材质	现浇混凝土	☐
4	混凝土强度等级	C20	☐
5	混凝土类型	(粒径31.5砼32.5级坍落度35~50)	☐
6	截面宽度(mm)	100	☐
7	截面高度(mm)	800	☐
8	截面面积(m²)	0.08	☐
9	相对偏心距(mm)	-400	☐
10	相对底标高(m)	0.1	☐
11	其它钢筋		
12	备注		☐
13	⊞ 显示样式		

图 11-93　地沟左侧壁属性

属性列表　图层管理

	属性名称	属性值	附加
1	名称	DG-1-1	
2	类别	底板	☐
3	材质	现浇混凝土	☐
4	混凝土强度等级	C20	☐
5	混凝土类型	(粒径31.5砼32.5级坍落度35~50)	☐
6	截面宽度(mm)	1060	☐
7	截面高度(mm)	100	☐
8	截面面积(m²)	0.106	☐
9	相对偏心距(mm)	0	☐
10	相对底标高(m)	(0)	☐
11	其它钢筋		
12	备注		☐
13	⊞ 显示样式		

图 11-94　地沟盖板属性

（2）地沟的做法定义和绘制

地沟做法定义的方法同独立基础，也要分别定义在各个地沟组成单元上。地沟底面和侧面需做防水或抹灰时，也要同时定义防水或抹灰的做法。地沟属于线式构件，可以采用线式画法绘制，请读者自行体验。

2. 多个相连集水坑

实际工程中集水坑除单独设置外，有时会将多个集水坑连在一起以满足不同的用途，此时读者可以分别建立集水坑，然后分别绘制到相应位置，软件会根据各个集水坑之间的空间关系进行自动合并，集水坑壁上有剪力墙时要将剪力墙的底标高调整到集水坑底板底标高，以保证钢筋工程量计算的准确性。

思　考　题

1. 房屋建筑工程中有哪些基础类型？
2. 独立基础有几种类型？其常用断面形式有几种？
3. 在平法设计图上独立基础如何表示？其配筋信息如何注写？
4. 在平法设计图上何时需要注写基础底面标高？常见的文字注解有哪些？
5. 在平法设计图上条形基础如何表示？其配筋信息如何注写？
6. 在平法设计图上条形基础中的基础梁如何表示？其配筋与框架梁的配筋主要区别有哪些？
7. 满堂基础有哪几种类型？
8. 梁板式筏形基础中的主次梁和平板分别如何表示？
9. 如何表示平板式筏板基础？
10. 桩基础有哪几种类型？
11. 常见的预制桩和灌注桩分别有哪几种类型？
12. 预应力钢筋混凝土管桩中的 A、B、C 和 D 型有何区别？
13. 在平法设计图上灌注桩和扩底灌注桩分别如何表示？
14. 桩承台有哪几种类型？
15. 在平法设计图上承台和承台梁及其配筋分别如何表示？
16. 基础联系梁与基础梁有何区别？
17. 什么是后浇带？后浇带有哪些作用？软件中的后浇带包括哪些内容？
18. 结合实践经验谈谈柱墩与独立基础有哪些区别？
19. 采用不同形式的筏板拉筋布置方式对钢筋工程量有何影响？
20. 遇到哪些情况时可以使用设置筏板变截面的功能？
21. 遇到哪些情况时可以使用设置筏板边坡的功能？
22. 独立基础、条形基础和桩承台的做法为什么只能定义在其构成单元上？
23. 结合工作经验谈谈独立基础或桩承台的手绘与 CAD 识别的优缺点。
24. PC 管桩空心部分需要填充时如何定义其做法？
25. PC 管桩接桩设计不包钢板时，如何进行定额调整？
26. 软件中提供的垫层有几种类型？分别适用于哪几种基础构件？

27. 砖胎模的做法定义如何选套清单和定额？
28. 如何定义电梯井坑？如何定义坑底、坑壁的做法？
29. 如何定义非参数化地沟的属性？
30. 多个不同深度的集水坑相连时，应如何定义和绘制？
31. 如何绘制集水坑的垫层？

第 12 章

招标投标阶段BIM造价应用

学习目标

了解工程概况及招标范围，了解建设项目的构成，了解招标控制价编制依据，了解招标控制价编制要求。

熟悉招标控制价的编制方法，熟悉工程量清单各类表格，熟悉编辑过程中的标记、过滤等方法；熟悉措施项目费包含的内容，熟悉总价措施费编制的方法，熟悉单项措施费的编制方法；熟悉其他项目费的内容及各阶段的处理方法，熟悉编制暂列金额、专业工程暂估价、计日工和总承包服务费的操作方法；熟悉项目自检和查看费用的操作，熟悉载入相应专业费用模板的操作。

掌握导入 GTJ2018 图形算量文件的方法，掌握提取工程量、反查工程量和更新工程量的方法；熟悉 GCCP5.0 的编制模块界面，掌握建立项目结构的方法，掌握各种取费费率的查询与输入方法；掌握工程量清单项目和定额子目的输入方法，掌握分部分项清单项整理的方法；掌握清单和定额工程量的输入方法，掌握工程量精度设置方法，掌握定额子目的换算方法，掌握补充清单和定额的编制、存档及调用方法，掌握指标信息完善和参考指标的设置方法；掌握运用软件生成招标工程量清单、生成招标控制价的方法，掌握从软件中正确导出所需表格的方法。

■ 12.1　招标投标阶段 BIM 应用简介

12.1.1　BIM 招投标基础知识

BIM 在招投标阶段的应用主要是编制工程量清单、招标控制价和投标报价，其中工程量清单是编制招标控制价和投标报价的基础和重要依据。

编制工程量清单时，主要是计算出工程的清单工程量，规定混凝土模板是计入实体项目还是措施项目。编制招标控制价时，主要是依据工程量清单，按照一般的施工工艺和技术方法套用相应的计价定额子目，按照招标文件规定的各项费用的取费费率和费用定额规定的计价程序、指定的人材机价格信息计算工程的造价；编制投标报价时，在完全响应招标文件要求的条件下，依据工程量清单及其项目特征、投标人的施工技术力量和管理水平、人材机等各方面成本的控制水平，套用相应的计价定额子目。

由此可见，基于算量模型编制工程量清单时，构件做法可只套清单项目而不套定额子

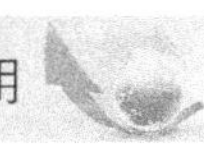

目。编制招标控制价时，构件做法可同时套用清单项目和定额子目；如果工程量清单和招标控制价由同一单位或同一人员编制，也可同时套用清单项目和定额子目，一次完成工程量清单和招标控制价的编制；而基于算量模型编制投标报价时，清单工程量必须与招标工程量清单的工程量一致，定额工程量可从自建的算量模型中提取。

由于投标报价的编制方法与招标控制价的编制方法和步骤相同，只是在可竞争性费用的取费费率和部分人材机的价格取定方面有所差别，所以本书以基于 BIM 算量模型的招标控制价的编制方法为例进行介绍。

12.1.2　软件操作流程

基于 BIM 算量模型编制招标控制价的流程如图 12-1 所示，编制投标报价的流程如图 12-2 所示。

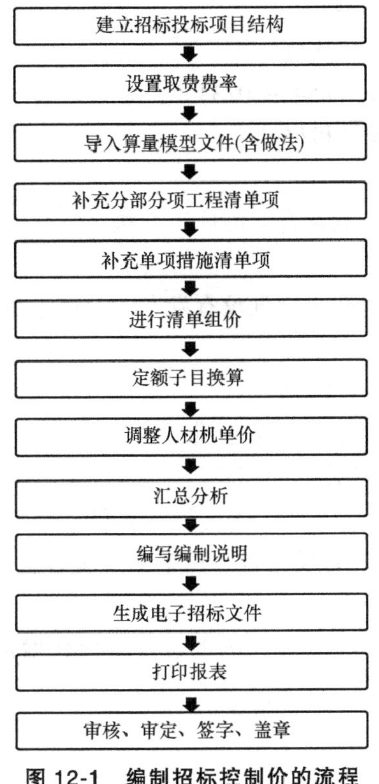

图 12-1　编制招标控制价的流程

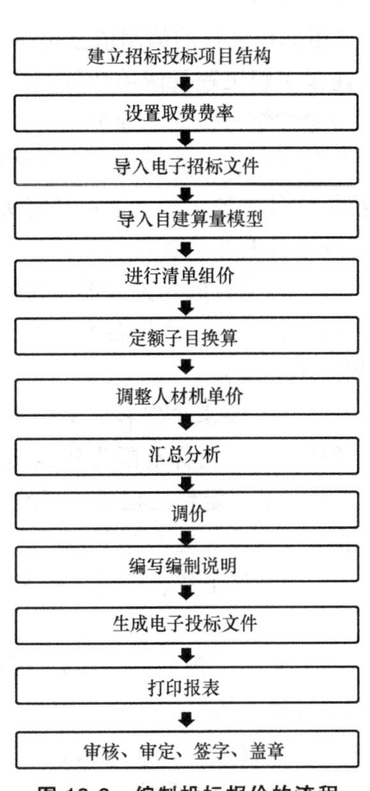

图 12-2　编制投标报价的流程

12.2　招标文件主要相关内容

12.2.1　工程概况

本工程名称为案例工程，为位于江苏省徐州市工业园区的一栋工业厂房，基础采用 PHC 离心管桩和桩承台基础，上部结构形式为现浇钢筋混凝土框架结构。地上主体为五层，其中首层层高 8m，其他各层层高均为 3.95m。建筑高度为 23.95m，局部最高 27.75m。总建筑面积为 3338.72m^2，基底面积为 653.75m^2，室内外高差为 0.15m。

12.2.2 招标控制价编制要求

1. 招标控制价编制依据

(1) 一般规定

1) 招标控制价应由具有编制能力的招标人，或受其委托具有相应资质的工程造价咨询人编制。

2) 工程造价咨询人接受招标人委托编制招标控制价，不得再就同一工程接受投标人委托编制投标报价。

3) 招标控制价应在招标时公布，不应上调或下浮。招标人应将招标控制价及有关资料报送工程所在地工程造价管理机构备查。

(2) 编制依据

该工程招标控制价的编制依据包括以下几项主要内容：

1)《建设工程工程量清单计价规范》(GB 50500—2013)。

2)《房屋建筑与装饰工程工程量计算规范》(GB 50854—2013)。

3)《江苏省建筑与装饰工程计价定额》及配套解释和相关规定。

4) 招标文件中的工程量清单及有关要求。

5) 工程设计及相关资料、施工现场情况、工程特点及合理的施工方法。

6) 建设工程项目的相关标准、规范、技术资料等。

7) 工程造价管理机构发布的工程造价信息。工程造价信息没有发布的参照市场价。

8) 其他相关资料。

2. 招标范围、要求工期和质量标准

(1) 招标范围　招标范围为建筑施工图的全部内容，分部分项工程的清单工程量以招标工程量清单为准，定额工程量以当地工程量计算规则计算的结果为准。

技术措施费按常规施工方案列项计算，组织措施费计取安全文明施工费、夜间施工费、雨期施工费、冬期施工费、已完工程及设备保护费、临时设施费和建筑工人实名制费，其他项目不计。其中：

1) 安全文明施工费只计取基本费和扬尘污染治理增加费，不考虑省级标化增加费。基本费按3.1%计取，扬尘污染防治增加费按0.31%计取。

2) 夜间施工费按0.05%计取。

3) 冬雨期施工增加费按0.125%计取。

4) 已完工程及设备保护费按0.025%计取。

5) 临时设施费按1.65%计取。

6) 建筑工人实名制费按0.5%计取。

(2) 要求工期　本工程的要求工期为340日历天，计划开工日期为2019年9月1日，计划竣工日期为2020年8月6日。

(3) 质量标准　本工程的质量标准为合格。

3. 取费及价格约定

(1) 管理费率和利润率　本工程为二类工程，执行二类工程的管理费率和利润率。

1) 管理费费率为29%。

2）利润率为12%。

（2）材料价格的取定

1）甲供材料：按甲供材料含税单价一览表（表12-1）执行。

表12-1 甲供材料含税单价一览表

序号	材料名称	规格型号	单位	含税市场价(元)
1	C15预拌混凝土(泵送)	最大粒径20mm	m^3	550
2	C20预拌混凝土(泵送)	最大粒径20mm	m^3	560
3	C20预拌混凝土(非泵送)	最大粒径20mm	m^3	550
4	C25预拌混凝土(泵送)	最大粒径20mm	m^3	570
5	C25预拌混凝土(非泵送)	最大粒径20mm	m^3	560
6	C30预拌混凝土(泵送)	最大粒径20mm	m^3	580
7	C30预拌混凝土(非泵送)	最大粒径20mm	m^3	570
8	C35预拌混凝土(泵送)	最大粒径20mm	m^3	600

2）其他材料。除暂估价材料和甲供材料外，其他材料均由承包商采购，价格均按徐州市2019年9月建筑工程信息价调整。

（3）人工费 人工费按《江苏省住房和城乡建设厅关于发布建设工程人工工资指导价的通知》（苏建函价〔2019〕411号）中人工工资单价执行，其中建筑工程的包工包料工程的人工工资单价如下：

一类工104元/工日，二类工99元/工日，三类工92元/工日。

（4）其他项目费

1）暂列金额。本工程的暂列金额为15万元。

2）暂估价：

① 材料暂估价：按表12-2执行。

表12-2 暂估价材料含税价

序号	名称	规格型号	单位	含税暂定价(元)
09092100	铝合金固定窗		m^2	300
09093501	铝合金全玻平开窗		m^2	300
09090813	铝合金全玻平开门		m^2	300
09093511	铝合金全玻推拉窗		m^2	300
06612143	墙面砖	200mm×300mm	m^2	200
06650101	同质地砖		m^2	60
09250709	彩钢卷帘门		m^2	150
09493507	卷帘门电动装置	300kg提升力	套	2000

② 专业工程暂估价：本工程专业工程暂估价为20万元。

3）计日工。本工程中的计日工按表12-3执行，其中单价只用于编制招标控制价。

表 12-3　计日工表

序号	名　　称	工程量	单位	单价(元)	备注
1	人工				
1.1	木工	10	工日	200	
1.2	钢筋工	10	工日	200	
2	材料				
2.1	黄砂(中粗)	1	m^3	220	
2.2	水泥 42.5 级	5	t	550	
2.3	水泥 32.5 级	5	t	530	
3	施工机械				
3.1	载重汽车 4t	2	台班	600	

4）总承包服务费：不考虑。

（5）规费　本工程计取社会保险费、住房公积金和环境保护费，其中社会保险费按 3.2%计取，住房公积金按 0.53%计取，环境保护费按 0.1%计取。

（6）税金　本工程的税金按一般计税方法计算增值税，税率按 9%计取。

4. 其他规定

1）土方外运距离 1km 以内。

2）除散水、坡道采用现场搅拌混凝土外，其余钢筋混凝土构件全部采用商品混凝土，运距按 10km 考虑。

3）招标控制价报表样式采用软件默认样式。

■ 12.3　招标项目结构

12.3.1　项目结构基础知识

二维码 12-1 建设项目的相关概念

基本建设项目按照合理确定工程造价和基本建设管理工作的要求，划分为建设项目、单项工程、单位工程、分部工程、分项工程五个层次。在编制招标控制价时编制的项目结构主要是建设项目、单项工程和单位工程三级。

12.3.2　新建招标项目结构

1. 任务说明

结合案例工程，该项目为 2019 年 9 月 1 日开工，建立招标项目结构并完善工程信息。

2. 任务分析

本招标项目标段为 1#厂房土建工程，依据招标控制价的编制要求建立招标项目三级结构后，在项目级完善“项目信息”，在单位工程级“工程信息”页面完善工程项目信息，包括工程信息、项目特征和编制说明三部分。

3. 任务实施

采用广联达公司开发的云计价平台 GCCP5.0 编制该工程的招标控制价，该计价平台包

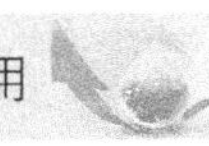

括编制、调价、报表、指标和电子标五大模块，并将概算、预算、结算和审核等不同阶段的造价业务整合到同一个平台上，以下的操作均在 GCCP5.0 云计价软件中进行。

（1）登录方式　双击桌面图标打开云计价平台进入登录界面，登录的方式有两种，一种是输入云计价的“账号+密码”，这种方式下可以使用软件的所有功能，但是要保证网络的畅通；另一种是“离线使用”，采用这种方式将无法使用与网络相关的功能。本书将采用“账号+密码”登录的方式进行介绍。

登录广联达云计价平台 GCCP5.0 后，界面如图 12-3 所示。左上角设有“个人模式”和“协作模式”两个工作页签。当项目规模不大或不需要多人合作时可以使用“个人模式”，当项目为大型群体工程或者需要多人合作完成时，可以使用“协作模式”。本书只介绍个人模式的使用和操作方法。另外，随着云计价平台版本的不断升级，“协作模式”下的功能可能会移植到“个人模式”下，界面可能与本书介绍的稍有不同，所以读者使用云计价平台时要以官方发布版本的界面与功能为准。

图 12-3　GCCP5.0 界面

“个人模式”页签设有一个“新建”按钮，设有“最近文件”“云文件”“本地文件”三个文件夹和一个显示文本框。在右侧还设有“工作空间”和“微社区”两个页签。

“新建”按钮用于新建工程；“最近文件”存放最近使用过的工程文件；“云文件”显示存放在云空间工程文件，存放在云空间的文件也可在手机上使用造价云 APP 进行查看；“本地文件”存储本地计算机上的工程文件；显示文本框内显示选定文件的名称和保存路径。

（2）新建工程　“新建”菜单如图 12-4 所示，可以新建概算项目、新建招投标项目、新建结算项目和新建审核项目。本案例为编制招标控制价，所以只需要新建招投标项目。

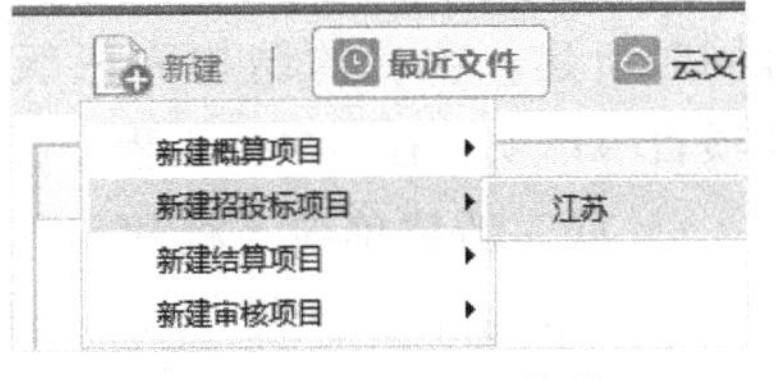

图 12-4　“新建”菜单

依次单击“新建”→“新建招投标项目”→“江苏”，进入新建工程界面，设有“清单计价”和“定额计价”两个页签，每个页签下均可以新建“招标项目”“投标项目”和“单位工程”。本例选择“清单计价”页签，单击“新建招标项目”，在弹出的“新建招标项目”对话框中，输入项目名称“案例工程”和项目编码“2019001”，选择地区标准为“江苏 13 电子标（增值税）”、定额标准为“江苏省 2014 序列定额”、价格文件为“徐州信息价（2019 年 9 月）”、计税方式为“增值税（一般计税方法）”和税改文件为“苏建函价（2019）178 号”，如图 12-5 所示。单击“下一步”按钮，进入“新建单项工程”和“新建单位工程”界面，如图 12-6 所示。

新建招标项目

项目名称：案例工程

项目编码：2019001

地区标准：江苏13电子标(增值税)

定额标准：江苏省2014序列定额

价格文件：徐州信息价(2019年09月) 浏览...

计税方式：增值税(一般计税方法)

税改文件：苏建函价（2019）178号

提示

相关说明：

1. 账号下存到云端的工程，通过手机下载的APP即可查看；

2. 诚邀您在手机应用商店，搜索【造价云】，并下载使用。

上一步 下一步

图 12-5 “新建招标项目”对话框

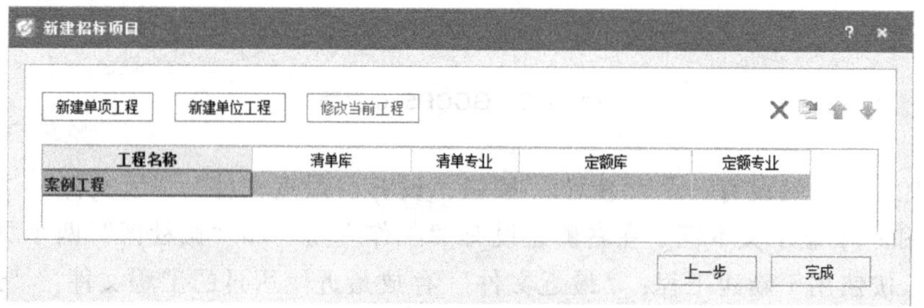

图 12-6 新建单项工程或单位工程

（3）新建单项工程和单位工程 单项工程可以单独新建，也可以与单位工程同时新建。项目的结构为三级结构，即项目→单项工程→单位工程。

1）同时新建单项工程和单位工程。本招标标段为本项目的 1#厂房土建工程，故建立一个名为“1#厂房”的单项工程，然后在“1#厂房”下新建名称为“1#厂房-土建”的单位工程。

单击“新建单项工程”按钮，弹出“新建单项工程”对话框，输入单项工程名称“1#厂房”，单项工程数量为“1”，单位工程专业选择“建筑”，如图 12-7 所示。单击“确定”按钮，完成

单项名称：1#厂房

单项数量：1

单位工程：☑ 建筑 ☐ 装饰 ☐ 安装

☐ 给排水 ☐ 电气 ☐ 通风空调 ☐ 采暖燃气 ☐ 消防

☐ 市政 ☐ 仿古 ☐ 园林 ☐ 房屋修缮-土建 ☐ 房屋修缮-安装 ☐ 构筑物 ☐ 抗震加固 ☐ 城市轨道 ☐ 管廊土建 ☐ 管廊安装

图 12-7 “新建单项工程”对话框

新建单项工程，同时软件按照选择的单位工程专业生成一个默认名称为“建筑”的单位工程，如图 12-8 所示。

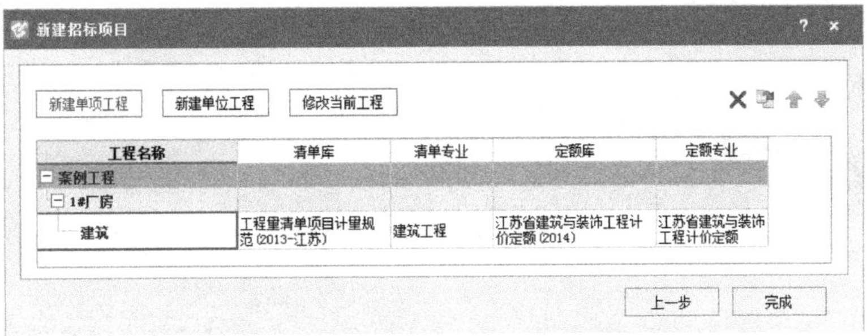

图 12-8　单项工程和单位工程新建完成

如果需要同时建立多个单项工程，则在图 12-7 对话框的“单项数量”后填写单项工程的数量，则可以同时生成多个单项工程，以“单项名称”后文本框填写的名称按序号生成，第一个单项工程的名称为“单项名称”文本框中的名称，第二个为“单项名称”文本框中的名称+1，依次类推。

如果每个单项工程包括多项单位工程，也可以勾选图 12-7 所示对话框中各个单位工程前的复选框“□”，如建筑、电气、消防，软件在新建单项工程的同时，连同勾选的单位工程一次新建完成，然后根据工程的实际情况修改各个单项工程和单位工程的名称。

2）单独新建单位工程。如果新建单项工程时未选择单位工程的专业，则只建立一个单项工程，此时可以单击“新建单位工程”按钮新建单位工程。

单击“新建单位工程”按钮，弹出“新建单位工程”对话框，如图 12-9 所示。输入单位工程名称“1#厂房-土建”，选择清单库为“工程量清单计量规范（2013-江苏）”、清单专业为“建筑工程”、定额库为“江苏省建筑与装饰工程计价定额（2014）”、定额专业为“江苏省建筑与装饰工程计价定额”、模板类别为“建筑工程”，计税方式和税改文件不可修改，默认为新建工程时选定的计税方式和税改文件。单击“确定”按钮，招标项目结构建

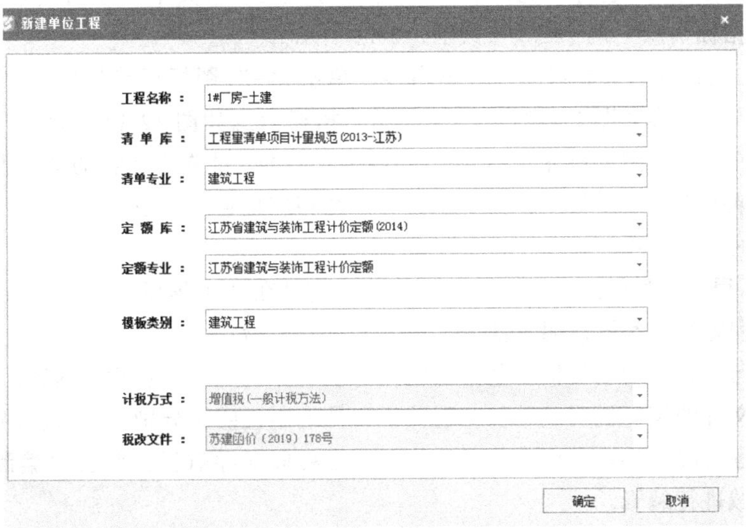

图 12-9　“新建单位工程”对话框

立完毕，如图 12-10 所示。单击“完成”按钮，软件自动切换到“编制”模块下的“项目信息”页签，如图 12-11 所示。

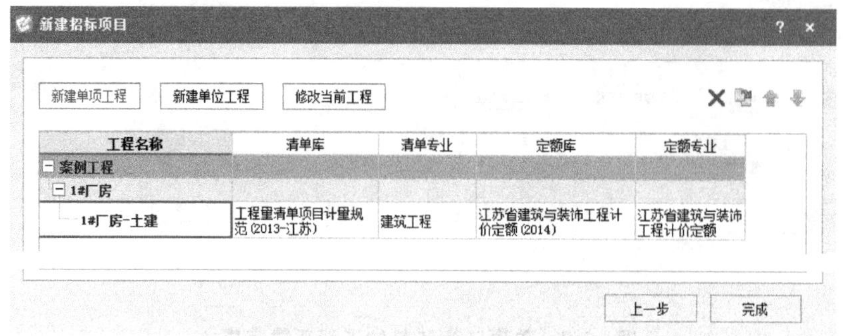

图 12-10　招标项目结构图

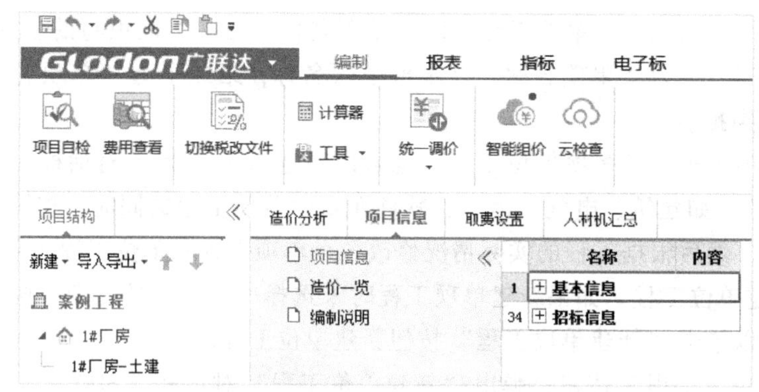

图 12-11　“项目信息”页签

(4) 完善项目信息

1) 项目级项目信息。项目级项目信息的完善在“项目信息”页签进行，“项目信息”页签包括“项目信息”“造价一览”和“编制说明”三项，其中“项目信息”又分为“基本信息”和“招标信息”两个部分，如图 12-11 所示。

单击“+”图标即可查看或修改具体内容，单击“-”图标可将具体内容进行折叠。项目基本信息的具体内容如图 12-12a、b、c 所示，招标信息如图 12-12d 所示。这些项目信息可根据招标文件和施工图尽量完整的填写。这些信息虽然对造价计算的准确性不产生影响，但这些信息是软件中的宏变量，在打印表格时会在相应位置自动填写，其中的红色项目信息在导出电子标时是必填项。

2) 单位工程级项目信息。单位工程级的项目信息在“工程概况”页签填写，主要包括工程信息、工程特征和编制说明三部分。请读者自行体验。

工程特征与项目级的项目信息基本相同，请读者参阅项目信息相关内容。

项目计价文件的编制说明或单位工程计价文件编制说明，分别在项目级的项目信息或单位工程级的工程概况页签内完成。在项目信息或工程概况导航栏，单击“编制说明”，可在右侧的空白区域进行编辑。

(5) 取费设置　GCCP5.0 云计价平台要求在项目三级结构建立之后进行项目费率的设

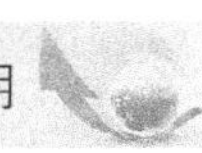

	名称	内容
1	⊟ 基本信息	
2	项目编号*	2019001
3	项目名称*	案例工程
4	单项工程名称	
5	建筑面积	
6	建设单位	
7	建设单位负责人	
8	设计单位	
9	设计单位负责人	
10	监理单位	
11	施工单位	

a)

12	工程地址
13	质量标准
14	开工日期
15	竣工日期
16	工程类别
17	工程用途
18	工程类型
19	建筑分类
20	项目投资方
21	造价类别
22	结构类型
23	基底面积

b)

24	地上层数
25	地下层数
26	抗震设防
27	防火等级
28	建筑高度
29	是否有人防
30	装修标准
31	计算口径
32	地上面积
33	地下面积

c)

34	⊟ 招标信息
35	招标人*
36	法定代表人*
37	中介机构法定代表人
38	造价咨询人*
39	工程造价法人代表*
40	造价工程师
41	注册证号
42	编制人*
43	编制时间*
44	复核人*
45	复核时间*

d)

图 12-12　项目信息

置。单击“取费设置”页签，此页签分为上下两部分，上部为费率，下部为政策文件；上部又分为左右两部分，左侧为“费用条件”，右侧为该条件下的各种费率，请读者在软件中体验。

在“费用条件”中选择工程类别（本工程为多层厂房，檐高为 23.95m，根据江苏省建筑工程类别划分标准应为二类工程）、工程所在地、计税方式和文明施工工地标准后，右侧出现各项取费名称和系统默认的费率。

省级标化增加费由文明施工工地标准决定，税率由计税方式决定，安全文明施工基本费、扬尘污染防治增加费和规费是不可竞争费，费率不允许修改，其他各项费率由招标文件规定。需要特别注意的是，当某项费用的费率为空时，表示按费率 100%计取。

系统默认为“0”的费率可根据招标文件的要求，单击相应费率处直到出现“▼”，再单击“▼”从中选择对应的费率，如果没有合适的费率可供选择，则可以输入招标文件规定的费率。本书中管理费率由工程类别确定，利润率按取费定额的规定确定，如图 12-13 所示。

政策文件部分软件默认显示最近发布的人工工资调价文件，也可单击“更多”按钮查看更多的相关文件，单击“文件内容”列的“查看文件”可以查看文件的具体内容，勾选相应文件行的“执行”列，则项目中的人工工资单价按该文件的规定执行。

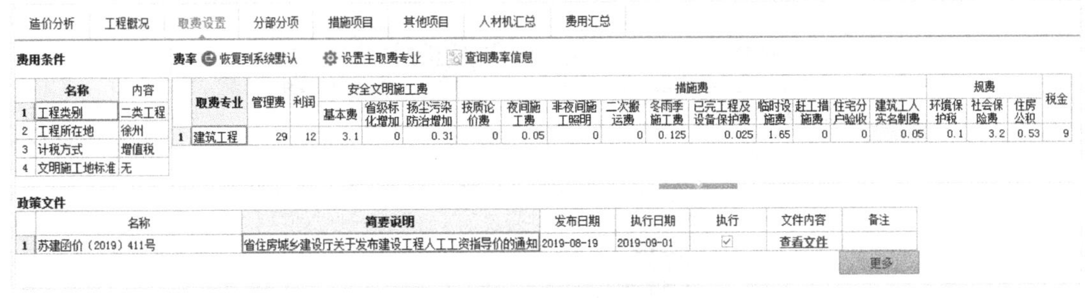
造价分析　工程概况　取费设置　分部分项　措施项目　其他项目　人材机汇总　费用汇总

费用条件

	名称	内容
1	工程类别	二类工程
2	工程所在地	徐州
3	计税方式	增值税
4	文明施工地标准	无

费率　恢复到系统默认　设置主取费专业　查询费率信息

	取费专业	管理费	利润	安全文明施工费			措施费										规费			税金
				基本费	省级标化增加	扬尘污染防治增加	按质论价费	夜间施工费	非夜间施工照明	二次搬运费	冬雨季施工费	已完工程及设备保护费	临时设施费	赶工措施费	住宅分户验收	建筑工人实名制费	环境保护税	社会保险费	住房公积	
1	建筑工程	29	12	3.1	0	0.31	0	0.05	0	0	0.125	0.025	1.65	0	0	0.05	0.1	3.2	0.53	9

政策文件

	名称	简要说明	发布日期	执行日期	执行	文件内容	备注
1	苏建函价（2019）411号	省住房城乡建设厅关于发布建设工程人工工资指导价的通知	2019-08-19	2019-09-01	✓	查看文件	

更多

图 12-13　取费费率

单击“恢复到系统默认”按钮可把所有取费费率均恢复为系统默认值，也可以通过“设置主取费专业”为项目结构中各个专业工程设置不同的取费费率。

（6）查询费率信息　单击“查询费率信息”按钮，弹出“费率信息”窗口，如

图 12-14 所示。所有费率归纳为计价程序类和措施项目类两大类，其中计价程序类包括管理费、利润、规费和税金，其他费用为措施项目类。

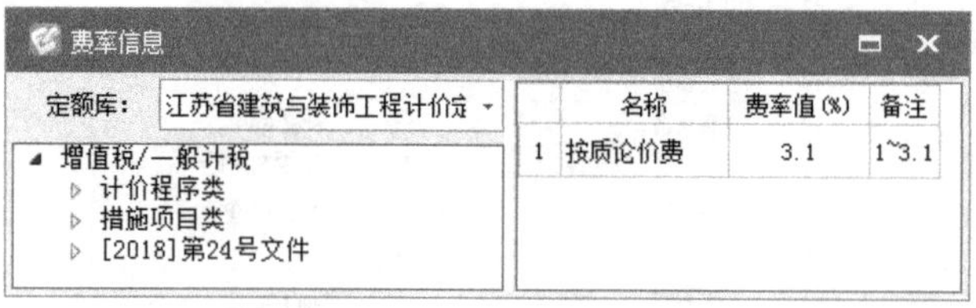

费率信息

定额库：江苏省建筑与装饰工程计价定

- 增值税/一般计税
  - 计价程序类
  - 措施项目类
  - [2018]第24号文件

	名称	费率值(%)	备注
1	按质论价费	3.1	1~3.1

图 12-14 费率信息

各项费率是按照工程的专业分别给定的，建设工程专业划分如图 12-15 所示。其中建筑工程专业又划分为若干个子专业工程，如建筑工程、单独预制构件制作、打预制桩、单独构件吊装、制作兼打桩、人工挖孔桩和大型土石方工程，同一项费用的各个子专业工程的费率却是各不相同的，因此，查询费率时要以工程的专业划分为依据，准确套用费率。

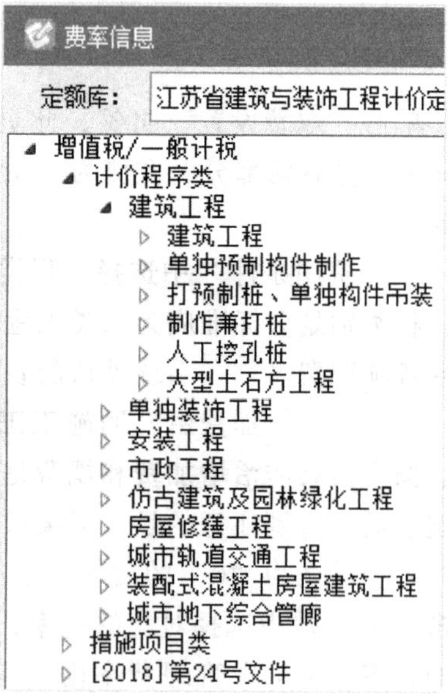

当需要查询某项费用的费率时，只要单击该项费用，该项费用的费率就会显示在右侧的区域，如查询建筑工程专业的建筑工程子专业的企业管理费的费率，依次单击“计价程序类”→“建筑工程”→“建筑工程”→“企业管理费”，则企业管理费的费率则按工程的类别显示，如图 12-16 所示，其他费率的查询请读者自行体验。

费率信息

定额库：江苏省建筑与装饰工程计价定

- 增值税/一般计税
  - 计价程序类
    - 建筑工程
      - 建筑工程
      - 单独预制构件制作
      - 打预制桩、单独构件吊装
      - 制作兼打桩
      - 人工挖孔桩
      - 大型土石方工程
    - 单独装饰工程
    - 安装工程
    - 市政工程
    - 仿古建筑及园林绿化工程
    - 房屋修缮工程
    - 城市轨道交通工程
    - 装配式混凝土房屋建筑工程
    - 城市地下综合管廊
  - 措施项目类
  - [2018]第24号文件

图 12-15 建设工程专业划分

4. 拓展延伸

（1）标段结构保护　项目结构建立完成之后，为防止操作失误而更改项目结构，可在项目结构导航栏右击项目名称，在弹出的快捷菜单中，选择“标段结构保护”对项目结构进行保护。勾选“标段结构保护”后，项目结构的内容则不再允许修改。

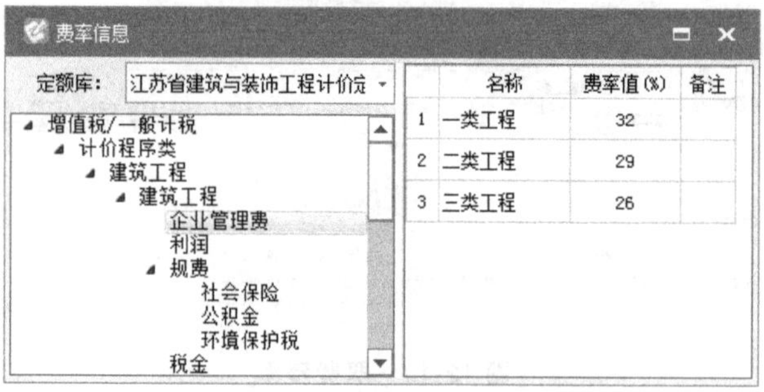

费率信息

定额库：江苏省建筑与装饰工程计价定

- 增值税/一般计税
  - 计价程序类
    - 建筑工程
      - 建筑工程
        - 企业管理费
        - 利润
        - 规费
          - 社会保险
          - 公积金
          - 环境保护税
        - 税金

	名称	费率值(%)	备注
1	一类工程	32	
2	二类工程	29	
3	三类工程	26	

图 12-16 企业管理费费率查询

需要注意的是，在项目结构导航栏右击时，光标所在的位置不同，出现的快捷菜单也不同，但都会出现“标段结构保护”这个子菜单。在“项目结构”导航栏外的其他位置右击，

则均不会出现这个子菜单。

（2）工作空间　“工作空间”页签设有工具和云维护两个部分，工具包括概算小助手和报价查看工具；云维护与造价云管理平台相关联。

1）概算小助手。概算小助手的界面可以分地区显示本地区已经颁布的专业概算定额和相关文件，当本地区未颁布对应专业的概算定额时，将显示常用的预算定额。单击对应定额后的“简介”按钮，即可查看该定额的具体内容；单击文件名称即可查看相应文件的具体内容。

2）报价查看工具。报价查看工具的界面如图 12-17 所示，可以查看保存过的报价方案，还可以对报价方案进行对比和批量删除。报价查看工具设置了两个过滤器以方便查找文件，一个是按时间过滤（从××××年××月××日到××××年××月××日），另一个是按文件名称过滤（在“文件名：”后的文本框内输入想要找的文件名称）。

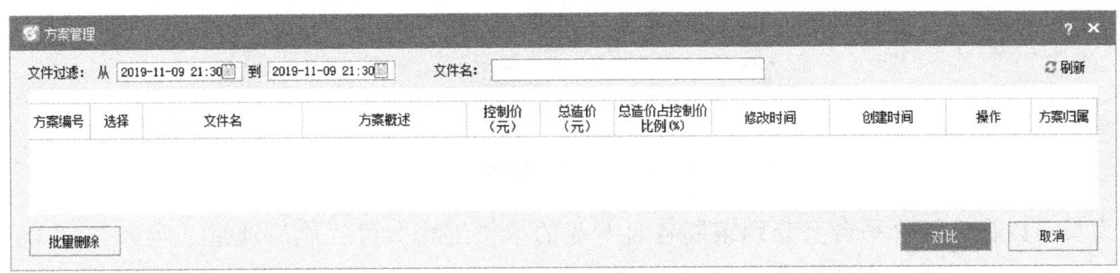

图 12-17　报价查看工具

（3）微社区　“微社区”界面最上部为用户名称和头像区，依次往下为学习中心、资讯中心和问题及反馈三个区域。

学习中心记录用户学习过的视频课程等内容；资讯中心则显示用户所在地新发布的补充清单、定额等工程造价管理文件和信息，方便查看和学习；问题及反馈区域用于提问和查看问题反馈结果。

■ 12.4　导入算量文件

12.4.1　导入工具栏

GCCP5.0 云计价平台编制模块的界面如图 12-18 所示。从上到下依次为菜单栏、选项卡、项目结构导航栏、项目导航栏、页签、数据编辑区、数据属性栏和属性显示区，选项卡和工作区显示的内容随着页签的变化而变化，图中所示为“分部分项”页签的工具栏和工作区。

编制模块可以进行招标工程量清单、招标控制价和投标报价的编制，本节将以导入 BIM 算量文件、编制招标控制价为例进行介绍。

导入工程时，可以采用多种方式进行，软件提供了“导入”和“量价一体化”工具。这两项工具在“分部分项”和“措施项目”两个页签中均可使用。

（1）导入工具　利用“导入”功能既可以导入“Excel 文件”，也可以导入以“.GBQ5”格式存储的单位工程文件。这就为多人合作完成同一项工程创造了协作条件。不同专业的造

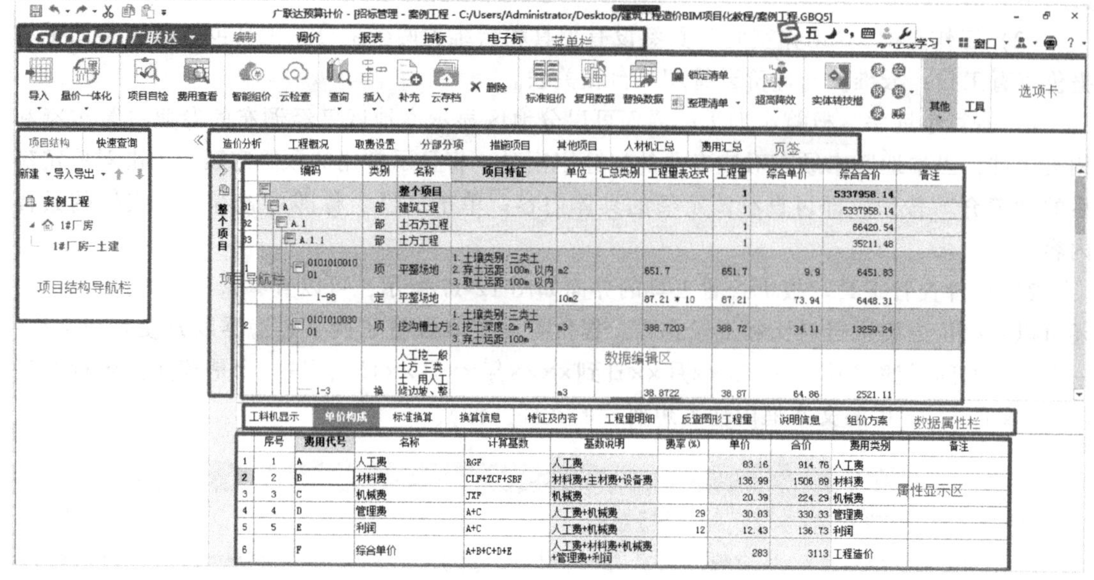

图 12-18 编制模块界面

价人员可以在云计价平台上分别编制各自专业的单位工程文件，然后通过“导入”→“导入单位工程”汇总成一个建设项目的招标文件。

(2) 量价一体化工具 “量价一体化”菜单如图 12-19 所示（导入带做法工程文件时，只有“导入算量文件”子菜单可用），利用这项功能可以导入“.GC L”“.GQI”“.GDQ”“.GMA”和“.GTJ”格式的算量文件。其中“.GCL”是广联达土建算量文件，“.GQI”是广联达安装算量文件，“.GDQ”是广联达装饰算量文件，“.GMA”是广联达市政算量文件，“.GTJ”是广联达量筋合一云计量文件。

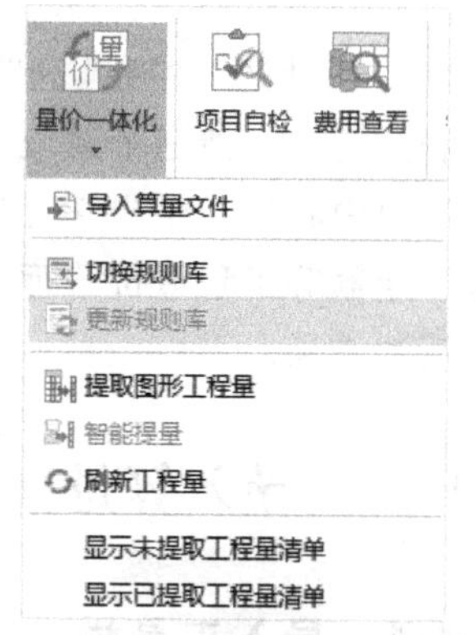

图 12-19 “量价一体化”菜单

“量价一体化”除可以导入工程文件外，还可以智能提量、对量、刷新工程量，请读者参阅本章“量价一体化”的相关内容。

12.4.2 导入带做法模型

1. 任务说明

结合案例工程，将算量文件导入到云计价平台。

2. 任务分析

在广联达云计量平台进行工程建模时，已经给各个构件定义了清单做法和定额做法，可以利用广联达 BIM 云计量平台与云计价平台的无缝对接功能，直接将云计量平台软件计算得出的清单和定额工程量同时导入云计价平台软件中。

3. 任务实施

进入单位工程界面，切换到“分部分项”页签，依次单击“量价一体化”→“导入算量

文件”，弹出“打开文件”对话框。在对话框中选择“案例工程 . GTJ”，单击“打开”按钮。弹出“选择导入算量区域”对话框，勾选“案例工程”和“导入做法”，单击“确定”按钮。

在弹出的“对比导入”对话框中选择需要导入的“清单项目”和“措施项目”中清单和定额项目，只需在“导入”列相应清单和定额前的“□”内打钩，选择完成后单击“导入”按钮，导入完成后软件给出“导入成功”的提示。

如果导入全部“清单项目”或“措施项目”的清单和定额，则可以使用“全部选择”按钮一次完成选择；如果取消所选清单和定额子目，则可以使用“全部取消”按钮一次完成取消。限于篇幅请读者最好在软件中操作并体验。

导入前也可以选定清单的“匹配条件”，如图 12-20 所示，其中清单的编码位数系统默认为 9 位，可以修改为 12 位；也可以通过“导入选项”，如图 12-21 所示，选择需要导入的清单和定额子目的相关内容。

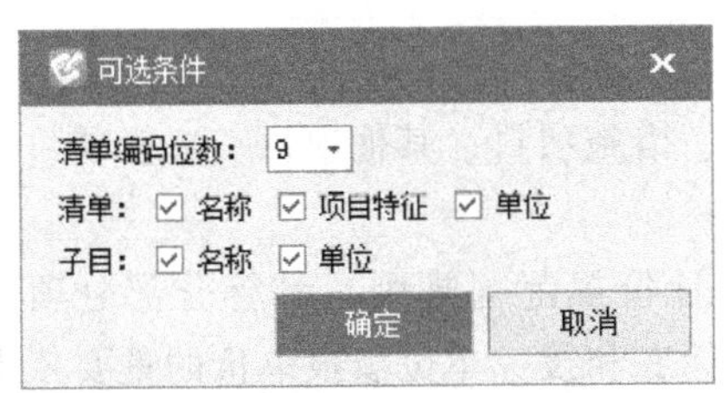

图 12-20　清单、定额匹配条件

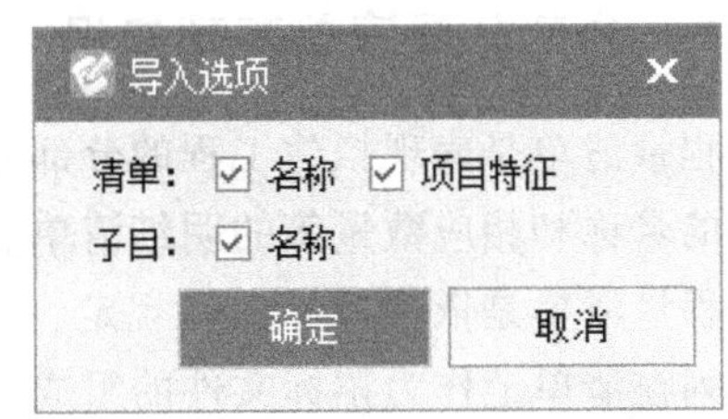

图 12-21　清单、定额导入选项

4. 拓展延伸

从导入的工程量清单和定额子目可以看出，有些清单和定额子目的工程量是不符合工程量清单计价规范工程量精度要求的，应该调整各个分项的清单和定额的工程量精度。

（1）选择调整工程量精度　选择调整就是一次性完成所选清单和定额的工程量精度调整。既可以调整一项或几项清单工量程精度，也可以同时调整选定清单下的定额子目的工程量精度。当只选择工程量清单行时，只能调整清单工程量的精度，当同时选择了清单行和该清单所包含的定额子目行时，则可以同时调整清单和定额工程量的精度。操作步骤如下：

1）只调整一项/几项清单工程量精度。选择清单行（调整一项时只需将光标放置在要调整精度的清单行上），单击右键菜单“批量设置工程量精度”子菜单，弹出如图 12-22 所示的“批量设置工程量精度”对话框，在“清单精度”后面的文本框内输入要保留的小数位数，单击“确定”按钮。

2）同时调整清单和定额的工程量精度。同时选择清单和该清单所包括的定额行，单击右键菜单“批量设置工程量精度”子菜单，弹出如图 12-23 所示的“批量设置工程量精度”对话框，在“清单精度”和“定额精度”后面的文本框内分别输入要保留的小数位数，单击“确定”按钮。

（2）统一调整工程量精度　当工程中清单和定额项目非常多时，采用选择调整方式，重复工作量大，耗费的时间和精力毫无意义，可使用软件提供的按计量单位“统一调整”工程量精度。

1）清单工程量精度调整。调整清单工程量精度时，依次单击“软件标签”→“选项”→“预算书设置”→“按单位设置清单工程量精度”，单击“确定”按钮。

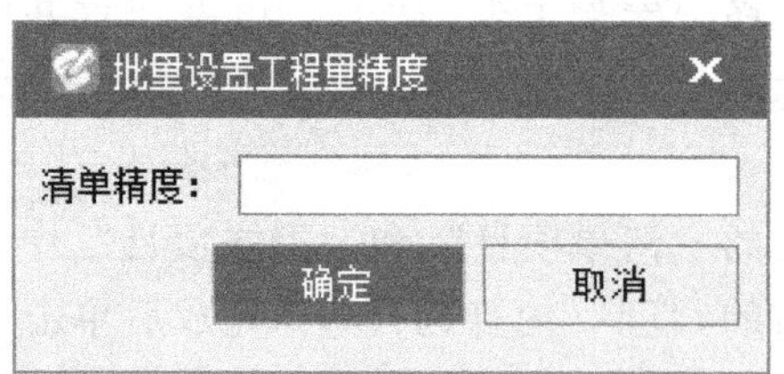

图 12-22　单独设置清单工程量精度

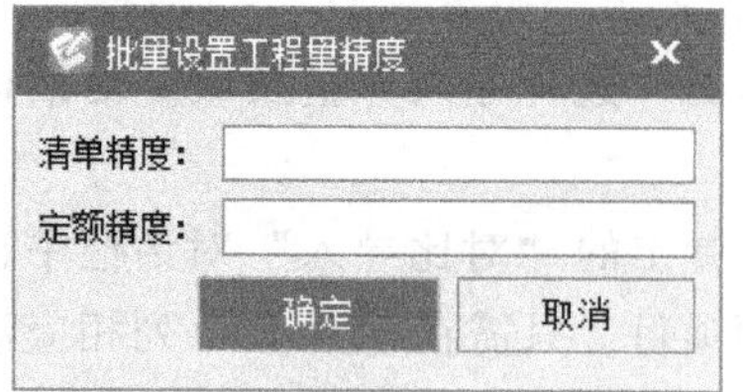

图 12-23　批量设置所有工程量精度

2）定额工程量精度调整。调整定额子目工程量精度时，依次单击“软件标签”→“选项”→“预算书设置”→“按单位设置子目工程量精度”，单击“确定”按钮。

■ 12.5　分部分项清单整理

12.5.1　分部分项清单基础知识

工程量清单是表现拟建工程的分部分项工程项目、措施项目、其他项目、规费项目和税金项目的名称和相应数量等的明细清单。

工程量清单是依据招标文件规定、施工设计图、计价规范（规则）计算分部分项工程量，并列在清单上作为招标文件的组成部分，是编制标底和投标单位填报单价的重要依据。

工程量清单是工程量清单计价的基础，是编制招标标底（招标控制价、招标最高限价）、投标报价、计量工程量、调整工程量、支付工程价款、调整合同价款、办理竣工结算以及工程索赔等的依据。

分部分项工程量清单是由构成工程实体的分部分项项目组成，分部分项工程量清单应包括项目编码、项目名称、项目特征、计量单位和工程数量。分部分项工程量清单应根据相应专业工程工程量计算规范［如《房屋建筑与装饰工程工程量计算规范》(GB 50854—2013)］中规定的项目编码、项目名称、项目特征、计量单位和工程量计算规则（五个要素）进行编制。工程量清单五要素的确定如下：

1. 项目编码

分部分项工程量清单项目按规定编码。分部分项工程量清单项目编码以五级设置，用12位数字表示，前9位全国统一，不得变动，后3位是清单项目名称顺序码，由清单编制人设置，同一招标工程的项目编码不得重复。

2. 项目名称

分部分项工程量清单的项目名称与项目特征应结合拟建工程的实际情况确定。

项目名称原则上以形成的工程实体命名。分部分项工程量清单项目名称的设置应考虑三个因素：一是计算规范中的项目名称，二是计算规范中的项目特征，三是拟建工程的实际情况以及计算规范中的工作内容。

3. 项目特征

项目特征是构成分部分项工程量清单项目、措施项目自身价值的本质特征。分部分项工程量清单项目特征应按《房屋建筑与装饰工程工程量计算规范》(GB 50854—2103) 中规定的项目特征，考虑该项目的规格、型号、材质等特征要求，结合拟建工程所在地的计价定额

的相关要求进行描述。项目特征是对清单项目名称的具体化和细化，实际工作中对影响工程造价的因素都应予以描述。

4. 计量单位

分部分项工程量清单的计量单位按规定的计量单位确定。工程量的计量单位均采用基本单位计量。它与定额的计量单位不同，编制清单或报价时按规定的计量单位计量。长度计量：m。面积计量：m^2。体积计量：m^3。重量计量：t、kg。自然计量：台、套、个、组。

当计量单位有两个或两个以上时，应根据所编工程量清单项目特征要求，选择最适宜表现该项目特征并方便计量的单位。

5. 工程量

工程量清单的工程量应严格按清单工程量计算规则进行计算。

12.5.2　添加清单、定额并整理

1. 任务说明

结合案例工程，将导入到云计价平台软件中的清单项进行初步整理，并添加钢筋工程清单及相应的钢筋工程量，并描述钢筋工程量清单的项目特征。

2. 任务分析

由于钢筋分项的工程量在云计量平台中未套做法，将云计量平台软件工程导入到云计价平台时未导入钢筋的相应工程量清单，需要首先将其添加到分部分项工程量清单中，然后对分部分项工程量清单进行分部整理，结合清单的项目特征对所套定额进行分析是否需要进一步换算。

3. 任务实施

(1) 按分部整理清单　在分部分项界面进行分部分项清单项整理。依次单击“整理清单”→“分部整理”，弹出“分部整理”对话框，并勾选“需要专业分部标题”“需要章分部标题”和“需要节分部标题”三项内容，如图 12-24 所示，单击“确定”按钮，完成清单分部的整理，整理完成后清单将按规范的顺序排列。

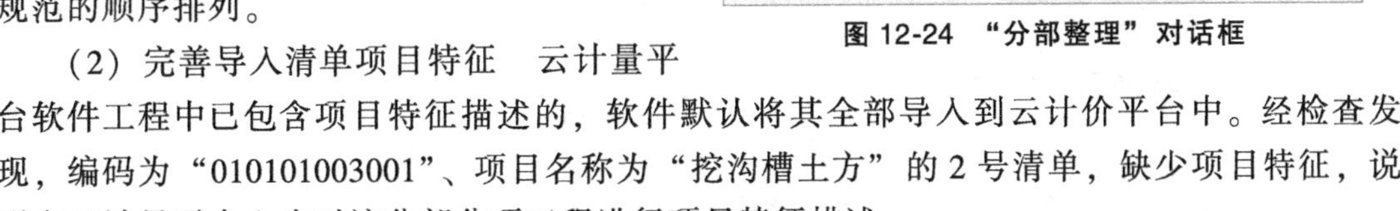

图 12-24　“分部整理”对话框

(2) 完善导入清单项目特征　云计量平台软件工程中已包含项目特征描述的，软件默认将其全部导入到云计价平台中。经检查发现，编码为“010101003001”、项目名称为“挖沟槽土方”的 2 号清单，缺少项目特征，说明在云计量平台上未对该分部分项工程进行项目特征描述。

该项工程量清单的项目特征，可以通过“特征及内容”属性栏或“项目特征”列直接添加，而无须返回到云计量平台进行修改，重复导入。在“特征及内容”属性栏添加的项目特征如图 12-25 所示。

在“项目特征”列添加时，先单击该清单行的“项目特征”列，直到出现“…”按钮，然后单击“…”按钮，在弹出的“查询项目特征方案”对话框中进行修改或添加新的项目特征，请读者自行体验。

工料机显示	单价构成	标准换算	换算信息	特征及内容	工程量明细	反查图形工程量	说明信息	组价方案

	工作内容	输出
1	排地表水	☑
2	土方开挖	☑
3	围护（挡土板）及拆除	☑
4	基底钎探	☑
5	运输	☑

	特征	特征值	输出
1	土壤类别	三类土	☑
2	挖土深度	2m 内	☑
3	弃土运距	100m	☑

图 12-25 “特征及内容”属性栏

（3）添加钢筋清单项

1）插入清单工具简介。导入的分部分项工程量清单中缺少钢筋分部的清单和定额，下面以添加钢筋分部工程量清单为例进行介绍。添加清单并组价的工具如图 12-26 所示。其中“查询”工具可查询清单指引、清单、定额、人材机、图集做法和我的数据；“插入”工具可插入分部、清单和子目；“补充”工具可以补充清单、“子目”和人材机；“云存档”工具可以存储组价方案、子目和人材机。

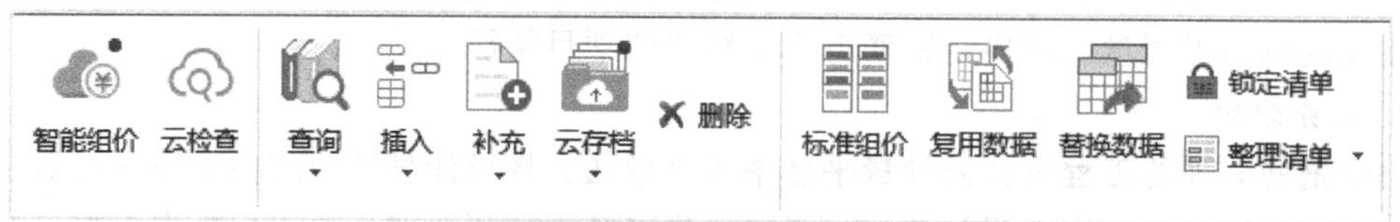

图 12-26 添加清单并组价的工具

2）插入工程量清单编码的方法。添加工程量清单时先在指定位置依次单击工具栏或右键快捷菜单的“插入”→“插入清单”，在弹出的插入清单行输入工程量清单的编码后，项目名称、计量单位就会自动匹配。输入工程量清单编码的方法有直接输入法、查询输入法和输入补充工程量清单三种方式。

直接输入法：对工程量清单编码非常熟悉的读者可以直接输入工程量清单的编码。

查询输入法：依次单击工具栏或右键菜单“查询”→“查询清单”子菜单，在弹出的图 12-27 所示“查询”对话框中，依次选择“清单”→“混凝土及钢筋混凝土工程”→“钢筋工程”，双击工程量清单编码“010515001”，则将该清单项添加到分部分项工程量清单列表中。

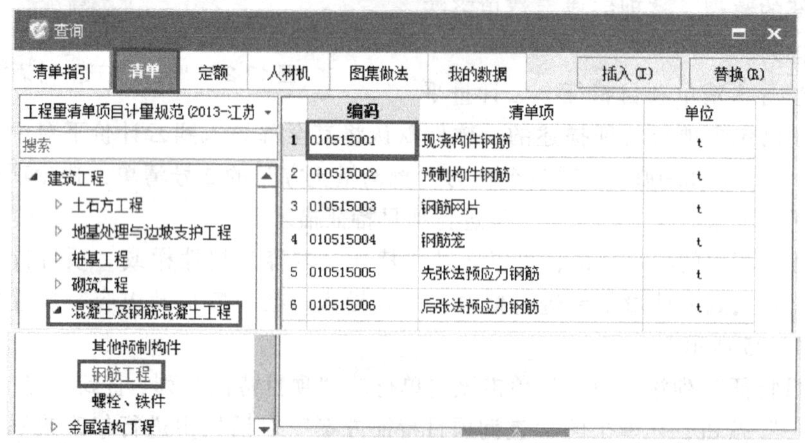

图 12-27 查询清单对话框

3）输入工程量。输入工程量的方法有直接输入、工程量表达式和工程量明细三种方法。

工程量表达式就是由数字和运算符组成的四则运算式，通过输入工程量表达式来输入工程量的方式适用于该分项工程的工程量来源于多处时使用。工程量表达式既可以在“工程量表达式”列输入，也可以在“工程量”列输入。

通过工程量明细来输入工程量是在软件操作区下方的“工程量明细”属性栏内完成的。该属性栏有多行，每行均可以输入工程量表达式，通过勾选/不勾选“累加标识”列以示汇总/不汇总该行的工程量到“GCLMXHJ”（工程量明细合计）中。

无论采用哪种工程量的输入方式，在工程量的表达式中还可以对输入的每项数据进行备注，备注信息放置在“｛　｝”内。

从云计量平台导出的钢筋定额表见表12-4，钢筋接头定额表见表12-5。值得说明的是，此表中的工程量是按设定的钢筋比重进行计算、按规格区间进行分别汇总得来，而未按钢筋种类进行区分，所以钢筋定额表只是作为选用定额的参考，其中的工程量则需要针对不同种类和规格的钢筋通过构件类型级别直径汇总表（表12-6）进行区分。

输入HPB300钢筋的工程量时还不要忘记对其钢筋的重量进行调整，因为市场上已经不再供应Φ6的钢筋，只供应Φ6.5的钢筋，原定额比重是按Φ6的钢筋比重进行计算的，要将其重量调整为Φ6.5的重量。

表12-4　钢筋定额表

定额号	定额项目	单位	钢筋量
5-1	现浇混凝土构件钢筋　直径ф12以内	t	56.733
5-2	现浇混凝土构件钢筋　直径ф25以内	t	52.688
5-25	砌体、板缝内加固钢筋　不绑扎	t	2.477

表12-5　钢筋接头定额表

定额号	定额项目	单位	数量
5-32	电渣压力焊	10个	93.1
5-33	直螺纹接头　ф25以内	10个	22.7
5-37	冷压套筒接头　ф25以内	10个	1.6

表12-6　构件类型级别直径汇总表

构件类型	钢筋总重/kg	各规格钢筋重量/kg										
		Φ6	$\underline{\Phi}$6	$\underline{\Phi}$8	$\underline{\Phi}$10	$\underline{\Phi}$12	$\underline{\Phi}$14	$\underline{\Phi}$16	$\underline{\Phi}$18	$\underline{\Phi}$20	$\underline{\Phi}$22	$\underline{\Phi}$25
柱	24957		3860	4682	1052		3043	5543	2021	3010	1419	328
构造柱	1393		311		1082							
剪力墙	2802	2	553	753	1493							
砌体墙	2467	114	2352									
砌体加筋	10		10									
暗梁	123			45			78					
过梁	249	73		65	87		23					

（续）

构件类型	钢筋总重/kg	各规格钢筋重量/kg										
		Φ6	⌀6	⌀8	⌀10	⌀12	⌀14	⌀16	⌀18	⌀20	⌀22	⌀25
梁	42917	731	3068	3926	4726	1054	1743	2529	5866	12982	3806	2485
圈梁	675		145		270	260						
现浇板	20445	1054	9304	7510	2578							
楼梯	3375		416	1371	655		933					
承台梁	5976		90	1544	570		8		498	3266		
筏板基础	335					335						
桩承台	6175			10	2246	814	366			1325	1415	
合计	111897	1975	20109	19905	14759	2462	6194	8072	8385	20583	6640	2813

4）描述现浇构件钢筋分项的项目特征。根据前面所述的项目特征描述方法和当地定额对钢筋子目的换算要求，描述钢筋分项的项目特征。《房屋建筑与装饰工程工程量计算规范》(GB 50854—2013）中只提供了“钢筋种类、规格”一项项目特征。钢筋种类、规格直接用“钢筋等级符号+直径”来表示，如HRB400，直径为6mm的钢筋可以表示为“HRB400，⌀6”。

当地计价定额规定，当建筑物的层高超过3.6m时可以对人工进行调整，如图12-28所示。故计量规范提供的项目特征项不能完全满足当地钢筋定额套价的需要，需补充“层高”项目特征项，如“层高：8m以内”。钢筋工程量清单示例如图12-29所示。

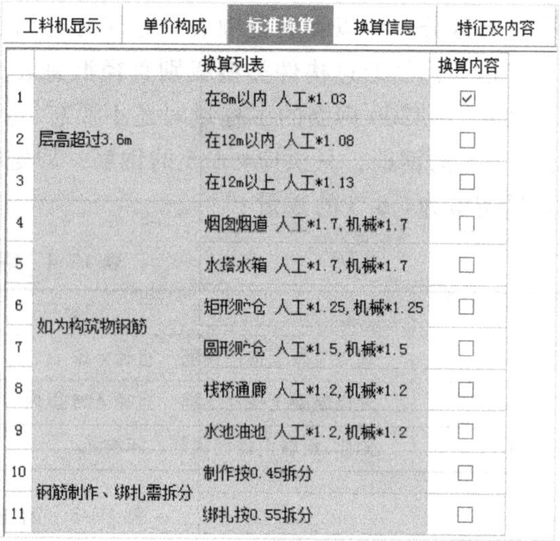

工料机显示 | 单价构成 | 标准换算 | 换算信息 | 特征及内容

		换算列表	换算内容
1	层高超过3.6m	在8m以内 人工*1.03	☑
2		在12m以内 人工*1.08	☐
3		在12m以上 人工*1.13	☐
4	如为构筑物钢筋	烟囱烟道 人工*1.7，机械*1.7	☐
5		水塔水箱 人工*1.7，机械*1.7	☐
6		矩形贮仓 人工*1.25，机械*1.25	☐
7		圆形贮仓 人工*1.5，机械*1.5	☐
8		栈桥通廊 人工*1.2，机械*1.2	☐
9		水池油池 人工*1.2，机械*1.2	☐
10	钢筋制作、绑扎需拆分	制作按0.45拆分	☐
11		绑扎按0.55拆分	☐

图12-28 钢筋换算（人工）

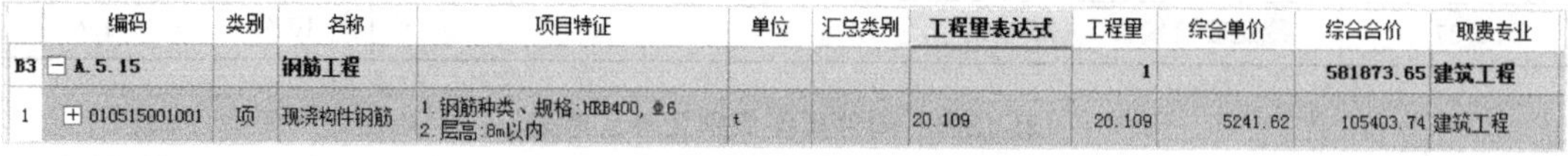

	编码	类别	名称	项目特征	单位	汇总类别	工程量表达式	工程量	综合单价	综合合价	取费专业
B3	− A.5.15		钢筋工程					1		581873.65	建筑工程
1	+ 010515001001	项	现浇构件钢筋	1.钢筋种类、规格：HRB400，⌀6 2.层高：8m以内	t		20.109	20.109	5241.62	105403.74	建筑工程

图12-29 钢筋工程量清单示例

5）编制补充清单项。现浇构件钢筋的工作内容中包括制作与绑扎（焊接），理论上可以将钢筋接头的工程量包括在现浇构件钢筋分项中，这样可能导致同一种类、规格的钢筋的综合单价不一致，所以一般情况下将钢筋接头单列工程量清单处理。

《房屋建筑与装饰工程工程量计算规范》（GB 50854—2013）中并未给出钢筋接头的工程量清单项目编码、项目名称等相关内容，钢筋接头工程量清单的处理方式有两种：一种是借用现浇构件钢筋的工程量清单项目编码，修改项目名称为“钢筋接头”；另一种是编制补充工程量清单。

① 借用现浇构件钢筋清单项目。以“电渣压力焊接头”为例，说明借用现浇构件钢筋

工程量清单编码的操作方法如下：

在“清单编码”列输入“010515001”，按<Enter>键，然后修改项目名称为“电渣压力焊接头”，修改计量单位为“个”，输入接头个数“931”，填写项目特征为“钢筋种类、规格：HRB400”。

② 编制补充清单。仍以电渣压力焊接头为例，根据当地计价定额的规定编制补充工程量清单。其操作步骤如下：

依次单击工具栏或右键菜单“补充”→“清单”子菜单，在弹出的“补充清单”对话框中依次填写编码（“01B001”）、名称（“电渣压力焊接头”）、单位（“个”）、项目特征（“钢筋种类、规格”）、工作内容（“电渣压力焊”）和计算规则（“以接头个数计算”）后，单击“确定”按钮。本书钢筋接头工程量清单均以补充清单的形式进行编制。

6）检查与整理。

① 整体检查。整体检查的内容包括：对分部分项的清单与定额的做法进行检查，查看是否有误；查看整个项目的分部分项中是否有空格，如有要进行删除；按清单项目特征描述校核套用定额的一致性，如有不一致进行修改；查看清单工程量与定额工程量的数据是否正确。

② 重新进行分部整理。分部整理时，软件会将补充的清单项目归至“补充分部”，如本例中补充的钢筋分项清单，在进行分部整理时被归到了最后一个分部，即“补充分部”，如图 12-30 所示。

	编码	类别	名称	项目特征	单位	汇总类别	工程量表达式	工程量	综合单价	综合合价	取费专业	备注	指定专业章节位置
B1	−		补充分部					1		10640.97			
1	+ 01B001	补项	电渣压力焊接头	1.钢筋种类、规格:HRB400	个		931	931	7.46	6945.26	建筑工程		105000000
2	+ 01B002	补项	直螺纹接头	1.钢筋直径:HRB400，⌀25以内	个		227	227	14.73	3343.71	建筑工程		105000000
3	+ 01B003	补项	冷压套筒接头	1.钢筋直径:HRB400，⌀25以外	个		16	16	22	352	建筑工程		105000000

图 12-30　补充清单整理到“补充分部”示例

按照工程量清单计量规范的要求，钢筋接头工程量清单应属于“混凝土及钢筋混凝土工程”分部，此时可通过软件提供的指定专业章节位置功能将其调整到该分部，操作如下：

右击清单项编辑界面，在弹出的“页面显示列设置”对话框中，依次单击“其他选项”→“指定专业章节位置”，单击“确定”按钮。

选定欲重新归类的补充清单行（如“01B001”），单击“指定专业章节位置”列，直到出现“…”按钮，再单击“…”按钮，弹出如图 12-31 所示的“指定专业章节”对话框，选择“混凝土及钢筋混凝土工程”，单击“确定”按钮。

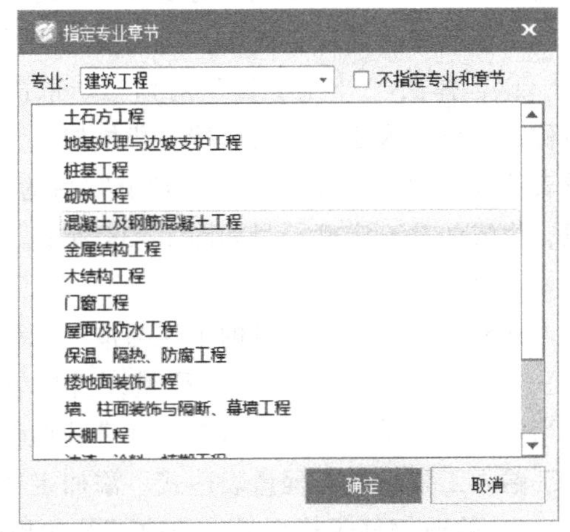

图 12-31　“指定专业章节”对话框

重新进行分部整理，钢筋接头的几个清单项目则被整理到“混凝土及钢筋混凝土工程”分部的最前面。可以通过剪切和粘贴的方法将其从该分部的最前面移植到钢筋子分部中，如图 12-32 所示最后三项。

钢筋接头工程量清单项目，如果采用借用现浇构件钢筋的形式编制，则会被整理到“混凝土及钢筋混凝土工程”分部的“钢筋”子分部中。

	编码	类别	名称	项目特征	单位	汇总类别	工程量表达式	工程量	综合单价	综合合价	取费专业	备注	指定专业章节位置
B3	− A.5.15		钢筋工程					1		581873.65	建筑工程		
1	+ 010515001001	项	现浇构件钢筋	1.钢筋种类、规格:HRB400, ⌀6 2.层高:8m以内	t		20.109	20.109	5241.62	105403.74	建筑工程		105150000
2	+ 010515001002	项	现浇构件钢筋	1.钢筋种类、规格:HRB400, ⌀8 2.层高:8m以内	t		19.905	19.905	5241.62	104334.45	建筑工程		105150000
3	+ 010515001003	项	现浇构件钢筋	1.钢筋种类、规格:HRB400, ⌀10 2.层高:8m以内	t		14.759	14.759	5241.62	77361.07	建筑工程		105150000
4	+ 010515001004	项	现浇构件钢筋	1.钢筋种类、规格:HRB400, ⌀12 2.层高:8m以内	t		2.462	2.462	5241.62	12904.87	建筑工程		105150000
5	+ 010515001005	项	现浇构件钢筋	1.钢筋种类、规格:HRB400, ⌀14 2.层高:8m以内	t		6.194	6.194	4621.31	28624.39	建筑工程		105150000
6	+ 010515001006	项	现浇构件钢筋	1.钢筋种类、规格:HRB400, ⌀16 2.层高:8m以内	t		8.072	8.072	4621.31	37303.21	建筑工程		105150000
7	+ 010515001007	项	现浇构件钢筋	1.钢筋种类、规格:HRB400, ⌀18 2.层高:8m以内	t		8.385	8.385	4621.31	38749.68	建筑工程		105150000
8	+ 010515001008	项	现浇构件钢筋	1.钢筋种类、规格:HRB400, ⌀20 2.层高:8m以内	t		20.583	20.583	4621.31	95120.42	建筑工程		105150000
9	+ 010515001009	项	现浇构件钢筋	1.钢筋种类、规格:HRB400, ⌀22 2.层高:8m以内	t		6.64	6.64	4621.31	30685.5	建筑工程		105150000
10	+ 010515001010	项	现浇构件钢筋	1.钢筋种类、规格:HRB400, ⌀25 2.层高:8m以内	t		2.813	2.813	4621.31	12999.75	建筑工程		105150000
11	+ 010515001011	项	现浇构件钢筋	1.钢筋种类、规格:HPB300, Φ6.5 2.层高:8m以内	t		1.861*0.26/0.222	2.18	5241.62	11426.73	建筑工程		105150000
12	+ 010515001012	项	现浇构件钢筋	1.钢筋种类、规格:HPB300, Φ6.5	t		0.114*0.26/0.222	0.134	6561.66	879.26	建筑工程		105150000
13	+ 010515001013	项	现浇构件钢筋	1.钢筋种类、规格:HRB400, ⌀6	t		2.353	2.353	6561.67	15439.61	建筑工程		105150000
14	+ 01B001	补项	电渣压力焊接头	1.钢筋种类、规格:HRB400	个		931	931	7.46	6945.26	建筑工程		105000000
15	+ 01B002	补项	直螺纹接头	1.钢筋直径:HRB400, ⌀25以内	个		227	227	14.73	3343.71	建筑工程		105000000
16	+ 01B003	补项	冷压套筒接头	1.钢筋直径:HRB400, ⌀25以外	个		16	16	22	352	建筑工程		105000000

图 12-32　调整后的钢筋子分部

（4）添加钢筋定额子目

1）添加定额子目。添加定额子目的方法与添加工程量清单项目的方法类似，既可以直接输入定额子目编号，也可以通过查询窗口选择输入。

直接输入定额子目时，如果清单项下无空行，则需要先单击“插入”→“插入子目”，先插入一个空行，然后再输入定额子目编号。

采用查询法输入定额子目时，则无须先插入空行。当清单项下无定额子目时，自动追加到清单项下；当该清单项下有定额子目时则追加到已有定额子目的后面。

当定额中无需要的子目时，则需要编制补充定额子目。依次单击工具栏上“补充”→“子目”，弹出“补充子目”对话框。依次输入补充定额子目的编码（格式无具体要求）、名称、单位、人工费、材料费、机械费、主材费、设备费，单价由软件自动统计，子目工程量表达式为“1”，单击“专业章节”后的“…”按钮选择归属的章节后，单击“确定”按钮，生成的补充定额子目如图 12-33 所示。

2）输入定额子目工程量。定额子目工程量的输入方法，除可以采用直接输入和表达式输入法外，当定额工程量的单位与清单工程量的单位相同时，软件自动匹配“QDL”（清单量），采用这种方式输入的工程量，当清单工程量发生变化时，定额工程量也会随之变化。但当定额工程量的单位与清单工程量的单位不同时，软件不会自动匹配“QDL”，此时需要手工输入工程量或工程量表达式。添加定额子目后的钢筋组价表示例如图 12-34 所示。

3）修改钢筋规格型号。修改钢筋的规格型号可以通过“工料机显示”属性栏来完成。“工料机显示”属性栏位于编辑区下方的左上角，用于显示清单或定额子目中的人工、材料和机械的种类和数量等内容。当光标停留在定额子目行时，该属性栏显示该定额子目的工料和机械的种类和数量等；当光标停留在清单行时，该属性栏将显示该清单所包括的所有定额子目的工料机的全部种类和各自的总数量。通过此属性栏还可以进行各种材料的替换等操

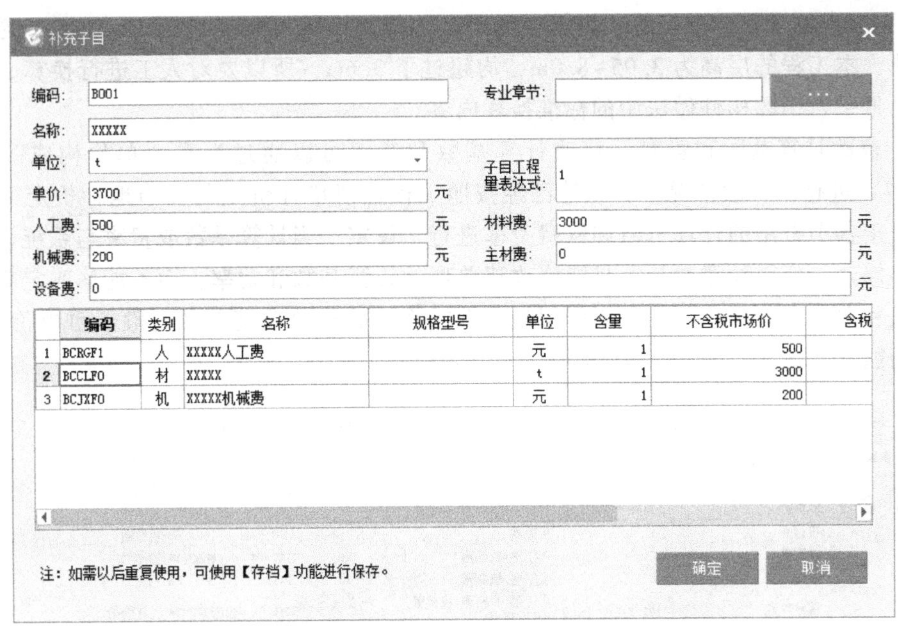

图 12-33 “补充子目”对话框

	编码	类别	名称	项目特征	单位	汇总类别	工程量表达式	工程量	综合单价	综合合价	取费专业
B3	A.5.15		钢筋工程					1		581873.65	建筑工程
1	010515001001	项	现浇构件钢筋	1.钢筋种类、规格:HRB400, ⌀6 2.层高:8m以内	t		20.109	20.109	5241.62	105403.74	建筑工程
	5-1	换	现浇砼构件钢筋 直径 φ12mm以内 在8m以内 人工*1.03		t		QDL	20.109	5241.62	105403.74	建筑工程

图 12-34 钢筋组价表示例

作，请读者参阅相关内容。

以编号为“010515001001”的现浇构件钢筋清单下的定额子目“5-1”为例介绍修改材料名称的方法。修改钢筋规格型号前“工料机显示”属性栏如图 12-35 所示。钢筋的规格及型号为“综合”，而每项钢筋的工程量清单中所涉及的钢筋种类、规格都不相同，如果套用同一定额子目而不修改钢筋的“规格及型号”，工料分析后则只能得到综合规格的钢筋数量，而不能得到按种类、规格及型号分类的钢筋数量。可以通过“工料机显示”属性栏对钢筋的“规格及型号”直接修改，如修改为“HRB400，⌀6”，修改钢筋规格型号后“工料机显示”属性栏如图 12-36 所示。

工料机显示 | 单价构成 | 标准换算 | 换算信息 | 特征及内容 | 工程量明细 | 反查图形工程量 | 说明信息 | 组价方案

	编码	类别	名称	规格及型号	单位	损耗率	含量	数量	不含税预算价	不含税市场价	含税市场价
1	00010301	人	二类工		工日		10.8	214.974	82	99	99
2	01010100	材	钢筋	综合	t		1.02	20.3031	3447.35	3447.35	3885.2584

图 12-35 “工料机显示”属性栏（修改前）

工料机显示 | 单价构成 | 标准换算 | 换算信息 | 特征及内容 | 工程量明细 | 反查图形工程量 | 说明信息 | 组价方案

	编码	类别	名称	规格及型号	单位	损耗率	含量	数量	不含税预算价	不含税市场价	含税市场价
1	00010301	人	二类工		工日		10.8	214.974	82	99	99
2	01010100	材	钢筋	HRB400, ⌀6	t		1.02	20.3031	3447.35	3447.35	3885.2584

图 12-36 “工料机显示”属性栏（修改后）

4）钢筋定额子目标准换算。钢筋定额子目的单价换算可以通过图 12-28 所示的标准换算来完成，本工程的层高为 3.95~8.0m，均超过了 3.6m，所以要对人工进行换算。请读者参阅云计量平台中的构件做法中的标准换算内容。

（5）修改计算基数和费率　修改计算基数和费率可以通过查看“单价构成”属性栏（图 12-37）进行。一般情况下，软件已经按照工程量清单计价规范和当地计价定额的有关规定，对于各项费用的计算基数和取费费率进行了设定，当计算基数或费率与系统设定不同时才需要修改。值得注意的是，只能修改清单项的计算基数和费率，而不能修改定额子目的计算基数和费率。此属性栏的主要作用是查看或修改分部分项清单和定额子目单价的构成，其主要功能如下：

工料机显示　单价构成　标准换算　换算信息　特征及内容　工程量明细　反查图形工程量　说明信息　组价方案

	序号	费用代号	名称	计算基数	基数说明	费率（%）	单价	合价	费用类别	备注
1	1	A	人工费	RGF	人工费		1101.28	22145.64	人工费	
2	2	B	材料费	CLF+ZCF+SBF	材料费+主材费+设备费		3575.19	71893.5	材料费	
3	3	C	机械费	JXF	机械费		80.59	1620.58	机械费	
4	4	D	管理费	A+C	人工费+机械费	29	342.74	6892.16	管理费	
5	5	E	利润	A+C	人工费+机械费	12	141.82	2851.86	利润	
6		F	综合单价	A+B+C+D+E	人工费+材料费+机械费+管理费+利润		5241.62	105403.74	工程造价	

图 12-37　查看单价构成

1）修改计算基数。修改计算基数就是修改“计算基数”列的具体内容。单击欲修改计算基数的费用行的“计算基数”列，待出现“▼”按钮后，再单击“▼”按钮，在弹出的“费用代码”对话框中，双击需要的代码将其添加到“计算基数”列，如果本行还需添加其他代码，再双击其他代码，系统则在原代码后自动追加，请读者自行体验。

2）修改费率。此页面主要用来修改某项清单的管理费率和利润率，单击欲修改费率的费用行的“费率”列，直到出现“▼”按钮后，再单击“▼”按钮，在弹出的费率列表中双击适用的费率，将其添加到“费率”列，如图 12-38 所示。

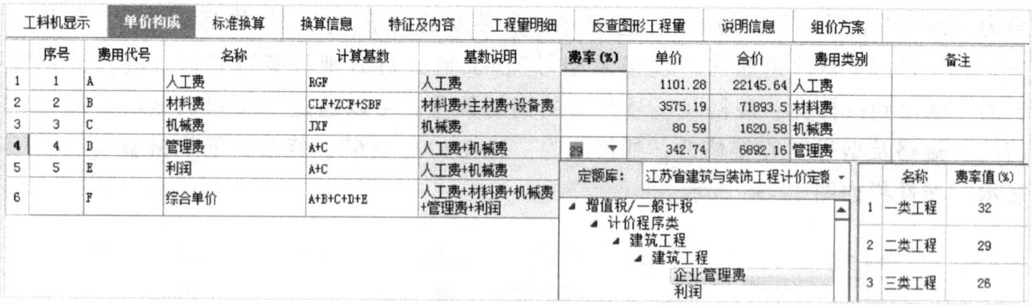

工料机显示　单价构成　标准换算　换算信息　特征及内容　工程量明细　反查图形工程量　说明信息　组价方案

	序号	费用代号	名称	计算基数	基数说明	费率（%）	单价	合价	费用类别	备注
1	1	A	人工费	RGF	人工费		1101.28	22145.64	人工费	
2	2	B	材料费	CLF+ZCF+SBF	材料费+主材费+设备费		3575.19	71893.5	材料费	
3	3	C	机械费	JXF	机械费		80.59	1620.58	机械费	
4	4	D	管理费	A+C	人工费+机械费	29 ▼	342.74	6892.16	管理费	
5	5	E	利润	A+C	人工费+机械费					
6		F	综合单价	A+B+C+D+E	人工费+材料费+机械费+管理费+利润					

定额库：江苏省建筑与装饰工程计价定额

增值税/一般计税
计价程序类
建筑工程
建筑工程
企业管理费
利润

	名称	费率值（%）
1	一类工程	32
2	二类工程	29
3	三类工程	26

图 12-38　修改费率

4. 拓展延伸

（1）工程量输入模式　输入的工程量的单位是自然单位还是定额单位，取决于软件中的设置，系统默认为自然单位。自然单位或定额单位的设置是通过软件的“选项”进行的。首先依次单击“软件标签”→“选项”→“系统选项”→“输入选项”→“工程量输入模式”，然后选择计量单位的输入模式，请读者自行体验。

（2）清单锁定与解锁　在所有清单补充完整之后，可运用工具栏上的“锁定清单”对

选定清单项或所有清单项进行锁定，锁定之后的清单项将不能再进行添加和删除等操作。若要进行修改，需先对清单项进行解锁。此项功能主要用于编制投标报价时，防止对清单进行误操作而改变清单的内容，使得投标文件成为废标，请读者自行体验。

（3）清单指引　“清单指引”既可以单独输入清单项，也可以同时输入清单项和定额子目，在“查询”工具和右键菜单的“查询”子菜单中均可找到该功能。

在需要输入清单或清单与定额时，依次单击“查询”→“清单指引”，在左侧选择需要的清单项目，在右侧勾选需要的一条或多条定额子目，如果需要插入清单项目，则单击“插入清单”按钮，如果需要替换清单，则单击“替换清单”按钮；如果需要同时输入清单项目和定额子目，则单击“插入子目”按钮。插入或替换完成后，在弹出的定额标准换算对话框中，选择换算项目。清单指引示例如图 12-39 所示。

查询

清单指引　清单　定额　人材机　图集做法　我的数据　　插入子目　插入清单（I）　替换清单（R）

2013江苏指引库

搜索

钢筋工程
010515001　现浇构…
010515002　预制构…

选中	定额号	定额名称	单位	含税单价	不含税单价
钢筋制作、运输					
☑	5-1	现浇砼构件钢筋 直径 φ12mm以内	t	5330.4	4873.8
☐	5-2	现浇砼构件钢筋 直径 φ25mm以内	t	4857.18	4395.9

图 12-39　清单指引示例

（4）云存档　云存档工具可以将人材机、定额子目和组价方案进行存档，以供后期使用。

二维码 12-2
人材机存档
与调用

（5）计价换算

1）批量系数换算。按清单描述进行子目换算时，凡是定额中注明调整系数或金额的项目均可通过“标准换算”对话框完成，本节主要介绍在“标准换算”对话框中不能完成的定额子目换算方法。

当清单中的材料进行换算的系数相同时，可选中所有换算内容相同的清单项，依次单击工具栏中“其他”→“批量换算”，对人工、材料、机械、设备、主材、单价进行换算，如图 12-40 所示。在“设置工料机系数”分组内的人工、材料、机械、设备、主材、单价后的文本框内输入相应的调整系数，单击“确定”按钮。调整前后的数量则在“调整系数前数量”和“调整系数后数量”列分别显示出来。

在调整人材机的数量时，有时有些材料不允许参与调整，此时可以单击“高级”按钮，打开“工料机系数换算选项”对话框，在“不参与调整选项”组内勾选不参与调整的材料，如图 12-41 所示。

2）墙面抹灰厚度换算。下面以“011201001005 墙面一般抹灰”清单项下的“14-38 砖墙内墙抹混合砂浆”定额子目的换算为例（图 12-42），介绍墙面抹灰厚度的调整方法和过程。

查砖墙抹混合砂浆定额的抹灰厚度可知，该定额子目中包含 15mm 厚 1∶1∶6 混合砂浆打底和 5mm 厚 1∶0.3∶3 混合砂浆罩面的砂浆含量，需要将定额中的 15mm 厚 1∶1∶6 混合砂浆换算为 12mm 厚，再将 5mm 厚 1∶0.3∶3 混合砂浆换算为 6mm 厚，其他不变。

	编码	类别	名称	规格型号	单位	调整系数前数量	调整系数后数量	不含税预算价	不含税市场价	含税市场价	税率（%）	采保费率（%）	供货方式	是否暂估
1	00010301	人	二类工		工日	276.9564	276.9564	82	99	99	0	0	自行采购	
2	31150101	材	水		m3	27.79699	27.79699	4.57	4.3	4.86	13	2	自行采购	
3	80010104	浆	水泥砂浆 砂浆强度等级 M5		m3	38.7852	38.7852	168.46	399.54	419.57		0	自行采购	
4	04010611	材	水泥	32.5级	kg	8416.3884	8416.3884	0.27	0.43	0.48	13	2	自行采购	
5	04030107	材	中砂		t	62.44417	62.44417	67.39	189.4	195	3	2	自行采购	
6	31150101	材	水		m3	11.63556	11.63556	4.57	4.3	4.86	13	2	自行采购	
7	CLFBC	材	材料费补差		元	0.16678	0.16678	1	1	1	0	0	自行采购	
8	04135500	材	标准砖	240*115*53	百块	185.6634	185.6634	40.8	82.6	85	3	2	自行采购	
9	C00041	材	其它材料费		元	200.81	200.81	0.86	0.86	0.9692	13	2	自行采购	
10	04131106	材	页岩模数多孔砖	120*190*90	百块	26.1053	26.1053	61.74	140.9	145	3	2	自行采购	
11	04131108	材	页岩模数多孔砖	190*240*90	百块	417.6848	417.6848	109.77	225.4	230	3	2	自行采购	
12	99050503	机	灰浆搅拌机	拌筒容量200L	台班	7.7034	7.7034	120.64	144.39	146		0	自行采购	
13	000020	机	二类工(机械二次分析用)		工日	9.62925	9.62925	82	101	101	0	0	自行采购	
14	901019	机	安拆费及场外运输费		元	42.1376	42.1376	0.9381	0.9381	1	6.6	0	自行采购	
15	901058	机	大修理费		元	6.39382	6.39382	0.8547	0.8547	0.965811	13	0	自行采购	
16	901130	机	经常修理费		元	25.42122	25.42122	1	1	1	0	0	自行采购	
17	901234	机	折旧费		元	22.18579	22.18579	0.8547	0.8547	0.965811	13	0	自行采购	
18	JX707009	机	电		kW·h	66.32627	66.32627	0.76	0.76	0.86	13	2	自行采购	
19	JXFBC	机	机械费补差		元	-0.02234	-0.02234	1	1	1	0	0	自行采购	
20	GLF	管	管理费		元	5914.7736	5914.7736	1	1	1	0	0	自行采购	
21	LR	利	利润		元	2838.9762	2838.9762	1	1	1	0	0	自行采购	

图 12-40 “批量换算”对话框

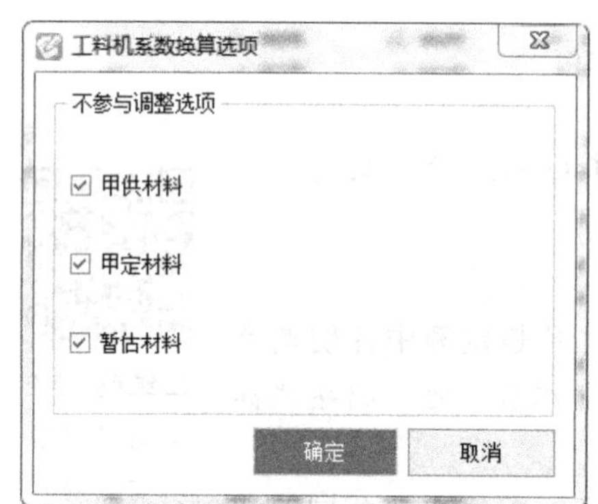

图 12-41 工料机系数换算选项

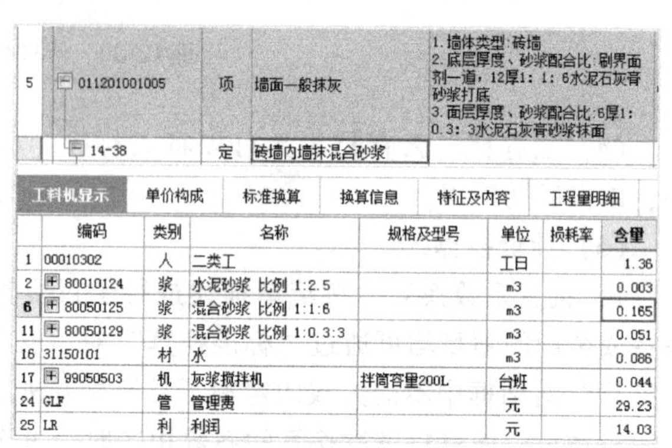

	编码	类别	名称	规格及型号	单位	损耗率	含量
1	00010302	人	二类工		工日		1.36
2	80010124	浆	水泥砂浆 比例 1:2.5		m3		0.003
6	80050125	浆	混合砂浆 比例 1:1:6		m3		0.165
11	80050129	浆	混合砂浆 比例 1:0.3:3		m3		0.051
16	31150101	材	水		m3		0.086
17	99050503	机	灰浆搅拌机	拌筒容量200L	台班		0.044
24	GLF	管	管理费		元		29.23
25	LR	利	利润		元		14.03

图 12-42 墙面抹灰厚度换算前

混合砂浆含量的调整计算过程如下：

① 1∶1∶6 混合砂浆含量的调整：新的含量 $=0.165\times12\div15=0.132$

② 1∶0.3∶3 混合砂浆含量的调整：新的含量 $=0.051\times6\div5=0.0612$

换算后如图 12-43 所示，其他分部中需要换算的定额子目请读者参照本例的换算方法自行完成。

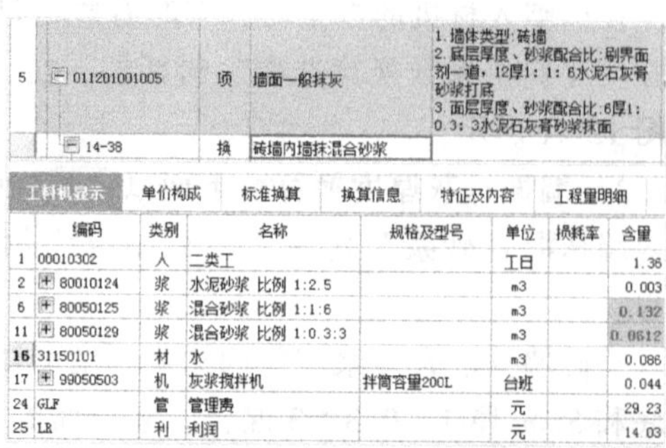

	编码	类别	名称	规格及型号	单位	损耗率	含量
1	00010302	人	二类工		工日		1.36
2	80010124	浆	水泥砂浆 比例 1:2.5		m3		0.003
6	80050125	浆	混合砂浆 比例 1:1:6		m3		0.132
11	80050129	浆	混合砂浆 比例 1:0.3:3		m3		0.0612
16	31150101	材	水		m3		0.086
17	99050503	机	灰浆搅拌机	拌筒容量200L	台班		0.044
24	GLF	管	管理费		元		29.23
25	LR	利	利润		元		14.03

图 12-43 墙面抹灰厚度换算后

（6）批注 编制工程预算文件时，希望可以对一些清单项、定额子目或人材机进行批注，便于后期查看修改。具体操作如下：切换到“编制”菜单，项目结构切换到“单位工程”节点，在“分部分项”“措施项目”或“人材机汇总”页签的数据编辑区，选择任意

清单项、定额子目、工料机行，单击鼠标右键执行“插入批注”功能。在编辑批注窗口中可以根据需要进行编制说明、备注。同时，清单、子目或人材机行名称处会多出一个红色“△”；已经进行过批注的清单、子目或人材机行，通过右键快捷菜单可以进行编辑、删除或者显示/隐藏批注信息；单击“删除所有批注”功能，会弹出选择删除范围的对话框，默认范围为删除“当前单位工程”中的批注，也可以选择删除“整个项目”的批注。

（7）标记颜色　标记颜色的目的是对有问题的清单、定额或人材机先做标记，便于后期更改和检查。具体操作如下：

切换到“编制”菜单，项目结构切换到“单位工程”节点，在“分部分项”“措施项目”或“人材机汇总”页签的数据编辑区，选择需要进行标识的行（如标题行、清单行、子目行、人材机行），单击工具栏“颜色”，在弹出的颜色下拉列表中选择合适的颜色，则标记颜色成功。若要取消标记行的颜色，则选中标记颜色的行，可单击“颜色”，选择“无色”。

（8）过滤

1）过滤的必要性。在编制工程预算文件的过程中，组价时会对编制过程中存在问题的清单项目、定额子目、人材机等进行批注或标记，后期需要将其过滤出来，统一更改；在核查工程时，希望能够快速过滤出主要清单项目和有颜色标记的、有批注内容等重点标记项目；为方便材料管理，有时需要分类查看部分工料机，如查看单位工程中分部分项工料机、措施项目工料机、所有调差工料机、所有未调差工料机、有输出标记工料机和自定义过滤条件的工料机等。

2）过滤使用方法。过滤功能可以在“分部分项”“措施项目”和“人材机汇总”三个页签上使用，其子菜单随页签的不同而变化。子菜单的名称即为可过滤的条件，在相应的页签的数据编辑区单击过滤条件，数据编辑区即按过滤条件进行过滤并显示，如显示全部数据则单击“取消过滤”子菜单。

（9）临时删除　在编制工程预算文件过程中，如果有相似定额，希望可以临时删除其中某一项，观察总造价的变化，“临时删除”适用于“分部分项”和“措施项目”中的清单、定额和人材机。具体操作步骤如下：

定位到“编制”菜单，定位到“分部分项”或“措施项目”页签，在数据编辑区选择要删除的行；单击右键菜单的“临时删除”子菜单，选定行呈现灰色画横线标记，即完成临时删除。在“数据编辑区”单击右键的“取消临时删除”子菜单，则恢复到临时删除前的状态。

当临时删除定额行时，该定额子目中包含的人材机在“数据编辑区”和“工料机显示”区全部灰显；当临时删除清单行时，该清单所包括的全部内容灰显；当临时删除人材机时，该人材机在“数据编辑区”灰显。“临时删除”和“取消临时删除”功能也可在“工料机显示”属性栏使用。

■ 12.6　措施项目清单

12.6.1　措施项目费基础知识

措施项目费是指为完成工程项目施工，发生于该工程施工前和施工过程中非工程实体项目的费用，根据现行工程量清单计算规范，措施项目费分为单价措施项目费与总价措施项目费。

1. 单价措施项目

单价措施项目是指在现行工程量清单计算规范中有对应工程量计算规则，按人工费、材料费、施工机具使用费、管理费和利润形式组成综合单价的措施项目。建筑与装饰工程专业单价措施项目包括：脚手架、混凝土模板及支架（撑）、垂直运输、超高施工增加、大型机械设备进出场及安拆、施工排水及降水。单价措施项目中各措施项目的工程量清单项目设置、项目特征、计量单位、工程量计算规则及工作内容均按现行工程量计算规范执行。

二维码 12-3
单项措施项目费

2. 总价措施项目费

总价措施项目费是指在现行工程量计算规范中无工程量计算规则，以总价（或计算基数乘费率）计算的措施项目费，主要包括安全文明施工增加费、夜间施工增加费、二次手动费、冬雨期施工增加费、地上地下设施建筑物临时保护费、已完工程及设备保护费、临时设施费、赶工措施费、工程按质论价费、特殊条件下施工增加费、非夜间施工照明费、住宅工程分户验收费、建筑施工人员实名制费等。

二维码 12-4
总价措施项目费

12.6.2 措施项目清单整理

1. 任务说明

明确措施项目中总价措施项目费与单价措施项目费的计算方法，并进行调整。结合案例工程，编制措施项目清单并进行相应的取费。

2. 任务分析

切换到“措施项目”页签，从导入的措施项目工程量清单可以看到，从云计量软件中导入的措施项目清单只有建筑物超高和模板，而无脚手架、垂直运输、大型机械进退场费等。所有这些缺失的措施项目都必须进行添加。

3. 任务实施

（1）添加单价措施项目标题

1）整理导入后的措施项目清单。导入措施项目的工程量清单整理主要包括总价措施项目和单价措施项目。总价措施项目费的项目名称软件设置了默认值，且排列在“总价措施”标题下，各项费率也按取费设置中设置的费率进行了匹配，如图 12-44 所示。

导入的措施项目清单只有“超高增加”和“模板”项目，且顺序排列于总价措施项目清单后，未设置分级标题。此时需要在“超高施工增加”清单项目前添加标题“建筑物超高增加”，在第一项模板清单项目的前面添加标题“模板”，并通过工具栏上的“→”将标题“建筑物超高增加”和“模板”进行降级处理。

2）按照各类单价措施项目在计价定额中的先后顺序，依次添加各类措施项目的标题，添加完成后的标题排列顺序为“建筑物超高增加”“脚手架”“模板”“建筑工程垂直运输”和“大型机械进退场及安拆”，如图 12-45 所示。

（2）补充脚手架项目并提取相应工程量

1）脚手架项目及计费规定。由于本工程为多层厂房，故应执行单项脚手架项目。脚手

	序号	类别	名称	单位	组价方式	计算基数	基数说明	费率(%)	工程量
	⊟		措施项目						
	⊟		总价措施						
1	⊞		安全文明施工费	项	子措施组价				1
5			夜间施工	项	计算公式组价	FBFXHJ+JSCSF-SBF-JSCS_SBF-SHDLF	分部分项合计+技术措施项目合计-分部分项设备费-技术措施项目设备费-税后独立费	0.05	1
6			非夜间施工照明	项	计算公式组价	FBFXHJ+JSCSF-SBF-JSCS_SBF-SHDLF	分部分项合计+技术措施项目合计-分部分项设备费-技术措施项目设备费-税后独立费	0	1
7			二次搬运	项	计算公式组价	FBFXHJ+JSCSF-SBF-JSCS_SBF-SHDLF	分部分项合计+技术措施项目合计-分部分项设备费-技术措施项目设备费-税后独立费	0	1
8			冬雨季施工	项	计算公式组价	FBFXHJ+JSCSF-SBF-JSCS_SBF-SHDLF	分部分项合计+技术措施项目合计-分部分项设备费-技术措施项目设备费-税后独立费	0.125	1
9			地上、地下设施、建筑物的临时保护设施	项	计算公式组价	FBFXHJ+JSCSF-SBF-JSCS_SBF-SHDLF	分部分项合计+技术措施项目合计-分部分项设备费-技术措施项目设备费-税后独立费	0	1
10			已完工程及设备保护	项	计算公式组价	FBFXHJ+JSCSF-SBF-JSCS_SBF-SHDLF	分部分项合计+技术措施项目合计-分部分项设备费-技术措施项目设备费-税后独立费	0.025	1
11			赶工措施	项	计算公式组价	FBFXHJ+JSCSF-SBF-JSCS_SBF-SHDLF	分部分项合计+技术措施项目合计-分部分项设备费-技术措施项目设备费-税后独立费	0	1
12			按质论价	项	计算公式组价	FBFXHJ+JSCSF-SBF-JSCS_SBF-SHDLF	分部分项合计+技术措施项目合计-分部分项设备费-技术措施项目设备费-税后独立费	0	1
13			住宅分户验收	项	计算公式组价	FBFXHJ+JSCSF-SBF-JSCS_SBF-SHDLF	分部分项合计+技术措施项目合计-分部分项设备费-技术措施项目设备费-税后独立费	0	1
14			建筑工人实名制	项	计算公式组价	FBFXHJ+JSCSF-SBF-JSCS_SBF-SHDLF	分部分项合计+技术措施项目合计-分部分项设备费-技术措施项目设备费-税后独立费	0.05	1
15			临时设施	项	计算公式组价	FBFXHJ+JSCSF-SBF-JSCS_SBF-SHDLF	分部分项合计+技术措施项目合计-分部分项设备费-技术措施项目设备费-税后独立费	1.65	1

图 12-44 总价措施项目费费率

架项目应该包括基础混凝土浇捣脚手架，层高超过 3.6m 的钢筋混凝土柱、梁、墙的混凝土浇捣脚手架，内外墙砌筑脚手架，天棚抹灰脚手架、墙面抹灰脚手架以及柱、梁、墙面、天棚油漆脚手架。

本工程的基础埋深虽已超过 1.5m，但由于使用泵送商品混凝土，所以不应计取基础构件混凝土浇捣费用；内、外墙砌筑应分别计取内、外墙砌筑脚手架；天棚只刷油漆不抹灰，其脚手架费用可按满堂脚手架的 10%进行计算；内墙面的抹灰则按垂直投影面积套用抹灰脚手架，内墙面的油漆脚手架按抹灰脚手架费用的 10%进行计算。

造价分析　工程概况　取费设置　分部分项　措施项目

序号	类别	名称
⊟		措施项目
⊞		总价措施
⊟		单价措施
⊞		建筑物超高增加
⊞		脚手架
⊞		模板
⊞		建筑工程垂直运输
⊞		大型机械设备进退场及安拆

图 12-45 全部措施项目

2）提取脚手架工程量。

① 外墙砌筑脚手架工程量。外墙砌筑脚手架分为两部分，一部分是沿外墙外围从室外设计地坪开始搭设（双排），另一部分是从第五层楼面开始搭设（单排）。外墙砌筑脚手架（双排）的工程量为外墙外边线的长度与高度之积，其计算式见“工程量明细”属性栏，如图 12-46 所示。外墙砌筑脚手架的工程量也可以从云计量平台模型中直接提取，提取方法请读者参阅内墙砌筑脚手架工程量提取相关内容。

屋面层外墙砌筑脚手架（单排）的工程量见“工程量明细”属性栏，如图 12-47 所示。

② 内墙砌筑脚手架工程量。内墙砌筑脚手架的工程量可以从云计量平台工程中直接提取，单击“工程量”→“报表”→“土建报表量”→“构件汇总分析”→“绘图输入工程量汇总

	序号	类别	名称	单位	项目特征	工程量表达式	工程量
17	011701002001		外墙砌筑脚手架	m2	1.搭设方式:双排 2.搭设高度:28 3.脚手架材质:焊接钢管	GCLMXHJ	2540.91
	20-12	定	砌墙脚手架 双排外架子 高20m以内	10m2		QDL	254.091
	20-67	定	建筑物檐高 30m以内砌墙脚手架材料增加费	10m2		QDL	254.091

工料机显示 | 单价构成 | 标准换算 | 换算信息 | 特征及内容 | 工程量明细 | 反查图形工程量 | 说明信息

	楼层	位置/名称	计算式	相同数量	结果	累加标识	引用代码
0		计算结果			**2540.91**		
1	1-5层		(26.4+0.2+24.3+0.2)*2*(23.8+0.15)	1	2447.69	☑	
2	屋面层	左楼梯	(6.6+0.2+6.6+0.2)*3.95	1	53.72	☑	
3	屋面层	右楼梯	(6.6+0.2+3.+0.2)*3.95	1	39.5	☑	

图 12-46　外墙砌筑脚手架（双排）工程量

工料机显示 | 单价构成 | 标准换算 | 换算信息 | 特征及内容 | 工程量明细 | 反查图形工程量

	楼层	位置/名称	计算式	相同数量	结果	累加标识
0		计算结果			**93.22**	
1	屋面层	右楼梯	(6.6+0.2+3+0.2)*3.95	1	39.5	☑
2		左楼梯	(6.6+0.2+6.6+0.2)*3.95	1	53.72	☑

图 12-47　屋面层外墙砌筑脚手架（单排）工程量

表"→"设置报表范围"，只选择内墙，提取"内墙脚手架面积"的工程量为 1413.31m^2。

③ 内墙抹灰脚手架工程量。内墙抹灰脚手架的工程量与墙面抹灰的工程量相同，故可直接从云计量平台工程文件中提取，其工程量为 4253.13m^2。

其他脚手架的工程量请读者自行提取，脚手架分部的组价方案如图 12-48 所示。

（3）模板项目　模板工程量的计算方式有两种，一种是按模板与混凝土的接触面积计算，另一种是按混凝土中模板的含量计算，在同一工程中只能从两种计算方法中选择一种计算方法。

1）按模板与混凝土的接触面积计算。本工程按模板与混凝土的接触面积进行计算，且在建模时已将模板的清单与定额套在了构件做法上，因此导入算量工程文件时已经将模板的清单与定额导入到云计价平台中。

2）按混凝土中模板的含量计算。

按混凝土中模板含量计算模板工程量的方法，请读者参阅本节中拓展延伸相关内容。

（4）垂直运输　根据本工程的层高和檐高，采用一台塔式起重机（简称塔吊）完成垂直运输工作。应计的费用包括垂直运输费用、塔式起重机（简称塔吊）基础及塔式起重机（简称塔吊）与建筑物的连接费用。

在"建筑物垂直运输"标题下插入一条清单，依次单击工具栏的"查询"→"查询清单"，定位到"措施项目"→"垂直运输"，右侧显示垂直运输的清单编号、名称和可用的计量单位，如图 12-49 所示。双击编号为"011703001"的清单将其添加到措施项目中，计量单位选择"m^2/天"，描述其项目特征，并将工程量修改为"340"。

切换到查询定额（塔式起重机施工）对话框，如图 12-50 所示。双击编号为"23-9"的

	序号	类别	名称	单位	项目特征	工程量表达式	工程量
	⊟		脚手架				
17	⊟ 011701002001		外墙砌筑脚手架	m2	1. 搭设方式:双排 2. 搭设高度:28m 3. 脚手架材质:焊接钢管	GCLMXHJ	2540.91
	20-12	定	砌墙脚手架 双排外架子 高20m以内	10m2		QDL	254.091
	20-67	定	建筑物檐高 30m以内砌墙脚手架材料增加费	10m2		QDL	254.091
18	⊟ 011701002002		屋面层外墙砌筑脚手架	m2	1. 搭设方式:单排 2. 搭设高度:5m 3. 脚手架材质:焊接钢管	GCLMXHJ	93.22
	20-10	定	砌墙脚手架 单排外架子 高12m以内	10m2		QDL	9.322
19	⊟ 011701003001		内墙砌筑脚手架	m2	1. 搭设方式:单排 2. 搭设高度:12m以内 3. 脚手架材质:焊接钢管	1413.31	1413.31
	20-10	定	砌墙脚手架 单排外架子 高12m以内	10m2		QDL	141.331
20	⊟ 011701003002		内墙抹灰脚手架	m2	1. 搭设方式:单排 2. 搭设高度:8m以内 3. 脚手架材质:焊接钢管	4253.13	4253.13
	20-25	定	抹灰脚手架>3.60m, 在12m以内	10m2		QDL	425.313
21	⊟ 011701003003		内墙油漆脚手架	m2	1. 搭设方式:单排 2. 搭设高度:5m以内 3. 脚手架材质:焊接钢管	4253.13	4253.13
	20-24	定	抹灰脚手架>3.60m, 在5m以内	10m2		QDL	425.313
22	⊟ 011701006001		柱梁板混凝土浇捣脚手架	m2	1. 搭设方式:满堂 2. 搭设高度:5m以内 3. 脚手架材质:焊接钢管	GCLMXHJ	2629.44
	20-20	换	基本层满堂脚手架 高5m以内　层高超过3.6m的钢筋混凝土框架柱、墙(楼板、屋面板为现浇板)所增加的混凝土浇捣脚手架费用 单价*0.3	10m2		QDL	262.944
23	⊟ 011701006004		柱梁板混凝土浇捣脚手架	m2	1. 搭设方式:满堂 2. 搭设高度:8.6m 3. 脚手架材质:焊接钢管	GCLMXHJ	641.52
	20-21	换	基本层满堂脚手架 高8m以内　实际高度(m):8.6　层高超过3.6m的钢筋混凝土框架柱、墙(楼板、屋面板为现浇板)所增加的混凝土浇捣脚手架费用 单价*0.3	10m2		QDL	64.152
24	⊟ 011701006002		天棚油漆脚手架	m2	1. 搭设方式:满堂 2. 搭设高度:8m以内 3. 脚手架材质:焊接钢管	805.5	805.5
	20-21	换	基本层满堂脚手架 高8m以内　室内天棚净高超过3.6m的板下勾缝、刷浆、油漆另行计算一次脚手架费用 单价*0.1	10m2		QDL	80.55
25	⊟ 011701006003		天棚油漆脚手架	m2	1. 搭设方式:满堂 2. 搭设高度:5m以内 3. 脚手架材质:焊接钢管	3847.73-805.5	3042.23
	20-20	换	基本层满堂脚手架 高5m以内　室内天棚净高超过3.6m的板下勾缝、刷浆、油漆另行计算一次脚手架费用 单价*0.1	10m2		QDL	304.223

图 12-48　脚手架分部组价方案

查询

清单指引　清单　定额　人材机　图集做法　我的数据　插入(I)　替换(R)

工程量清单项目计量规范(2013-江苏)

搜索

垂直运输

	编码	清单项	单位
1	011703001	垂直运输	m2/天

图 12-49　查询措施项目垂直运输清单

定额子目，弹出如图 12-51 所示的起重机标准换算对话框，勾选第 2、3 两项换算，单击“确定”按钮将其添加到清单组价中；再切换到“施工塔吊、电梯基础、塔吊及电梯与建筑物连接件”，双击编号为“1”的定额子目（图 12-52），将其添加到组价中。

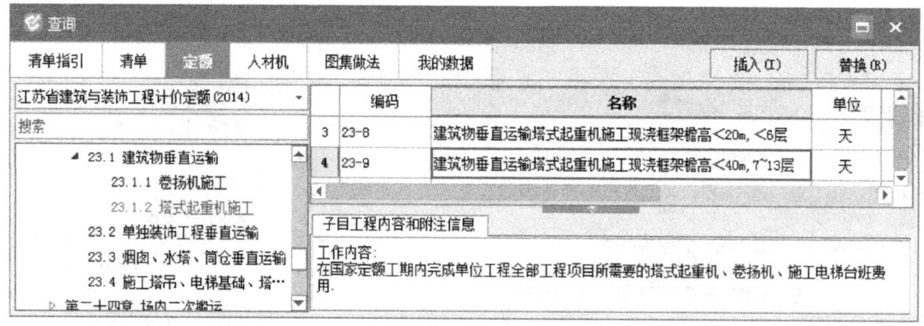

图 12-50　查询定额（塔式起重机施工）

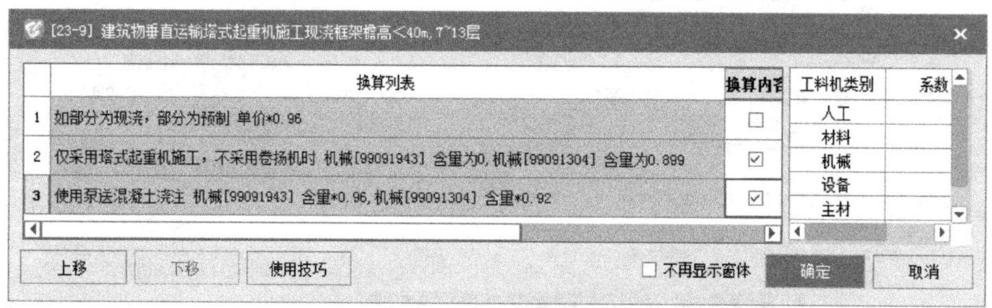

图 12-51　塔式起重机标准换算

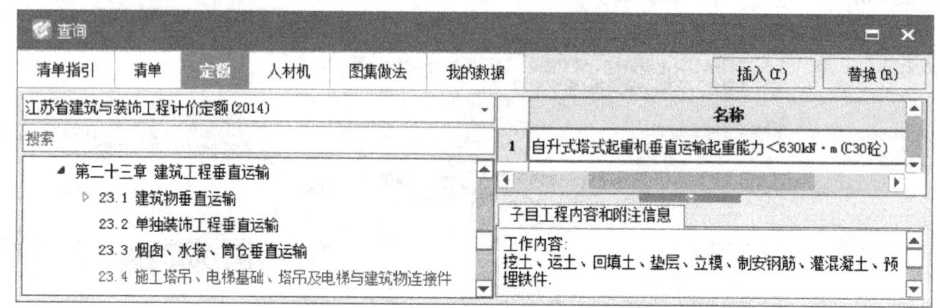

图 12-52　查询塔式起重机基础定额

（5）大型机械进退场费　本工程需要的大型机械设备包括静力压桩机、履带式挖掘机和塔式起重机各一台，其中挖掘机只计一次场外运输费，塔式起重机和打桩机各计一次场外运输费，再各计一次安拆费。

在“大型机械设备进出场及安拆”标题下插入一条清单，依次单击工具栏的“查询”→“查询清单”，定位到“措施项目”→“大型机械设备进出场及安拆”，右侧显示垂直运输的清单编号、名称和可用的计量单位，如图 12-53 所示。双击编号为“011705001”的清单将

图 12-53　查询大型机械设备进出场及安拆清单

其添加到措施项目中，描述其项目特征。切换到查询大型机械设备进出场及安拆定额，如图12-54所示。依次双击编号为“40”和“41”的定额子目，将其添加到该清单的组价中。采用同样的方法添加履带式挖掘机的进退场费清单和定额。

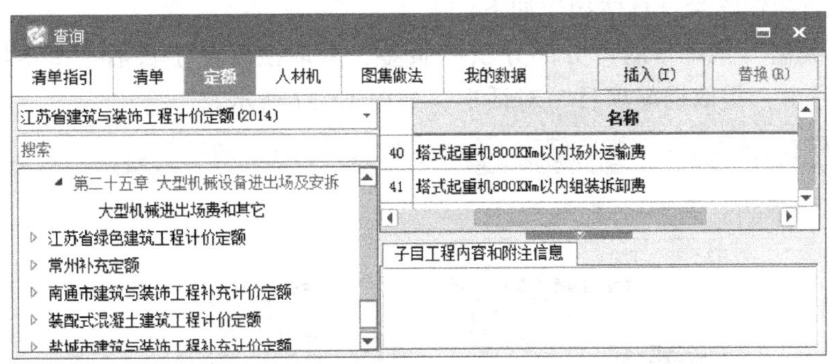

图 12-54 查询大型机械设备进出场及安拆定额

4. 拓展延伸

(1) 实体转技措 “分部分项”的“实体转技措”选项卡如图12-55所示。

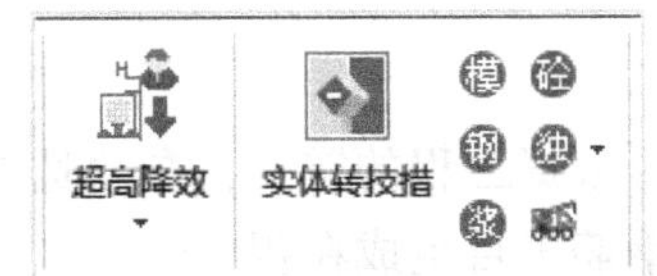

图 12-55 “实体转技措”选项卡

1) 模（提取模板项目）。提取模板项目是指按照定额中给定的模板含量，根据混凝土的工程量计算模板工程量的一种方法。可通过“分部分项”的“实体转技措”选项卡来完成。

《房屋建筑与装饰工程工程量计算规范》（GB 50854—2013）中详细给出了模板的清单项，要求模板子目放置在相应的模板清单下，结合2013江苏省清单补充条款文件，现浇混凝土模板不与混凝土合并，在措施项目中列项。具体操作如下：

切换到“编制”菜单下的“分部分项”页签，套取混凝土子目后，单击图12-55中的“模”按钮，弹出“提取模板项目”对话框，如图12-56所示。

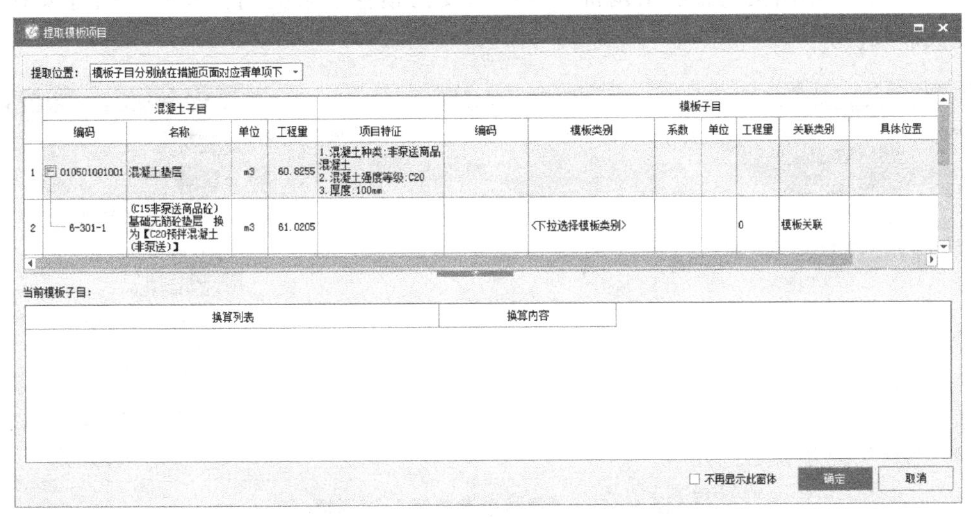

图 12-56 “提取模板项目”对话框

根据混凝土子目在“模板类别”列单击“▼”选择所需要的模板子目，软件会根据选择的模板类别在“具体位置”列自动识别模板清单。如自动识别的模板清单不能满足要求，可在“具体位置”列单击“▼”选择需要的模板清单。单击“确定”按钮，完成模板子目提取。

2）钢（提取钢筋项目）。编制概算或急于出钢筋工程量时，会根据定额中提供的含钢量估出一个大致的钢筋量，具体操作如下：

切换到“编制”菜单下的“分部分项”页签，套取混凝土子目后，单击图 12-55 中的“钢”按钮，弹出“提取钢筋项目”对话框，如图 12-57 所示。

提取钢筋项目

提取位置：钢筋子目分别放在分部分项页面对应清单项下

	混凝土子目				钢筋子目						
	编码	名称	单位	工程量	选择	编码	钢筋类别	系数	单位	工程量	具体位置
1	010501004001	满堂基础	m3	6.6906							
2	6-183	(C20泵送商品砼）无梁式满堂(板式)基础 换为【C35预拌混…	m3	6.6906	☐	5-1	现浇混凝土构件钢筋 直径 φ12mm以内	0.024	t	0.1606	010515001 …
3					☐	5-2	现浇混凝土构件钢筋 直径 φ25mm以内	0.056	t	0.3747	010515001 …
4					☐	5-3	现浇混凝土构件钢筋 直径 φ25mm以外	0.056	t	0.3747	010515001 …

确定 取消

图 12-57 “提取钢筋项目”对话框

根据工程的需要，在“选择”列勾选需要的钢筋子目，软件自动识别钢筋清单，自动将钢筋子目生成在相应的清单下。单击“确定”按钮，完成钢筋子目提取。

3）浆（现拌与预拌砂浆换算）。为贯彻执行《江苏省预拌砂浆生产和使用管理办法》（苏经贸环资〔2008〕212 号），建设工程使用普通预拌砂浆时，江苏定额根据定额说明执行现拌砂浆转预拌砂浆换算。

切换到“编制”菜单下的“分部分项”页签，套取砂浆子目后，单击图 12-55 中的“浆”按钮，弹出“预拌砂浆换算”对话框，如图 12-58 所示，对话框的右半部分显示内容为砂浆现拌转预拌的换算说明。软件自动识别“砂浆类别”列砂浆的类型，对于不能识别的砂浆类别单击“砂浆类别”列的“▼”按钮，选择“抹灰砂浆”“砌筑砂浆”“地面砂浆”，以方便针对不同类别的砂浆调价。选择需要的预拌砂浆类别，单击“执行换算”按钮，完成砂浆换算。

预拌砂浆换算

	编码	名称	单位	工程量	砂浆类别	现拌砂浆	湿拌砂浆	散装干拌（混）砂浆	袋装干拌（混）砂浆
1		现浇混凝土柱							
2	010502001001	矩形柱	m3	150.35					
3	6-190	(C30泵送商品砼）矩形柱	m3	150.35					
4	80010123	水泥砂浆 比例 1:2	m3	4.66085		☑	☐	☐	☐
5	010502002001	构造柱	m3	17.82					
6	6-316	(C20非泵送商品砼）构造柱 …	m3	17.78					
7	80010123	水泥砂浆 比例 1:2	m3	0.55118		☑	☐	☐	☐

说明信息：
地区：江苏省

规则：湿拌砂浆
规则说明：
1. 扣除人工0.45工日/m3
2. 将现拌砂浆换算成湿拌砂浆
3. 扣除相应定额子目中的灰浆拌和机台班

规则：散装干拌（混）砂浆
规则说明：
1. 扣除人工0.30工日/m3
2. 1m3现拌砂浆换算成干拌（混）砂浆1.75吨及水0.29吨
3. 增加电费2.15度/m3（指砂浆用量），该电费计入其他机械费中
4. 扣除相应定额子目中的灰浆拌和机台班

规则：袋装干拌（混）砂浆
规则说明：
1. 扣除人工0.20工日/m3
2. 1m3现拌砂浆换算成水0.29吨
3. 将每1m3现拌砂浆换算成干拌（混）砂浆1.75吨

注：双击标题行可支持批量换算。

执行换算 取消

图 12-58 “预拌砂浆换算”对话框

4）混凝土（商品混凝土）换算。江苏 2014 年新定额中对于建筑工程中的桩基工程、混凝土工程、楼地面工程及市政专业给出了详细的商品混凝土换算规则，根据项目特征要求

套用相应的混凝土定额。除混凝土章节给出了相应的商品混凝土子目，其他专业则要根据文件要求对定额子目执行换算。

切换到“编制”菜单下的“分部分项”页签，套取混凝土子目后，单击图 12-55 中的“砼”按钮，弹出“砼换算”对话框，如图 12-59 所示。“砼换算”对话框右半部分显示的内容为定额说明中商品混凝土子目的扣减规则，方便查看。

根据项目特征要求选择混凝土子目“泵送”或“非泵送”，单击“确定”按钮完成商品混凝土换算。

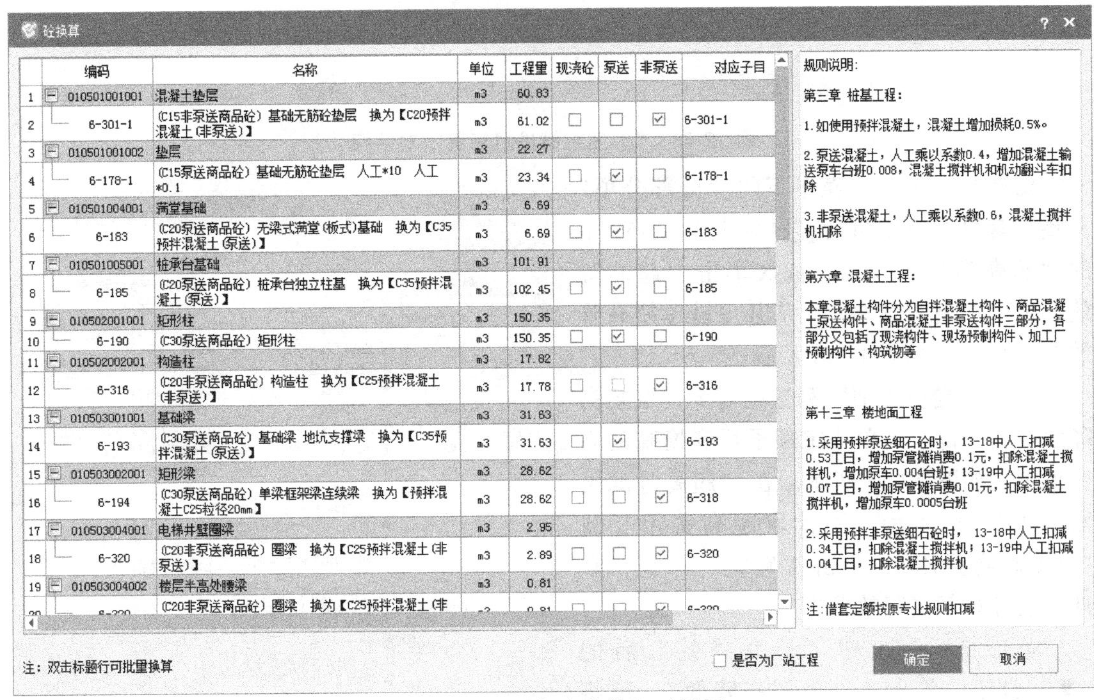

图 12-59 “混凝土换算”对话框

5）大型机械进退场费。大型机械设备进退场及安拆，既可以在“措施项目”页签内添加也可通过“分部分项”页签内的“实体转技措”功能来添加。需要注意的是，采用“实体转技措”方法添加时，“措施项目”页签中添加的大型机械设备进退场及安拆费相关项目将被自动删除。具体操作如下：切换到“编制”菜单下的“分部分项”页签，套取相应子目后，单击图 12-55 中的“ ”图标，弹出“大型机械进退场费”对话框，如图 12-60 所示。此对话框的上半部分显示大型机械的编码、名称等内容，下半部分显示使用该机械的定额子目。首先选择需要使用的机械，然后在“选择”列勾选自己需要的定额子目，输入相应的数量，单击“确定”按钮，软件自动计算大型机械进退场费并计取在措施项目的大型机械进退场清单下。

（2）超高降效　超高降效是指建筑物超过一定高度所发生的人工、机械降效。记取方式有：按最高檐高计算、按不同高度分段计算、按建筑面积加权分摊计算。计算方法：一般是计算基数×费率，具体计算规则参照当地规定。

超高降效既可以在“措施项目”页签内添加，也可以通过“超高降效”的功能实现，具体操作如下：

大型机械进退场费

	编码	机械名称	单价	台班数量	进退场费
1	03017	汽车式起重机	478.3	26.20774	0
2	99010303	履带式单斗挖掘机(液压)	684.88	2.79421	0
3	99030125	轨道式柴油打桩机	1322.75	7.155	0
4	99030309	静力压桩机	3459.73	12.82878	0
5	99050152	滚筒式混凝土搅拌机(电动)	173.97	367.66629	0
6	99050503	灰浆搅拌机	144.39	68.90326	0
7	99070106	履带式推土机	819.16	0.27899	0
8	99090106	履带式起重机	747.33	6.88322	0
9	99091304	自升式塔式起重机	579.95	281.2072	0

	定额号	名称	单位	单价	数量	选择	具体位置
1	25-34	静力压桩机3000kN场外运输费	元/次	26244.64	0	☐	011705001
2	25-35	静力压桩机3000kN组装拆卸费	元/次	13397.32	0	☐	011705001

* 使用此功能将删除原有大型机械进出场及安拆子目

确定　取消

图 12-60 “大型机械进退场费”对话框

切换到“编制”菜单下的“分部分项”页签，套取相应子目后，在单击图 12-55 中的“超高降效”按钮，依次单击“超高降效”→“设置超高降效”，弹出“设置超高降效”对话框，如图 12-61 所示。

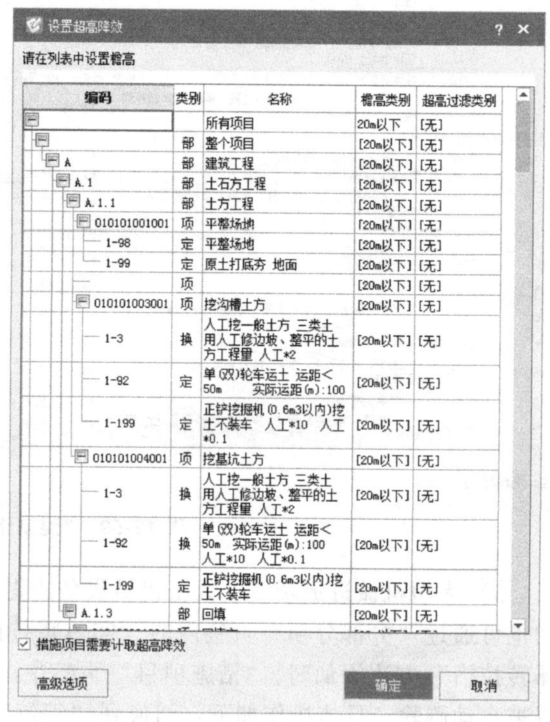
设置超高降效

请在列表中设置檐高

编码	类别	名称	檐高类别	超高过滤类别
		所有项目	20m以下	[无]
	部	整个项目	[20m以下]	[无]
A	部	建筑工程	[20m以下]	[无]
A.1	部	土石方工程	[20m以下]	[无]
A.1.1	部	土方工程	[20m以下]	[无]
010101001001	项	平整场地	[20m以下]	[无]
1-98	定	平整场地	[20m以下]	[无]
1-99	定	原土打底夯 地面	[20m以下]	[无]
	项		[20m以下]	[无]
010101003001	项	挖沟槽土方	[20m以下]	[无]
1-3	换	人工挖一般土方 三类土 用人工修边坡、整平的土方工程量 人工*2	[20m以下]	[无]
1-92	定	单(双)轮车运土 运距<50m 实际运距(m):100	[20m以下]	[无]
1-199	定	正铲挖掘机(0.6m3以内)挖土不装车 人工*10 人工*0.1	[20m以下]	[无]
010101004001	项	挖基坑土方	[20m以下]	[无]
1-3	换	人工挖一般土方 三类土 用人工修边坡、整平的土方工程量 人工*2	[20m以下]	[无]
1-92	换	单(双)轮车运土 运距<50m 实际运距(m):100 人工*10 人工*0.1	[20m以下]	[无]
1-199	定	正铲挖掘机(0.6m3以内)挖土不装车	[20m以下]	[无]
A.1.3	部	回填	[20m以下]	[无]

☑ 措施项目需要计取超高降效

高级选项　确定　取消

图 12-61 “设置超高降效”对话框

可在“檐高类别”列选择需要计取超高降效费的分部、清单或定额子目和檐高的高度范围，如图 12-62 所示。在“超高过滤类别”列选择“无”“不计取超高费用”或“计取超高费用”，单击“确定”按钮，软件自动计算超高降效费用。

单击图 12-55 中“超高降效”后的“▼”按钮，单击“取消超高降效”，可将自动生成的超高降效子目删除。

软件默认将超高降效定额子目记取在指定措施清单下，如果计取在其他位置，可单击“设置超高降效”对话框内的“高级选项”按钮，在弹出的“超高降效选项设置”对话框（图 12-63）中进行调整。

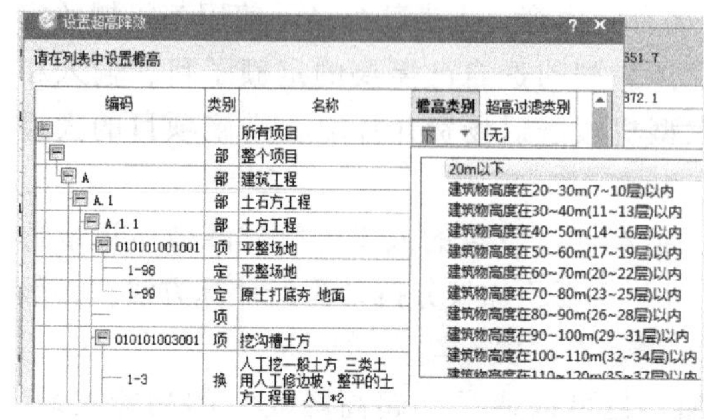
设置超高降效

请在列表中设置檐高

编码	类别	名称	檐高类别	超高过滤类别
		所有项目		[无]
	部	整个项目		
A	部	建筑工程		
A.1	部	土石方工程		
A.1.1	部	土方工程		
010101001001	项	平整场地		
1-98	定	平整场地		
1-99	定	原土打底夯 地面		
	项			
010101003001	项	挖沟槽土方		
1-3	换	人工挖一般土方 三类土 用人工修边坡、整平的土方工程量 人工*2		

图 12-62 檐高类别选择

超高降效选项设置

子目记取位置

子目记取位置：指定措施清单下

具体位置：011704001

软件自动默认13清单的超高清单下，
如若与实际工程不一致，可以自行指定具体位置。

确定　取消

图 12-63 “超高降效选项设置”对话框

12.7　其他项目清单

12.7.1　其他项目费基础知识

1. 暂列金额

暂列金额是指建设单位在工程量清单中暂定并包括在工程合同价款中的一笔款项，用于施工合同签订时尚未确定或者不可预见的所需材料、工程设备、服务的采购，施工中可能发生的工程变更、合同约定调整因素出现时的工程价款调整以及发生的索赔、现场签证确认等的费用。暂列金额虽包括在合同价之内，但并不直接属承包人所有，而是由发包人暂定并掌握使用的一笔款项。

暂列金额一般可按税前造价的 5% 计算。工程结算时，暂列金额应予以取消，另根据工程实际发生项目增加费用。

采用工程量清单计价的工程，暂列金额按招标文件编制，列入其他项目费。采用工料单价计价的工程，暂列金额单独列项计算。

2. 专业工程暂估价

专业工程暂估价是招标人在工程量清单中提供的用于支付必然发生但暂时不能确定的专业工程金额。专业工程暂估价是根据工程实际和招标文件要求估算。投标报价时应按招标人列出的金额填写，不得更改。

发包人在招标工程量清单中专业暂估价属于依法必须招标的，应通过招标确定价格，并以此取代专业工程暂估价，调整合同价款；不属于依法必须招标的，应由承包人按照合同采购，经发包人确认单价后取代专业工程暂估价，调整合同价款。

在涉及专业工程暂估价的工程结算审计时，审计工作人员应核实发包方现场人员及监理工程师的签字、采购凭证以及相关招投标资料，通过查询定额、造价动态信息和市场询价等方式，合理确定工程结算价，保护发包人和承包人的合法权益。

3. 计日工

计日工是指在施工过程中，施工企业完成建设单位提出的施工图纸以外的零星项目或工作所需的费用。当工程量清单所列各项费用均未包括，而这种零星项目或工作出现的可能性又很大，且工程量很难估计时，采用计日工明细表的方法来处理。计日工一般用于处理工程量清单中没有合适细目的零星附加工作或变更工作。

计日工的劳务、材料和施工机械由招标人（或业主）列出正常的估计数量，投标人报出单价，计算出计日工总额后列入工程量清单汇总表中并进入评标价。

计日工的单价由投标人根据计日工明细表所列的细目通过投标报价确定，结算时计日工的数量按完成发包人发出的计日工指令的数量确定，计日工单价不调价。

二维码 12-5
计日工的计算

4. 总承包服务费

总承包服务费是指总承包人为配合、协调建设单位进行的专业工程发包，对建设单位自行采购的材料、工程设备等进行保管以及施工现场管理、竣工资料汇总整理等服务所需的费用。分包工程不与总承包工程同时施工时，总承包单位不提供相应服务，不得收取总承包服务费；虽在同一现场同时施工，总承包单位未向分包单位提供服务的或由总承包单位分包给其他施工单位的，不应收取总承包服务费。

编制招标控制价或标底时，总承包服务费应根据招标文件列出的服务内容和要求进行计算。编制投标报价时，总承包服务费应依据招标人在招标文件中列出的分包专业工程内容和供应材料设备情况，按照招标人提出的协调、配合与服务要求和施工现场管理需要由投标人自主确定。编制竣工结算时，总承包服务费应依据合同约定的金额计算，发、承包双方依据合同约定对总承包服务费进行了调整的，应按调整后的金额计算。

12.7.2　其他项目清单编制

1. 任务说明

结合案例工程，编制其他项目清单费用，包括暂列金额、专业工程暂估价、计日工和总承包服务费。

2. 任务分析

根据招标文件所述编制其他项目清单：按本工程控制价编制要求，本工程暂列金额为15万元，专业工程暂估价为20万元，不考虑总承包服务费。故只需编制暂列金额、专业工程暂估价和计日工费用。

3. 任务实施

（1）添加暂列金额　切换到“其他项目”页签，单击“其他项目”→“暂列金额”，如图12-64所示。按招标文件要求暂列金额为150000元，则在“名称”列输入“暂列金额”，在“计量单位”列输入“元”，在“计算公式”列输入“150000”。

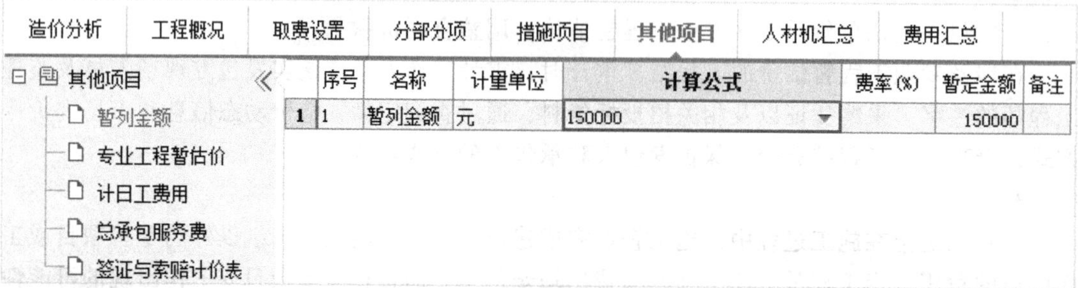

造价分析　工程概况　取费设置　分部分项　措施项目　其他项目　人材机汇总　费用汇总

其他项目：暂列金额、专业工程暂估价、计日工费用、总承包服务费、签证与索赔计价表

	序号	名称	计量单位	计算公式	费率(%)	暂定金额	备注
1	1	暂列金额	元	150000		150000	

图12-64　添加暂列金额窗口

（2）添加专业工程暂估价　依次单击“其他项目”→“专业工程暂估价”，按照招标文件的要求，专业工程暂估价为20万元。在“工程名称”列输入“专业工程暂估价”，在“计量单位”列输入“元”，在“数量”列输入“1”，在“单价”列输入“200000”，如图12-65所示。

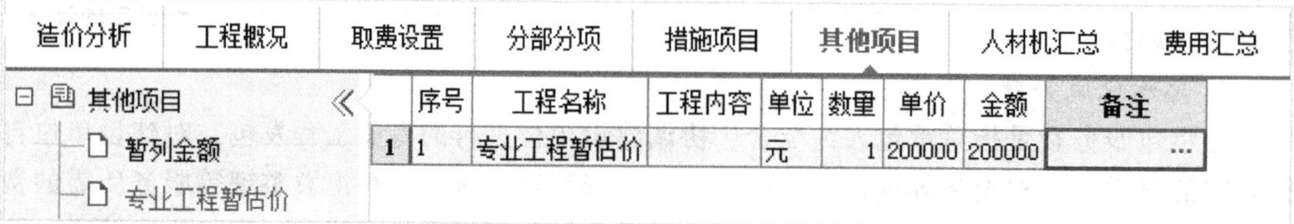

造价分析　工程概况　取费设置　分部分项　措施项目　其他项目　人材机汇总　费用汇总

其他项目：暂列金额、专业工程暂估价

	序号	工程名称	工程内容	单位	数量	单价	金额	备注
1	1	专业工程暂估价		元	1	200000	200000	…

图12-65　添加专业工程暂估价

(3) 添加计日工 单击“其他项目”→“计日工费用”，按招标文件要求，本项目有计日工费用，需要添加计日工。本工程人工为200元/日，此外的材料费用和机械费用均按招标文件要求填写，如图12-66所示。

造价分析 | 工程概况 | 取费设置 | 分部分项 | 措施项目 | 其他项目 | 人材机汇总 | 费用汇总

其他项目
- 暂列金额
- 专业工程暂估价
- 计日工费用
- 总承包服务费
- 签证与索赔计价表

	序号	名称	单位	数量	单价	合价	备注
1		计日工				10820	
2	1	人工				4000	
3	1.1	木工	工日	10	200	2000	
4	1.2	钢筋工	工日	10	200	2000	
5	2	材料				5620	
6	2.1	黄砂	m3	1	220	220	
7	2.2	水泥 42.5级	t	5	550	2750	
8	2.3	水泥 32.5级	t	5	530	2650	
9	3	机械				1200	
10	3.1	载重汽车	台班	2	600	1200	

图12-66 添加计日工窗口

12.8 人材机汇总

12.8.1 人材机基础知识

1. 建筑工程材料的采购方式

目前工程设备材料的供应方式有承包人采购、招标人采购、招标人与承包人联合采购三种方式。

二维码12-6 材料采购的方式

2. 材料暂估价

材料暂估价是指发包人在工程量清单中给定的用于支付必然发生但暂时不能确定价格的材料的金额。适用暂估价的材料的范围以及所给定的暂估价的金额，由发包人决定；发包人在工程量清单中对材料给定暂定价的，该暂定价构成签约合同价的组成部分，发包人和承包人应根据发包人所给定的暂估价签订合同；在合同履行过程中，发包人与承包人还需按照合同中所约定的程序和方式确定适用暂估价材料的实际价格，并根据实际价格和暂估价之间的差额（含与差额相对应的税金等其他费用）来确定和调整合同价格。

对发包人给定暂估价的材料，需要招标的，通过招标确定供应商或分包人，中标金额与暂估价之间的差额以及相应的税金等其他费用列入合同价格。

对发包人给定暂估价的材料不需要招标的，由承包人负责提供，给定暂估价材料的价格由招标人确认，招标人确认的价格与暂估价之间的差额以及相应的税金等其他费用列入合同价格。

12.8.2 人材机汇总操作

1. 任务说明

根据招标文件所述载入信息价，按招标文件要求修正人材机价格、设定甲供材和暂估价材料清单。

2. 任务分析

按照招标文件规定，调整相应的人工工资单价；材料价格按“徐州市 2019 年 9 月信息价”调整；根据招标文件，编制甲供材料及暂估价材料清单。

由于本工程在建立项目结构时已经指定了材料信息价的执行标准，无须再载入材料信息价。如果在建立项目结构时未指定材料价格信息文件，则需要将材料信息价载入工程中，由软件自动完成人材机价格的调整。

3. 任务实施

（1）设定甲供材　设定甲供材的方式，可以在材料列表中修改供货方式，也可以从材料列表中选择。

1）修改供货方式。切换到“人材机汇总”页签，在“人材机”导航栏单击“材料表”，软件默认所有材料均为“自行采购”。按照招标文件的要求，选定甲供材料，修改其“含税市场价”，然后在“供货方式”列将“自行采购”修改为“甲供材料”。

2）从材料列表中选择。切换到“人材机汇总”页签，在“人材机”导航栏单击“发包人供应材料和设备”，已经存在的“甲供材料表”会显示在数据编辑区，且表格的下方还有“关联材料”和“发包人材料关联明细”两个属性栏，如图 12-67 所示。通过取消勾选“关联材料”页签中的“选择”列，可以取消“甲供材料表”与“材料表”之间的关联；在选中某种材料时可以通过“发包人材料关联明细”属性栏查看某种关联材料的详细信息。

分部分项　措施项目　其他项目　人材机汇总　费用汇总

	关联	发包人材料号	材料名称	规格型号	单位	数量	不含税市场价	含税市场价	税率（%）	采保费率（%）
1	✓	80212102	C15预拌混凝土（泵送）		m3	23.6901	534.29	550	3	2
2	✓	80212104	C25预拌混凝土（泵送）		m3	46.7703	553.72	570	3	2
3	✓	80212116	C25预拌混凝土（非泵送）		m3	23.5896	544.01	560	3	2
4	✓	80212106	C35预拌混凝土（泵送）		m3	143.5854	582.87	600	3	2
5	✓	80212105	C30预拌混凝土（泵送）		m3	694.5873	563.44	580	3	2
6	✓	80212117	C30预拌混凝土（非泵送）		m3	6.49893	553.72	570	3	2
7	✓	80212103	C20预拌混凝土（泵送）		m3	-3.4563	544.01	560	3	2
8	✓	80212115	C20预拌混凝土（非泵送）		m3	87.80359	534.29	550	3	2
9	✓	80212126	预拌混凝土C25粒径20mm		m3	29.172	553.72	570	3	2

关联材料　发包人材料关联明细

材料名称包含　C20预拌混凝土（非泵送）　的材料　重新过滤　自动关联招标材料

	选择	编码	类别	名称	规格型号	单位	数量	不含税市场价	含税市场价	税率（%）	采保费率（%）	供货方式
1	☑	80212115	材料费	C20预拌混凝土（非泵送）		m3	87.80359	534.29	550	3	2	甲供材料

图 12-67　发包人供应材料界面

在弹出的表格区域中，单击右键快捷菜单中的“从人材机汇总中选择”或者单击工具栏中的“从人材机汇总中选择”，弹出“从人材机汇总中选择”窗口，如图 12-68 所示。

例如把“仿石型外墙涂料”设定为甲供材，则勾选该材料行的“选择”列，单击“确定”按钮，弹出确认对话框，单击“取消”按钮则取消本次操作。在确认对话框中单击“是”按钮则清空已有的甲供材料表，单击“否”按钮则将选中的材料添加到已有的甲供材料表中。

（2）设置暂估价材料　按照招标文件要求，对于暂估价材料表中要求的暂估价材料，可

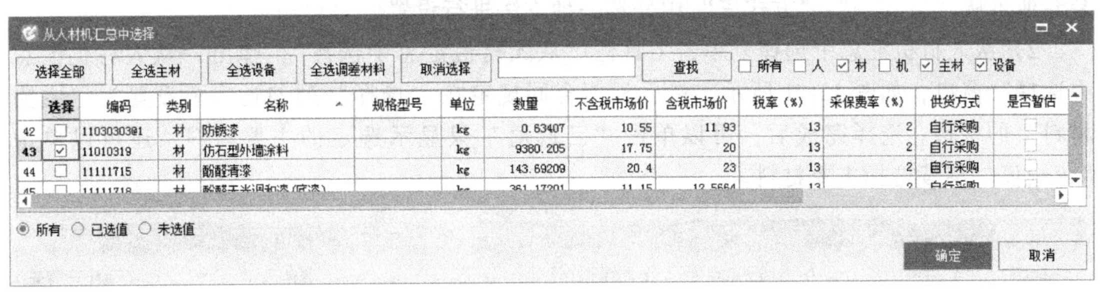

图 12-68　“从人材机汇总中选择”窗口里设定甲供材料

以在“人材机汇总”页签中进行设置，也可以采用勾选“是否暂估”列和从材料列表中选择两种设置方法。

1）勾选“是否暂估”列。切换到“人材机汇总”页签，选中某种欲设置为暂估价材料的材料，勾选“材料表”的“是否暂估”列。例如，将“卷帘门电动装置”设为暂估价材料，先修改含税市场价为暂估价，再勾选该材料行中“是否暂估”列。

在“人材机汇总”导航栏，切换到“暂估材料表”，选中的材料已经显示在“暂估材料表”中，如图 12-69 所示。勾选某种材料行的“锁定”列，可以锁定价格；通过“暂估材料关联明细”属性栏查看材料的详细信息；通过不勾选“关联暂估材料”页签的“关联”列，取消暂估材料的关联。

	关联	材料号	材料名称	规格型号	单位	数量	不含税暂定价	含税暂定价	税率（%）	采保费率（%）	锁定	产地
1	✓	06650101	同质地砖		m2	55.0698	53.24	60	13	2	☐	
2	✓	09250709	彩钢卷帘门		m2	7449.8812	133.09	150	13	2	☐	
3	✓	06612143	墙面砖	200*300	m2	174.42425	177.46	200	13	2	☐	
4	✓	09092100	铝合金固定窗		m2	563.9904	266.19	300	13	2	☐	
5	✓	09093501	铝合金全玻平开窗		m2	10.9056	266.19	300	13	2	☐	
6	✓	09090813	铝合金全玻平开门		m2	23.7456	266.19	300	13	2	☐	
7	✓	09093511	铝合金全玻推拉窗		m2	226.1376	266.19	300	13	2	☐	
8	✓	09493507	卷帘门电动装置	300kg提升力	套	2.02	1774.58	2000	13	2	☐	

关联暂估材料　暂估材料关联明细

材料名称包含　卷帘门电动装置　材料　重新过滤　自动关联招标材料

	关联	编码	类别	名称	规格型号	单位	数量	不含税预算价	不含税市场价	含税市场价	税率（%）	采保费率（%）	供货方式
1	☑	09493507	材料费	卷帘门电动装置	300kg提升力	套	2.02	1774.58	1774.58	2000	13	2	自行采购

图 12-69　暂估材料表

2）从材料列表中选择。从材料列表中选择的设置方式，请读者参阅甲供材料设置的相关内容。

（3）设置主要材料　设置主要材料的方法有两种，一种是自动设置主要材料，另一种是从人材机汇总中选择。

1）自动设置主要材料。单击工具栏“自动设置主要材料”，弹出“自动设置主要材料”对话框，如图 12-70 所示。建筑工程专业可从“方式一”和“方式二”中任选一种方法，安

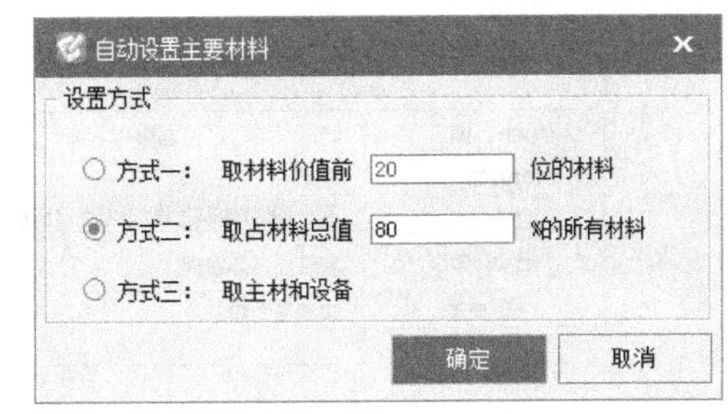

图 12-70　“自动设置主要材料”对话框

装专业可从“方式一”~“方式三”中任选一种方法进行设置。

2）从人材机汇总中选择。单击工具栏“从人材机汇总中选择”，弹出“从人材机汇总中选择”窗口，如图 12-71 所示，然后根据合同规定在“选择”列勾选需要设置为“主要材料”的材料。选择完成后，可以单击“已选值”只显示选定的主要材料，还可以单击“未选值”继续选择主要材料。

从人材机汇总中选择

选择全部　全选主材　全选设备　全选调差材料　取消选择　查找　☐所有 ☐人 ☑材 ☐机 ☐主材 ☐设备

	选择	编码	类别	名称	规格型号	单位	数量	不含税市场价	含税市场价	税率（%）	采保费率（%）	供货方式	是否暂估	产地
1	☐	12030107@1	材	油…		kg	0.06545	13.28	15.01	13	2	自行采购	☐	
2	☐	01010100	材	钢筋	综合	t	0.0931	3447.35	3885.2584	13	2	自行采购	☐	
3	☐	01630201	材	钨…		kg	0.09911	557.41	628.2164	13	2	自行采购	☐	
4	☐	05250402	材	木…		m3	0.14266	1286.32	1449.7181	13	2	自行采购	☐	
5	☐	03652403	材	合…		片	0.14516	68.6	77.3141	13	2	自行采购	☐	
6	☐	32090101@1	材	周…		m3	0.17517	1754.31	1982.37	13	2	自行采购	☐	
7	☐	01270100@1	材	型钢		t	0.1889	3424.78	3870	13	2	自行采购	☐	
8	☐	05250502	材	锯…		m3	0.32257	47.17	53.1619	13	2	自行采购	☐	
9	☐	04135535	材	配砖	190*90*40	m3	0.46426	272	279.9953	3	2	自行采购	☐	
10	☐	11030303@1	材	防…		kg	0.63383	10.55	11.93	13	2	自行采购	☐	
11	☐	01010100@13	材	钢筋	HRB400, ⌀12	t	0.918	4436.45	5000	13	2	自行采购	☐	
12	☐	CLFTZ	材	材…		元	1.0891	1	1	0		自行采购	☐	

◉所有 ○已选值 ○未选值　　确定　取消

图 12-71 “从人材机汇总中选择”窗口里设置主要材料

4. 拓展延伸

(1) 载入造价信息文件　如果在建立项目结构时未选择适用的材料价格信息，在进行“人材机汇总”分析时，需要载入材料信息价，材料信息价格可以从地方造价管理部门按期发布的造价信息中导入，也可以从 Excel 文件中导入。导入 Excel 价格信息表的操作，请读者参阅市场价存档/载入相关内容。

二维码 12-7
批量载价

(2) 显示对应子目　对于“人材机汇总”中出现材料名称异常或数量异常的情况，可直接右击相应材料，选择显示相应子目，在“分部分项”页签对材料进行修改，下面以查看编号为“01010100”，名称为“钢筋”、规格型号为“综合”的材料的对应子目为例进行介绍。

选中该材料所在的行，单击工具栏或右键快捷菜单的“显示对应子目”，弹出“显示对应子目-钢筋”对话框，如图 12-72 所示。说明此项材料来源于电渣压力焊接头的组价项。请读者自行完成材料名称的修改。

显示对应子目-钢筋

	编码	名称	项目特征	工程量	数量
	01010100	钢筋			0.0931
	A.5	整个项目/建筑工程/混凝土及钢筋…			0.0931
15	01B001	电渣压力焊接头	1.钢筋种类、规格:HRB400	931	0.0931
	5-32	电渣压力焊		93.1	0.0931

图 12-72 “显示对应子目-钢筋”对话框

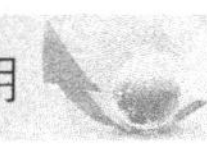

（3）市场价存档/载入

1）保存为 Excel 市场价文件。对于同一个项目的多个标段，发包方要求所有标段的材料价保持一致，在调整好一个标段的材料价后可利用“存价”→“保存 Excel 市场价文件”将此标段的材料价保存为 Excel 市场价文件，具体操作如下：依次单击工具栏“存价”→“保存 Excel 市场价文件”，在弹出的“另存为”对话框中选择文件保存的路径后，单击“保存”按钮，完成市场价文件存档。

2）导入 Excel 市场价文件。在其他标段“人材机汇总”中使用该市场价文件时，可通过“载价”→“载入 Excel 市场价文件”，在弹出的“打开文件”对话框内选择已经保存好的 Excel 市场价文件及其在工作簿中的 Sheet 表，软件自动识别有效的材料行和列，如果识别不正确，可通过“识别行”“识别列”等按钮进行识别，如图 12-73 所示，识别完成后单击“导入”按钮。当某些材料存在多个市场价时，则弹出“选择市场价”对话框，如图 12-74 所示，每组材料选择一个市场价后，单击“确定”按钮完成导入。

图 12-73　“导入 Excel 市场价文件”对话框

（4）下拉填充　调整材料价格时，希望能够一次批量修改多条材料的信息，如供货方式、市场价锁定、输出标记、厂家、品牌、质量等级、产地、是否暂估、备注，此时具体操作如下：

切换到“编制”菜单项目结构树定位到“项目”节点或“单位工程”节点，单击“人材机汇总”页签，在数据编辑区找到“产地”“厂家”等材料编辑列；编辑完成一条材料的“产地”和“厂家”信息后，通过编辑框右下角“+”下拉拖曳填充到其他相关材料中。

项目级人材机界面下，供货方式、市场价锁定、输出标记、厂家、品牌、质量等级、产

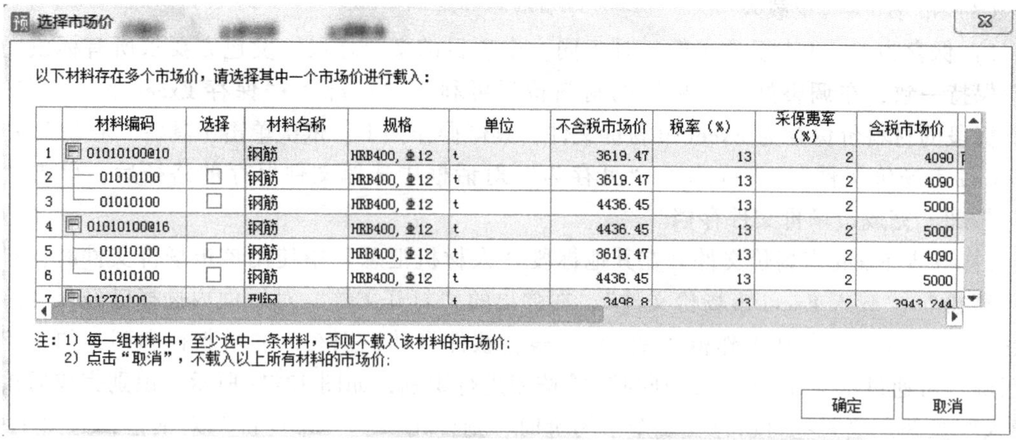

选择市场价

以下材料存在多个市场价，请选择其中一个市场价进行载入：

	材料编码	选择	材料名称	规格	单位	不含税市场价	税率（%）	采保费率（%）	含税市场价
1	01010100@10		钢筋	HRB400, ⌀12	t	3619.47	13	2	4090
2	01010100	□	钢筋	HRB400, ⌀12	t	3619.47	13	2	4090
3	01010100	□	钢筋	HRB400, ⌀12	t	4436.45	13	2	5000
4	01010100@16		钢筋	HRB400, ⌀12	t	4436.45	13	2	5000
5	01010100	□	钢筋	HRB400, ⌀12	t	3619.47	13	2	4090
6	01010100	□	钢筋	HRB400, ⌀12	t	4436.45	13	2	5000
7	01270100		型钢		t	3498.8	13	2	3943.244

注：1）每一组材料中，至少选中一条材料，否则不载入该材料的市场价：
2）点击“取消”，不载入以上所有材料的市场价：

确定 取消

图 12-74 “选择市场价”对话框

地、是否暂估、备注都可下拉复制。

单位级人材机界面下，市场价锁定、输出标记、厂家、品牌、质量等级、产地、备注都可下拉复制。

■ 12.9 费用汇总

12.9.1 费用汇总界面

费用汇总界面分为上下两部分，上部为费用汇总表，下部为辅助查询区，设有“查询费用代码”和“查询费率信息”两个页签。

费用汇总表中“计算基数”列有各项费用的费用代码四则运算式，可通过“查询费用代码”页签进行查询并用于修改计算基数；“费率”列为各项费用的费率，可通过“查询费率信息”页签进行查询并用于修改相关费用的费率。

“查询费用代码”页签，显示各项费用的费用代码，将工程中涉及的费用代码分为分部分项、措施项目、其他项目、独立费、人材机和变量表六个部分，单击各部分即可查看相应的费用代码和费用名称。

12.9.2 项目自检与费用查看

1. 任务说明

对项目的各项组成进行自行检查，并掌握查看单位工程、单项工程和项目总费用的方法。

2. 任务分析

前面已经完成了费率的取定、分部分项工程费、措施项目费、其他项目费的组价以及人材机价格的调整，本节的任务就是对以前所有工作的质量或完整性进行检查，检查是否存在不符合招标文件要求的项目，在全部满足要求后查看本工程的费用。

3. 任务实施

(1) 项目自检

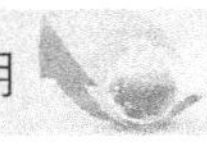

1）项目自检界面。单击常用工具中的“项目自检”，弹出“项目自检”窗口，如图12-75所示。左侧为检查项设置，右侧为检查结果显示区，默认的检查范围为“全部”，如果只检查本项目中的某个单项工程，可以通过单击“设置检查范围-全部”按钮设置需要的检查范围，单击“执行检查”按钮则开始进行检查并将检查结果显示在检查结果显示区。还可以通过单击“云检查”按钮进行云检查。

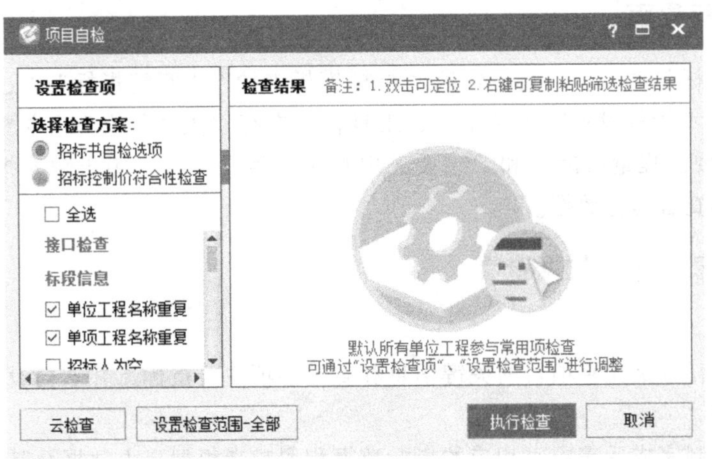

图12-75　“项目自检”窗口

2）项目自检项目和检查结果。项目自检的项目分为检查方案和检查项目，检查方案分为“招标书自检选项”和“招标控制价符合性检查”，检查项目可以根据实际需要选择。“招标书自检选项”的内容和检查结果，请读者在软件中自行体验。

（2）费用查看　在编制预算过程中可以实时查看关键费用项和总造价的变化。具体操作如下：

切换到“编制”菜单的任意页签，项目结构树定位到任一节点，功能区选择“费用查看”；在弹出的“费用查看”窗口中，软件默认给出工程总造价、人、材、机、管理费、利润费用，该窗口可以随意移动到自己想要的位置；“费用查看”窗口中可以看到选中单位工程的费用以及整个项目的费用，可以进行单位、单项、项目切换。

如果需要看到的更多费用项可以单击“设置”按钮，勾选需要查看的费用项；如需将这些费用项导出到Execl或Word，选中费用后按<Crtl+Shift+C>键复制内容，再按<Ctrl+V>键进行粘贴。

（3）复制格子内容　如果希望将软件中的数据复制到其他地方，如Execl或Word，可切换到“编制”菜单的任意页签，项目结构树定位到任一节点，框选想要复制的内容，单击鼠标右键弹出快捷菜单，选择“复制格子内容”；打开Execl表，或者Word等；按<Ctrl+V>键，完成复制。“复制格子内容”可以使用快捷键<Ctrl+Shift+C>。

4. 拓展延伸

（1）保存模板　如果还有项目的取费与本工程取费相同，则可以将本工程的费用文件保存为费用模板，以备后用。具体操作如下：

单击工具栏上的“保存模板”，在弹出的“另存为”对话框中，选择保存文件的名称和类型后，单击“保存”按钮。

（2）载入模板　当需要再次使用这个取费模板时，在工具栏上单击“载入模板”，在弹出的“选择”费用模板对话框中选择需要的费用模板文件后，单击“确定”按钮。

■12.10　指标

12.10.1　指标界面

二维码 12-8
指标界面操作

切换到“指标”菜单，工具栏包括“指标模板维护”“匹配指标”“过滤显示”和“参考指标设置”四项工具，工具栏下方有“关键信息”“主要经济指标”“主要工程量指标”和“主要工料指标”四个页签，用于输入指标的关键信息和查看指标数据。

12.10.2　信息输入和数据查看

1. 任务说明

本节的主要任务是完善项目的关键信息和查看各项主要指标，并学会设置参考指标。

2. 任务分析

计价文件编制完成后需要对相应的指标数据积累或者根据个人数据及其他的数据积累进行相应检查时，为了确保当前工程的合理性，需要对工程的相应信息进行整理完善。

3. 任务实施

（1）输入关键信息　关键信息用于将来做相似预算工程时，检查其工程指标合理性时使用，其中的“计算口径”为各项指标计算的基础，是必须填写的信息，可在“计算口径设置”属性栏分别设置各单项工程的“计算口径”。一般情况下，建筑安装工程采用建筑面积、市政道路工程采用建筑长度、市政给水采用建筑体积作为计算口径。项目建筑面积自动同步项目信息中的建筑面积，单项工程建筑面积自动同步单项工程建筑面积，单位工程建筑面积自动同步单位工程建筑面积。

切换到“关键信息”页签，通过下拉按钮“▼”选择或手动输入相关信息，建议至少完善工程类型、结构类型、造价类型、建筑面积和建筑高度五项信息。

（2）指标分类　数据显示主要包括主要经济指标、主要工程量指标和主要工料指标三项内容。

二维码 12-9
指标模板维护

■12.11　电子招标文件

12.11.1　生成电子招标文件

1. 任务说明

生成招标工程量清单和招标控制价，并同时备案接口文件。

2. 任务分析

在“费用汇总”页签完成“项目自检”并修改所有错误后，可以在“电子标”模块直接生成“招标工程量清单”“招标控制价”和“备案接口文件”。

3. 任务实施

(1) 生成招标书　生成招标书的步骤如下：

1) 单击“电子标”菜单进入“电子标”模块，它包括“生成招标书”、“导出备案接口文件”和“生成投标书”三项功能。

2) 单击“生成招标书”按钮，弹出“友情提醒：生成招标书前，最好进行自检，以免出现不必要的错误!”提示框。

3) 选择导出标书的存储位置和导出内容。

如果在“费用汇总”模块未进行项目自检，此时单击“是”按钮，软件开始进行自检，完成自检后，按照检查结果进行修改，修改完成后再单击“生成招标书”。如果已经完成自检并且修改了所有错误，则直接单击“否”按钮，弹出“导出标书”窗口，选择招标书的导出位置，选择需要导出的招标文件。可单独导出“招标文件-工程量清单”或“招标文件-招标控制价”，也可将二者一起导出。

4) 完善招标信息。单击“确定”按钮，弹出招标信息窗口，其中工程编号可以使用“设置工程编号”页签的“自动设置工程编号”功能自动生成。按照招标文件的要求全部填写（不允许为空）正确后，单击“确定”按钮，招标书生成后弹出“招标书导出成功”的提示框。

(2) 导出备案接口文件　在生成招标书之后，若需要电子版标书，可单击“导出备案接口文件”生成电子版。选择单位工程对应取费专业，单击“确定”按钮，弹出“导出备案接口文件”对话框，选择备案接口文件存储位置后，填写“建设单位”和“投标人”信息后，单击“确定”按钮，完成“生成备案电子接口文件”的生成，给出生成成功的提示。

12.11.2　拓展延伸

1. 导入电子招标书

电子招标书包括招标工程量清单和招标控制价，招标工程量清单供投标人报价时使用，招标控制价则用于建设单位备案使用。投标人编制投标报价时，需要在新建投标项目结构时导入招标工程量清单。

新建投标项目的方法与新建招标项目的方法相同，只是在项目类型选择界面选择“新建投标项目”，弹出新建投标项目的对话框。单击对话框中“电子招标书”行的“浏览”按钮选择电子招标书文件，单击“价格文件”行的“浏览”按钮选择价格文件，单击“完成”按钮，电子招标书中的项目结构则被复制到本工程中，完成投标项目结构的新建。

2. 标准组价

招（投）标方在进行群体工程大型项目招标控制价（投标报价）编制时，由于时间紧、任务重，需要快速编制群楼的清单综合单价，并保障相同清单组价的一致性。

单击单位工程“分部分项”页签的“标准组价”功能，弹出如图 12-76 所示的“标准组价”对话框，在此对话框中勾选需要合并的单位工程，选择同专业（只能选择同定额专业）的单位工程中所有清单项，进行选择范围内的相同分部分项和单价措施清单项合并，合并后显示在标准组价窗口中，单击工具栏的“应用”按钮，把标准组价中的内容同步到整个项目中，快速完成组价工作。

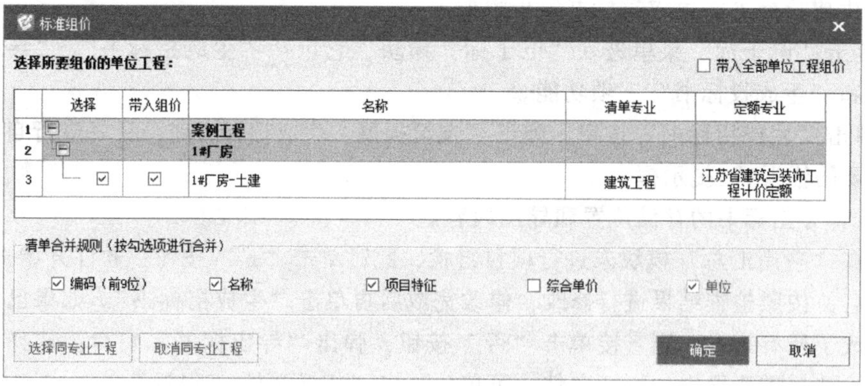

标准组价

选择所要组价的单位工程：　□ 带入全部单位工程组价

	选择	带入组价	名称	清单专业	定额专业
1	⊟		案例工程		
2	⊟		1#厂房		
3	☑	☑	1#厂房-土建	建筑工程	江苏省建筑与装饰工程计价定额

清单合并规则（按勾选项进行合并）

☑ 编码（前9位）　☑ 名称　☑ 项目特征　□ 综合单价　☑ 单位

选择同专业工程　取消同专业工程　确定　取消

图 12-76　“标准组价”对话框

默认按照“清单合并规则”中的编码、名称、项目特征、单位一致进行相同清单工程量合并。勾选“带入全部工程组价”直接将勾选单位工程中的组价子目带入到“标准组价”中。单击“确定”按钮后进入到“标准组价”编辑窗口，在此界面进行清单组价和材料价格调整，再次单击“应用”按钮，会将组价内容应用到来源各单位工程的清单中，保持了相同清单的快速组价和综合单价的一致性。

单击“返回项目编辑”按钮，进入到正常的项目编辑界面，再继续执行各单位工程各专业的功能，如安装费用、超高降效的编辑。

在“标准组价”对话框进行组价时，需要中途暂停或需要分配给不同的造价人员去编辑时，可进行以下操作：

导出单位工程，在导出的单位工程中依次单击“编辑”→“复用数据”→“历史工程”将编制的单位工程组价内容复用，合并到标准组价中，单击工具栏“应用”按钮。

3. 智能组价

（1）智能组价的操作步骤　投标方编制投标报价时，对招标清单组价会参考本企业做过的相似历史工程的组价内容进行批量组价；编制投标报价/招标控制价时，对于不熟悉类型的工程，需要从外部寻找相应的组价参考进行组价。下面只简介操作步骤，不再截图说明，请读者在软件中自行体验。

在分部分项/措施项目界面，单击“智能组价”，选择需要组价的单位工程、组价依据、匹配条件，设置组价方式，单击“立即组价”按钮，组价过程中显示组价进度。组价完成后，显示“组价条数”“组价成功率”“修改匹配条件”和“查看组价结果”，单击“查看组价结果”，按照“准、似、空”进行修改核准。

（2）智能组价使用技巧

1）在进行清单组价时，可以将个人数据、企业数据、行业数据全部勾选，勾选后软件优先采用数据的顺序是：个人→企业→行业，即首先在个人数据中查找，个人数据中查找不到时再到企业数据中查找，企业数据中没有时才会去参考行业数据，这样可以最大参考自积累的组价，然后再对未能实现组价的内容进行手动组价。

2）组价完成后，可以选择重新调整组价范围后，进行重新组价。

3）匹配规则：

① 根据计算机端清单，到云服务器中找清单库相同、定额库相同、前九位编码相同且单位相同的清单。

② 符合①的清单筛选后，分别对计算机端和云端的清单名称和清单项目特征进行关键词的拆分（如“商品砼”是一个关键词，“C20”是一个关键词）。

③ 筛选出两者关键词匹配度最高的那条清单下使用次数最多的组价进行快速组价。

12.12　招标控制价报表操作

12.12.1　基础知识

1. 报表种类

按照《建设工程工程量清单计价规范》（GB 50500—2013）的规定，计价表格由八大类构成，包括封面（封-1～封-4）、总说明（表-01）、汇总表（表-02～表-07）、分部分项工程量清单与计价表（表-08～表-09）、措施项目清单与计价表（表-10～表-11）、其他项目清单与计价表（表-12，含表-12-1～表-12-8）、规费、税金项目清单与计价表（表-13）和工程款支付申请（核准）表（表-14），表格名称及样式详见上述规范中的“计价表格组成”。

编制招标控制价使用表格包括：封-2、扉-2、表-01、表-02、表-03、表-04、表-08、表-09、表-11、表-12（不含表-12-6～表-12-8）、表-13和表-14。

2. 软件报表界面

“报表”模块的功能区如图12-77所示。软件根据各地区的具体情况内置了各种报表，江苏省常用报表分为工程量清单报表、招标控制价报表、投标方报表和其他报表四种。请读者在软件中查看各类报表。

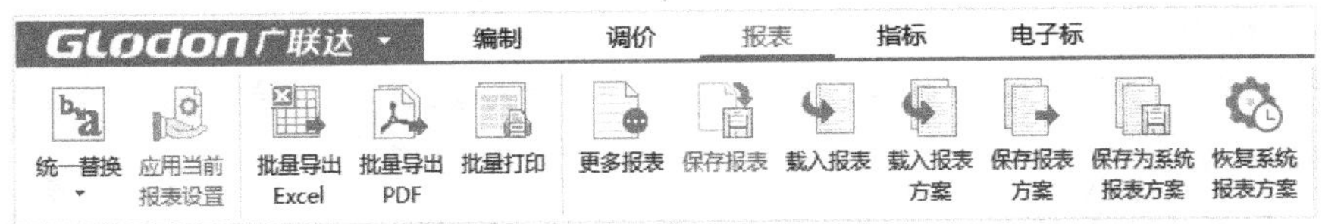

图12-77　“报表”模块的功能

12.12.2　导出招标控制价报表

1. 任务说明

按照招标文件的要求，导出并打印招标控制价相关报表，装订成册。

2. 任务分析

导出招标控制价相关报表，可在“报表”模块通过报表导航栏选择相关报表，通过批量导出和批量打印功能完成报表的导出和打印。打印前检查报表的格式是否符合要求。

3. 任务实施

(1) 报表预览　切换到“报表”菜单，各种报表按照系统设置的顺序出现在报表导航区，可以单击需要预览的报表进行查看。

（2）报表批量导出 Excel/PDF　单击工具栏的“批量导出 Excel”或“批量导出 PDF”按钮，则可以选择需要导出的报表。软件默认导出的报表类型为“工程量清单”，当需要导出“招标控制价”报表时，可单击“报表类型”后下拉选框的“▼”选择“招标控制价”，“批量导出 Excel”对话框如图 12-78 所示。

勾选导出“报表名称”行的“选择”列，选择需要导出的报表。如果导出所有报表，则可以勾选“全选”前的“□”或者勾选项目名称行的“选择”列；如果导出某个单项（或单位）工程中的所有报表，只需要勾选单项（或单位）工程名称行的“选择”列；如果一个项目中有多个同专业的单位工程，当选择该专业工程的一个报表后，单击“选择同名报表”则选中该专业工程中的所有同名报表。报表显示区默认显示全部报表，也可以单击“已选”或“未选”过滤显示的表格；也可以通过“展开到”选择框选择表格的显示级别。如果勾选“连码导出”，则导出的所有报表页码是从设置的起始页码开始连续编码；如果不勾选“连码导出”，则各个报表的页码分别编码。

导出 Excel 报表时，还可以修改软件默认的导出模式，“导出 Excel 设置”对话框如图 12-79 所示。

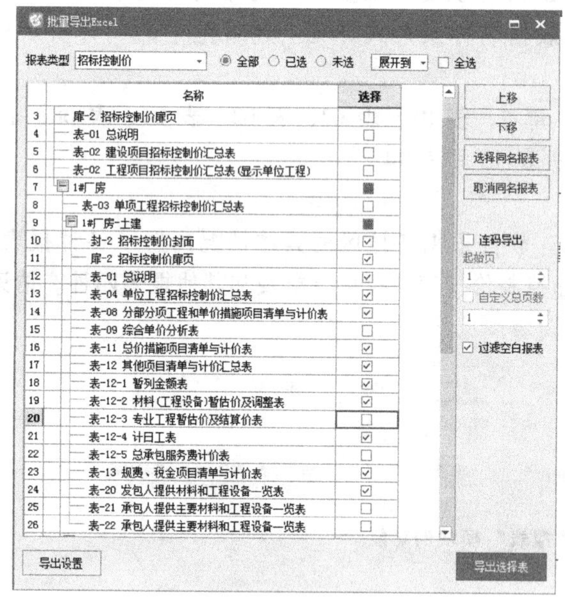

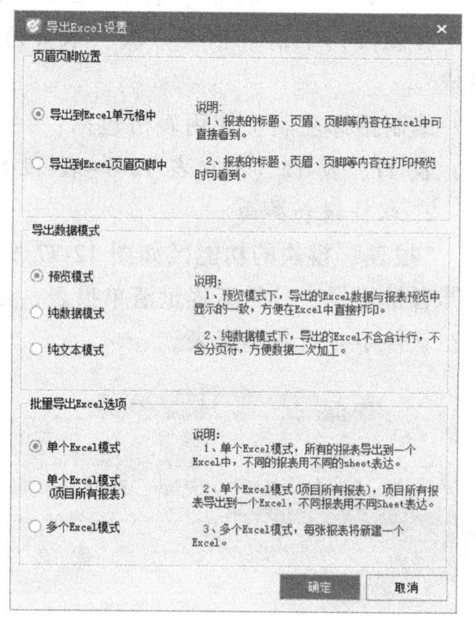

图 12-78 “批量导出 Excel”对话框

图 12-79 “导出 Excel 设置”对话框

本工程招标控制价相关报表采用纯数据导出方式，限于篇幅请扫描登录机工教育服务网下载或致电本书客服索取招标控制价相关报表的具体内容。

（3）报表批量打印　单击工具栏“批量打印”，则弹出“批量打印”对话框。报表的选择方式与报表批量导出的选择方式相同。默认的打印方式为单页打印，勾选“双面打印”则按双面打印；默认的页码打印居中，起始页码为 1，页码的打印格式为“第×页，共×××页”，勾选“标记连续打印”则可以修改这些设置。默认的打印份数为 1 份，可通过“打印份数”后的“▲”“▼”调节按钮选择打印份数或直接输入打印份数。还可以

通过“打印设置”对使用的打印机或打印内容进行更为详细的设置。请读者在软件中自行体验。

4. 拓展延伸

（1）报表设计　如对报表有特殊要求，进入“报表”界面，通过“简便设计”或“高级设计”对报表格式进行设计。下面以“单位工程招标控制价汇总表”为例介绍简便设计。

报表导航栏选择“表-04 单位工程招标控制价汇总表”，单击鼠标右键弹出快捷菜单，选择“简便设计”，或直接单击报表编辑工具“简便设计”，进入报表“简便设计”对话框，如图 12-80 所示。简便设计可以进行“页面设计”“页眉页脚”“标题表眉”和“报表内容”四个方面的设计。可以勾选图中提供的选项进行页面设计、页眉页脚设计，编辑后的内容在右边报表中实时查看效果。“标题表眉”，主要对标题、表眉的字体、字号、进行统一设计；“报表内容”，可以对表头格式进行设计，对表头列进行设置。如果“简便设计”不能满足要求，则可以单击“高级设计”进行报表设计。

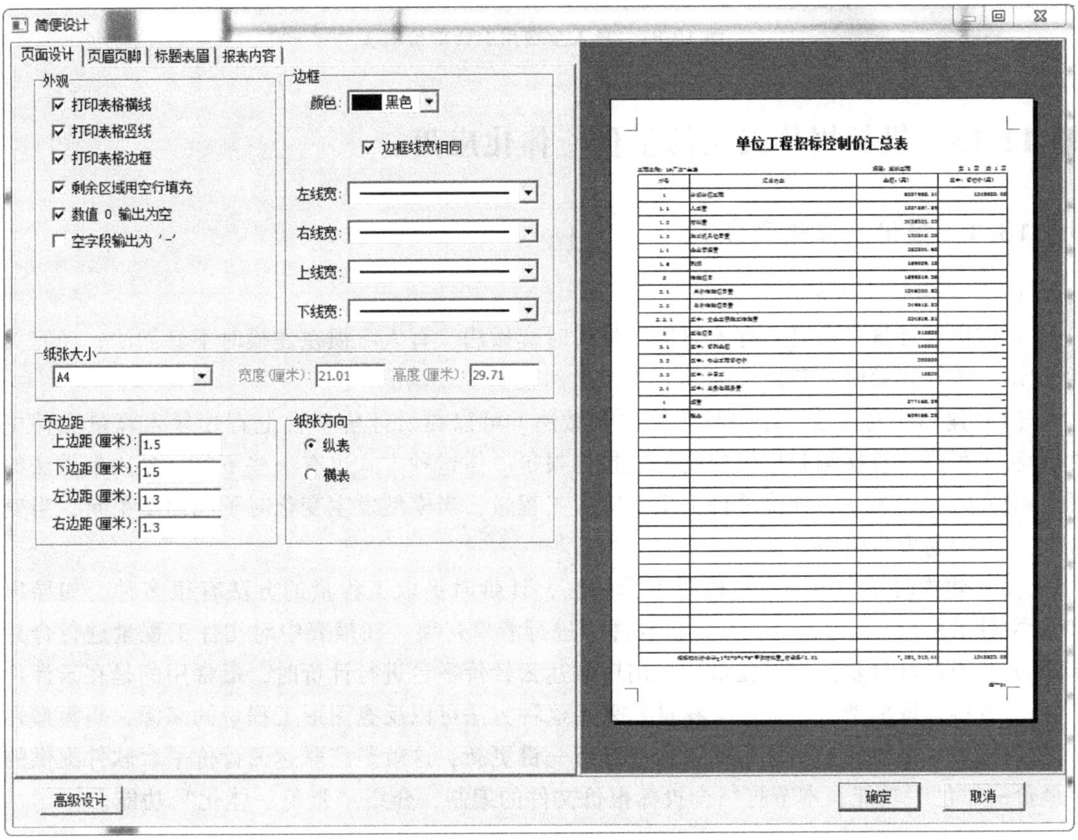

图 12-80　报表“简便设计”对话框

（2）全费用综合单价报表　如果需要按全费用综合单价编制招标控制价或投标报价，则可以通过以下操作完成：

切换到“编制”菜单，选中任意工程量清单行，在属性区域单击鼠标右键弹出快捷菜单，选择“载入模板”，在弹出的“选择”模板对话框（图 12-81）中选择“全费用单价构成”下的“建筑工程 .DJ”后，单击“确定”按钮。

	序号	费用代号	名称	计算基数	基数说明	费率	费用类型	备注
1	1	A	人工费	RGF	人工费		人工费	
2	2	B	材料费	CLF+ZCF+SBF	材料费+主…		材料费	
3	3	C	机械费	JXF	机械费		机械费	
4	4	D	管理费	A+C	人工费+机…	26	管理费	
5	5	E	利润	A+C	人工费+机…	12	利润	
6	6	F	措施	A+B+C+D+E…	人工费+材…	0	措施项目清…	将组织措施…
7	7	G	规费	A+B+C+D+E+…	人工费+材…	0	规费	
8	8	H	税金	A+B+C+D+E+…	人工费+材…	9	税金	
9	9	I	综合单价	A+B+C+D+E+…	人工费+材…		工程造价	

图 12-81 导入全费用综合单价模板

■ 12.13 投标报价编制的量价一体化应用

12.13.1 量价一体化简介

1. 套做法的两种方式

在使用云计量平台时，有人习惯在建模时套做法，有人习惯在建模时不套做法，经有关单位调查统计建模时不套做法的人员所占比例较大。

（1）建模时套做法 建模时给构件套做法，可以在云计价平台上直接导入算量文件中的做法工程量，直接编制招标控制价或投标报价。但这种方式也有一些不足，导入带做法的图形文件时，不能在云计价平台上反查图形工程量，当模型发生变化时不能同步更新，当变更较多时容易发生错漏。

（2）建模时不套做法 建模时不套做法，计价时提取工程量的方法有很多种，如导出算量文件 Excel 工程量报表、在计价软件中进行清单列项、在报表中对构件工程量进行合并或拆分、通过计价软件直接提量。采用广联达云计价平台进行计价时，最常用的是在云计价平台上直接提取模型中的构件工程量，采用这种方法可以反查图形工程量的来源，当模型发生变化时，可以对计价文件中的工程量进行一键更新，这就是广联达云计价平台软件提供的“量价一体化”功能。本节将结合投标报价文件的编制，介绍“量价一体化”功能。

2. 量价一体化菜单介绍

（1）量价一体化的实现过程 云计量平台具有全面算量、方便提量、自动上量和自动计算指标的功能，云计价平台具有自动上量、自动组价、自动取费和自动调价的功能，“量价一体化”功能搭建了云计量平台与云计价平台之间的桥梁，通过快速提量、智能提量、精益控量和过程控制等手段实现了量价互通、工程量实时更新、图形工程量反查和规则存档，方便数据的共享使用和分析，如图 12-82 所示。

（2）导入不带做法模型 为了充分发挥“量价一体化”功能，可以导入不带做法的算

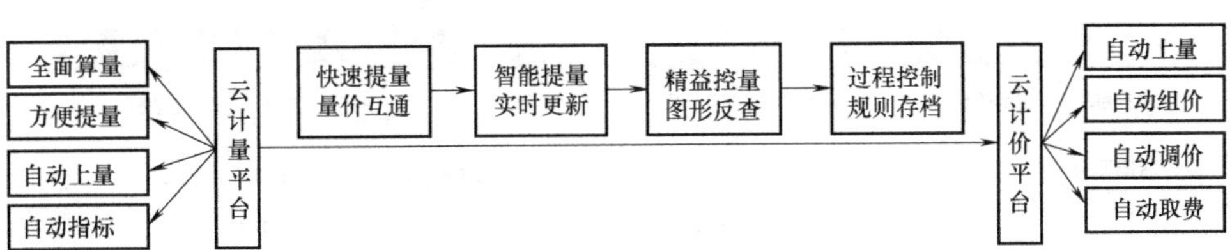

图 12-82　量价一体化的实现过程

量文件，即在导入算量文件时，不勾选“导入做法”复选框，“量价一体化”菜单如图12-19所示。

12.13.2　投标报价的编制

1. 任务说明

本节的任务是利用“量价一体化”功能编制本工程的投标报价。

2. 任务分析

利用量价一体化功能从模型中直接提取工程量，是将不带做法的模型和编制好的工程量清单导入到云计价平台中，然后针对每项清单从模型中直接提取工程量，对某些工程量有疑问时通过“反查图形工程量”检查每项清单工程量的来源，编制完成后检查是否有漏提工程量的清单项目。

3. 任务实施

（1）编制工程量清单　如果在建模时未给构件套做法，则需要首先编制一份完整的工程量清单，这种情况主要适用于多人协作的模式，有些人在计量平台中建模算量，而另一些人分专业在云计价平台上编制工程量清单，然后再通过云计价平台直接提量。

由于本案例的模型是带有做法的，工程量清单可以从云计量平台中直接导出到云计价平台使用，再补充钢筋工程的分部分项工程量清单和缺少的单价措施项目清单，就可以形成完整的工程量清单。

（2）提取工程量　提取工程量是指提取指定工程量清单项的工程量，所以提取工程量是在已有工程量清单的情况下完成的。如果没有工程量清单，可参照添加工程量清单的方法添加清单，然后执行提取工程量的操作，下面以提取首层框架柱的工程量为例介绍提取工程量的方法和步骤。

将光标置于“矩形柱”清单行上，依次单击“量价一体化”→“提取图形工程量”，弹出如图12-83所示的“提取图形工程量”窗口。

在该窗口，可以进行“设置楼层”“设置分类条件及工程量”“筛选”和“查找”，还可以设置是否“显示房间、组合构件量”。

1）设置楼层。一般情况下，提取某条工程量清单的工程量默认提取全楼的工程量，如果只提取其中某一层或几层的工程量，则可以通过“设置楼层”按钮设置需要提取工程量的楼层，例如只需提取首层的工程量可以只选择首层，如图12-84所示。

2）设置分类条件及工程量。软件默认显示的内容较多，如果只显示需要的内容，则可以单击“设置分类条件及工程量”按钮，弹出对话框，在其中勾选需要显示的“分类条件”和“构件工程量”。例如，只提取首层框架柱的混凝土工程量时，可以选择只显示“混凝土强度等级”和“楼层”。“设置分类条件及工程量”的界面如图12-85所示。

图 12-83 “提取图形工程量”窗口

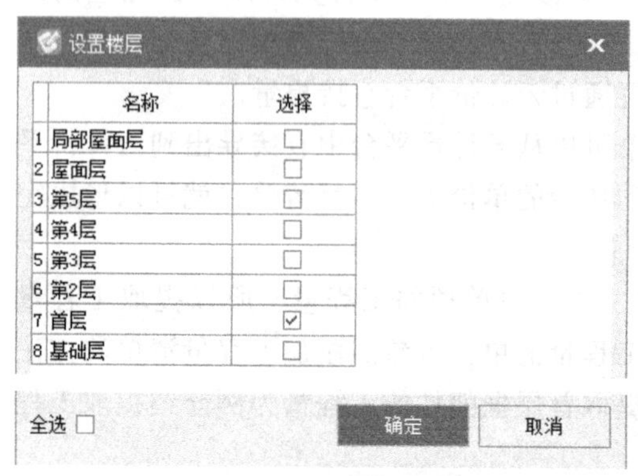

图 12-84 “设置楼层”对话框

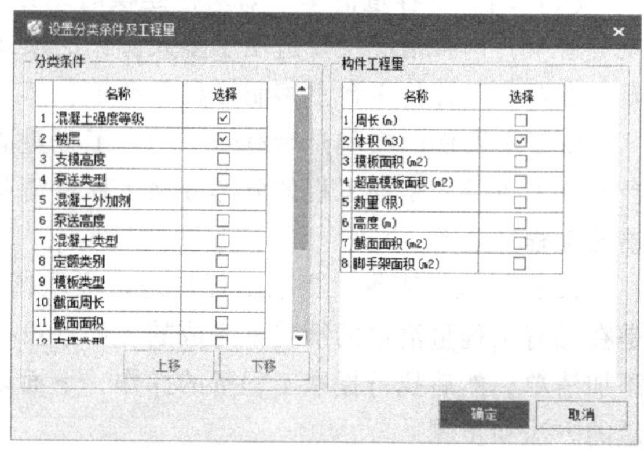

图 12-85 “设置分类条件及工程量”对话框

3）筛选。“筛选”下拉选择框可以选择筛选条件，可以设置的筛选条件包括“全部”“已提取构件”和“未提取构件”。“未提取构件”筛选方便查看是否有遗漏的构件未被提量。

4）查找。在“查找”文本框里输入查找条件，软件可以根据查找条件快速定位满足条件的工程量行，以方便在大量数据中挑选需要的数据。

5）显示房间、组合构件量。该选项的作用是使构件的归类可以根据需要分配，房间或组合构件中包括的各种构件的工程量总量相同，只是显示时放置的位置不同。以墙面工程量查看为例，如果勾选“显示房间、组合构件量”，则是查看所有选中的墙面的工程量，如果不勾选，就是查看房间以外或者单点的墙面的工程量，而随房间一起绘制的墙面工程量则包

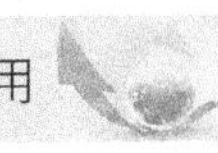

含在所属房间工程量内显示。

6）提取工程量的方法。通过“提取工程量”窗口，既可以提取土建工程量，还可以提取钢筋工程量，不过钢筋工程量只能按“楼层”和“钢筋的直径范围”来提量，而不能按“强度等级和直径”提量，建议读者通过钢筋报表提取相应的钢筋工程量。

全部楼层框架柱混凝土的工程量如图 12-83 所示，首层框架柱 C30 混凝土工程量如图 12-86 所示。

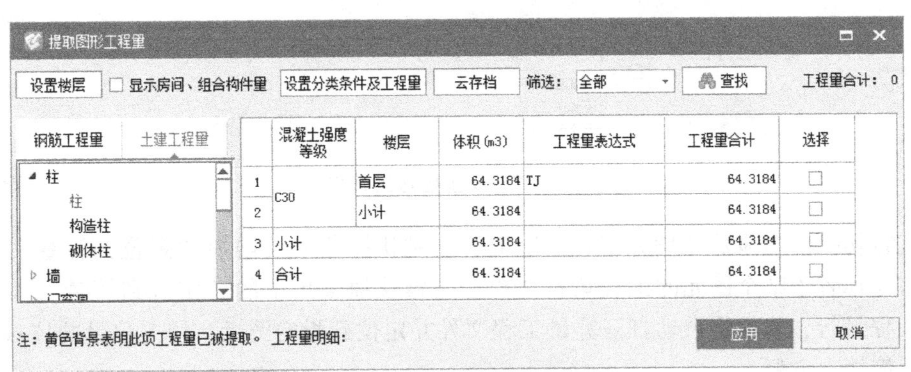

图 12-86　首层框架柱 C30 混凝土工程量

提取工程量时，选中哪条清单，就可以自动筛选出与之对应的构件以及该构件常规统计工程量方式。然后勾选符合要求的工程量行的“选择”列，再单击“应用”按钮。选择的工程量即替代已有的工程量。具体分为以下几种情况：

① 一条清单的工程量来源一个构件时，操作步骤如下：选择清单→自动对应构件以及各分类条件下工程量→勾选工程量→应用。

② 一条清单的工程量来源多个构件时，操作步骤如下：选择清单→选择构件 1→勾选工程量→选择构件 2→勾选工程量→应用。

③ 清单对应的构件不符合自身算量模型绘制规则时，操作步骤如下：选择清单→选择自己算量模型中与之匹配的构件→设置分类条件及工程量→勾选分类条件→选择工程量代码→选择工程量→应用。

④ 清单项所需的工程量来源部分楼层，不需要按照所有楼层工程量统计时，操作步骤如下：设置楼层→选择所需楼层。

⑤ 算量软件中无法绘制的零星构件，数据在算量工程表格输入构件中时，需要提取表格输入构件。

从图 12-83 可以看到，有些工程量行的底色为黄色，这是软件对已经提取过工程量的标识，不能再次提取，以免造成工程量重复。

（3）反查图形工程量　“反查图形工程量”功能位于“编制”菜单“分部分项”和“措施项目”页签下的属性栏，如图 12-87 所示。

“当前导入的算量工程”后面的下拉选择框显示当前导入算量文件的保存路径，当保存路径发生变化时，可以单击下拉选择框的“▼”，再单击“更改导入的算量工程路径”进行更改，而无须重新导入。

在该界面可以显示“楼层工程量”“构件工程量”和“图元工程量”，可以通过右键快

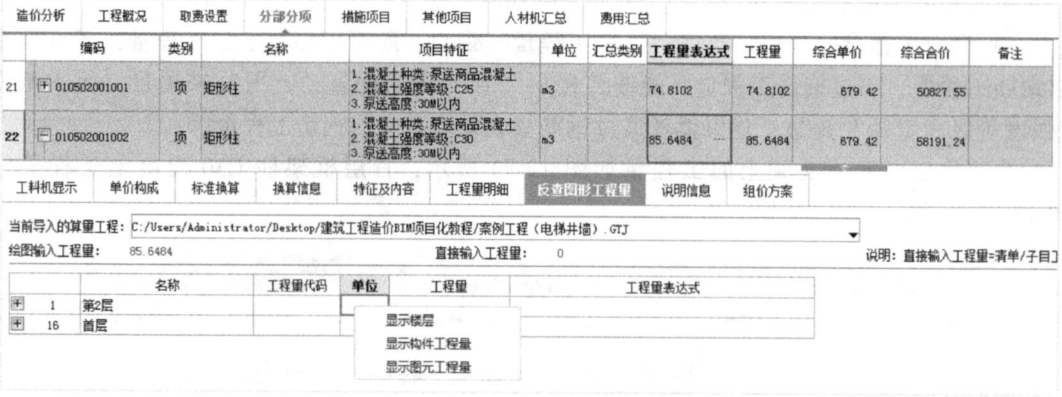

造价分析 | 工程概况 | 取费设置 | 分部分项 | 措施项目 | 其他项目 | 人材机汇总 | 费用汇总

	编码	类别	名称	项目特征	单位	汇总类别	工程量表达式	工程量	综合单价	综合合价	备注
21	010502001001	项	矩形柱	1.混凝土种类:泵送商品混凝土 2.混凝土强度等级:C25 3.泵送高度:30M以内	m3		74.8102	74.8102	679.42	50827.55	
22	010502001002	项	矩形柱	1.混凝土种类:泵送商品混凝土 2.混凝土强度等级:C30 3.泵送高度:30M以内	m3		85.6484 …	85.6484	679.42	58191.24	

工料机显示 | 单价构成 | 标准换算 | 换算信息 | 特征及内容 | 工程量明细 | 反查图形工程量 | 说明信息 | 组价方案

当前导入的算量工程：C:/Users/Administrator/Desktop/建筑工程造价BIM项目化教程/案例工程（电梯井墙）.GTJ

绘图输入工程量： 85.6484 直接输入工程量： 0 说明：直接输入工程量=清单/子目]

	名称	工程量代码	单位	工程量	工程量表达式
1	第2层				
16	首层				

显示楼层
显示构件工程量
显示图元工程量

图 12-87 反查图形工程量

捷菜单进行切换。当显示“图元工程量”时，右键快捷菜单会增加“定位到算量文件”子菜单。将光标置于某个图元的工程量行并单击右键快捷菜单中的“定位到算量文件”或双击图元工程量行，软件将自动打开算量工程文件并定位到指定图元，使工程量的核对变得非常轻松、简捷、方便。

（4）显示未提取/已提取工程量清单 当工程中的工程量清单数量非常多时，提取构件工程量期间可能受到各种因素的干扰而中断，也可能因为个人疏忽而漏提某些工程量清单的工程量，软件提供了“显示未提取工程量清单”的功能，具体操作如下：

在“量价一体化”选项下，勾选“显示未提取工程量清单”，单击经分部整理后的清单结构树的节点，软件将对该节点下的清单进行检查并显示未提取工程量清单。勾选“显示已提取工程量清单”，单击经分部整理后的清单结构树的节点，软件将对该节点下的清单进行检查，显示已提取工程量清单。

单击“整个项目”，软件将针对整个项目的清单进行检查；单击专业标题，软件将针对整个专业的清单进行检查；单击某个分部标题，软件将针对该分部的清单进行检查；单击子分部的标题，软件将针对该子分部的清单进行检查。

本例单击“砌筑工程”分部节点，检测到“零星砌砖”工程量清单项未提取工程量，如图 12-88 所示。这是因为此项工程量来源于屋面立面防水保护墙，是根据施工图中的尺寸计算得来，无图元工程量可提取，此时可以手动输入计算式进行计算。

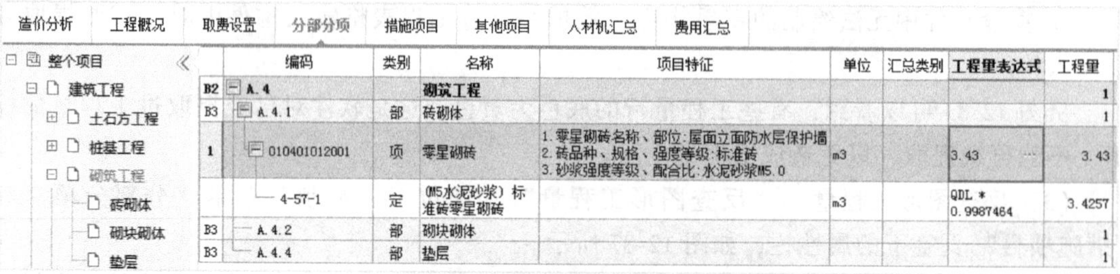

造价分析 | 工程概况 | 取费设置 | 分部分项 | 措施项目 | 其他项目 | 人材机汇总 | 费用汇总

整个项目
- 建筑工程
  - 土石方工程
  - 桩基工程
  - 砌筑工程
    - 砖砌体
    - 砌块砌体
    - 垫层

	编码	类别	名称	项目特征	单位	汇总类别	工程量表达式	工程量
B2	A.4		砌筑工程					1
B3	A.4.1	部	砖砌体					1
1	010401012001	项	零星砌砖	1.零星砌砖名称、部位:屋面立面防水层保护墙 2.砖品种、规格、强度等级:标准砖 3.砂浆强度等级、配合比:水泥砂浆M5.0	m3		3.43 …	3.43
	4-57-1	定	(M5水泥砂浆）标准砖零星砌砖		m3		QDL * 0.9987464	3.4257
B3	A.4.2	部	砌块砌体					1
B3	A.4.4	部	垫层					1

图 12-88 砌筑工程未提取工程量清单检查结果

单击“整个项目”，软件除提示“零星砌砖”项目未提取工程量外，钢筋工程量清单全部未提取工程量，这是因为软件只提供了针对钢筋直径范围进行提量的方式，而未提供区分

钢筋级别和直径的工程量提取方式，需要通过云计量平台的“楼层构件类型级别直径汇总表”手动提取。

（5）刷新工程量　当算量文件发生变化后，已经提取的工程量也应随之发生相应变化，“量价一体化”的“刷新工程量”适用于修改模型后在计价平台上直接刷新工程量，实现量价实时刷新，如图 12-89 所示。可以先备份再刷新，也可以直接刷新。

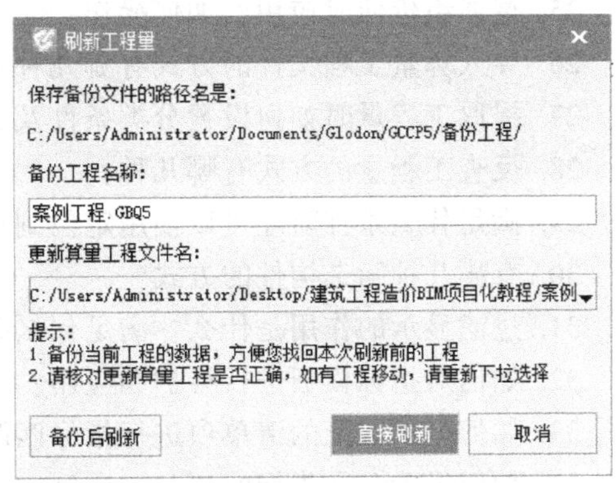

图 12-89 “刷新工程量”对话框

（6）投标报价的编制　投标报价的编制方法与招标控制价的编制方法基本相同，分部分项工程量清单的数量和不可竞争费用的费率必须与招标文件一致，其他由投标人自行决定。

思　考　题

1. 招标控制价的编制依据有哪些？
2. 如何新建招投标项目的项目结构？
3. 如何保护招投标项目的标段结构？
4. GCCP5.0 可以导入哪些类型的数据？
5. GCCP5.0 可以导入哪些类型的图形文件？
6. 如何调整工程量的精度？
7. 添加清单项和定额子目的方法有几种？
8. 如何编制补充项目的工程量清单？
9. 定额子目工程量的输入方式有几种？什么情况下可以使用 QDL？
10. 在标准换算中能够完成的定额子目换算有哪些？
11. 定额子目换算的内容包括哪些？
12. 何时使用清单锁定与解锁功能？
13. 通过清单指引能够完成哪些工作？
14. 云存档的功能有哪些？如何使用？
15. 批量系数换算如何操作，操作时应该注意哪些问题？
16. 在清单中批注、颜色标记和过滤的作用各是什么？
17. 导入 GTJ2018 工程后，一般需要补充哪些分部分项清单项目和措施项目？
18. 实体转措施的功能包括哪几项？操作的结果对措施项目清单中已有项目有何影响？
19. 如何设置甲供材料和暂估价材料？
20. 招标书包括哪几项内容？如何生成电子招标书？
21. 如何批量导出和打印相关报表？
22. 如何设计全费用综合单价报表？
23. 电子招标书包括哪几种？其作用有哪些？
24. 标准组价的应用场景有哪些？其作用是什么？

25. 智能组价何时应用？如何操作？
26. 导入算量工程文件的方式有哪几种？各有哪些优缺点？
27. 提取工程量时如何设置分类条件及工程量？
28. 反查工程量的方式有哪几种？
29. 满足什么条件时才可以使用定位到算量文件功能？
30. 有哪几种筛选构件的方式？
31. 过滤显示的作用是什么？满足什么条件时才可以使用？
32. 如何对指标模板进行维护和应用？
33. 如何对未匹配的清单项进行指标匹配？
34. 如何设置参考指标？

第 13 章

施工阶段和竣工阶段BIM造价应用

学习目标

了解工程结算的概念，熟悉工程结算的流程和步骤，掌握工程结算的方法；掌握验工计价文件的建立、设置结算分期，熟悉验工计价的工作界面，掌握验工计价文件的编制方法与软件操作技巧；熟悉费用的计算基数和费率的修改方法，熟悉生成当期进度文件的方法，熟悉导入确认进度文件的方法；掌握新建结算文件的方法，掌握合同内和合同外结算的操作流程，掌握分部分项、措施项目、其他项目的工程量输入方法，掌握人材机的价格调整方法，掌握费用汇总和费用预览的方法；掌握使用竣工结算相关报表的方法。

施工阶段编制的工程造价文件主要是工程结算，而竣工阶段编制的工程造价文件主要是竣工结算，施工和竣工阶段的 BIM 造价应用也主要体现在这两个方面。

13.1 工程结算的基础知识

13.1.1 工程结算概述

1. 工程结算的概念和重要性

工程结算是指施工企业按照承包合同和已完合格工程量向建设单位（业主）办理工程价款清算的经济文件。

二维码 13-1 工程结算的概念

2. 编制依据

（1）工程结算编制依据

1）国家有关法律、法规、规章制度和相关的司法解释。

2）国务院建设行政主管部门以及各省、自治区、直辖市和有关部门发布的工程造价计价标准、计价办法、有关规定及相关解释。

3）施工方承包合同、专业分包合同及补充合同，有关材料、设备采购合同。

4）招投标文件，包括招标答疑文件、投标承诺、中标报价书及其组成内容。

5）工程竣工图或施工图、施工图会审记录，经批准的施工组织设计，以及设计变更、工程洽商和相关会议纪要。

6）经批准的开、竣工报告或停、复工报告。

7）建设工程工程量清单计价规范或工程预算定额、费用定额及价格信息、调价规定等。

8）工程预算书。

9）影响工程造价的相关资料。

（2）竣工结算编制依据　编制竣工结算文件时，除工程结算编制依据之外，还包括以下文件：

1）施工甩项说明。

2）若图纸变更太大，应结合图纸会审、设计变更等内容重新绘制竣工图。

3）工程竣工验收证明。

无论是工程结算编制还是竣工结算编制需要的资料，记录均应翔实全面，书写认真规范，语言简练，意思表达清楚，通过文字形式完整记录、反映、证明整个工程造价发生的过程和内容，已变更的有关资料应予以删除或做出标志和说明。所有这些资料应由专人负责收集、保管、整理和解释。

3. 结算方式

工程结算的方式主要分为中间结算和竣工后一次结算。

二维码 13-2
中间结算和
竣工结算

4. 工程价款调整方法

（1）工程价款调整原则　按照《建设工程工程量清单计价规范》（GB 50500—2013）的规定，当有以下 15 种情况之一发生时均可以对合同价款进行调整：

法律法规变化、工程变更、工程量偏差、项目特征不符、工程量清单缺项、计日工、物价变化、暂估价、不可抗力、提前竣工、误期补偿、索赔、现场签证、暂列金额以及双方约定的其他调整事项。

（2）工程变更价格调整方法　当工程变更导致该清单项目的工程数量发生变化，且工程量偏差超过 15%时，可进行调整。当工程量增加 15%以上时，增加部分的工程量的综合单价应予调低；当工程量减少 15%以上时，减少后剩余部分的工程量的综合单价应予调高。

1）分部分项有适用单价且工程量变化超过 15%时：

当工程量增加 15%以上时

$$S=1.15Q_0P_0+(Q_1-1.15Q_0)P_1$$

当工程量减少 15%以上时

$$S=Q_1P_1$$

式中　S——调整后的某一分部分项工程费结算价；

Q_1——最终完成的工程量；

Q_0——招标工程量清单中列出的工程量；

P_1——按照最终完成工程量重新调整后的综合单价；

P_0——承包人在工程量清单中填写的综合单价。

2）分部分项无适用也无类似于变更项目的综合单价时：

已标价工程量清单中没有适用也没有类似于变更工程项目的，应由承包人根据变更工程资料、计量规则和计价办法、工程造价管理机构发布的信息价格和承包人报价浮动率提出变更工程项目的单价，并报发包人确认后调整。承包人报价浮动率可按下列公式计算：

招标工程承包人报价浮动率

$$L=(1-\text{中标价}/\text{招标控制价})\times 100\%$$

非招标工程承包人报价浮动率

$$L=(1-\text{报价}/\text{施工图预算})\times 100\%$$

13.1.2　验工计价编制方法

施工阶段 BIM 造价应用主要是验工计价文件的编制。

1. 验工计价文件的传统编制方法

在没有验工计价软件之前，一般编制验工计价文件的方法和步骤如图 13-1 所示。从图中可以看到，每期都要做很多重复的工作，而在修改工程量时还会出现重复计算或漏项计算的问题，材料的调价也是一项非常枯燥而繁重的工作。

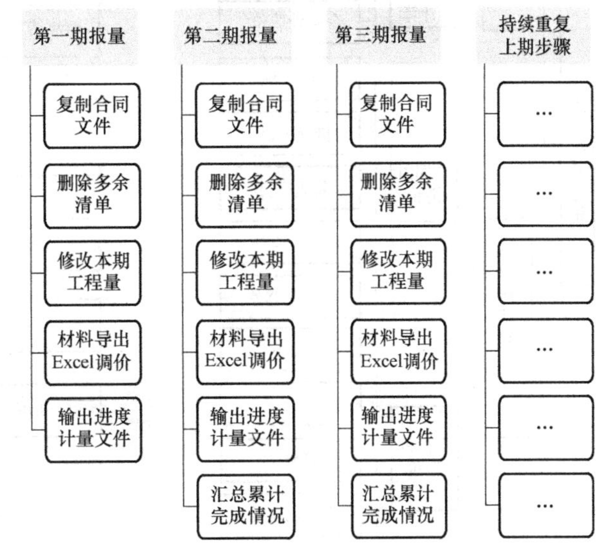

图 13-1　编制验工计价文件的传统方法

2. 验工计价流程

验工计价一般是以合同数据为基础，在合同计价文件基础上直接编辑进度计量，施工过程中，涉及的变更、洽商和索赔按相关规定和流程进行。传统验工计价的流程和各个过程中的重点和难点工作如图 13-2 所示，云计价平台软件验工计价总流程如图 13-3 所示。

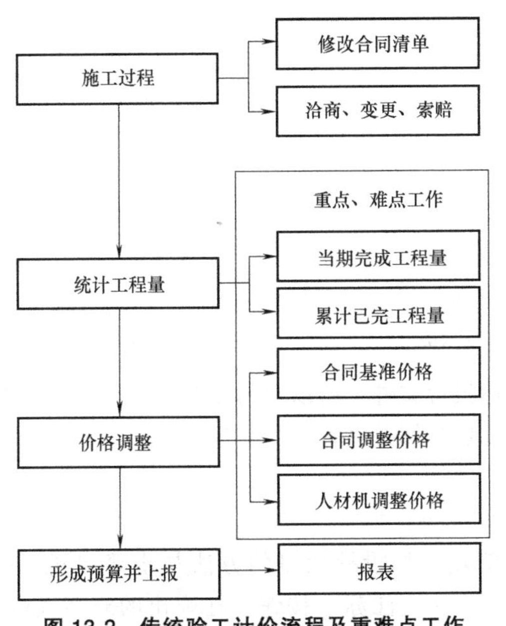

图 13-2　传统验工计价流程及重难点工作

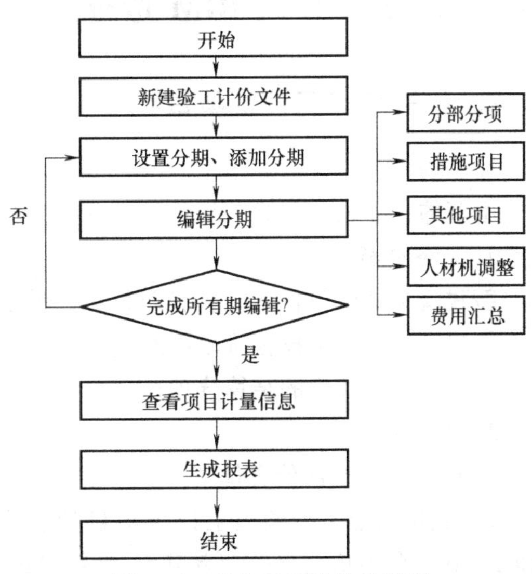

图 13-3　软件验工计价总流程

3. 结算文件编制方式

竣工阶段 BIM 造价应用主要是编制工程的竣工结算。传统竣工结算的方式及内容如

图 13-4 所示。竣工结算平台软件操作总流程如图 13-5 所示。

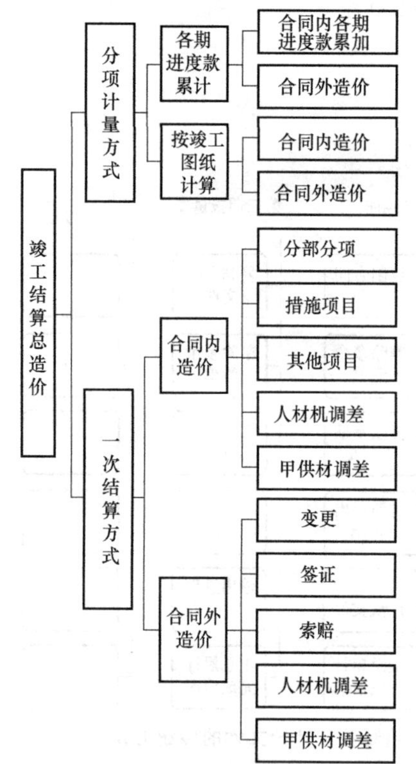

图 13-4　传统竣工结算的方式与内容

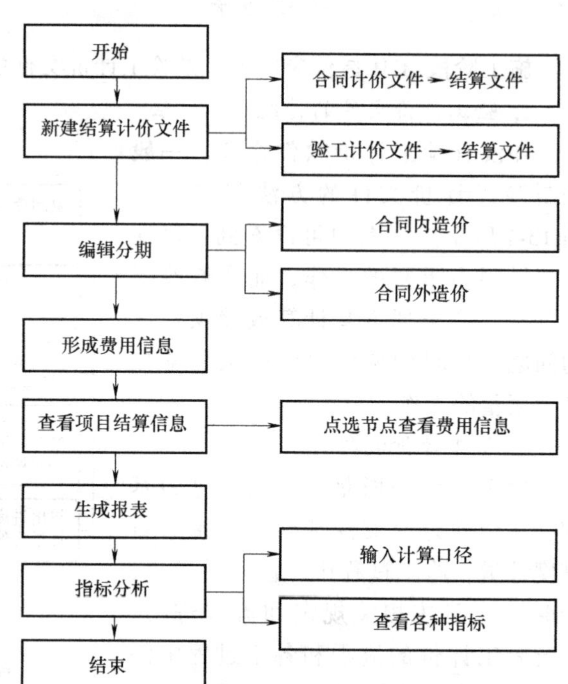

图 13-5　软件竣工结算操作总流程

■ 13.2　施工阶段 BIM 造价应用

13.2.1　新建验工计价项目和设置分期

1. 任务说明

本节的任务是建立验工计价文件并设置分期。

2. 任务分析

新建验工计价项目的方法有两种：一种是直接新建，另一种是由广联达格式的计价文件转化新建。由于在招投标阶段已经编制完成了投标报价文件，所以本书将简介这两种新建方法，按照合同文件中的结算分项规定，添加验工计价分期并对每个分期进行相应设置。

3. 任务实施

（1）新建验工计价文件

1）直接新建。新建验工计价项目的操作与新建招标投标项目的方法与步骤相同：在 GCCP5.0 平台中依次单击“新建”→“新建结算项目”→“江苏”按钮，在弹出的对话框中，选择“新建验工计价”，弹出“请选择新建文件”对话框，在该对话框中提供了选择文件的按钮，同时也显示了最近使用过的文件。

2）计价文件转为验工计价。可以使用广联达软件格式的计价文件进行新建，也可以使用最近使用过的文件进行新建。本案例采用最近使用过的文件进行新建：直接单击“案例工程-投标 . GBQ5”，然后单击“新建”按钮，软件提示“正在转为验工计价”，转化完成后就完成了验工计价的新建。

可以转为验工计价文件的广联达计价文件格式包括“. GBQ5”“. GZB4”和“. GTB4”。其中，“. GBQ5”为广联达云计价平台文件，可以是招标项目文件，也可以是投标项目文件；“. GZB4”是广联达清单计价软件的招标项目文件；“. GTB4”是广联达清单计价软件的投标项目文件。本例以云计价平台投标报价文件转为验工计价为例进行介绍。

首先打开“案例工程-投标 . GBQ5”，在“GLODON 广联达”菜单下，单击“转为验工计价”子菜单。

转化过程中软件提示“正在转为验工计价”，转化完成后，软件默认显示项目级的“编制”菜单界面，包括“造价分析”“项目信息”和“形象进度”三个页签，如图 13-6 所示。验工计价文件新建完成后，软件自动建立第一分期。

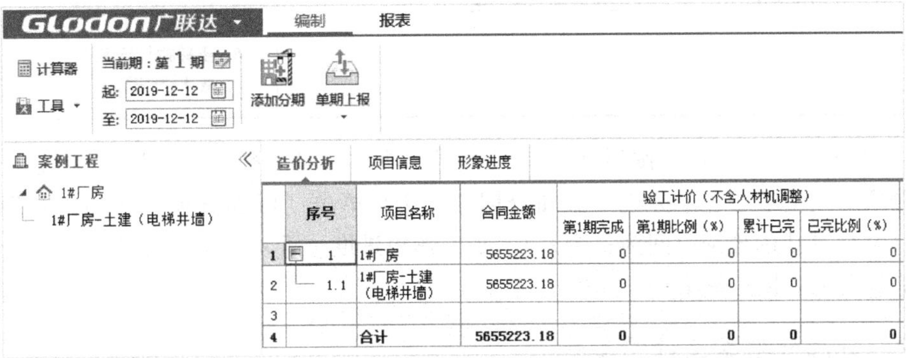

Glodon广联达　编制　报表

计算器　工具　当前期：第 1 期　起：2019-12-12　至：2019-12-12　添加分期　单期上报

案例工程
1#厂房
1#厂房-土建（电梯井墙）

造价分析　项目信息　形象进度

	序号	项目名称	合同金额	验工计价（不含人材机调整）			
				第1期完成	第1期比例（%）	累计已完	已完比例（%）
1	1	1#厂房	5655223.18	0	0	0	0
2	1.1	1#厂房-土建（电梯井墙）	5655223.18	0	0	0	0
3							
4		合计	5655223.18	0	0	0	0

图 13-6　验工计价工作界面

单项工程级“编制”菜单只显示“造价分析”页签。单位工程级则显示“分部分项”“措施项目”“其他项目”“人材机调整”和“费用汇总”五个页签，工具栏内的工具会随着菜单及页签的变化而变化。

（2）验工计价分期设置

1）合同分期设置。施工项目一般按月进行进度报量，每次进度报量完成作为一个进度分期，建设项目一般含有多个进度分期，需要通过“添加分期”对项目合同完成量及进度款等进行过程管理。

根据本工程合同的相关规定，合同总工期 340 天，按照工程建设的形象进度，共分为四个结算期，具体分期及每期完成的工程内容见表 13-1。总价措施项目费按已完成分部分项工程量的比例结算，单价措施项目费与分部分项工程款同期结算。

表 13-1　分期及工程量表

分期	分期开始/截止日期	形象进度	已完分部分项工程量
1	2019. 9. 1— 2019. 11. 15	完成±0 以下全部工程内容	1. 桩基础工程 2. 土方开挖及回填 3. 桩承台、基础梁、垫层 4. 电梯井坑底、坑壁 5. 砖基础

（续）

分期	分期开始/截止日期	形象进度	已完分部分项工程量
2	2019.11.16— 2019.12.31	完成1~3层一次结构	1. 首层~3层框架柱 2. 首层~3层框架梁及次梁 3. 首层~3层有梁板 4. 首层~3层楼梯
3	2020.1.1— 2020.2.28	1. 完成4层~屋面层一次结构 2. 完成1层~屋面层的二次结构	1. 4层~屋面层柱、梁、板、楼梯 2. 1层~屋面层墙体砌筑 3. 1层~屋面层构造柱、圈梁 4. 屋面
4	2020.3.1— 2020.8.6	1. 完成室内外装饰工程 2. 完成室外零星工程	1. 全部门窗安装 2. 外墙保温及粉刷、油漆 3. 内墙粉刷及油漆 4. 地面 5. 天棚 6. 楼梯栏杆安装 7. 散水、坡道

2）添加验工计价分期。按照表13-1所列的分期、分期开始/截止日期、形象进度和已完分部分项工程量添加各个分期。添加分期的方法是单击“添加分期”按钮，然后设置分期时间（软件默认的分期时间为一个月）、填写形象进度。重复以上操作添加剩余分期，添加分期完成后的各期的形象进度如图13-7所示。

13.2.2 分部分项验工计价操作

1. 任务说明

本节的任务是完成第一期分部分项工程量的填写。

2. 任务分析

本工程的验工计价分为四个分期，其中第一分期是±0.000以下工程全部完成，已完工程量与合同工程量相同，可以直接提取未完工程量；第二分期完成1~3层的一次结构，可以只提取1~3层的框架柱、框架梁与次梁、板、楼梯的工程量；第三分期可提取4~屋面层框架柱、框架梁与次梁、楼板和楼梯工程量，1~屋面层所有墙体、构造柱、圈梁、过梁工程量；第四期可提取全部的门窗、内外装饰及室外零星工程的全部工程量。

3. 任务实施

（1）分部分项计量流程　建设项目的分期设置完成后，需要填写当前期各项工作的完成量，进行进度报量工作，当期清单完成量可以按实际完成工程量填写，也可以按照合同比例等方式进行填写。建设项目按照合同约定进行进度报量，施工单位根据约定的计量分期上报当期完成工作量，上报当期进度工程量时需要标注本期的施工起止时间，甲方会根据上报的分期起止时间审核当期完成工程量。分部分项工程量验工计价的流程如图13-8所示。

（2）分部分项界面简介　在“编制”菜单下，“分部分项”页签的工具栏如图13-9所示，各项工具的功能如下：

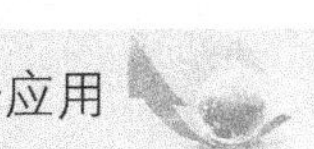

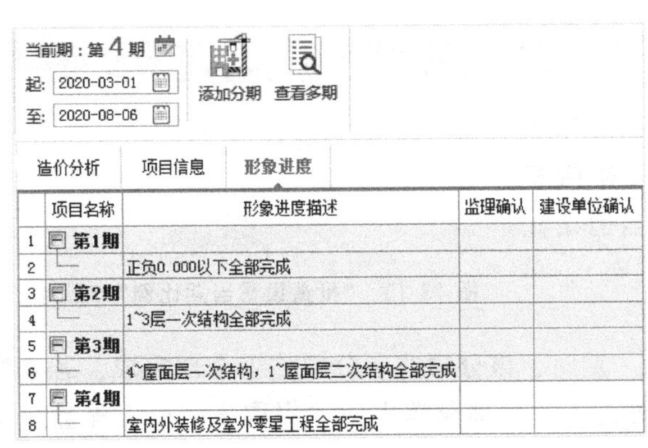

图 13-7　验工计价分期形象进度

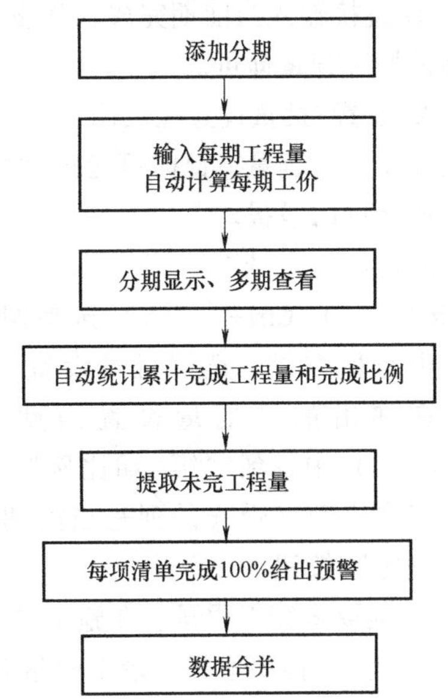

图 13-8　分部分项工程量验工计价的流程

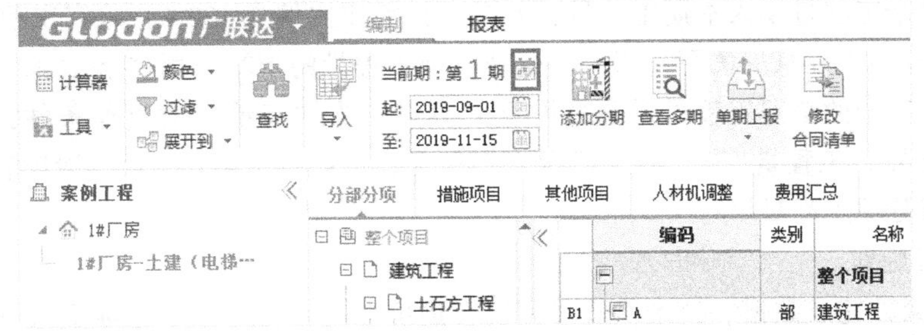

图 13-9　单位工程级验工计价界面

1）导入：用于文件的导入，可以导入验工计价历史文件、预算历史文件和 Excel 文件。

2）添加分期：用于按照合同规定添加验工计价分期。

3）查看多期：用于选择需要查看的多期验工计价文件。

4）单期上报：用于生成当期进度文件和导入确认进度文件。

5）修改合同清单：建设项目在施工过程中，合同清单如果发生重大变更，建设单位与施工单位协商后决定对合同清单进行合同工程量、清单综合单价、清单子目组价等调整时使用此功能。

6）分期切换：位于“添加分期”按钮的左上角图中方框内的按钮，用于验工计价分期的切换。

7）过滤：可以选择过滤条件，过滤条件包括“只显示当前期清单”“只显示批注项目”“按颜色”和“取消过滤”。

其他工具的功能与使用方法请读者参阅招标控制价编制相关内容。

（3）填写已完工程量

1）已完工程量的填写方式。选择当前期，软件默认是第一期，只能对当前期的各项数据进行编辑。软件提供了三种填写当前期已完清单工程量的方法。

① 直接输入当前期完成工程量。这种方法最简单，双击需要输入工程量的单元格，输入当前期工程量即可。

② 设置/批量设置完成比例。建设项目施工过程中，按照合同约定，需要按照一定的比例上报完成工程量，此时可通过“批量设置当期比例”功能可以快速完成一条或者多条清单完成比例的呈报。

先通过“点选”、“连选”（即<Shift+左键>）、“跳选”（即<Ctrl+左键>）选择同比例的清单项，再单击鼠标右键，选“批量设置当期比例”子菜单；在弹出的“批量设置当期比例”对话框（图13-10）中找到“第×期比例”（×为当前期），输入完成比例（带★的列是当前期，可编辑），单击“确定”按钮。

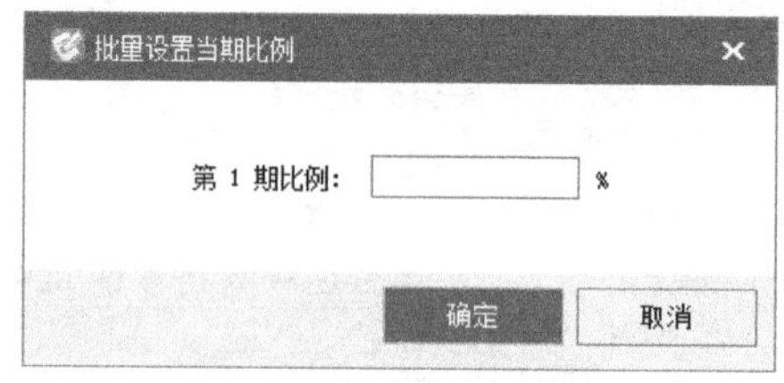

图 13-10 “批量设置当期比例”对话框

③ 提取未完工程量。在施工进行到某一期时，该分项或者分部施工全部完成，若未发生设计变更，需要呈报剩余工程量时，可通过右键快捷菜单中的“提取未完成工程量”快速完成未完成工程量的填报。

选择需要提取剩余工程量的清单，单击右键快捷菜单中的“提取未完工程量”即可。软件自动将剩余工程量填入本期工程量，并且累计完成比例为100%，未完工程量为0。

2）分部分项工程量的填写。第一期分部分项工程量的填写采用“提取未完工程量”功能，提取已完工程的全部工程量。通过设置“只显示当期清单”的过滤条件，第一期分部分项（除钢筋外）工程量如图13-11所示，钢筋工程量如图13-12所示。请读者自行完成其他分期的分部分项工程量填写。

（4）拓展延伸

1）查看累计完成数据。施工单位每月进行进度款上报时，除了本期上报数据外（如某条清单的当期完成量或当期完成百分比），还需上报往期的累积数据（如某条清单的累计完成量或累计完成百分比）；施工单位对施工进度或进度款进行管理时，也需要以往期已发生的累积数据为依据。

查看累计完成数据，可在数据编辑区移动水平滚动条，找到“累计完成量”“累计完成比例”及“累计完成合价”等列，这些列的显示内容为当前建设项目所有分期的相应累计数据。

2）超量预警。施工单位在建设项目的施工过程中，若发现某项工作的完成量已经超过了合同文件中的工程量，但此项工作的实际进度还远未接近完成，则需要及时查找原因并采取有效措施（例如工程有重大变更则需要和甲方进行变更签证等确认单）；建设单位或监理单位在工程进度的审批过程中，可能由于管理失误等原因造成的累计审批量超过合同工程量导致进度款超付。因此，为了防止类似问题的发生，在验工计价软件中，如有清单完成量已达到合同工程量的100%时，软件会对相应清单项的“累计完成量”“累计完成合价”及“累计完成比例”用绿色显示；超过合同工程量的100%时，相关行用红色显示进行预警。

3）多期对比查看。多期对比查看一般在以下情况下使用。在项目进度计量文件编制中，由于实际进度计量中存在不完全参照形象进度报量的情况，在编制新一期进度文件时需要综合对照往期报审的数据，对进度计量文件进行调整时；或者建设单位（监理单位）需

	编码	类别	名称	单位	合同工程量	合同单价	★第1期量	★第1期比例(%)	第1期合价	累计完成量	累计完成合价	累计完成比例(%)	未完工程量
	⊟		**整个项目**		**1**		**1**		**894558.56**		**894558.56**		
B1	⊟ A	部	建筑工程		1		1		894558.56		894558.56		
B2	⊟ A.1	部	土石方工程		1		1		54799.45		54799.45		
B3	⊟ A.1.1	部	土方工程		1		1		24840.18		24840.18		
1	⊞ 010101001001	项	平整场地	m2	651.7	9.25	651.7	100	6028.23	651.7	6028.23	100	0
2	⊞ 010101003001	项	挖沟槽土方	m3	388.7203	11.15	388.7203	100	4334.23	388.7203	4334.23	100	0
3	⊞ 010101004001	项	挖基坑土方	m3	798.9909	18.12	798.9909	100	14477.72	798.9909	14477.72	100	0
B3	⊟ A.1.3	部	回填		1		1		29959.27		29959.27		
4	⊞ 010103001001	项	回填方	m3	845.1135	35.45	845.1135	100	29959.27	845.1135	29959.27	100	0
B2	⊟ A.3	部	桩基工程		1		1		497243.2		497243.2		
B3	⊟ A.3.1	部	打桩		1		1		497243.2		497243.2		
5	⊞ 010301002001	项	预制钢筋混凝土管桩	根	25	10319.98	25	100	257999.5	25	257999.5	100	0
6	⊞ 010301002002	项	预制钢筋混凝土管桩	根	18	11901.83	18	100	214232.94	18	214232.94	100	0
7	⊞ 010301002003	项	预制钢筋混凝土管桩	根	2	12505.38	2	100	25010.76	2	25010.76	100	0
B2	⊟ A.4	部	砌筑工程		1		1		130465.05		130465.05		
B3	⊟ A.4.1	部	砖砌体		1		1		13411.77		13411.77		
8	⊞ 010401001001	项	砖基础	m3	19.05	704.03	**19.05**	100	13411.77	19.05	13411.77	100	0
B3	⊟ A.4.4	部	垫层		1		1		117053.28		117053.28		
9	⊞ 010404001001	项	碎石垫层	m3	268.857	370.32	268.857	100	99563.12	268.857	99563.12	100	0
10	⊞ 010404001002	项	碎石垫层	m3	3.8862	370.86	3.8862	100	1441.24	3.8862	1441.24	100	0
11	⊞ 010404001003	项	片石垫层	m3	36.295	442.18	36.295	100	16048.92	36.295	16048.92	100	0
B2	⊟ A.5	部	混凝土及钢筋混凝土工程		1		1		212050.86		212050.86		
B3	⊟ A.5.1	部	现浇混凝土基础		1		1		126580.07		126580.07		
12	⊞ 010501001001	项	混凝土垫层	m3	24.1966	666.72	24.1966	100	16132.36	24.1966	16132.36	100	0
13	⊞ 010501001002	项	混凝土垫层	m3	60.4916	645.18	60.4916	100	39027.97	60.4916	39027.97	100	0
14	⊞ 010501004001	项	满堂基础	m3	3.825	669.22	3.825	100	2559.77	3.825	2559.77	100	0
15	⊞ 010501005001	项	桩承台基础	m3	101.9121	675.68	101.9121	100	68859.97	101.9121	68859.97	100	0
B3	⊟ A.5.3	部	现浇混凝土梁		1		1		21767.31		21767.31		
16	⊞ 010503001001	项	基础梁	m3	31.6344	688.09	31.6344	100	21767.31	31.6344	21767.31	100	0

图 13-11　第一期分部分项（除钢筋外）工程量

	编码	类别	名称	单位	合同工程量	合同单价	★第1期量	★第1期比例(%)	第1期合价	累计完成量	累计完成合价	累计完成比例(%)	未完工程量
	⊟		**整个项目**		**1**		**1**		**894558.56**		**894558.56**		
B1	⊟ A	部	建筑工程		1		1		894558.56		894558.58		
B2	⊞ A.1	部	土石方工程		1		1		54799.45		54799.45		
B2	⊞ A.3	部	桩基工程		1		1		497243.2		497243.2		
B2	⊞ A.4	部	砌筑工程		1		1		130465.05		130465.05		
B2	⊟ A.5	部	混凝土及钢筋混凝土工程		1		1		212050.86		212050.86		
B3	⊞ A.5.1	部	现浇混凝土基础		1		1		126580.07		126580.07		
B3	⊞ A.5.3	部	现浇混凝土梁		1		1		21767.31		21767.31		
B3	⊟ A.5.15	部	钢筋工程		1		1		63703.48		63703.48		
17	⊞ 010515001001	项	现浇构件钢筋	t	20.109	5231.23	0.103	0.51	538.82	0.103	538.82	0.51	20.006
18	⊞ 010515001002	项	现浇构件钢筋	t	19.905	5231.23	1.598	8.03	8359.51	1.598	8359.51	8.03	18.307
19	⊞ 010515001003	项	现浇构件钢筋	t	14.759	5231.23	3.189	21.61	16682.39	3.189	16682.39	21.61	11.57
20	⊞ 010515001004	项	现浇构件钢筋	t	2.462	5231.23	1.148	46.63	6005.45	1.148	6005.45	46.63	1.314
21	⊞ 010515001005	项	现浇构件钢筋	t	6.194	4617.21	0.452	7.3	2086.98	0.452	2086.98	7.3	5.742
22	⊞ 010515001007	项	现浇构件钢筋	t	8.385	4617.21	0.498	5.94	2299.37	0.498	2299.37	5.94	7.887
23	⊞ 010515001008	项	现浇构件钢筋	t	20.583	4617.21	4.591	22.3	21197.61	4.591	21197.61	22.3	15.992
24	⊞ 010515001009	项	现浇构件钢筋	t	6.64	4617.21	1.415	21.31	6533.35	1.415	6533.35	21.31	5.225

图 13-12　第一期钢筋工程量

要与施工单位进行建设项目截止至当前期每期进度款或形象进度款的核对工作时。具体操作步骤如下：功能区选择“查看多期”；勾选需要查看的分期，单击“确定”按钮完成多期查看设置；在工作界面单击鼠标右键弹出快捷菜单，单击“页面显示列设置”，勾选“选定期累计量”“选定期累计合计”和“选定期累计比例%”进行查看。

13.2.3 措施项目验工计价操作

1. 任务说明

本节的任务是完成第一期措施项目验工计价的工程量输入。

2. 任务分析

本工程的措施项目费包括总价措施项目费和单价措施项目费。依据合同规定，总价措施项目费按分部分项工程完成比例进行支付；单价措施项目费（模板、脚手架）按实际完成的工程量支付；施工超高增加费和垂直运输费按分部分项完成比例支付；大型机械进退场费按输入的比例支付，其中桩机和挖掘机第一次全部支付，塔吊第一期支付 50%，最后一期支付 50%。

3. 任务实施

（1）措施项目编制界面简介　措施项目的编制界面如图 13-13 所示。与分部分项的编制工具栏比较，增加了计量方式工具。本节主要介绍计量方式工具与过滤工具，其他工具与分部分项界面的工具的功能与使用方法相同。

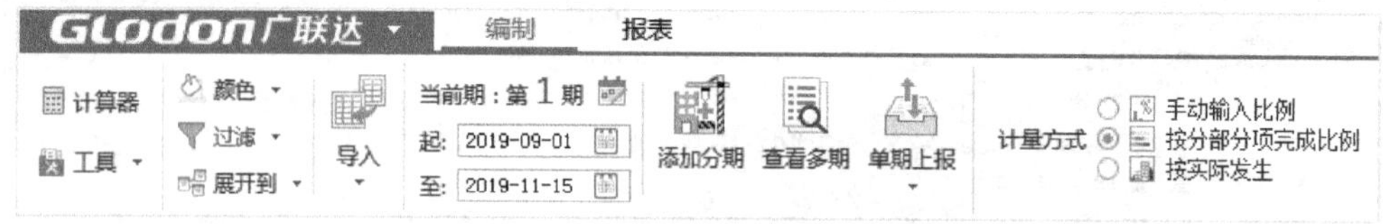

图 13-13　措施项目的编制界面

1）计量方式的选择方式。在“计量方式”工具选项卡上列出三种计量方式，某一个措施项目只能选择其中一种计量方式使用。当某项的计量方式选择不正确时可以重新选择，也可以在数据编辑区的“计量方式”列，单击“▼”进行选择。

2）过滤工具。与分部分项的过滤功能比较，无“只显示当期清单”选项，其他的功能与使用方法与分部分项的过滤功能相同。

（2）措施项目计量方式　措施项目的计量流程分为选择计量方式和输入工程量。措施项目计量的方式一般有以下三种形式：

1）手动输入比例。措施项目费总价通过取费系数确定，每期按照上报比例记取当期措施费，输入措施项目完成比例。措施项目完成比例 = 当前期措施费用合价/措施项目合价。

2）按分部分项完成比例。措施项目费随分部分项的完成比例进行支付。分部分项完成比例 = 分部分项当前期总合价/分部分项合同清单总合价。

3）按实际发生记取。施工方列出分期内措施项目的内容并据实上报。实际应用中可根据自身情况进行总体或局部的调整。“按实际发生记取”主要用于可计量清单组价方式，应用时输入当期实际完成工程量。

（3）输入工程量

1）选择计量方式。按照以上的约定逐项或批量选定措施项目或清单修改其计量方式，

总价措施项目的计量方式如图 13-14 所示。单价措施项目的计量支付方式请读者自行完成。

分部分项　措施项目　其他项目　人材机调整　费用汇总

	序号	类别	名称	单位	组价方式	费率(%)	合同工程量	合同单价	★计量方式
	⊟		措施项目						
	⊟		总价措施						
1	⊞ 011707001001		安全文明施工费	项	子措施组价		1	180806.01	
5	011707010001		按质论价	项	计算公式组价	0	1	0	按分部分项完成比例
6	011707002001		夜间施工	项	计算公式组价	0.05	1	2651.11	按分部分项完成比例
7	011707003001		非夜间施工照明	项	计算公式组价	0	1	0	按分部分项完成比例
8	011707004001		二次搬运	项	计算公式组价	0	1	0	按分部分项完成比例
9	011707005001		冬雨季施工	项	计算公式组价	0.125	1	6627.79	按分部分项完成比例
10	011707006001		地上、地下设施、建筑物的临时保护设施	项	计算公式组价	0	1	0	按分部分项完成比例
11	011707007001		已完工程及设备保护	项	计算公式组价	0.025	1	1325.56	按分部分项完成比例
12	011707008001		临时设施	项	计算公式组价	1.65	1	87486.78	按分部分项完成比例
13	011707009001		赶工措施	项	计算公式组价	0	1	0	按分部分项完成比例
14	011707011001		住宅分户验收	项	计算公式组价	0	1	0	按分部分项完成比例
15	011707012001		建筑工人实名制	项	计算公式组价	0.05	1	2651.11	按分部分项完成比例

图 13-14　总价措施项目的计量方式

2）输入措施项目工程量。“按分部分项完成比例”进行计量的措施项目的工程量或比例，只要在“分部分项”页签完成了分部分项工程量的填写过程，本期完成比例软件自动计算，不需要输入；“手动输入比例”的措施项目，需要在“当前期工程量/比例（%）”列输入当期完成比例；“按实际发生”的措施项目，则需要在“当前期工程量/比例（%）”列输入当期完成工程量。

为了只显示当期已完成的措施项目，可进行颜色标记。本例中将完成 100%的项目标记为红色，未完成措施项目标记为黄色，通过只显示“红色”和“黄色”的过滤功能，第一期措施项目的验工计价结果如图 13-15 所示。

（4）拓展延伸

1）隐藏/取消隐藏措施或清单项目。有些措施项目的费率为 0，可以将这些措施项目或清单项隐藏起来，具体操作是在数据编辑区，单击右键快捷菜单中的“隐藏清单或措施项”。需要显示被隐藏的清单或措施项目时，再单击右键快捷菜单中的“取消隐藏”子菜单。

2）页面显示列设置。右键快捷菜单的“页面显示列设置”，可以设置需要在屏幕上显示的措施项目的内容，可以根据显示的需要自行设置，当需要恢复到默认设置时，单击“恢复默认设置”按钮。页面显示设置请读者在软件中体验。

验工计价的“其他项目费”编制方法与措施项目相同，请读者参阅措施项目相关内容。

13.2.4　人材机价格调整操作

1. 任务说明

本节的任务是对第一期验工计价涉及的材料进行价差调整。

分部分项 | 措施项目 | 其他项目 | 人材机调整 | 费用汇总

	序号	类别	名称	单位	组价方式	费率(%)	合同工程量	合同单价	★计量方式	★第1期合价	★第1期量/比例(%)	累计完成量/比例(%)	累计完成合价	累计完成比例(%)
			措施项目							314328.88			314328.88	
			总价措施							63601.78			63601.78	
1	011707001001		安全文明施工费	项	子措施组价		1	180806.01		40844.08			40844.08	22.59
5	011707002001		夜间施工	项	计算公式组价	0.05	1	2651.11	按分部分项完成比例	598.89	22.59	22.59	598.89	22.59
6	011707005001		冬雨季施工	项	计算公式组价	0.125	1	6627.79	按分部分项完成比例	1497.22	22.59	22.59	1497.22	22.59
7	011707007001		已完工程及设备保护	项	计算公式组价	0.025	1	1325.56	按分部分项完成比例	299.44	22.59	22.59	299.44	22.59
8	011707008001		临时设施	项	计算公式组价	1.65	1	87486.78	按分部分项完成比例	19763.26	22.59	22.59	19763.26	22.59
9	011707012001		建筑工人实名制	项	计算公式组价	0.05	1	2651.11	按分部分项完成比例	598.89	22.59	22.59	598.89	22.59
			单价措施							250727.1			250727.1	
			建筑物超高增加费							29550.43			29550.43	
10	011704001002		超高施工增加	m2	可计量清单		727.8655	179.72	按分部分项完成比例	29550.43	22.59	22.59	29550.43	22.59
			垂直运输							60625.28			60625.28	
11	011703001001		垂直运输	天	可计量清单		340	789.33	按分部分项完成比例	60625.28	22.59	22.59	60625.28	22.59
			大型机械进退场费							63331.68			63331.68	
12	011705001001		大型机械设备进出场及安拆	项	可计量清单		1	32565.44	手动输入比例	16282.72	50	50	16282.72	50
13	011705001002		大型机械设备进出场及安拆	项	可计量清单		1	4857.39	手动输入比例	4857.39	100	100	4857.39	100
14	011705001003		大型机械设备进出场及安拆	项	可计量清单		1	42191.57	手动输入比例	42191.57	100	100	42191.57	100
			模板							97219.71			97219.71	
15	011702001001		基础 模板	m2	可计量清单		193.8539	66.82	按实际发生	12953.32	193.8539	193.85	12953.32	100
16	011702001002		基础 模板	m2	可计量清单		56.0712	78.04	按实际发生	4375.7	56.07	56.07	4375.7	100
17	011702001003		基础 模板	m2	可计量清单		4.062	54.27	按实际发生	220.44	4.062	4.06	220.44	100
18	AB001		砖胎模	m2	可计量清单		348.2711	228.76	按实际发生	79670.25	348.27	348.27	79670.25	100

图 13-15　第一期措施项目的验工计价结果

2. 任务分析

验工计价涉及的材料包括分部分项工程材料、措施项目工程材料。完成“分部分项”和“措施项目”工程量输入后，切换到“人材机调整”页签，软件自动统计并在数据编辑区显示第一期验工计价涉及的分部分项和措施项目中包含的所有人工、材料和机械的品种及相应数量。选定需要调差的材料品种和调差方法，即可完成材料的价格调整。

3. 任务实施

（1）人材机价格调整界面　人材机价格调整工具和右键快捷菜单会随着调差内容的不同而发生变化，下面以材料调差为例进行介绍。数据编辑区显示材料调差时的工具栏如图 13-16 所示。

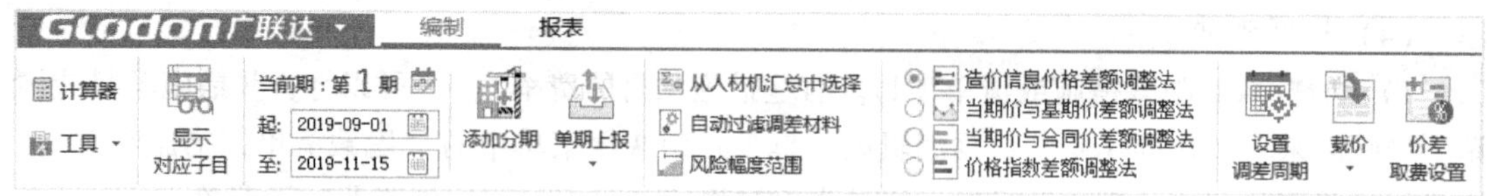

图 13-16　材料调差时的工具栏

（2）材料价格调整流程　材料价格调整的流程如图 13-17 所示。

（3）选择调差材料　根据合同文件的要求，钢筋、混凝土、墙体和屋面保温材料、多孔砖、砌块、水泥、砂、碎石、木成材、周转木材、复合木模板、门窗、地砖和墙砖、内外墙涂料和油漆均需要调差。

选择调差材料的方式有两种：一种是“从人材机汇总中选择”，另一种是“自动过滤调差材料”。两种选择方式的使用方法请读者参阅招标控制价编制的相关内容。

（4）设置风险范围　建设项目中一些材料的价格可能会在短时间内发生比较明显的变

化，因此合同中会对这类材料进行约定。例如：合同中约定钢筋合同价格为4000元/t，风险幅度范围±5%，以某期信息价或市场价格为基准与合同价格进行比较后调差。

建设项目的合同文件中规定全部或大部分材料的价格风险系数范围为某一特定范围。通常有以下两种调整方式：

1）统一调整。单击“风险幅度范围”按钮，弹出“设置风险幅度范围”对话框，如图13-18所示，在“风险幅度范围”后的文本框中输入风险幅度范围的下限值和上限值，单击“确定”按钮。

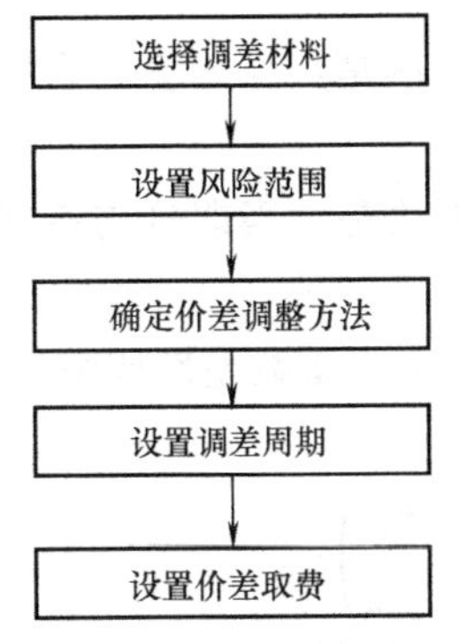

图13-17　材料价格调整流程

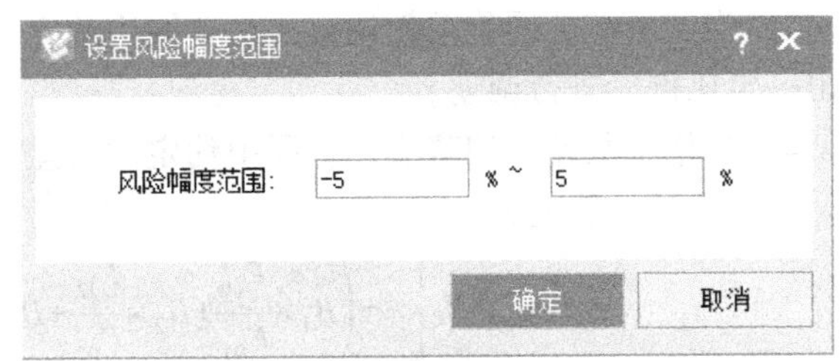

图13-18　“设置风险幅度范围”对话框

2）个别调整。在数据编辑区，选中需要调整风险幅度范围的材料后，单击右键快捷菜单中的“风险幅度范围”或双击“风险幅度范围”列，调出“设置风险范围”对话框进行设置，请读者自行体验。

（5）人材机价差调整方法　常用的人材机价差调整方法有以下四种，在实际工作中可以根据工程的实际情况和合同约定选用。

1）造价信息价格差额调整法。合同履行期间，因人工、材料、工程设备和机械台班价格波动影响合同价格时，人工、机械使用费按照国家或省、自治区、直辖市建设行政管理部门、行业建设管理部门或其授权的工程造价管理机构发布的人工、机械使用费系数进行调整；需要进行价格调整的材料，其单价和采购数量应由发包人审批，以发包人确认的需调整的材料单价及数量作为调整合同价格的依据。其计算规则如下：

① 单位人工价差计算。

合同价<政府发布价格，价差=政府发布价格-合同价。

合同价≥政府发布价格，不计价差。

② 材料价差计算。

（a）合同价<基期价时，涨幅以基期价为基础，跌幅以合同价为基础，计算方法如下：

材料价格上涨且（当期价-基期价）/基期价>5%时

单位价差=结算价-基期价×(1+5%)

材料价格下跌且（当期价-合同价）/合同价<-5%时

单位价差=结算价-合同价×(1-5%)

（b）合同价>基期价时，涨幅以合同价为基础，跌幅以基期价为基础，计算方法如下：

材料价格上涨且(当期价-合同价)/合同价>5%时

单位价差=结算价-合同价×(1+5%)

材料价格下跌且（当期价-基期价)/基期价<-5%时

单位价差=结算价-基期价×(1-5%)

(c) 合同价=基期价时，计算方法如下：

材料价格上涨且（当期价-基期价)/基期价>5%时

单位价差=结算价-基期价×(1+5%)

材料价格下跌且（当期价-基期价)/基期价<-5%时

单位价差=结算价-基期价×(1-5%)

2）当期价与基期价差额调整法。合同中约定的价差调整方法是：当期价与合同价的价差超出一定比例时进行调差。

3）当期价与合同价差额调整法。合同中约定的价差调整方法是：当期价与基期价价差超出一定比例时进行调差。

4）价格指数差额调整法。合同中约定的价差调整方法是：价格指数差额调整法。

价差合计计算式为

$$\Delta P=P_0\left[A+\left(B_1\times\frac{F_{t1}}{F_{01}}+B_2\times\frac{F_{t2}}{F_{02}}+B_3\times\frac{F_{t3}}{F_{03}}+\cdots+B_n\times\frac{F_{tn}}{F_{0n}}\right)-1\right]$$

式中 ΔP——需调整的价格差额；

P_0——约定的付款证书中承包人应得到的已完成工程量的金额。此项金额应不包括价格调整、不计质量保证金的扣留和支付、预付款的支付和扣回。约定的变更及其他金额已按现行价格计价的，也不计在内；

A——定值权重（即不调部分的权重)；

B_1、B_2、B_3、…、B_n——各可调因子的变值权重（即可调部分的权重)，为各可调因子在签约合同价中所占的比例；

F_{t1}、F_{t2}、F_{t3}、…、F_{tn}——各可调因子的现行价格指数，指约定的付款证书相关周期最后一天的前 42 天的各可调因子的价格指数；

F_{01}、F_{02}、F_{03}、…、F_{0n}——各可调因子的基本价格指数，指基准日期的各可调因子的价格指数。

以上价格调整公式中的各可调因子、定值和变值权重，以及基本价格指数及其来源，在投标函附录价格指数和权重表中约定；非招标订立的合同，由合同当事人在专用合同条款中约定。价格指数应首先采用工程造价管理机构发布的价格指数，无前述价格指数时，可采用工程造价管理机构发布的价格代替。

根据合同规定，本例采用“当期价与合同价差额调整法”调整人材机的价格，单击工具栏选择“当期价与合同价格差额调整法”单选框按钮，即可完成，请读者自行体验。

(6) 设置调差周期　某些需要调差的人材机在合同中有时约定每季度进行统一调整，这一季度可能贯穿了建设项目的某几个进度分期（通常进度分期持续时间为一个月)，假如某工程 2019 年第四季度对应的验工计价分期为第 4~6 期，因此在对第四季度人材机进行调整时需要选择第 4~6 分期进行统一调整。

本例第一期结算的工程量为 2019 年 9 月 1 日—2019 年 11 月 15 日，虽跨越两个多月，

但调差周期与结算期一致，无须设置调差周期。

（7）载价　在施工过程中进行调价时，如果调差周期为一个月，则选择需要进行调差的材料并查看材料对应的信息价或市场价进行调整；如果调价周期大于一个月，如季度调差，则调价周期内可能有多个信息价（市场价），那么则需要计算选定期的加权价格。

本工程第一期结算的工程量为2019年9月1日—2019年11月15日，当地每期的价格信息发布日为每月的20日，故本期结算涉及9、10两个月的价格信息，要载入两个月份价格信息的加权平均价。载价方法请读者参阅招标控制价编制的相关内容，这里仅介绍加权平均载价的相关操作，请读者在软件中体验。

当调价周期为一个月时，直接选定材价文件，单击“下一步”按钮；当调差周期为一个月以上时，可选择加权平均或量价加权，加权平均法将选定期的材料价格加权计算出待载价格；量价加权法则将选定的各期材料的消耗数量和价格加权计算出待载价格。

单击“确定”按钮，返回“批量载价”价格基数选择对话框，勾选“覆盖已调价材料价格”，单击“下一步”按钮，弹出提示“请单击▼选择具体项价格”，选择具体的价格，如图13-19所示。

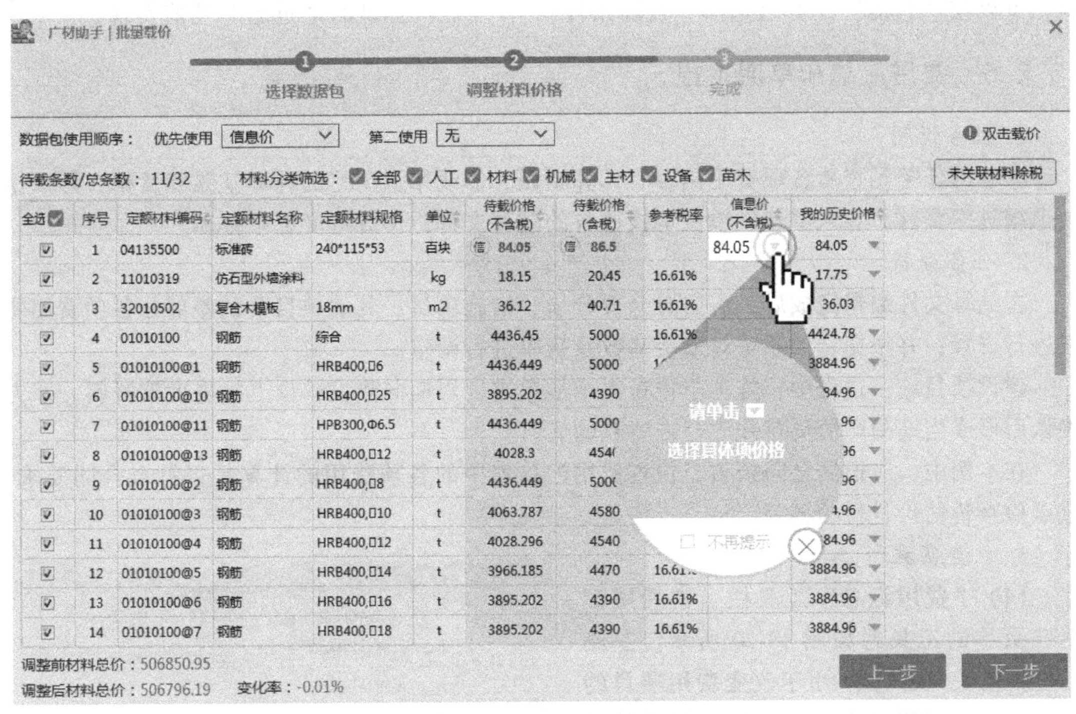

全选	序号	定额材料编码	定额材料名称	定额材料规格	单位	待载价格(不含税)	待载价格(含税)	参考税率	信息价(不含税)	我的历史价格
☑	1	04135500	标准砖	240*115*53	百块	信 84.05	信 86.5		84.05	84.05
☑	2	11010319	仿石型外墙涂料		kg	18.15	20.45	16.61%		17.75
☑	3	32010502	复合木模板	18mm	m2	36.12	40.71	16.61%		36.03
☑	4	01010100	钢筋	综合	t	4436.45	5000	16.61%		4424.78
☑	5	01010100@1	钢筋	HRB400,⌀6	t	4436.449	5000	1		3884.96
☑	6	01010100@10	钢筋	HRB400,⌀25	t	3895.202	4390			84.96
☑	7	01010100@11	钢筋	HPB300,Φ6.5	t	4436.449	5000			96
☑	8	01010100@13	钢筋	HRB400,⌀12	t	4028.3	454			96
☑	9	01010100@2	钢筋	HRB400,⌀8	t	4436.449	500			96
☑	10	01010100@3	钢筋	HRB400,⌀10	t	4063.787	4580			4.96
☑	11	01010100@4	钢筋	HRB400,⌀12	t	4028.296	4540			84.96
☑	12	01010100@5	钢筋	HRB400,⌀14	t	3966.185	4470	16.61		3884.96
☑	13	01010100@6	钢筋	HRB400,⌀16	t	3895.202	4390	16.61%		3884.96
☑	14	01010100@7	钢筋	HRB400,⌀18	t	3895.202	4390	16.61%		3884.96

图13-19　选择具体项价格提示

在左侧勾选需要载价的材料，后续操作不再赘述。

（8）价差取费设置　不同的建设项目，合同文件中约定的人材机价差的取费形式可能有所不同，要根据合同的规定进行设置，才能准确地计算本期的结算金额。常见的有两种取费形式：差价只记取税金；差价记取规费和税金。

本工程的人材机价差部分均计取规费和税金，故将价差取费设置为“计规费和税金”。具体操作如下：

单击工具栏“价差取费设置”，弹出“价差取费设置”对话框，分别单击人工、材料和机械下文本框内的“▼”，选择“计规费和税金”，单击“确定”按钮完成设置。

4. 拓展延伸

(1) 甲供材料费用计算　如果建设项目合同中规定某些材料为甲方提供（如钢筋），在建设单位与施工单位结算时，建设单位需要扣除甲供材料的费用，若双方约定了甲供材保管费率，则扣除的甲供材料费用为

扣除的甲供材料费用=甲供材费用×(1-甲供材保管费率)

单击进入“人材机调整”页签，选择“所有人材机”，查看合同约定中供货方式为“甲供”的材料，如果施工过程中某些材料转变为甲供材料，也可以在“供货方式”列进行修改。当期“甲供数量”默认等于“第×期量”，也可以根据实际情况进行修改。“保管费率”需按照合同约定填写，合同中未约定则默认为0。进入费用汇总界面，按需要选择费用代码扣除甲供材料的费用。

(2) 显示有/无价差人材机　在“人材机调整”页签下“所有人材机”分栏，软件默认显示全部材料，由于材料品种和规格非常多，有时需要只显示有价差的材料或无价差的材料，可以在“过滤”工具上选择“过滤条件”，使用软件提供的“过滤”功能实现。

13.2.5 费用汇总和单期上报

1. 任务说明

本节的任务是查看各项费用是否有计算错误，修改错误项目的计算基数和费率，形成单项上报进度文件，导入经建设单位审核通过的进度文件，形成进度上报报表。

2. 任务分析

在结算文件编辑完成后，需要对分部分项、措施项目、其他项目及调差部分各项费用明细进行查看；并根据合同规定对取费基数及费率进行调整。

建设项目施工过程中，施工单位在每个形象进度周期向建设单位上报进度款资料，双方确认后形成当期的产值资料并进行进度款的支付。

在本例中，应根据合同条款，检查费用汇总表中的各项费用的计算是否符合合同要求，重点检查暂估价材料的调差。

3. 任务实施

(1)“费用汇总”工具栏　“费用汇总”页签的工具栏如图13-20所示。左侧的上下箭头（↑↓）用于改变费用项目的排列顺序。需要注意的是，费用项目的排列顺序只允许在同级费用项目间改变。

图13-20 “费用汇总”工具栏

(2)“费用汇总”操作　切换到“费用汇总”页签，在数据编辑区显示分部分项工程费、措施项目费、其他项目费、规费、税金、调价前工程造价、价差取费合计、调价后工程造价。如果发现哪项费用计算错误，可以通过修改“计算基数”和“费率”的方式进行修改。请读者在软件中体验。

(3)“单期上报”操作

1) 生成当期进度文件。根据当期形象进度编制上报进度款文件后，依次单击“单期上

报”→“生成当期进度文件”，弹出“设置上报范围”对话框，勾选需要导出的单位工程、单项工程或建设项目，单击“确定”按钮，在弹出的“导出单项上报工程”对话框中输入文件名称，选择保存的路径，单击“保存”按钮，软件提示“导出上报工程成功”。

2）导入确认进度文件。建设单位审定施工单位上报的进度款资料（分部分项、措施项目、其他项目、人材机调整等），双方确认实际产值后形成确认后的进度款资料；建设单位、施工单位将审定后的产值文件重新导入云计价平台，进行累计进度款的汇总及分析。其操作步骤如下：

依次单击“单期上报”→“导入确认进度文件”，选择需要导入的单位工程，单击“确定”按钮。

13.2.6　验工计价报表

1. 报表分类

软件在报表界面设置了各种工具以满足实际工程中对各种报表的需求。报表分为项目级、单项工程级和单位工程级，各个层级的报表有所不同，每个层级的报表均分为“常用报表”和“13 规范报表”两类。

项目级的报表类别包括进度计量支付申请表、形象进度确认表、项目进度计量汇总表和项目进度计量汇总表（含价差）。单项工程级报表类别包括单项工程进度计量汇总表和单项工程进度计量汇总表（含价差）。单位工程级的报表较多，可以根据验工计价的实际情况从中选用。

2. 报表示例

本节以第一期验工计价文件上报为例介绍验工计价工程款的支付相关报表。

(1) 单位工程级报表　单位工程级报表包括单位工程进度计量汇总表（含价差）、分部分项工程进度计量表、总价措施项目清单计价表、单价措施项目清单计价表、人材机价差费用汇总表和人材机调整明细表。请读者登录机工教育服务网下载或致电本书客服索取相关报表示例。

(2) 单项工程级报表　单项工程级报表为单项工程进度计量汇总表（含价差）。

(3) 项目级报表　项目级的报表包括进度计量支付申请表、形象进度确认表和项目进度计量汇总表（含价差）。这些报表将结合进度款支付计算相关内容进行介绍。

3. 进度款支付计算

有些工程开工前建设单位支付材料、设备备料款。一般情况下建筑工程的备料款不应超过当年建筑工作量（包括水、暖、电）的 30%，安装工程的备料款不应超过年安装工作量的 10%；材料费占总造价比例较大的安装工程按年计划产值的 15%左右拨付。

施工企业对工程备料款只有使用权，没有所有权，它是建设单位（业主）为保证施工生产顺利进行而预交给施工单位的一部分垫款。当施工到一定程度后，材料和构配件的储备量将减少，需要的工程备料款也随之减少，此后办理工程价款结算时，应开始扣还工程备料款。扣还的工程备料款，以冲减工程结算价款的方法逐次抵扣，工程竣工时备料款全部扣完。

工程备料款的起扣点是指工程备料款开始扣还时的工程进度状态，其数值等于未完工程中所含主要材料和构件的费用。

工程备料款的起扣点可以按累计工作量确定，也可以按工作量百分比确定。按累计工作量确定起扣点时，应以未完工程所需主材及结构构件的价值等于备料款为原则。工程备料款的起扣点计算式为

$$T=P-M/N$$

式中 T——起扣点，即预付备料款开始扣回时的累计完成工作量（元）；

P——承包工程价款总额（元）；

M——预付备料款限额（元）；

N——主要材料费占总造价的比例。

本工程的合同价为 6017844.63 元，材料费为 3154589.99 元，其中分部分项材料费为 2587182.87 元，技术措施费中的材料费为 285858.76 元，组织措施中的材料费为 281548.36 元，预付备料款的额度为 10%，进度款按每期结算价款总额的 80%进行支付。

在结算过程中建设单位要及时扣回预付款，预付款的预付与扣还程序如下：

（1）预付备料款的拨付　本工程的承包工程价款总额 $P=6017844.63$ 元。

工程备料款数额为

$$T=6017844.63\text{ 元}\times 0.1=601784\text{ 元}$$

材料费所占比重为

$$N=3154589.99\div 6017844.63=0.5242$$

（2）预付备料款起扣点　本工程预付款的起扣点为

$$T=6017844.63\text{ 元}-601784\text{ 元}\div 0.5242=4869852.21\text{ 元}$$

超出起扣点的工程款要抵扣部分预付款，扣回预付款的金额为超过起扣点的进度款中的主要材料费，即本期应扣回的材料预付款为

应扣预付款=超出起扣点的工程价款×主要材料费比例

（3）本期应付款　本期完成的工程款为 1273925.05 元，未达到预付备料款的起扣点，故本期不扣备料款。本期应该支付的进度款为

$$1273925.05\text{ 元}\times 0.8=1019140.04\text{ 元}$$

（4）进度计量支付申请表

请读者完成其他分期应付款计算和相关报表。

■13.3　竣工阶段 BIM 造价应用

13.3.1　新建结算项目和结算流程

1. 结算文件新建方法

新建结算项目的方法有三种，第一种是新建，第二种是将合同文件直接转换为结算文件，第三种是将验工计价文件直接转换为结算文件。新建结算文件的方法与新建验工计价文件的方法类似，请读者在软件中自行完成结算文件的新建过程。

（1）新建结算文件　单击“新建”菜单，选择“新建结算项目”，单击“新建结算计价”后选择 GBQ 或 GPV 文件新建结算计价文件；或单击“选择”按钮，在弹出窗口中查找 GBQ 或 GPV 文件用于新建结算计价文件。选择完成后，单击“新建”按钮完成新建结算

项目。

(2) 合同文件转换为结算文件　《建设工程工程量清单计价规范》(GB 50500—2013) 规定:"分部分项工程和措施项目中的单价项目应依据发承包双方确认的工程量与已标价工程量清单的综合单价计算;发生调整的,应以发承包双方确认调整的综合单价计算。"因此,可以将 GBQ 文件转换为结算计价 (GSC) 文件,对建设项目进行结算。

打开合同计价文件,在工具栏中单击"GLODON 广联达",在下拉菜单中选择"转为竣工结算",出现转换进度条,转换完成后进入结算软件。

本工程已有的计价文件包括合同文件和验工计价文件,由于在本书中只展示了第一期的验工计价文件,所以本书仍采用将合同文件转换为结算文件的新建方式。合同文件转换为结算文件后,结算工程量默认合同文件中的工程量。

(3) 验工计价文件转换为结算文件　《建设工程工程量清单计价规范》(GB 50500—2013) 11.2.6 条规定:"发承包双方在合同工程实施过程中已经确认的工程计量结果和合同价款,在竣工结算办理中应直接进入结算。"因此当建设项目发生了过程中结算时,需要将过程中进度计量 (GPV) 文件转换为结算计价 (GSC) 文件。

单击"新建"菜单,选择"新建结算项目",选择验工计价 (GPV) 文件或单击"选择"按钮,在弹出的窗口中查找选择 GPV 文件。选择完成后,单击"新建"完成新建结算项目。

使用 GPV 新建的结算工程会自动默认为"人材机分期调整"模式并将 GPV 中的分期工程量及人材机调整数据导入到结算文件中。

需要注意的是,验工计价导入结算文件时,只导入验工计价中分部分项及措施清单、人材机调整数据,组织措施和其他项目需重新编辑。

2. 合同内结算操作流程

合同内结算的内容包括各个单位工程的分部分项工程费、措施项目费、其他项目费、人材机价差等,其操作流程如图 13-21 所示。

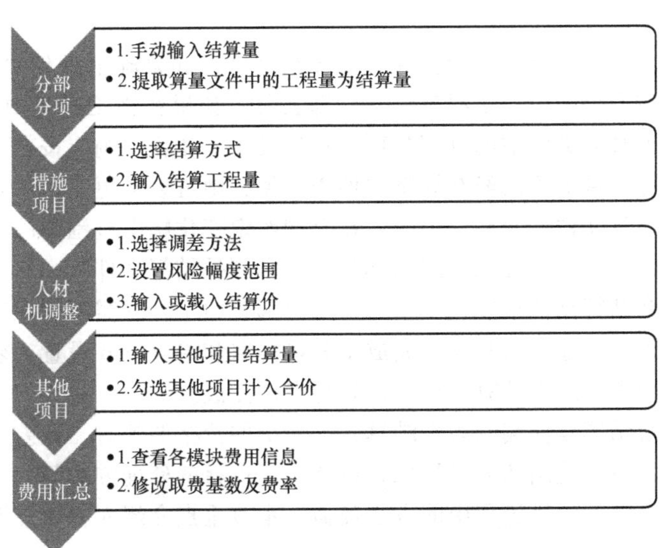

图 13-21　合同内结算操作流程

3. 合同外结算操作流程

合同外结算的内容包括签证、变更、漏项、索赔和其他，其中签证的操作流程如图13-22所示。

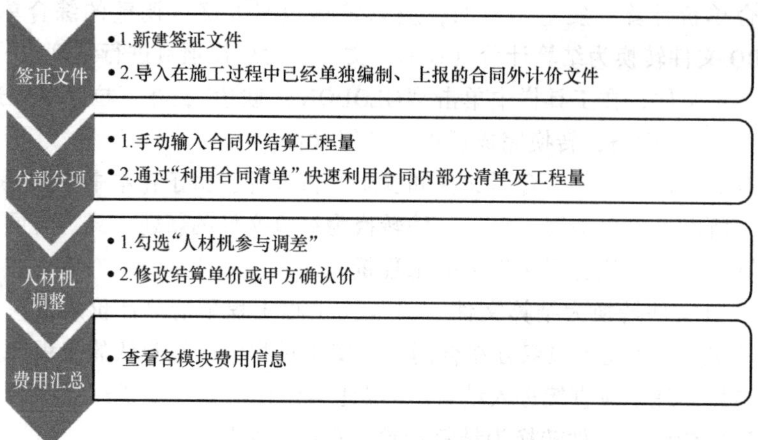

图 13-22　合同外签证的操作流程

13.3.2　合同内结算

结算软件的操作界面与验工计价的操作界面基本相同，下面仅介绍各界面工具的功能。

1. 任务说明

本节的任务有以下几项：

1）熟悉分部分项结算编制界面的工具和掌握分部分项工程量的提取方法。

2）熟悉措施项目和其他项目费用结算的工作界面，完成措施项目和其他项目结算方式的设置。

3）对竣工结算中涉及的人材机调价。

2. 任务分析

本工程的结算文件是由合同计价文件直接转换而来，如果施工过程中未发生任何变更、签证等，可以直接按照合同中的工程量编制结算文件；如果在施工过程中发生了设计变更、签证、索赔等，使得合同文件中的分部分项工程量发生了变化，则应按变更后的工程量编制结算文件；如果变更和签证等已经在算量文件中建模，则可以从更新过的算量软件中提取分部分项工程量编制结算文件。变更后工程量在合同约定变化幅度范围内的部分计入合同内结算文件，超出合同约定工程量变化幅度的部分计入合同外结算文件。

采用云计价平台结算软件编制竣工结算时，分部分项工程只需要完成工程量提取和量差比例设置，措施项目和其他项目只需要完成工程量提取和结算方式设置，剩余的枯燥烦琐且易出错的综合单价调整和造价计算工作，由软件自动完成。

采用云计价平台结算软件编制竣工结算，人材机的价格调整时，调差材料选取、调差方法和价格输入方法、风险范围和人材机取费设置、甲供材的处理方法等，与招标控制价、投标报价和验工计价文件的编制过程中的方法类似，本节重点介绍人材机分期调整方法。

3. 任务实施

（1）分部分项结算

1）分部分项编制界面。分部分项工程结算编制的工具如图 13-23 所示。虽然“提取结算工程量”工具和“其他”选项卡中的工具以前未接触过，但“提取结算工程量”与“量价一体化”中的“提取图形工程量”的使用方法相同，“其他”选项卡中的工具详见本节拓展延伸的相关内容，其他工具请读者参阅其他章节中的相关内容。

图 13-23　分部分项结算工具

2）工程量量差比例设置。除工程量清单计价规范对工程量偏差有规定外，建设项目合同文件中对于工程量偏差也有相应规定，竣工结算编制人员需按照合同约定做出相应调整。在软件中的操作方法如下：

依次单击“GLODON 广联达”→“选项”，弹出选项对话框；选择“结算设置”，在“结算设置”→“工程量偏差超出××～××给出预警提示”文本框内设置预警范围，软件默认按±15%给出预警提示，单击“确定”按钮完成设置。量差超过预警范围时，工程量行显示为红色。

假设本工程“平整场地”清单结算工程量为 800m²，“挖沟槽土方”清单结算工程量为 200m³，“挖基坑土方”清单结算工程量为 1000m³，“桩承台”清单结算工程量为 120. 56m³，“桩承台模板”结算工程量为 229. 33m²。

选择“分部分项”页签，查看“结算工程量”和“量差比例”列，“平整场地”和“挖基坑土方”行变为红色，而“挖沟槽土方”行变为绿色，红色代表工程量增加并超过了预警范围，绿色代表工程量减少并超过了预警范围，如图 13-24 所示。

“桩承台”清单行的“结算工程量”和“量差比例”列也变为红色，因其排列较为靠后，且未进行任何标识，本截图中未将其包含在内。读者可将这几项工程量清单用颜色进行标识，通过颜色“过滤”功能将其显示在同一屏幕中。

	编码	类别	名称	单位	合同工程量	★结算工程量	合同单价	结算合价	量差	量差比例(%)
B2	A. 1	部	土石方工程		1	1		57709. 27		
B3	A. 1. 1	部	土方工程		1	1		27750		
1	01010100…	项	平整场地	m2	651. 7	800	9. 25	7400	148. 3	22. 76
2	010101003001	项	挖沟槽土方	m3	388. 7203	200	11. 15	2230	-188. 7203	-40. 55
3	010101004001	项	挖基坑土方	m3	798. 9909	1000	18. 12	18120	201. 0091	25. 16

图 13-24　超出预警范围提示（红色增加、绿色减少）

（2）措施项目和其他项目结算　措施项目结算编制界面如图 13-25 所示，其他项目结算编制界面如图 13-26 所示，其中措施项目“结算方式”有“总价包干”和“可调措施”两个选项；其他项目结算方式有“同合同合价”“按计算基数”和“直接输入”三个选项。

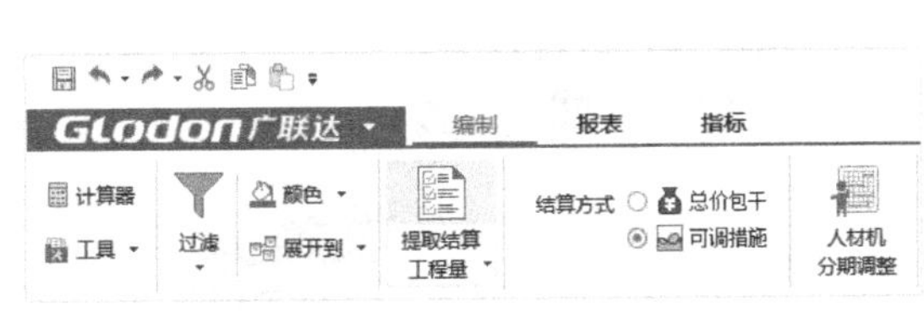

图 13-25　措施项目结算编制界面

图 13-26　其他项目结算编制界面

“总价包干”是指合同中约定措施费用不随建设项目的任何变化而变化，工程结算时直接按合同签订时的价格进行结算；“可调措施”是指合同中约定措施费用按工程实际情况进行结算。

“同合同合价”是指其他项目费的结算金额与合同价相同；“按计算基数”是指其他项目的金额在签订合同时是按一定基数乘以费率进行计算的，结算时也要按签订合同时的基数和费率进行结算；“直接输入”是指按合同双方商定的比例进行结算。

措施项目和其他项目的结算方式，可根据合同约定的结算方式进行调整。具体设置方法请读者参阅验工计价中措施项目和其他项目结算设置方法。

（3）人材机价格调整与费用汇总　建设项目合同文件中约定某些材料按季度（或年）进行价差调整（如钢筋），或规定某些材料执行批价文件（如混凝土）。但甲乙双方约定施工过程中不进行价差调整，结算时统一调整。因此在竣工结算过程中需要将这些材料的价格，按照不同时期的发生数量分期载入并调整价差。其操作步骤如下：

1）在“分部分项”或“措施项目”页签单击“人材机分期调整”按钮，弹出“人材机分期调整”对话框。如果在“你是否要对人材机进行分期调整”下选择“否”即统一调差，直接在“结算工程量”列输入数值。

2）在“你是否要对人材机进行分期调整”下单击“是”按钮，进入“人材机分期调整”确认对话框。输入分期调差的“总期数”及“分期输入方式”（按分期工程量输入或按分期比例输入），单击“确定”按钮，完成分期调差设置。

3）设置完成后，下方属性窗口出现“分期工程量明细”页签，如图 13-27 所示。单击“按分期工程量输入”后的“▼”可以选择分期工程量的输入方式，之后输入每一分期的工程量或比例。“按分期工程量输入”时，结算工程量=分期量之和；“按分期比例输入”时，每期结果=结算工程量×分期比例，修改结算工程量，则每期结果按新结算工程量乘以比例计算。

工料机显示　分期工程量明细

按分期工程量输入 ▾　分期比例应用到其他

分期	★分期量	★备注
1	388.7203	
2	0	
3	0	
4	0	

图 13-27 “分期工程量明细”页签

如果选择“按分期比例输入”，则“分期比例应用到其他”按钮变为可用，单击此按钮弹出对话框，选择“应用范围”后，单击“确定”按钮。

4）分期工程量输入完成后，进入“人材机”页签。“所有人材机”节点会出现“分期量查看”按钮，可以单击查看每个分期发生的人材机数量。

“所有人材机”以外的节点工具栏会增加“单期/多期调差”设置按钮。单击“单期/多期调差”按钮后，弹出如图 13-28 所示的对话框，选择“单期调差”或“多期（季度、年度）调差”，在调差工作界面汇总每期调差工程量。

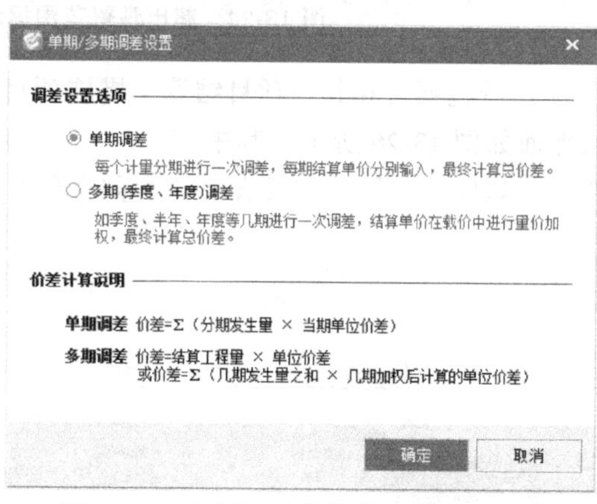

图 13-28 “单期/多期调差设置”对话框

选择“单期调差”时，“人材机”页签

会自动按照分期数据为每个分期生成节点，如图 13-29 所示，单击某个分期节点，工作界面会显示对应分期的人材机发生量。

选择“多期（季度、年度）调差”时，如图 13-30 所示。可手动将输入的分期工程量分成几次并生成节点，单击某个节点，工作界面会显示每次调差对应的人材机工程量之和。单击图中的“+”增加分期，单击“×”删除分期。

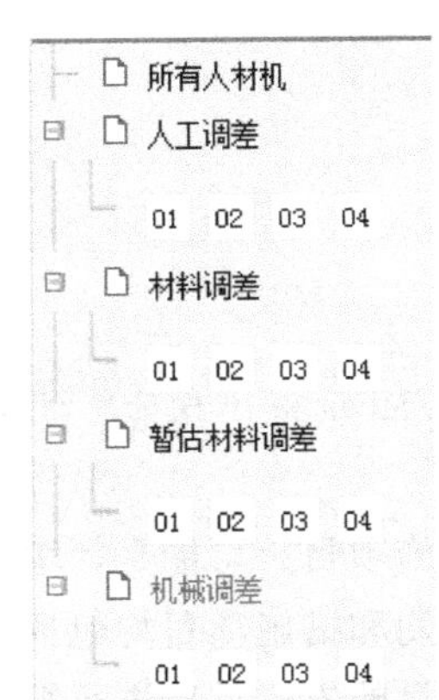

图 13-29　单期调差时软件自动生成的分期节点

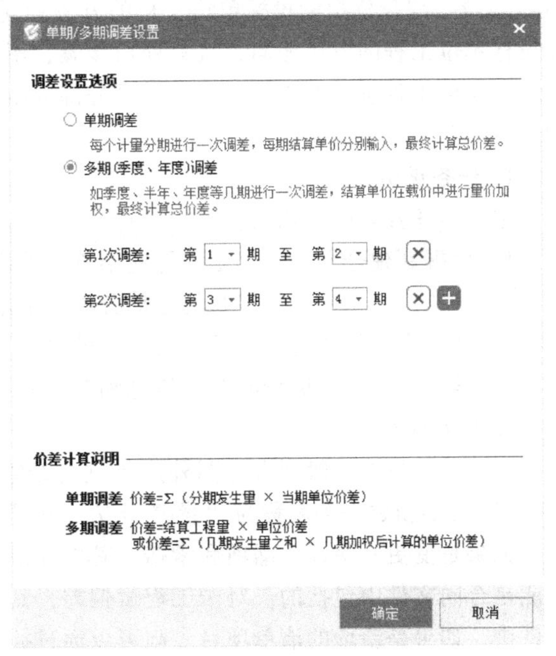

图 13-30　多期调差时分期设置

5）单击节点选择人材机，对人材机进行分期调整并计算价差。当使用“分期调差”进行人材机载价时，会增加“量价加权”的载价方式，可以对每次调差节点中的各个分期进行加权载价。最终单条材料载价价格 =（分期 1 调差工程量×对应信息价+分期 2 调差工程量×对应信息价+…）/（分期 1 调差工程量+分期 2 调差工程量+…）。

人材机调差和费用汇总的具体操作请读者参阅验工计价相关内容。

4. 拓展延伸

在结算时，结算工程量可在合同工程量的基础上批量乘系数，以快速完成结算工程量的输入，这可以通过“结算工程量批量乘系数”功能完成。具体操作如下：

点选、连选或跳选需要乘系数的清单项，在功能区单击“其他”→“结算工程量批量乘系数”，弹出“设置系数”窗口，输入系数，单击“确定”按钮。

13.3.3　合同外结算（工程量偏差）

建设项目施工过程中发生的签证、变更、漏项、索赔和其他，部分结算资料多数情况会在结算时统一上报。造价人员可能会将施工过程中发生的签证、变更等资料在过程中进行编辑存根，并在竣工结算时将过程中形成的各种形式的合同外部分结算文件进行上报。

合同外部分的各个项目（如变更、签证、漏项、索赔等）在项目结构中相当于单项工程级别，在单项工程级别下建立的文件相当于单位工程文件。

在合同外的每个单项级别下均可通过“新建”按钮新建与单项工程级别相同名称的单位工程结算文件，或通过右键快捷菜单新建和导入的方法建立与单项级别相同名称的单位工程结算文件，通过“导入”工具导入存在的单位工程 Excel 文件。

新建合同外结算文件的操作过程与新建 GBQ 文件相同，导入 GBQ 文件的操作与导入 GBQ 单位工程新建招标投标单位工程的方法相同，导入 Excel 文件与导入 Excel 文件新建招标投标单位工程的方法相同，故只列出步骤，不再截图进行说明。

下面以工程量偏差为例，介绍合同外部分结算的操作方法，变更、签证、漏项、索赔等的编制参照工程量偏差。

1. 任务说明

本节的任务有以下几项：

1）掌握新建合同外单位工程量差结算文件的方法。

2）完成工程量偏差中涉及的分部分项和措施项目的结算。

3）调整合同外造价中涉及的人材机的价格。

4）学会查看各个层级的费用信息和对费用进行汇总计算。

2. 任务分析

工程量的量差一般列入合同外造价进行结算，将其归类到合同外的“其他”类别。在“其他”类别新建一个名称为“量差-土方、桩承台”的单位工程。

如果是变更、签证、漏项和索赔，其中涉及的分部分项和措施项目，可能是新增的，也可能是合同文件中包括的。对于工程量偏差，其中涉及的分部分期和措施项目均包括在合同文件中。如果是新增的清单项目，则可以通过插入清单和定额子目的方式重新进行组价，计算其费用；如果是合同文件中包括的清单，则可以使用软件提供的“复用合同清单”的功能实现。

建设项目合同外部分出现的材料可能包含某些合同内的调差材料，竣工结算时约定合同内外部分材料按照相同价格执行，则需要将合同外部分材料结算价格同步为合同内材料的结算价格，可通过“人材机参与调差”进行调整。

项目的结算费用可以在项目级、单项工程级和单位工程级并区分合同内和合同外分别进行显示，以方便查看。

3. 任务实施

（1）新建合同外单位工程结算文件

1）新建单位工程。项目结构树中选择“其他”，单击右键快捷菜单中的“新建其他”子菜单，在弹出窗口中输入单位工程名称“量差-土方、桩承台”，选择清单专业、定额库、定额专业等信息完成新建。

2）导入 GBQ 文件。项目结构树中选择“其他”，单击右键快捷菜单中的“导入其他”子菜单，在弹出窗口中选择已有的 GBQ 工程文件（文件类型包括“.GBQ5”“.GBQ4”“.GZB4”和“.GTB4”），选择需要导入的单位工程，单击“打开”按钮，软件在该节点新建一个与导入单位工程名称相同的单位工程结算文件。

3）导入 Excel 计价文件。新建单位工程完成后，单击工具栏“导入”，选择“导入 Excel 文件”，选择 Excel 文件，调整识别行列，单击“导入”按钮，则将 Excel 计价文件导入

到新建的单位工程中。

（2）分部分项和措施项目

1）界面工具。合同外分部分项和措施项目界面工具如图 13-31 所示。下面主要介绍“复用合同清单”“依据文件”“关联合同清单”和“查看合同关联”四项工具的使用方法。

图 13-31　合同外分部分项和措施项目界面工具

2）复用合同清单。请读者仔细观察合同内结算的清单工程量及结算价，可以发现无论是否超过预警范围，软件都会将全部工程量按合同单价计算了费用。实际工作中，超出合同风险范围外的清单工程量要单独提取出来计入合同外结算部分，进行价格的调整。

那么，在云计价平台上是否需要手动修改工程量，再将超出部分计入到合同外结算呢？答案是不需要。云计价平台的“复用合同清单”功能即可轻松实现合同内工程量和合同外工程量的自动分离。具体操作如下：

① 项目结构树中选择“其他”节点下的“量差-土方、桩承台”节点，工具栏选择“复用合同清单”，弹出“复用合同清单”对话框，如图 13-32 所示。

②“在复用合同清单”对话框，勾选“量差范围超过”筛选框并填写量差范围，快速过滤出满足量差范围的清单。勾选需要复用的合同清单，可以在“选择”列逐项选择，也可以勾选左上角的“全选”复选框。

③ 选择“清单复用规则”。“清单复用规则”包括“只复制清单”和“清单和组价全部复制”两项。本例选择“清单和组价全部复制”。

④ 选择“工程量复用规则”。“工程量复用规则”包括“量差幅度以外的工程量”“工程量全部复制”和“工程量为 0”三种，本例选择“量差幅度以外的工程量”。单击“确定复用”按钮，弹出“是否将复用部分工程量在原清单中扣除”对话框，单击“是”按钮，在弹出的“成功”对话框中单击“结束复用”。

“复用合同清单”合同外工程量的结果如图 13-33 所示，“复用合同清单”合同内工程量如图 13-34 所示。“复用合同清单”合同外工程量与合同内工程量之和为结算总工程量。

在“措施项目”页签，请读者完成超出幅度范围的措施项目的合同外部分造价结算。

细心的读者可能已经发现，合同外“复用合同清单”的结算单价与合同内的结算单价相同，这是不符合清单计价规范规定的，“平整场地”“挖基坑土方”和“桩承台基础”的结算单价应降低，“挖沟槽土方”的结算单价应提高。新的结算单价应由甲乙双方协商确定的单价替换，新的单价可以通过强制修改综合单价实现。

复用合同清单 ? ×

过滤规则：☑ 量差范围超过：- 15 % ～ + 15 % 　名称关键字过滤

☑ 全选

	编码	选择	名称	项目特征	单位	合同单价	合同数量	结算数量	量差	量差比例
1	⊟		**整个项目**							
2	⊟ A		建筑工程							
3	⊟ A.1		土石方工程							
4	⊟ A.1.1		土方工程							
5	⊞ 010101001001	☑	平整场地	1.土壤类别：三类土 2.弃土运距：100m 以内 3.取土运距：100m 以内	m2	9.25	651.7	800	148.3	22.76
7	⊞ 010101003001	☑	挖沟槽土方	1.土壤类别：三类土 2.挖土深度：2m 内 3.弃土运距：100m	m3	11.15	388.7203	200	-188.72	-48.55
11	⊞ 010101004001	☑	挖基坑土方	1.土壤类别：三类土 2.挖土深度：2m 内 3.弃土运距：100m	m3	18.12	798.9909	1000	201.01	25.16
15	⊟ A.5		混凝土及钢筋混凝土工程							
16	⊟ A.5.1		现浇混凝土基础							
17	⊞ 010501005001	☑	桩承台基础	1.混凝土种类：泵送商品混凝土 2.混凝土强度等级：C35	m3	675.68	101.9121	120.56	18.65	18.3

清单复用规则：○ 只复制清单　◉ 清单和组价全部复制

工程量复用规则：◉ 量差幅度以外的工程量　○ 工程量全部复制　○ 工程量为0

共选择复用 4 条清单　　确定复用　取消

图 13-32 “复用合同清单”对话框

分部分项　措施项目　其他项目　人材机调整　费用汇总

	编码	类别	名称	单位	汇总类别	结算工程量	结算单价	结算合价	关联合同清单	归属	依据
	⊟		**整个项目**			1		**6437.12**			
1	⊞ 010101001002	项	平整场地	m2		50.545	9.25	467.54	1#厂房/1#厂房-土建（电梯井墙）/010101001001		
2	⊞ 010101003002	项	挖沟槽土方	m3		200	11.14	2228	1#厂房/1#厂房-土建（电梯井墙）/010101003001		
3	⊞ 010101004002	项	挖基坑土方	m3		81.160465	18.12	1470.63	1#厂房/1#厂房-土建（电梯井墙）/010101004001		
4	⊞ 010501005001	项	桩承台基础	m3		3.361085	675.66	2270.95	1#厂房/1#厂房-土建（电梯井墙）/010501005001		

图 13-33 复用合同清单合同外工程量

	编码	类别	名称	单位	合同工程量	★结算工程量	合同单价	结算合价	量差	量差比例(%)	★备注
	⊟		**整个项目**		1	1		**3966040.34**			
B1	⊟ A	部	建筑工程		1	1		3956654.68			
B2	⊟ A.1	部	土石方工程		1	1		53541.1			
B3	⊟ A.1.1	部	土方工程		1	1		23581.83			
1	⊞ 010101001001	项	平整场地	m2	651.7	**749.455**	9.25	6932.46	97.755	15	
2	⊞ 010101003001	项	挖沟槽土方	m3	388.7203		11.15	0	-388.7203		
3	⊞ 010101004001	项	挖基坑土方	m3	798.9909	**918.839535**	18.12	16649.37	119.848635	15	
B2	⊟ A.5	部	混凝土及钢筋混凝土工程		1	1		1339091.5			
B3	⊟ A.5.1	部	现浇混凝土基础		1	1		133530.66			
4	⊞ 010501005001	项	桩承台基础	m3	101.9121	**112.198915**	675.68	75810.56	10.286815	10.09	

图 13-34 复用合同清单合同内工程量

强制修改综合单价的方式有两种，第一种是调用右键快捷菜单中的“强制修改综合单价”；第二种是直接双击“综合单价”单元格进行修改，这种方法只有在“强制修改综合单价”对话框内勾选了“允许在清单综合单价列直接修改”时才可以使用。

假设本工程未因部分项目的工程量增减导致施工工期的变化，下面以“平整场地”清单的结算单价由 9.25 元/m^2 调整为甲乙双方协商确定的 7.35 元/m^2 为例，介绍右键快捷菜单中的“强制修改综合单价”的使用方法。

单击“平整场地”清单行，单击鼠标右键，在弹出的快捷菜单中选择“强制修改综合单价”，弹出“强制修改综合单价”的对话框，将“调整为”后面的数字改为“7.35”，为了方便其他清单项目综合单价的修改，勾选“允许在清单综合单价列直接修改”，如图 13-35 所示，单击“确定”按钮。

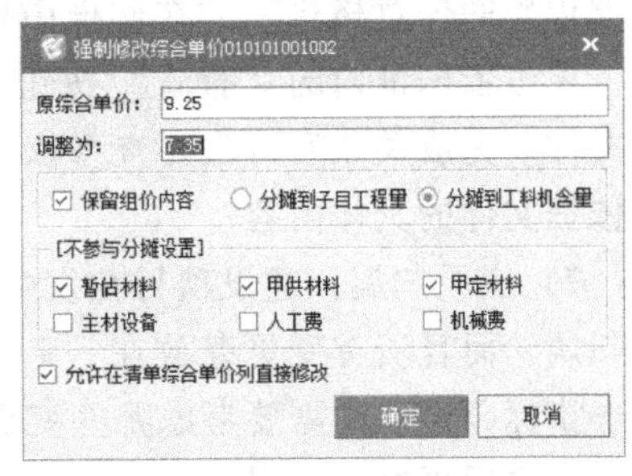

图 13-35　“强制修改综合单价”对话框

工程量发生变化超过约定幅度范围后，新结算单价如何确定，一直是一个有争议的问题，请读者扫描二维码 13-3～二维码 13-7，了解编者对新结算单价确定的意见。

二维码 13-3 平整场地新单价的确定　二维码 13-4 挖沟槽土方新单价的确定　二维码 13-5 挖基坑土方新单价的确定　二维码 13-6 影响新单价的因素　二维码 13-7 桩承台新单价的确定

3）关联合同清单。编制建设项目合同外部分结算文件时，有时会直接（或间接）使用合同清单，或者在上报签证变更资料时将合同内清单作为其价格来源依据，此时可以使用“关联合同清单”将合同外新增清单与原合同清单建立关联，方便进行对比查看和管理。

光标定位在合同外分部分项、措施项目（可计量清单）的清单行，在功能区单击“关联合同清单”或单击右键快捷菜单上的“关联合同清单”，在弹出的“关联合同清单”对话框中，通过“过滤条件”确定关联的合同内清单，单击“确定关联”即关联成功。

对于“复用合同清单”的工程量清单，软件自动建立关联关系，不需重新建立关联。如果重新关联，软件会提示是否覆盖之前的关联关系。

4）查看合同关联。要查看某条清单具体关联的哪项合同内清单，单击“查看合同关联”按钮，在弹出的“查看合同关联”对话框中，可以看到合同内清单的详细内容，双击该条清单可定位到合同内，便于详细查看。单击“返回原清单”，可返回合同外。

5）取消合同关联。要取消合同外清单与合同内清单的关联关系，单击右键快捷菜单中的“取消关联合同清单”即可。

6）依据文件。建设项目合同外部分结算文件编制完成后，在进行结算审核时，可能需要查看签证或设计变更的原件扫描件，使用“依据”功能可以把签证或设计变更原件的扫描件进行超链接，快速进行查看。

光标定位在合同外部分“整个项目”或“单项”级别节点，单击工具栏“依据文件”按钮或单击右键快捷菜单中的“依据文件”，在弹出的“依据文件”窗口中，单击“添加依据”按钮，在弹出的“选择依据文件”对话框中选择需要添加的文件（文件的格式可以是能够识别的任意格式）并在此框中排列，添加依据文件完毕，单击“关闭”按钮。

单击依据框内的“查看”按钮可以查看依据文件，单击“删除”按钮可以删除此项依据文件。完成关联后再次要查看依据内容，单击“依据文件”按钮或“依据”列，即可查看依据文件的具体内容。

7）变更归属。建设项目在发生变更、签证时，变更单和签证等不会明确区分单位工程的归属，而且所有变更存放在一起统一上报，但是在竣工结算时，需要对每个工程进行成本、指标分析，则需要考虑哪些变更归属于哪个单位工程，将变更中的项目合并到对应的单位工程之后再进行数据分析。

选择变更工程的归属时，在项目导航栏，选择变更的单位工程，单击“工程归属”，选择要变更到的单位工程，单击“确定”按钮，完成归属。归属完成后，指标界面相关数据同步更新。

（3）“人材机调整”→“人材机参与调差” 在合同外部分单击“人材机调整”，进入调差界面。单击“价差”节点后，勾选工具栏“人材机参与调差”，显示合同外部分出现的合同内调差的人材机（不勾选工具栏“人材机参与调差”，则不显示合同外部分出现的合同内调差的人材机）。

所有参与调差的材料，软件默认勾选了“材料表”节点数据显示区的“是否调差”列，如果某些人材机不需要调差，可取消“材料表”节点“是否调差”列的“√”。

需要注意的是，当验工计价文件导入结算计价文件时，“人材机调整”界面默认显示验工计价文件中调整价差的材料，但是结算单价及基期价默认等于合同单价。

本工程的工程量偏差只涉及二类工和三类工的人工单价调差，不涉及材料和机械的调差，如图 13-36 所示。

其他项目　人材机调整　费用汇总

	编码	类别	名称	规格型号	单位	税率（%）	采保费率(%)	供货方式	甲供数量	价格来源	是否调差
1	00010301	人	二类工		工日	0	0	自行采购			✓
2	00010401	人	三类工		工日	0	0	自行采购		我的历史价格	✓

图 13-36　合同外人工调差

（4）查看费用和费用汇总　建设项目或单位工程的竣工结算文件编制完成后，可以在数据显示区查看整个项目、各个单位工程或合同外部分的结算金额，也可以与合同金额进行对比和分析。

1）查看造价信息。

① 整个项目的造价信息。选择项目节点，可查看整个项目的合同金额、结算金额、人材机调整价差等信息。

② 合同内的造价信息。选择单项工程节点，可查看单项工程的合同金额、结算金额、

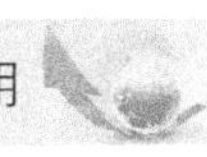

人材机调整价差等信息。

③ 合同外的造价信息。选择合同外部分变更节点，可查看合同外变更部分的合同金额、结算金额、人材机调整价差等信息。选择其他节点可查看合同外其他部分的合同金额、结算金额、人材机调整价差等信息。

2）费用汇总。建设项目合同外部分编制完成后，可对合同外部分（签证、设计变更等）的结算金额及取费情况等进行查看与调整。

① 查看并修改费用汇总。如果需要增加新的费用项目，选择合同外单位工程并单击“费用汇总”页签，单击右键快捷菜单中的“插入”，添加新的费用行；单击新增的费用行，查看费用代码，添加计算基数并填写费率、费用代号等信息。

② 费用汇总的价差部分显示。在合同外部分“人材机调整”页签勾选“人材机参与调差”复选框；单击“费用汇总”页签，查看价差部分的各种费用（若不勾选“人材机参与调差”复选框，人材机部分不显示调差部分内容）。

13.3.4 结算报表

1. 任务说明

本节的任务是学习使用竣工结算的相关表格。

2. 任务分析

竣工结算编制完成后，需要查看建设项目结算总费用、各个单项工程结算费用和各个单位工程的结算费用，软件已经把这些费用按照工程量清单计价规范的要求编制成相应的报表，实际工作中可以通过相应的报表查看相关的费用。

3. 任务实施

竣工结算文件编制完成后，根据需要选择导出并打印相关报表，结算报表的界面与操作请读者参阅招标投标计价报表的界面与操作。

本节主要介绍建设项目费用汇总表、单位工程竣工结算汇总表、合同内分部分项工程和单价措施项目清单与计价表和合同外分部分项工程和单价措施项目清单与计价表。

（1）建设项目费用汇总表　建设项目费用汇总表是建设项目中各个单项工程费用的汇总表。在“项目结构”导航栏，选择项目级，切换到“报表”页签，选择常用报表“建设项目费用汇总表”（表13-2）。

表13-2 建设项目费用汇总表

工程名称：案例工程　　　　第1页　共1页

序号	项目名称	金额(元)	其中(元)				
			暂列金额及专业工程暂估价	材料暂估价	安全文明施工费	规费	人材机调整合计
1	1#厂房	6008125.13	300000	296590.36	180806.01	225641.1	
2	变更						
3	签证						
4	漏项						

（续）

序号	项目名称	金额(元)	其中(元)				
			暂列金额及专业工程暂估价	材料暂估价	安全文明施工费	规费	人材机调整合计
5	索赔						
6	其他	7953.12			231.73	269.14	
合计		6016078.25	300000	296590.36	181037.74	225910.24	

（2）单位工程竣工结算汇总表　单位工程竣工结算汇总表是单位工程合同内造价的汇总表（表13-3）。

表13-3　单位工程竣工结算汇总表

工程名称:1#厂房-1#厂房-土建(电梯井墙)		标段:	第1页　共1页
序号	汇总内容	合同金额(元)	结算金额(元)
1	分部分项工程	3960348.1	3966040.34
1.1	人工费	788576.42	788459.47
1.2	材料费	2587182.87	2593529.63
1.3	施工机具使用费	211274.32	210930.56
1.4	企业管理费	262939.95	262806.7
1.5	利润	110314.6	110258.54
2	措施项目	1623429.3	1625372.3
2.1	单价措施项目费	1341880.94	1343823.94
2.2	总价措施项目费	281548.36	281548.36
2.2.1	其中:安全文明施工措施费	180806.01	180806.01
3	其他项目	310220	300000
3.1	其中:暂列金额	100000	
3.2	其中:专业工程暂估价	200000	
3.3	其中:计日工	10220	
3.4	其中:总承包服务费		
4	规费	225740.11	225641.1
5	税金	496886.25	496083.73
6	工程造价	6017844.63	6008125.13
7	价差取费合计		
8	工程造价(调差后)		6008125.13

注：如无单位工程划分，单项工程也使用本表汇总。

（3）合同内分部分项工程和单价措施项目清单与计价表　合同内分部分项工程和单价措施项目清单与计价表的内容较多，此处只将有工程量偏差部分摘录（表13-4）。其他分部分项工程和单价措施项目计价表请读者参阅招标控制价编制相关内容。

表 13-4　合同内分部分项工程和单价措施项目清单与计价表

序号	项目编码	项目名称	项目特征描述	计量单位	工程量			综合单价	合价(元)		
					合同	结算	±量差		合同	结算	±差额
	A	建筑工程				1.00			3950962.44	3956654.68	5692.24
1	010101001001	平整场地	1. 土壤类别:三类土 2. 弃土运距:100m 以内 3. 取土运距:100m 以内	m^2	651.70	749.46	97.76	9.25	6028.23	6932.46	904.23
2	010101003001	挖沟槽土方	1. 土壤类别:三类土 2. 挖土深度:2m 内 3. 弃土运距:100m	m^3	388.72		-388.72	11.15	4334.23		-4334.23
3	010101004001	挖基坑土方	1. 土壤类别:三类土 2. 挖土深度:2m 内 3. 弃土运距:100m	m^3	798.99	918.84	119.85	18.12	14477.72	16649.37	2171.65
20	010501005001	桩承台基础	1. 混凝土种类:泵送商品混凝土 2. 混凝土强度等级:C35	m^3	101.91	112.20	10.29	675.68	68859.97	75810.56	6950.59
	B	补充分部					1.00			9385.66	9385.66
		分部分项合计				1.00			3960348.10	3966040.34	5692.24
	C	措施项目				1.00			1341880.94	1343823.94	1943.00
141	011702001001	基础模板	1. 基础类型:桩承台 2. 模板材质:复合木模板	m^2	193.85	222.93	29.08	66.82	12953.32	14896.32	1943.00
		单价措施合计				1.00			1341880.94	1343823.94	1943.00
合计									5302229.04	5309864.28	7635.24

（4）合同外分部分项工程和单价措施项目清单与计价表。合同外分部分项工程和单价措施项目清单与计价表的内容较多，现摘录部分，见表 13-5。

表 13-5　合同外分部分项工程和单价措施项目清单与计价表

序号	项目编码	项目名称	项目特征描述	计量单位	工程量	金额(元)	
						综合单价	合价
		整个项目			1.00		6429.86
1	010101001002	平整场地	1. 土壤类别:三类土 2. 弃土运距:100m 以内 3. 取土运距:100m 以内	m^2	50.55	7.35	371.51
2	010101003002	挖沟槽土方	1. 土壤类别:三类土 2. 挖土深度:2m 内 3. 弃土运距:100m	m^3	200.00	13.30	2660.00
3	010101004002	挖基坑土方	1. 土壤类别:三类土 2. 挖土深度:2m 内 3. 弃土运距:100m	m^3	81.16	14.39	1167.90
4	010501005002	桩承台基础	1. 混凝土种类:泵送商品混凝土 2. 混凝土强度等级:C35	m^3	3.36	663.61	2230.45
		分部分项合计			1.00		6429.86
		措施项目			1.00		365.71
5	011702001001	基础　模板	1. 基础类型:桩承台 2. 模板材质:复合木模板	m^2	6.40	57.16	365.71
		单价措施合计			1.00		365.71
合计							6795.57

思　考　题

1. 什么是工程结算？
2. 工程结算编制的依据有哪些？
3. 工程量清单计价规范规定的工程价款调整原则有哪些？
4. 什么是验工计价？
5. 验工计价的编制流程是怎样的？
6. 分部分项工程的结算工程量如何输入？
7. 措施项目有几种结算方式？
8. 单价措施项目的工程量如何输入？
9. 人材机价格调整有几种方式，分别如何操作？
10. 人材机价格调整时当期价格或基期价格如何输入？
11. 如何设置人材机价差的取费？
12. 选定期的材料加权价格如何计算？
13. 多期的量价加权价格如何计算？

14. 新建验工计价文件的方式有几种，分别如何操作？
15. 添加验工计价分期时需要输入哪些数据？
16. 如何查看验工计价中的累计完成数据？
17. 如何实现验工计价文件的多期对比查看？
18. 验工计价分部分项的过滤条件有哪些？分别有何用途？
19. 验工计价措施项目过滤条件有哪些？分别有何用途？
20. 清单的颜色标识和批注分别有何用途？如何操作？
21. 如何隐藏特定的措施项目清单？再次显示隐藏的措施项目清单如何操作？
22. 如何设置需要在界面中显示的内容？
23. 人材机价格调整时如何选择调差材料？
24. 甲供材料的费用如何计算？
25. 在费用汇总界面如何添加费用项目？
26. 预付备料款的起扣点如何计算？
27. 本期应付款应如何确定？
28. 进度计量支付申请表包括哪些内容？
29. 竣工结算包括哪些内容？
30. 合同内和合同外造价竣工结算流程分别是怎样的？
31. 新建竣工结算文件的方式有哪几种？分别如何操作？
32. 何时使用复用合同清单功能，如何操作？
33. 如何实现合同外清单与合同内清单的关联？
34. 如何添加合同外造价结算的依据文件？
35. 如何变更合同外单位工程文件的归属？
36. 如何使合同外与合同内同种材料结算价格一致？
37. 如何查看建设项目结算的各个层级的费用？
38. 如何查看主要经济指标、主要工程量指标和主要工料指标？
39. 指标界面的关键信息有何作用？最少要填写哪几项？
40. 计算口径的作用是什么？不同的专业工程如何选择？

■ 附录 A　GTJ2018 快捷键

GTJ2018 常用快捷键

序号	功能	快捷键	适用构件	序号	功能	快捷键	适用构件
1	F1	帮助		25	FC	复制到其他层	
2	F2	定义/绘图切换		26	CF	从其他层复制	
3	F3	批量选择		27	OO	两点辅轴	
4	F4	切换插入点		28	CO	复制	
5	F5	合法性检查		29	MO	移动	
6	F6	图纸管理		30	MI	镜像	
7	F7	图层管理		31	EX	延伸	
8	F8	检查做法		32	TR	修剪	
9	F9	汇总计算		33	BR	打断	
10	F10	查看土建工程量		34	FG	分割	
11	F11	查看土建计算式		35	JO	合并	
12	F12	显示设置		36	RO	旋转	
13	Ctrl+1	钢筋三维		37	DQ	对齐	
14	Ctrl+2	二维/三维转换		38	KK	点画	
15	Ctrl+3	动态观察		39	JSS	直线画法	
16	Ctrl+5	全屏显示		40	JB	矩形画法	
17	Ctrl+I	放大		41	DH	导航树	
18	Ctrl+T	缩小		42	GJ	构件列表	
19	Ctrl+U	向上平移		43	SX	构件属性	
20	Ctrl+D	向下平移		44	CC	精确布置	门窗洞
21	Ctrl+L	向左平移		45	PF	原位标注	梁、基础梁
22	Ctrl+R	向右平移		46	TK	重提梁跨	
23	Ctrl+Enter	俯视		47	SZZ	设置支座	
24	SQ	拾取构件		48	SZ	删除支座	

（续）

序号	功能	快捷键	适用构件	序号	功能	快捷键	适用构件
49	TM	应用到同名梁	梁、基础梁	53	FW	查看布筋范围	钢筋
50	CM	生成侧面筋		54	TMB	应用同名板	
51	DJ	生成吊筋		55	BJ	设置变截面	筏板
52	JH	交换钢筋标注	钢筋	56	BP	设置边坡	

■ 附录 B　GCCP5.0 常用快捷键

GCCP5.0 常用快捷键

序号	快捷键	功能	备注	序号	快捷键	功能	备注
1	F1	帮助		9	Alt+S	展开到主材设备	
2	F9	整理工作内容		20	Alt+ins	插入子目	
3	Alt+1	展开到一级分部		11	Ctrl+Q	插入清单	
4	Alt+2	展开到二级分部		12	Ctrl+B	强制调整编码	编制界面
5	Alt+3	展开到三级分部		13	Ctrl+B	替换材料	人材机界面
6	Alt+4	展开到四级分部		14	Ctrl+S	保存	
7	Alt+Q	展开到清单		15	Ctrl+Shift+S	保存所有工程	
8	Alt+Z	展开到子目					

参考文献

[1] 中华人民共和国住房和城乡建设部. 建设工程工程量清单计价规范：GB 50500—2013［S］. 北京：中国计划出版社，2013.

[2] 中华人民共和国住房和城乡建设部. 房屋建筑与装饰工程工程量计算规范：GB 50854—2013［S］. 北京：中国计划出版社，2013.

[3] 吴佐民，房春艳. 房屋建筑与装饰工程工程量计算规范图解［M］. 北京：中国建筑工业出版社，2016.

[4] 江苏省住房和城乡建设厅. 江苏省建筑与装饰工程计价定额：2014 版［M］. 南京：江苏凤凰科学技术出版社，2014.

[5] 朱溢镕，肖跃军，赵华玮. 建筑工程 BIM 造价应用：江苏版［M］. 北京：化学工业出版社，2017.

[6] 肖跃军，王波. 工程估价［M］. 北京：机械工业出版社，2019.

[7] 金永超，张宇帆. BIM 与建模［M］. 成都：西南交通大学出版社，2016.

[8] 刘树红，王岩. 建设工程招投标与合同管理［M］. 北京：北京理工大学出版社，2017.

[9] 全国造价工程师执业资格考试培训教材编审委员会. 建设工程计价［M］. 北京：中国计划出版社，2017.

[10] 姚传勤，褚振文，王波. 土木工程造价：建筑工程方向［M］. 武汉：武汉大学出版社，2013.

[11] 刘镇，刘昌斌. 工程造价控制［M］. 北京：北京理工大学出版社，2016.

[12] 梁鸿颉，李晶. 工程价款结算原理与实务［M］. 北京：北京理工大学出版社，2016.